# 燃气轮机工程手册

Gas Turbine Engineering Handbook（Fouth edition）

## （翻译版·原书第 4 版）

［美］梅赫万·P. 博伊斯（Meherwan P. Boyce）　著

丰镇平　李祥晟　邓清华　谢永慧　张文普　李　军
李　亮　戴义平　刘　钊　晏　鑫　李志刚　　译

机械工业出版社

本书重点论述了燃气轮机的循环理论、部件特性、技术规范、性能测试、材料特性、轴承润滑、密封技术、转子平衡、连接对中、频谱分析、控制系统、燃料处理、维护保养、故障案例等多个方面的重要内容，不仅有燃气轮机基本原理的过程推演，也有工程应用实例的详细介绍，还有机组维护保养的具体说明，是一本全面阐述燃气轮机基本理论与工程技术及其应用的经典著作。

本书可供从事能源动力相关专业研究的科研人员使用，也可作为燃气轮机相关设计、运行与维护技术人员的工程参考手册，还可作为大专院校师生学习燃气轮机技术的基础教材或补充读物。

# 翻译版前言

　　燃气轮机是一种以连续流动的气体作为工质，将燃料的化学能转换为热能，然后转换为机械功的高温、高压、高速及高转速的热力叶轮机械（热力原动机），通常包括四大核心部件：压气机、燃烧室、燃气透平和控制系统。与蒸汽轮机相比，燃气轮机具有体积小、重量轻、起动快、少用或不用冷却水等诸多优点，在航空动力、地面发电、航海推进以及石油化工等领域具有非常广泛的应用。

　　燃气轮机作为一种先进而复杂的成套动力机械装备，属于典型的高新技术密集型产品，被誉为"大型装备制造业皇冠上的明珠"。燃气轮机也是高科技的重要载体，代表了多学科交叉集成和工程技术融合发展的综合水平。发展集新理论、新方法、新技术、新材料、新工艺于一身的燃气轮机产业，是国家高新技术水平和综合科技实力的显著标志之一，具有十分重要的战略地位和应用前景。

　　本书由西安交通大学能源与动力工程学院叶轮机械研究所、陕西省叶轮机械及动力装备工程实验室丰镇平教授组织翻译，丰镇平、李祥晟、邓清华、谢永慧、张文普、李军、李亮、戴义平、刘钊、晏鑫、李志刚参与了翻译工作。其中，丰镇平负责前言、第1和22章；李祥晟负责第2、3和4章；谢永慧负责第5、16、17和18章；李军负责第6章；李亮、李志刚负责第7和9章；邓清华负责目录、第8和20章、附录；张文普、李祥晟负责第10和12章；戴义平负责第11和19章；晏鑫负责第13和14章；刘钊负责第15和21章。感谢Turbo Aero研究团队的研究生卢娟、张鹏飞、王志多、杨星、叶绿、张辰、赵航、齐文娇、张汉桢、黄文婷、邵帅、刘兆方、周伟伦、刘战胜、姜豪等对本书翻译工作提供的帮助。全书由丰镇平教授、李祥晟博士和邓清华博士负责审阅、校核及统稿。

译　者

# 第4版前言

《燃气轮机工程手册》第 4 版讨论了燃气轮机设计、制造、安装、运行和维护领域的进展，旨在更好地回答当今燃气轮机在设计、制造、安装、运行和维护方面的问题。本版还论述了过去几年来燃气轮机在润滑和控制等领域中的大多数新进展和维护实践。

过去几年，燃气轮机在石化、发电和海上石油工业应用中得到了迅速发展。电力行业在过去十年采用了联合循环发电厂，而新型高效燃气轮机是该行业这一增长领域的中心。但是，由于天然气成本的不断攀升，许多专为基本负荷运行设计的电厂每天都在 50% 负荷到满负荷之间运行，大多数情况下不得不在周末关停。新的维护技术和故障案例章节，通过实例分析，将对该领域那些必须使电厂在非基本负荷设计工况下运行的现场工程师有很大帮助。此外，本版也包含了对这些电厂应用其他燃料运行的研究。

第 1 章用了近 60 页篇幅来论述燃气轮机的发展历史及燃气轮机许多主要部件的发展细节，这是对多年来燃气轮机主要部件及其演化的总结。

本书还为第一次涉足叶轮机械领域的年轻工科本科生或研究生提供了流体力学和热力学的基本知识。本书非常适合作为大学本科生或研究生叶轮机械课程以及与石化、发电、海上石油工业相关公司的内部培训计划的教材。

本版不仅对燃气轮机技术内容进行了更新，同时基于许多在本科阶段使用过本书的学生的建议，在第 2 章和第 3 章提供了一个清晰了解燃气轮机在热力学、循环和流体力学方面基本关系的框架。这些章节具有新的示图和关系式，可使读者更容易理解复杂的热力学和流体力学的关系以及所介绍的新型循环。

本版对燃烧室、轴流式与径流式透平及齿轮系统等章节进行了重新编写。新写的燃烧室一章论述了干式低 $NO_x$（DLN）燃烧室的燃烧问题以及这类燃烧室中的回火等相关问题，例如回火。对燃气轮机低 $NO_x$ 排放的重视促使了新型干式低排放（DLE）燃烧室的研发，有关问题在本版中进行了深入的讨论。

本版对燃气透平，无论是轴流式还是径流式透平都做了详细的论述。向心式（径流式）透平这一新扩展的章节，可使读者更为深入地了解径流式透平以及透平膨胀机的设计。这类透平变得越来越重要，因为在炼油厂和其他化工厂可以使用工业气体为燃气轮机提供动力。

作者感谢禄福金（Lufkin）工业公司动力传动部工程总监丽莎·福特（Lisa Ford）夫人，她帮助重写了齿轮这一章，从而可使读者接触到在燃气轮机上应用的最新齿轮技术。在该扩展的章节中，将详细介绍制造这些齿轮的工具和齿轮特性。

本版从燃气轮机性能的退化到燃气轮机所有主要部件发生的故障，给出了燃气轮机故障的历史案例。对维护技术这一章进行了重新编写与更新。这些章节论述了长期服务协议（LTSAs），它对新型先进燃气轮机而言是重要的服务合同，因为贷款机构对原始设备制造商在处理有关问题方面更具信心。这些章节还添加了特殊维护表格，以便读者能够对他们在现场可能遇到的燃气轮机故障问题进行排除。

新型燃气轮机的透平进口温度已达 2,600 ℉（1,427℃），航空燃气轮机压比超过 40，工业燃气轮机压比超过 30。为此，本书加强了轴流式压气机设计方面的内容。为了充分了解这些高压比轴流式压气机的运行原理，读者必须仔细阅读第 7 章。这一章全面介绍了燃气轮机压气机中喘振的出现，并且非常详细地描述了压气机喘振、旋转失速和阻塞流动工况的不同机理。

材料和涂层的进步推动了压气机和透平设计技术的发展，本版非常详细地介绍了这一新的领域。最新的两个版本更新了先进燃气轮机的设计和维护部分，并在有关性能和机械标准领域采用了大多数适用的规范。

最新的两个版本是为在电厂、石化和海上设施工作的经验丰富的工程师撰写的。这两个版本应能帮助他们更清楚地理解这一领域中可能遇到的问题，并了解如何预防这些问题。

本版可使这一领域的制造厂商了解燃气轮机现场出现的一些问题，并帮助用户实现燃气轮机应用的最大效能和高可用性。

我自 20 世纪 60 年代初开始，一直从事燃气轮机的研究、设计、运行和维护，曾有幸为俄克拉荷马大学和德克萨斯农工大学的本科生和研究生讲授过燃气轮机课程，并曾在英国、日本和印度的大学做过讲座，目前主要为工业界服务。来自世界各地 520 多家公司的 4,500 多名工程师学生曾参加了我为工程师开设的燃气轮机课程，并使用了本书。本书四个版本的持续更新采纳了他们的反馈意见并应用了我的现场故障诊断经验。参加课程学习的学生们的积极性促使我努力撰写本版。过去 40 年中讲授的许多课程为我积累了教学经验，希望我的学生们对此感到满意。作为发电、石化和航空工业等专业咨询机构的顾问，我与高水平专业人士的讨论，对我个人和职业生涯以及本书的新版本都做出了重大贡献。本版试图吸纳各种专业论文资料（有时甚至是各种观点），对燃气轮机做出全面且统一的论述。本版采用了许多示图、曲线和表格，以加深读者对文字叙述的理解，同时还提供了许多可以用来诊断问题的大量新的图表。此外，本版还给出了相关参考文献资料的出处，这将引导并有助于读者研究和解决有关特定问题。期望本书在达到向读者介绍燃气轮机的广泛内容这一主要目标的同时，能够作为一本参考教材。

感谢许多工程师，我有幸在本书中采用了他们发表的专业论文及其讨论，这些论文为本书奠定了基础。我非常荣幸创建并主持了 8 年之久的叶轮机械研讨会，研讨会的会议论文集从设计和维护的视角给本书贡献了很多有意义的技术问题。特别感谢德克萨斯农工大学叶轮机械研讨会顾问委员会的同事们，作为其成员我与他们共事已达 40 年，同时要特别感谢顾问委员会的现任主席达拉·查尔兹（Dara Childs）博士。

特别感谢我的妻子查琳（Zarine）在本书完成过程中给予的积极帮助和不断鼓励。

真诚希望来自世界各地并使本书成为该领域过去 35 年中最热门读物的读者，能够发现本书的新版本如同过去发行的 3 个版本一样有趣。希望我在该领域 50 年的经验会有益于本书的所有读者。

梅赫万·P. 博伊斯（Meherwan P. Boyce）
于德克萨斯休斯顿

# 第1版序

亚历山大城的科学家希罗（Hero，约公元前120年）大概很难认识到现代燃气轮机是源自他当年发明的汽转球，尽管当时该装置仅能旋转而不能产生轴功。在其后的几个世纪里，汽转球的原理被应用于风车（公元900—1100年），在17世纪再次被用在烟气转动的烤肉装置上。第一台成功应用的燃气轮机，其历史至今尚不足百年。

直到最近，设计人员在追求高效率燃气轮机的设计时还面临着两个主要障碍：（1）透平部件喷嘴进口的燃气温度必须要高；（2）压气机和透平部件均必须在高效率区工作。冶金学的发展使得透平进口温度不断提升，而对空气动力学的更好理解在一定程度上有助于提高离心式与轴流式压气机和径流式与轴流式透平的效率。

如今，对于燃气轮机设计工程师和运行工程师来说，还有许多需要考虑和关注的问题，这些问题包括轴承、密封、燃料、润滑、平衡、联轴器、测试及维护。本书提供了这些方面必要的数据和有用的建议，以帮助这些工程师们努力在燃气轮机所有工况下获得其最佳性能。

梅赫万·P. 博伊斯（Meherwan P. Boyce）非常熟悉燃气轮机。十多年来，他一直活跃在与叶轮机械技术相关的工业、学术、研究和出版领域。一年一度的德克萨斯农工大学叶轮机械研讨会的创办，是记录他在叶轮机械领域中的重要贡献的一个方面。博伊斯博士在主持了七届研讨会后，建立了他自己的咨询和工程公司。最近刚刚召开的第十届研讨会，吸引了来自多个国家的1,200多名工程师代表。

这部重要的新手册出自一位经验丰富的工程师之手，并在一个最佳的时机出版面世。这一时机恰逢当今的能源价格高涨，可谓空前，难言绝后。博伊斯博士意识到了这些问题，并通过本书为燃气轮机每个单元的最优用能提供了指导和方法。相信这部手册能在那些与燃气轮机设计和运行有一定关系的工程师和技术员的参考书库中找到它应有的位置。

克里福德·M. 西蒙格（Clifford M. Simmang）
于德克萨斯大学城
德克萨斯农工大学机械工程系

# 作者简介

梅赫万·P. 博伊斯（Meherwan P. Boyce）博士，专业工程师，ASME（美国机械工程师学会）和 IDGTE（英国柴油机与燃气轮机工程师协会）会士，在叶轮机械领域工业界和学术界拥有超过 42 年的经验。他的企业经验包括担任 20 年博伊斯工程国际（Boyce Engineering International）主席和首席执行官，5 年在不同燃气轮机制造企业担任燃气轮机压气机和透平设计师。他的学术经历长达 15 年，包括在德克萨斯农工大学担任机械工程教授，是该大学叶轮机械实验室和叶轮机械研讨会的创始人，其中该研讨会举办已有 34 年历史。他是多部著作的作者，如《燃气轮机工程手册》（Elsevier Science）、《热电联供和联合循环电厂》（ASME Press）以及《离心式压气机导论》（PennWell Books）。他也是几部手册的撰稿人，其最新著作是流体运输与贮存和燃气轮机领域中的《佩里化学工程手册》（第 7 版，麦格劳希尔出版社）。博伊斯博士在全球讲授了 100 多次短期课程，有来自世界各地 450 多家公司的 4,000 多名学生参加。他是全球范围内航空航天、石油化工以及电力公用事业等行业的顾问，经常应邀在世界各地的大学和会议上做报告。

博伊斯博士是 ASME 电厂工程与维护委员会主席，也是 ASME 国际燃气轮机研究院电力公用事业委员会主席，他还是 ASME 会议委员会主席。2002 年，博伊斯博士担任两大会议，即由 DOE（美国能源部）和 EPRI（美国电力研究院）发起的先进燃气轮机与状态监测会议和燃气轮机用户协会会议的主席。

博伊斯博士撰写了 100 多篇关于燃气轮机、压缩机泵、流体力学及叶轮机械方面的技术论文和报告。他是 ASME 和 IDGTE 会士，也是 SAE（美国机动车工程师协会）、NSPE（美国国家专业工程师学会）及其他几个专业和荣誉学会（如 Sigma Xi、Pi Tau Sigma、Phi Kappa Phi 与 Tau Beta Phi）的会员。他是 ASME 空气动力学卓越奖和 SAE 研究与教学提升 Ralph Teetor 奖的获得者，也是德克萨斯州的注册专业工程师。

博伊斯博士分别在南达科他州矿业技术学院和纽约州立大学获得机械工程学士学位和硕士学位，1969 年在俄克拉荷马大学获得航空航天和机械工程博士学位。

# 目　录

## 第 1 部分　设计：理论与实践

## 第 2 部分　主 要 部 件

# 第3部分 材料、燃料技术与燃料系统

# 第 4 部分　辅助部件和配件

# 第5部分 安装、运行与维护

# 第 1 部分　设计：理论与实践

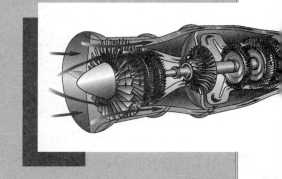

# 第**1**章

# 燃气轮机概述

　　燃气轮机是一种动力装置，相对其体积与重量而言，它能提供较大的功率。过去 60 多年来，燃气轮机在全球公用事业和商用电厂以及石化工业等涉及动力需求的相关领域得到了日益广泛的应用。燃气轮机具有结构紧凑、重量轻及能够使用多种燃料的特点，使其自然成为海上平台发电装置的选择。如今，燃气轮机可以燃用的燃料有天然气、柴油、石脑油（粗汽油）、甲烷、原油、低热值可燃气、蒸发燃油以及生物质气。

　　最近 20 年来燃气轮机技术取得了巨大的进展，这主要归功于材料技术的发展、新的涂层和新的冷却方案，同时也得益于联合循环电厂的发展。与压气机压比从 7 提高到 45 相对应，简单循环燃气轮机的热效率已从最初的 15% 左右增加到了 45%。

　　表 1-1 给出了各种发电技术从其系统的初始成本到运行成本的经济性比较。由于分布式发电系统视其应用场合而定，其成本是变化的，且这些发电系统的安装理由也各有不同。分布式发电系统的应用场合很广，可以从繁华的大都市地区到偏远的喜马拉雅山脉坡区。电力生产的经济性依次取决于燃料价格、运行效率、维护成本和初始成本。发电厂址的选择则取决于环境影响的考虑，如排放、噪声、燃料可用性以及发电设备的体积和重量等因素。

表 1-1　不同发电技术的经济性比较

| 发电技术 | 内燃机 | 燃气机 | 简单循环燃气轮机 | 微型燃气轮机 | 燃料电池 | 太阳光伏电池 | 风能 | 生物质能 | 水能发电 |
|---|---|---|---|---|---|---|---|---|---|
| 发电上网 | √ | √ | √ | √ | √ | √ | √ | √ | √ |
| 功率范围/kW | 20~100,000+ | 50~7,000+ | 500~450,000+ | 30~200 | 50~1,000+ | 1+ | 高达5,000 | 高达5,000 | 20~3,000+ |
| 效率 | 36%~43% | 28%~42% | 21%~45% | 25%~30% | 35%~54% | 不适用 | 45%~55% | 25%~35% | 60%~70% |
| 总成本/（美元/kW） | 125~400 | 250~600 | 300~600 | 800~1,200 | 1,500~3,000 | 不适用 | — | 不适用 | 不适用 |
| 无余热利用的全套成本/（美元/kW） | 200~500 | 600~1,000 | 400~850 | 1,200~2,400 | 2,500~5,000 | 5,000~10,000 | 700~1,300 | 800~1,500 | 750~1,200 |
| 有余热回收时的成本/（美元/kW） | 75~100 | 75~100 | 150~300 | 100~250 | 1,900~3,500 | 不适用 | 不适用 | 150~300 | 不适用 |
| 运营和维护成本/［美元/（kW·h）］ | 0.007~0.015 | 0.005~0.012 | 0.003~0.008 | 0.006~0.010 | 0.005~0.010 | 0.001~0.004 | 0.007~0.012 | 0.006~0.011 | 0.005~0.010 |

注：上述信息源自相关制造商和技术杂志。

# 燃气轮机循环

利用燃气轮机的排气（尾气），产生蒸汽或加热其他传热介质，或用于建筑物或城市区域的制冷和供暖，并不是一个新的能量利用方式。目前，燃气轮机排气余热利用技术正在得到进一步开发，以充分利用其潜力。

随着燃气轮机成为电厂的核心单元，20 世纪 90 年代以及 21 世纪初期建成的化石燃料电厂都是联合循环电厂。据估计，从 1997 年到 2006 年期间发电量增加了 147.7GW（千兆瓦）。这些联合循环电厂已经取代了自 20 世纪 80 年代起作为主要化石燃料发电厂的大功率蒸汽轮机电厂。联合循环电厂不是什么新事物，早在 20 世纪 50 年代中期就已在一些电厂中投运。随着新型大功率和高效率燃气轮机的出现，这些联合循环电厂开始发挥出巨大的作用。

能量转换的新市场，将在联合循环发电厂中带来许多新概念。图 1-1 给出了当前与未来这些电厂的热耗率，图 1-2 相应示出了这些电厂的效率。这些电厂分别是进口温度为 2,400℉（1,315℃）的简单循环燃气轮机（SCGT）电厂、回热循环燃气轮机（RGT）电厂、蒸汽轮机（ST）电厂、联合循环电厂（CCPP）和先进联合循环电厂（ACCPPs，如应用先进燃气轮机循环的联合循环电厂）以及最近出现的混合动力电厂（HPP）。

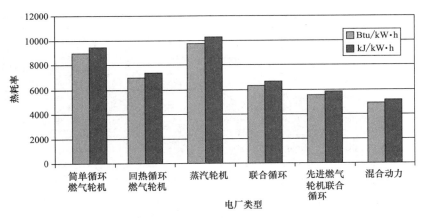

图 1-1 典型电厂的热耗率

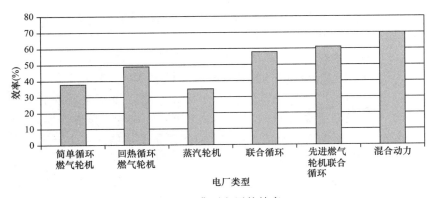

图 1-2 典型电厂的效率

表 1-2 是对不同类型电厂的竞争地位及其投资成本、热耗率、运行与维护成本、可用性、可靠性以及建设周期的分析比较。考察这些新型电厂的投资成本和建设时间，显而易见燃气轮机对于尖峰负荷发电是最佳选择。蒸汽轮机电厂的初始投资成本为 800~1,000 美元/kW，比联合循环电厂的投资成本 400~900 美元/kW 最高高达 50%。核电厂的投资成本最为昂贵，其较高的初始成本和较长的建设周期，对于电力市场放松控制的公用事业电厂而言不太现实。

表 1-2  不同类型电厂的经济性和运行特点

| 电厂类型 | 投资成本/（美元/kW） | 热耗率/[Btu/(kW·h)]/[kJ/(kW·h)] | 净效率/（%） | 变工况运行和维护/[美元/(MW·h)] | 固定工况运行和维护/[美元/(MW·h)] | 可用性/（%） | 可靠性/（%） | 从计划到完工时间/个月 |
|---|---|---|---|---|---|---|---|---|
| SCGT（2,500℉/1,371℃）燃天然气 | 300~350 | 7,582/8,000 | 45 | 5.8 | 0.23 | 88~95 | 97~99 | 10~12 |
| SCGT 燃石油 | 400~500 | 8,322/8,779[①] | 41 | 6.2 | 0.25 | 90~96 | 95~98 | 12~16 |
| SCGT 燃原油 | 500~600 | 10,662/11,250 | 32 | 13.5 | 0.25 | 75~80 | 90~95 | 12~16 |
| RGT 燃天然气 | 375~575 | 6,824/7,200 | 50 | 6 | 0.25 | 86~93 | 96~98 | 12~16 |
| 联合循环燃气轮机 | 600~900 | 6,203/6,545 | 55 | 4 | 0.35 | 86~93 | 95~98 | 22~24 |
| 先进燃气轮机联合循环 | 800~1,000 | 5,249/5,538 | 65 | 4.5 | 0.4 | 84~90 | 94~96 | 28~30 |
| 联合循环煤气化 | 1,200~1,400 | 6,950/7,332 | 49 | 7 | 1.45 | 75~85 | 90~95 | 30~36 |
| 联合循环流化床 | 1,200~1,400 | 7,300/7,701 | 47 | 7 | 1.45 | 75~85 | 90~95 | 30~36 |
| 核动力 | 1,800~2,000 | 10,000/10,550 | 34 | 8 | 2.28 | 80~89 | 92~98 | 48~60 |
| 蒸汽轮机燃煤电厂 | 800~1,000 | 9,749/10,285 | 35 | 3 | 1.43 | 82~89 | 94~97 | 36~42 |
| 柴油发电机燃柴油 | 400~500 | 7,582/8,000 | 45 | 6.2 | 4.7 | 90~95 | 96~98 | 12~16 |
| 柴油发电机燃石油 | 600~700 | 8,124/8,570 | 42 | 7.2 | 4.7 | 85~90 | 92~95 | 16~18 |
| 燃气机电厂 | 650~750 | 7,300/7,701 | 47 | 5.2 | 4.7 | 92~96 | 96~98 | 12~16 |

注：以上信息源自制造商、相关技术杂志以及作者掌握的数据。

① 原版书此处数据有误，已改正。——译者注

表中的效率和热耗率是可以相互转换的，它们都代表了燃料向能量转化的效率。下面给出了热耗率和效率之间的简单转换关系式：

$$效率 = 3,412.2/热耗率[Btu/(kW·h)] = 2,554.4/$$
$$热耗率[Btu/(hp·h)] = 3,600/热耗率[kJ/(kW·h)]$$

在性能方面，蒸汽轮机电厂的热效率约为 35%，而联合循环电厂的热效率约为 55%。新一代燃气轮机技术将使联合循环热效率范围达到 60%~65%。按照经验，热效率每增加 1%，意味着要增加 3.3% 的投资。但是，必须注意热效率的增加，将会导致可用性方面的下降。从 1996 年至 2000 年，热效率增加了近 10%，而可用性方面损失达 10%。许多分析表明可用性方面 1% 的下降，需要热效率方面 2%~3% 的增加才能弥补，这一趋势必须扭转。对于大功率燃气轮机，正是由于其体积比较大，所以进行任何一次燃烧室和热通道的例行检查

以及大修检查等，都需要花费更多时间，从而降低了燃气轮机的可用性。

蒸汽轮机电厂从设计到生产的建设周期大约是 42~60 个月，而联合循环电厂的建设周期仅需要 22~36 个月。实际建设时间大约为 18 个月，而许多场合下获批环境许可需要 12 个月，工程建设需要 6~12 个月。用于电厂建设到上网的时间将影响电厂的经济性，未返回投资的时间越长，累计的利息、保险和税收就越多。

由此可知，天然气或柴油燃料可用的时间越长，选择联合循环电厂的优势越是明显。

## 燃气轮机性能

1791 年，英国人 John Barber 最先申请了应用现代燃气轮机热力学循环原理的设计专利。图 1-3 所示为其申请专利时的示意图。其设计包括了现代燃气轮机的基本部件，即燃气轮机具有压气机、燃烧室和透平。它与现代燃气轮机的主要区别在于，其设计中的透平是通过链条来驱动往复式压气机的。Barber 曾经试图将它应用于航空喷气推进。

大多数人认为 Frank Whittle 是现代燃气轮机之父。Whittle 燃气轮机诞生于 1930 年 1 月，其推力为 1,000lbf（磅力），效率为 14%。空气经由离心式压气机压缩，随后在向心式透平中膨胀。图 1-4 是 Whittle 燃气轮机实物照片，图 1-5 则是其结构示意图。1903 年通用电气公司（GE）研发出一种涡轮增压器，并在 1941 年将 Whittle 发动机改造成了美国第一台航空发动机。1945 年，西屋公司（Westinghouse）研制出美国第一台自行设计的燃气轮机，该燃气轮机包括一个轴流式压气机、一个透平和一个环形燃烧室。

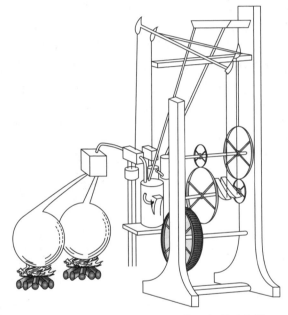

图 1-3　Barber 1791 年申请的英国专利示意图

图 1-4　Whittle 燃气轮机实物照片

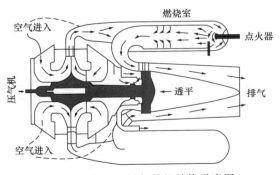

图 1-5　Whittle 燃气轮机结构示意图

在燃气轮机的大部分技术中，航空发动机一直担当着领先的角色。这些航空发动机的设计标准要求高可靠性、高性能，在整个飞行包络线范围内能够多次起动和灵活运行，并且大修范围内的发动机寿命达到约 3,500h。航空发动机的性能一直是用其推重比来进行基本评价的。发动机推重比的提高是通过压气机高展弦比叶片的发展以及优化透平的压比和进口温度匹配来实现的，从而获得发动机单位流量的最大输出功率。

工业燃气轮机总是强调其长的工作寿命，这一保守的方法也使得工业燃气轮机在许多方面为了长寿命运行而放弃了高性能。工业燃气轮机在循环压比和透平进口温度方面一直是偏保守的，但这在过去 10 年中有了变化。通过引入"航空改型燃气轮机"技术，工业燃气轮机在所有运行性能方面已取得了大幅度的改善，这也使得这两类燃气轮机在性能方面的差距急剧减小。燃气轮机的联合循环模式，正在世界范围内快速取代提供电力基本负荷的蒸汽轮机。即使在欧洲和美国也是这样的，在这些国家大功率蒸汽轮机曾是主导化石能源发电领域基本负荷的唯一形式。自 20 世纪 60 年代到 20 世纪 80 年代后期，燃气轮机在欧美这些国家仅用作尖峰负荷，而在发展中国家曾用作基本负荷，因为这些国家对电力的需求迅速增加，等待 3~6 年来投建一个蒸汽轮机电厂是无法接受的。

图 1-6 和图 1-7 分别示出了燃气轮机压比和透平进口燃气温度的增长趋势。压比和温度两方面的增加是并行发展的，因为两者的增加对于获得最佳的热效率都是必需的。

当透平进口温度提高时，同时提高压比增加了燃气轮机的热效率。图 1-8 示出了压比和

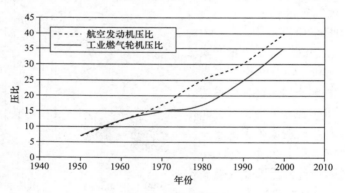

图 1-6　燃气轮机压比的增长趋势

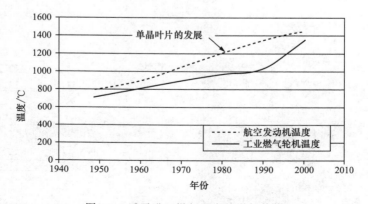

图 1-7　透平进口燃气温度的增长趋势

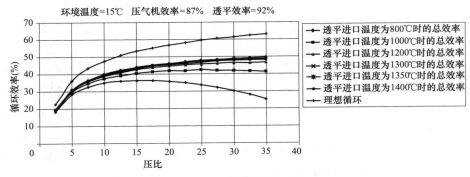

图 1-8 总的循环效率

燃气温度的增加对总的循环效率的影响。在给定的温度条件下，压比的提高，增加了总的循环效率；但是在任何给定燃气温度的条件下，当压比增加超过一定值后，将导致总的循环效率下降。

与其他动力装置相比较，燃气轮机在过去曾被认为是一种相对低效的动力装置。在 20 世纪 50 年代初期，燃气轮机效率只有 15%，今天其效率范围已达 45%～50%，相当于热耗率范围为 7,582～6,824Btu/（kW·h）[8,000～7,199kJ/（kW·h）]。对大多数燃气轮机而言，透平进口温度是其限制因素。随着新的采用蒸汽或空气冷却方案的推出以及叶片冶金技术的突破，已经可以采用更高的透平进口温度了。目前，新型燃气轮机的燃气进口温度已高达 2,600°F（1,427℃），压比达 40，效率可达 45% 甚至更高。

## 燃气轮机设计考虑

当需要考虑投资、规划建设时间、维护成本以及燃料价格时，燃气轮机是最合适的热力原动机。在主要的原动机类型中，燃气轮机具有最低的维护和投资成本。与其他类型的电厂相比，燃气轮机电厂也具有最快的建设投运时间。燃气轮机的不足是其热耗率曾经较高，但这个问题已经解决，新型燃气轮机已经属于最高效的一类原动机，进一步使用联合循环将使机组效率增加到 60% 以上。

任何形式燃气轮机的设计必须满足基于运行考虑的基本准则。这些准则主要包括：

1. 高效率
2. 高可靠性以及高可用性
3. 易于维护
4. 易于安装和运行
5. 符合环境标准
6. 辅助设备和控制系统具有高可靠性
7. 适合满足各种用途和燃料要求

逐一考察上述准则，有助于燃气轮机用户更好地理解这些要求。

影响燃气轮机效率的两个主要因素是压比和温度。在某些现代航空发动机中，当燃气轮机的压比从 7 提高到 40 时，可以看到为燃气透平提供高压工质的轴流式压气机会发生急剧的变化。在透平进口温度提高的同时，提高压比可使燃气轮机的总效率提高。在温度一定时，提高压比使燃气轮机的总效率提高；但是在任何给定温度下，当压比超过一定值时，实际上将导致循环的总效率下降。应该注意的是：非常高的压比将趋于减小压气机的工作范围，这也使得压气机对进口空气过滤器中和压气机叶片上的结垢变得更加敏感，从而导致燃气轮机的循环效率和性能大幅下降。在某些情况下，可能会引起压气机的喘振，接下来还会导致燃气轮机熄火，或者对压气机叶片以及燃气轮机的径向和轴向推力轴承带来更为严重的破坏甚至失效事故。

透平进口燃气温度对燃气轮机性能的影响是非常显著的。温度每提高 100℉（55.5℃），燃气轮机输出功增加近 10%，效率提高 0.5%~1%。更高的压比和透平进口温度可进一步提高简单循环燃气轮机的效率。图 1-9 示出了以压比和透平进口温度作为变量的简单循环燃气轮机的性能曲线。

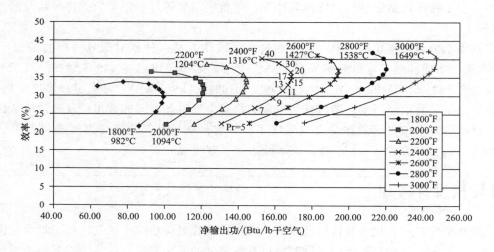

图 1-9　简单循环燃气轮机性能曲线图

另一个获得高效率的方式是利用透平排气来加热压气机出口的压缩空气，从而可以减少将压缩空气加热到燃气轮机相同工作温度时所需的燃料量。这可以通过利用透平出口排气来加热压气机出口空气的回热器来实现。回热器通常用在中小型燃气轮机上。图 1-10 示出了压比和温度对回热循环的效率和输出功的影响。比较图 1-10 和图 1-9 可以看到增加压比会降低回热循环的效率，而压比对回热循环的影响与简单循环相比却是相反的。就当前热端部件的工作温度而言，采用回热器能够使效率提高 15%~20%。回热器主要用在输出功率小于 10MW 的燃气轮机中。在这些燃气轮机中，流量比较小，并不需要一个大尺寸的回热器，此外它们的燃气温度也比较低，因此其压比通常也小于 10。如图 1-10 所示，对目前透平进口温度逐步接近 3,000℉（1,649℃）的燃气轮机来说，回热循环系统的最佳压比为 20，而简单循环则为 40。

在设计燃气轮机时，可用性和可靠性是最重要的参数。电厂的可用性是指在任何给定的时间段内，电厂能够正常发电的时间百分比。电厂的可靠性是指计划大修期之间的时间百分比。以下是可用性和可靠性的基本定义，式中各项的延伸定义将在第 21 章中给出。

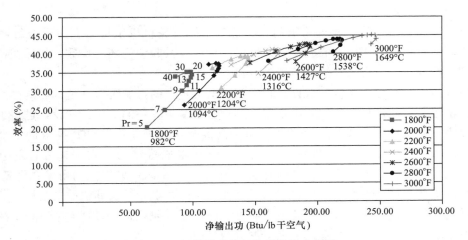

图 1-10　回热循环燃气轮机性能曲线图

电厂的可用性为

$$A = \frac{P-S-F}{P} \tag{1-1}$$

式中，$P$ 为时间周期（h），通常假定以 1 年计，总计为 8,760h；$S$ 为计划维修期间的停工时间；$F$ 为由于维修导致的被迫或非计划的停工时间。

电厂的可靠性是

$$R = \frac{P-F}{P} \tag{1-2}$$

可用性和可靠性对电厂的经济性都有非常大的影响。可靠性至关重要，它意味着当需要提供电力时，电厂必须是正常工作。当电力不可用时，则必须发电或购电，对于电厂运行而言，这样的费用非常昂贵。计划停工期通常安排在非尖峰负荷期。尖峰负荷期是效益最好的时期，通常根据电力需求分成不同的价格层次。许多电厂采购合同中会涉及包括发电量费用的条款，这就使得电厂的可用性在电厂经济性方面显得特别重要。

一个电厂的可靠性依赖于许多因素，如燃料类型、预防性维护计划、运行模式、控制系统和透平进口温度等。

为了获得高可用性和高可靠性，设计者必须考虑很多因素。其中一些与设计相关的重要的因素有：叶片和轴应力、叶片载荷、材料完整性、辅助系统以及控制系统。为了高效率而采用高的进口温度，对透平叶片的寿命来说有着致命的影响。因此，必须采取适当的冷却方法来维持叶片金属材料的温度处于 1,000～1,300℉（537～704℃）范围内，使其低于热腐蚀的起始温度。因此，合理的冷却系统及方式，加上适当的叶片涂层以及材料，是保证燃气轮机高可靠性所必需的。

可维护性对于任何设计而言非常重要，因为快速维护周转可以使得机组具有较高的可用性，并减少其维护费用和运行成本。燃气轮机的维护可以通过适当的检修来完成，比如对排气温度、轴振动和端振的监测。此外，设计者还应在系统中设计便于热端部件可视化检查的管道镜检查口。为了快速拆卸而采用的分离气缸或机匣，为了易于接触平衡面而设计的现场平衡端口，以及无需移除整个热端部件即可便于拆卸的燃烧室火焰筒，都是诸多便于维护服务方式中的一些实例。

易于安装和调试是采用燃气轮机的另一优势。燃气轮机机组可以在工厂进行测试和组装。燃气轮机机组的使用应精心安排，以便尽可能减少其起动循环的次数。如果在调试过程中频繁起动和停机，将会大大降低机组的寿命。

考虑环境因素在任何系统的设计过程中都是至关重要的。系统对环境的影响必须受制于有关法律法规，因此设计者必须高度重视。燃烧室是最为关键的部件，在设计过程中需特别关注，以满足其低烟度和低 $NO_x$ 排放的要求。高温会导致燃气轮机 $NO_x$ 排放的增加，所以最初为解决 $NO_x$ 排放的问题，采用了向燃烧室喷注水或蒸汽的方式，其后研发了干式低 $NO_x$ 燃烧室。随着燃气轮机进口温度的升高，新型干式低 $NO_x$ 燃烧室的研发在降低 $NO_x$ 排放方面起到了非常关键的作用，但也增加了燃油喷嘴的数量和控制算法的复杂性。

降低进口气体速度并安装适当的消声器可以降低燃气轮机的气动噪声。NASA 在压气机机匣上所采取的措施，大幅度降低了燃气轮机的噪声。

鉴于许多机组经常由于辅助系统和控制系统的故障而造成停机，因此必须对这两个系统进行精心设计。作为关键辅助系统之一的润滑系统，必须设计有一套备用系统，并使其本身尽可能成为一种防故障设计。先进燃气轮机都采用数字控制，并在一定程度上能够进行在线监测。额外增加新的在线监测系统则需要安装新的设备。控制系统可以控制起动时的加速时间和升温时间，并且控制各种防喘阀。在运行转速下，这些系统必须在全工况范围内调节燃料供给，并监控燃气轮机的振动、温度以及压力的变化情况。

维护以及燃料的灵活性是强化燃气轮机系统的一个准则，但对应用于不同场合的燃气轮机来说这并不都是必要的。能源短缺问题使得燃气轮机工作更靠近其设计工况点，从而可在较高效率下运行。但是灵活性往往要求燃气轮机采用带有动力透平的双轴设计，其中动力透平是独立的，它与燃气发生器透平主轴不相连。当前多燃料的应用需求越来越大，特别是在一年当中的不同时间段，有可能出现不同燃料的短缺问题。

## 燃气轮机分类

简单循环燃气轮机可以分成以下六大类型：

1）重型燃气轮机。重型燃气轮机为固定式机组，是一种大功率发电装置，其简单循环机组的功率范围为 3~480MW，效率范围为 30%~48%。

2）航空改型燃气轮机。顾名思义，航空改型机组是源于航空工业飞机发动机的发电机组。它是将发动机拆除其旁路风扇并在排气出口加装一个动力透平，以适合电力工业用作发电装置的燃气轮机机组。这种机组的功率范围大致为 2.5~50MW，效率范围为 35%~45%。

3）工业燃气轮机。工业燃气轮机的功率变化范围为 2.5~15MW。它们广泛应用在石化等企业，作为驱动压气机的动力。这些机组的效率一般低于 30%。

4）小型燃气轮机。这种燃气轮机的功率范围为 0.5~2.5MW。通常采用离心式压气机和向心式透平结构，机组的简单循环效率在 15%~25% 范围内。

5）微型燃气轮机。微型燃气轮机的功率范围为 20~350kW。由于分布式能源市场的急剧升温，在 20 世纪 90 年代末期，微型燃气轮机有了一个爆发式的增长。

6）车用燃气轮机。此类燃气轮机的功率范围为 300~1,500hp。第一台车用燃气轮机是在

1954年由克莱斯勒公司（Chrysler Corporation）生产的，随后是福特汽车公司的货车用燃气轮机。唯一取得成功的车用燃气轮机是应用在美国艾布拉姆斯军用坦克上的燃气轮机机组。

图1-11是基于《2010年叶轮机械手册》数据所给出的世界范围内销售燃气轮机的制造厂商、总值为600亿美元市场份额及燃气轮机种类的分布情况。从该图可以看出，通用电气公司是最大的供应商，其市场份额占到了49%。图1-12示出了各个燃气轮机制造厂商的分布情况及其生产的燃气轮机发电装置的数量情况，可以看到通用电气公司的市场份额占据第一，索拉透平公司紧随其后。

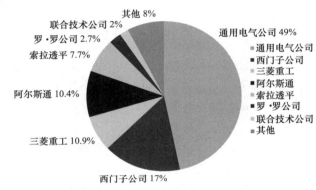

图 1-11　燃气轮机销售额分布⊖

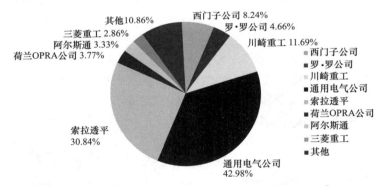

图 1-12　燃气轮机发电机组产品及市场份额百分比⊖

## ▶▶重型燃气轮机

重型燃气轮机是在第二次世界大战后的较短时期内设计出来的，并于20世纪50年代初期引入市场。早期的重型燃气轮机设计在很大程度上是借鉴了蒸汽轮机设计。对于这些地面机组而言，重量和空间的限制不是重要的考虑因素，因此其设计特点为水平中分的厚壁气缸/机匣、滑动轴承、大直径燃烧室、较厚叶型及较大头部面积的透平动叶和静叶。重型燃气轮机的总压比已从早期的5提高到了现役机组的35。在某些燃气轮机中透平进口温度已经达到了2,732°F（1,500℃），从而使得燃气轮机成为当今市场上最高效的原动力装置之一，其简单循环效率高达40%，而联合循环效率则超过60%。预测未来进口温度甚至可能高达3,000°F（1,649℃），届时将会使燃气轮机成为更加高效的动力装置。由美国能源部支持的

---

⊖ 原书数据如此，仅供参考。

"先进燃气轮机计划"就将更高的进口温度作为其研发目标之一。为了获得进口高温,在某些最新的设计中采用了蒸汽冷却,目标是使金属温度维持在 1,300℉(704℃)以下并防止热腐蚀问题。

重型燃气轮机采用轴流式压气机和轴流式透平。这种燃气轮机通常有 15~25 级轴流式压气机;燃烧室由多个环管形燃烧器组成,相互之间通过联焰管连接,或采用带有多喷嘴的单个大的环形燃烧室。环管形燃烧器间的联焰有助于将火焰从一个火焰筒传向其他所有的火焰筒,并使各个燃烧器彼此间的压力能够保持平衡。早期在欧洲出现的工业燃气轮机设计采用的则是单级侧放式或筒仓式燃烧室。由于单级侧放式或筒仓式燃烧室容易使气缸发生变形,目前新的欧式设计大多已经不再采用此类燃烧室,而采用环管形或环形燃烧室。

重型燃气轮机中较大的进口通流面积会降低进口速度,由此降低了气动噪声。压气机中每一级压比的降低,可以带来更宽、更稳定的工作范围。

在大多数重型燃气轮机中使用的辅助模块主要是重型泵和电机,它们必须经过相当长时间的测试。

重型燃气轮机的优势在于其长寿命、高可用性以及较高的总效率。此类燃气轮机的噪声水平要比航空发动机燃气轮机低得多。重型燃气轮机最大的客户是公共事业电厂和独立的电力生产商。自 20 世纪 90 年代以来,这种燃气轮机就已经成为大多数联合循环电厂的核心支柱了。

最新面市的联合循环重型燃气轮机的功率为 480MW,采用蒸汽冷却技术,其燃气温度可达到 2,600℉(1,427℃),从而使得联合循环效率甚至超过 60%。下面介绍一些目前市场上的新型燃气轮机。

通用电气(GE)公司在重型燃气轮机市场中的份额最大。图 1-13 所示为 GE 公司 9 FA 重型燃气轮机的横剖视图,其工作频率为 50Hz,功率为 256MW,效率为 37%,由 17 级轴流式压气机、14 个环管形燃烧器和 3 级轴流式透平组成,压比为 16.61。9 FA 的姊妹机型为 7 FA,其工作频率为 60Hz,功率为 183MW。

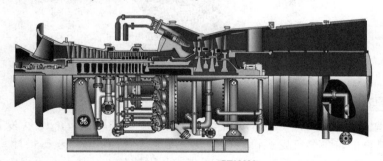

GT18029
MS9001F 单轴燃气轮机
FA-226.5MW(简单循环),50Hz
FA-348.5MW(联合循环),50Hz
横剖视图

图 1-13　GE 公司 9 FA 重型燃气轮机的横剖视图

图 1-14 所示为 GE 公司新研制的先进联合循环燃气轮机的实物照片,称为 H 系列(H System™)。该系列的联合循环系统效率突破了 60%,它将燃气轮机、蒸汽轮机和余热锅炉整合在一个封闭的系统中,并且优化了各个部件的性能。图 1-15 是 GE 公司 H 系列燃气轮

机示意图，共有 17 级轴流式压气机，采用环管形贫预混干式低 $NO_x$（DLN）燃烧系统。9H 系列燃气轮机采用了 14 个燃烧室，7H 系列燃气轮机则采用了 12 个燃烧室，而透平均为 4 级。H 系列燃气轮机具有很高的联合循环效率（60%）和很大的输出功率（480MW），这样可以降低燃气轮机电厂系统的发电成本。对于电厂的运营成本来说燃料的成本是最大的，因此即便是其效率增加 1%，对于输出功率在 400～500MW 范围的典型燃气和联合循环电厂，也能大大降低其生命周期内的运营成本。

图 1-14　GE 公司 H 系列燃气轮机

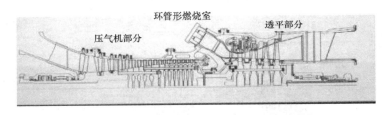

图 1-15　GE 公司 H 系列燃气轮机示意图

GE 公司 H 系列燃气轮机采用了闭式蒸汽冷却系统，可允许燃气轮机透平进口温度更高，进而提高其总体性能。正是由于闭式蒸汽冷却才使得 H 系列燃气轮机能够达到 60% 的联合循环效率，并且严格满足环保标准的要求。

GE 公司还研制了一种用于简单循环的新型高效燃气轮机。图 1-16 所示为 GE LMS100 燃气轮机。该型燃气轮机采用高负荷低压压气机，这是由 GE 发电系统的 MS 6001 FA 重型燃气轮机的压气机改型而来的。由高压压气机、燃烧室和高压透平组成的核心机则是通过 GE 航空发动机 CF6-80C2® 和 CF6-80E1® 改型而来的。新的 2 级中压透平和新的 5 级动力透平是基于最新的航空改型燃气轮机技术而设计的。来自低压压气机（LPC）的压缩空气通过空气/空气或空气/水热交换器（间冷器）得到冷却，随后进入高压压气机（HPC）。这是第一台采用间冷压气机部件的燃气轮机。ABB 公司在 1950 年所设计的老式燃气轮机与之较为相似，即在两个轴流式压气机级中间采用间冷器，图 1-17 为该系统的示意图。气流的冷却意味着高压压气机（HPC）将消耗更少的压缩功，从而增加总效率和输出功。低压压气机（LPC）出口气流温度较低，通常可用于透平的冷却，以允许更高的透平进口温度，从而增加输出功和总效率。LMS100 燃气轮机结合了重型燃气轮机和航空发动机的技术，如图 1-18 所示。新的 2 级中压透平用于驱动同轴的 Frame 6 燃气轮机的前 6 级压气机，5 级动力透平

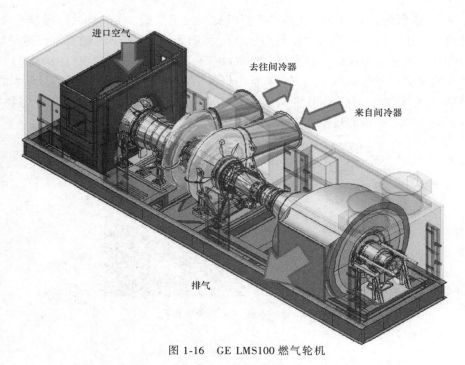

图 1-16  GE LMS100 燃气轮机

去间冷器

低压透平

功率输出轴

燃烧室

高压压气机  高压透平

低压压气机  动力透平

图 1-17  ABB 燃气轮机系统示意图

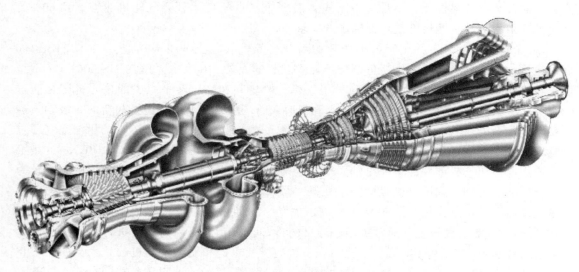

图 1-18  LMS100 燃气轮机

基于最新的航空改型燃气轮机技术，用于驱动安装在透平热端的发电机。热端驱动的排气和尾轴的设计则源于重型燃气轮机设计的实践经验。

早期欧洲的燃气轮机采用筒形燃烧室，图 1-19 所示为西门子/KWU 电厂联盟 20 世纪 60 年代制造的燃气轮机的剖视图。这种类型的燃烧室，常用于 20 世纪 50 年代至 80 年代期间在欧洲燃气轮机。图 1-20 和图 1-21 所示为带筒形燃烧室的 BBC/Alstom GT 11N2 燃气轮机在大修时的照片。新一代的欧洲燃气轮机则采用环形燃烧室，图 1-22 所示为采用环形燃烧室的西门子 V94.2 燃气轮机的剖视图。该燃气轮机由 16 级轴流式压气机、环形燃烧室和 4 级反动式轴流式透平组成，其中轴流式压气机和发电机由透平驱动。图 1-23 为该西门子 V94.2 燃气轮机的设计图。

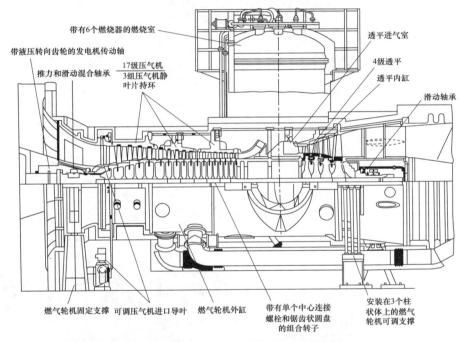

图 1-19　西门子/KWU 燃气轮机的剖视图

图 1-20　大修中的 BBC/Alstom GT 11N2
燃气轮机（一）

图 1-21　大修中的 BBC/Alstom GT 11N2
燃气轮机（二）

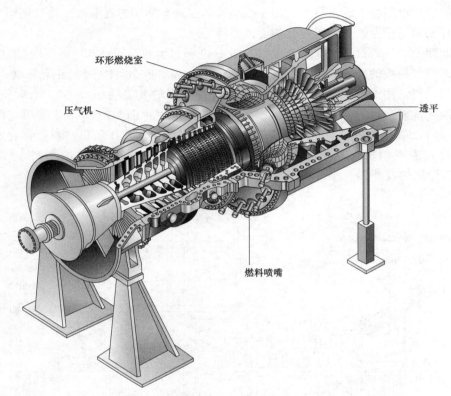

图 1-22　西门子 V94.2 燃气轮机的剖视图

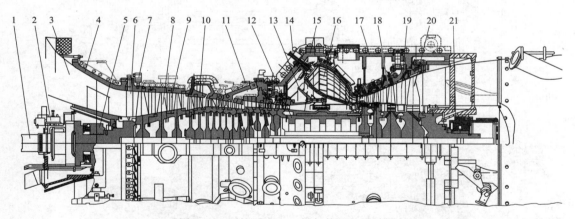

图 1-23　西门子 V94.2 燃气轮机的设计图

1—中间轴　2—液压齿轮　3—进气通道　4—压气机和轴承箱　5—径向和轴向轴承　6—可调导叶　7—系统调节器
8—压气机叶片　9—扩压器叶片　10—抽气口1　11—抽气口2　12—内缸　13—压气机扩压器出口
14—燃料喷嘴　15—2 号外缸　16—环形燃烧室 17—3 号外缸
18—透平　19—透平喷嘴　20—径向轴承　21—排气缸

　　在收购西屋燃气轮机公司后，西门子公司如今已成为第二大重型燃气轮机的供应商。此前，西屋公司的燃气轮机（W256/SGT-900 和 W501 F/SGT6-5000 F）在设计时普遍采用美国的环管形燃烧室设计技术，而西门子公司的燃气轮机（V84 和 V94）则采用欧洲常用的环形燃烧室设计技术。

　　图 1-24 为西门子带环管形燃烧室的 W501 F 级燃气轮机的示意图。W501 F 级燃气轮机带有 16 级轴流式压气机，压比为 17，压气机出口绝对压力达到 250lb/in²。该燃气轮机采用干式低 NO$_x$（DLN）燃烧室，由 16 个环管形燃烧器环绕燃气轮机主轴安装而成。透平部分由 4 级反动式燃气透平组成，可产生 208MW 功率，效率达 38.1%。图 1-25 和图 1-26 为 W501 G 级燃气轮机示意图，其燃烧室、过渡段和透平第一级喷嘴叶片均采用了蒸汽冷却。该燃气轮机功率为 280MW，效率为 38.5%，由压比为 19.2 的 16 级轴流式压气机、16 个 DLN 环管形燃烧器和 4 级轴流式透平组成。与其他环管形燃烧室不同，该燃烧室不带有联焰管，而是每个燃烧器都带有一个点火器。西门子公司新一代的燃气轮机主要基于西屋公司的设计，不再继续采用蒸汽冷却概念。这可能是由于 W501 G 级燃气轮机在运行中出现了许多由于蒸汽泄漏所引起的问题。

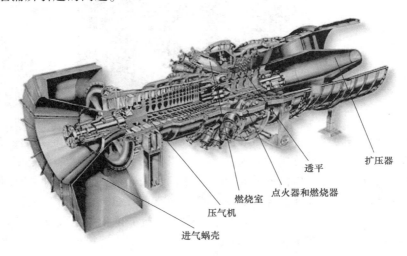

图 1-24　西门子 W501 F 级燃气轮机

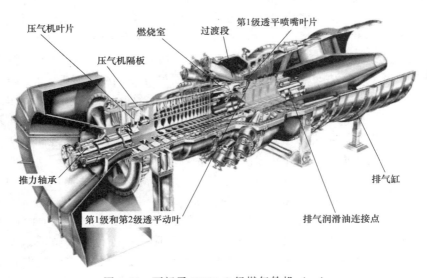

图 1-25　西门子 W501 G 级燃气轮机（一）

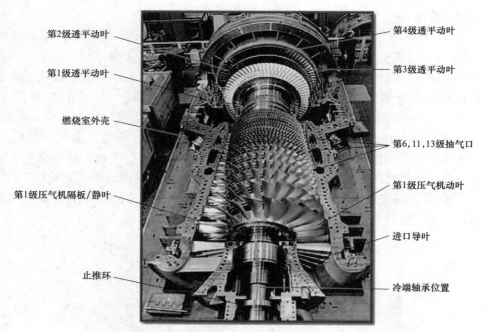

第2级透平动叶

第1级透平动叶

燃烧室外壳

第1级压气机隔板/静叶

止推环

第4级透平动叶

第3级透平动叶

第6,11,13级抽气口

第1级压气机动叶

进口导叶

冷端轴承位置

图1-26　西门子 W501 G 级燃气轮机（二）

　　三菱公司最早是作为西屋公司燃气轮机授权商开始从事燃气轮机业务的，并在 20 世纪 90 年代开始参与 501 F 级燃气轮机的开发工作。该燃气轮机的压气机部件是由三菱公司设计的，而热端部件则由西屋公司提供原始设计。在西门子公司收购西屋公司并且其合资企业解散后，这些部件设计已经单独被卖掉。自从三菱公司与西屋公司的合作结束后，西屋公司的 W501 G 级和三菱公司的 M501 G 级和 M501 J 级燃气轮机分别由各自独立开发。三菱公司的 501 F 级燃气轮机由压比为 17 的 16 级轴流式压气机、14 个环管形燃烧器和 4 级轴流式透平组成；而图 1-27 所示的三菱公司的 M501 G 级燃气轮机，则由压比为 20 的 15 级轴流式压气机、14 个环管形燃烧器和 4 级反动式轴流式透平依次组成，功率为 267MW，效率达 39%。三菱公司最新进入燃气轮机领域的 M501 J 级机组如图 1-28 所示，其燃气温度达到 2,912℉（1,600℃）。M501 J 级燃气轮机具有 15 级压气机，带有进气导向叶片和前三级可调导叶，压比达 23，其后连接有 14 个环管形燃烧器。图 1-29 所示为三菱公司 M501 J 级燃气轮机的转子。透平部分为 4 级反动式，其中前三级叶片表面涂有隔热涂层（TBC），同时 4 级透平叶片全部采用空气冷却。透平前两级动叶片无叶顶围带，而后两级动叶片采用围带。J 级燃气轮机与 G 级燃气轮机相比，最主要的区别就在于透平部分，其中 J 级燃气轮机后两级透平叶片有围带，而 G 级燃气轮机只有最后一级叶片有围带，同时 J 级燃气轮机各级动叶片均有冷却，而 G 型燃气轮机最后一级叶片无冷却。

　　阿尔斯通（Alstom）公司的 GT24/26 燃气轮机于 1995 年开发成功，其中 GT24 用于 60Hz 发电市场，而 GT26 用于 50Hz 发电市场。图 1-30 给出了阿尔斯通 GT24/26 燃气轮机的剖视图。当这些燃气轮机应用于联合循环时，效率可以达到 55%~57%。GT24/26 型燃气轮机的热态运行时间累计已超过 3,650,000h，在基本负荷、中等负荷、循环、每日起停等各种工况下的起动次数则超过 64,000 次。该燃气轮机设计的独特之处在于它们有两个串联的燃烧室，从而形成燃气轮机再热循环，图 1-31 所示为燃气轮机再热循环的示意图（有关燃

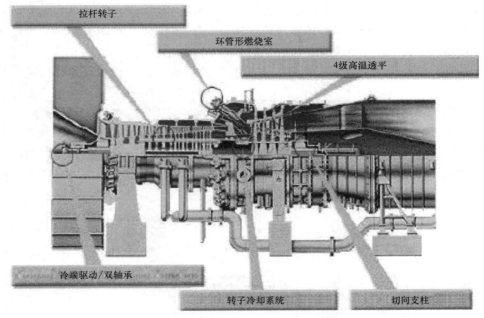

图 1-27　三菱 M501 G 级燃气轮机

图 1-28　三菱 M501 J 级燃气轮机

图 1-29　三菱 M501 J 级燃气轮机转子

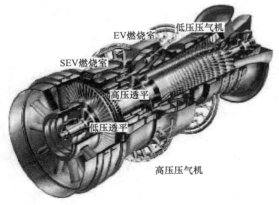

图 1-30　阿尔斯通 GT24/26 燃气轮机的剖视图

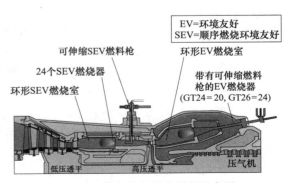

图 1-31　燃气轮机再热循环示意图

气轮机再热循环详见第2章）。阿尔斯通公司的前身布朗·勃法瑞（Brown Boveri）公司，作为世界上唯一一家选择顺序燃烧技术路线的制造商，于1948年在瑞士安装了首台使用顺序燃烧技术的燃气轮机机组。该燃气轮机的压气机有22级，其中前16级为低压压气机，在其出口约25%的气流被引出进入第二个燃烧室，其余75%的气流将进入后6级压气机，压气机产生的总压比大于30。图1-32给出了阿尔斯通公司GT24/26燃气轮机的模块图。压气机叶片设计采用了可控扩散叶型（CDA，第7章），从而可使压气机各级均能根据特定的要求和边界层条件进行单独优化，这也使得压气机在保证较高的喘振裕度的情况下还能有较高的总效率。压气机前3级采用可调导叶，以保证其在起动及部分负荷情况工作时的效率较高。整个燃气轮机的主轴由22级压气机、1级高压透平和4级低压透平组成，它是由锻造的轮盘焊接成的一个整体转子。

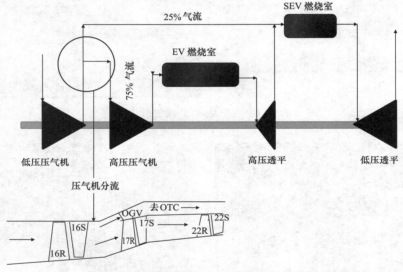

图1-32　阿尔斯通GT24/26燃气轮机模块图

OTC—出口温度控制　　OGV—出口导叶　　16R—第16级动叶　　16S—第16级静叶

图1-33a展示了由锻造的轮盘焊接而成的单轴转子结构。前16级压气机动叶和5级透平动叶被固定在如图1-33b所示的枞树型叶根槽内。由布朗勃法瑞公司开发出的这一焊接技术，从1929年开始就应用于所有燃气轮机和蒸汽轮机的转子。图1-33c所示为放置于布朗勃法瑞公司加工出的特殊夹具中的这样一个转子。如今阿尔斯通公司的燃气轮机转子在焊接和冷却时均采用竖直放置来进行旋转，以避免转子产生任何弯曲。

GT24/26通过采用顺序燃烧技术使燃料在两个干式低$NO_x$燃烧室中进行燃烧，从而获得低污染物排放的效果。该燃气轮机具有低的透平进口温度和稳定的燃烧，从而可以处理市场上常见的各种燃料组分。顺序燃烧技术打破了高效率和高进口温度之间的必然联系。其特点在于将燃烧过程通过膨胀到中等压力水平而分为两个过程。在这个所谓的"再热"过程中，部分能量在第一个膨胀过程后通过第二个燃烧过程增加了进来，从而使得燃气轮机的效率和功率密度增加。

应用于GT26重型燃气轮机中的顺序燃烧原理，使其有别于常规的燃气轮机。实际上，顺序燃烧技术可以被视为将两个燃烧室-透平串联组合在一起的燃气轮机，其中第一个燃气

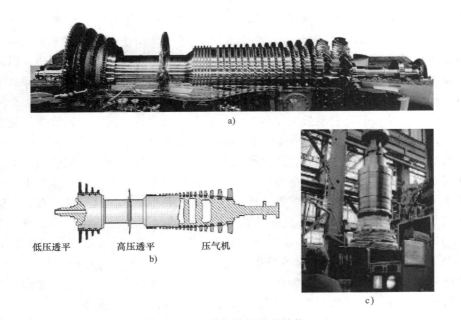

低压透平　　　　高压透平　　　压气机
b)

c)

图 1-33　燃气轮机转子结构

a）由锻造轮盘焊接而成的单轴转子结构　b）前 16 级压气机动叶和 5 级透平动叶固定在枞树型叶根槽内

c）放置在特殊夹具上的转子

透平的排气供给第二个燃气透平的燃烧室。顺序燃烧的第一个燃烧器被称为是 EV（Environ-mental，环境友好）燃烧器，而第二个燃烧器则被称为 SEV（Sequential En-vironmental，顺序燃烧环境友好）燃烧器。EV 燃烧器有利于进行干式低 $NO_x$ 燃烧，可以燃用各种天然气，同时还可将液体燃料作为替代燃料。燃烧室由两个向两边略微偏移的半锥体组成，并由此形成两个固定宽度的进口槽，该槽贯穿整个组件。燃烧所用的空气通过这些槽进入锥体，燃料通过一系列槽边缘上的细孔喷射进来。通过这种布置，燃料和空气旋转成形涡状并充分混合。

GT24/26 使用两个环形燃烧室使得其周向温度分布均匀，同时避免了联焰管或过渡段的问题。顺序燃烧技术提高了燃机的功率密度，从而可使叶片尺寸做得更小。

来自于压气机的空气，通过采用气膜冷却和对流冷却的复合技术来冷却高压透平级和前 3 级低压透平级。用于高温燃气通流部件的冷却空气取自沿压气机分布的 4 个抽气口。其中来自这些二次气流的空气有两股被直接使用了，另两股气流在进入高温燃气通流部件之前还需通过热交换器（直流冷却器）冷却。此外，排气余热在水-蒸汽循环中再次被利用，使得 GT26 的性能在联合循环应用中达到最大。在简单循环应用中，冷却是通过直接引入到二次空气流的冷却水来实现的。

### ▶▶航空改型燃气轮机

航空改型燃气轮机广泛应用于电力生产中，这是由于与其他工业燃气轮机相比，其起动、停机、负荷变化的能力均较强，它们也常被应用于船舶工业，以满足对机组减轻重量的要求。通用电气公司（GE）的 LM2500 和 LM6000，罗·罗公司的 RB211 和 Avon，以及普惠公司的 FT-8 都是这一类燃气轮机的典型代表。

航空改型燃气轮机由两个基本部件组成：一个航空改型燃气发生器和一个自由动力透平，如图1-34所示。作为燃气能量的产生部件，燃气发生器主要用于生成高温高压燃气。燃气发生器由飞机发动机通过改烧工业燃料改型而来。通常需要在设计上创新，以保证其基于地面环境下具有所需的长寿命的特点。以涡扇喷气发动机设计为例，通常拆除涡扇，而在现有的低压压气机前增加几级压缩段。这些附加级通常被称作00级和0级，从而保持压气机其他级的编号与其在航空发动机应用时的编号相同。大多数情况下，轴流式压气机被分成两个部分，即低压压气机部分及与其紧接着的高压压气机部分。在这种情况下，透平也通常分为高压透平和低压透平两个部分，用以驱动其对应的压气机部分。它们的轴一般是同心布置，这样可以优化高压部分和低压部分的转速。在这些情况下，动力透平是与压气机即燃气发生器透平分离的，它们之间仅在气动上耦合，机械上并不耦合。这些透平有三个轴，其中动力透平轴是动力输出轴，它在独立的转速下工作。燃气发生器产生压力为$45 \sim 75 \mathrm{lbf}/\mathrm{in}^2$（$3 \sim 5 \mathrm{bar}$，$1 \mathrm{bar} = 10^5 \mathrm{Pa}$）、温度为$1,300 \sim 1,700 \mathrm{°F}$（$704 \sim 927 \mathrm{°C}$）的燃气，用于驱动动力透平。图1-35所示为GE LM6000航空改型燃气轮机的剖视图，其功率为48MW，效率为41%。这种简单循环燃气轮机模式在电力生产中应用最为广泛。在其全速模式下，如图1-36所示，在低压压气机和高压压气机之间注入蒸汽。该燃气轮机有两个压气机和三个透平，其中两个压气机分别为高压压气机和低压压气机，三个透平中的高压透平用以驱动高压压气机，低压

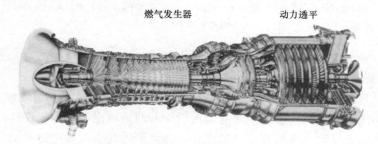

图1-34　航空改型燃气轮机

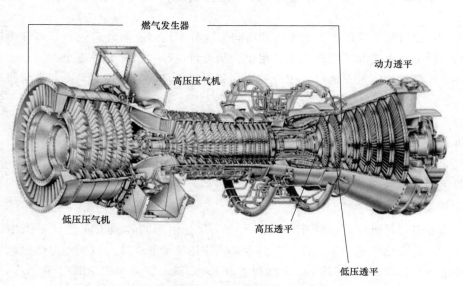

图1-35　GE LM6000航空改型燃气轮机的剖视图

透平通过同轴驱动低压压气机，最后一个是动力透平，用于驱动例如发电机、压缩机或泵等一类从动机。带有直流蒸汽发生器（OTSG）的 LM 6000 燃气轮机在联合循环中应用广泛，特别是在使用场地面积受限制时，这是由于 OTSG 相比常规的余热蒸汽发生器（HRSG，又称余热锅炉）占地面积要小得多。图 1-37 所示为余热蒸汽发生器。

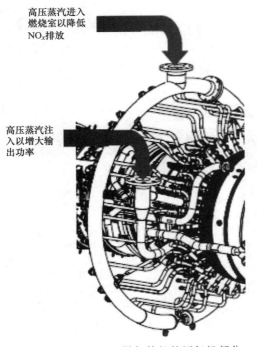

图 1-36 GE LM6000 燃气轮机的压气机部分

图 1-37 余热蒸汽发生器

罗·罗公司的航空改型燃气轮机应用广泛，例如 Avon 和 RB 211。其中，Avon 燃气轮机用于天然气压缩管线增压站，而输出功率为 42.4MW、效率为 39.3% 的 RB 211-HB3 燃气轮机常用于发电厂。图 1-38 所示为 RB 211 燃气轮机的剖视图。RB 211 有一个两级动力透平，如图 1-39 所示。这种类型的动力透平被许多压缩机制造商，如 Dresser-Rand & Cooper-Besse-mer（即如今的 Cameron Industries），用以驱动其压缩机或发电。

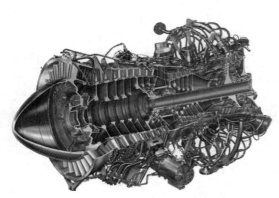

图 1-38 RB 211 燃气轮机

图 1-39 两级动力透平

普惠公司制造的 FT8 型航空改型燃气轮机为 25MW 级别，常用于工业和市政电力供应。FT8 TwinPac 机组通过一个双发动机、单发电机的配置，提供 52MW 的电力。该双发动机机组从两端驱动一个单一的发电机。FT8 燃气轮机是以普惠公司的航空发动机技术为基础，为适应工业用途开发而成的，如图 1-40 所示。该燃气轮机的特点是结构紧凑和模块化设计。为了用于不同的电力生产目的，FT8 燃气轮机提供了两种不同改型，即 PowerPac 和 Twin-Pac。为了用于驱动压缩机的 MechPac，采用了曼透平（MAN Diesel & Turbo）开发的动力透平，额定转速为 5,500r/min，此外还应用干式低 $NO_x$ 燃烧室或喷水进入燃烧室的燃料腔以降低污染物排放，典型的应用包括管线压缩机机组和气体处理厂的压缩机。

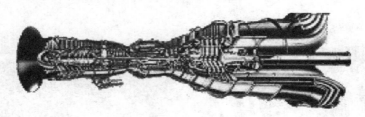

图 1-40　FT8 燃气轮机

航空改型燃气轮机无论在电力工业还是石化工业都得到了应用。电力工业通过联合循环模式将航空改型燃气轮机用于发电，特别是在电力需求量小于 100MW 的偏远地区。石化工业通常在海上平台应用这类燃气轮机，特别是用于天然气回注和作为海上平台的发电厂，其主要原因在于这些燃气轮机的结构紧凑，便于置换或外送检修。航空改型燃气轮机在输气公司和石化工厂也得到了广泛应用，特别是可以在许多变速驱动上应用。这些燃气轮机也可用于驱逐舰和巡航舰的主动力。航空改型燃气轮机的优点如下：

1. 较低的安装成本。所涉及装置整体的尺寸和重量都不大，可以作为一个完整的单元在制造厂内进行封装和测试。一般来说，机组打包还会包括发电机或被驱动管线压缩机以及用户指定的所有辅助设备和控制仪表盘。机组在工厂中进行的匹配和调试方便了其在工作现场的直接安装。

2. 适应远程控制。用户通过系统自动化来努力降低运行成本。目前，许多新的海上平台和管道应用都将压缩设备设计成远程控制而无人值守的操作模式。喷气式航空改型燃气轮机设备可以做到自动控制，原因在于其附属系统并不复杂，不需要水冷（通过油空气热交换器冷却），起动设备（气体膨胀电机）耗能极低而且很可靠。安全装置和仪器易于应用远程控制和设备性能监测。

3. 维护方案简单。离站维护计划适合用于以操作人员最少化和无人值守站点为目标的系统，技术人员仅进行较小的运行调整和实施仪器校准。不然，航空改型燃气轮机将一直运行而不做检查，直到监视器发现危险或突然的性能变化。这种方案需要安装另一台燃气发生器（航空改型燃气轮机），以便将原有的燃气发生器拆除送回工厂进行维修。动力透平因其进口温度较低，通常不会有问题。燃气发生器透平的拆除和置换导致的停机时间大概是 8h。

▶▶ **工业燃气轮机**

工业燃气轮机是中等功率范围的燃气轮机，通常其额定功率在 5~20MW 范围内。这些燃气轮机的设计与大功率重型燃气轮机相类似。它们气缸（或机匣）较航空改型燃气轮机厚，但是比重型燃气轮机薄。工业燃气轮机一般采用分轴设计，在部分负荷时效率较高。高效率的主要原因在于其燃气发生器部分（产生高温燃气的部分）工作在最大效率，而动力透平工作在一个很大的转速范围内，特别当用于驱动压缩机时。通常，工业燃气轮机的压气机一般为10~16级亚声速轴流式压气机，其压比范围为5~15。在美国，大多数的设计方案采用环管形燃烧室（在一个圆环上大约安装5~10个环管形燃烧器）或者使用环形燃烧室。而在欧洲，大部分设计方案则采用侧放式燃烧室，其透平部分进口温度比美国的设计低。图1-41所示为索拉透平公司生产的工业燃气轮机发电机组。卡特彼勒分公司属下的索拉透平公司是工业燃气轮机机组产量最大的生产商，如图1-12所示。索拉透平产品范围包括从功率1.2MW、效率24.3%、热耗率14,023Btu/（kW·h）［16,000kJ/（kW·h）］的索拉 Saturn 机组到功率21.745MW、效率40%、热耗率9,695Btu/（kW·h）［10,230kJ/（kW·h）］的索拉 Titan 机组。

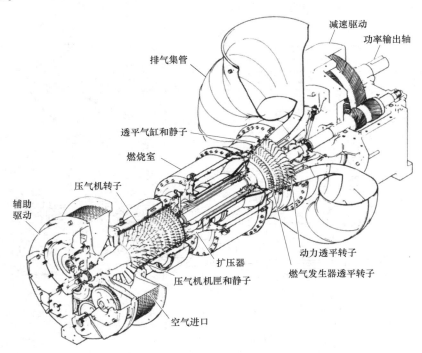

图 1-41　索拉透平公司生产的工业燃气轮机发电机组

　　燃气发生器透平通常为2~3级轴流式透平，并且第一级喷嘴和动叶带有空气冷却。动力透平很多时候采用单级或2级轴流式透平，不与燃气发生器透平和压气机的轴相连接。中等功率的燃气轮机在海上平台使用，并且在石油化工企业获得日益广泛的应用。直接的简单循环燃气轮机的效率很低，但通过采用回热器回收透平排气中的能量，可以使其效率得到显著改善。在一些流程加工厂中，排气中的能量被用来产生蒸汽。这种联合循环（燃气-蒸汽）热电联供电厂具有很高的效率，也是未来的发展趋势。

　　图1-42所示为索拉透平公司称之为 Mercury 的回热燃气轮机（RGT）设计，该机组效

率达 41%，热耗率为 8,863Btu/（kW·h）[9,351kJ/（kW·h）]。索拉透平公司使用回热器这一术语来描述其热交换器，它将能量从透平出口的高温排气向低温压缩空气传递。索拉透平公司的回热器是由 625 合金制成的叉流式热交换器。图 1-43 所示为空气侧的流动路径：空气首先进入压气机，在10 级轴流式压气机中压缩到 9.9 压比，随后通过回热器被加热，而后进入环形燃烧室，点火燃烧后产生约 2,200℉（1,204℃）的高温燃气。从燃烧室出来的燃气，通过 2级轴流式透平膨胀做功。透平出口的排气，则经由回热器加热压气机出口的压缩空气。

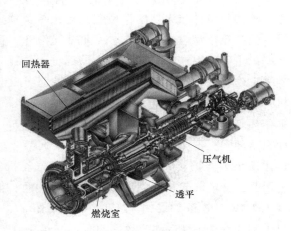

图 1-42　索拉透平公司 RGT 燃气轮机设计

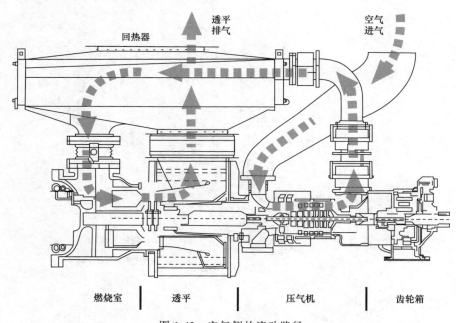

图 1-43　空气侧的流动路径

### ▶▶▶小型燃气轮机

　　大部分输出功率小于 5MW 的小型燃气轮机的设计方法与前面讨论的大型燃气轮机相似。然而，还有很多设计包括离心压式气机或者离心式压气机和轴流式压气机的组合以及向心式透平。小型燃气轮机通常由压比高达 8 的单级离心式压气机、温度高达 1,800℉（982℃）的侧放式燃烧室以及向心式透平组成。图 1-44 所示为采用向心式透平的燃气轮机。

　　在此类燃气轮机中，空气由进气管道引入离心式压气机中，压气机高速旋转并将能量传送给空气。空气离开叶轮时，压力和速度得以增加，随后进入高效扩压器，使得其速度能转化为静压能。压缩空气从压气机的蜗壳以低速流向侧放式燃烧室，一部分进入燃烧室头部，与燃料混合并连续燃烧，其余部分空气穿过燃烧器的壁面进入燃烧室与高温燃气混合。良好

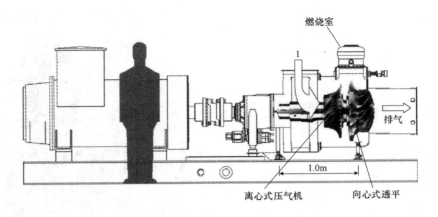

图 1-44 向心式透平燃气轮机

的燃料雾化和混合控制保证了高温燃气温度的均匀分布。高温燃气通过蜗壳进入向心式透平的喷嘴，在经过喷嘴导叶通道时迅速加速和膨胀，给透平提供了旋转动能，以驱动外部负载和燃气轮机冷端的辅助设备。小型燃气轮机的效率要比大型燃气轮机机组的效率低很多，这是因为透平的进口温度因其叶片没有冷却而受到限制，且部件的效率低下。离心式压气机和叶轮本身隐含的问题使其效率要比所对应的轴流式压气机低。这些机组的坚固性及其设计的简单性保证了其长时间无故障运行。这类燃气轮机的总循环效率较低，为 18%～23%，改善的途径之一是利用透平排气的余热，使效率提高。鉴于排气中几乎包含了所有未能转化为机械能的热能，而这些能量大多数可以被转化为有用功，从而能够达到 30%～35% 的高热效率。此类机组应用在热电联供（CHP）中可以获得高达 60%～70% 的总流程效率。

OPRA 公司燃气轮机的工作压比为 6.7，在 26.9% 效率下可发出功率 1,910kW，其热耗率为 12,732Btu/kW·h［13,433kJ/(kW·h)］。Dresser-Rand 公司的 KG2-3E 燃气轮机如图 1-45 所示，其型号与挪威生产的 Kongsberg 燃气轮机类似，它带有一级离心式压气机，压比 4.7，单级向心透平，功率为 1,895kW，效率为 16.7%，热耗率为 21,542Btu/kW·h ［22,729kJ/(kW·h)］，可用作备用电源，其起动可靠性为 99.3%。

Kawasaki 公司的小型燃气轮机采用离心式压气机，在很多情况下它使用图 1-46 所示的两级离心式压气机，但采用多级轴流式透平，产生的膨胀比为 10.5，在效率为 26.6% 的条件下产生高达 1,685kW 的功率，此时热耗率为 12,841Btu/(kW·h) ［13,548kJ/(kW·h)］。由于采用了轴流式透平，透平进口工质压比和温度都能达到更高，因此其效率比其他采用离心式压气机和向心式透平的小型燃气轮机要高。其原因在于轴流式透平的叶片可以被冷却，但是对向心式透平很难做到，因此限制了其透平进口温度。

### ▶▶车用燃气轮机

由于初始成本和燃料效率的问题，燃气轮机作为车辆动力源的应用并不是非常成功。小型柴油机的有效燃油消耗率（BSFC）低至 0.45lb/(hp·h)［0.27kg/(kW·h)］，其等同效率约为 28%，而同样尺寸的简单循环燃气轮机装置的效率只有 18%～20%。这是由其相对较低的循环压比和透平进口温度所导致的。因此对于车用燃气轮机来说，要使其比柴油机更有竞争性，必须采用带回热/再生式回热的布雷顿循环（见第 2 章）。这需要采用图 1-47 所示

图 1-45　Dresser-Rand 公司的 KG2-3E 燃气轮机

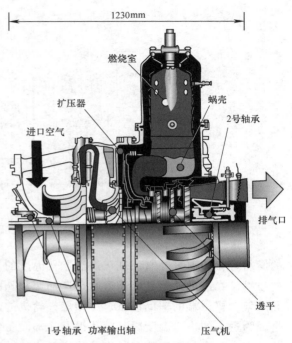

图 1-46　两级离心式压气机

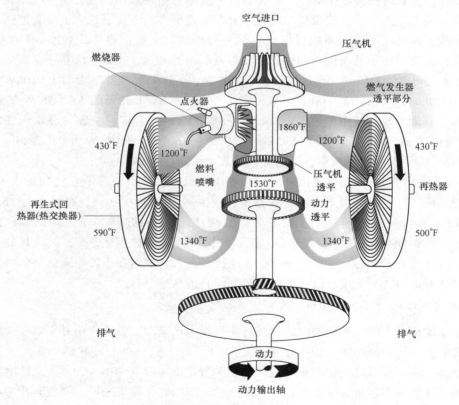

图 1-47　再生式回热器示意图

的再生式回热器，将压缩空气从平均温度 465℉（240.5℃）加热到平均温度 1,270℉（688℃）。气体从燃烧室出来时的温度大约为 1,860℉（1,015.5℃），因此通过回热器可以使需要燃烧室加热的空气从约 1,270℉（688℃）加热到 1,860℉（1,015.5℃），而如果没有回热器，则空气必须从 465℉（240.5℃）在燃烧室加热到约 1,860℉（1,015.5℃），因此使用回热器可以大大节约燃料。燃气发生器的透平部分已经概述过了，它包括离心式压气机和驱动压气机的透平，产生高压高温燃气去驱动动力透平。动力透平与燃气发生器透平相互独立，在低转速下产生高的转矩，这与常规传动系统的要求不同。表 1-3 给出了车用燃气轮机的主要部件及性能参数。

表 1-3　早期车用燃气轮机性能参数（福特汽车公司）

| 基 本 参 数 | | |
|---|---|---|
| 类型 | | 回热燃气轮机 |
| 额定参数 | 额定功率 | 输出轴转速 3,600r/min 下为 130bhp（97kW） |
| | 转矩 | 输出轴静止下 425lb·ft（576N·m） |
| | 质量 | 410lb（186kg） |
| 燃气轮机基本尺寸（不含附件） | 长度 | 25in（635mm） |
| | 宽度 | 25.5in（648mm） |
| | 高度 | 27.5in（699mm） |
| 整机长度（含相应附件） | | 35in（889mm） |
| 燃料 | | 无铅汽油、柴油、煤油、JP-4 等 |
| 部 件 | | |
| 压气机部分 | | 单级离心式，压比 4 |
| | | 28 个扩压器叶片 |
| | | 进气集气室 |
| 透平部分 | 第一级 | 单级轴流式 |
| | | 固定喷嘴 |
| | 第二级 | 单级轴流式 |
| | | 可调喷嘴 |
| 回热器 | 类型 | 双转盘，再生式 |
| | 效率 | 90%+ |
| 燃烧器 | 类型 | 单管，逆流式 |
| | 效率 | 99% |
| 设 计 参 数 | | |
| 燃气发生器最大转速 | | 44,600r/min |
| 第二级透平最大转速 | | 45,700r/min |
| 输出轴最大转速（减速齿轮后） | | 4,680r/min |
| 回热器最大转速 | | 22r/min |
| 压气机气体流动速率 | | 2.2lb/s（1.0kg/s） |
| 透平第一级进口温度 | | 1,700℉（927℃） |
| 排气温度（额定工况） | | 525℉（274℃） |
| 排气温度（息速工况） | | 180℉（82℃） |
| 环 境 条 件 | | |
| 温度 | | 85℉（29.5℃） |
| 大气压力 | | 29.92inHg（101.3kPa） |

图 1-48 所示为第一辆燃气轮机汽车，车体是由意大利 Ghia 公司设计的，它标志着燃气轮机汽车进入了"青铜时代"，并在 1963 年 10 月对该车进行了公开测试。

**货车发动机**

1970 年，继对燃气轮机进行了 18 年的研究之后，福特公司在托莱多建立了其俄亥俄州发动机工厂，为重型货车、公共汽车、船舶以及各种工业用途生产和销售

图 1-48　第一辆燃气轮机汽车

燃气轮机发动机。货车发动机的功率约为 600hp（448kW），有效燃油消耗率（BSFC）为 $0.45lb_{fuel}/(hp \cdot h)$ ［$0.27kg/(kW \cdot h)$］，相当于 28% 的效率。图 1-49 所示为福特公司货车燃气轮机的工作原理图。该燃气轮机在效率方面与柴油发动机相比极具竞争力，而且其体积和质量更小，可以承受更高的负载。

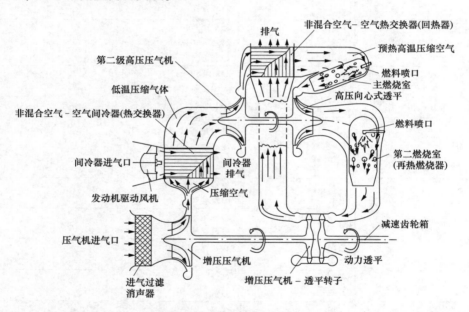

图 1-49　福特公司货车燃气轮机工作原理图

福特公司货车燃气轮机采用间冷、回热和再热的布雷顿循环，该循环是具有最高效率的复杂布雷顿循环（见第 2 章）。两个压比均为 4 的离心式压气机使整体循环压比高达 16。位于这两个压气机之间的间冷器降低了进入第二个压气机的空气温度，从而减少了第二个压缩过程所需的功，同时也降低了第二个压气机出口压缩空气的温度。压缩空气接着进入旋转的再生式回热器，在回热器中被加热，再进入第一个燃烧室加温，随后通过向心式透平膨胀做功。该高压向心式透平驱动高压离心式压气机。排气经膨胀后进入第二个燃烧室，在其中再次被加温并通过动力透平膨胀做功。动力透平是一个轴流式透平，在机械结构上除了减速齿轮外，与其他任何旋转部件无耦合连接，因此，它在低转速时具有高转矩，能够与任何加速要求很好响应，通过给第二燃烧室添加燃料，即可增加进入动力透平的进口温度，从而获得

所需的动力。从动力透平出来的排气进入低压透平，从而驱动低压压气机，最后排气在经过回热器加热高压压气机出口空气之后被排出。

由于出现了一系列问题，如旋转陶瓷回热器由于不均匀的热膨胀导致破裂、透平加热带来的问题，加上其单一供应商唯一的工厂由于一次灾难性洪水而关闭等，福特燃气轮机公司于1973年关闭。福特公司燃气轮机除了其上述优点外，还具有低噪声、低排放、低油耗、低振动、易冷起动、可延长大修周期、低转速时具有高转矩以及瞬时满功率的优势。

尽管用于机车运输方面的透平技术研究经费高得使人望而却步，但透平材料尤其是使透平能在更高温度下运行的陶瓷和高温涂层方面的研究富有成效，从而提高了透平的效率和功率，同时也控制了排放。

鉴于燃气轮机与往复式发动机相比具有更小的体积和更高的功率重量比，军用坦克、直升机和喷气式飞机都使用燃气轮机。然而，在怠速时的高燃油消耗和高温高速运行所需要的昂贵材料，限制和阻碍了燃气轮机在汽车上的成功应用，除了在一次性的示范车辆和改装的高速赛车应用以外。

美国主战坦克由AVCO Lycoming公司生产的AGT-1500燃气轮机驱动，该装置为三轴燃气轮机，如图1-50所示。在空气流量为12lb/s的条件下，该装置的轴功率为1,500hp，其工作压比为12，带有双轴压气机（低压和高压压气机）。AGT-1500燃气轮机的组成如下：进气部分、5级轴流低压压气机、由4级轴流式压气机和1级离心式压气机组成的高压压气机（转速最高可达43,450r/min）、辅助齿轮箱、单一燃烧室、高压轴流式透平、低压轴流式透平、独立的动力透平、减速齿轮箱和回热器。

压气机出口的气体流经固定的逆流式回热器加热后再进入燃烧室，高温燃气自燃烧室出来通过单级高压透平和单级低压透平膨胀，最后通过一个两级动力透平做功。其中，高压和低压透平部分与高压和低压压气机同轴连接，而动力透平则与齿轮箱相连。

图1-51所示为一个驱动直升机用的航空改型小型燃气轮机。该机组有3个独立的旋转组件安装在3根同心轴上。该

图1-50　AVCO Lycoming公司的AGT-1500燃气轮机

燃气轮机的低压压气机为5级轴流式压气机，高压压气机由3级轴流式压气机和单级离心式压气机组成，分别由单级轴流式透平驱动，动力透平为2级轴流式透平。燃烧系统由带有多燃料喷嘴和电火花点火装置的逆流式环形燃烧室组成。该航空改型燃气轮机功率为4.9MW，效率为32%。

#### ▶▶ 微型燃气轮机

微型燃气轮机一般指机组功率小于350kW的燃气轮机。这类机组一般采用成熟的技术，

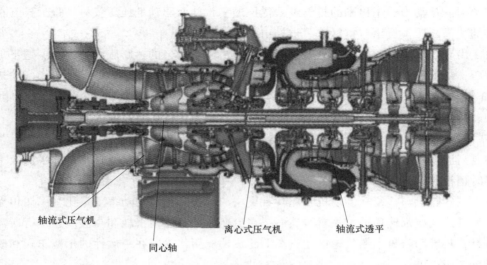

轴流式压气机　　　离心式压气机　　轴流式透平

同心轴

图 1-51　航空改型小型燃气轮机

其燃料既可以是柴油，也可以是天然气。微型燃气轮机既可以采用轴流布置，也可以采用离心式压气机-向心式透平的结构。初始成本、运行效率、尾气排放是微型燃气轮机设计中三个最为重要的准则。

微型燃气轮机只有满足结构紧凑、生产成本低、效率高、运行安静、起动快、排放小的要求，才算是设计成功。这些性能要求如果达到，将使得微型燃气轮机可以成为可为一定范围商业用户提供基础负荷、热电联供的优秀竞争者。微型燃气轮机很大程度上是成熟技术的综合集成，其挑战主要在于如何经济有效地将这些技术集成起来。

目前市场上的微型燃气轮机功率分布范围为 20~350kW。现有微型燃气轮机采用图 1-52 所示的向心式透平和离心式压气机。为了提高热效率，在微型燃气轮机的设计中采用了回热器，并与吸收式制冷机或其他热负荷部件相结合。图 1-53 所示为一个典型的应用微型燃气轮机的热电联供系统，这种紧凑的分布式能源系统在未来具有很大的潜力。

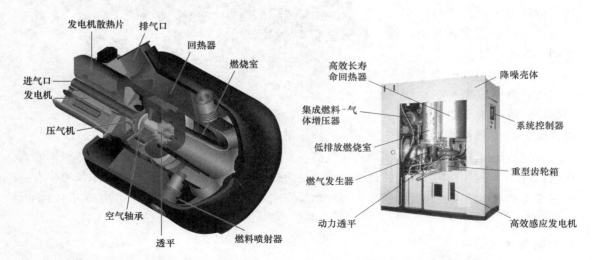

发电机散热片　　排气口

回热器

燃烧室

进气口
发电机

压气机

空气轴承

透平　　　燃料喷射器

高效长寿命回热器

降噪壳体

集成燃料-气体增压器

系统控制器

低排放燃烧室

燃气发生器

动力透平

重型齿轮箱

高效感应发电机

图 1-52　向心式透平和离心式压气机　　　　　图 1-53　微型燃气轮机热电联供系统

# 燃气轮机主要部件

## ▶▶压气机

压气机的作用是对工质进行压缩。压气机的种类如图 1-54 所示，可以分为三大类：
(1) 容积式压气机，用于低流速和高压头的场合；(2) 离心式压气机，用于中等流量和中等压头的场合；(3) 轴流式压气机，用于大流量和低压头的场合。在燃气轮机中，离心式压气机和轴流式压气机作为一类连续流动的压气机，主要用来压缩空气。容积式压气机，例如齿轮式压气机，在燃气轮机中主要用于润滑油系统。

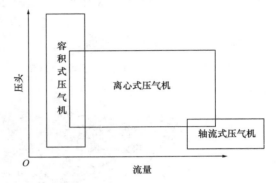

图 1-54 三种类型的压气机

表 1-4 给出了这些压气机的特性。轴流式压气机和离心式压气机按压比不同可以分为三组：工业用、航空用和科研用。航空用燃气轮机，考虑其推重比，其压气机的每一级负荷都很高，级压比可高达 1.4。对于工业用燃气轮机，每级的负荷都相对较小，级压比大致在 1.05~1.3 范围内变化。压气机的绝热效率也有提高，达到 80% 以上。压气机效率对于燃气轮机总体性能非常重要，因为它几乎消耗了燃气透平所产生功率的 55%~60%。

表 1-4 压气机特性

| 压气机种类 | 压比 | | | 效率范围(%) | 运行范围 |
|---|---|---|---|---|---|
| | 工业用 | 航空用 | 科研用 | | |
| 容积式压气机 | ≤30 | — | | 75~82 | — |
| 离心式压气机 | 1.2~1.9 | 2.0~7.0 | 13 | 75~87 | 宽,25% |
| 轴流式压气机 | 1.05~1.3 | 1.1~1.45 | 2.1 | 80~91 | 窄,3%~10% |

由于工业用压气机工况运行范围较广，因此其压比一般比较低。压气机的运行范围是指位于其喘振点与阻塞点之间的范围。图 1-55 给出了压气机的运行特性曲线，喘振点指的是当压气机中的流动出现回流时的点，而阻塞点指的是当流动马赫数为 1.0 时的点，此时气流在某处达到声速，机组无法通过更多的流量。当喘振发生时，工质倒流，所有的力尤其是推力都将作用于压气机，从而导致压气机的毁坏。因此，喘振这种现象一定要避免。阻塞现象会导致效率的突

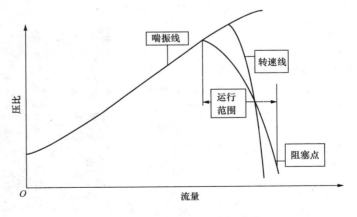

图 1-55 压气机的运行特性曲线

降，但不会引起压气机的损坏。

需要指出的是，随着压比的升高以及压气机级数的增多，压气机的运行范围将会变窄。

本章所讨论的压气机通过机械运动方式将能量从旋转部件中传递到连续工作的流动介质中。燃气轮机所使用的压气机可以分为两类，一类是轴流式压气机，另一类是离心式压气机。几乎所有输出功率超过 5MW 的燃气轮机都采用轴流式压气机。一些小型燃气轮机会使用轴流式与离心式相结合的压气机。图 1-56 给出了由一个轴流式压气机及其后一个离心式压气机、一个环形燃烧室以及一个轴流式透平组成的燃气轮机发动机，非常接近于图 1-50 和图 1-51 中描述的实际发动机。

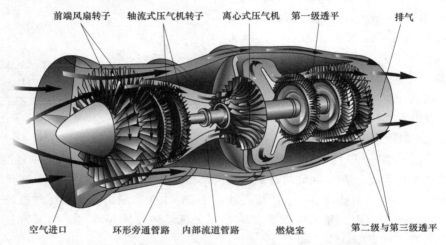

图 1-56　燃气轮机发动机中的轴流式压气机与离心式压气机

### 轴流式压气机

轴流式压气机通过先加速工质然后进行扩压的方式来压缩工质，从而实现压力的增加（见第 7 章）。工质的加速过程在旋转的动叶即转子中进行，而扩压过程在静叶即静子中进行。静子中的扩压过程是将在动叶中增加的动能转化为压力能。压气机中的一排转子和一排静子构成一个压气机级，一台压气机通常包含多个级。一般情况下，在压气机进口处常常会布置一排额外的称为进口导叶的固定叶片，以保证空气以期望的角度进入第一级转子。除此以外，在压气机出口处还会布置扩压器，在进一步扩压的同时控制其进入燃烧室的流速。

在轴流式压气机中，气体经过每一级时其压力慢慢得到提升。由于每级压力的提升幅度较小，大约每级的压比为 1.1~1.4，因此可以获得非常高的效率。通过采用多级设计可以使总压比达到 40。对于燃气轮机多级压气机设计来说，其经验法则是每级的能量增加为定值，而不是每级的压力增加为定值。

图 1-57 展示了某多级高压轴流式燃气轮机的转子。图中所示的燃气轮

图 1-57　某多级高压轴流式燃气轮机的转子

机转子有一个低压压气机和一个高压压气机，同时有高压透平和低压透平两个透平。两个透平之间有一个很大的空间，这是由于再热循环燃气轮机的第二个燃烧室就布置在高压透平和低压透平之间。轴流式压气机共22级，压比可达到30。由于在每一级中压力的提升幅度较小，故可将空气假设为在每级内是不可压缩的，从而简化其设计计算。

**离心式压气机**

离心式压气机（第6章）应用在小型燃气轮机中，并且在绝大多数的燃气轮机压缩机组中是被驱动的单元。由于它们运行平稳，可承受大范围的工况波动，并且较其他类型压气机具有更高的可靠性，因此作为石化工业整体的一个部分被广泛应用在石油化工行业。离心式压气机的压比可从每级压比3变化到试验模型中的压比13。这里仅讨论小型燃气轮机上所使用的压气机，即每级压比介于3~7之间。这是一种高负荷的离心式压气机，从转子流入扩压器的流体是压比超过5的超声速流体（马赫数 $M>1$），故要求对扩压器进行特殊设计。

在典型的离心式压气机中，高速旋转的叶轮叶片迫使流体通过叶轮，并在叶轮和静止扩压器中分别将流体的动能转化为压力能。流体离开叶轮时的大部分动能都在扩压器中转化为了压力能。扩压器主要由与叶轮相切的叶片构成，这些呈扩张形式的叶片通道将动能转化为压力能，且叶片内缘与叶轮中所形成的气流方向一致。

在离心式压气机或混流压气机中，空气从轴向进入并沿径向流出，随后进入扩压器中。转子（或叶轮）和扩压器的组合形成了一个压气机级。空气从进气管道进入离心式压气机中并且由图1-58所示的IGV（进口导叶）形成进气预旋。进口导叶安装在叶轮诱导轮前端或者在无法布置轴向进口时就径向布置在进气管道内，进口导叶使流体在诱导轮进口产生周向速度。其安装目的主要在于降低诱导轮叶片顶端进口（叶轮进口）的相对马赫数，这是因为诱导轮叶片进口的最高相对速度位于轮壳处，当流体相对速度接近或大于声速时，将在诱导轮导流区形成激波，从而产生激波损失并阻塞导流区。空气通常

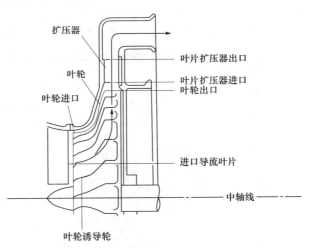

图1-58 IGV（进口导叶）形成进气预旋

从诱导轮叶片进入离心式叶轮。诱导轮叶片是叶轮的一个重要组成部分，非常类似于轴流式压气机的转子。很多早期的设计是将诱导轮叶片与叶轮分开。空气经过90°的转折进入扩压器，该扩压器主要由无叶区及其后的有叶扩压器组成。这种情况尤其发生在压气机出口处空气达到超声速时，如高压比的压气机中。无叶区的作用在于将离开转子时的气体速度减小到马赫数低于1。空气从扩压器流出后进入蜗壳或排气壳。离心式压气机较轴流式压气机而言，效率略低，但稳定性更高，而更高的稳定性就意味着其工作范围（即喘振到阻塞的裕度）更宽。

▶▶**再生式回热器/表面式回热器**

在许多情况下，"再生式回热器"和"表面式回热器"的概念对于工程师来说是相同

的。不管两者说法如何，它们指的都是一类空气-燃气热交换器的设备，该设备的作用是在空气与燃气混合程度最小的情况下，应用透平燃气排气的余热来加热⊖压气机出口空气。

目前，在大多数回热循环燃气轮机中，外界空气进入机组进口处的过滤器并压缩到压力约为145lbf/in²（10bar）和温度约为590℉（310℃）的状态。随后气体通过管道输送到再生式回热器/表面式回热器中，并加热到温度约为900℉（482℃）的状态。加热后的空气进入燃烧室，生成高温燃气后进入透平。高温燃气在透平中膨胀后，温度下降到约1,000℉（538℃），压力下降到基本等同于环境压力。燃气排气由管道输送到再生式回热器/表面式回热器中将排气余热传递给压气机出口的空气，随后再通过排气管排到外界大气中。事实上，回热循环将本来会浪费的透平排气热量传递给进入燃烧室的空气，从而减少了燃气轮机消耗的燃料量。以一个25MW的燃气轮机为例，回热器每天可加热1,000万lb的空气。

"再生式回热器"指的是两种不同介质流体间的热交换通过与第三种介质加热和冷却的交替作用来实现的系统。热流从第三种介质中相继流入流出，第三种介质的温度呈周期性变化。图1-59所示为回转再生式回热器的原理。在这样的设备中，旋转芯部由陶瓷或金属制造的蜂窝状圆盘组成，气流被圆盘分隔开，使得一半是来自压气机的冷空气，而另一半接触来自透平的燃气热排气。透平的热排气余热加热了旋转芯部，当其圆盘旋转时，加热过的蜂

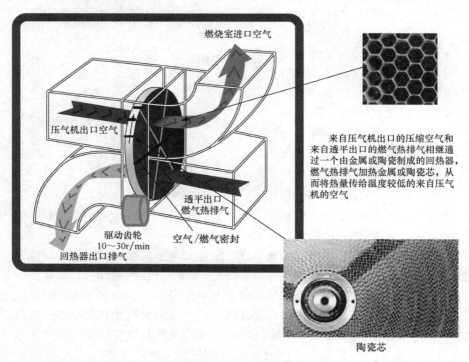

图1-59　回转再生式回热器的原理图

---

⊖　严格来讲，回热器与热交换器是有区别的，回热器是热交换器的一种，指的是回收透平排气中的余热用于加热压气机出口空气的再生式或表面式热交换器。——译者注

窝状结构便会接触并加热较冷的空气。

在表面式回热器中，换热面的每一个单元都有一个恒定的温度值，且在给定换热条件下，通过合理布置逆向流动的燃气路径，蓄热体在流动方向上的温度分布可达到最优。这个最佳温度分布，在逆流回热器中可以从理论上获得，在叉流式回热器中可以非常接近。图 1-60 为叉流式回热器的原理示意图。

再生式回热器相对于表面式回热器（逆流式），其优点在于，在给定体积下有更大的表面积，在同等能量密度、回热度以及压降的条件下仅需要更小的换热体积。这使得再生式回热器与等效表面式回热器相比，在材料和加工上更为经济。再生式回热器的主要不足在于冷热流体总会存在部分混合且无法完全分开，因此不可避免地

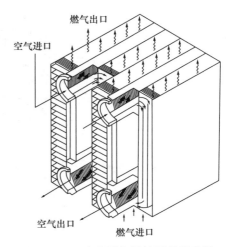

图 1-60 叉流式回热器的原理示意图

夹带小部分流体进入另一种流体中。在再生式回热器中，夹带的流体被困在蓄热体中的径向密封内；而在蓄热体被固定的表面式回热器中，夹带的流体存在于蓄热体的无效空间中。

## ▶▶燃料种类

如图 1-61 所示，天然气因其清洁燃烧和竞争性定价的优势，一直是世界范围内燃料方面的首选。新发明的天然气水力压裂法使得天然气在美国是极具竞争力的燃料。水力压裂法是一种从硬质岩石构造中抽取石油和天然气的实用手段，通过对大量的受压水、支撑剂（通常是沙子，用来保持岩石中的裂缝是敞开的）和极少量化学物质（放入钻井孔里，以在岩石上产生细纹）施加压力，使得石油和天然气可以从钻井孔流向大地表面。核电厂使用的燃料铀和火电厂使用的燃煤的价格近年来已经保持稳定并且已达到有史以来的最低水平。环境安全方面的顾虑、高的初始成本以及从计划到投产的较长周期，已经影响到了核电和火电产业。当石油和天然气作为首选燃料的任何时候，燃气轮机及其联合循环发电都是发电厂的第一选择，因为它们可以非常高效和低成本地将燃料转化为电力。据估计，从 1997 年至 2020 年，35% 的电厂将成为联合循环发电厂，7% 将是燃气轮机发电厂。值得注意的是，大概 40% 的燃气轮机还没有使用天然气作为燃料。

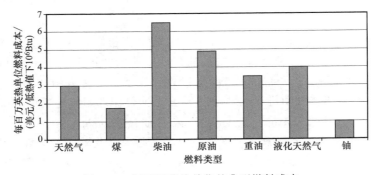

图 1-61 每百万英热单位的典型燃料成本

天然气的使用率正在增长,2000 年天然气在美国部分地区已经达到了 4.5 美元/Btu 的高价。图 1-62 所示为天然气在美国尤其是发电领域所占燃料比重的增长。这种增长依赖于完善且良好的配送系统,预示着美国联合循环发电厂的增加。

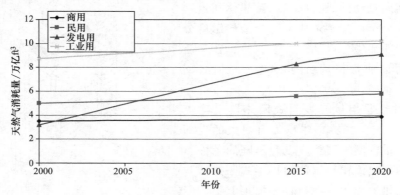

图 1-62 2000—2020 年预计天然气消耗量

图 1-63 所示为全世界广泛应用天然气的技术趋势,尤其在欧洲、拉丁美洲和北美洲,分别有 71%、73% 及 84% 的新电厂有望使用天然气作为能源,预示着联合循环燃气轮机的实质性发展。

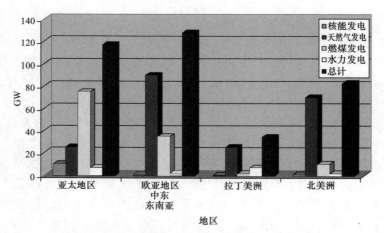

图 1-63 技术趋势预示天然气将成为燃料首选

## ▶▶燃烧室

所有燃气轮机的燃烧室都承担着相同的功能:提高高压燃气的温度。燃烧室进口温度取决于机组压比、负荷、机组类型以及(尤其是在低压比的情况下)是否采用回热。新型工业燃气轮机的压比在 17~35 范围内,这也意味着燃烧室进口温度在 850~1,200°F(454~649℃)范围内,新型航空发动机压比则超过了 40。回热循环燃气轮机的燃烧室进口温度范围为 700~1,100°F(371~593℃),燃烧室出口温度为 1,700~2,900°F(927~1,593℃)。

燃烧室的性能主要通过燃烧效率、燃烧室内部的压降以及燃烧室出口温度分布曲线的均匀程度来衡量。燃烧效率是衡量燃烧完全程度的指标。燃烧完全程度直接影响了燃料消耗量,因为所有未燃烧燃料的热值都没有被用来提高透平的进口温度。通常燃烧的温度范围为

3,400～3,500°F（1,871～1,927℃），在这个温度范围下，氮氧化物的体积在燃烧后的气体中约占0.01%。如果透平进口温度降低，氮氧化物的含量会大大下降。

从燃烧的角度来看，热值是气体燃料的一个重要特性。总热值或高热值是单位数量的燃料完全燃烧所产生的热量。

燃料的热值是其最重要的特性之一，它代表单位数量的燃料在燃烧时所产生的热量。燃料热值有高热值和低热值之分。

在以下条件下，可以获得燃料的总热值或高热值：

1. 燃烧后所有产物的温度冷却到燃烧前的温度；

2. 燃烧产生的水蒸气凝结。

在以下条件下，可以获得燃料的低热值或净热值：

1. 从总热值或高热值中减去燃烧时所形成水蒸气的汽化潜热；

2. 大多数性能热耗率基于低热值。

沃泊指数（*WI*）或沃泊数（$W_b$）是衡量天然气、液化石油气（LPG）和炼厂气等气体燃料互换性的一个指标，并且经常用于定义气体供应的技术参数。沃泊指数用来比较燃烧室中不同组分的气体燃料燃烧释放的能量。如果两种燃料有相同的沃泊指数，那么在给定的压力和参数设定的情况下两者燃烧释放的能量也将相同。通常，燃烧室的沃泊指数的数值在5%以内变化都属于正常范围。在分析合成天然气（SNG）的使用时，沃泊指数是用来使能量转换影响最小化的一个重要因素。沃泊数计算公式如下：

$$W_b = \frac{LHV}{\sqrt{Sp. \, Gr. \, T_{amb}}} = \frac{1000}{\sqrt{0.686 \times 550}} = 50$$

式中，LHV为燃料的低热值；*Sp. Gr.*为燃料的比重；$T_{amb}$为燃料在室温环境中的热力学温度。

燃气轮机燃烧室中，提高沃泊指数会导致燃烧的火焰靠近燃烧器火焰筒壁，而降低沃泊指数会导致燃烧室内的脉动。

新型燃气轮机已经从扩散燃烧室发展到应用干式低排放（DLE）或干式低$NO_x$（DLN）燃烧室来减少氮氧化物的排放，否则由于高达2,900°F（1,593℃）的火焰温度，氮氧化物含量将很高。因此，这些低$NO_x$燃烧室要求仔细设计并校核，以保证每个燃烧器有相等的火焰温度。已经发现，诸如动压传感器等新型仪器在保证每个燃烧器燃烧的稳定性方面可以发挥作用。

环境影响

燃气轮机燃烧室在燃烧中产生各种污染物。燃气轮机的燃烧过程形成以下的污染物：

1. 烟尘

2. 未燃碳氢化合物（$CH_x$）和一氧化碳（CO）

3. 二氧化碳（$CO_2$）生成物

4. 氮氧化物（$NO_x$）

烟尘通常在小范围的富燃料区域内形成，尤其是在起动工况下。未燃烧的$CH_x$和CO在不完全的燃烧中产生，特别是在空载情况下。$CO_2$生成物的产生是$CH_x$燃料燃烧的直接结果，通常将产生所消耗燃料量的3.14倍的$CO_2$。在燃气轮机中减少$CO_2$的唯一方法是燃烧更少的燃料，这意味着需要提高燃气轮机循环的效率（即每马力或千瓦功率消耗燃料更少），而 $NO_x$ 已成为当今燃气轮机的主要污染物。

1977 年美国环境保护局新出台了 EPA 法律抨击了燃气轮机的 $NO_x$ 污染问题，并在过去的 30 年中通过注水和新型"干式低 $NO_x$ 燃烧室"，将其污染物排放水平从大约 $200 \times 10^{-6}$ 减小到 $8 \times 10^{-6}$。

图 1-64 所示为过去 30 年中降低 $NO_x$ 的努力，开始是通过在燃烧室中注水（湿式燃烧），其后在 20 世纪 90 年代干式低 $NO_x$ 燃烧室的出现极大减少了 $NO_x$ 的排放。正在研发的新型燃烧室的目标是将 $NO_x$ 排放水平降低到 $9 \times 10^{-6}$ 以下。催化转化也被一起用于这些新型燃烧室，以进一步降低 $NO_x$ 的排放。有关燃烧室方面的新的研究，如催化燃烧具有很大的应用前景和价值，未来有望将 $NO_x$ 降低到 $2 \times 10^{-6}$。在美国能源部（DOE）"先进燃气轮机计划"的支持下，催化燃烧室已经用于某些发动机并取得了令人鼓舞的结果。

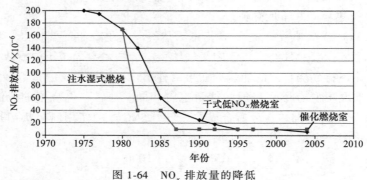

图 1-64 $NO_x$ 排放量的降低

燃气轮机燃烧室有两种：

1. 扩散燃烧室

2. 干式低 $NO_x$（DLN）或干式低排放（DLE）燃烧室

燃气轮机的燃烧室从设计上来讲已经有了很大的变化。通过在燃烧区注水或注蒸汽来限制 $NO_x$ 的产生量，原始的扩散燃烧室变成了湿式燃烧室。而大多数的新型燃气轮机已经从在主燃烧区中注蒸汽的湿式扩散燃烧室改进为干式低排放燃烧室。扩散燃烧室只有一个喷嘴，而大部分干式低排放燃烧室的每个火焰筒则有多个燃料喷嘴。

扩散型燃烧室

这是市场上最常用的燃烧室，然而它正在被更复杂的 DLN/DLE 燃烧室所替代。燃气轮机扩散型燃烧室在燃烧过程中仅使用非常少量的内部空气（体积分数约为 10%），其余空气则用来冷却和掺混。新型燃烧室也通过循环蒸汽进行冷却。来自于压气机的空气在进入燃烧室前一定要进行扩压。压气机出口的空气速度约为 $400 \sim 600ft/s$（$122 \sim 183m/s$），而燃烧室中空气的速度必须保证低于 $50ft/s$（$15.2m/s$）。即使在这样的低速下，也要注意避免火焰往下游伸展。

燃烧室事实上是一个直燃式的空气加热器，在燃烧室中燃料和三分之一或更少的来自压气机的空气以接近于化学配比的比例进行燃烧。燃烧产物随后和剩余的气体混合以达到一个合适的透平进口温度。尽管燃烧室有许多设计差别，但如图 1-65 所示，所有的燃气轮机燃烧室都有三个特征区：（1）回流区；（2）燃烧区（具有回流区并延伸到稀释区）；（3）稀释区。进入燃烧室的空气被分成三个部分，以使气流沿以下三个主要区域分布：（1）主燃区；（2）稀释区；（3）燃烧室火焰筒和外壳之间的环形空间区。

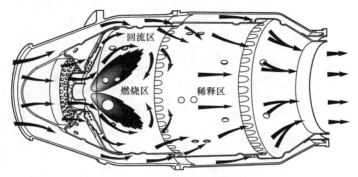

图1-65 燃气轮机燃烧室

燃烧室中的燃烧发生在主燃区。天然气的燃烧是碳、氢、氧之间的化学反应，反应伴随有热量产生，其燃烧产物是 $CO_2$ 和 $H_2O$。反应是按理论燃料空气比进行的，意味着反应物如此配比才能有足够的氧化剂分子来进行一场完全的反应，并最终以稳定的分子形式存在于燃烧产物中。空气通过顺流或逆流的方式进入燃烧室。大部分航空发动机采用顺流式燃烧室，而大部分重型燃气轮机机组使用逆流式燃烧室。回流区的作用是蒸发、进行部分燃烧以及为燃烧区剩余物的迅速燃烧准备燃料。理想情况下，在燃烧区末段，所有的燃料都应该已经燃烧完，这样稀释区的作用仅仅是采用稀释空气来混合高温燃气。混合物离开燃烧室时的速度和温度分布应该是可为透平导叶和动叶所接受的。通常而言，稀释空气的添加比较急剧以至于在燃烧区的末段如果燃烧不充分，稀释空气激剧掺冷产生的温度下降会阻止完全燃烧。然而，有一些火焰筒内的证据显示如果燃烧区燃料太过富裕，在稀释区的确会有一些燃烧的产生。图1-66所示为扩散型燃烧室各个区域的空气量分布。理论速度或参考速度是指燃烧室进口空气流过一个面积等同于最大的燃烧室外壳截面面积区域时的速度。逆流式燃烧室中的气流流动速度为25ft/s（7.6m/s）；而顺流涡喷燃烧室中的气流流动速度则介于80～135ft/s（24.4～41.1m/s）范围内。图1-67所示为一个用于重型燃气轮机的典型扩散型燃烧室，沿圆周约布置有6～16个扩散型燃烧器。注意在许多这样的燃烧室中，从压气机来的气流在火焰筒和衬套之间上升，然后在不同点处流入燃烧室火焰筒内，因此，这是一个逆流式燃烧室。只有18%的气流通过旋流器进入了火焰筒顶部，在那里和燃料一起燃烧，剩余的气流通过火焰筒外径周围的一系列小孔进入火焰筒内来保证衬层和火焰筒体的冷却。

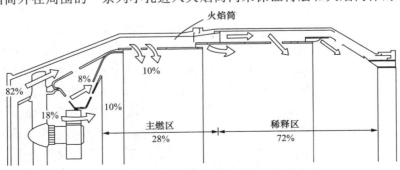

图1-66 扩散型燃烧室各个区域的空气量分布

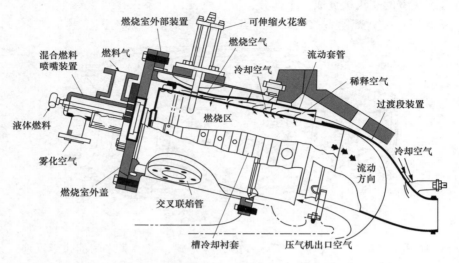

图 1-67　重型燃气轮机的典型扩散型燃烧室

**干式低排放（DLE）燃烧室**

　　DLE 技术是指在较冷和贫燃料条件下燃烧大部分燃料（最少 75%）来避免任何可能的 $NO_x$ 的明显产生。这种燃烧系统的主要特征是在燃料和空气进入燃烧室之前进行预混并减弱其混合强度来降低燃烧火焰温度，从而降低 $NO_x$ 的排放。如图 1-68 所示，这一作用将导致满负荷工作点在火焰温度曲线上降低并且更加接近于下限值。然而控制 CO 的排放将因此变得困难，并且机组的迅速卸载将会带来熄火的问题，如果发生熄火，必须让机组停机后进行重新起动操作才能安全地再次工作。

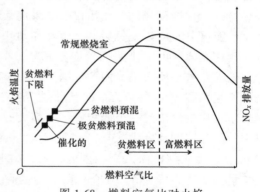

图 1-68　燃料空气比对火焰
温度及 $NO_x$ 排放量的影响

　　图 1-69 是一个常规燃烧室和一个典型干式低排放燃烧室的原理对比示意图。这两个燃烧室都采用旋流器来建立使燃烧室中的火焰保持稳定所需的流动条件。DLE 的燃料喷嘴更大，因为它包括燃料/空气的预混腔室，而且被混合的空气量很大，大约占参与燃烧的空气流量的 50%～60%。

　　DLE 喷嘴有两个燃料回路：主燃料回路和辅助（值班）燃料回路。占总体燃料约 97% 的主燃料部分被喷入位于预混室进口的旋流器下游的气流中。辅助燃料被直接喷入燃烧室中，几乎不进行预混。随着火焰温度比常规燃烧系统更接近贫燃料极限，当机组负荷降低时，必须采取一些措施防止熄火。如果没有采取措施，由于混合物中燃料太稀薄而无法燃烧，从而将导致熄火。小部分燃料总是通过不那么贫的燃烧来提供一个稳定的"辅助（值班）"区域，而其余则为贫燃料燃烧。在这两种情况下，旋流器都被用来建立使燃烧室中的火焰保持稳定所需的流动条件。同样，液化石油气（LP）的燃料喷嘴更大，它包括燃料/空气的预混腔室，且混合空气量很大，占燃烧空气量的 50%～60%。

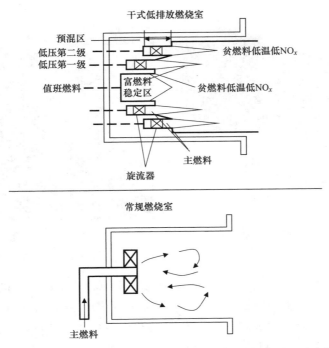

图 1-69　常规燃烧室和典型干式低排放燃烧室的原理对比示意图

　　图 1-70 所示为一个真实航空发动机上应用的干式低排放燃烧室的示意图，注意旋流器的三个同心圆环和燃料喷嘴。图 1-71 所示为带 DLE 燃烧室的重型燃气轮机，注意每个火焰筒上的燃料喷嘴数。图 1-72 所示为某火焰筒的一组 5 个燃料喷嘴和其中心的 1 个值班喷嘴，总共有 14 个这样的火焰筒沿周向布置在透平的外围。

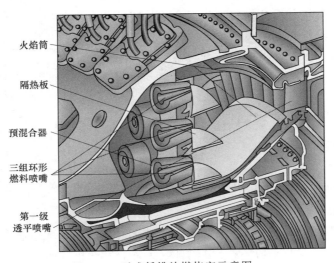

图 1-70　干式低排放燃烧室示意图

　　随着火焰温度比常规燃烧系统更接近贫燃料下限，当发动机负荷降低时，干式低排放燃烧室必须采取一些措施防止熄火。如果不采取任何措施，将由于混合物中燃料太稀薄无法维持燃烧而导致熄火。

图 1-71　带 DLE 燃烧室的重型燃气轮机

图 1-72　某火焰筒的一组 5 个燃料
喷嘴和其中心的 1 个值班喷嘴

通常有两种方法可以采用。一种方法是随着负荷降低逐步关小压气机进口导叶，这将减小机组的空气流量，从而减小燃烧室中混合物浓度的变化。在单轴燃气轮机中，这种方法通常可以提供足够的控制能力，允许机组负荷降到 50% 时仍能保持低排放运行。另一种方法是故意将空气在进入燃烧区前排到外界或是直接从燃烧区排出去。这样可以减少空气流量，增加（在任意给定负荷下）所需的燃料量，以此来保持燃料空气比近似等于满负荷时的数值。后一种方法引起部分负荷时热效率降低达 20% 以上。即使有这些空气管理系统，也会出现燃烧不稳定的区域，特别是当负荷迅速下降时。

如果燃烧室不具有可变几何特点，那么当机组功率提升时，有必要逐级打开燃油阀。机组期望的运行范围将决定燃油阀级数，通常至少要用两到三级，如图 1-73 所示。某些机组在起动或在变工况工作时，具有很复杂的分级运行。

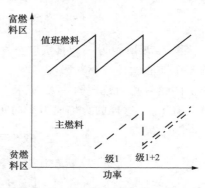

图 1-73　燃气轮机满负荷工作时
DLE 燃烧室燃料阀分级运行情况

使用这些 DLE 燃烧室经常会给燃气轮机带来麻烦，其中一些常见问题如下：

1. 自发点火和回火

2. 燃烧不稳定

这些问题会导致燃气轮机功率突然下降，这是因为机组控制系统会检测到故障并将机组关闭。

自动点火是指可燃混合物自发性地燃烧。对于给定的燃料混合物在特定的温度和压力下，就有一个有限的时间，其后就会发生自燃。柴油发动机（爆燃）依赖它工作，但电火花点火发动机必须避免这样的情况发生。

DLE 燃烧室在前部有预混模块，以将燃料和空气混合均匀。为避免自燃，燃料在预混段中的停留时间必须小于燃料的自燃延迟时间。如果在预混模块发生了自燃，那么很可能需要在机组再次满负荷运转前进行损坏部件的维修或更换。

对运营商来说，燃气轮机发生自燃后必须停机。燃气轮机供应商有关改善这种情况的回应并不能令人满意，然而运营商对降低了的可靠性不能作为"正常"情况接受。如果自燃发生了，那么这样的设计在燃料的自燃延迟时间和燃料在预混段的停留时间之间不具备足够的安全裕量。燃料的自燃延迟时间的确存在，但是有文献研究显示，对于给定的燃料，这个时间存在很大的不确定性。自燃的原因可归纳如下：

1. 预估的燃料自燃延时过长
2. 燃料组分的变化缩短了自燃延时
3. 燃料停留时间计算有误
4. 吸入的可燃颗粒提前触发了自燃

预混管道内的回火在局部火焰前缘速度大于空气燃料混合物离开管道的速度时发生。回火通常发生在未预期的机组的某些瞬态，例如压气机的喘振。由此导致的空气流速的变化必然引起回火。不幸的是，一旦火焰前缘接近预混管道的出口，火焰前缘的压降将导致管道内部混合物速度的降低。这放大了原始扰动的效果，延长了回火持续的时间。

当机组喘振引起回火时，先进的冷却技术可以提供一定程度的保护。火焰探测系统耦合快速响应的燃料控制阀也可以在设计中将回火造成的影响最小化。新型燃烧室也有采用蒸汽冷却的。

燃气轮机高压燃烧器使用预混使得贫燃料混合物得以燃烧。燃气轮机中空气和燃料混合物的化学当量比范围为 1.4~3。当混合物当量比超过 3 或低于 1.4 时，火焰变得不稳定，火焰温度太高将使 $NO_x$ 排放迅速增加。因此，新型燃烧室的长度变短可减少气体在燃烧室中的停留时间。喷嘴数目的增加可使燃烧室气体更好地雾化和掺混。大多数情况下喷嘴的数目增加了 5~10 倍，并且确实衍生了更复杂的控制系统。目前的趋势是发展环管形燃烧室。例如，以前的重型燃气轮机机组只有一个燃烧室，带有一个火焰筒，而类似的新型燃气轮机则拥有 12 个环管形燃烧室和 72 个燃烧器。

常规燃烧室曾经在机组低功率情况下存在燃烧不稳定的问题，这种现象被称作 Rumble，与燃烧室内部燃烧条件较差的贫燃料区有关。燃烧室内复杂的三维流动结构总是会有一些区域容易形成振荡燃烧。在常规燃烧室中，在低功率下振荡区域放出的热量要占燃烧室总体放热很大的一部分。DLE 燃烧室的目标是大部分燃料都进行贫燃料燃烧，以避免高温区域产生 $NO_x$。因此，这些更容易振荡燃烧的贫燃料区，目前存在于从空转到满负荷的各种工况下。燃烧室内通常能产生共振，在任何共振频率下压力幅值都会迅速增大，从而导致燃烧室故障。其振荡的模式可以是轴向、径向或周向，或者是三者耦合。在燃烧区，尤其是低 $NO_x$ 燃烧室中，采用动压传感器可以保证每个火焰筒均匀燃烧。这是通过控制每个火焰筒的流动直到所有火焰筒的频谱一致来实现的。该技术已投入使用并被证明十分有效，可以确保燃烧室的燃烧稳定性。

燃烧室或预混管道中燃料停留时间的计算并不容易。燃料和空气混合，在混合管道出口通过流动的相互作用达到均匀的燃料/空气比。由于这些流动由旋流、剪切层和涡系构成，需要使用混合管内的空气动力学 CFD 模型来模拟并保证混合过程的成功，同时为自燃建立足够的安全裕量。

通过将火焰温度限制在 2,650℉（1,454℃）以下可以实现 $NO_x$ 个数位的排放量。为了在这个温度下（比之前介绍的 LP 系统低 250℉/139℃）燃烧，在进入燃烧室通道前，需要将 60%~70% 的空气与燃料预混。因为有如此大量参与燃烧的空气来控制火焰温度，单独用来冷却燃烧室壁面或稀释高温气体并使其温度降到透平进口温度的空气量就显得有些不足，其结果将导致一些空气不得不同时参与冷却和稀释这两个过程。在机组中使用较高的透平进口温度——2,400~2,600℉（1,316~1,427℃），尽管几乎不需要稀释，却还是没有余下足够的空气来降低燃烧室壁温。在这种情况下，燃烧过程中使用的空气在进入喷嘴与燃料预混前，还需要用来冷却燃烧室壁面。对空气双重任务的要求意味着气膜冷却或致密微孔壁冷却不能在燃烧室壁面的主要部分使用。一些机组在设计中考虑采用蒸汽冷却，有的在壁面涂上了具有低热导的绝热涂层（TBC）以使金属绝热。TBC 是一种在燃烧室制造过程中使用等离子喷涂的陶瓷材料。TBC 涂层两端的温差通常在 300℉（149℃），意味着与燃烧室内气体接触的壁面温度大概为 2,000℉（1,094℃），这也有助于防止 CO 氧化形成的猝熄。

## 典型的燃烧室布置形式

在燃气轮机中，有多种燃烧室的布置方式。其中燃烧室的结构设计可以分为以下四类：

1. 环管形燃烧室
2. 环形燃烧室
3. 筒形燃烧室
4. 外部燃烧室（试验用燃烧室）

## 环管形和环形燃烧室设计

在航空应用中，迎风面积是一个重要的影响因素，通常将燃烧室设计为具有大量燃料喷管的环管形燃烧室或者环形燃烧室，以获得有利的径向和周向布置。特别是在新型飞机的设计中，环形燃烧室非常普及；但环形燃烧室设计的应用发展仍然存在着困难，因此环管形燃烧室依然得到应用。随着更高的燃气温度以及低热值燃气的应用，环形燃烧室的应用更受欢迎，因为与环管形燃烧室相比，前者因更小的表面积使得所需要的冷却空气量大大减少。在应用低热值燃气的燃气轮机中，冷却空气的需求量是一个重要的考虑因素，因为大部分空气在主燃烧区耗尽，只有极少量能应用于气膜冷却。环管形燃烧室的设计仅采用一个燃烧器的试验就能开展研发工作，而环形燃烧室必须处理成一个整体，其研发要求更多的硬件和压缩空气。环管形燃烧室既可设计为顺流式，也可设计为逆流式。在

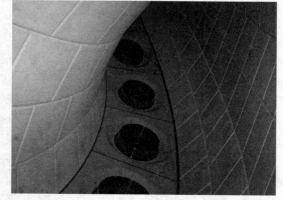

图 1-74 西门子 V94.3 燃气轮机的 DLN 环形燃烧室

航空应用中，通常将环管形燃烧室设计为顺流式，而在工业应用中常常设计为逆流式。而环形燃烧室几乎都设计成顺流式的。图 1-71 给出了重型燃气轮机的环管形燃烧室结构图，而图 1-74 所示为西门子 V94.3 燃气轮机的 DLN 环形燃烧室。

## 筒形燃烧室和筒形侧置燃烧室

筒形燃烧室和侧置燃烧室通常应用于大型的工业燃气轮机，尤其在欧洲设计中最为广泛。图 1-75 所示为含两个筒形侧置燃烧室的大型燃气轮机机组。一般较小的侧置燃烧室或

者一些小型的车用燃气轮机通常采用图1-76所示的燃烧室结构。这类燃烧室由于具有低的放热率，因而具有设计简单、易于维护、寿命长等优点。这类燃烧室既可以设计为顺流的也可以设计为逆流的。对于逆流式燃烧室，空气由一端进入燃烧室的外壳和火焰筒之间的环状空间，通常有一个高温燃气管道通向透平，而逆流式设计具有最小的尺寸。

空气/燃气管道燃烧室布置

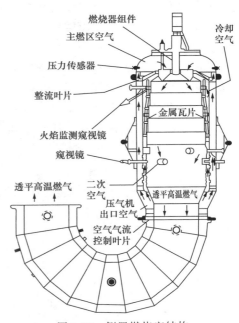

燃烧器组件
主燃区空气
压力传感器
整流叶片
火焰监测窥视镜
窥视镜
透平高温燃气
二次空气
压气机出口空气
透平高温燃气
空气气流控制叶片
冷却空气
金属瓦片

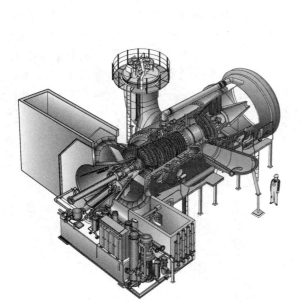

图1-75　含两个筒形侧置燃烧室的大
　　　　型燃气轮机机组

图1-76　侧置燃烧室结构

**外置（试验）燃烧室**

　　本书的作者博伊斯是外置燃烧注蒸汽燃气轮机的开拓者之一。1979年，博伊斯博士在美国能源部合同项目的资助下研发出了一个500kW的燃气轮机。其设计理念为：在不减少燃气轮机高温部件寿命的情况下，使该燃气轮机能够燃用各种燃料。此计划旨在研发在某一特殊构造的燃气轮机燃烧室内燃用水煤浆或者木屑。图1-77所示为外置燃烧室中的水煤浆燃烧情况。

　　这种外置燃烧燃气轮机的燃烧室与直燃式空气燃烧室类似。任何燃烧室的目标都是在压缩空气压损最小和污染排放量最小的条件下获得高的燃气温度。燃烧室由一个矩形腔室构成，其上方有一个较狭窄的对流区，在此处将燃气的排气余热用于产生蒸汽。燃

图1-77　外置燃烧室中的水煤浆燃烧

烧室外壳材料主要为碳素钢，在外表面镀了一层轻质覆盖材料，以起到绝缘并且减小热辐射的作用。

燃烧室的内部由小窗型（倒 U 形）弯管构成，这些弯管由一个较大直径的进口管和一个沿着两倍于燃烧室长度的回流管支撑。这类燃烧室有一系列的空气通道。如图 1-78 所示的燃烧室就有 4 个通道，每个通道由 11 个弯管构成，总共有 44 个弯管。这些小窗型弯管由不同的材料制作而成，因为温度将从 300℉ 增加到 1,770℉（149~927℃），因此，弯管的材料选用可从 304 不锈钢到高温端区的 RA330。这个弯管设计的优点在于 U 形管的光滑过渡使得压力损失最小，并且该设计使弯管在热应力作用下能够自由变形，从而不再需要使用膨胀节。这些弯管安装在可折叠的活动截面上，以方便清洁、检修或者长时间使用后对相关材料进行更换。在燃烧室端部水平放置一个燃烧器，火焰沿着燃烧室的中心轴逐渐扩大传播。这样，这些弯管直接暴露在火焰中，将受到最大的辐射传热。因此，这些弯管应当远离火焰中心，以确保它们不会产生热斑或者受到火焰喷射。

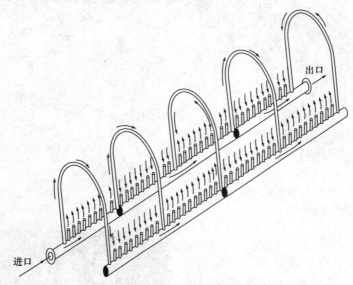

图 1-78　具有 4 个通道的燃烧室示意图

从燃气轮机压气机出来的冷却空气进入进气主管后沿着第一个弯管管束分配。因为在进口处有一个挡板，阻碍了冷却空气沿着管束继续前行。然后冷却空气进入回流管中继续向前流动，直至遇到第二个挡板。这种布置可以产生多个流动通道，有助于将由摩擦力产生的压力损失减到最小。这些空气最终回到进气主管的出口截面，随后进入燃气轮机的第一级喷嘴。

此燃烧室是用来处理预热燃烧空气的。预热燃烧空气是通过将燃气轮机部分排气分流送入燃烧室来获得的。从燃气轮机压气机中出来的空气是干净的高温空气。为了进一步回收烟气的热量，在燃烧室的对流区放置了一个蒸汽管束。所产生的蒸汽主要用来作为压气机出口的注蒸汽或者用于驱动蒸汽轮机。从燃烧室出来的烟气温度大约为 600℉（316℃），经过蒸汽管束后的温度大约为 250℉（121℃）。

外置燃烧燃气轮机的初始起动是非常复杂的。对于外置燃烧室的燃气轮机而言，发展了起动的独特概念。在能源部的合同项目支持下，该燃气轮机原型的运行时间超过了 100h。

### ▶▶透平

燃气轮机中使用的透平（涡轮）有两种类型，即轴流式透平和径流式透平。其中95%的燃气轮机采用轴流式透平。

这两类透平（轴流式透平和径流式透平）还可以进一步分为冲动式透平和反动式透平。对于冲动式透平而言，整个级的焓降都发生在静叶（喷嘴）中，即气体只在喷管中膨胀；而对于反动式透平来说，气体在静叶和动叶中均发生膨胀。

#### 径流式（向心式）透平

径流式透平或向心式透平已广泛应用多年。从根本上说，对于离心式压气机与向心透平而言，它们的流动和转动方向都是相反的；而向心透平相对于轴流式透平来说，它所承受的载荷以及波动的范围均较小。

向心式透平最先用于燃气轮机中。由于轴流式透平的迎风面积小，因此带来了巨大的经济效益，使得它们在航空中得到了广泛的应用。但是轴流式透平相比于向心式透平，它的尺寸远远超过向心式透平，使轴流式透平在一些特定场合的使用受到了制约。在涡轮增压器或者一些膨胀器中，一般使用向心式透平。

向心式透平有很多组件与离心式压气机相似。向心式透平可分为两类：悬臂式和混流式。图

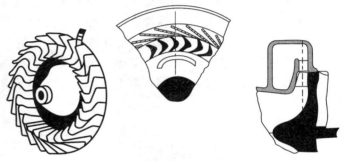

图 1-79 悬臂式向心透平示意图

1-79 所示为悬臂式向心透平，它和轴流式透平很相似，但它的叶片是径向分布的悬臂式透平的使用并不广泛，因为它的设计和生产都很困难。

#### 混流式透平

如图 1-80 所示，混流式透平几乎与离心式压气机一样，除了其部件的功能不同。其中，蜗壳的作用是沿透平周向均匀分配燃气流量。

静叶（喷嘴）的作用是加速气体流向叶轮进口，通常设计成无叶型的直叶片。在动静叶片的间隙中存在涡流，以使间隙各处的压力相等。气体从径向进入叶轮（此时其轴向速度非常小），然后流经叶轮并从出口导风轮近似轴向流出（此时其径向速度非常小）。

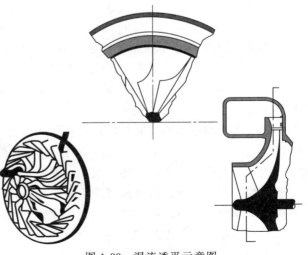

图 1-80 混流透平示意图

图 1-81 所示为向心透平各部分的术语。由于这种透平的生产成本低，其喷管均是直叶片，加工制造简单，因此得到了较为广

泛的应用。

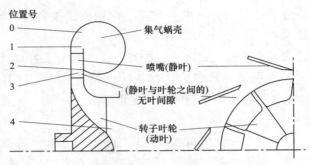

图 1-81　向心透平各部分的术语

**轴流式透平**

　　轴流式透平，与其对应的轴流式压气机相类似，流体均从轴向进入及流出。图 1-82 所示为轴流式透平结构示意图。轴流式透平有两类：（1）冲动式；（2）反动式。冲动式透平的所有焓降均发生在静叶中，因此，流体进入动叶时的速度很高。而对于反动式透平来说，流体在喷管和动叶中均发生膨胀，焓值降低。此外，如图 1-83 所示，第一级动叶片没有围带，叶片顶部开有气膜孔，但第二级和第三级动叶片有围带，同样在其顶部围带上开有气膜孔。

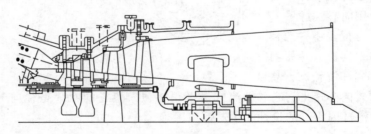

图 1-82　轴流式透平结构示意图

　　图 1-83 所示为重型燃气轮机的透平部分。对于大部分燃气轮机来说，透平的第一级动叶片一般都是冲动式的（零反动度），而第二级和第三级动叶片一般都为反动式的（反动度为 0.5）。对于冲动级来说，它的输出功率约为反动度为 0.5 的反动级的两倍，但是它的效率却低于反动级。

　　透平叶片冷却技术的发展和叶片材料耐温极限的提升使得透平的进口温度逐渐提高。图 1-84 所示为 GE 公司 F 级燃气轮机透平第一级叶片的冷却通道的结构图。可以观察到，叶片内部的扰流结构引起了内部流体的扰动，增强了换热，改善了冷却机制。随着定向凝固叶片和新型单晶叶片的发展，以及新型热障涂层和新的冷却技术的出现，透平进口温度得到了进一步提高。如果压气机的压比较高，会导致透平第一级使用的冷却空气的温度也随之升高，从压气机中出来的空气温度可以达到 1,200 ℉（约为 649℃）。因此，对于目前的冷却技术而言，需要进一步改进，并且许多情况下需要在冷却通道表面添加热障涂层。但是冷却技术受到了可使用的冷却空气量的限制，因为如果增大冷却空气量，可能使得整个热力系统的效率降低。根据经验规律可以得出，如果冷却空气量超过 8%，则透平进口温度的提高所带来的优势将会丧失，反而引起热效率的降低。

图 1-83 重型燃气轮机的透平部分

目前，已经研发出将蒸汽作为透平第一级和第二级的冷却工质的新型燃气轮机。蒸汽冷却可以应用于新型联合循环电厂，这是大部分高性能燃气轮机的基础。蒸汽既作为冷却工质，又作为循环工质，可以在联合循环中供新型燃气轮机使用。另外，蒸汽的使用可以在最小成本下获得最大功率。用 5% 的注蒸汽作为工质做功所输出的功率，相当于 12% 的空气重量做功所输出的功率。一般注入蒸汽的压力必须高于压气机出口空气压力 4bar 以上。蒸汽的注入方式必须十分小心，以防止压气机喘振。这些技术并不是新概念，在过去的研究中就已经开始得到了应用和证明。例如，在 20 世纪80 年代早期美国能源部关于高温透平技术计划的概念研究中，就由 United Technology 和 Stal-

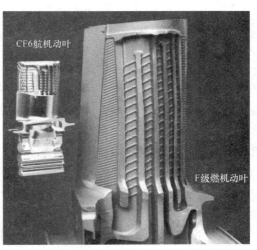

图 1-84 GE 公司 F 级燃气轮机透平第一级叶片冷却通道的结构图

Laval 的研究团队提出了蒸汽冷却作为冷却技术的基础，当时他们试验的透平进口温度就达到了 3,000 ℉（约为 1,649℃）。

## 材料

随着新型材料以及冷却技术的发展，透平进口温度有了较快的提升，由此燃气轮机热效率也得到了提高。透平的第一级叶片必须承受最为苛刻的高温、应力和环境条件，因此通常也以透平第一级叶片作为燃气轮机的限制部件。图 1-85 所示为透平进口温度、叶片冷却机制以及叶片金属性能的发展趋势。从 1950 年开始，透平动叶片材料的温度极限提高了约850 ℉（472℃），平均每年提高 20 ℉（10℃）。叶片材料温度的提升具有非常重要的意义，透平进口温度提高 100 ℉（56℃），相应的输出功率可提高 8%~13%，而对简单循环而言，其效率可提高 2%~4%。金属合金材料及其加工方面的进展，尽管成本较高以及耗时较长，但其对输出比功提高和效率改善所做出的贡献是十分显著的。

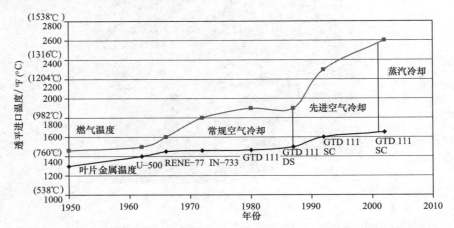

图 1-85　透平进口温度、叶片冷却机制以及叶片金属性能的发展趋势

在叶片冷却技术出现之前，透平进口温度的提高主要依赖于叶片高温材料的进步。冷却技术的应用使得透平进口温度的提高不再单纯依赖叶片材料技术的发展。并且，在热障涂层出现之前，当叶片材料的温度接近于 1,600℉（870℃）范围时，叶片的热腐蚀问题较材料强度问题更为突出，从而大大限制了叶片的使用寿命。在 20 世纪 80 年代，研究重点转向了两个方向：一个是改进材料技术，在不牺牲叶片耐蚀性能的前提下获得更高的叶片合金性能；另一个是发展先进和高度复杂的冷却技术，以获得更高的透平进口温度，从而满足新一代燃气轮机的性能要求。在联合循环中为了进一步提高效率，20 世纪 90 年代中后期在燃烧室中引进了蒸汽冷却技术，而燃气轮机动叶和喷嘴叶片的蒸汽冷却在 2002 年才开始投入商业运行。

在 20 世纪 80 年代，IN-738 叶片材料得到了广泛的应用，并成为工业界公认的用来评定腐蚀的标准。定向凝固叶片（DS，又称定向结晶叶片）在 80 年代后期最早应用在航空发动机上，在 20 世纪 90 年代早期，这种材料开始应用在大型叶片上，并且在大型工业燃气轮机上得到应用，以生产先进的静叶和动叶。这种定向凝固叶片较普通叶片而言，有一种较为特殊的晶粒结构，它与部件主轴方向平行，没有横向晶界。横向晶界的消除使得蠕变强度和断裂强度都得以提高，并且这种定向的晶粒结构在纵向上提供了更高的弹性模量，增加了材料的疲劳寿命。定向凝固叶片的使用，使材料的蠕变寿命增加，或可理解为在一定的蠕变寿命的条件下，材料的蠕变强度提高。这种优势得益于叶片材料的横向晶界（微观结构上薄弱区域）的消除。除了提高蠕变寿命以外，与等轴晶叶片相比，定向凝固叶片能承受等轴晶叶片 10 倍的应变控制或热疲劳。定向凝固叶片的冲击强度也同样优于等轴晶叶片，大约高出 33%。

在 20 世纪 90 年代后期，单晶叶片开始用于燃气轮机。这种叶片由于消除了晶界，可提供更高的抗疲劳和抗蠕变的能力。在单晶材料中，所有材料内部结构中的晶界都被消除，并且这种可控定向的单晶结构应用在了叶型上。由于晶界的消除以及随之省去的晶界强化剂，金属材料的熔点得到了很大的提高，因而材料的耐高温能力也得到了很大的提升。与等轴晶叶片或定向凝固叶片相比，单晶叶片的横向蠕变强度和疲劳强度都增加了，并且这种单晶材料与等轴晶和定向凝固合金材料相比，其低周疲劳（LCF）寿命提高了约10%。

## 涂层

涂层可分为三种基本类型：热障涂层、扩散涂层和等离子涂层。涂层的发展对于保护高温条件下的叶片金属基材，同样具有十分重大的意义。涂层延长了叶片的使用寿命，在很多场合它们被用作牺牲层，它们可以剥掉，并重新喷涂。涂层的寿命与涂层成分、厚度以及均匀度有关。现在常用的涂层与10～15年前所使用的涂层区别不大。其中，应用的扩散涂层种类较多，如40多年前发明的铝化合物涂层。涂层的厚度要求在25～75μm范围内。新型含铂铝化物涂层提高了其抗氧化性和耐蚀性。热障涂层的隔热层厚度为100～300μm，基于$ZrO_2$-$Y_2O_3$材料，能够降低金属材料的温度120～300℉（50～150℃）。这种涂层主要用于火焰筒、过渡连接件、导向叶片以及叶片平台。

值得注意的一点是：某些主要的生产制造商正在从耐蚀性涂层转向生产抗氧化涂层，不仅是在环境温度下抗氧化，而且要在高金属温度下抗氧化。热障涂层一般用于先进燃气轮机透平的前几级。由于压气机的排气温度较高，从而导致内部表面的氧化，因此内部涂层的应用越来越广泛。这些涂层大都是铝化物涂层。涂层的选择十分严苛，以防止浆料基进入通道或在涂层上产生化学沉积现象。在生产制造中必须十分注意这些问题，否则在内部通道中可能会产生堵塞的问题。部分先进燃气轮机上测温计的使用造成了内部通道的堵塞，从而导致压气机叶片只能在95～158℉（35～70℃）范围温度下运行。

## 燃气轮机余热回收

余热回收系统是热电联供系统中一个非常重要的子系统。过去，它被视作一个独立的"附加"硬件系统，但是这种观点正在随着将余热回收系统设计为整个系统的组成部分并在热力学和可靠性方面实现了良好性能的增长而改变。

燃气轮机的排气进入余热锅炉，在余热锅炉中热量将会传给水而产生蒸汽。余热锅炉有多种结构。大部分余热锅炉一般划分为与蒸汽透平压力相对应的几部分。在大多数情况下，余热锅炉的每部分都有一个预热器、一个省煤器和给水器以及一个过热器。进入蒸汽透平的蒸汽是过热的。

在大型联合循环发电厂中最常用的余热锅炉类型是筒形的强制循环锅炉。这种类型的余热锅炉都是直流的，排气的流动方向与悬浮的水平管簇是相互垂直的。余热锅炉的钢架支撑着整个锅炉汽包。在强制循环余热锅炉中，水蒸气混合物在泵的驱动下，强制通过蒸发管。泵的使用增加了额外的能耗，降低了整个循环的效率。在这种余热锅炉中，传热管是水平的，从热流通道中无冷却的支撑管上悬下来。有一些直流锅炉设计成带蒸发管的，因此不需要循环泵驱动。

直流蒸汽发生器（OTSG）仅需要较小的空间，并且安装省时，价格便宜，因而得到了广泛的使用。直流蒸汽发生器与其他类型余热锅炉不同，它并没有非常明确的省煤器、蒸发器或过热器部分。图1-86给出了直流蒸汽发生器系统的原理图以及一个筒形余热锅炉。直流蒸汽发生器主要含一个管道，水从一端进入，然后在另一端以水蒸气的形式流去，取消了转鼓和循环泵的使用。水变成蒸汽的临界面并不固定，它取决于燃气轮机输入的总热流量以及给水流量和压力。与其他余热锅炉不同，直流蒸汽发生器没有蒸汽包。

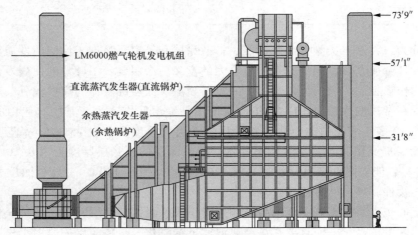

图 1-86　直流蒸汽发生器系统和筒形余热锅炉

关于燃气余热回收的重点和结论

- 多压蒸汽发生器：其使用日益广泛。在单个压力锅炉中，对于余热的回收是有限的，因为燃气的排气温度不能降低到水的饱和温度以下，这个问题在多压情况下就可以避免。

- 节点温差：节点温差指从蒸发器出来的排气温度与蒸汽饱和温度的差值。理想情况下，节点温差越低，所回收的热量越多，但需要更大的换热面积、更高的背压以及成本。而且，过低的节点温差可能说明在排气能量很低的情况下（低流量或者低排气温度）产生的蒸汽量不足。一般情况下，要求节点温差为 15~40℉（8~22℃）。节点温差的最终选择显然要考虑经济成本。

- 接近温差：接近温差指水蒸气的饱和温度与进口水温之差。减小接近温差会使蒸汽的生产量增加，但会增加成本。保守地说，较高的接近温差使得省煤器中不可能产生蒸汽。通常情况下，接近温差范围一般为 10~20℉（5.5~11℃）。图 1-87 所示为系统的温度能量图，图中标出了系统的节点温差和接近温差。

- 非设计工况性能：对于余热回收系统来说，这是一个非常重要的指标。燃气轮机的性能与负荷、环境条件以及燃气轮机本身特性（如结垢）等因素相关，它会影响到排气温度以及空气流量。因而，必须充分考虑蒸汽的流动（低压和高压）以及随着燃气轮机运行工况变化而变化的过热温度。

- 蒸发器：蒸发器通常应用翅片管设计。常见的螺旋形翅片管外径为 1.25~2in，每英寸上有 3~6 个翅片。在无补燃设计中，可以使用碳素结构钢，使锅炉的运行环境比较干燥。随着重型燃料的使用，每英寸翅片管上应采用较少的翅片，以防止结垢。

- 强制循环系统：余热回收系统采用强制循环是为了在增加传热系数的情况下减小管簇的面积。在应用中，必须考虑流动的稳定性问题。从可靠性的角度来看，回路中的再循环泵是一个关键性部件，同时必须考虑到备用泵。在任何情况下，应该格外注意回路中再循环泵的运行情况。

● **背压考虑（燃气侧）**：背压的影响是非常重要的，过高的背压会导致燃气轮机性能的下降。很低的压降需要更大的热交换器和更高的费用。通常要求的压降为8~10in的水柱压力。

▶▶**余热系统补燃**

在余热回收装置中应用补燃有很多理由。最常见的理由是要满足系统的需求（也就是说，在负荷增加时，能产生更多的蒸汽）。这样，燃气轮机只需要达到基本负荷需求即可，更高的负荷需求可以用补燃方案支持。图1-88所示为一个排气补燃蒸汽发生器。提高余热锅炉温度将使所需的传热面积明显下降，成本也因此下降。一般来说，由于燃气轮机排气中富含氧气，可以方便地使用风道燃烧器。

补燃的一个优势是增加了热量回收能力（回收率）。回收率增加59%，系统进口热量增加50%，从而系统产出会增加94%。为了确保成功，设计中需要注意以下几点重要的设计指导原则：

由于温度的升高，在过热器和蒸发器中可能需要用到特种合金材料。

为保证完全燃烧，并避免火焰直接与传热表面接触，进口管道必须足够长。

如果采用自然循环，由于进口处热流密度的上升，需要提供适当数量的立管和进水管。

必须增加管路上的绝热层厚度。

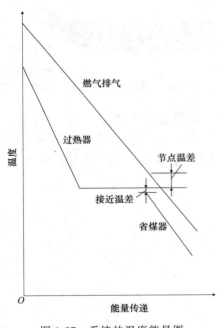

图1-87 系统的温度能量图

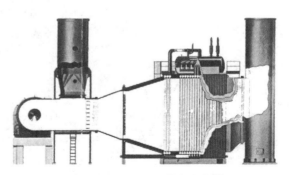

图1-88 排气补燃蒸汽发生器

## 仪器和控制

先进的燃气轮机都采用数字化控制和在线状态监控。新型的在线监控技术需要新的智能仪表。例如：引入了测温计来探测叶片金属温度，因为真正需要重点关注的是叶片金属温度，而不是燃气轮机出口的排气温度；引入了动态压力传感器来探测压气机喘振以及压气机和新型低 $NO_x$ 燃烧室燃烧过程中的其他流动不稳定现象；引入了加速计来探测叶片的高频激发，以便预防新型高负荷燃气轮机的严重故障。

先进燃气轮机中测温计的应用正在测试中。目前，所有燃气轮机都基于燃气发生器透平出口温度或者动力透平出口温度来控制。通过利用透平第一级的金属叶片温度，燃气轮机最重要的一些参数都可以得到控制，如第一级喷嘴温度和动叶温度。因而，燃气轮机机组可在其真正的最大性能点运行。

动态压力传感器的应用可作为压气机中故障的预警。通常先进燃气轮机中很高的压力导致压气机在喘振和阻塞之间的可工作范围很窄。因此，这些部件很容易受到污垢和叶片角度变化的影响。压气机出口的动态压力测量提供的早期预警，可以减少由于叶尖失速和喘振造成的严重故障。

在燃烧室上应用的动态压力传感器（尤其是新型低 $NO_x$ 燃烧室）确保了每个燃烧器均匀燃烧，这得益于控制每个燃烧器火焰稳定器的流动情况，直到每个燃烧器的光谱吸收达到匹配状态。这种技术应用后效果显著，确保了燃气轮机的平稳运行。

性能监控不仅在延长寿命、诊断故障、增加大修间隔时间等方面发挥了重要作用，而且通过保证燃气轮机运行在最高效工况点节省了大量的燃料消耗。性能监控需要对被测量机组设备进行深入了解。一套复杂系统的算法发展需要细致的计划、对机械性能以及运行过程特性的了解。在大部分场合，机组生产商提供的帮

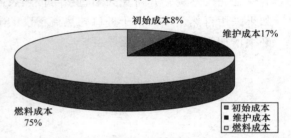

图 1-89　燃气轮机联合循环电厂生命周期内的成本分布

助是很大的。对于新机组设备，这种需求可以是而且应该是招标要求的一部分。对于已安装机组设备的工厂，首先要进行工厂审计以确定工厂的机组设备状态。图 1-89 所示为燃气轮机电厂生命周期内的成本分布。值得指出的是，初始成本占了整个生命周期内成本的 8%，运行和维护成本占大约 17%，燃料成本大约占 75%。

# 第2章

# 理论与实际循环分析

本章对以空气为工质的布雷顿循环（Brayton Cycle）进行热力学分析，同时对其组成的各种复杂循环进行评价，以考察它们对循环性能的影响。在燃气轮机中，增大功率极为重要，本章将在相关的章节对此进行论述。

## 布雷顿循环

燃气轮机布雷顿循环的理想形式由两个等压过程（压力不变）和两个等熵过程（熵不变）构成。两个等压过程分别是燃气轮机中燃烧室的燃烧过程和燃气侧的放热过程，两个等熵过程也是绝热过程（工质不吸热也不放热），包括燃气轮机中压气机的压缩过程和透平的膨胀过程，图2-1给出了理想布雷顿循环。

在图2-1中，简单地应用热力学第一定律，以空气为工质的理想布雷顿循环（假定无动能和势能变化）有以下关系式：

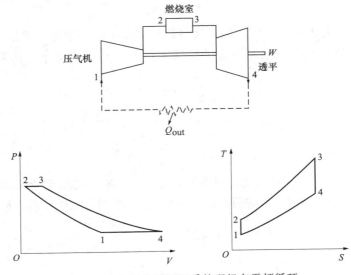

图 2-1　以空气为循环工质的理想布雷顿循环

压气机耗功：

$$W_c = \dot{m}_a (h_2 - h_1) \tag{2-1}$$

透平做功：

$$W_t = (\dot{m}_a + \dot{m}_f)(h_3 - h_4)^{\ominus} \tag{2-2}$$

总输出功：

$$W_{cyc} = W_t - W_c \tag{2-3}$$

加入系统的热量

$$Q_{2,3} = \dot{m}_f \text{LHV}_{fuel} = (\dot{m}_a + \dot{m}_f)h_3 - \dot{m}_a h_2 \tag{2-4}$$

所以，总的循环等热效率为

$$\eta_{cyc} = W_{cyc} / Q_{2,3} \tag{2-5}$$

增加压比和透平进口温度可以提高布雷顿循环的绝热循环热效率。对上述总的绝热循环热效率关系式进行如下假定：（1）空气质量流量 $\dot{m}_a \gg$ 燃料质量流量 $\dot{m}_f$；（2）气体是热力学理想气体，即比定压热容 $c_p$ 和比定容热容 $c_V$ 为常数，因此在整个循环中比热比 $\gamma$ 为常数；（3）压气机中的压比和透平中的膨胀比相等，均为 $r_p$；（4）所有部件的效率均为 100%。在这些假定下，工作于环境温度和循环最高温度之间的理想布雷顿循环的理想绝热循环热效率 $\eta_{ideal}$ 为压比的函数，其关系式为

$$\eta_{ideal} = 1 - \frac{1}{r_p^{\frac{\gamma-1}{\gamma}}} \tag{2-6}$$

式中，$r_p$ 为压比；$\gamma$ 为比热比。随着压比增加，上述关系式中的热效率将趋于很高值。

假定压气机的压比和透平中的膨胀比$^{\ominus}$相同，利用压气机中的压比可以得到

$$\eta_{ideal} = 1 - \frac{T_1}{T_2} \tag{2-7}$$

而利用透平的膨胀比可以得到

$$\eta_{ideal} = 1 - \frac{T_4}{T_3} \tag{2-8}$$

在实际循环中，要想获得工作于循环最高温度 $T_f^{\ominus}$（即透平进口温度 $T_3$）和环境温度 $T_{amb}$ 之间的循环总效率 $\eta_{cycle}$，还需考虑压气机效率 $\eta_c$ 和透平效率 $\eta_t$，其关系式为

$$\eta_{cycle} = \frac{\eta_t T_f - \dfrac{T_{amb} \gamma_p^{\frac{\gamma-1}{\gamma}}}{\eta_c}}{T_f - T_{amb} - T_{amb}\left(\dfrac{\gamma_p^{\frac{\gamma-1}{\gamma}} - 1}{\eta_c}\right)} \, 1 - \frac{1}{\gamma_p^{\frac{\gamma-1}{\gamma}}} \tag{2-9}$$

图 2-2 给出了压比和循环最高温度对循环热效率的影响。在给定的循环最高温度下，压比增加会使总效率增加，但当压比超过某一值后，总效率则会随压比的增加而降低。还应注

---

$\ominus$　式中，$\dot{m}_a$ 为空气质量流量；$\dot{m}_f$ 为燃料质量流量。——译者注

$\ominus$　有时也称作压比。

$\ominus$　透平进口温度。

意，压比太高会使燃气轮机的压气机运行范围变窄，造成压气机对进口空气过滤器和压气机叶片的结垢更加敏感，使循环热效率和性能急剧下降。在某些情况下，还会导致压气机喘振或燃烧室熄火，甚至造成压气机叶片严重损坏以及燃气轮机径向轴承和推力轴承失效。

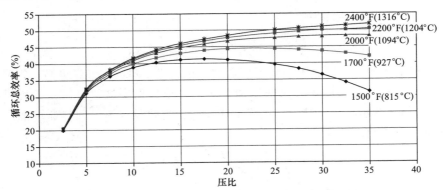

图 2-2　循环总效率与循环最高温度及压比之间的关系

（压力机和透平的效率分别为 87% 和 92%）

为获得总的循环热效率与透平进口温度、总压比、输出功之间更精确的关系以及最大循环热效率，可采用以下关系式计算出给定进口温度及压气机和透平效率条件下的最佳压比：

$$(r_p)_{\text{eopt}} = \left\{ \frac{1}{T_1 T_3 \eta_t - T_1 T_3 + T_1^2} \left[ T_1 T_3 \eta_t - \right. \right.$$
$$\left. \left. \sqrt{(T_1 T_3 \eta_t)^2 - (T_1 T_3 \eta_t - T_1 T_3 + T_1^2)(T_3^2 \eta_c \eta_t - T_1 T_3 \eta_c \eta_t + T_1 T_3 \eta_c \eta_t + T_1 T_3 \eta_t)} \right] \right\}^{\frac{\gamma-1}{\gamma}}$$

$$(2\text{-}10)$$

当压气机和透平无损失时（$\eta_t = \eta_c = 1$），上式简化为

$$(r_p)_{\text{eopt}} = \left( \frac{T_1 T_3}{T_1^2} \right)^{\frac{\gamma}{\gamma-1}} \tag{2-11}$$

考虑压气机压缩过程和透平膨胀过程的等熵效率时，最大输出功条件下的最佳压比可表示为

$$(r_p)_{\text{wopt}} = \left( \frac{T_3 \eta_c \eta_t}{2 T_1} + \frac{1}{2} \right)^{\frac{\gamma}{\gamma-1}} \tag{2-12}$$

图 2-3 给出了输出功和绝热循环热效率获得最大值时所对应的最佳压比，在相同的循环

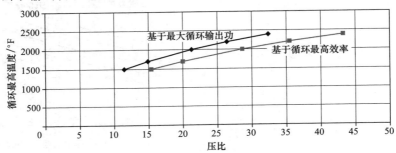

图 2-3　最大输出功和最高热效率所对应的最佳压比

（压气机和透平的效率分别为 87% 和 92%）

最高温度下，使输出功为最大值的最佳压比小于使热效率为最大值的最佳压比。

因而，增加压比或透平进口温度可以提高总的循环热效率，而增加压比、增加透平进口温度或降低压气机进口温度可使装置的输出功增加。

## 回热影响

在燃气轮机简单循环中，透平出口温度通常比压气机出口的空气温度高。很显然，通过布置回热器，利用透平排出的燃气余热来加热压气机出口的空气，可以减少燃料用量。图2-4 给出了回热循环的示意图及其工作过程的 $T$-$S$ 图，理想情况下，回热器中的流动为定压流动，回热度由下式给出，即

$$\eta_{reg} = \frac{T_3 - T_2}{T_5 - T_2} \tag{2-13}$$

因此，总的循环热效率可写成

$$\eta_{RCYC} = \frac{(T_4 - T_5) - (T_2 - T_1)}{T_4 - T_3} \tag{2-14}$$

需要说明的是，增加回热器的回热度需要更大的换热面积，这将导致成本、压降和机组的占地面积增加。

图 2-5 给出了压比为 4.33、透平进口温度为 1,200℉时的简单开式循环，在采用回热时其循环热效率将得以提高，同时循环热效率将随回热器压降的增加而降低。

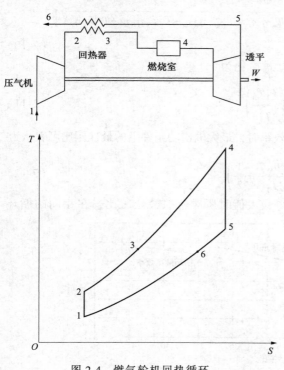

图 2-4  燃气轮机回热循环

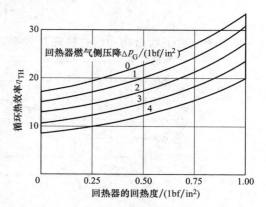

图 2-5  燃气轮机循环热效率随回热
器性能的变化关系

回热器主要有两种类型，即再生式和表面式。再生式回热器采用第三种介质在两种流体介质中交替传递热量，热流连续地进入和离开介质，介质经历周期性的温度变化，广泛应用于对机组紧凑性要求较高的场合。这类回热器由一个具有蜂窝状陶瓷通道的大的圆形转鼓构成，转鼓以非常低的转速（10~15r/min）转动，转鼓表面由气封分为两部分，热空气通过圆形转鼓的一部分并对蜂窝状通道进行加热，当转鼓旋转时，另一部分的冷空气流过已加热的蜂窝状通道而被加热。

在表面式回热器中，换热表面的每一部分都保持一定的温度，在给定的换热条件下，回热器采用逆流布置时，沿流动方向表面上的温度分布可获得最佳性能。这种最佳温度分布也可以在叉流回热器中近似获得。

在给定的热力和压降条件下，单位面积允许通过的流体越多，回热器体积就越小。材料的单位体积热容越高越好，因为材料的这种特性将增加切换时间并趋于降低损失。此外，回热器布置的另一个要求是沿流向其热导率较低。在回热器中必须避免漏气损失，3%的漏气量将会使回热度由80%降低至71%。

## 间冷与再热影响

增加燃气轮机的输出功率可以通过间冷循环和再热循环来获得。

燃气轮机循环净功为

$$W_{cyc} = W_t - W_c \tag{2-15}$$

因此，可以通过降低压气机的耗功或增加透平的输出功来增加循环净功，它们分别对应于间冷过程和再热过程。

多级压气机有时可在级间进行冷却，以减少总的耗功。图 2-6 的 p-V 图上给出了一个多变压缩过程 1-a。如果动能没有变化，可用面积 1-a-j-k-1 来表示所施加的功。1-x 表示等温线。如果将状态 1 到 2 的多变压缩过程分解为两部分 1-c 和 d-e 两部分，它们之间的过程为等压冷却过程，$T_d = T_1$，所施加的功用面积 1-c-d-e-j-k-1 来表示。面积 c-a-e-d-c 表示相对于初始温度通过具有间冷的两级压缩过程所节省的功。对于给定的压力 $p_1$ 和 $p_2$，间冷的最佳压力为

$$p_{OPT} = \sqrt{p_1 p_2} \tag{2-16}$$

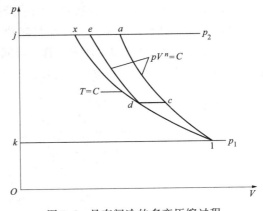

图 2-6　具有间冷的多变压缩过程

因此，如果将简单燃气轮机循环改为具有间冷的两个或多个等熵过程，在透平功不变的情况下，循环净功将增加。

增加间冷器会使理想简单循环的热效率降低，图 2-7 给出了间冷循环示意图。理想简单循环为 1-2-3-4-1，增加了间冷的循环为 1-a-b-c-2-3-4-1。两种循环的理想形式都是可逆的，都可通过若干的卡诺循环来进行模拟。因此，如果将简单循环 1-2-3-4-1 分解为若干个类似于 m-n-o-p-m 的循环，则当这样的循环数目增加时，这些小的循环将接近于卡诺循环，其绝

热循环热效率由下式给出，即

$$\eta_{\text{CARNOT}} = 1 - \frac{T_m}{T_p}$$ (2-17)

如果比热容为常数，那么

$$\frac{T_3}{T_4} = \frac{T_m}{T_p} = \frac{T_2}{T_1} = \left(\frac{p_2}{p_1}\right)^{\frac{\gamma-1}{\gamma}}$$ (2-18)

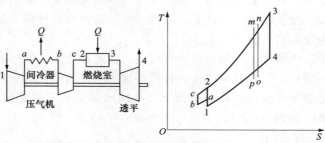

图 2-7　燃气轮机间冷循环

构成燃气轮机简单循环的所有卡诺循环具有相同的绝热循环热效率。同样，构成循环 a-b-c-2-a 的所有卡诺循环具有相同的绝热循环热效率，且低于构成循环 1-2-3-4-1 的卡诺循环的热效率。因此，加入间冷器，即简单循环增加了 a-b-c-2-a 的过程，降低了绝热循环的热效率。

对燃气轮机回热循环，增加间冷器将使绝热循环热效率和输出功增加，原因是图 2-7 中过程 c-3 所需的一大部分热量可以从通过回热器的透平排气余热获得，不需要燃烧额外的燃料。

再热循环可增加透平的膨胀功，因而通过在膨胀过程前将透平的膨胀过程分解为两个或更多的定压加热过程，在不改变压气机耗功和透平进口温度的条件下，循环净功增加，这种循环即为再热循环，如图 2-8 所示。通过与间冷循环类似的分析可知，加入再热过程会降低其绝热循环热效率，但输出功增加。将回热和再热进行结合，可以增加装置的绝热循环热效率。

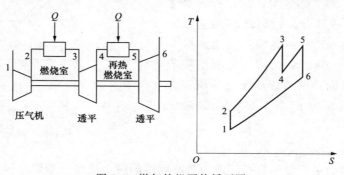

图 2-8　燃气轮机再热循环图

## 实际循环分析

与前已述及的各种理想状况下的布雷顿循环不同，实际的压气机、燃烧室、透平以及相

关部件均存在损失，因此所有实际循环的输出功
和热效率都小于其相应的理想循环。

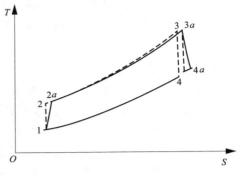

图 2-9　实际开式简单循环的 $T$-$S$ 图

#### ▶▶简单循环

简单循环是目前燃气轮机应用最为广泛的循
环方式，图 2-9 的实际开式简单循环表明了压气
机和透平中的流动损失以及燃烧室的压力损失。
假定压气机的等熵效率为 $\eta_c$，透平的等熵效率为
$\eta_t$，那么压气机的实际耗功和透平的实际输出
功为

$$W_{ca} = \dot{m}_a (h_2 - h_1) / \eta_c \qquad (2\text{-}19)$$

$$W_{ta} = (\dot{m}_a + \dot{m}_f)(h_{3a} - h_4)\eta_t \qquad (2\text{-}20)$$

因此，实际的总输出功为

$$W_{act} = W_{ta} - W_{ca} \qquad (2\text{-}21)$$

将温度由 $2a$ 提高到 $3a$ 所需要的实际燃料量为

$$\dot{m}_f = \frac{h_{3a} - h_{2a}}{LHV\,\eta_b} \qquad (2\text{-}22)$$

因此，总的循环热效率可通过下式计算：

$$\eta_c = \frac{W_{act}}{\dot{m}_f LHV} \qquad (2\text{-}23)$$

循环分析表明，增加透平进口温度将使循环热效率增加，相对于最大热效率的最佳压比
随着透平进口温度的变化而变化，从温度为 1,500℉（816℃）时的最佳压比 15.5，变化到
温度为 2,400℉（1,316℃）时的最佳压比 43；而相对于最大输出功的压比，在相同的温度
下大约从 11.5 增加到 35。

从图 2-10 中可以明显地看出，为获得最佳性能，当温度为 2,800℉（1,538℃）时，压
比取 30 可获得最佳值。当单级压比为 1.15～1.25 时，轴流式压气机需要 16～24 级。22 级
的压气机产生 30 的压比是一个相对保守的设计；如果单级压比增加到 1.252，则级数约为

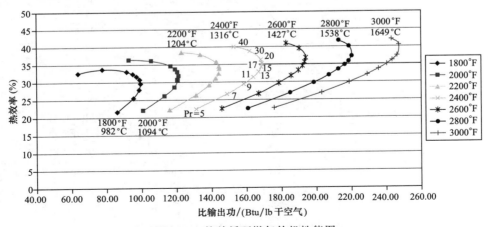

图 2-10　简单循环燃气轮机性能图

16级，这种级压比通过较高的效率业已获得，而减少级数意味着总造价的较大降低。此外，增加透平进口温度会提高效率和功率，因此目前透平进口温度一般在2，400℉（1，316℃）左右。

### ▶▶分轴简单循环

分轴简单循环主要应用于大转矩和负荷变化较大的场合。图2-11是分轴简单循环的示意图，第一个透平驱动压气机，第二个透平作为动力透平。假定分轴简单循环的级数大于单轴循环的级数，那么由于重热系数的存在，在设计负荷下分轴循环的热效率将略高于单轴循环。压比和透平进口温度对分轴燃气轮机性能的影响如图2-12所示。然而，如果级数相同，那么总的热效率不会发生改变。从 H-S 图上可以看到两个透平之间的一些关系。由于高压透平的作用是驱动压气机，则相应的方程为

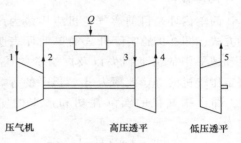

$$h_{4a} = h_3 - W_{ca} \qquad (2\text{-}24)$$
$$h_4 = h_3 - W_{ca}/\eta_t \qquad (2\text{-}25)$$

从而，总输出功可由如下关系式表示，即

$$W_a = (\dot{m}_a + \dot{m}_f)(h_{4a} - h_5)\eta_t \qquad (2\text{-}26)$$

在分轴燃气轮机中，第一个轴连接压气机和驱动它的透平，而第二个轴连接驱动负荷的自由透平，两个轴可以在完全不同的转速下运行。分轴燃气轮机的优点是在低转速下具有较大的转

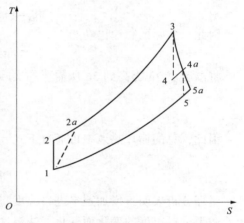

图 2-11　分轴燃气轮机简单循环

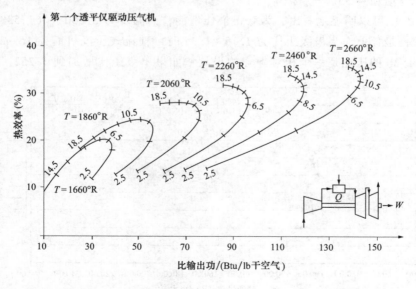

图 2-12　压比和透平进口温度对分轴燃气轮机性能的影响$\left(\dfrac{T}{K} = \dfrac{5}{9}\dfrac{\theta}{{}^\circ R}\right)$

矩，自由动力透平在低转速下的转矩很大，该特性十分适合于机车使用，但是对于额定满负荷运行，该特点几乎没有价值或价值不大，因此其用途仅限于负荷变化的机械牵引负荷。

### ▶▶ 回热循环

目前，由于能源储备紧缺以及燃料价格上涨，回热循环的重要性日趋突出。通过使用回热器将透平排气的余热用于加热压气机出口排气，从而降低了所需燃料量。根据图 2-4 及回热器的定义，回热器的出口温度可通过下式计算，即

$$T_3 = T_{2a} + \eta_{reg}(T_5 - T_{2a}) \tag{2-27}$$

式中，$T_{2a}$ 是压气机出口空气的实际温度。回热器提高了进入燃烧室的空气的温度，因而降低了燃料空气比，提高了循环热效率。

假定回热器的回热度为 80%，回热循环的热效率相比于简单循环大约会提高 40%，如图 2-13 所示。回热循环的输出功约等于或略小于简单循环的输出功，回热循环的最大热效率点对应的压比小于简单循环的对应值，但是两种循环对应于最大输出功的最佳压比相同。因此，制造商在设计燃气轮机时，所选择的压比应使两种循环的效益都达到最大，原因是大多数设计都有回热可供选择。回热器偏离了最佳值时效果不好的说法是错误的，但在投入大量的经费之前应进行合理的分析。

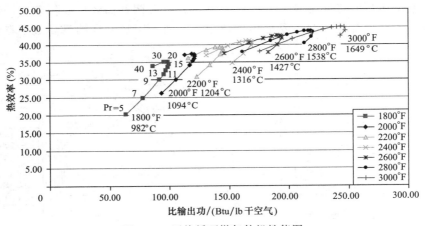

图 2-13　回热循环燃气轮机性能图

分轴回热循环燃气轮机非常类似于分轴循环，这种机组的优点与前面的描述相同，即低转速下转矩较大，循环热效率大致相同。图 2-14 给出了这种循环的性能。

### ▶▶ 间冷循环

具有间冷的简单循环可以降低压气机总耗功并提高比输出功。图 2-7 给出了在压气机级间进行冷却的简单循环示意图。为评估该循环的性能，假定如下：（1）压气机中间级进口温度等于压气机进口温度；（2）压气机级的效率相同；（3）所有压气机级的压比相同，均为 $\sqrt{p_2/p_1}$。

间冷循环降低了压气机的耗功，耗功的减少是通过将压气机的第二级或其他后面级的进口温度冷却到大气温度并保持总压比不变实现的。压气机耗功可通过下面的关系式给出，即

$$W_c = (h_a - h_1) + (h_c - h_1) \tag{2-28}$$

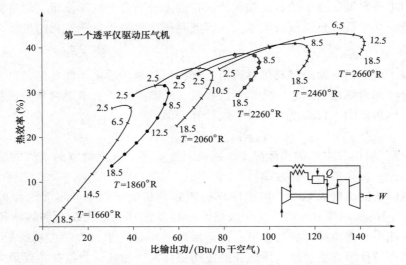

图 2-14　压比和透平进口温度对分轴回热循环燃气轮机的性能的影响

　　该循环的总输出功增加 30%，但总体热效率会略微下降，如图 2-15 所示。间冷回热循环可以增加输出功并提高热效率，如图 2-16 所示，结合两种循环可以使效率提高 12%，输出功增加 30%。然而与简单循环或再热循环相比，间冷回热循环的最高效率点将出现在较低的压比条件下。

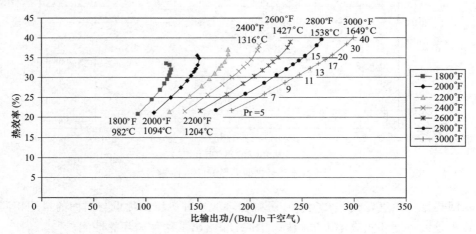

图 2-15　间冷循环燃气轮机性能图

### ▶▶再热循环

　　回热循环提高了分轴循环的热效率，但是输出功并没有提高。为了提高输出功，必须应用再热方案。如图 2-8 所示，再热循环有高压和低压两个透平，每个透平前有一个燃烧室。本章假定高压透平仅用于驱动压气机，高压透平的出口燃气在进入低压透平或动力透平前被加热到与第一个燃烧室出口相同的温度。再热循环的等熵效率比相应的简单循环低，但是输出功增加了 35%，如图 2-17 所示。

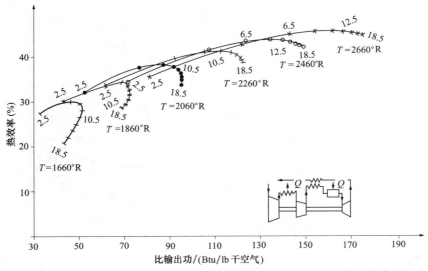

图 2-16 压比和透平进口温度对间冷回热循环燃气轮机性能的影响

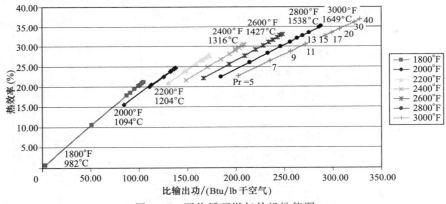

图 2-17 再热循环燃气轮机性能图

### ▶▶间冷回热再热循环

卡诺循环是最优的循环方案，其他所有循环只能趋近于卡诺循环。通过卡诺循环的等温压缩和等温膨胀过程可获得最大的等熵效率，或者通过压缩过程的间冷和膨胀过程的再热来获得。图 2-18 给出了分轴燃气轮机的间冷回热再热循环，在实际应用中该循环的热效率接近于卡诺循环。

间冷回热再热循环在所有的循环中具有最大的热效率和输出功，当在压气机中加入间冷器，对应于最大热效率的压比将增加，如图 2-19 所示。

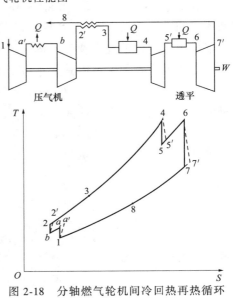

图 2-18 分轴燃气轮机间冷回热再热循环

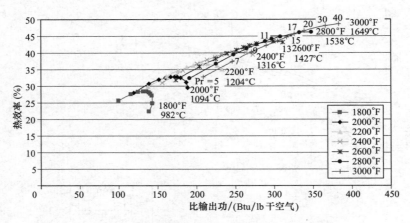

图 2-19　间冷回热再热循环燃气轮机性能图

### ▶▶ 注蒸汽循环

在往复式发动机和燃气轮机中使用蒸汽喷注已经有很多年了，这种循环可以解决目前所关注的污染和高效难题，然而腐蚀是其存在的主要问题。注蒸汽循环采用的方法简单且直接，即将蒸汽喷注到压气机出口的压缩空气中，增加了透平的质量流量，如图 2-20 所示。蒸汽在压气机出口喷注不会增加压气机的耗功。

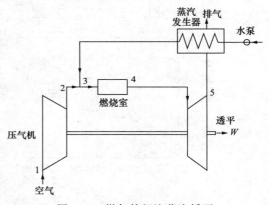

图 2-20　燃气轮机注蒸汽循环

喷注所用的蒸汽由透平的排气加热水产生。通常，水以 $14.7lbf/in^2$（1bar）和 $80°F$（$26.7℃$）进入泵和蒸汽发生器，在其中被加热到与压气机出口排气相同的温度，而压力比压气机出口排气压力高 $60lbf/in^2$（4bar）。蒸汽在压气机出口且距离燃烧室较远的位置注入，以便产生均匀的混合物降低燃烧室内主燃区的温度和 $NO_x$ 的排放。状态 3 的焓（$h_3$）是空气和蒸汽混合物的焓值，其状态由以下关系式描述，即

$$h_3 = (\dot{m}_a h_{2a} + \dot{m}_s h_{3a})/(\dot{m}_a + \dot{m}_s) \tag{2-29}$$

进入透平的焓为

$$h_4 = \left[(\dot{m}_a + \dot{m}_f) h_{4a} + \dot{m}_s h_{4s}\right]/(\dot{m}_a + \dot{m}_f + \dot{m}_s) \tag{2-30}$$

需要加入该循环的燃料量为

$$\dot{m}_f = \frac{h_4 - h_3}{\eta_b \text{LHV}} \tag{2-31}$$

离开透平的焓为

$$h_5 = \left[(\dot{m}_a + \dot{m}_f) h_{5a} + \dot{m}_s h_{5s}\right]/(\dot{m}_a + \dot{m}_f + \dot{m}_s) \tag{2-32}$$

透平总的输出功为

$$W_t = (\dot{m}_a + \dot{m}_s + \dot{m}_f)(h_4 - h_5)\eta_t \tag{2-33}$$

总的循环热效率为

$$\eta_{cyc} = \frac{W_t - W_c}{\dot{m}_f LHV}$$ (2-34)

可见，注蒸汽循环使燃气轮机输出功和总的热效率提高。

图 2-21 给出了在透平进口温度为 2,400℉（1,316℃）条件下，对系统喷注 5% 蒸汽时所产生的影响。喷注用蒸汽压比为 17。与简单循环相比，输出功增加了 8.3%，热效率提高了 19%。这里假定蒸汽喷注压力大约比压气机排气压力高 60lbf/in² （4bar），所有的蒸汽由透平的排气热量产生。计算表明系统有足够的余热可用来达到这一目标。

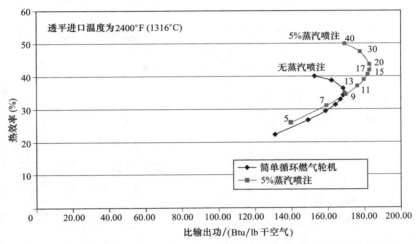

图 2-21　采用 5% 蒸汽喷注的注蒸汽循环和简单循环燃气轮机之间的比较

图 2-22 给出了不同压力和温度下 5% 蒸汽喷注量的影响。使用注蒸汽技术来提高输出功已经有很多年了，这对电厂设备改造是一个很好的选择。该循环最大的优点是氮氧化物排放低，通过在压气机出口扩压器壁面即紧邻燃烧室上游进行蒸汽喷注，在该区域内形成均匀的蒸汽和空气混合物。这些均匀混合物降低了燃料空气混合物的含氧量并增加了其比热容，从而降低了燃烧区域的温度和 $NO_x$ 的形成。现场试验表明，燃料量和蒸汽质量相等时，可将 $NO_x$ 的排放水平降低到 $25 \times 10^{-6}$，这种排放水平在全世界大部分地区是可以接受的。蒸汽喷注的位置对于该系统及循环的运行至关重要。

注蒸汽循环燃气轮机系统的优势在于不需要对现有的燃气轮机系统进行大的改动。为了满足美国国家环境保护局（EPA）提出的 $9 \times 10^{-6}$ 排放目标，新型燃气轮机采用干式低 $NO_x$/低排放（DLN/DLE）燃烧室。美国许多州还要求应用所有的最好技术，因此新型燃气轮机采用 DLN/DLE 燃烧室和催化转换器。

#### ►► 蒸发回热循环

如图 2-23 所示，蒸发回热循环是注水的回热循环。理论上，它具有蒸汽喷注和回热系统的低 $NO_x$ 排放和高热效率的优点。系统的输出功与注蒸汽循环所获得的输出功大致相同，但是该系统的热效率要高得多。

在压气机和回热器之间布置高压蒸发器，将水蒸气加入到空气中，该过程降低了气流混合物的温度。随后混合物以较低温度进入回热器，增大了回热器两侧的温差。增加回热器温

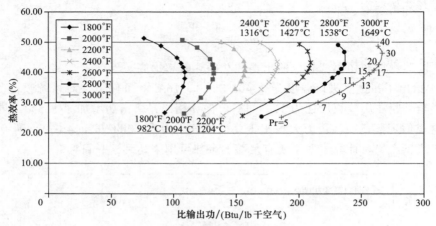

图 2-22　注蒸汽循环燃气轮机性能图

差会使排气温度显著降低，从而使那些本身损失掉的排气成为使水蒸发的间接热源。空气和蒸发了的水都流经回热器、燃烧室和透平。水以 80°F（26.7℃）和 14.7lbf/in² （1bar）的初始状态通过泵进入蒸发器，水在其中变成与压气机排气温度相同的水蒸气，其压力比压气机排气压力高 60lbf/in² （4bar），然后以超细的水雾形式喷入空气流中充分混合。透平部分的控制方程与前面的循环相同，但由于采用回热器使加入的热量发生了变化。以下方程描述了加入热量的变化，根据热力学第一定律，混合物温度 $T_4$ 由下式给出，即

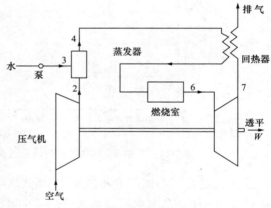

图 2-23　燃气轮机蒸发回热循环

$$T_4 = \frac{\dot{m}_a c_{pa} T_2 + \dot{m}_s c_{pw}(T_s - T_3) - \dot{m}_s h_{fg}}{\dot{m}_a c_{pa} + \dot{m}_s c_{ps}} \tag{2-35}$$

式中，$\dot{m}_a$ 为空气质量流量；$c_{pa}$ 为空气定压比热容；$\dot{m}_s$ 为蒸汽质量流量；$c_{ps}$ 为蒸汽定压比热容；$c_{pw}$ 为水的定压比热容；$h_{fg}$ 为混合气的焓。

离开回热器气体的焓为

$$h_5 = h_4 + \eta_{reg}(h_7 - h_4) \tag{2-36}$$

与回热循环类似，蒸发回热循环在较低的压比下具有较高的效率。图 2-24 和图 2-25 给出了不同的蒸汽喷注量和透平进口温度时系统的性能。与注蒸汽循环类似，蒸汽以高于压气机出口空气压力 60lbf/in² （4bar）的压力喷入。在该系统中，回热器的腐蚀是主要问题，当回热器不完全洁净时，会形成能导致着火的热斑，通过合理的回热器设计可以使该问题得到解决。该系统的 $NO_x$ 排放水平较低，符合 EPA 标准。

### ▶▶布雷顿-朗肯循环

将燃气轮机与蒸汽轮机进行组合形成的联合循环，即布雷顿-朗肯循环，是很具吸引力

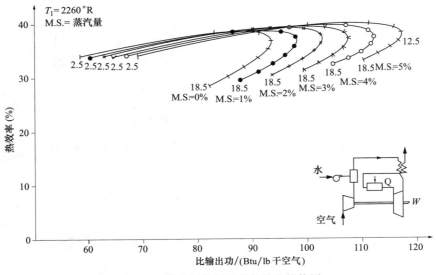

图 2-24　蒸发回热循环燃气轮机性能图

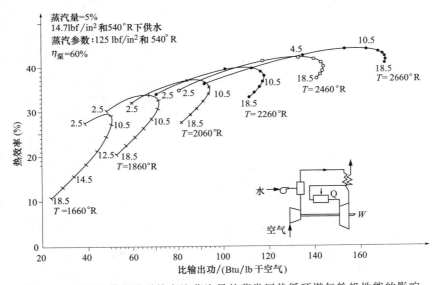

图 2-25　压比和蒸汽量对给定注蒸汽量的蒸发回热循环燃气轮机性能的影响

的方案，尤其是对于公用事业电厂和需要使用蒸汽的过程工业。如图 2-26 所示，在布雷顿-朗肯循环中，透平排气进入余热锅炉，产生高温过热蒸汽用于蒸汽轮机发电。

　　燃气轮机参数的计算方法与简单循环所给出的相同，蒸汽轮机参数的计算如下：

蒸汽发生器所需热量为

$$Q_{41} = h_{1s} - h_{4s} \tag{2-37}$$

蒸汽轮机做功为

$$W_{ts} = \dot{m}_s (h_{1s} - h_{2s}) \tag{2-38}$$

泵消耗的功为

$$W_p = \dot{m}_s (h_{4s} - h_{3s})/\eta_p \quad (2\text{-}39)$$

布雷顿-朗肯循环的功等于燃气轮机与蒸汽轮机净功的总和。设计输出功的$1/3\sim1/2$可在排气中作为能量回收利用。燃气透平的排气为余热锅炉提供热量，因此，这部分热量必须计入整个循环。以下方程给出了循环总功和热效率的计算式。

循环总功的计算式为

$$W_{cyc} = W_{ta} + W_{ts} - W_c - W_p \quad (2\text{-}40)$$

总的循环热效率计算式为

$$\eta = \frac{W_{cyc}}{\dot{m}_f \mathrm{LHV}} \quad (2\text{-}41)$$

在图 2-27 中，系统净功与注蒸汽

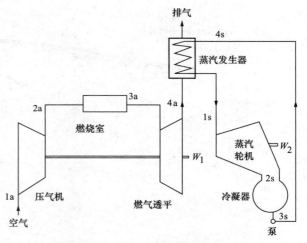

图 2-26　布雷顿-朗肯循环

循环的净功大致相同，但是效率要高得多。系统的缺点是投资成本较高，但是和注蒸汽循环一样，排气中的 $NO_x$ 含量保持不变且取决于所用的燃气轮机。该系统由于其较高的热效率得到了广泛应用。

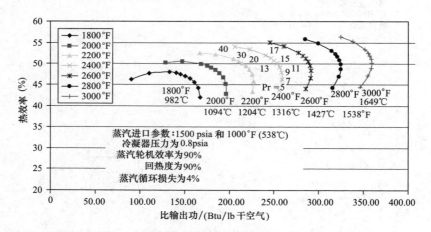

图 2-27　典型的布雷顿-朗肯循环电厂性能图

# 循环分析总结

图 2-28 和图 2-29 对不同循环的净输出功和热效率进行了比较。曲线所对应的透平进口温度为 $2,400\,^\circ\mathrm{F}$（$1,316\,^\circ\mathrm{C}$），这是目前主流燃气轮机所使用的温度。回热循环的输出功与简单循环的输出功大致相同，回热再热循环的输出功与再热循环大致相同，回热间冷再热循环可以获得最大输出功。

布雷顿-朗肯循环的热效率最高。在电厂以及应用蒸汽轮机的诸多过程工业中，该循环具有巨大潜力。该循环的系统投资成本高，但在采用蒸汽轮机的多数情况下，投资成本可大大降低。

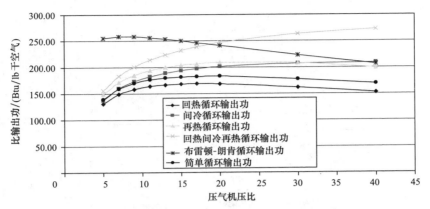

图 2-28 透平进口温度为 2,400℉（1,316℃）时不同循环净输出功的比较

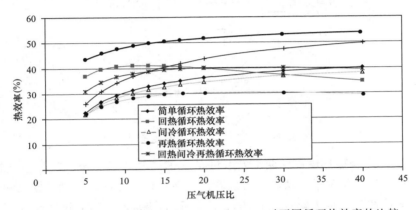

图 2-29 透平进口温度为 2,400℉（1,316℃）时不同循环热效率的比较

因燃料价格较高，回热循环应用较广。但是必须注意，不能不加选择地在任何机组中增加回热器。回热器只有在低压比时才最有效。用腐蚀性清洁剂清洁透平时，清洁剂可能会在回热器中聚积并形成热斑，从而给回热系统带来问题。

为提高燃气轮机机组的输出功率，大量采用注水或注蒸汽系统被大量采用。尽管该系统的压气机扩压器和燃烧室存在腐蚀问题[⊖]，但由于其在降低 $NO_x$ 的同时能提高输出功率和热效率，还是具有吸引力的。分轴燃气轮机在变速机械驱动的应用上具有吸引力，其低速下的变工况特性具有效率高和转矩大的优点。

## 联合循环电厂概述

联合循环有很多方案，其范围是从简单的单压循环（蒸汽轮机所用的蒸汽仅在一个压力下产生）到三压循环（蒸汽轮机所用的蒸汽在三个不同的压力下产生）。图 2-30 所示的能流图给出了进入各部件的能量分布以及与冷凝器相关的损失和排气损失。对于不同的循环，这种能量分布的数值可能会有不同，这主要是由于采用更为高效的多压余热锅炉时，其

---

⊖ 原文该处可能有误，此译文参考第三版。——译者注

排气损失降低。

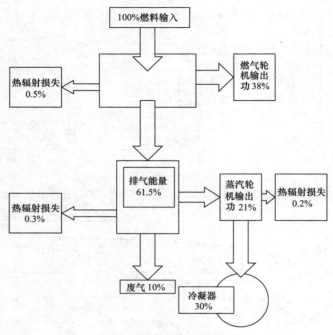

图 2-30　联合循环电厂的能流图

图 2-31 所示为联合循环电厂中两个发电设备（即燃气轮机和蒸汽轮机）之间的功率分配随总的输出功率的变化关系，从图中可以看出，在非设计工况下，燃气轮机和蒸汽轮机两个原动机的负荷特性变化很大。在设计工况下，燃气轮机发出总输出功的 60%，蒸汽轮机发出 40%；而在非设计工况下（设计功率的 50% 以下），燃气轮机发出总输出功的 50% 以下，而蒸汽轮机将发出 50% 以上⊖。

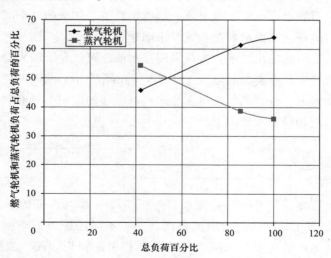

图 2-31　联合循环电厂整个运行范围内燃气轮机和蒸汽轮机之间的负荷分配

⊖　原文为 40%，有误。——译者注

为充分理解不同循环的性能，需要定义联合循环的一些主要参数。在联合循环的诸多应用中，燃气轮机为顶循环，而蒸汽轮机为底循环。构成联合循环最主要的部件为燃气轮机、余热锅炉和蒸汽轮机，图 2-32 所示为典型的带有三压余热锅炉的联合循环电厂布置简图，其联合循环的热效率可以高达 60%。在典型的联合循环中，燃气轮机产生 60% 的功率，而蒸汽轮机产生约 40% 的功率，燃气轮机和蒸汽轮机机组的热效率在 30%～40% 范围内。蒸汽轮机将燃气轮机中的排气能量作为输入能量，燃气轮机传递到余热锅炉的能量通常近似等于设计工况下燃气轮机的额定出力。在非设计工况下，采用进口导叶来调节燃气轮机压气机进口空气量，从而使得进入余热锅炉的燃气保持在所需要的高温。

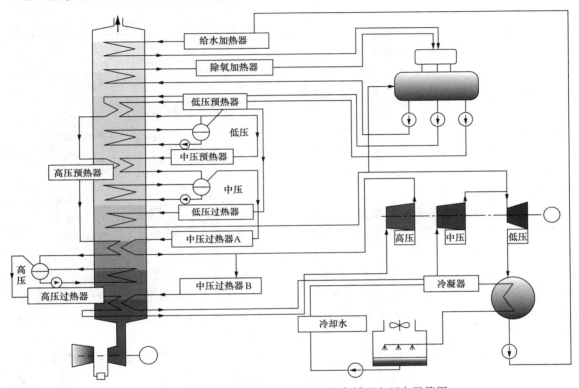

图 2-32　典型的带有三压余热锅炉的联合循环电厂布置简图

　　在余热锅炉中，燃气轮机的排气热量传递给水产生蒸汽。余热锅炉有多种构造，而大多数的余热锅炉被划分为与蒸汽轮机相同数量的区段，图 2-33 所示为三压余热锅炉的能量-温度图。在大多数情况下，余热锅炉的每个区段都有一个预热器或省煤器和一个蒸发器，然后是一级或两级的过热器，进入蒸汽轮机的蒸汽为过热蒸汽。

　　冷凝水进入余热锅炉前需要通过除氧器将水或蒸汽中的氧除掉。氧含量较高会导致管件以及与水/蒸汽接触的部件的腐蚀，因此除氧十分重要。氧含量最好在十亿分之七至十，即 $(7\sim10)\times10^{-9}$。将冷凝水喷洒到垂直安装于给水箱顶部的除氧器顶端，当水喷入并进行加热时除氧发生，这样被水/蒸汽介质吸收的含氧气体就会逸出。由于泵的气封和管路法兰处于真空状态时会吸入空气，因此除氧过程必须连续进行。

　　除氧过程既可以在真空下进行，也可以在较高压力下进行。许多系统采用真空除氧，原因是所有的给水加热可以在给水箱中进行，无需额外的热交换器。真空除氧过程中的加热蒸汽是低品质蒸汽，因而让其在蒸汽循环中通过蒸汽轮机膨胀做功，从而增加了蒸汽轮机的输出功，因此也增加了联合循环的效率。高压除氧时，含氧气体可以独立于冷凝器的排空系统而直接排向大气。

除氧也可以在冷凝器内进行，其过程类似于除氧器。当未凝结热气体通过抽真空设备抽出时，透平排出的蒸汽在冷凝器热井中冷凝并聚集。蒸汽垫将空气和水隔开，因而不会发生空气的再吸收。冷凝器除氧与除氧器一样有效，这样不需要单独布置除氧器/给水箱，冷凝水直接从冷凝器供入余热锅炉。加入系统的补给水量是关键，因为补给水中的氧是完全饱和的。如果补给水量小于蒸汽轮机排气量的 25%，那么可使用冷凝器除氧，但是在有蒸汽抽取利用过程的情况下，由于补给水量较大，因而需要单独的除氧器。

系统中的省煤器用于将水加热到接近饱和点，如果设计不当，省煤器会产生蒸汽，从而使流动阻滞。为避免这种情况的

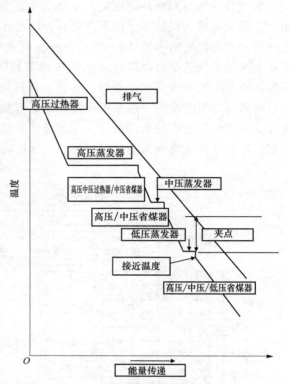

图 2-33  三压余热锅炉的能量-温度图

发生，可使出口处的给水稍微过冷。省煤器出口的水温与饱和温度之差被称为接近温度，接近温度应在 10~20℉（5.5~11℃）范围内，并尽可能小。为了防止省煤器中产生蒸汽，在其下游安装给水控制阀，该阀可使省煤器保持高压，从而阻止蒸汽的产生。如果在省煤器中产生了蒸汽，通过到锅筒之间管路的合理布置，也可以防止流动阻滞的发生。

另一重要参数是蒸发器出口处蒸汽侧与燃气侧的温差，该温差称作夹点。理想情况下，夹点越低，则回收的热量就越多，但需要更多的换热面积，其结果也提高了背压和造价。此外，过低的夹点意味着在排气能量较低时（低的质量流量或低的排气温度）产生的蒸汽不足。一般规程要求夹点温差为 15~40℉（8~22℃），显然其最终选择需要考虑经济性。

在许多大型电厂中，蒸汽轮机至少分为高压（HP）和低压（LP）两大部分。在某些电厂中，高压部分进一步分为一个高压部分（HP）和一个中压（IP）部分。余热锅炉也相应于蒸汽轮机划分为不同的部分。低压蒸汽透平的性能由冷凝器的背压进一步控制，而背压则随冷却和结垢状况而变化。

在许多这样的电厂中，蒸汽轮机的效率在 30%~40% 范围内。为保证蒸汽轮机在高效范围内运行，燃气轮机的排气温度应保持在较大的运行范围内，从而使得余热锅炉能够在较大的运行范围内保持较高的效率。

在联合循环电厂中，高的蒸汽压力不一定能提高热效率。蒸汽在较高蒸汽压力下膨胀会导致蒸汽轮机的出口湿度增加。湿度增加将对透平末几级造成严重的水蚀和腐蚀问题，所以湿度应控制在 10% 左右（蒸汽量占 90%）。

高的蒸汽压力的优势在于蒸汽质量流量减小，蒸汽轮机的输出功也减小。蒸汽质量流量减小使得蒸汽轮机排汽段尺寸减小，从而减小了透平末级叶片尺寸。同时，较小的蒸汽质量流量也减小了冷凝器的尺寸和所需的冷却水量，还减小了蒸汽管道和阀门的尺寸。所有这些均使得成本降低，尤其对于使用昂贵和高能耗的空气冷却冷凝器的电厂来说，其优势更加明显。

在给定的蒸汽压力下增加蒸汽的温度会略微减小蒸汽轮机的输出功，其原因在于以下两个效应是矛盾的：首先是焓降的增加，使得输出功增加；其次是流量的减小，导致蒸汽轮机输出功下降。其中第二个效应更为主要，这就是蒸汽轮机输出功减小的原因。此外，降低蒸汽初温也会增加排气湿度。

了解双压和三压余热锅炉及其相应的蒸汽轮机（高压、中压和低压透平）部分的设计特性十分重要。对于相同的质量流量，增加任一个蒸汽透平的压力都会使该透平的输出功增加。但是在较高压力下，产生的蒸汽质量流量下降，这种影响对于低压透平最为明显。低压蒸发器内的压力不应低于 $45lbf/in^2$（3.1bar），这是由于低压蒸汽透平内的焓降变得非常小，蒸汽的体积流量变得很大，因而低压通流部分的尺寸变大，叶片变长，价格昂贵。提高蒸汽温度可使输出功明显增加，在双压或三压循环中，如果高压透平的蒸汽量增加，低压透平可利用的能量则更多。

从双压循环到三压循环，总的循环热效率会稍有增加。为了获得最大的热效率值，可使这些循环在高温下运行，并从系统获取尽可能多的热量，从而形成相对较低的排气温度。这就意味着在大多数情况下必须使用天然气作为燃料，因为天然气中的硫含量很低或者不含硫。用户发现：即使在硫含量很低的情况下，比如在以柴油（2号油）作为燃料时，为避免酸性气体腐蚀，排气温度也必须保持在 300℉（149℃）以上。从双压到三压循环热效率的提高是由于中压部分产生的蒸汽能级高于低压部分产生的蒸汽能级。三压循环高压部分流量比双压循环略小，这是由于中压过热器比低压过热器的蒸汽过热度更高，使得余热锅炉高压部分的能量被利用掉。在三压循环中，高压部分和中压部分的压力必须同时提高。蒸汽轮机低压部分排气的湿度具有决定性作用。当进口压力约为 $1,500lbf/in^2$（103.4bar）时，中压部分的最佳压力约为 $250lbf/in^2$（17.2bar）。显然，蒸汽轮机的最大输出功由低压透平所决定，同时低压部分的压力还影响余热锅炉的换热面积。当低压部分蒸汽压力降低时，换热面积增加，原因是在余热锅炉的低温端部分热交换量较低。图 2-33 是三压余热锅炉的能量-温度图，中压透平和低压透平的蒸汽量明显小于高压蒸汽透平的蒸汽量，其相邻部分的压力比在 25 左右。

在美国，由于大部分电厂的燃料为天然气，因而联合循环电厂越来越重要，其热效率高达 56%。页岩气开采使得燃气产量增加，价格下降，联合循环电厂变得更具吸引力。图 2-34 是世界上最大的联合循环燃气轮机（CCGT）热电联供电厂的照片，电厂功率达 1,875MW，并为邻近的化工企业提供 800t/h 的蒸汽。

图 2-34 世界上最大的联合循环热电联产电厂
（1,875MW，800t/h 蒸汽）

该电厂的两个联合循环装置由四台具有最大蒸汽喷注量的重型工业燃气轮机组成，每台燃气轮机功率在 ISO 条件下约为 154MW，燃气轮机排气进入四台有补燃的余热锅炉中，每台锅炉产生的蒸汽供入蒸汽透平，每台蒸汽透平驱动发电机产生约 300MW 的发电量。此外，该电厂还采用一台 60MW 的燃气轮机来进行黑起动，即无外部电源起动。

▶▶**压缩空气储能循环**

压缩空气储能（CAES）循环作为调峰系统使用，该系统利用非尖峰负荷的能量将空气压缩到一个大的地下洞穴（即储气室）中。当有较高的动力需求时，就将空气释放以产生动力。图 2-35 是一个由 Alabama 电力联合公司运营的典型压缩空气储能循环电厂示意图，同时给出了电厂的热平衡图，以及额定负荷下的发电模式参数和平均洞穴条件下的压缩模式参数。

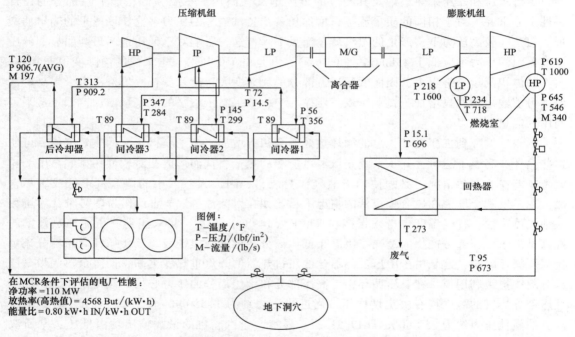

图 2-35　压缩空气储能循环电厂示意图（ASME Paper 2000-GT-0595）

压缩机组由电动机/发电机驱动，该电动机/发电机具有一对离合器。当需要将压缩空气储存在洞穴内时，它就作为电动机使用，从透平机组脱开并与压缩机组连接。压缩机组由三个压气机构成，相邻间布置有间冷器，即进入下游压气机前需要进行冷却，从而降低压气机总能耗。

发电机组由串联布置的高压透平膨胀机和低压透平膨胀机构成，用以驱动发动机/发电机。在发电模式下，发动机/发电机从压缩机组脱开，通过离合器与高压及低压透平机组连接。对来自洞穴的压缩空气，先利用低压透平排出的热量通过一个热交换器进行回热，然后在燃烧室内进行进一步燃烧，最后进入高压透平做功。高压透平排出的膨胀气体在进入低压透平前需在燃烧室中进行再热。高压透平和低压透平都使用结构类似的筒形燃烧室，高压透平采用 2 个燃烧室，产生大约 25% 的功率；而低压透平采用 8 个燃烧室，产生大约 75% 的功率。该电厂以天然气或 2 号蒸馏油作为燃料，其输出功率范围为 10~110MW。

在压缩模式下，发电机作为电动机来使用。系统设计为周循环运行，即每周 5 天发电，而在工作日夜间和周末进行洞穴充气。

## 功率提升

燃气轮机功率的提升可通过许多不同的技术手段获得。本节将研究可在现有燃气轮机上实现的技术。因而，诸如附加燃烧室这样的技术就不是现有燃气轮机所考虑的实用技术。换句话说，本节将重点讲述实用的解决方案。实际的功率提升可分为两大类，即压气机进口冷却和透平内注蒸汽或注水。

### ▶▶进口冷却

- 蒸发方法——常规的蒸发冷却或直接喷水雾化。
- 进口冷却系统——利用吸收制冷或机械制冷。
- 蒸发和进口冷却组合系统——采用蒸发冷却器来帮助冷却系统获得较低的进口空气温度。
- 热能储存系统——为间歇性应用系统，在非尖峰负荷时产生冷却空气，在白天高峰时用来冷却进口空气。

### ▶▶压缩空气、蒸汽或水的喷注

- 加湿和加热压缩空气的喷注——利用余热锅炉将来自另一个独立压气机的压缩空气加热并加湿到大约60%的相对湿度，然后喷注到压气机出口排气。
- 蒸汽的喷注——利用低压单级余热锅炉在压气机出口进行蒸汽喷注，或在燃烧室内进行蒸汽喷注，也可以二者同时进行。
- 水的喷注——利用中间压气机的喷注以冷却压缩空气，并增加系统的质量流量。

## 进口冷却技术

### ▶▶燃气轮机蒸发冷却

使用水蒸发介质的传统蒸发冷却器多年来已在燃气轮机行业广泛使用，尤其是在湿度较低、气候炎热的区域。较低的资本、安装和运行成本使其对许多燃气轮机的运行方案都极具吸引力。蒸发冷却器将水喷溅到由纤维波纹材料制成的介质挡板上，空气流过这些介质挡板使水产生蒸发，当水蒸发时，在$60\,^\circ\mathrm{F}$（$15\,^\circ\mathrm{C}$）条件下大约消耗$1{,}059\mathrm{Btu}$（$1{,}117\mathrm{kJ}$）的汽化热，因此降低了压气机中进口空气（来自大气）的温度。该技术在低湿度地区非常有效。

降低压气机的进口温度可以降低驱动压气机所耗的功，从而增加了燃气轮机机组的输出功。图2-36是蒸发式燃气轮机及其对布雷顿循环影响的示意图。大多数燃气轮机的体积流量是定值，因而通过降低进口温度增加质量流量就能增加输出功，输出功与进口空气的温度成反比。湿度图表明这种冷却是受限的，尤其是在高湿度条件下。该技术成本低，安装容易，但它并不能增加机组的热效率。如果外部温度在$90\,^\circ\mathrm{F}$（$32\,^\circ\mathrm{C}$）左右，那么压气机的进口温度大约能降低$18\,^\circ\mathrm{F}$（$10\,^\circ\mathrm{C}$）。蒸发式冷却系统的成本大约为50美元/kW。

直接在压气机进口喷雾也是一种蒸发式冷却的方式，将软化水在工作压力达$1{,}000\sim3{,}000\mathrm{lbf/in}^2$（$67\sim200\mathrm{bar}$）的高压喷嘴中转化为水雾，当其在机组的空气进气道中蒸发时就

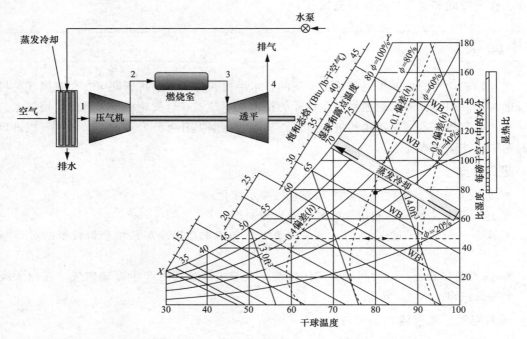

图 2-36　燃气轮机进口蒸发冷却示意图

会对压气机进气进行冷却。压气机进口处的空气可以达到 100% 的相对湿度，因此提供了无制冷时可能的最低温度（湿球温度）。直接高压进口雾化还可以通过让过量的水雾进入压气机中对压气机进行间冷，从而进一步增加机组的输出功。

#### ▶▶燃气轮机进口制冷

在压气机进口进行制冷比前面蒸发冷却系统更加有效，因为它可以将温度降低 45~55℉（25~30℃）。燃气轮机进口冷却有两种技术，即机械制冷（蒸气压缩）和吸收制冷。

机械制冷系统

在机械制冷系统中，用离心式、螺杆式或往复式压气机来压缩制冷剂蒸气。图 2-37 是用于冷却燃气轮机进口空气的机械制冷系统示意图，其中的湿度图表明制冷产生了相当可观的冷却，十分适合于温度、湿度较高的气候条件。

在制冷量超过 1,000t（$12.4×10^6$Btu/$13.082×10^6$kJ）的大系统中，通常采用离心式压气机并通过电动机来驱动。机械制冷的辅助系统需要消耗较多的能量，用于驱动压气机和冷却水回路中的泵。压缩后的蒸气经过一个冷凝器进行凝结，凝结后的蒸气在膨胀阀内膨胀并产生制冷效果。在燃气轮机进口空气的蒸气冷却旋管内循环的冷却水通过蒸发器进行冷却。

目前使用基于含氯氟烃（CFC）的制冷机，可以在相对较小的空间内提供较大的制冷量，并且可以提供比基于溴化锂（Li-Br）的制冷机更低的制冷温度。机械制冷机的缺点是投资较高，运行和维修成本较高，耗功较高以及部分负荷性能较差。

使用制冷剂直接冷却进口空气而不采用冷却水循环时，可以产生直接膨胀。氨是一种极好的制冷剂，可用于此类应用，但必须使用特殊的报警系统来检测泄漏到燃烧空气中的制冷剂，并关闭和排空制冷系统。

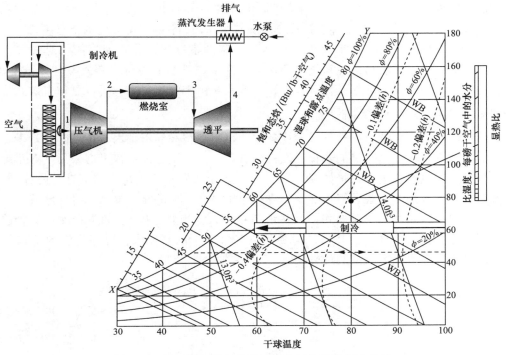

图 2-37 用于冷却燃气轮机进口空气的机械制冷系统

**吸收制冷系统**

吸收制冷系统一般采用溴化锂作为吸收剂，水作为制冷剂，可以将进口空气冷却到 50℉（10℃）。图 2-38 是燃气轮机进口吸收制冷系统的示意图，湿度图中给出的采用吸收制

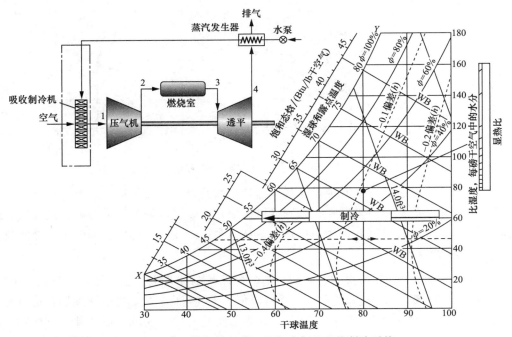

图 2-38 用于燃气轮机进口空气冷却的吸收制冷系统

冷系统的冷却效果与机械制冷系统中的相同。吸收制冷机的热量可来自于燃气、蒸汽和燃气轮机的排气。吸收制冷系统可以设计成单效或双效的，其中单效系统的能效系数（COP）为 0.7~0.9，双效系统的能效系数达 1.15。吸收制冷系统的部分负荷性能相对较好，部分负荷下的热效率不像在机械制冷系统中那样会下降。该系统的造价比蒸发冷却系统高得多，然而在温度、湿度较高的气候条件下，进口制冷系统由于湿度很高，所以更加有效。

### ▶▶ 进口蒸发与制冷组合系统

当燃气轮机的工程细节、位置、气候条件、机组类型和经济性因素不同时，基于上述技术组合的混合系统可能是最好的选择。在机械进口制冷系统之前应该考虑采用气雾系统的可能性，蒸发与制冷组合进口系统如图 2-39 所示。由于蒸发冷却是在等焓下进行的等熵过程，因而看起来并不总是很直观。当水蒸发到空气流中时，任何的显热降低都将伴随着空气流中潜热的增加（空气流中的热量被用于水从液态到气态的相变过程）。如果在冷却旋管前使用气雾，当气雾蒸发时，温度会降低，但要除去空气流中的蒸发水，冷却旋管的工作将更困难，其结果难以产生热力学上的优越性。

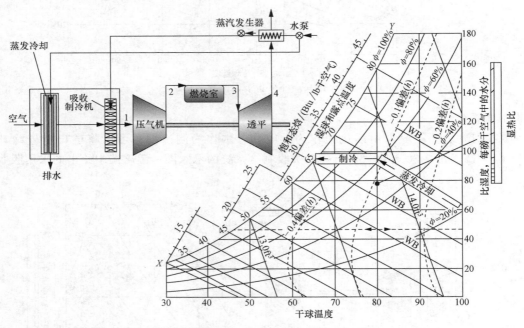

图 2-39　燃气轮机蒸发与制冷组合进口系统

为使效应最大化，制冷机必须设计成与蒸发冷却结合，以获得最大的温降。这可以通过设计一个尺寸稍小的制冷机来实现，该制冷机无法将空气温度降低到大气的露点温度，但通过与蒸发冷却相结合，可以获得相同的效果，从而利用蒸发冷却的优点降低了制冷负荷。

### ▶▶ 热能储存系统

热能储存系统通常被设计成在非尖峰负荷时起动的制冷系统，而在尖峰负荷时使用冷媒。大多数情况下，冷媒为冰，进口空气通过冷媒降低了燃气轮机进气温度。热能储存进口系统如图 2-40 所示，该制冷系统由于能够在非尖峰负荷条件下运行 8~10h 来制冰并将其储存，在尖峰负荷条件下空气通过这些冰来冷却，大致可运行 4~6h，因此制冷系统的尺寸可大大减小。

该系统成本大约为 90~110 美元/kW，已经成功应用于 100~200MW 的燃气轮机中。

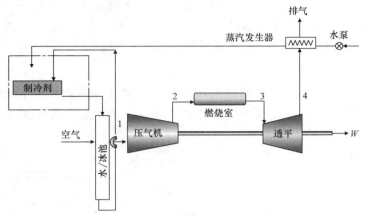

图 2-40　燃气轮机进口热能储存系统

# 压缩空气、蒸汽或水喷注提升功率

## ▶▶ 压气机级间喷水

在该系统中，水被喷注到压气机的中间级来冷却空气，以接近等温压缩过程，如图 2-41

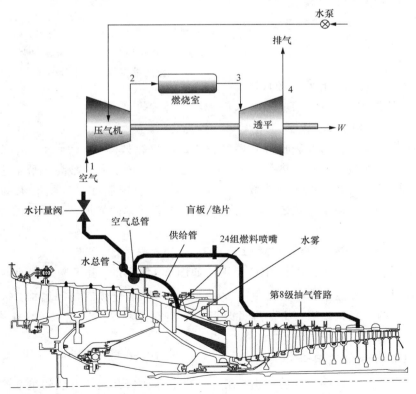

图 2-41　压气机级间冷却示意图及其在 GE LM6000 机组中的实际应用（GE 动力系统提供）

所示。喷注的水通常采用机械雾化，使得非常细小的液滴能够进入空气中。当水与高压、高温的空气流相遇蒸发时，将在更高的压力和温度条件下消耗掉大约 1,058Btu (1,117kJ) 的蒸发潜热，从而降低了进入下一级的空气温度，其结果减小了驱动压气机所需的功。

压缩空气的中间冷却已成功应用于高压机组中，该系统可以与前述任一系统进行组合。

#### ▶▶加湿加热压缩空气喷注

该方法将来自另一个独立压气机中的压缩空气，利用余热锅炉进行加热并加湿到大约 60% 相对湿度，然后喷注到压气机出口排气中。图 2-42 为压缩空气喷注装置简图，它由以下主要部件构成：

1. 一台具有喷注设备的商用燃气轮机，可在燃烧室上游的任何点喷注由外部供给的加湿和预热的辅助压缩空气。压缩空气喷注装置概念在空气喷注的工程和机械方面，类似于提升功率的注蒸汽技术，而注蒸汽已经积累了丰富的运行经验。

2. 一台辅助压气机（由现成的商用压气机或标准压气机模块构成），用于为燃烧室上游提供辅助的空气。

3. 一个用于辅助空气加湿和预热的饱和装置。

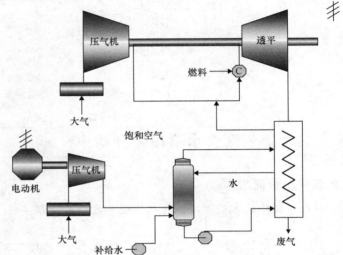

图 2-42　用于燃气轮机提升功率的加热
加湿压缩空气喷注系统简图

4. 回热水加热器和饱和空气预热器。

5. 配套装置和系统，包括互连管、阀门和控制系统等。

#### 燃气轮机压气机出口喷注水或蒸汽

通常用注蒸汽或注水的方法来提高燃气轮机的功率，如图 2-43 所示，蒸汽可由燃气轮机的排气产生。这种装置中的余热锅炉由于压力比较低，技术要求不高。采用这种方法不仅增加了功率，同时也提高了透平的热效率。通常蒸汽量应限制在空气量的 12% 左右，这可使功率提升 25% 左右，但发电机的功率范围可能会限制功率的增加。该系统的成本在 100 美元/kW 左右。

#### 应用双燃料喷嘴向燃气轮机燃烧室喷注蒸汽

向燃烧室内喷注蒸汽通常用于 $NO_x$ 控制，如图 2-44 所示。由于燃烧方面的限制，可增加的蒸汽量有限，一般控制在空气流量的 2%~3%，这样可使额定功率增加 3%~5%。许多工业燃气轮机上的双燃料喷嘴可方便进行改型，来实现蒸汽喷注。蒸汽可由余热锅炉产生，多个透平也可共用一个余热锅炉。

#### ▶▶蒸发冷却与蒸汽喷注组合

以上这些方法互不排斥，且易于相互组合，因此需要研究这些方法的组合应用。图 2-45 为进口蒸发冷却与压气机出口和燃烧室采用蒸汽喷注的组合示意图。在该系统中，由于燃气

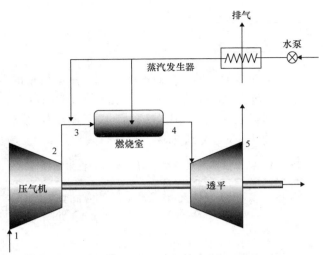

图 2-43 燃气轮机压气机出口处和燃烧室内的蒸汽喷注

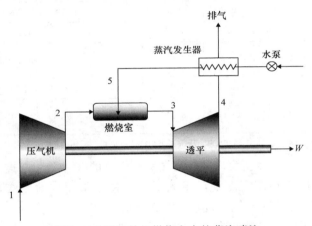

图 2-44 燃气轮机燃烧室内的蒸汽喷注

轮机进口空气的冷却以及蒸汽的加入，系统的输出功率得到进一步提升。

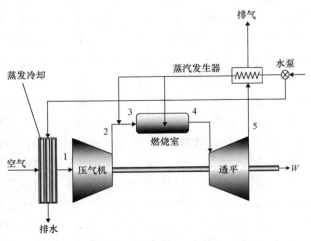

图 2-45 燃气轮机中的蒸发冷却与蒸汽喷注组合

## 功率提升系统总结

本节对用于燃气轮机功率提升的不同循环进行了研究，从最简单的蒸发冷却循环，到更复杂的加湿和加热压缩空气循环，表 2-1 给出了这些循环的效益和成本。这里所研究的循环在大部分电厂的实际运行中都有应用，因此本节的循环分析不仅仅是概念性的。相关结果显示这些方法能够将功率的提升从 3% 增加到 21%，循环热效率从 0.4% 增加到 24%。

表 2-1　简单循环燃气轮机不同功率提升技术的评估

| 过程类型 | 功率提升/MW | 功率提升/（%） | 效率增加/（%） | 热耗率/（kJ/kW·h） | 成本/百万美元 | 成本/kW（美元/kW） | 每年节约燃料/美元 | 年增加销售收入/美元 | 总盈利/美元 |
|---|---|---|---|---|---|---|---|---|---|
| 蒸发冷却 | 3.69 | 3.32 | 0.39 | 10,891 | 0.5 | 135.67 | 515,264 | 396,755 | 912,019 |
| 进口制冷冷却 | 12.77 | 11.51 | 2.5 | 10,672 | 2.5 | 195.74 | 605,075 | 1,379,901 | 1,984,977 |
| 储冰冷却 | 12.77 | 11.51 | 2.5 | 10,672 | 1.5 | 117.44 | 201,692 | 459,967 | 661,659 |
| 压气机级间冷却 | 17.41 | 15.69 | 14.19 | 9,576 | 2.5 | 143.56 | 3,743,308 | 2,291,365 | 6,034,672 |
| 加热加湿压缩空气喷注 | 23.44 | 21.12 | 21.23 | 9,020 | 3.7 | 157.84 | 5,597,388 | 3,368,355 | 8,965,744 |
| 蒸汽喷注 | 10.11 | 9.11 | 22.13 | 8,954 | 1.7 | 168.19 | 5,220,193 | 1,466,792 | 6,686,985 |
| 蒸发冷却+蒸汽喷注 | 13.97 | 12.59 | 24.02 | 8,817 | 2.1 | 150.34 | 5,770,444 | 2,068,616 | 7,839,060 |

注：基于以下燃气轮机运行参数：功率=110MW，压气机进口温度=32℃，循环效率=32.92%，热耗率=10,935kJ/kW·h。

使用蒸发冷却循环冷却燃气轮机进口空气是最简单的一种循环方式，只需要花费最少的资金即可投入运行，但是在高湿度地区不太适用。每个机组中该系统的成本在 300,000～500,000 美元范围内，这样每千瓦的成本为 135 美元。

在湿度较大的地区，进口制冷冷却更加有效，它可使简单循环燃气轮机的输出功率增加 12.8%。该循环系统单位功率的投资成本在所评估的方案中最高。该循环方案有一个余热锅炉，能产生足够的蒸汽来冷却三个透平。蒸汽用于驱动蒸汽透平，蒸汽透平带动制冷压缩机或使用这些蒸汽为三个透平提供吸收冷却，从而可使透平进口温度下降 30～50℉（17～27℃）。该制冷系统还可以用一个储冰系统来代替，它们对于透平的性能影响类似，所不同的是储冰系统每天工作 8h 左右，其余 16h 将用于制取用于冷却空气的冰。因此，该制冷系统比一天 24h 都需要冷却进口空气的系统小得多。

采用喷注水来冷却压气机中间级的空气也是提升燃气轮机输出功率的另一种非常有效的方法。许多系统的问题是没有合适的位置来喷注水。为安装这样一个系统，燃气轮机需要较大的改动，必须注意任何改动不能影响燃气轮机系统的整体性。此类系统在具有低压和高压压气机的装置中比较有效，能提供合适的喷水位置，这种压气机在航改机组中应用较多。

在燃气轮机压气机出口喷注加热加湿的压缩空气，是又一种值得关注的提升功率和热效率的方法。在该系统中，占燃气轮机主空气量 5% 左右的压缩空气被加入压气机排气中。这部分空气在利用外部压气机进行压缩后，注入空气饱和设备中，来自余热锅炉的蒸汽也同时注入该设备，使空气中的水饱和，饱和空气经余热锅炉进一步加热，最后喷注到燃气轮机的压气机出口。

　　压气机出口喷注蒸汽已经应用了很多年而且十分有效。喷注的蒸汽量可以在 5% ~ 15% 范围内变化。进行喷注的蒸汽是由处理过的水产生的，不会影响透平热端部件的寿命，此结论是基于大量使用蒸汽喷注的机组的结果。在高温高湿地区，具有进口蒸发冷却进口系统的蒸汽喷注是最适宜的，图 2-46 给出了各种循环的功率、效率以及成本变化的比较。

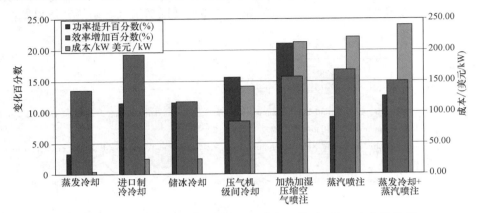

图 2-46　各种循环的功率、效率以及成本（美元/kW）变化的比较

　　图 2-46 还给出了这些系统每千瓦的成本。蒸汽喷注、加热加湿压缩空气喷注系统的单位功率成本大致相同，这是由于尽管安装压缩空气系统的初始成本较高（对一个 100MW 机组大约为 370 万美元，而蒸汽喷注系统的成本约为 170 万美元），但是加热加湿压缩空气喷注系统所产生的功率要大得多。

　　蒸汽喷注系统的回报率要高于压缩空气喷注系统，这是由于尽管蒸汽喷注系统和压缩空气喷注系统的热效率大致相同，但是蒸汽喷注系统的初始成本要比压缩空气喷注系统的初始成本低 50% 以上。

　　所节约燃料的计算是基于 2.64 美元/$10^6$kJ 的国际燃料价格，电厂可用性取为 97%，这是基于大多数类型固定机组的可用性得到的。新的电价基于平均价格，为 0.04 美元/kW·h。

　　将这些循环应用于已有电厂的一些主要限制如下：

　　1. 发电机输出功率。发电机输出功率一般来说要超过燃气轮机额定负荷的 20%。必须要限制蒸汽或压缩空气喷注，使功率的变化在该范围以内。

　　2. 透平进口温度。即透平第一级喷嘴入口处所测量的燃气温度，要限制在设计值，原因是增加进口温度将会大大降低透平热端部件的寿命。

　　3. 喷注压力。喷注压力应高于压气机出口压力 75 ~ 100lbf/$in^2$（5 ~ 7bar）。在加热加湿压缩空气喷注系统中，空气必须为饱和空气。

　　4. 透平第一级（膨胀级）的喷嘴面积。该参数十分重要，它限制了进入透平部分的总空气流量，因而限制了蒸汽喷注量或加热加湿压缩空气喷注量。

　　5. 喘振控制。喷注系统都需要对控制系统进行较大的改动，以防止其在机组达到满负荷并稳定运行前喷注；在停机时，系统必须首先关闭喷注系统。这些措施对防止机组喘振十分必要。

　　6. $NO_x$ 排放。$NO_x$ 的排放量在应用燃气轮机发电的许多地区十分重要。目前的 $NO_x$ 排

放上限是 $22 \times 10^{-6}$ 左右，目标是降低到 $9 \times 10^{-6}$。这里所给出的方法对 $NO_x$ 的排放都是有利的，因为它们不会增加 $NO_x$ 的排放量。实际上，在采用喷注系统时，蒸汽、加热加湿压缩空气都将降低 $NO_x$ 的排放，使得装置更加环保，特别是在对 $NO_x$ 排放要求更加严格的地区，更应利用蒸汽、加热加湿压缩空气喷注系统。

7. 控制系统。所有这些系统的成本都考虑了控制系统的改动，大多数情况下这些系统中的控制系统必须重新设计，以考虑蒸汽喷注、加热加湿压缩空气、余热锅炉以及泵等其他相关设备。

## 参考文献

Boyce, M. P., Meher-Homji, C. B., and Lakshminarasimha, A. N., "Gas Turbine and Combined Cycle Technologies for Power and Efficiency Enhancement in Power Plants," ASME 94-GT-435.

Boyce, M. P., "Turbo-Machinery for the Next Millennium," Russia Gas Turbo-Technology Pub-lication, September - October 2000.

Boyce, M. P., "Advanced Cycles for Combined Cycle Power Plants," Russia Gas Turbo Tech-nology Publication, November-December 2000.

Boyce, M. P., *Handbook for Cogeneration and Combined Cycle Power Plants*, 2nd edition, ASME Press, 2010.

Chodkiewicz, R., Porochnicki, J., and Potapczyk, A., "Electric Power and Nitric Acid Coproduction-A New Concept in Reducing The Energy Costs," Powergen Europe ' 98, Milan, Italy, 1998, Vol. 3, pp. 611 - 625.

Chodkiewicz, R., "A Recuperated Gas Turbine Incorporating External Heat Sources in the Combined Gas-Steam Cycle," ASME Paper No. 2000-GT-0593.

Cyrus, B., Meher-Homji, T. R., and Mee III, "Gas Turbine Power Augmentation by Fogging of Inlet Air," 28th Turbomachinery 28 Symposium Proceedings, 1999, p. 93.

# 第**3**章

# 压气机与透平性能特性

　　本章研究压气机与透平的总体性能特性，所介绍的内容可使读者熟悉"叶轮机械"这一广义术语所泛指的这类机械的基本性能。泵和压气机用于提升压力，而透平用于发出功率。这些机械具有某些共同特征，其主要部件是带有叶片的转子，并且转子通流部分中流体的流动路径可以是轴向的、径向的或两者的组合。

　　可采用三种方法对叶轮机械的工作原理进行分析：第一，通过分析力和速度图，可以揭示流量、压力、转速和功率之间的基本关系；第二，采用综合的试验来分析不同的变量之间的关系；第三，不考虑其实际装置，采用量纲分析来导出一系列的参数，它们的组合可以清楚地表示其总体特性。本章的分析给出了叶轮机械的典型性能图，同时，叶轮机械的变工况性能对于理解机组性能的变化趋势和运行曲线也十分重要。

## 叶轮机械气动热力学

　　气体的运动可以采用两种不同的方法研究：（1）研究每一气体微粒的运动，确定其位置、速度、加速度及状态随时间的变化；（2）研究每个微粒来确定其速度、加速度的变化以及在空间内每一位置不同微粒随时间变化的状态。研究每一气体微粒的运动，称为气体运动的拉格朗日方法；研究空间中的微粒运动，称为气体运动的欧拉方法。本书将研究气体的欧拉运动。如果能够确定气体在空间上每点的速度大小、方向和热力学特性，则认为此流动被完全描述。

　　为了解叶轮机械内的流动，必须要知道压力、温度之间的基本关系，并获知流动的类型。当气体和周围环境之间无热交换，且气体的熵保持不变时，叶轮机械内的流动为理想流动，这种流动的特点为可逆等熵流动。为了描述这种流动，必须理解总压和静压、总温和静温的条件以及理想气体的概念。

### ▶▶ 理想气体

　　理想气体的气体特性是基于其压力和温度等基本特性给出的，描述理想气体的通用状态方程可表示为

$$\frac{p}{\rho^n} = \text{constant} \tag{3-1}$$

式中，$p$ 为压力；$\rho$ 为密度；$n$ 为常数，它描述了两点之间的过程类型，其值在大于 0 的范围内变化。

因而，要完全理解气体特性，需要定义压力和温度的基本特性，以及由一点到另一点的过程类型。流体系统（可以是气体或液体）的压力和温度的测量极其复杂，流体的压力可定义为垂直作用于流体接触的任何表面所施加在单位面积上的力。在英制系统中，压力通常以每平方英寸上的磅（$lbf/in^2$）或每平方英尺上的磅表示，相当于每平方英寸或平方英尺上的磅力。压力的国际单位为帕斯卡（Pa），相当于每平方米 1 牛顿（$N/m^2$），或以 kPa 表示，$1kPa = 1,000Pa$。

压力可以按照流体液柱的高度采用许多不同的单位来表示，表 3-1 列出了叶轮机械中常用的压力单位以及各单位之间的转换关系。

表 3-1 叶轮机械中常用的压力单位及转换关系

| | $lbf/in^2$ | kPa | in $H_2O$ | mm Hg | mbar |
|---|---|---|---|---|---|
| $1lbf/in^2$ | 1.000 | 6.894,73 | 27.680,7 | 51.714,8 | 68.947,3 |
| 1atm | 14.696,0 | 101.325 | 406.795 | 760.000 | 1,013.25 |
| 1kPa | 0.145,038 | 1.000 | 4.014,75 | 7.500,62 | 10.000 |
| 1in $H_2O$ | 0.036,1 | 0.249,081 | 1.000 | 1.868,26 | 2.490,81 |
| 1mm $H_2O$ | 0.001,422,3 | 0.009,806 | 0.039,37 | 0.073,55 | $9.8 \times 10^{-8}$ |
| 1mm Hg | 0.019,336,8 | 0.133,322 | 0.535,257 | 1.000 | 1.333,22 |
| 1mbar | 0.014,503,8 | 0.100,0 | 0.401,475 | 0.750,062 | 1.000 |

压力的测量可以有许多分类，如绝对压力、表压和动压等。绝对压力为流体施加在单位面积上的力的绝对值，因此，绝对压力是流体中给定点的压力和绝对零压或理想真空之间的压力差。表压是绝对压力和当地大气压之间的压力差，如图 3-1 所示。当地的大气压可以随周围的大气温度、海拔和当地天气条件变化。

图 3-2 所示为管内或通道内流动的流体动力学系统，在该示例中，静压采样点位于管壁。静压是运动流体的压力，气体的静压在所有方向相同且为一个标量点函数，可以通过在管内钻孔并在管壁埋入探针来对其进行测量。

总压或滞止压力是气体处于静止可逆的绝热状态下的压力，通常以 $p_0$ 或 $p_t$ 表示。描述

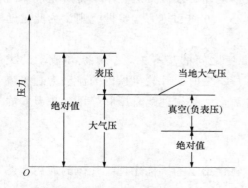

图 3-1 绝对压力和当地大气压之间的关系

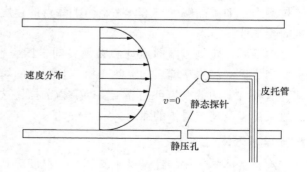

图 3-2 流体动力学系统中静压和总压的测量

可逆绝热的过程称为等熵过程，总的条件和滞止条件之间的差异在于总的过程是可逆和绝热的，而滞止过程不是可逆的或绝热的。但是，在测量方面二者之间的差别很小，因此大多数教科书上不区别滞止条件和总的条件，本章也同样如此，即 $p_0 = p_t$，$T_0 = T_t$。

总压可以通过置于流束内的一个皮托管来测量，气体在探针头以绝热方式滞止。本章中不考虑总压和滞止压力的差别，总的条件和滞止条件可以互换。总压和静压之间的关系由下式给出，即

$$p_t = p_s + \frac{\rho v^2}{2g_c} \tag{3-2}$$

式中，$p_t$ 为总压；$p_s$ 为静压；$\rho v^2/(2g_c)$ 为表示运动气体速度的动压头。

系统中总压的变化仅受到加入系统的功或能量（压气机中压力增加）或由系统对外所做的功或能量（透平中压力下降）的影响。

插入到流动中的测管称作皮托管，它与流动方向平行，其开口端迎着流动方向。推荐静压采样与总压采样的位置在同一个平面上。皮托管测量系统中某点的总压，气流通道的直径至少应是皮托管直径的30倍。该点的总压通常被称作滞止压力（在许多书籍中，不区别总压和滞止压力）。滞止压力是流体以等熵（无摩擦）过程速度降为0时获得的压力值。该过程将流动流体所有的能量转化为可测量的压力。滞止压力或总压等于静压加上动压，很难精确地测量动压。当需要求出动压时，测量总压和静压后通过两者相减来获得动压。动压是矢量，取决于所测量的总流动的大小和方向，可以用于确定流体动力学系统中流体的速度和流量。

总压测量探针必须沿着流动方向排列，其开口端迎着流动方向。尽管静压与方向无关，但动压是一个矢量，由总压测量值的大小和方向决定。如果皮托管的放置方向与流动方向不同，则会影响总压的精度。图3-3给出了不同类型的压力探针。图3-3a是静压采样垂直于流动方向的静压探针，图3-3b是总压探针。为了精确测量，皮托管必须平行于流场排列，开口端迎着流动方向。图3-3c是套管式总压探针，总压探针周围布置套管，允许湍流并在水平角不超过22.5°的情况下可获得精确的总压读数。图3-3d是皮托总压和静压探针，可同时对总压和静压进行测量，其压差反映运动速度的大小。

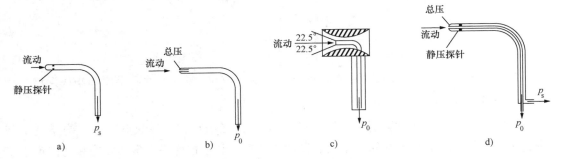

图3-3　不同类型的压力探针

a) 静压探针（$p_s$）　b) 皮托总压探针（$p_0$）　c) 套管式总压探针　d) 皮托总压和静压探针（皮托-静压管）

压力采样及探针的位置，不管是测量静压还是总压，都必须小心选择。应该避开流场中任何受扰动的位置，无论是上游还是下游。这些位置不应有任何的阻碍或改变流场的部件，包括阀、弯管、分流部件、泵或风扇等。要提高流体动力学系统的压力测量精度，至少在上游有10倍通道管径、下游有2倍通道管径的直管段，无任何阻碍或改变（见20章的详细介绍）。

流体温度特性类似于压力，也有静温和总温之分。与总压相同，总温的变化仅受到加入系统的功或能量（压气机中温度增加）或由系统对外所做的功或能量（透平中温度下降）的功或能的影响。

总温是将气体的速度以可逆绝热方式进行滞止时的温度，可以通过在流束中插入一个热电偶、热电阻或温度计（流体在其头部滞止）来进行测量。总温或滞止温度是流体以可逆绝热方式速度降为 0 时获得的温度值，通常用 $T_0$ 或 $T_t$ 来表示。总温和静温之间的关系可由下式给出，即

$$T_t = T_s + \frac{v^2}{2c_p g_c} \tag{3-3}$$

静温为流动气体的温度，该温度由于流体分子的自由运动而升高。静温仅能在相对于运动气体静止处进行测量，因而静温的测量即使可能，也是非常困难的。但是，可由测量的总温、总压和静压通过计算获得。

$$T_s = \frac{T_t}{\left(\dfrac{p_t}{p_s}\right)^{\frac{\gamma-1}{\gamma}}} \tag{3-4}$$

式中，$\gamma$ 是比热比，即比定压热容与比定容热容之比。

用于温度测量的三种主要设备是热电偶、热电阻和高温计，它们适用于不同的温度范围。

通常的温标（华氏温标℉和摄氏温标℃）是基于水的冰点和沸点而确定的。水的沸点在常压下是 212℉ 或 100℃，在气体方程和能量方程中，通常使用绝对温度，其兰氏度（°R）和开氏度（K）的关系式为

$$\frac{\Theta}{°R} = 459.67 + \frac{\theta}{°F}$$

$$\frac{T}{K} = 273.15 + \frac{t}{℃}$$

$$°F = 32 + 1.8℃$$

$$\frac{\theta}{°F} = 32 + \frac{9}{5} \frac{t}{℃}$$

式中，$T$、$t$、$\Theta$、$\theta$ 分别表示绝对温度（热力学温度）、摄氏温度、兰氏温度和华氏温度。

### ▶▶干球与湿球温度

在相对湿度小于 100% 的任何时候，空气中的蒸汽必须存在于过热状态下。与空气中蒸汽的实际分压对应的饱和温度称为露点。该术语的定义基于这样一个事实：当相对湿度小于100%的空气被冷却到其成为饱和温度时，空气已经达到了可以冷却而无水分（露水）析出的最低温度。露点还可以定义成这样的温度：在此温度下，与一定重量的干空气相关的蒸汽量足以使空气达到饱和。

空气的干球温度是指由常规温度计测量获得的温度。当所说的空气没有任何术语来描述时，通常指的就是干球温度。与干球温度或空气温度相对应，还有术语"空气的湿球温度"，简称为湿球温度。

当温度计球被水浸湿的芯体覆盖，将温度计在水蒸气未饱和的空气中移动时，水被蒸发（正比于空气吸收蒸发水汽的能力），温度计读数下降，低于干球温度或空气温度。温度计最后达到的平衡温度被称作湿球温度。测量空气的干球温度和湿球温度的目的是通过计算或使用所谓的湿度表，找出空气的准确的湿度特性。图3-4所示为在给定干球温度和湿球温度的条件下，可用于确定出空气相对湿度和比湿度的湿度表。

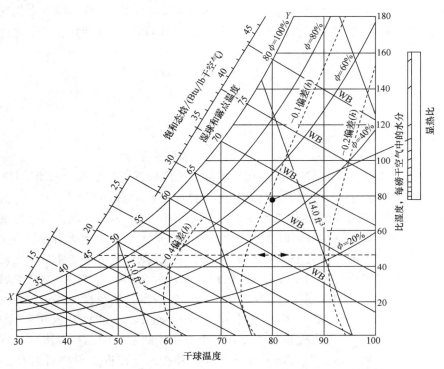

图3-4　表示干球温度和湿球温度与比湿度之间关系的湿度表

　　测量干球温度和湿球温度的仪器称作湿度计。一个悬挂式湿度计由安装于同一支架两侧的两个温度计构成，整个仪器可在空气中转动。干球温度计是裸露的，而湿球温度计的球体则由一个芯体包裹并以清水保持湿润。在经过足够长时间的转动后，湿球温度计达到其平衡点，然后快速读取干球温度计和湿球温度计的读数。为能获得可靠的读数，流过湿球温度计的空气需要更快的相对运动。

　　目前市场上有直接显示湿度数值的传感器[⊖]，它们应用热固电容式聚合物，采用三层电容构成的具有多孔铂电极的平行板，所有部件都安装在一个硅片上。电极上覆盖有随湿度变化能从环境吸收或释放水蒸气的电介质聚合物，最终的介电常数变化导致与相对湿度相关的电容和电阻的变化。

温度测量装置

　　温度测量有多种方法，最常用的方法可归类如下：

　　1. 气体热膨胀温度计（气体温度计）。在恒定体积下，理想气体压力直接与其绝对温度 $T$ 成正比，根据波意耳定律

---

　　[⊖] 电容式相对湿度传感器——译者注

$$\frac{pV}{RT} = \frac{p_1 V_1}{RT_1} \qquad (3-5)$$

在恒定体积下的导出式可知

$$p = T(p_1/T_1)$$

式中，$p_1$ 和 $T_1$ 是已知量；$R$ 为通用气体常数 [8.314J/(mol·K)]。

2. 液体或固体热膨胀温度计（水银温度计，双金属元件）。物质随温度变化发生热胀冷缩，因而温度 $T_2 - T_1$ 的变化会使长度 $L_2 - L_1$ 变化，或使体积 $V_2 - V_1$ 变化，它们之间满足下面的关系，即

$$L_2 - L_1 = \beta_1 (T_2 - T_1) L_1 \qquad (3-6)$$

或

$$V_2 - V_1 = \beta_3 (T_2 - T_1) V_1 \qquad (3-7)$$

式中，$\beta_1$ 为线热膨胀系数（$℉^{-1}$ 或 $℃^{-1}$）；$\beta_3$ 为体热膨胀系数。

对于多数固体和液体来说，$\beta_1$ 和 $\beta_3$ 在特定温度范围内近似为常数。对于固体，$\beta_3 = 3\beta_1$。温度计中最常用的是水银，其室温下的体热膨胀系数近似为 $0.000,10℉^{-1}$（$0.000,18℃^{-1}$）。

3. 热电偶。使用热电偶进行温度测量源自塞贝克于 1821 年的发现，当电流流过紧密接触的两个不同金属构成的连续回路时会产生电压，电压的大小取决于所用的特定金属和接点的温度。如果两个这样的接点与一个电压测量装置串接，则测量的电压将近似与两个接点的温度差成比例。热电偶可以用图 3-5 表示，铁和铜为两种金属，$T_1$ 和 $T_2$ 为接点的温度。设 $T_1$ 为参考接点（冷接点）的温度，$T_2$ 为测量接点（热接点）的温度，热电流 $i$ 由金属铁流过冷接点。此时，相对于铜，铁称作热电阳极，$T_2$ 和 $T_1$ 之间的温差可以用热电动势（EMF）度量。以这种方式产生的热电动势非常小。在控制系统中，参考接点通常位于热电动势测量装置中，例如在冰池中或是恒温炉内，或者在大气温度下但要有电补偿（冷接点补偿回路），这样参考接点可以维持在恒定温度下。

4. 热电阻（RTDs）。热电阻温度计有不同的结构形式，在某些情况下能够提供比热电偶更精确和稳定的结果。热电偶使用塞贝克效应来产生电压，而热电阻

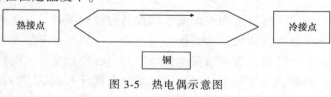

图 3-5　热电偶示意图

温度计使用电阻，工作时需要一个电源。理想情况下电阻与温度呈线性关系。

热电阻由线圈和薄膜装置构成，根据金属的电阻正温度系数原理来测量温度。温度越高，电阻值越大。热电阻使用的铂为各种不同的 PRTs 和 PRT100s，由于它们在很宽的温度范围内能近似线性响应且响应时间只有几分之一秒，因此是市场上最常见的热电阻类型。这些热电阻可用在最精确的温度传感器中，在特定的设计条件下，其测量的不确定性小于 ±0.1℃。

商用热电阻温度传感器使用铜、镍和铂作为导体，其特性满足温度和电阻的多项式关系，即

$$T = A + BR_t + CR_0 \frac{2}{T} + DR_0 \frac{3}{T} + ER_0 \frac{4}{T} \qquad (3-8)$$

式中，$R_t$ 为测量温度 $T$（℃）的电阻；$A$、$B$、$C$、$D$ 和 $E$ 为范围和材料相关系数；$R_0$ 为标

定传感器所使用的0℃下的基极电阻。

热电阻与热电偶

温度测量的两种最常用的方法为热电阻与热电偶，它们之间的选择通常由四种因素决定。

● 温度要求。如果过程的温度在-328~932℉（-200~500℃）范围内，推荐使用工业热电阻。热电偶的温度范围为-292~4,208℉（-180~2,320℃），因此温度在932℉（500℃）以上时，它们是唯一的温度接触测量装置。

● 时间响应要求。如果过程需要对温度变化能够快速响应，几分之一秒到几秒（如2.5~10s），那么热电偶是最好的选择。时间响应可通过将传感器浸入水中以3ft/s（1m/s）的速度及63.2%的步进变化率来测量。

● 尺寸要求。标准的热电阻套的直径是0.125~0.250in（3.175~6.35mm），热电偶套的直径可以小于0.063in（1.6mm）。

● 精度和稳定性要求。如果3.6℉（2℃）的误差可接受且不要求有最高精度的重复性，那么可以使用热电偶。热电阻有更高的精度且其稳定性能够维持多年，而热电偶使用数小时后会产生漂移。

### ▶▶光学与辐射高温计

光学高温计用于各种金属的高温测量，温度范围为500~5,000℉（260~2,760℃）。光学高温计工作的基本原理是利用肉眼匹配热物体的亮度与仪器内校准灯的灯的亮度来获得被测金属的温度。光学系统包含滤光片，这些滤光片将仪器的波长敏感度限制在0.65~0.66μm（可见光谱的红外区域）附近的窄波段内，其他滤光片会降低强度，因此高温计可以具有相对较宽的温度范围的测量能力。现代辐射高温计与光学高温计相比，其测量范围窄、温度低，但具有测量精度高、响应快、辐射率修正能力精确、校准稳定性好、耐用性高以及价格适中的特点。

在旋转机械中使用高温计来确定叶片金属温度值，当将其与锁相器（用于记录旋转部件转速的装置）相连时，可以记录各个叶片的温度。这是一种非常有用的测量仪器，当叶片在冷却不充分或火焰温度不均匀时可确保叶片不在超温情况下运行。

高温计的精度取决于以下因素：

1. 测量对象表面的辐射率。许多高温计的温度估算方法假定物体是灰体或者其辐射率已知。恰当选择高温计及准确的辐射率，可提高高温计的测量精度。

2. 高温计对测温对象的聚焦能力。

3. 测量对象与高温计之间的辐射吸收。热辐射穿过的介质并不总是透明的，推荐在测量对象和高温计之间使用一根清吹的封闭管。

黏度

理想流体可以定义为无黏和无导热的流体。流体的可压或不可压流动，可以由惯性力与黏性力的比值来分类，该比值就是雷诺数 $Re$。在低雷诺数时，流动被认为是层流，在高雷诺数时，流动被认为是湍流。流动的极限类型有两种，一种是有时被称作斯托克斯流的无惯性流动，另一种则是无限大雷诺数的无黏流动。管内流动的雷诺数（无量纲数）为

$$Re = \frac{\rho v D}{\mu}$$

式中，$\rho$、$v$、$D$ 和 $\mu$ 分别为流体的密度、速度、直径或某些特征长度和动力黏度，而 $v = \mu/\rho$ 为流体的运动黏度。

在摩擦力和惯性力相互作用的流体运动中，考虑黏度 $\mu$ 十分重要。表 3-2 给出了不同温度下水和空气的密度、动力黏度和运动黏度。当流体和周围环境无传热时，流动被认为是绝热的，当每一流体微元的熵保持不变时，被认为是等熵流动。为充分理解流动的机制，下面给出的一系列定律和方程解释了各种类型的流体特性，包括它们静止的和流动的状态。

表 3-2　不同温度下水和空气的密度、动力黏度和运动黏度

| 温度 | | 水 | | | 760mmHg 下的空气 | | |
|---|---|---|---|---|---|---|---|
| ℃ | ℉ | 密度 $\rho/$<br>$(lbf \cdot s^2/ft^4)$ | 动力黏度<br>$\mu \times 10/$<br>$(lbf \cdot s/ft^2)$ | 运动黏度<br>$v \times 10^6/(ft^2/s)$ | 密度 $\rho/$<br>$(lbf \cdot s^2/ft^4)$ | 动力黏度<br>$\mu \times 10/$<br>$(lbf \cdot s/ft^2)$ | 运动黏度<br>$v \times 10^6/(ft^2/s)$ |
| −20 | −4 | — | — | — | 0.002,70 | 0.326 | 122 |
| −10 | 14 | — | — | — | 0.002,61 | 0.338 | 130 |
| 0 | 32 | 1.939 | 37.5 | 19.4 | 0.002,51 | 0.350 | 140 |
| 10 | 50 | 1.939 | 27.2 | 14.0 | 0.002,42 | 0.362 | 150 |
| 20 | 68 | 1.935 | 21.1 | 10.9 | 0.002,34 | 0.375 | 160 |
| 40 | 104 | 1.924 | 13.68 | 7.11 | 0.002,17 | 0.399 | 183 |
| 60 | 140 | 1.907 | 9.89 | 5.19 | 0.002,05 | 0.424 | 207 |
| 80 | 176 | 1.886 | 7.45 | 3.96 | 0.001,92 | 0.449 | 234 |
| 100 | 212 | 1.861 | 5.92 | 3.19 | 0.001,83 | 0.477 | 264 |

#### ▶▶ 理想气体定律

理想气体服从状态方程 $pV = mRT$ 或 $p/\rho = RT$，这里 $p$ 指总压，$V$ 为体积，$\rho$ 为密度，$m$ 为质量，$T$ 为总温，$R$ 为与压力和温度无关的单位质量的气体常数，且所有温度采用绝对温标 °R 或 K。在大多数情况下，理想气体定律足以描述 5% 的实际条件的流动，当不能使用理想气体定律时，可以引入气体的压缩因子 $Z$，即

$$Z(p, T) = \frac{pV}{RT} \tag{3-9}$$

图 3-6 给出了简单流体的通用压缩因子，图 3-7 给出了一种简单流体的通用压缩因子图。

$$p_r = \frac{p}{p_c}, \quad T_r = \frac{T}{T_c} \tag{3-10}$$

式中，$p_c$ 和 $T_c$ 为气体在临界点的压力和温度。

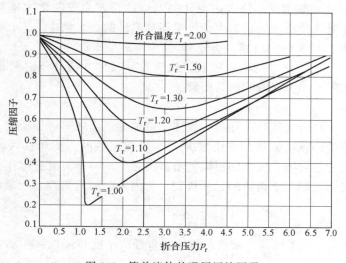

图 3-6　简单流体的通用压缩因子

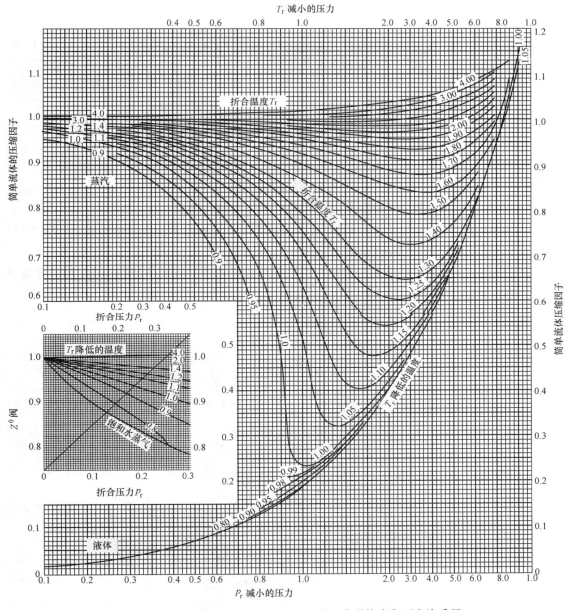

图 3-7　简单流体的通用压缩因子图（经美国化学协会期刊允许采用）

## ▶▶压缩性影响

压缩性的影响对燃气轮机这样的高马赫数叶轮机械十分重要。马赫数是给定温度下的气流速度与声速的比，$M \equiv v/a$。声速（$a$）定义为等熵条件下，气体的压力相对于其密度的变化率，即

$$a^2 \equiv \left( \frac{\partial p}{\partial \rho} \right)_{S=C} \tag{3-11}$$

对于不可压流体，声速值趋向于无穷大。对于等熵流动，理想气体的状态方程可写成

$$p/\rho^{\gamma} = \text{const}$$

因而

$$\ln p - \gamma \ln \rho = \text{const} \tag{3-12}$$

将上式写成微分形式, 可得到如下的关系, 即

$$\frac{\mathrm{d}p}{p} - \gamma \frac{\mathrm{d}\rho}{\rho} = 0 \tag{3-13}$$

对于等熵流动, 声速可写成

$$a^2 = \mathrm{d}p/\mathrm{d}\rho$$

因而

$$a^2 = \gamma p/\rho \tag{3-14}$$

将通用状态方程和声速的定义代入, 可得到如下方程, 即

$$a^2 = \gamma g_c R T_s \tag{3-15}$$

式中, $T_s$ (静温) 是运动气流的温度。

由于静温不能测量, 静温值必须使用测量得到的静压、总压和总温来计算。静温和总温的关系为

$$\frac{T_t}{T_s} = 1 + \frac{v^2}{2 g_c c_p T_s} \tag{3-16}$$

式中比定压热容 $c_p$ 可以写成

$$c_p = \frac{\gamma R}{\gamma - 1} \tag{3-17}$$

式中, $\gamma$ 为等熵过程的比热比

$$\gamma = \frac{c_p}{c_V} \tag{3-18}$$

合并方程式 (3-16) 和式 (3-17) 得到下面的关系, 即

$$\frac{T_t}{T_s} = 1 + \frac{\gamma - 1}{2} M^2 \tag{3-19}$$

总温和静温之间的关系为等熵关系, 因此

$$\frac{T_t}{T_s} = \left(\frac{p_t}{p_s}\right)^{\frac{\gamma - 1}{\gamma}} \tag{3-20}$$

总压和静压之间的关系可以写成

$$\frac{p_t}{p_s} = \left(1 + \frac{\gamma - 1}{2} M^2\right)^{\frac{\gamma - 1}{\gamma}} \tag{3-21}$$

通过测量总压和静压并使用方程式 (3-21), 可以计算马赫数。由于总温可以测量, 因此使用方程式 (3-16) 可以计算出静温。最后, 使用马赫数的定义式, 可以计算得出气流的速度。

## 气动热力学方程

流体的流动可由三个基本的气动热力学方程来确定, 即: (1) 连续方程; (2) 动量方

程；（3）能量方程。

### ►► 连续方程

连续方程是连续气体质量守恒定律的数学描述。质量守恒定律指出，随流体一起运动的体积内的质量保持不变。

$$\dot{m} = \rho A v$$

式中，$\dot{m}$ 为质量流量；$\rho$ 为流体密度；$A$ 为截面面积；$v$ 为气流速度。

上述方程还可以写成以下形式，即

$$\frac{\mathrm{d}A}{A} + \frac{\mathrm{d}v}{v} + \frac{\mathrm{d}\rho}{\rho} = 0 \tag{3-22}$$

### ►► 动量方程

动量方程是动量守恒定律的数学描述，它指出随流体一起运动的体积内的线性动量的变化率等于作用于该流体的表面力和体积力。图 3-8 所示为压气机转子内流动的速度矢量，它被分解为三个互相垂直的分量：轴向分量（$v_a$）、切向分量（$v_\theta$）和径向分量（$v_m$）。

通过考察各个速度分量，可发现如下的特性：轴向速度值的变化产生轴向力，此力将由推力轴承承担；径向速度的变化产生径向力，此力将由径向轴承承担。切向分量产生唯一能够引起角动量变化的分量，其他两个速度分量对该力无影响，它们仅引起轴承摩擦的增加。

应用动量守恒定律，切向速度变化获得的角动量的改变等于施加到转子上力的总和，即转子的净转矩。一定质量的流体以初始速度 $v_{\theta 1}$ 在半径 $r_1$ 处进入叶轮机械，并

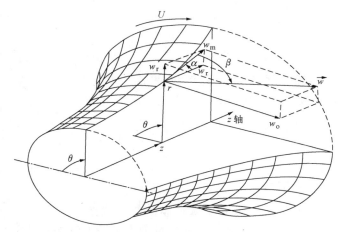

图 3-8　压气机转子内流动的速度矢量

由半径 $r_2$ 处以速度 $v_{\theta 2}$ 离开，假定通过叶轮机械的质量流量不变，那么角速度的变化所施加的转矩可写成

$$\tau = \frac{\dot{m}}{g_c}(r_1 v_{\theta 1} - r_2 v_{\theta 2}) \tag{3-23}$$

能量转换的变化率（ft·lbf/s）是转矩和角速度 $\omega$ 的乘积，即

$$\tau \omega = \frac{\dot{m}}{g_c}(r_1 \omega v_{\theta 1} - r_2 \omega v_{\theta 2}) \tag{3-24}$$

因此，总的能量转换可写成

$$E = \frac{\dot{m}}{g_c}(u_1 v_{\theta 1} - u_2 v_{\theta 2}) \tag{3-25}$$

式中，$u_1$ 和 $u_2$ 分别为相应半径上的切向线速度，对于单位质量流量，上述关系式可用总焓 $h$ 表示，即

$$h = \frac{1}{g_c}(u_1 v_{\theta 1} - u_2 v_{\theta 2}) \qquad (3\text{-}26)$$

式中，$h$ 是单位质量流量的能量转换（ft·lbf/lb）或流体压力，方程式（3-26）就是欧拉透平方程。

为便于理解某些基本设计分量，以角动量形式给出的运动方程可以转换为其他形式。为了理解叶轮机械内的流动，必须掌握绝对速度和相对速度的概念。绝对速度 $v$ 是相对于静止坐标系统的气体速度，而相对速度 $w$ 是相对于转子的气体速度。在叶轮机械中，进入转子的气体具有平行于转子叶片的相对速度分量，和平行于静止叶片的绝对速度分量。数学上其关系式可写成

$$\vec{v} = \vec{w} + \vec{u} \qquad (3\text{-}27)$$

式中，绝对速度（$\vec{v}$）是相对速度（$\vec{w}$）和转子线速度（$\vec{u}$）的矢量和。绝对速度可以分解为径向或子午速度（$v_m$）与切向分量速度 $v_\theta$。由图3-9所示的轴流式压气机的速度三角形，可得到下面的关系式：

$$v_1^2 = v_{\theta 1}^2 + v_{m1}^2$$
$$v_2^2 = v_{\theta 2}^2 + v_{m2}^2$$
$$w_1^2 = (u_1 - v_{\theta 1})^2 + v_{m1}^2$$
$$w_2^2 = (u_2 - v_{\theta 2})^2 + v_{m2}^2 \qquad (3\text{-}28)$$

将这些关系式代入欧拉透平方程（3-26），可得到总焓关系式，即

$$h = \frac{1}{2g_c}[(v_1^2 - v_2^2) + (u_1^2 - u_2^2) + (w_2^2 - w_1^2)]$$

$$(3\text{-}29)$$

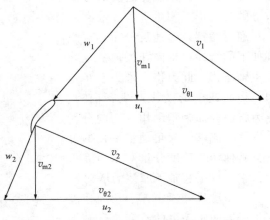

图3-9　轴流式压气机的速度三角形

### ▶▶ 能量方程

能量方程是能量守恒定律的数学描述，它指出一个运动流体体积的能量进入率等于该体积内的流体对周围环境的做功率和运动流体体积内的能量增加率。移动流体内的能量包括内能、压力能、动能和势能。

$$\varepsilon_1 + \frac{p_1}{\rho_1} + \frac{v_1^2}{2g_c} + Z_1 + Q_{1\text{-}2} = \varepsilon_2 + \frac{p_2}{\rho_2} + \frac{v_2^2}{2g_c} + Z_2 + \text{Work}_{1\text{-}2} \qquad (3\text{-}30)$$

式中，$\varepsilon$ 为内能；$p/\rho$ 为压力能；$\varepsilon_1 + p_1/\rho_1 = h_1$ 为焓；$\dfrac{v_1^2}{2g_c}$ 为动能；$h_1 + \dfrac{v_1^2}{2g_c} = h_t = h_0$ 为总焓；$Z$ 为势能；$Q_{1\text{-}2}$ 为过程1-2中加入的热量；$\text{Work}_{1\text{-}2}$ 为过程1-2中的做功量。

对于等熵流动，能量方程可以写成如下形式，注意内能和压力能的增加可以写成流体的焓 $h$，即

$$\text{Work}_{1\text{-}2} = (h_1 - h_2) + \left(\frac{v_1^2}{2g_c} - \frac{v_2^2}{2g_c}\right) + (Z_1 - Z_2) \qquad (3\text{-}31)$$

将能量方程与动量方程合并可得到下面的关系式，即

$$(h_1 - h_2) + \left(\frac{v_1^2}{2g_c} - \frac{v_2^2}{2g_c}\right) + (Z_1 - Z_2) = \frac{1}{g_c}(u_1 v_{\theta 1} - u_2 v_{\theta 2}) \qquad (3\text{-}32)$$

假定势能无变化，方程可写成

$$\left(h_1+\frac{v_1^2}{2g_c}\right)-\left(h_2+\frac{v_2^2}{2g_c}\right)=h_{1t}-h_{2t}=\frac{1}{g_c}(u_1v_{\theta1}-u_2v_{\theta2}) \tag{3-33}$$

假定气体是热力学理想气体，方程可写成

$$T_{1t}-T_{2t}=\frac{1}{c_pg_c}(u_1v_{\theta1}-u_2v_{\theta2}) \tag{3-34}$$

对于等熵流动

$$\frac{T_{2t}}{T_{1t}}=\left(\frac{p_{2t}}{p_{1t}}\right)^{\frac{\gamma-1}{\gamma}} \tag{3-35}$$

合并方程式（3-34）和式（3-35），则

$$T_{1t}\left[1-\left(\frac{p_{2t}}{p_{1t}}\right)^{\frac{\gamma-1}{\gamma}}\right]=\frac{1}{c_pg_c}(u_1v_{\theta1}-u_2v_{\theta2}) \tag{3-36}$$

## 效率

叶轮机械中用许多效率表达式，图 3-10 给出了在燃气轮机电厂设计中必须考虑的效率。电厂的总效率由燃气轮机、发电机和不同的附加损失（如电厂附属设备和变压器损失）构成，它是输出功率与输入电站系统的总能量的比值。

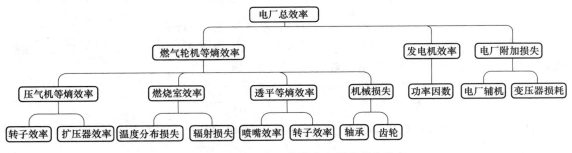

图 3-10　燃气轮机电厂设计中必须考虑的效率

在燃气轮机中，有总的循环热效率，这是整个循环的效率并考虑了构成循环的所有部件的效率，如压气机效率、燃烧室效率和透平效率，即压气机、燃烧室和透平的出口总压和总温受此三个部件损失的影响。因此，损失在一定程度上会影响总的热效率，但是决定循环热效率的是该循环的高温热源和低温热源的温度。必须记住任意两个热源之间效率最高的循环是卡诺循环，而燃气轮机服从布雷顿循环，蒸汽轮机则服从朗肯循环，这些循环已在第 2 章中进行了讨论。因此，尽管压气机、燃烧室和透平中的损失被忽略掉了（假定每一部件工作的热效率均为 100%），燃气轮机总的热效率主要取决于循环热效率且小于卡诺循环的效率。本领域工程师们常犯的一个错误是：通过将三个部件的效率相乘给出总的热效率，但这样计算得出的热效率值与燃气轮机的实际热效率完全不同。

燃气轮机的等熵效率主要取决于循环进口温度和最高温度这两个热源之间的温差以及压气机的压比。从 1960 年到 2011 年，燃气轮机的循环热效率由 13% 左右提高到了 45%，商业

燃气轮机循环的最高温度由 1,500 ℉ （816℃） 增加到了 2,600 ℉ （1,427℃），压比由 7 增加到了 35。

### ▶▶热效率

图 3-11 中所示的整个燃气轮机机组的热效率（布雷顿循环）等于循环净输出能量与总输入能量之比，所有的值均基于压力、温度和焓的滞止值。

净输出能量 $W_{net}$ 是透平功 $H_{t3a}-H_{t4a}$ 减去压气机耗功 $H_{t2a}-H_{t1}$，由方程式（3-37）给出，即

$$W_{net} = (H_{t3a}-H_{t4a}) - (H_{t2a}-H_{t1}) \qquad (3\text{-}37)$$

燃气轮机中的总能量输入 $E_{input}$ 是燃烧室中燃料燃烧所加入的热量，计算式为

$$E_{input} = \dot{m}_f \eta_{com} LHV_{fuel} = H_{t3a} - H_{t2a} \qquad (3\text{-}38)$$

式中，$\dot{m}_f$ 为燃料的质量流量；$LHV_{fuel}$ 为燃料的低热值；$\eta_{com}$ 为燃烧室燃烧效率。

因而，燃气轮机循环总的热效率（$\eta_{cycle\ thermal}$）为机组的净输出能量与总输入能量之比，即

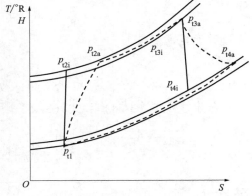

图 3-11　燃气轮机循环
（布雷顿循环）

$$\eta_{cycle\ thermal} = \frac{(H_{t3a}-H_{t4a}) - (H_{t2a}-H_{t1})}{H_{t3a}-H_{t2a}} \qquad (3\text{-}39)$$

压气机和透平的等熵效率也可表示成总温、总压和总焓的形式。

压气机耗功和透平做功在理想情况下是等熵过程，如图 3-11 所示，实际的功则由虚线表示。压气机的等熵效率可以写成总焓变化的形式，即

$$\eta_{ad_c} = \frac{等熵功}{实际功} = \frac{(H_{t2i}-H_{t1})_{id}}{(H_{t2a}-H_{t1})_{act}} \qquad (3\text{-}40)$$

对热力学理想气体用总压和总温将上述方程改写为

$$\eta_{ad_c} = \left[ \left( \frac{p_{t2}}{p_{t1}} \right)^{\frac{\gamma-1}{\gamma}} - 1 \right] \Big/ \left( \frac{T_{t2a}}{T_{t1}} - 1 \right) \qquad (3\text{-}41)$$

1 和 2a 之间的过程可根据下面的状态方程来确定，即

$$\frac{p}{\rho^n} = const \qquad (3\text{-}42)$$

这里 $n$ 定义了从点 1 到点 2a 的多变过程。从而，等熵效率可由下式表示，即

$$\eta_{ad_c} = \left[ \left( \frac{p_{t2}}{p_{t1}} \right)^{\frac{\gamma-1}{\gamma}} - 1 \right] \Big/ \left[ \left( \frac{p_{t2}}{p_{t1}} \right)^{\frac{n-1}{n}} - 1 \right] \qquad (3\text{-}43)$$

透平的等熵效率可根据总焓的变化写成

$$\eta_{ad_t} = \frac{实际功}{等熵功} = \frac{H_{t3a}-H_{t4a}}{H_{t3a}-H_{t4}} \qquad (3\text{-}44)$$

对于热力学理想气体，可根据总压和总温将上述方程写成

$$\eta_{ad_t} = \frac{1 - \dfrac{T_{t4a}}{T_{t3a}}}{1 - \left(\dfrac{p_{t4}}{p_{t3}}\right)^{\frac{\gamma-1}{\gamma}}} \quad (3\text{-}45)$$

#### ▶▶ 多变效率

多变效率是压气机评价中经常使用的另一个效率概念，它通常指小的级或无穷小的级的效率，多变效率是排除压比影响后的真正的气动效率。如果流体不可压，则效率等同于水力效率，即

$$\eta_{pc} = \frac{\left(1 + \dfrac{\mathrm{d}p_{2t}}{p_{1t}}\right)^{\frac{\gamma-1}{\gamma}} - 1}{\left(1 + \dfrac{\mathrm{d}p_{2t}}{p_{1t}}\right)^{\frac{n-1}{n}} - 1} \quad (3\text{-}46)$$

该式可使用泰勒级数展开并假定

$$\frac{\mathrm{d}p_{2t}}{p_{1t}} << 1$$

式（3-46）的分子展开成为

$$\left(1 + \frac{\mathrm{d}p_{t2}}{p_{t1}}\right)^{\frac{\gamma-1}{\gamma}} = \left(1 + \frac{\gamma-1}{\gamma}\right)\left(\frac{\mathrm{d}p_{t2}}{p_{t1}}\right) + \left(\frac{\gamma-1}{\gamma}\right)\left(\frac{\mathrm{d}p_{t2}}{p_{t1}}\right)^2 + \left(\frac{\gamma-1}{\gamma}\right)\left(\frac{\mathrm{d}p_{t2}}{p_{t1}}\right)^3 + \cdots$$

分母展开成为

$$\left(1 + \frac{\mathrm{d}p_{t2}}{p_{t1}}\right)^{\frac{n-1}{n}} = \left(1 + \frac{n-1}{n}\right)\left(\frac{\mathrm{d}p_{t2}}{p_{t1}}\right) + \left(\frac{n-1}{n}\right)\left(\frac{\mathrm{d}p_{t2}}{p_{t1}}\right)^2 + \left(\frac{n-1}{n}\right)\left(\frac{\mathrm{d}p_{t2}}{p_{t1}}\right)^3 + \cdots$$

忽略二阶及以上的高阶项，由于 $\mathrm{d}p_{t2}/p_{t1} \leqslant 1$，可得到下面的关系式，即

$$\eta_{pc} = \frac{1 + \dfrac{\gamma-1}{\gamma} - 1}{1 + \dfrac{n-1}{n} - 1} \quad (3\text{-}47)$$

该式可写作

$$\eta_{pc} = \frac{\dfrac{\gamma-1}{\gamma}}{\dfrac{n-1}{n}} \quad (3\text{-}48)$$

从上式可明显看出，多变效率是等熵效率在压升接近零时的极限值，多变效率值比相应的等熵效率高。图 3-12 给出了随压气机压比增加时等熵效率与多变效率之间的关系，图 3-13 给出了总的等熵效率与多变效率的变化关系。

多变效率的另一特性是如果多级机组的每一级效率相同，那么机组的多变效率等于级效率。

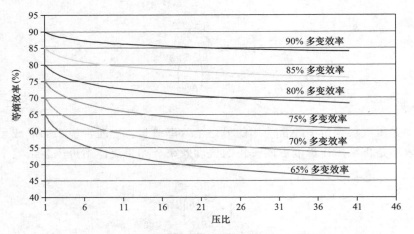

图 3-12　压气机等熵效率与多变效率之间的关系

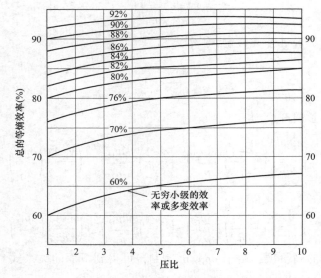

图 3-13　总的等熵效率与多变效率的变化关系

# 量纲分析

　　叶轮机械可通过量纲分析进行相互比较，量纲分析给出了不同组的几何相似参数。量纲分析是将一些表示物理状态的量组合成无量纲量的过程，然后使用这些无量纲量来比较不同类型机组的性能。在叶轮机械中的量纲分析可应用于：（1）比较来自于不同机组的数据，这是叶片通道和叶片型线开发的一种有效方法；（2）基于所需的最大效率和压头选择不同类型的机组；（3）通过在较小尺度模型或较低转速下进行的试验来预测原型机的性能。

　　量纲分析可导出基于质量 $m$、长度 $L$ 和时间 $t$ 的不同的无量纲参数，由此可获得不同的独立参数，如密度 $\rho$、黏度 $\mu$、转速 $n$、直径 $D$ 和速度 $V$，这些独立参数形成了用于叶轮机械的不同的无量纲参数组，如雷诺数是惯性力和黏性力之比，即

$$Re = \frac{\rho v D}{\mu} \tag{3-49}$$

式中，$\rho$ 是气体密度；$v$ 是速度；$D$ 为叶轮直径；$\mu$ 为气体黏度。

比转速可将不同转速下几何相似的机组的压头和流量进行比较，即

$$n_s = \frac{n\sqrt{Q}}{H^{3/4}} \tag{3-50}$$

式中，$H$ 为绝热压头；$Q$ 为体积流量；$n$ 为转速。

对于透平，上式可写成

$$n_s = \frac{n\sqrt{P}}{H^{5/4}}$$

式中，$P$ 是以马力为单位的功率。

比直径可将不同直径下几何相似的机组的压头和流量进行比较，即

$$D_s = \frac{DH^{1/4}}{\sqrt{Q}}$$

流量系数是以无量纲形式表示的通流能力，即

$$\phi = \frac{Q}{nD^3} \tag{3-51}$$

压力系数是以无量纲形式表示的压力或压升，即

$$\psi = \frac{H}{n^2 D^2} \tag{3-52}$$

以上方程是一些主要的无量纲参数，对于动力相似的流动，所有参数必须为常数；但是在实际情况中这些参数不可能都保持常数，因此必须进行选择。

在叶轮机械结构的选择上，比转速和比直径确定了最合适的压气机（图 3-14）和透平（图 3-15）结构。从图 3-14 中可明显看出，高压头小流量需要采用容积式机组，中压头中等

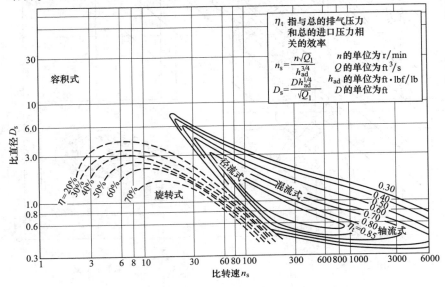

图 3-14 压气机特性图

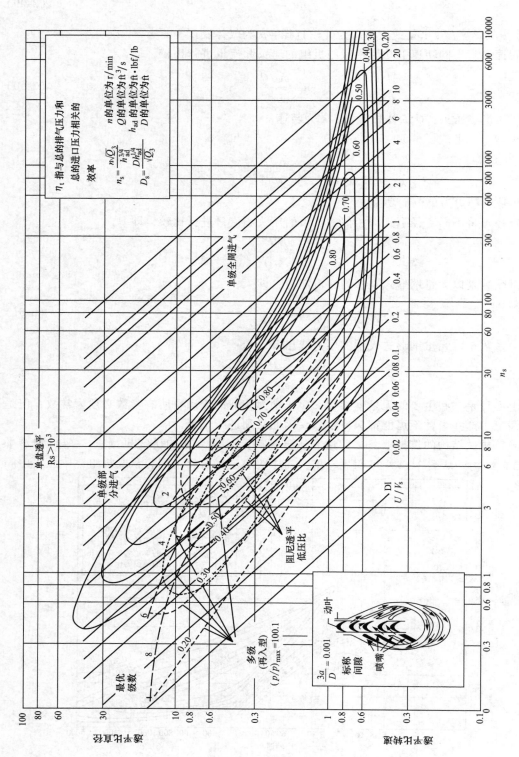

图 3-15　透平特性图（$3a/D$ 表示间隙大小与直径比的物理量；$D1$ 表示工作轮进口外径）

流量需要离心式机组，低压头大流量则需要轴流式机组。该图还给出了不同类型压气机的效率，可对不同压气机进行比较。尽管图3-14和图3-15所示的特性可能随实际机组发生变化，其结果还是很好地说明了在最高效率下某个压头所需的叶轮机械类型。

流量系数和压力系数可用于确定各种非设计工况特性。雷诺数则影响表面摩擦和速度分布的流动计算。

当使用量纲分析对基于小尺度模化机组试验结果进行计算和预测性能时，物理上不可能使所有对应的无量纲数保持不变。最终结果的变化取决于放大系数和流体介质的差异。在任何量纲分析中，理解参数范围的局限以及相似参数的几何放大必须保持常数是十分重要的，许多几何放大的实例由于没有考虑应力、振动和其他动力学因素的影响而出现了严重的问题。

## 压气机性能特性

压气机性能可通过不同的方式来表示，通用的方法是给出转速与出口压力及流量之间的关系曲线。图3-16所示为典型的离心式压气机性能曲线图，其中等转速线为气动折合转速线，而不是实际的机械等转速线。

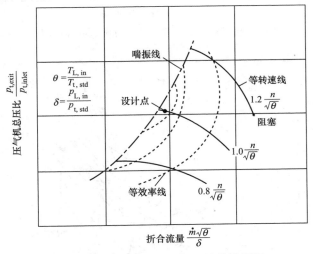

图3-16 典型的离心式压气机性能曲线图

实际的质量流量和转速分别用系数$\sqrt{\theta}/\delta$和$1/\sqrt{\theta}$进行修正，以反映进口温度和压力的变化。喘振线与不同的转速线相交，该点为此转速下的不稳定工作点。当通过压气机的主流反向流动时压气机处于喘振工况，在此期间，背压（出口压力）下降，流动方向正常；随后背压升高，造成主流再次反向。如果该不稳定过程持续，可能会导致机组产生不可修复的损坏。在压气机性能图上还画出了等效率线（有时称作等效率区）。所谓的"阻塞"工况是指在该运行转速下通过压气机时可能的最大质量流量（图3-16），此时流量不能再增加，其原因是在该点压气机最小面积处的马赫数大于1，或出现称作"石墙（Stone Walling）"的极限现象，造成效率和压比的急剧下降。

图3-17所示为轴流式压气机类似的性能图。与离心式压气机相比，轴流式压气机工作的流量范围较窄。图3-18所示为略微不同的某典型的压气机性能图，该图上的气动等转速

线是功率和流量的函数，同时还给出了等压线和等效率区。

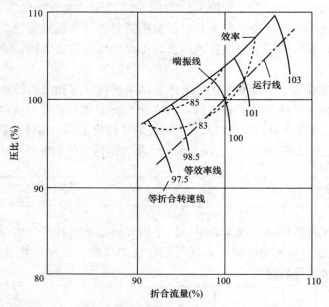

图 3-17　典型的轴流式压气机类似的性能图

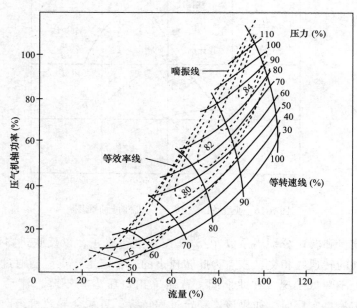

图 3-18　典型的压气机性能图（其中转速线是轴功率和流量的函数）

# 透平性能特性

　　轴流式和径流式这两种类型的透平可以进一步分为冲动式透平和反动式透平。冲动式透平在喷嘴中完成全部焓降，而反动式透平在喷嘴中产生其全部焓降。

进口压力和温度是透平中变化最大的两个参数，需要两个图来说明它们的特性。图3-19的性能图给出了透平进口温度和压力的影响，透平功率则取决于机组的效率、流量和可用能量（透平进口温度）。图3-20给出了速比对效率的影响，同时给出了反动度为0的冲动式透平与反动度为0.5的反动式透平之间的差别。

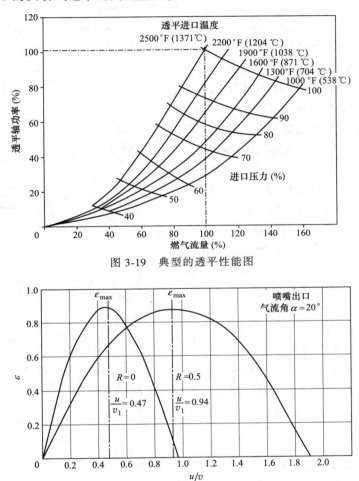

图3-19　典型的透平性能图

图3-20　反动度 $R=0$ 和 $R=0.5$ 时透平效率随 $u/v_1$ 的变化（取自 Dennis G. Shepherd 的《叶轮机械原理》）

## 燃气轮机性能计算

以下给出一个用于确定燃气轮机性能的计算方法的示例，所采用的试验在 GE5 型简单循环单轴燃气轮机上进行，如图3-21所示。该机组的排气热量在有补燃的余热锅炉中进行回收，所产生的蒸汽量为 175,000lb/h（79,545kg/h），蒸汽的压力和温度分别为 655psia（44.8bar）及 750℉（398℃）。机组采用一个小的蒸汽透平作为起动机，图3-22是该系统的示意图，燃气轮机从大约25%的负荷到满负荷运行，机组的自动控制装置起作用时为满负荷，这些控制由排气温度触发。

图3-23所示为压气机和透平负荷对效率的影响。部分负荷对透平效率的影响要大于对

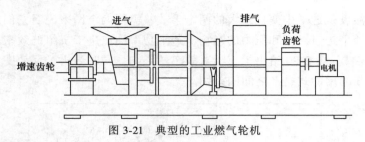

图 3-21 典型的工业燃气轮机

压气机效率的影响，其差别来自于压气机运行于相对不变的进口温度、压力和压比，而部分负荷时透平的进口温度变化大，如图 3-24 所示。但是，透平的膨胀比保持相对恒定，图中给出的温度与当今先进燃气轮机比相对较低，因为该燃气轮机的循环压比约为 7，而当今燃气轮机的压比已在 17~35 范围内，相对应的透平进口温度在 2,300 ℉（1,260℃）~2,800 ℉（1,538℃）范围内。机组的背压相对不变，为 30.25in Hg（1.02bar）绝对值，该值对透平产生大约 9in $H_2O$（228mm $H_2O$）的压力损失。压气机的效率基于以下的方程，即

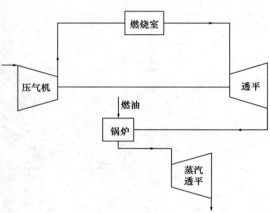

图 3-22 联合循环燃气轮机系统示意图

$$\eta_{adc} = \frac{\left(\dfrac{p_{t2}}{p_{t1}}\right)^{\frac{\gamma-1}{\gamma}} - 1}{(T_{t2a} - T_{t1})/T_{t1}} \qquad (3-53)$$

式中，$T_{t1}$ 为压气机进口总温；$p_{t1}$ 和 $p_{t2}$ 分别为压气机进口和出口的总压；$T_{t2a}$ 为压气机出口实际总温；$\gamma$ 为比热比，采用进口温度和出口温度的平均值。

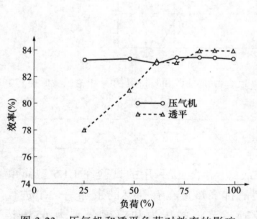

图 3-23 压气机和透平负荷对效率的影响

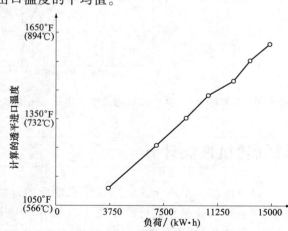

图 3-24 透平进口温度随负荷的变化

透平效率的计算更为复杂，其中第一部分是透平进口温度的计算，方程为

$$T_{t3a} = \frac{\dot{m}_a c_{p2} T_{t2a} + \eta_b \dot{m}_f LHV}{c_{p3}(\dot{m}_f + \dot{m}_a)} \qquad (3-54)$$

式中，$T_{t2a}$ 为压气机出口温度；$c_{p2}$ 为压气机出口的比定压热容；$c_{p3}$ 为透平进口的比定压热容；$\dot{m}_f$ 为燃料的质量流量；$\dot{m}_a$ 为空气的质量流量；$\eta_b$ 为燃烧效率；LHV 为天然气低热值 [950Btu/ft³ （35,426kJ/m³），比重 0.557]。

空气质量流量通过在燃气轮机进口处使用离子枪速度计测量其流动获得，图 3-25 所示为工业燃气轮机典型的进口速度分布，由此计算得到的平均流量为 720,868lb/h （327，667kg/h），该数值在试验精度范围内。透平温降可由透平进口温度减去实际测量的出口温度计算得到，即

$$\Delta T_{tact} = T_{t3a} - T_{t4(测量)}$$

（3-55）

透平温降 $\Delta T_{tact}$ 还可以基于能量平衡方程获得，由下式给出，即

$$\Delta T_{tact} = \frac{\dfrac{W_{load}}{\eta_{gen}} + W_{comp}}{(\dot{m}_f + \dot{m}_a) c_{ptavg}}$$

（3-56）

式中，$W_{load}$ 为发电机输出功；$\eta_{gen}$ 为发电机效率；$c_{ptavg}$ 为透平平均比热容；$W_{comp} = \dot{m}_a c_{pcavg} (T_{t2a} - T_{t1})$ 为压气机耗功，$c_{ptavg}$ 为压气机平均比热容。

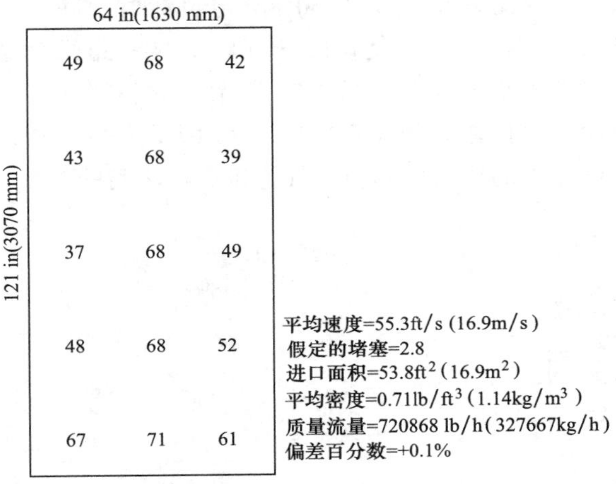

将该方法计算得到的温降与前述方程获得的进口温度和测得的出口平均温度之差得到的温降相比较，两者的差别在高温出口大约为 20 ℉ （11℃）。第二种方法的温降小，表明温度测量值比实际温度低。该结果也是预期中的，原因是热电偶布置在透平叶片下游一定距离处，测量的不是叶片出口处的排气温度。这并非是要指出控制装置有问题，而是因为它工作在某一基准排气温度。

至此，可使用下面的关系式来计算透平效率，即

$$\eta_t = \frac{\Delta T_{act}}{T_{t3}\left[1 - \dfrac{1}{\left(\dfrac{p_{t3}}{p_{t4}}\right)^{\frac{\gamma-1}{\gamma}}}\right]}$$

（3-57）

64 in(1630 mm)

| | | |
|---|---|---|
| 49 | 68 | 42 |
| 43 | 68 | 39 |
| 37 | 68 | 49 |
| 48 | 68 | 52 |
| 67 | 71 | 61 |

121 in(3070 mm)

平均速度=55.3ft/s (16.9m/s)
假定的堵塞=2.8
进口面积=53.8ft² (16.9m²)
平均密度=0.71lb/ft³ (1.14kg/m³)
质量流量=720868 lb/h(327667kg/h)
偏差百分数=+0.1%

图 3-25 工业燃气轮机典型的进口速度分布

式中，$\gamma$ 是透平的等熵指数平均值。

燃气轮机排气与蒸汽余热锅炉相连，透平排出的废气用于锅炉的加热或补燃。燃气轮机的热效率采用下式计算，即

$$\eta_{ad} = \frac{W_{load} K}{(LHV) Q}$$

（3-58）

式中，$K = 3,412$Btu/kW·h （3,600kJ/kW·h）；LHV 为低热值 [Btu/ft³ （kJ/m³）]；$Q$ 为供给燃气轮机的燃料体积流量 [ft³/h （m³/h）]。

总的系统效率可用下式计算，即

$$\eta_{sad} = \frac{W_{load}K + \dot{m}_{sb}(h_s - h_{fw})}{(LHV)Q + (LHV)Q_{fb}} \tag{3-59}$$

式中，$\dot{m}_{sb}$ 为余热锅炉的蒸汽质量流量；$h_s$ 为过热蒸汽焓；$h_{fw}$ 为锅炉给水焓；$Q_{fb}$ 为供给锅炉的燃料体积流量。

图 3-26 所示为基于气体燃料低热值计算的布雷顿-朗肯循环（锅炉中使用燃气轮机排气）的热效率。该图表明在低于 50% 额定负荷时，联合循环效率较低；在满负荷时，可以明显看到联合循环可获得很大收益。图 3-27 所示为燃料消耗与燃气轮机负荷之间的关系。图 3-28 所示为燃气轮机排气产生的蒸汽比率与燃气轮机负荷之间的关系。

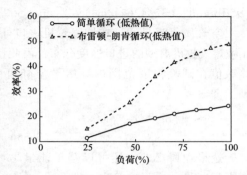

图 3-26　联合循环和简单循环的效率与燃气轮机负荷之间的关系

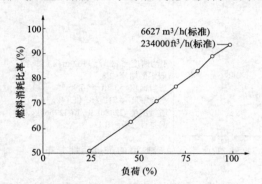

图 3-27　燃料消耗与燃气轮机负荷之间的关系

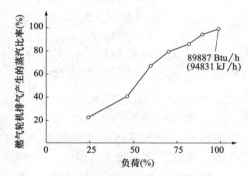

图 3-28　燃气轮机排气产生的蒸汽比率与燃气轮机负荷之间的关系

# 参考文献

Balje, O. E., "A Study of Reynolds Number Effects in Turbomachinery," Journal of Engineering for Power, ASME Trans., Vol. 86, Series A, 1964, p. 227.

Shepherd, D. G., "Principles of Turbomachinery," Macmillan Publishing Co., Inc., New York, 1956.

# 第**4**章

# 性能与机械标准

燃气轮机是一种复杂机械，其性能和可靠性有许多控制标准。为确保所有的机组能够在相同规程和条件下进行测试，并保证测试结果的可比性，美国机械工程师学会（ASME）制定了测试规范。机组的可靠性取决于许多燃气轮机设计所遵从的机械标准，这些机械标准和规范由 ASME 和美国石油协会（API）共同制定。

## 燃气轮机应用的主要因素

影响燃气轮机的主要因素如下：

1. 应用类型
2. 装置位置和场地布置
3. 燃气轮机功率和效率
4. 燃料种类
5. 机组罩壳
6. 装置运行模式：基本负荷或调峰
7. 起动技术

上述各点将在以下部分讨论。

### ▶▶ 应用类型

燃气轮机有多种用途，大部分情况下其应用决定了机组的最适合类型。燃气轮机的三种主要用途为：飞机推进、机械驱动和发电。

飞机推进

飞机推进用燃气轮机可大致分为喷气推进和涡轮螺旋桨（涡桨）发动机两大类。喷气发动机包含如图 4-1 所示的燃气发生器和喷气推进两部分。燃气发生器在燃气轮机中为动力透平提供高温高压的气体，它包括压气机、燃烧室和透平。燃气发生器透平的唯一作用是驱动燃气轮机的压气机，有单轴或双轴。双轴的燃气发生器通常应用于新型的高压燃气轮机中，其压气机产生很高的压比，因此分为两个不同的部分，每一个部分又由许多级构成。这两个部分的压气机分别由低压压气机部分及其后的高压压气机部分构成，每一部分大致有

10~15级。喷气发动机在燃气发生器透平后布置有尾喷口，发动机由此产生推力。在新型喷气发动机中，压气机上游还布置有风扇（见图4-1，此时称为涡扇发动机），经由风扇的大量空气分流绕过其后的压气机，产生推力。风扇产生的推力大于透平排气产生的推力。

在燃气轮机领域中，喷气发动机的透平进口温度最高。目前，这类发动机的工作压比约为40，透平进口温度至少为 2,500℉（1,371℃）。

涡桨发动机采用动力透平代替尾喷口，如图4-2所示，动力透平驱动螺旋桨。图中的机组为双轴机组，这样可更好地控制螺旋桨的转速，从而燃气发生器透平可在一个近似恒定的转速下运行。在直升机上也采用了类似的发动机，并且很多发动机的压气机为轴流式加上末级的离心式机组。

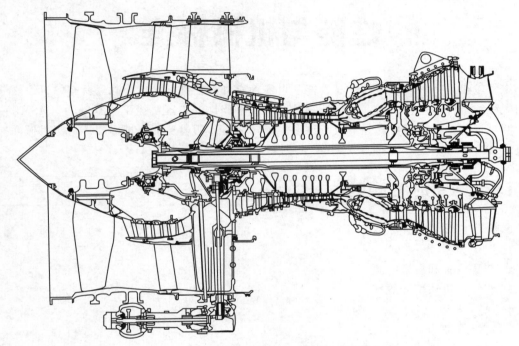

图 4-1　涡扇发动机简图

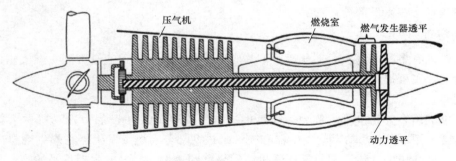

图 4-2　涡桨发动机简图

**机械驱动**

机械驱动燃气轮机大量用于驱动泵和压气机，在海上平台和石化行业应用广泛。这些燃气轮机必须能够在不同转速下工作，因而通常均具有燃气发生器和动力透平两个部分。大部分机组为航空改型机组，其最初设计用于飞机发动机。有一些较小的固定式机组被改为具有燃气发生器和动力透平的机械驱动机组。

发电

发电燃气轮机可进一步分为三类：

1. 小型备用发电燃气轮机（<2MW）。许多情况下，小型燃气轮机由向心式透平驱动离心式压气机，其中功率较大的机组的压气机通常为轴流式压气机，有时在末级采用离心式压气机，并由轴流式透平驱动。

2. 中型燃气轮机（5~50MW）。这类燃气轮机既有航空改型燃气轮机，也有固定式燃气轮机，采用轴流式压气机和轴流式透平。

3. 大型燃气轮机（50~480MW）。这类燃气轮机为固定式燃气轮机，又称重型燃气轮机，新型大功率机组的透平进口温度在2,400℉（1,315℃）以上，有时采用蒸汽冷却，其压比达35。

## ▶▶装置位置和场地布置

燃气轮机装置位置是决定装置类型的主要因素，由此获得满足需要的最佳配置。海上平台采用航空改型燃气轮机，石化行业采用工业燃气轮机，而大功率发电则采用重型燃气轮机。

其他决定装置选择及位置的重要参数分别是输电线路之间的距离、燃料供应点或管线的位置以及可用燃料的类型。场地布置一般不是约束条件，有时会出现两种布置方案都合适的情况。

## ▶▶装置种类

使用航空改型燃气轮机还是固定式燃气轮机取决于装置的位置。大多数情况下，如果装置在海上则需要采用航空改型机组。在多数海上机组中，如果功率超过100MW则宜使用固定机组；在2~20MW范围内的小功率装置中，工业小型燃气轮机比较适合；20~100MW范围内的机组则可用航空改型机组或固定式机组。航空改型机组具有较低的维护成本和较高的热回收能力。在许多情况下，燃料种类和服务设施可能是决定因素。天然气或2号柴油适合于航空改型燃气轮机，而重质燃料可应用在固定式燃气轮机上。

## ▶▶燃气轮机功率和效率

燃气轮机的功率是影响机组成本的重要因素，机组功率越大则单位功率的投资成本越低。航空改型燃气轮机一般效率较高，但是新型的固定式燃气轮机的效率与其差距已经越来越小了。图4-3所示为以天然气为燃料的各种功率级别的燃气轮机，折算成59℉（15℃）的ISO基准负荷输出时，其成本和效率与其输出功率之间的参考关系曲线。图4-4所示为典型工业燃气轮机的投资成本和效率与输出功率之间的关系，范围从20kW微型燃气轮机的1,000美元/kW投资成本、15%~18%的效率到10MW功率等级的500美元/kW的投资成本以及28%~32%的效率。图中所示的效率为简单循环效率，可以通过在第2章介绍的回热等其他方法提升其效率。图4-5所示为额定功率为10~40MW范围内的航空改型燃气轮机，其投资成本为400美元/kW，效率约为40%。图4-6所示为固定式燃气轮机的效率和成本与其输出功率之间的关系，燃气轮机输出功率范围为10~250MW，较大机组的投资成本为350美元/kW，新型机组的效率可达40%。

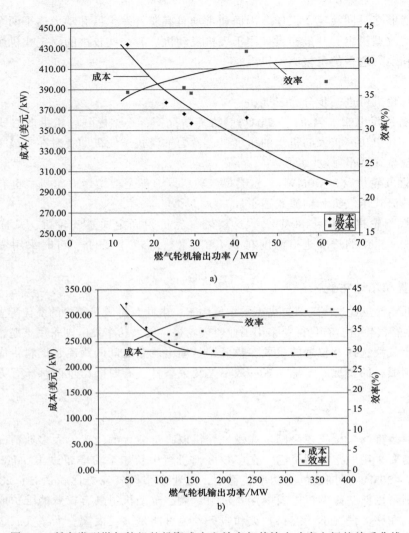

a)

b)

图 4-3  所有类型燃气轮机的投资成本和效率与其输出功率之间的关系曲线

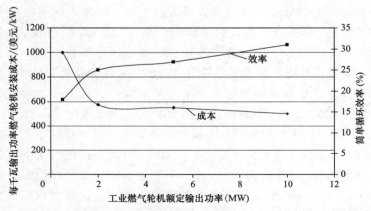

图 4-4  工业燃气轮机的投资成本和效率与输出功率之间的关系曲线

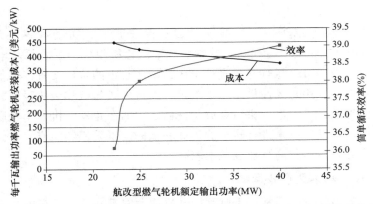

图 4-5　航空改型燃气轮机的投资成本和效率与输出功率之间的关系曲线

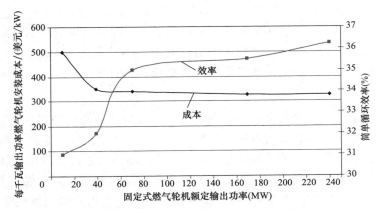

图 4-6　固定式燃气轮机的投资成本和效率与其输出功率之间的关系曲线

#### ▶▶ 燃料种类

燃料种类是影响燃气轮机选择的最重要的因素之一，本书第 12 章将详细介绍燃料的种类及其影响。如果有天然气可用，那么天然气将是多数燃气轮机的最佳选择，原因是以天然气作为燃料，其污染最小且机组的维护成本最低。表 4-1 给出了典型的燃气轮机的维护成本随燃料种类的变化情况。

表 4-1　典型的燃气轮机的维护成本随燃料种类的变化

| 燃料种类 | 预期的实际维护成本 | 相对维护成本系数 |
| --- | --- | --- |
| 天然气 | 0.35 | 1.0 |
| 2 号蒸馏油 | 0.49 | 1.4 |
| 典型原油 | 0.77 | 2.2 |
| 6 号渣油 | 1.23 | 3.5 |

航空改型燃气轮机不能使用重油，如果要用重油必须使用固定式燃气轮机机组。燃用重油后，机组在运行几周后输出功率将减少 10%。燃气轮机燃用含钒量较高的燃料时，建议对透平进行在线清洗。由于加入镁盐来中和钒时，会使得燃气轮机内的钒燃烧时转化为灰分，产生的灰分将沉积在透平叶片表面使通流面积减小，从而降低输出功率。

### ▶▶ 机组罩壳

燃气轮机通常装在其罩壳内，这些罩壳通过降噪设计，可使噪声在距离机组 100ft（30m）外降为 70dB。在由燃气轮机、余热锅炉和蒸汽轮机组成的联合循环电厂中，燃气轮机放在罩壳内和罩壳外均可。尽管开放式机组比封闭式机组的价格便宜，但某些用户更喜欢将蒸汽轮机放在室内并采用永久性吊车用于维护，而将燃气轮机和余热锅炉放于室外。在一些气候条件恶劣的地区，整个电厂机组都放于室内。中间布置发电机的单轴联合循环电厂需要宽敞的空间，可拆除发电机来进行转子的拆卸和检修。不采用轴向或采用侧向排气的蒸汽轮机的厂站布置会导致厂房较高且建设成本较高。

### ▶▶ 装置运行模式：基本负荷或调峰

石化工业使用的燃气轮机通常用于驱动压气机或泵的基本负荷。在电力工业中，燃气轮机通常用于尖峰负荷中，在美国和欧洲更是如此，而在发展中国家，20 世纪 60 年代以后已经被用作基本负荷。20 世纪 90 年代以来，以燃气轮机为原动机的联合循环已经发展为在高循环压比和高循环温度下运动，因此可获得较高的效率。联合循环电厂不再是初始设计的基本负荷电厂，目前某一天的负荷甚至每一天的负荷从 40% 变化到 100% 的电厂如今已十分常见，不过这种循环工作方式影响了燃气轮机许多热端部件的寿命。

### ▶▶ 起动技术

燃气轮机采用电动机、柴油机起动，在电厂中当有独立的蒸汽源时则用蒸汽轮机起动。新型燃气轮机使用发电机作为起动电机，在燃烧室点火且机组达到一定转速后，电动机脱扣并成为发电机。在装置的两个旋转部件之间使用一个同步离合器已很常见，且被大量用于起动装置中。在单轴联合循环电厂中，可用同步离合器将蒸汽轮机连接到燃气轮机上。然而，在 100MW 以上功率的传递中使用离合器还不常见，尚未得到用户的一致接受。尽管同步离合器的使用需要更大的空间、更多的额外投资和运行维护成本，并有可能降低其可用性，但它确实能够为机组提供便捷快速的起动。具有离合器的单轴联合循环电厂的主要缺点是发电机的安装和维修，以及功率损耗导致装置更加复杂和昂贵，其原因是发电机位于机组的中部。

# 性能标准

制定 ASME 性能测试规范的目的是为特定设备的测试和相关现象的测量，提供标准的指南和规范。这些规范提供了与现有工程知识和工程实际相符的明确的测试流程。这些规范可用于测定特定设备的性能，适合于作为贸易协议的一部分，成为确定合同义务履行情况的一种手段。测试方应同意接受使用规范测定的结果，或同意接受涉及的主要各方事先约定的可接受的不确定性限度。

性能测试必须最大限度满足 ASME 性能规范，这些规范很好阐述并充分规定了需要的测试。各方应事先召开会议来确定规范的哪一部分无效，应采取何种假定和修正系数来满足不同的功率和效率保证。规范有效范围之外的特定数据的确定或特殊保证的验证，仅应在测试各方的协议指定后进行，尤其是测量和计算方法方面，应完整地在测试报告中描述。

所有的 ASME PTC 标准依赖于 ASME PTC 19 系列规范，该规范由不同测量压力、温度和流动的仪器以及测量不确定性的计算等规范构成。仪器和设备技术委员会（No.19）的工作范围是描述可能在任何 ASME 性能测试规范中规定的各种类型的仪器和测量方法，以对诸如误差的来源和限制、校准方法、预防措施、探针位置等细节将确定它们的应用范围。

仅在各测试规范中指定的测量方法和仪器，包括其使用指南，是强制性的。除非测试的各方都接受，否则不应该使用其他测量方法和仪器，这些方法和仪器可在附件中进行额外规定。

根据美国机械工程师学会关于在所有的 ASME 出版物中包含公制单位（国标系统 SI）的规定，该文献提供了可使用户采用两种系统的近似转换系数的附录。附录按先后顺序列出了这些转换系数，《ASME 国际单位的使用和指南（第三版）》和《ASTM 度量实用指南 E380-92》扩展了其应用，可参照这两个出版物进行其他相关的美制单位向 SI 单位的转换。

## ▶▶ASME PTC 19.1：测试不确定性

该标准规定了有关测试参数和方法中的不确定性以及这些不确定性对测试结果不确定性的传播的评估程序。根据不同的应用场合，不确定性来源可以分为测量或测试结果的假定影响（系统或随机的）或可以被量化的过程（A 型或 B 型）。不确定性分析的最终结果是以一个合理的置信水平下测试不确定性的数学估算，这是测试结果的最重要的部分，因为它决定了测试精度。

## ▶▶ASME PTC 19.3：温度测量仪表和仪器

该增补规范是有关仪表和仪器的第三部分——关于温度的测量，替代了自 1952 年到 1961 年期间发布的早期增补规范。从那时起，温度测量技术发生了很大变化及拓展，以致早期的材料已过时，因而需要对增补规范进行完全修订，从而形成了扩展更全面的文献。

该版由性能测试规范委员会于 1973 年 7 月 12 日批准，在规范和标准理事会的推动下，于 1974 年 5 月 29 日由规范和标准实施委员会批准和采用。

## ▶▶ASME PTC 19.5：流量测量，2004 年发布

该性能测试补充规范介绍了设备性能测试规范中要求或推荐的流量测量技术和方法。

PTC 19.5 由于其广泛性，作为性能测试规范的增补规范而发布。因此，规范应该在流量仪表每经历一次新的发展后更新，以便及时应用在性能测试中，而不是在 5~10 年后的再版时更新。这对于一个规范来说非常关键，因为其涉及的测量技术发展非常迅速。PTC 19.5—2004 基于流体动力学理论的流量方程中孔板系数确定的重要进展，对孔板流量系数建立了新的五参数方程，它考虑了封闭区域中面积比的无量纲几何参数对流动的影响，边界层对压差测量的影响，以及用接近速度因子中线性扰动来考虑速度分布的影响。因此，将欧拉数引入流量系数的方程中，这样流量系数就可以表示成雷诺数、面积比和欧拉数的函数。在 2004 年版的 PTC 19.5 之前，仅考虑了雷诺数、直径比和分接位置因素，然后仅通过曲线拟合几乎完全基于统计学而不是流体动力学理论来给出方程。

由 PTC 19.5 引入的对孔板测量计量的校准说明方法和对其他类型压差测量方式的修订，即使在校准范围以外，也降低了校准压差计量部分的不确定性。

该标准全部章节所提及的内容均为当前的技术水平，包括如下：

● 差压类测量包括：适用于通过差压类仪表的通用质量流量方程，通用质量方程中要用到的基本物理概念的推导，包括流体（液态、气态和固态）的理论流量、孔板流量系数 $C$、气体膨胀系数、差压计流量系数的确定，管线和基本元件的热胀或冷缩，差压计的选择和推荐，差压计尺寸的确定，流量计算程序和样本计算，包括使用最新流量计算公式对实验室校准数据的解释和外推，对孔口、喷嘴和涡轮流量计脉动流量的测量。

● 差压类仪表的流动条件和仪表安装要求。

● 亚声速流动喷嘴和文丘里管清楚地解释了相关理论之间的关系：理论质量流量计算，亚声速喷嘴和文丘里喷嘴的设计，流量系数，安装，压力和温度测量。

● 通过横向流速分布进行流量测量，包括横向测量位置的确定，建议的安装要求，传感器的校准要求，流量测量步骤，流量计算及示例。

● 超声速流量计，包括流量计描述，实施、操作限制和误差源及如何减小误差。示例为大管径（20ft）管道现场校准、安装注意事项、仪表系数确定和验证。

● 电磁流量计，包括构造、校准和合理应用。

● 示踪法——使用非放射性化学物质恒速加注的方法，包括恒速加注法、示踪化学品的选取、荧光分析、步骤和测试装置。此外还包括同属上述领域的用于测量水流速率的放射性示踪技术。

● 机械仪表的最新校准及其在工厂和现场测试条件下的性能相关性包括容积流量计、涡轮流量计、涡轮流量计信号传输和显示、校准、使用建议，管线安装和干扰效应。

▶▶ASME PTC 19.10：烟气与排气分析

该部分和性能测试规范一起描述了用于定量确定由固定燃烧源产生的废气成分的方法、仪表和计算。该 PTC 增补规范中的气体包括氧气、二氧化碳、一氧化碳、氮气、二氧化硫、三氧化硫、一氧化氮、二氧化氮、硫化氢以及碳氢化合物。固定燃烧源包括蒸汽发生器、燃气轮机、内燃机以及焚烧炉等，可采用许多方法来测量烟气以及废气成分。该 PTC 增补规范详细介绍了广泛用于烟气和废气分析的仪器和分析程序，包括仪器分析法和常规湿化学方法。仪器分析方法包括用于间断或连续采样法提取样本的仪器，以及不需要采样系统的现场仪器。

▶▶ASME PTC 19.11：动力循环中蒸汽与水样的采集、调试和分析

该规范用于规定和讨论与性能测试相关的锅炉补给和补给水、蒸汽和冷凝水的测试方法和仪表，这些是在即时验收测试和持续性能监控中可能用到的性能测试规范。该规范同时也为电厂管理层、工程师、化工技师和操作员，对在监控循环中化学过程的采样系统的设计和操作方面提供了指导。此处推荐的方法和仪表对监控电厂其他流入流出物同样适用。

蒸汽和水循环的污染指标必须等于或低于透平、冷凝器或除氧器性能测试前所规定的性能测试上限。

该增补规范包括以下内容：

● 样本选取

● 样本采集和调试

● 样本分析

● 数据分析

#### ▶▶ASME PTC 19.23：模型试验指导手册，1980 年发布

该标准对模型的设计和应用提供了指导，这些模型对采用 ASME 性能测试规范的设备样机试验提供了扩展或补充。当现有测试规范包括特定的设备时，这些规范中的指导原则、仪器和测量方法应与修订部分同时使用，这是由于事实上待测试的是模型而非原型机。模型可以是设备、机器、结构或系统，它们可以用于称为原型机的设备、机器、结构或系统的实际情况或相似状况下的特性预测。物理模型在尺寸上有可能小于、等于或大于原型机。PTC 19.23 包括：（a）模型试验的一般性讨论；（b）示例问题；（c）理论背景。

#### ▶▶ASME PTC 46：整体机组的性能测试规范，1996 年 1 月发布

该规范的制定是为了确定机组的整体性能并可在任何功率的电厂中应用，热电联供装置等产生二次能源输出的动力装置也适用于该规范。对于热电联供装置，对其发电量的最低比例没有要求，但是其指导性原则、测量方法和计算过程均是以电力为主要输出来预测的。在所有设备清洁且功能齐全的条件下，可以使用该规范来测试常规工作条件下的电厂性能。该规范对联合循环电厂和大多数使用气态、液态和固态燃料的朗肯循环电厂提供了明确的方法和步骤，对其他类型的热电厂该规范也同样适用，并可以提供满足需求的测试步骤。然而，该规范不能用于简单循环燃气轮机发电厂（由 ASME PTC 22 代替）。当余热回收式蒸汽发生器包括在测试范围之内时，该规范可用于以燃气轮机为基础的发电机组。

为测试特定电厂或热电联供装置，必须满足以下条件：

a. 测试方法（直接或间接方法）必须可以有效确定所有通过测试边界的热量输入和所有离开测试边界的电力或其他输出。

b. 测试方法（直接或间接方法）必须可以有效确定所有参数，以便将结果从测试条件修正到基准条件。

c. 测定结果的不确定性应小于或等于 ASME PTC 46 的 1.3 部分所给出的适用于电厂的不确定性。

d. 用于蒸汽循环的工质必须为水蒸气。当需要其他测试或测试方法与该规范所用的蒸汽循环不同时，会有一定程度的限制。此外，该规范对水蒸气之外其他工质的性质并未提供参考值。

与电厂其他性能测试相关的问题不在该规范范围内，具体如下：

●排放测试：测试排放水平是否符合规定（如空气中气体和颗粒、固体垃圾和废水、噪声）或排放监测系统所需的校准和认证。

●运行示范测试：不同类型的标准电厂测试通常在起动或工作周期内进行，以测试规定的运行能力（如最低负荷运行、自动负荷控制以及负荷缓变率燃料切换能力）。

●可靠性测试：测试在几天或者几周的较长时间内进行，来验证电厂产生所规定的最小输出功或可用性的能力。

此处所包含的测量方法、计算方法和设计工况的修正可能会用到该机型的设计试验；然而该规范并未提供明确的测试程序或验收标准来解决这类问题。

因此，对电力输出比例较低的装置进行测试，其结果可能无法满足该规范所预期的测试不确定性。该规范为装置热力性能和电力输出的确定提供了明确步骤，其测试结果提供了某一循环方式、运行配置或功率等级，以及唯一参考条件下的电厂或热岛性能的物理量。测试

结果可写入合同，作为确定合同保证履行情况的基础。测试结果还可被电厂业主用于与设计参数相比较，或预测整个电厂的性能随时间的变化趋势。按照该规范进行的测试结果不能用于比较不同装置设计的热经济性效果。

电厂由许多设备组件构成，该规范要求的测试数据还可以为这些设备中的某一些提供有限的性能信息，但不针对单独设备的测试。针对主要电厂设备测试的 ASME PTC 为系统其余部分的独立设备提供了确定方法。

PTC 46 将整个热循环作为一个整体系统来确定其性能，当对工作于指定设计条件范围内的独立设备的性能感兴趣时，应使用为某一组件的测试而制定的 ASME PTCs 标准。同样，将系统每一部件利用 ASME 规范测得的结果结合在一起来确定机组总体热力性能，不是 PTC46 测试可接受的替代方案。

## 燃气轮机性能测试规范

### ▶▶ ASME PTC 22，2006 年发布

该规范用于确定燃气轮机在测试条件下的热力性能，并将这些测试结果修正到标准条件或指定的运行和控制条件下的结果。该规范适用于使用气体或液体燃料（或将固体燃料在进入燃气轮机前转化为气体或液体燃料）的燃气轮机的性能测试，包括对注水或注蒸汽来降低排放和/或提升功率的燃气轮机的测试，测试可用于联合循环电厂或其他热量回收系统中的燃气轮机。

该规范对燃气轮机修正输出功率、修正热耗率（热效率）、修正排气流量、能量和温度的确定过程进行了详细的说明。测试可以被指定用于获得不同的性能目标，如绝对性能和相对性能。该规范的目的在于提供与燃气轮机行业最新工程知识和水平相适应的最高精度水平的结果。

在进行测试前，各相关方应就如何进行测试和不确定性分析召开会议。总的不确定性将随供给的范围、使用的燃料和驱动设备的特性而不同。该规范为每一要求测量的不确定性规定了极限范围，总的不确定性按照步骤进行计算。在测试的准备过程中，按照该规范和 ASME PTC 19.1 中所定义的不确定性分析，必须证明该测试所提出的仪器和测量技术满足该规范的要求。

### ▶▶ ASME 固定式燃气轮机排放测量 B133.9，1994 年发布

该标准给出了为固定燃气轮机的排放性能测试（源测试）进行排放测量的指南，源测试需要满足美国各州及当地的环境法规。尽管有许多在线检测方法可以应用，但是该标准制定的目的并不针对连续排放检测。该标准适用于使用天然气和液体馏出燃料的机组，标准中的大部分内容也适用于使用特殊燃料，如酒精、煤气、渣油、过程气或液体燃料的机组。但是，这些方法可能需要修改或补充以考虑由于使用某一特殊燃料所产生的排放组分的测量。

### ▶▶ ASME PTC36：工业噪声测量（ASME B133.8），2004 年发布

该标准范围包括各种噪声环境的测量步骤，含背景噪声影响的户外防护装置。一般来说，采用已知频带的声压级和/或声功率级表示工业设备与装置的噪声大小，应用该规范的方法通过测量声压级或声强可以计算获得声功率级。

## 机械参数

美国石油协会（API）和美国机械工程师学会（ASME）制定了一些从机械角度来看的最佳标准作为其机械设备标准的一部分。ASME 和 API 机械设备标准可以帮助制定和选择通用的石化设备，这些规范的目的在于发展具有高度安全性和规范化的高品质设备。负责制定规范的专门小组由用户、承包商以及制造商组成，规范制定时考虑了该领域用户的问题和经验，从而使他们的经验和专门技能在条款中得到体现。

石化工业是使用燃气轮机作为原动机来驱动机械设备和发电设备的最大用户之一，因此条款的制定很好地适用于该工业领域，其运行和维修的内容适合所有的领域。本节涉及燃气轮机及其他相关部件的一些可用的 API 和 ASME 标准。

本节对 API 或 ASME 标准不做详述，主要讨论这些标准和其他可选项的某些相关点，强烈建议读者从 ASME 和 API 获得所有机械设备标准。

制定 ASME B133 标准的目的在于为燃气轮机采购规格的准备提供标准。这类标准也可用于这些采购规格。

B133 标准提供了用于燃气轮机电厂采购的必要信息。这些标准适用于工业、船用和发电用的具有常规燃烧系统的开式、闭式和半开式循环燃气轮机。机组正常运行所必需的辅机也包括在内，但应用于土建机械、农用和工业用拖拉机、汽车、货车、公共汽车以及航空推进机组的燃气轮机并不包括在内。

对使用非常规热源或特殊热源（如用于核反应堆或增压锅炉加热炉的化学过程）的燃气轮机，该标准可以作为应用的基础，但可能需要做适当的修正。

B133 标准的目的在于满足大多数应用的正常需求，但是经济性和可靠性的要求在不同的应用中可能不同。在该标准中，用户可以增减和修改需求以满足他们的特定需要，还可以对自己的采购标准进行选择。

### ▶▶ASME B133.2 基本型燃气轮机，1977 年发布（1997 年修订）

该标准提出并描述如何为用户选择性能满意、可用性及可靠性好的燃气轮机。标准限于考虑包含压气机、燃烧室和透平的基本型燃气轮机。

### ▶▶ASME B133.3 燃气轮机辅助设备采购标准，1981 年发布（1994 年修订）

该标准的目的在于为燃气轮机辅助设备的采购准备提供指导性规范，所采购设备可用于工业、船舶和发电用燃气轮机。标准还涵盖了润滑、冷却、燃料（不包括控制）、雾化、起动、供暖与通风、火焰保护、清洁、进口、排气、罩壳、连接、齿轮、管件、安装、涂装以及注水和注蒸汽等的辅助系统。

### ▶▶ASME B133.4 燃气轮机控制与保护系统，1978 年发布（1997 年修订）

该标准可涵盖大多数应用的正常要求，但其经济性和可靠性的要求在某些情况下可能不同。用户可以根据自己的特定需要增删和修改规范内的要求，可以在标书清单中做出选择。燃气轮机控制系统应包含顺序、控制、保护和操作信息，以保证燃气轮机正常安全的起动、负荷的有效控制以及正常的停机过程。控制系统还应包含紧急停机能力，可通过有效的故障探测设备来自动运行或手动操作。燃气轮机起动、运行和停机时，其控制和驱动设备之间必须能够协调工作。

▶▶ASME B133.5 燃气轮机电力设备采购标准，1978 年发布（1994 年修订）

自 2007 年 7 月 27 日起该标准不再是美国国家标准或 ASME 认可的标准，仅供参考。

该标准的目的是提供便于准备燃气轮机采购规范的指南，可用于工业、船舶和发电用燃气轮机的采购。标准还涵盖了诸如润滑、冷却、燃料（但无其控制）、雾化、起动、供暖与通风、火焰保护、清洁、进口、排气、罩壳、连接、齿轮、管件、安装、涂装以及注水和注蒸汽的辅助系统。

B133.5 标准主要用于发电用燃气轮机，然而，相应章节也可用于机械驱动用燃气轮机。标准 B133.5 中所考虑的机组功率包括公共发电机组，但并不包含带半移动特征的小型供电装置。

▶▶ASME B133.7M 燃气轮机燃料，1985 年发布（1992 年修订）

燃气轮机可设计成燃用气体燃料或液体燃料，或二者在负荷范围内既可切换，也可不切换。该标准涵盖这两类燃料。对许多干式低排放（DLN）燃烧室，负荷范围内进行转换时存在较大的问题。

▶▶ASME B133.8 燃气轮机装置噪声，1977 年发布（1989 年修订）

该标准给出了确定工业、管线和公共发电用燃气轮机噪声排放的方法和流程，包含了声场测量和声场数据记录的方法。用户和制造商可使用该规范来制定征购条款，并确定安装后条款的一致性。该规范还包含了用于确定公众对噪声的预期反应的指导性信息。

▶▶ASME B133.9 固定式燃气轮机排放的检测，1994 年发布

该标准给出了固定式燃气轮机的排放性能测试（源测试）的指南，以满足美国联邦州和地方的环境法规。尽管有许多在线检测方法可以应用，但是该标准制定的目的并不针对连续排放检测。该标准适用于燃用天然气和液体馏分燃料的机组中，标准中还有许多内容可应用于燃用酒精、煤气、渣油、过程气体或液体燃料等特殊燃料的机组中。但是，可能需要对这些方法进行改进或补充来考虑某一特定燃料所产生的排放组分的测量。

▶▶API 标准 616，石油、化工和气体工业设备用燃气轮机，第 4 版，1998 年 8 月

该标准涵盖了用于机械驱动、发电和过程气体生产的开式循环、简单循环、回热循环燃气轮机的最低要求。

该标准直接讨论了所有用于起动和控制燃气轮机机组和机组保护的附属设备，或基于该标准给出了与这些附属设备相关的其他出版物。本标准特别涵盖了可连续使用气体、液体作为燃料，或二者均可使用的燃气轮机机组。与 API 规范相结合，相关的 ASME 规范还给出了燃气轮机选用方面的重要数据。

▶▶API 标准 613，石油、化工和气体工业设备特殊用途齿轮箱，第 4 版，1995 年 6 月

无论应用在哪里，齿轮都是产生问题和造成故障停机的主要来源。该标准给出了炼油设备使用的特殊用途、封闭、精密、单双螺旋、单级和两级带平行轴的增速器和减速器，主要用于连续工作而未安装备用设备的齿轮的最低要求。这些标准也适用于电力工业用齿轮。

▶▶API 标准 614，石油、化工和气体工业设备用润滑、轴封和控制油系统及附件，第 4 版，1999 年 4 月

润滑系统除了提供润滑外，还为燃气轮机的不同部件提供冷却。该标准涵盖了特殊用途的润滑系统、油封系统和控制油系统的最低要求。这些系统可用于压气机、齿轮、泵和驱动装置。标准包含了系统的组件，以及所需要的控制和仪表设备，同时还给出了系统组件和整个系统的数据表及典型的原理图。该标准包含了特殊用途油系统、通用油系统和干气密封模块系统的通用要求。该标准对于所有类型的系统都是一个很好的规范。

▶▶API 标准 618，石油、化工和气体工业设备用往复式压气机，第 4 版，1995 年 6 月

该标准可适用于将天然气增压至燃气轮机所需喷注压力的燃料压气机，标准涵盖了石油、化工和气体工业设备中用于处理工艺空气和气体，气缸有或无润滑的往复式压气机及其驱动设备的最低要求。该标准涉及的压气机为中低转速且在临界工作。无润滑气缸类型的压气机用于在所需的高压下将燃料喷入燃气轮机中。标准还涉及相关的润滑系统、控制、仪表、间冷器、后冷器、脉冲抑制装置及其他附属设备。

▶▶API 标准 619，石油、化工和气体工业设备用旋转式容积压缩机，第 3 版，1997 年 6 月

无润滑气缸类型的干式螺杆压缩机用于在所需的高压下将燃料喷入燃气轮机中，燃气轮机应用要求压气机为干式的。该标准主要为特殊用途应用的压气机，涵盖了在石油、化工及气体工业部门用于抽真空或加压的干式螺杆压缩机的最低要求。该版本还含有一个新的检查清单，以及用于通用和典型油系统新的原理图。

▶▶ANSI/API 标准 670，振动、轴向位置与轴承温度监测系统，第 3 版，1993 年 11 月

该标准为石油、化工和气体工业设备提供了一个购买规范，以便为振动、轴向位置和轴承温度监测系统的制造、订购、安装以及测试提供标准。标准包含轴的径向振动、机壳振动、轴的轴向位置和轴承温度监测的最低要求。标准给出了一个标准化的监测系统的概要并包括了对硬件（传感器和仪表）、安装、测试和布置的要求。标准 670 的这一版本中合并了标准 678。这是一个论据充分的标准，广泛用于所有工业领域。

▶▶API 标准 671，石油、化工和气体工业设备专用联轴器，第 3 版，1998 年 10 月

该标准涵盖了用于炼油设备并在两旋转轴之间传输功率的专用联轴器的最低要求。这些联轴器设计成能够允许轴的平行偏移、角偏心和轴向位移，同时不会对连接设备增加过大的机械负载。

▶▶API 标准 677，石油、化工和气体工业设备用通用齿轮箱，第 2 版，1997 年 7 月发布（2000 年 3 月修订）

该标准涵盖了石油、化工和气体工业使用的通用、封闭、单级和多级齿轮组合成平行轴螺旋齿轮箱和直角弧齿锥齿轮箱的最低要求。按照该规范制造的齿轮局限于如下的节线速度：螺旋齿轮不超过 12,000ft/min（60m/s），弧齿锥齿轮不超过 8,000ft/min（40m/s）。该标准包括了相应的润滑系统、仪表设备和其他附属设备，该版本还包括了新的与齿轮检验相关的材料。

## 燃气轮机机械标准应用

本节将对上述标准在燃气轮机及其附属装置中的应用作进一步介绍。ASME B133.2 "基本型燃气轮机" 和 API 标准 616 "石油、化工和气体工业设备用燃气轮机"，涵盖了用于机械驱动、电机驱动或者产生高温气体的开式循环燃气轮机的高可靠性所必需的最低规范。该标准还通过参考其他标准，直接或间接涵盖了必要的附属装置的要求。

标准定义了在工业中使用的术语，并描述了机组的基本设计，涉及气缸、转子和轴、轮盘和叶片、燃烧室、气封、轴承、临界转速、管线连接和附属管路、装配平台、防风雨保护和降噪等方面。

规范适宜于双轴承结构。单轴机组需要双轴承结构，因为三轴承结构可能带来相当大的问题，尤其是当中心轴承位于热端区域时会产生偏心问题。适宜的气缸布局是水平剖分，这样压气机和透平都很容易看到，不需要移动气缸的主要部件就可以实现现场动平衡。静叶片应在不需要移除转子的情况下易于拆除。

规范要求叶片的固有频率至少应为最大连续转速频率的两倍，至少远离任何静止部件通过频率的 10%。经验表明固有频率应至少是最大连续转速频率的四倍，对级间叶片数目改变较大的机组应引起足够重视。

规范中有争议的一条要求是将转子叶片或带围带转子叶片的曲径式气封设计成轻微摩擦，曲径式气封的轻微摩擦通常是可接受的，但是过大的摩擦可能导致较大问题。新型燃气轮机使用 "叶顶凹槽状叶片"，一些制造商建议使用陶瓷叶尖，但是无论如何都要谨慎，否则会发生叶片疲劳和机壳毁坏。

应对所有的外气封采用迷宫式气封，其封严压力应接近大气压。轴承可以是航空改型燃气轮机常用的滚动轴承，也可以是重型固定式机组使用的液体动压滑动轴承。使用液体动压滑动轴承时，推荐使用可倾瓦轴承，原因是它们对油膜涡动不敏感并更容易处理偏心问题。

第 5 章详细定义了本节使用的术语，其简要定义如下：

• 不平衡是由于质量相对于系统几何轴的不均匀分布造成的（第 18 章）。

• 临界转速是当转子达到其固有频率时的透平转速，第一临界转速至少应在工作转速范围以上 20%。机组工作于第一临界转速之下被称作具有 "刚性轴"，工作于第一临界转速以上则被称作具有 "柔性轴"。

透平中需要考虑多种激励频率，其可能的激励源为：

1. 转子不平衡

2. 转动是转子围绕其自身轴线旋转，涡动则是转子中心在如下圆周运动机理下的运动：

a. 油涡动。

b. 库仑涡动。

c. 气动交叉耦合涡动。

d. 水动力学涡动。

e. 滞后涡动。

3. 动叶和静叶通过频率，由动叶或静叶数目与转速的乘积得出。

4. 齿轮啮合频率，由齿轮齿数与转速的乘积得出。

5. 偏心度，指原动机与被驱动设备均达到工作温度后的对中程度。

6. 振动叶片的边界层流动分离。

7. 航空改型燃气轮机常用的减摩轴承内的球/环频率。

扭转临界是指机组快速起动时轴的扭曲，通常应至少远离一次和二次转动谐频的 10%，扭转激励通常可由如下因素产生：

1. 起动条件，如超速制动。

2. 轴的尺寸过小。

3. 齿轮问题，诸如不平衡和节线偏移。

4. 燃料脉动，尤其是在低 $NO_x$ 燃烧室。

转子转速低于 4,000r/min 时最大不平衡不超过 2.0 密耳（0.051mm），转速在 4,000 ~ 8,000r/min 范围内时不超过 1.5 密耳（0.04mm），转速在 8,000 ~ 12,000r/min 范围内时不超过 1.0 密耳（0.025,4mm），转速在 12,000r/min 以上时不超过 0.5 密耳（0.012,7mm）。要在所有的平面内满足这些要求，同时还包括轴跳动。API 标准规定了以下关系，即

$$L_v = \sqrt{\frac{12,000}{n}} \tag{4-1}$$

式中，$L_v$ 为振动极限 [密耳（千分之一英寸）或 mm（密耳×0.0254）]；$n$ 为工作转速（r/min）。

轴颈轴承上每个平面的最大不平衡量由下面的关系给出，即

$$U_{max} = 4W/n \tag{4-2}$$

式中，$U_{max}$ 为残余不平衡，盎司-英寸（克-毫米）；$W$ 为轴颈轴承净重 [lb（kg）]。

应当通过计算轴承上的力来确定最大不平衡力是否超过限制。

在新的 API 616 标准中引入了放大系数 AF 的概念，其定义为临界转速与临界振幅均方根的转速变化之比。

$$AF = \frac{n_{c1}}{n_2 - n_1} \tag{4-3}$$

图 4-7 给出了工作转速到临界转速变化时的振幅-转速曲线以及临界转速附近振幅的增加。转子放大系数（振动探针测量）大于或等于 2.5 时的频率称作临界频率，对应的转子转动速度称作临界转速。标准的临界阻尼系统，是指放大系数小于 2.5 的系统。

规范中的平衡条件要求安装了叶片的转子必须在无联轴器下进行动态平衡，但是，必须在恰当的位置有半键（如果有的话）。规范不讨论平衡是高速平衡还是低速平衡，大多数平衡是在低速下进行的，高速下的平衡应该用于工作在第二临界转速上有问题的轴或任何组件。应规定现场平衡要求。

燃气轮机中的润滑系统用于润滑和冷却。在许多燃气轮机中，停机后 10 ~ 15min 轴承部分的温度通常会达到最高，这意味着在燃气轮机停机后，润滑系统必须继续工作至少20min。该系统严格遵循 API 标准 614，该标准将在第 15 章详细讨论。应对燃气轮机的不同部件和驱动设备使用单独的润滑系统。许多供应商和一些制造商采用两个单独的润滑系统：一个用于燃气轮机的高温轴承，另一个用于压气机的低温轴承，对这些润滑系统应在规范中详细规定。

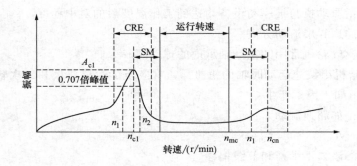

图 4-7　工作转速到临界转速变化时的振幅-转速曲线以及临界
转速附近振幅的增加（标准 617 "炼油厂中的离心
式压缩机" 中的图 7，第 4 版，1979 年，API 提供）

| | |
|---|---|
| $n_{c1}$—转子第一临界转速，中心频率，r/min | AF—放大系数 |
| $n_{cn}$—$n$ 阶临界转速 | |
| $n_+$—遮断转速 | $AF = \dfrac{n_{c1}}{n_2 - n_1}$ |
| $n_{mc}$—连续工作最大转速，105% | SM—分离裕量 |
| $n_1$—0.707 倍峰值振幅（临界值）下的初转速（较低） | CRE—临界响应包络 |
| $n_2$—0.707 倍峰值振幅（临界值）下的终转速（较高） | $A_{c1}$—$n_{c1}$ 下的振幅 |
| $n_2 - n_1$—"半功率" 点工作下的峰宽 | $A_{cn}$—$n_{cn}$ 下的振幅 |

　　标准介绍了燃气轮机的进气和排气系统，它们由进口过滤器、消声器、管道和膨胀接头组成。这些系统的设计对于燃气轮机的总体设计是至关重要的。对进气进行适当的过滤十分必要，否则会造成叶片的结垢和腐蚀问题。规范所要求的标准是最低标准，要求粗金属网阻止碎片进入，采用防雨雪护罩保护部件，并采用压差报警器。现在许多制造商建议使用所谓的具有两级过滤的高效过滤器，初始级过滤掉 5μm 以上的粗颗粒，随后是一个或多个过滤筛、自清洗过滤器、填料型预过滤器或几种组合，以去除 5μm 以下的颗粒。压差报警器由制造商来提供，但是用户通常会忽视它们。建议对压差的变化给予足够的关注，以保证机组高效运行。

　　消声器的规定也有最低要求。在过去几年中，通过实施 NASA 低噪声发动机计划，该领域的工作取得了巨大的进步。现在市场上有许多高效的消声器可用，机组进口可进行降噪处理。

　　起动设备的选取取决于机组所在位置。起动设备包括电动机、蒸汽轮机、柴油机、膨胀透平和液压马达。起动部件的功率取决于机组为单轴还是具有自由动力透平的多轴机组。供应商要提供透平的转速转矩曲线以及具有起动装置的驱动设备的转矩叠加曲线。在自由动力透平设计中，起动装置仅要克服起动燃气发生器的转矩。对于单轴机组，起动装置则必须要克服总的转矩。在规范中推荐使用盘车装置，尤其是在大机组中，以避免轴的弯曲。盘车装置在机组进入 "惰走" 后必须打开，直到转子冷却后才可关闭。

　　齿轮应满足 API 标准 613，齿轮组应为带推力轴承的双螺线齿轮。负荷齿轮应有一个轴的外伸端，以允许进行扭转振动测量。在高速齿轮上，应采用适当的润滑进行冷却。推荐在齿轮组的齿和面上采用喷油冷却，以防止变形。第 14 章中将详细介绍齿轮的设计和工作特性。

联轴器设计时应考虑允许机壳和轴的必要膨胀，这是广泛采用干式挠性联轴器的原因之一。在角度对准中通常允许采用柔性膜片联接，而对于轴向运动，则更适宜采用齿轮式联接。必须进行热对中检查。联轴器应独立于转子系统单独进行动平衡。第 18 章中将讨论燃气轮机对中技术和联接方法。

标准定义了燃气轮机中的控制、仪器设备和电力系统，简要给出了机组安全运行时用户所需要满足的最低要求。更详细的仪器设备和控制的介绍在第 19 章给出。

起动系统可以是手动、半自动或自动的，但在所有的情况下应控制调节器转速由最小到全速的加速（尽管标准无要求）。不具有转速加速控制的机组，曾发生过其第一、二级喷嘴的烧毁，原因是燃烧未在燃烧室中进行。起动失败后，必须对燃料系统清吹，即使在采用手动方式起动时也需如此。吹扫时间必须充分，至少要保证整个排气空间换气 5 次。

应对燃气轮机设置报警器，标准要求应对油和燃料压力不正常、排气温度过高、空气过滤器压差过高、振动过大、油位过低、油过滤器压差过高，以及齿轮油温过高进行报警。机组在低油压、高排气温度、燃烧室熄火时应停机，标准建议推力轴承温度过高和排气温度的温差大时也应停机。标准中推荐的振动检测为非接触式探针。目前许多厂商提供安装于机壳上的速度传感器，但这是不够的，需要一并使用非接触式探针和加速度传感器保证机组的平稳运行和诊断能力。

燃料系统可引起许多问题，燃料喷嘴尤其如此。气体燃料系统由燃料过滤器、调节器和计量器组成。燃料以高于压气机出口压力 $60\mathrm{lbf/in}^2$（4bar）左右的压力喷射，为此需要气体压缩系统。推荐使用分离罐或利用离心作用来保证在燃气系统中无液体带入。

液体燃料需要雾化并进行处理来控制硫和钒的含量。如果处理不恰当，使用液体燃料会显著降低机组寿命。图 4-8 给出了某典型的燃气轮机燃料系统。第 12 章将详细介绍燃料对燃气轮机的影响以及燃料处理系统。

标准简要给出了推荐的机组材料，如推荐基座采用碳钢，压气机轮盘采用热处理的锻钢，透平叶轮采用热处理锻造合金钢，连接件采用锻钢。材料技术发展十分迅速，尤其是在高温材料领域，但标准未涉及此方面的内容。某些高温合金材料和单晶叶片的细节将在第 9 章和第 11 章给出。但是，标准要求整套叶片至少在类似的工作条件下正常运行 8,000h。

标准要求供应商给出坎贝尔图（第 5 章）和古德曼图（第 11 章），它们是在对叶片施加与实际机组中相同的模拟激振源与激振频率的情况下通过试验得出的。坎贝尔图给出了不同部件受到燃气轮机转速激励情况下的转速。古德曼图则给出了交变应力对压气机或透平叶片等相关材料寿命的影响。供应商应在古德曼图上表明标准的可接受范围。第 11 章介绍了材料的古德曼图。所有的坎贝尔图应该显示被修正到反映实际工作条件的叶片频率。在任何可用的时候，带围带叶片的图应显示低于或高于叶片锁止转速的频率，并应指出在哪一转速下发生叶片锁止。第 5 章将对坎贝尔图进行详细介绍，第 16 章将讨论由叶片共振所发出的信号类型。

旋转叶片的叶尖和带围带旋转叶片的迷宫气封应设计成允许装置按照供应商要求在任何时间起动。当设计允许在正常起动过程有摩擦时，应将组件设计成耐磨的，且供应商应给出允许摩擦的建议。

从最低控制转速以下 10% 到最大连续转速以上 10% 的范围，叶片的固有频率不得与任

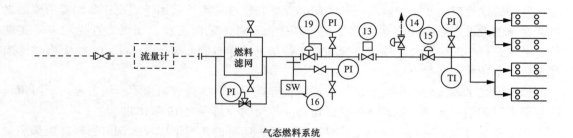

气态燃料系统

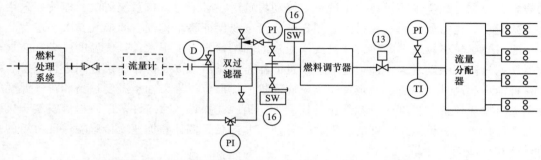

图 4-8　某典型燃气轮机燃料系统（标准 616 "炼油厂用燃气轮机"
中的图 C-2 和图 C-3，第一版，1968 年，API 提供）

何激励源同步。如果这不可行，则在任何指定的驱动设备运行时产生的叶片应力水平应足够低，以便在最小的工作寿命内不受限制地运行。叶片的设计应在正预热过程中能够承受共振频率下的运行，应明确规定低于该叶片共振相对应的运行范围的转速值。

坎贝尔图中的激励源应该包括：每列叶片上游和下游的动叶和静叶的基频和一阶谐振频率、气体通道分流叶片、水平法兰处叶片和喷嘴的不同节距、转子转速的前 10 阶谐频、齿轮组啮合频率以及由燃烧器布置产生的周期性脉冲。

燃气轮机的三个基本测试为流体静力学测试、机械测试和性能测试。流体静力学测试对承压部件注水，压力至少为最大工作压力的 1.5 倍。机械测试通过以最大连续转速工作至少 4h，大部分情况下不带负荷，校验轴承性能和振动水平以及总体机械的可操作性。建议用户代表对测试结果进行保存，应尽可能多地记录数据，这些数据将有助于机组的进一步评估，或可用作基准数据。性能测试应在标准燃料组分以最大功率条件进行，测试应按照 ASME PTC-22 进行，该标准将在第 20 章详细介绍。

▶▶ **齿轮**

API 标准 613 包括了特殊用途齿轮，其定义为小齿轮转速超过 2,900r/min 和/或节线速度超过 5,000ft/min（27m/s）。该标准应用于减速或增速装置使用的螺线齿轮。

标准较好地定义了使用范围和术语，包括一系列的参照标准和规范。则买方需要确定相关的齿轮额定功率以及额定输入和输出转速。

标准包括了基本设计信息并与 AGMA 标准 421 相关。标准中给出了冷却水系统的规范以及有关转轴装配说明和轴转动的信息。齿轮额定功率为驱动设备的最大功率。通常，驱动装置和被驱动装置之间齿轮组的功率额定值为被驱动装置所需最大功率的 110%，或驱动设备最大功率的110%，二者中选取较大的一个。

齿槽系数或$K$系数定义为

$$K = \frac{W_t}{Fd} \frac{(R+1)}{R} \tag{4-4}$$

式中，$W_t$为传动切向负荷（工作节径处的磅数），$W_t = \dfrac{12,600 \times 齿轮额定马力}{小齿轮转速 \times d}$；$F$为净面宽（in）；$d$为小齿轮节径（in）；$R$为齿数比（齿轮的齿数除以小齿轮的齿数）。

许用指数或$K$系数由下式给出，即

$$许用 K = 材料指数/利用率 \tag{4-5}$$

不同的典型应用可以根据利用率和材料指数表来确定$K$系数。轮齿尺寸和形状的选择要求弯曲应力不超过一定的范围，弯曲应力数$S_t$为

$$S_t = \frac{W_t P_{nd}}{F} SF \frac{1.8\cos\phi}{J} \tag{4-6}$$

式中，$W_t$同式（4-4）中的定义；$P_{nd}$为法向径节；$F$为净面宽（in）；$\phi$为螺旋角；$J$为形状系数（由 AGMA 226 给出）；SF 为利用率。

标准还包括了有关机壳、接头支承和螺栓联接方法，以及某些操作和尺寸规范。

临界转速对应于齿轮和转子轴承支承系统的固有频率，临界转速的确定通过已知系统的固有频率和强制函数来进行，典型的强制函数由转子的不平衡、油过滤器、偏心和同步涡动产生。

齿轮元件必须是多平面和动态平衡的，在联轴器内使用键结构，半键必须在适当位置。最高连续转速下的最大许用不平衡力应不超过轴颈上静态负荷的10%。每一轴颈平面内的最大许用残余不平衡力由下面的关系式计算，即

$$F = mr\overline{\omega}^2 \tag{4-7}$$

由于最大许用残余不平衡力不超过静态轴颈负荷的10%，所以

$$mr = \frac{0.1W}{\overline{\omega}^2} \tag{4-8}$$

式中，$m$为质量；$r$为半径；$\overline{\omega}$为平均角速度；$W$为负荷。

采用修正常数，方程可写作

$$最大不平衡力 = \frac{56,347 \times 轴颈净荷重}{r_{pm}^2} \tag{4-9}$$

邻近每个径向轴承的轴上测量的任意平面内的无过滤振动的双振幅不超过2.0密耳（0.05mm）或由下式给出

$$振幅 = \sqrt{\frac{12,000}{r_{pm}}} \tag{4-10}$$

式中，$r_{pm}$为最高连续转速。使用加速度传感器来测量齿轮更加有意义。标准同时还给出了轴承、气封和润滑的设计规范。

标准描述了联轴器、联轴器罩、装配平台、管件、仪表设备和控制系统等附件，也详细介绍了检查和测试过程。允许购买方在通知供应商后在制造过程中检查设备。旋转部件的所有焊缝必须100%检查。为了进行机械运行测试，机组必须在最高连续转速下工作直到轴承和润滑油温度稳定为止，然后将速度加大到最高连续速度的110%并运行4h。

▶▶▶ **润滑系统**

API标准614对特殊应用的润滑系统、油轴封系统和控制系统提出了最低要求，对术语进行了全面的定义，较好地描述了基本的设计且引用有据可查。润滑系统的详细介绍将在第15章给出。

润滑系统的设计应满足在所有条件下工作三年不停机的要求。标准的润滑剂应为100℉（37.8℃）下黏性为150SUS左右的烃油。为防止灰尘和水进入，应对储油罐进行密封，储油罐底部应有一定的斜度以利于排水。容器的工作容量应至少保证5min的润滑油量。图4-9所示为标准储油罐的示意图。供油系统应包括一个主油泵和一个备用油泵，每一个油泵必须具有符合API标准610的独立驱动系统。泵的流量应在系统最大使用流量基础上至少再加15%。对于油封系统，泵的流量应为最大容量加上20%或10UKgal/min中的较大值。为保证安全运行，备用油泵应具有在主泵失效的情况下自起动控制系统。应该提供一对油冷却器，

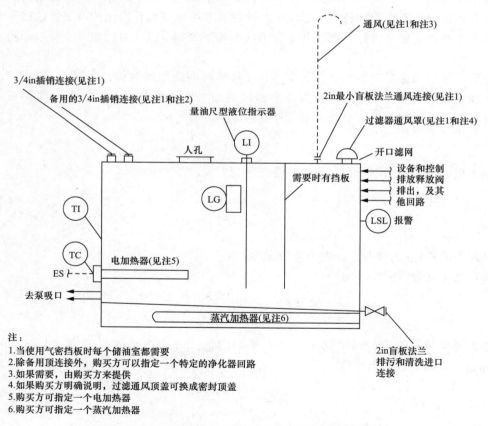

注：
1. 当使用气密挡板时每个储油室都需要
2. 除备用顶连接外，购买方可以指定一个特定的净化器回路
3. 如果需要，由购买方来提供
4. 如果购买方明确说明，过滤通风顶盖可换成密封顶盖
5. 购买方可指定一个电加热器
6. 购买方可指定一个蒸汽加热器

图4-9 标准储油罐（API标准614"特殊用途的润滑、
轴封及控油系统"图A-2，第一版，1973年）

其容量应满足总的冷却负荷。在冷却器的下游应安装一对全流式滤油器，并应过滤到 $10\mu m$ 以下。在正常流动过程以及工作温度 $100℉$（$37.8℃$）时，洁净过滤器的压降不应超过 $5lbf/in^2$（$0.34bar$）。

标准还涉及高位箱、净化器和脱气鼓。所有管件的焊缝都应符合 ASME 规范第 IX 部分的要求，所有的管件必须为无缝碳钢，$1\frac{1}{2}in$（$38.1mm$）以下尺寸的管子标号最小为 80，尺寸为 $2in$（$50.8mm$）以上的管子标号最小为 40。

润滑控制系统应能够完成正常起动、稳定运行、异常条件报警、毁坏发生前主设备的停机，需要配备一系列的报警和停机设施。图 4-10 所示为带有高位箱的密封、润滑和控制油

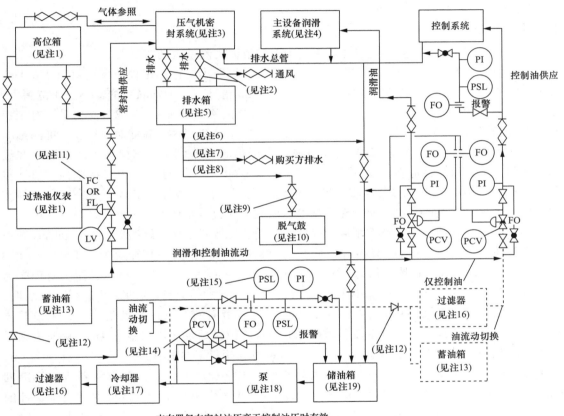

本布置仅在密封油压高于控制油压时有效

注意：
1. 带检测仪表的高位油箱
2. 如排泄孔安装在压缩机底板时，由供应商提供连接
3. 压气机的油封系统
4. 主设备润滑系统
5. 浮动控制的内部密封排泄孔或变送器控制的内部密封排泄孔
6. 排向储油箱
7. 排向购买方的排水管
8. 排向脱气鼓
9. 如脱气鼓安装在压缩机底板时，由供应商提供连接

10. 脱气鼓
11. 购买方必须为 LV 指定预期的故障操作
12. 若不使用蓄油箱，则省去止回阀
13. 直接接触式蓄油箱或囊式蓄油箱
14. 若使用离心泵，则可省去旁通 PCV 回路
15. 备用泵起动开关
16. 单油路过滤器或双油路过滤器
17. 单油路冷却器或双油路冷却器
18. 主油泵
19. 储油箱

图 4-10 带有高位箱的密封、润滑和控制油系统的示意图
（API 标准 614 "特殊用途的润滑、轴封及控油系统" 图 A-32，第一版，1973 年）

系统的示意图。购买方在提前通知供应商后有权检查工作情况并测试子元件。冷却器、过滤器、蓄油箱和其他压力容器应在 1~1.5 倍的设计压力下进行流体静力学测试，冷却水套筒和其他水处理组件也应在 1~1.5 倍的设计压力下进行测试。测试压力不应小于 115lbf/in²（7.9bar），时间应至少保持 30min。

运行测试应：

1. 发现并杜绝所有的泄漏。

2. 确定释放压力并检查每一减压阀，保证工作良好。

3. 备用泵不起动情况下完成过滤器、冷却器的转换。

4. 确认控制阀具有合适的功率、响应和稳定性。

5. 确认油压控制阀可控制油压。

► ► **振动测量**

API 标准 670 给出了轴向位置监控系统中非接触振动测量的最低要求。

振动测量的精度应满足在 80 密耳（2.032mm）的最小工作范围内，每密耳（0.001in，0.0254mm）200×（1±5%）mV 的线性敏感性。在 80 密耳（2.032mm）的最小工作范围内，轴向位置测量的线性度应为每密耳 200×（1±5%）mV 的敏感性和 ±1.0 密耳变化量。对于探针及其延长线，在 -30~350℉（-34.4~176.7℃）的温度范围内，温度对系统线性度的影响不应超过 5%。振荡解调器为 -24V 直流电源供电的信号调节设备，它向探针发送射频并经探针输出。振荡解调器应在 -30~150℉（-34.4~65.6℃）的温度范围内保持线性。监视器和电源应在 -20~150℉（-28.9~65.6℃）的温度范围内保持线性。安装于同一区段上的探针、电缆、振荡解调器和电源应该在物理上和电气上彼此可互换。

非接触振动和轴向位置监控系统由探针、电缆、连接器、振荡解调器、电源和监视器构成。探针体直径为 1/4in（6.35mm），带螺纹 -28 UNF-2A，探头直径应为 0.190~0.195in（4.8~4.95mm）；或探针体直径为 3/8in（9.52mm），带螺纹 -24 UNF-24A，探头直径应为 0.3~0.312in（7.62~7.92mm）。探针长度大约为 1in。对不同制造商的探针进行测试表明，在大多数情况下 0.3~0.312in（7.62~7.92mm）的探针具有更好的线性度。探针电缆整体由四氟乙烯基材料包裹，并由柔性不锈钢防护，其防护段延伸至联接器内 4in。从探头到联接器末端的总的物理长度应接近 36in（914.4mm）。探针和整体电缆的电气长度应为 6ft。延伸电缆应与 108in（2,743.2mm）的物理长度和电气长度同轴。振荡解调器应在标准的 -24V 直流电压下工作，并在标准的 15ft（5m）的电气长度下标定，该长度对应于探针的整体电缆及其延伸段。监控器应在 117×（1±5%）V 的电源下工作，且具有指定的线性度。任何模式、任何持续时间段内，都将能够防止供电中断引起的异常停机，供电异常时进行报警。

在轴承 3in 以内应安置径向传感器，且每一轴承应放置两个。应注意不要把探针放在节点上。应将两个探针安装于垂直中心两侧 45°（±5°）处，间隔 90°（±5°）。从机组的驱动端看，X 探针应在垂直面的右侧，Y 探针应在垂直面的左侧。图 4-11 和图 4-12 所示分别为透平和齿轮箱的防护系统。

轴向传感器应在推力环有效面 12in（305mm）内安装一个探针来感测轴本身，另一个探针则感测推力环的机加工面，两探针应反方向安装。嵌于轴承内部的温度探针比位移探针在防止推力轴承失效方面更有效，原因是轴套的膨胀以及探针可能距离推力环较远。

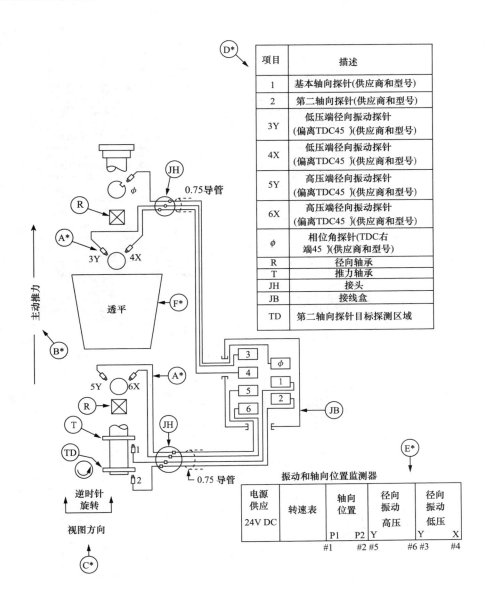

| 项目 | 描述 |
|---|---|
| 1 | 基本轴向探针(供应商和型号) |
| 2 | 第二轴向探针(供应商和型号) |
| 3Y | 低压端径向振动探针(偏离TDC45°)(供应商和型号) |
| 4X | 低压端径向振动探针(偏离TDC45°)(供应商和型号) |
| 5Y | 高压端径向振动探针(偏离TDC45°)(供应商和型号) |
| 6X | 高压端径向振动探针(偏离TDC45°)(供应商和型号) |
| φ | 相位角探针(TDC右端45°)(供应商和型号) |
| R | 径向轴承 |
| T | 推力轴承 |
| JH | 接头 |
| JB | 接线盒 |
| TD | 第二轴向探针目标探测区域 |

振动和轴向位置监测器

| 电源供应 24V DC | 转速表 | 轴向位置 | | 径向振动 高压 | 径向振动 低压 | |
|---|---|---|---|---|---|---|
| | | P1 | P2 | Y | Y | X |
| | #1 | #2 | #5 | #6 #3 | | #4 |

图 4-11　透平的典型防护系统（API 标准 670 "非接触式振动和轴向位置监控系统" 图 C-1，第一版，1976)

　　当设计推力轴承的保护系统时，必须严密监控转子轴向位移等于油膜厚度时的微小变化。为使温度偏差最小，必须仔细分析探针系统的测量精度以及探针的安装，因为温度变化的偏差可能高到不可接受。

　　除了使用位移探针进行轴承的有效保护外，还可采用轴承温度、轴承温升（轴承温度减去轴承油温），以及轴承温度的变化率，综合这些参数可以评估轴承的疲劳程度。

　　还应该装备相位传感器来记录每转的数据。如果使用了中间轴承箱，应为不同转速的两侧配备相位传感器和记录仪。

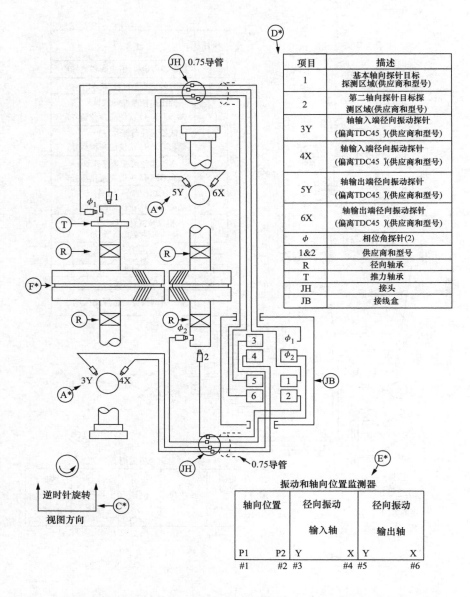

| 项目 | 描述 |
|---|---|
| 1 | 基本轴向探针目标探测区域(供应商和型号) |
| 2 | 第二轴向探针目标探测区域(供应商和型号) |
| 3Y | 轴输入端径向振动探针(偏离TDC45°)(供应商和型号) |
| 4X | 轴输入端径向振动探针(偏离TDC45°)(供应商和型号) |
| 5Y | 轴输出端径向振动探针(偏离TDC45°)(供应商和型号) |
| 6X | 轴输出端径向振动探针(偏离TDC45°)(供应商和型号) |
| $\phi$ | 相位角探针(2) |
| 1&2 | 供应商和型号 |
| R | 径向轴承 |
| T | 推力轴承 |
| JH | 接头 |
| JB | 接线盒 |

振动和轴向位置监测器

| 轴向位置 | | 径向振动输入轴 | | 径向振动输出轴 | |
|---|---|---|---|---|---|
| P1 | P2 | Y | X | Y | X |
| #1 | #2 | #3 | #4 | #5 | #6 |

图 4-12　齿轮箱的典型防护系统（API 标准 670 "非接触式振动和轴向位置
监控系统" 图 C-3，第一版，1976）

## ▶▶技术规范

前述的 API 标准为相关机组的指导性资料。投标评估方面获得的资料越恰当，对问题的选择就越合适。以下三个表列出了用户恰当评标时应考虑的条款，某些已在 API 标准中涵盖。

表 4-2 给出了工程师在评估不同燃气轮机机组时所需考虑的关键点。表 4-3 列出了压气机机组用户所需提供给供应商的重要资料。表 4-4 列出了在评估离心式压气机方面所需考虑的关键点。这些表将使工程师对每一关键点都可进行恰当的评估，保证了所购买机组的高可靠性和效率。

表 4-2　评估燃气轮机机组时所需考虑的关键点

1. 机组类型：
    a. 航空改型燃气轮机
    b. 重型燃气轮机
2. 燃料类型
3. 压气机类型
4. 级数和压比
5. 叶片类型、叶片安装、轮盘安装
6. 轴承数量
7. 轴承类型
8. 推力轴承类型
9. 临界转速
10. 扭转临界
11. 坎贝尔图
12. 平衡面
13. 平衡活塞
14. 燃烧室类型
15. 湿式和干式燃烧室
16. 燃料喷嘴类型
17. 过渡段
18. 透平类型
19. 功率传递端齿联轴器
20. 级数
21. 自由动力透平
22. 透平进口温度
23. 燃料添加剂
24. 联轴器类型
25. 对中数据
26. 排气扩压器
27. 透平和压气机的性能图
28. 齿轮
29. 图样

附件：
a. 润滑系统
b. 间冷器
c. 进口过滤系统
d. 控制系统
e. 保护系统

表 4-3　压气机机组用户需向供应商提供的资料

1. 气体介质（每一流路）
    摩尔组分（％）、体积组分（％）或重量组分（％）。组分变化的程度？
2. 腐蚀影响。可能对气体造成影响的排气温度限制
    每级的气量
    级数和测量单位
        如果是体积，给出：a. 干式或湿式
                        b. 压力或温度参考点
3. 每级进口条件
    气压表
    压气机法兰处压力
    表压或绝对压力下的状态
    压气机法兰处温度
    相对湿度
    比热比
    压缩性

(续)

4. 排气条件

压气机法兰处压力

表压或绝对压力下的状态

压缩性

参考温度

5. 级间状态

间冷器进口水温与出口气温之间的温差

级间是否有气体的增加或减少?

在何压力下进行?建议允许范围

如果有气体抽出、处理或级间返回,建议压力损失

涉及什么物理量的变化?

如果改变了气体组分,必须给出结果分析(该级间压力和温度下的比热比、相对湿度和可压缩性)

6. 变化条件

进口条件状态的可能变化——压力、温度、相对湿度、分子量等

排气压力的可能变化

变化条件之间互相联系十分重要

如果相对湿度从50%变化到100%,进口温度从0℉变化到100℉,100%相对湿度对应于100℉的温度是否一致?

状态的变化最好以表格形式给出,每一列包含所有的状态

7. 流程图

提供包括控制的流程示意图

8. 调控

所控制的量——压力、流量或温度

在控制条目中建议允许的偏差

手动还是自动控制?

如果是自动调控,那么设备和/或仪器是否包含在内?

一次往复需要多少控制步?

9. 冷却水

温度:最高和最低

进口压力和背压,如有

开式还是闭式冷却水系统?

水源

淡水还是海水?

砂质或腐蚀性

10. 驱动设备

驱动设备类型

电机:类型、电流、功率因数、罩壳、利用率、温升、环境温度

蒸汽:进口和出口压力、进口温度和品质、最低含水率

燃料气:气体分析、可用压力、气体低热值

齿轮:如为专用,给出 AGMA 等级

11. 一般要求

石油润滑油的可用性

室内还是室外安装?

占地面积,特殊形状?给出草图

土壤特性

列出所需附件并标明哪一个是备用

脉动消除器和进口或出口消声器

12. 技术要求

给每一投标者提供三份具体项目的技术要求副本

完整的资料可使所有的制造商公平竞争并帮助购买方评估标书

**表 4-4　评估离心式压气机所需考虑的关键点**

1. 级数
2. 压比和质量流量（每个缸）
3. 气封类型（内部气封）和油封
4. 轴承类型（径向）
5. 轴承刚度系数
6. 推力轴承类型（锥形、非平衡可倾瓦和倾斜瓦块式）
7. 推力浮体
8. 推力轴承和轴颈轴承温度（工作温度）
9. 临界转速图（转速与轴承刚度曲线）
10. 叶轮类型
    a. 有无轮盖
    b. 叶型
    c. 叶片的安装方法
11. 叶轮的安装
    a. 热套
    b. 键配合
    c. 其他
12. 叶轮的坎贝尔图
    a. 叶片数目（叶轮）
    b. 叶片数目（扩压器）
    c. 叶片数目（导向叶片）
13. 平衡活塞
14. 平衡面（位置）
    a. 如何平衡（细节）
15. 转子重量（安装）
    a. 中分面式气缸
    b. 筒式气缸
16. 扭振数据（弯曲临界）
17. 对中数据
18. 串接联轴器类型
19. 性能曲线（分缸）
    a. 喘振裕度
    b. 喘振线
    c. 气动转速（折合）
    d. 效率
20. 间冷器类型
    a. 温降
    b. 压降
    c. 效率
21. 功率曲线

# 第**5**章

# 转子动力学

提高设计转速是叶轮机械的发展趋势，这可能引起转子振动问题，因此分析转子振动的特性非常重要，完善的振动分析有助于诊断转子动力学问题。

本章首先介绍无阻尼和有阻尼自由系统的振动原理，讨论应用振动理论解决转子动力学问题的方法，其后将介绍如何分析临界转速和进行转子动平衡，最后介绍一些重要的叶轮机械准则，特别是轴承的类型、设计和选型流程。

## 数学分析

在经典力学发展到可以分析振动这种复杂现象之前，振动的研究一直是音乐家的事情。对于振动，牛顿力学给出了概念简单易懂的描述，拉格朗日力学提供了一种难以直观理解的复杂描述。本书将使用牛顿力学的基本概念来描述振动现象。

自然界中存在强迫振动（有时称为受迫振动）和自由振动两种系统。一个自由系统受系统固有力作用，在一个或多个本身固有的频率下振动，这是弹性系统的固有特性；强迫振动是由于外力施加在系统上而产生的振动，其振动频率等于激振力频率，而与系统本身的固有振动频率无关。当激振力频率与系统本身的固有频率一致时，将导致共振，产生幅值很大的危险振动。所有的振动系统都会由于摩擦或者其他一些阻抗产生能量耗散。

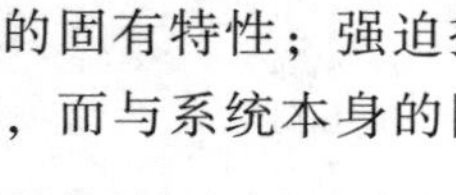

用来描述系统运动的独立坐标分量数称为系统的自由度。单自由度系统只需要一个坐标分量就可以完全描述其振动状态。图 5-1 中所示的经典弹簧质量系统就是一个单自由度系统。

两个或更多自由度系统的振动形态比较复杂，其频率和振幅之间没有明确的关系。但在这么多复杂纷乱的运动当中，仍然存在一些特殊的有序运动，即振动的主振型。

在这些主振型当中，系统中的每一个点都遵循一定的共有频率模式。图 5-2 描述了具有两个或更多个自由度的典型振动系统。紧绷在两点之间的一根弦或者两端支承的轴就是典型的例子。图 5-2 中的虚线描绘的是不同的主

图 5-1　单自由度系统

振型。

大部分由于振动而产生的运动具有周期性，它在相等的时间间隔里不断地重复运动。图 5-3 表示的是一种典型的周期性运动。最简单的周期性运动是可以使用正弦和余弦函数表示的谐波运动。不要忘记谐波运动总是周期性的，然而周期性运动并不一定是谐波运动。一个系统的谐波运动可以使用以下关系式表示，即

图 5-2　具有无限多个
自由度的系统

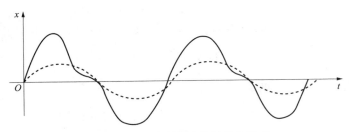

图 5-3　具有谐波分量的周期性运动

$$x = A\sin\omega t \tag{5-1}$$

于是，系统的速度和加速度可以将方程对 $t$ 求导得到

$$速度 = \frac{\mathrm{d}x}{\mathrm{d}t} = A\omega\cos\omega t = A\omega\sin\left(\omega t + \frac{\pi}{2}\right) \tag{5-2}$$

$$加速度 = \frac{\mathrm{d}^2x}{\mathrm{d}t^2} = -A\omega^2\sin\omega t = A\omega^2\sin(\omega t + \pi) \tag{5-3}$$

从以上的方程可以看出速度和加速度也是谐波，并且可以用向量表示，它们分别比位移向量提前 90°和 180°。图 5-4 表示的是位移、速度和加速度的各种谐波运动。向量之间的角度称为相位。因此，可以说速度领先位移 90°，加速度与位移的方向相反或者说加速度领先位移 180°。

### ▶▶无阻尼自由振动系统

这是所有振动系统中最简单的系统，它由可以忽略质量的弹簧和悬挂在它下面的质量块组成。图 5-5 描述的就是这样一种简单的单自由度系统。如果质量块从它的初始平衡位置释

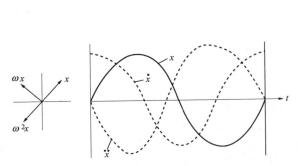

图 5-4　位移、速度和加速度的谐波运动

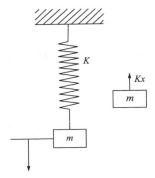

图 5-5　单自由度系统（弹簧质量系统）

放，可以应用牛顿第二定律建立不平衡力，即弹簧的恢复力（$-Kx$）与加速度之间的关系。于是可以获得以下方程，即

$$m\ddot{x} = -Kx \tag{5-4}$$

这个方程称为系统的运动方程，也可以写为以下的形式，即

$$\ddot{x} + \frac{K}{m}x = 0 \tag{5-5}$$

假设谐波函数可以满足以上方程，那么方程的解具有以下的形式，即

$$x = C_1\sin\omega t + C_2\cos\omega t \tag{5-6}$$

把方程式（5-6）代入方程式（5-5），可以得到以下的关系式，即

$$\left(-\omega^2 + \frac{K}{m}\right)x = 0$$

以下的 $\omega$ 值对于任何 $x$ 都满足

$$\omega = \sqrt{\frac{K}{m}} \tag{5-7}$$

这样，系统具有式（5-7）给出的单一固有频率。

#### ▶▶ 阻尼振动系统

阻尼将导致能量耗散。阻尼类型多种多样，包括：黏性阻尼、摩擦或库仑阻尼和材料阻尼。当物体在流体中运动时会产生黏性阻尼。摩擦阻尼通常由干表面的相互滑移而产生。材料阻尼通常也称为结构阻尼，是由材料自身内部的摩擦而产生。下面给出了具有黏性阻尼的自由振动系统。

如图5-6所示，黏性阻尼力正比于速度，可以使用以下的关系式表示，即

$$F_{\mathrm{damp}} = -c\dot{x}$$

式中，$c$ 是黏性阻尼系数。

使用牛顿定律可以得到以下运动方程，即

$$m\ddot{x} = -Kx - c\dot{x} \tag{5-8}$$

或者写成如下形式，即

$$m\ddot{x} + c\dot{x} + Kx = 0$$

假设以上方程的解为

$$x = c(e^{rt}) \tag{5-9}$$

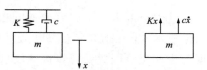

图5-6 黏性阻尼系统的自由振动

把它代入方程式（5-8）得到以下特性方程

$$\left(r^2 + \frac{c}{m}r + \frac{K}{m}\right)e^{rt} = 0 \tag{5-10}$$

当采用以下公式时，对于任何 $t$ 上述方程都成立

$$r_{1,2} = \frac{-c}{2m} \pm \sqrt{\frac{c^2}{4m^2} - \frac{K}{m}} \tag{5-11}$$

于是可以得到方程的通解，即

$$x = \mathrm{e}^{\frac{-c}{2m}t}\left(C_1 \mathrm{e}^{\sqrt{\frac{c^2}{4m^2} - \frac{K}{m}}t} + C_2 \mathrm{e}^{-\sqrt{\frac{c^2}{4m^2} - \frac{K}{m}}t}\right) \tag{5-12}$$

方程式（5-9）中解的类型取决于根 $r_1$ 和 $r_2$ 的类型。这个阻尼系统的行为取决于根是实数、虚数还是零。临界阻尼系数 $c_c$ 可以定义为使根号为零的值。

于是有

$$\frac{c^2}{4m^2} = \frac{K}{m}$$

也可以写为

$$\frac{c}{2m} = \sqrt{\frac{K}{m}} = \omega_n \tag{5-13}$$

于是任何系统中的阻尼的大小可以使用阻尼比来进行表示。

$$\zeta = \frac{c}{c_c} \tag{5-14}$$

**过阻尼系统**

如果 $c^2/(4m^2) > K/m$，那么根号下的表达式是正的，并且具有实根。如果将运动关于时间的函数作图，就可以获得图5-7。这种类型的非振动运动被称为非周期运动。

**临界阻尼系统**

如果 $c^2/(4m^2) = K/m$，那么根号下的表达式是零，根 $r_1$ 和 $r_2$ 相等。当根号下是零并且根相等，如图5-8所示，位移从它的初始值开始衰减得很快，这种情况下运动也不是周期性运动。

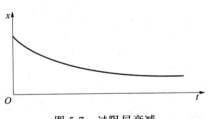

图 5-7　过阻尼衰减

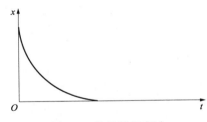

图 5-8　临界阻尼衰减

这种非常特殊的情况就是临界阻尼。其阻尼值是

$$\frac{c_{cr}^2}{4m^2} = \frac{K}{m}$$

$$c_{cr}^2 = 4m^2 \frac{K}{m} = 4mK$$

那么

$$c_{cr} = \sqrt{4mK} = 2m\sqrt{\frac{K}{m}} = 2m\omega_n$$

**欠阻尼系统**

如果 $c^2/(4m^2) < K/m$，那么根 $r_1$ 和 $r_2$ 是虚数，解是如图5-9所示的振动。前面各种运动表示不同振动系统的特性，尽管特定的形式取决于实际情况。欠阻尼系统具有自身固有的

振动频率。当 $c^2/(4m^2) < K/m$ 时，根 $r_1$ 和 $r_2$ 是如下的虚数：

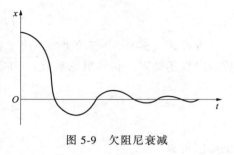

$$r_{1,2} = \pm i\sqrt{\frac{K}{m} - \frac{c^2}{4m^2}} \qquad (5\text{-}15)$$

那么其响应如下式所示，即

$$x = e^{-[c/(2m)]t}\left(C_1 e^{i\sqrt{\frac{K}{m} - \frac{c^2}{4m^2}}} + C_2 e^{-i\sqrt{\frac{K}{m} - \frac{c^2}{4m^2}}}\right)$$

图 5-9 欠阻尼衰减

也可以写成如下的公式，即

$$x = e^{-(c/(2m))t}(A\cos\omega_{\mathrm{d}}t + B\sin\omega_{\mathrm{d}}t) \qquad (5\text{-}16)$$

#### ▶▶ 强迫振动

到现在为止，一直进行的是自由振动系统的研究，并没有任何的外力作用于系统。自由振动系统是在它的固有频率下振动，直到由于阻尼耗散掉所有的能量使振动消失为止。

现在考虑有外部激励的情况。现实中，动态系统被外力激励，这些激励有它们自己的周期，如图 5-10 所示。

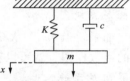

图 5-10 强迫振动系统

假设外部周期力的频率为 $\omega$，它不依赖于系统参数，可以独立变化。这个系统的运动方程可以使用前面所提供的方法获得。由于牛顿定律概念简单，这里使用牛顿运动定律进行描述。质量块 $m$ 的自由体如图 5-11 所示。

质量块 $m$ 的运动方程为

$$m\ddot{x} = F\sin\omega t - Kx - c\dot{x} \qquad (5\text{-}17)$$

也可以写为

$$m\ddot{x} + Kx + c\dot{x} = F\sin\omega t$$

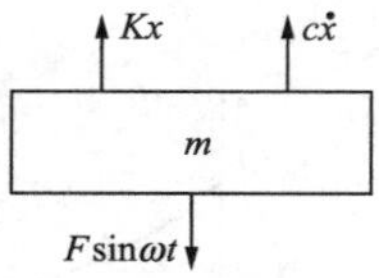

假设系统的稳态振动可以用以下关系式表示，即

$$x = D\sin(\omega t - \theta) \qquad (5\text{-}18)$$

图 5-11 质量块 $m$ 的自由体

式中，$D$ 为稳态振动的幅值；$\theta$ 为运动滞后于激励力的相位角。

系统的速度和加速度分别为

$$v = \dot{x} = D\omega\cos(\omega t - \theta) = D\omega\sin\left(\omega t - \theta + \frac{\pi}{2}\right) \qquad (5\text{-}19)$$

$$a = \ddot{x} = -D\omega^2\sin(\omega t - \theta) = D\omega^2\cos\left(\omega t - \theta + \frac{\pi}{2}\right) \qquad (5\text{-}20)$$

把以上的方程代入运动方程式（5-17）中，可以得到以下的关系式，即

$$mD\omega^2\sin(\omega t - \theta) - cD\omega\sin\left(\omega t - \theta + \frac{\pi}{2}\right) - KD\sin(\omega t - \theta) + F\sin\omega t = 0 \qquad (5\text{-}21)$$

惯性力 + 阻尼力 + 弹簧力 + 激励力 = 0

由以上的公式，位移滞后于激励力相位 $\theta$，弹簧力与位移的方向相反。阻尼力滞后于位移 $90°$，所以与速度的方向相反。惯性力与位移同相，与加速度的方向相反，这样就与谐振

动的物理意义是一致的。向量图 5-12 显示了作用在黏性阻尼的作用下经受强迫振动的物体上的各个力。从这个向量图可以得到相位和稳态振动的幅值。

$$D = \frac{F}{\sqrt{(K-m\omega^2)^2 + c\omega^2}} \qquad (5-22)$$

$$\tan\theta = \frac{c\omega}{K-m\omega^2} \qquad (5-23)$$

$D$ 和 $\theta$ 的量纲为一的形式为

$$D = \frac{F/K}{\sqrt{\left(1-\frac{\omega^2}{\omega_n^2}\right) + \left(2\zeta\frac{\omega}{\omega_n}\right)^2}} \qquad (5-24)$$

$$\tan\theta = \frac{2\zeta\frac{\omega}{\omega_n}}{1-\left(\frac{\omega}{\omega_n}\right)^2} \qquad (5-25)$$

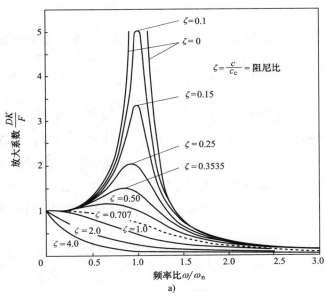

图 5-12　黏性阻尼系统强迫振动的向量图

式中，$\omega_n = \sqrt{K/m}$ 为固有振动频率；$\zeta = \frac{c}{c_c}$ 为阻尼比；$c_c = 2m\omega_n$ 为临界阻尼系数。

由以上公式可以得知放大系数（$D/F/K$）和相位 $\theta$ 主要受到频率比 $\frac{\omega}{\omega_n}$ 和阻尼比 $\zeta$ 的影响。图 5-13a 和图 5-13b 给出了它们之间的关系。在共振区阻尼比对于振幅和相位有很大的影响。在 $\frac{\omega}{\omega_n} \ll 1.0$ 时，惯性力和阻尼力项很小，并具有一个很小的相位。在 $\frac{\omega}{\omega_n} = 1.0$ 时，

图 5-13　放大系数、频率比、相位和阻尼比之间的关系

a）不同黏性阻尼下频率比与放大系数的关系

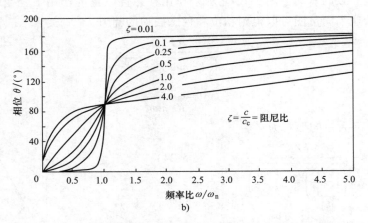

图 5-13　放大系数、频率比、相位和阻尼比之间的关系（续）

b）不同黏性阻尼下频率比与相位的关系

相位为 90°，当阻尼比趋近于零时，共振振幅趋向于无穷大。在小阻尼的情况下，相位在过临界频率比时变化了 180°。在 $\frac{\omega}{\omega_n} \gg 1.0$ 时，相位接近于 180°，施加的力大部分都是用来克服系统较大的惯性力。

## ►► 设计要点

设计高速叶轮机械设备需要仔细的分析。本章前面部分内容提供了对这种问题进行分析的基本知识。一旦一个设计被认为存在问题，通过改变设计来解决这个问题的方案是不尽相同的。下面将基于本章前面的分析提供一些指导。

固有频率

对于单自由度系统，固有频率为 $\omega_n = \sqrt{\dfrac{K}{m}}$，它将随质量的增加而减少，随弹性系数 $K$ 的增加而增加。对于一个阻尼系统，阻尼固有频率 $\omega_d = \omega_n \sqrt{1-\zeta^2}$，其值小于 $\omega_n$。

不平衡量

所有的叶轮机械都假设存在不平衡量。当机组旋转时，不平衡量产生激励。系统的固有频率 $\omega_n$ 也称为转子临界转速。对强迫振动-阻尼系统进行研究，可以得到以下的结论：（1）在 $\omega_m = \omega_n \sqrt{1-2\zeta^2}$ 时振幅比具有最大值；（2）在强迫振动-阻尼系统分析中并没有考虑阻尼固有频率 $\omega_d$。更为重要的参数是无阻尼系统的固有频率 $\omega_n$。

没有阻尼时，当 $\omega = \omega_n$ 时振幅比趋于无穷大。由于这个原因，叶轮机械的临界转速应该远离它的运行转速。

小型机械质量 $m$ 较小而弹性系数 $K$（轴承刚性）较大。此类尺寸较小、运行转速较低的机械通常可以设计成在低于其临界转速运行，称为亚临界转速运行。如果比较容易做到，就应该尽量这样设计。

大型叶轮机械，如离心式压气机、燃气轮机、蒸汽轮机以及大型发电机，其设计带来的问题是不同的。它们的转子通常具有很大的质量，并且实际中对轴的尺寸有限制，此外机组的旋转速度也非常高。

通过设计一个具有很低临界转速的系统，使得机组的运行转速在临界转速之上，就可以解决这个问题。这也就是所谓的超临界转速运行。此时其主要问题是在起动和停机过程中，机组必须要通过它的临界转速。为了避免在机组通过临界转速时出现危险的过大振幅，必须保证基组基座和轴承具有足够的阻尼。

大部分大系统的固有结构频率会位于低频范围，必须小心避免结构与基座之间的耦合共振。叶轮机械的激振来源于旋转的不平衡质量，其源于以下四个原因：

1. 沿着系统几何轴线质量的不均匀分布所导致的质心与旋转中心的不一致。

2. 由于转子重量，轴发生变形，从而在质心与旋转中心之间进一步产生偏离。如果轴发生弯曲或变形，则可能产生更大的偏差。

3. 静态的绕几何中心的偏心由于旋转而产生的放大。

4. 使用径向轴承时，转子轴的运动轨迹使其旋转轴自身绕着轴承的几何中心旋转。

不平衡力与 $\omega^2$ 成正比，这使得高速叶轮机械的设计和运行成为一项复杂而苛刻的工作。此时对转子进行平衡是控制这些激振力的唯一方法。

## 叶轮机械上的应用

### ▶▶ 刚性支承

最简单的叶轮机械模型由安装在柔性轴上的大圆盘构成，而柔性轴的两端安装在刚性支承上。这个刚性支承限制了叶轮机械的横向位移，但是允许其自由转动。柔性轴运行在它的第一阶临界转速以上。图 5-14a 和图 5-14b 所示的就是这样的轴。圆盘的质心 "$e$" 由于制造和材料的问题偏离了轴心或者圆盘的形心。当这个盘以转速 $\omega$ 旋转时，质量偏心引起的离心力使其偏离轴心，于是圆盘的中心运行轨迹是半径为 $\delta_r$ 的圆，其圆心在轴承的中心线上。当使用径向刚度 $K_r$ 来表示轴的弹性时，将在圆盘上产生一个恢复力 $K_r\delta_r$，它将平衡离

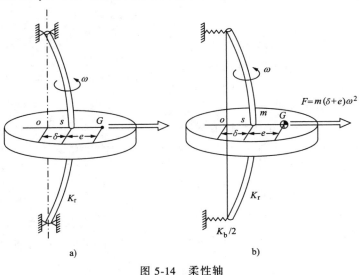

图 5-14 柔性轴
a) 刚性支承 b) 弹性支承

心力 $m\omega^2(\delta_r+e)$，由此可以得到等式，即

$$K_r\delta_r = m\omega^2(\delta_r+e)$$

所以

$$\delta_r = \frac{m\omega^2 e}{K_r-m\omega^2} = \frac{(\omega/\omega_n)^2 e}{1/\omega_n-(\omega/\omega_n)^2} \tag{5-26}$$

式中，$\omega_n = K_r/m$，为轴和圆盘静止时横向振动的固有频率。

从前面的等式可以看出当 $\omega<\omega_n$ 时，$\delta_r$ 为正值。于是，当机组运行在临界转速以下时，系统在几何中心之外绕着质心旋转。当在临界转速运行时（$\omega=\omega_n$），轴变形 $\delta_r$ 趋向于无穷大。实际上，振动可以被外力衰减掉。对于很高的转速（$\omega\gg\omega_n$），振幅 $\delta_r$ 等于 $-e$，说明圆盘绕着它的重心旋转。

### ▶▶弹性支承

上节讨论了具有刚性轴承的弹性轴。实际上轴承并不是刚性的，而是具有一些弹性的。如果系统的弹性是 $K_b$，那么每一个支承具有弹性 $K_b/2$。在这样的系统中，系统总的横向弹性可以用以下的关系式进行计算，即

$$\frac{1}{K_t} = \frac{1}{K_r}+\frac{1}{K_b} = \frac{K_r+K_b}{K_r K_b}$$

$$K_t = \frac{K_r K_b}{K_r+K_b} \tag{5-27}$$

于是，固有频率为

$$\omega_{nt} = \sqrt{\frac{K_t}{m}} = \sqrt{\frac{K_r K_b}{K_r+K_b}\bigg/m}$$

$$= \sqrt{\frac{K_r}{m}}\sqrt{\frac{K_b}{K_r+K_b}} \tag{5-28}$$

$$= \omega_n\sqrt{\frac{K_b}{K_r+K_b}}$$

由上面的表达式可知，当 $K_b\gg K_r$（刚性非常大的支承）时，则有 $\omega_{nt}=\omega_n$，即刚性系统的固有频率。对于一个支承刚度有限的系统，无论 $K_b$ 大于、小于还是等于 $K_r$，$\omega_{nt}$ 均小于 $\omega_n$。因此，支承弹性使得系统的固有频率变低。在对数坐标图上可作出固有频率与轴承刚性之间的关系，如图 5-15 所示。

当 $K_b\ll K_r$，则 $\omega_{nt}=\omega_n\sqrt{K_b/K_r}$ ⊖。因此，$\omega_{nt}$ 正比于 $K_b$ 的平方根，或者 $\lg\omega_{nt}$ 正比于 $\frac{1}{2}\lg K_b$。所以在图 5-15 中它们之间的关

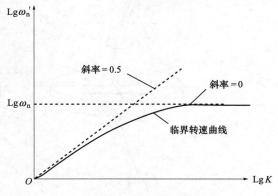

图 5-15　固有频率与轴承刚性之间的关系

---

⊖　原文为 $\omega_{nt}=\omega_n K_b/K_r$，有误。

系可以使用一条斜率为 0.5 的直线表示。当 $K_b \gg K_r$，总的等效固有频率将等于刚体固有频率。实际的曲线将如图 5-15 所示，在两条直线下面。

图 5-15 中的临界转速还可以包括第二阶、第三阶和更高阶的临界转速。这样的临界转速图在确定给定系统运行时的动态特性十分有用。通过把实际支承与速度曲线之间的关系添加在临界转速图上，可以获得系统临界转速的位置。两条曲线的交点就是系统的临界转速。

当这些交点存在于临界转速图上斜率为 0.5 的直线上时，临界转速的值取决于轴承，这种情况通常被称为"刚体临界转速"。

当交点在斜率为 0.5 的线以下，也就是说系统有一个"弯曲临界转速"。确定这些点非常重要，因为它们说明弯曲刚性比支承刚性更为重要。

图 5-16a 和图 5-16b 所示为两端弹性支承均匀轴的振动模态。图 5-16a 所示的是刚性支承和一根柔性转子。图 5-16b 所示的是弹性支承和刚性转子。

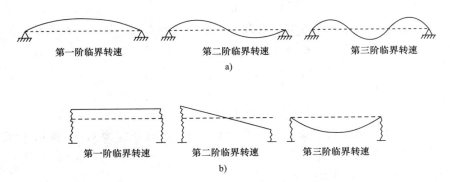

第一阶临界转速　　第二阶临界转速　　第三阶临界转速

a)

第一阶临界转速　　第二阶临界转速　　第三阶临界转速

b)

图 5-16　两端弹性支承均匀轴的振动模态

a) 柔性转子放在刚性支承上　b) 刚性转子放在弹性支承上

临界转速概念十分重要，应该记住，它可以识别转子轴承系统的工作区域，可能的振型以及峰值的近似位置。

## 转子轴承系统的临界转速计算

普罗尔（Prohl）和隆德（Lund）分别提供了计算无阻尼和阻尼临界转速的方法。利用本节提供的方程可以编写计算机程序，从而计算给定转子在一定轴承刚性范围和阻尼参数下的临界转速。

普罗尔和隆德提供的临界转速计算方法有如下几点优势：这个方法可以计算任意阶次的临界转速，并且对于转子上的直径变化和圆盘的数量没有任何限制；另外，轴的支承可以是刚性的，也可以具有任意的阻尼或刚性，同时可以考虑由于圆盘惯性力矩而产生的回转效应。也许这种方法最大的优势是相对简单，并且可以分析所有的问题。

在此方法中，转子首先被分为许多节点，其中也包括轴的两端，同时在轴直径变化、存在圆盘以及轴承的地方都需要设置节点。连接节点之间的轴段被模化为不考虑质量，仅考虑与轴段长度、直径以及弹性模量有关的弯曲刚性。每一段的质量对半平分并且集中放在每一段的两端，附加圆盘或者联轴器等的质量也叠加在一起。

旋转轴临界转速的计算需要利用载荷和变形从节点 $n-1$ 传到节点 $n$ 的关系式。轴的剪切力 $V$ 可以使用以下关系式进行计算，即

$$V_n = V_{n-1} + M_{n-1}\omega^2 y_{n-1} \tag{5-29}$$

弯矩为

$$M_n = M_{n-1} + V_n z_n$$

角位移使用以下关系式计算，即

$$\theta_n = \beta_n \left( \frac{M_{n-1}}{2} + \frac{M_n}{2} \right) + \theta_{n-1} \tag{5-30}$$

式中，$\beta_n$ 为弹性常数。

垂直方向的线性位移是

$$y_n = \beta_n \left( \frac{M_{n-1}}{3} + \frac{M_n}{6} \right) z_n + \theta_{n-1} z_n + y_{n-1} \tag{5-31}$$

当把一个柔性轴承放在 $n$ 节点处，在此节点从左边到右边，使用下述关系式描述，即

$$K_{xx} y_n = -\left[ (V_n)_{\text{right}} - (V_n)_{\text{left}} \right] \tag{5-32}$$

$$K_{\theta\theta} \theta_n = (M_n)_{\text{right}} - (M_n)_{\text{left}} \tag{5-33}$$

$$(\theta_n)_{\text{right}} = (\theta_n)_{\text{left}} \tag{5-34}$$

$$(y_n)_{\text{right}} = (y_n)_{\text{left}} \tag{5-35}$$

对于一个自由端，初始边界条件为：$V_1 = M_1 = 0$，此时还需要对 $y_1$ 和 $\theta_1$ 指定初始值，两次计算中做如下的假设：

第一步：$y_1 = 1.0$，$\theta_1 = 0.0$；

第二步：$y_1 = 0.0$，$\theta_1 = 1.0$。

对于每一步，计算从自由端开始，然后使用方程式（5-29）~式（5-35）进行计算，从一个节点计算到下一个节点，直到轴的另外一端。剪切力和弯矩的值取决于初始值，并由以下关系式计算得到

$$V_n = V_{n'\text{Pass1}} y_1 + V_{n'\text{Pass2}} \theta_1$$
$$M_n = M_{n'\text{Pass1}} y_1 + M_{n'\text{Pass2}} \theta_1 \tag{5-36}$$

临界转速是满足于 $V_n = M_n = 0$ 的速度，它需要在设定旋转速度后多次迭代，直到满足以上条件为止。

如果考虑结构阻尼，那么需要对上述关系式进行修正。一个具有垂直和水平方向运动的系统，通过一个节点后其剪切力和弯矩的改变可由下式给出，即

$$\begin{pmatrix} -V'_x \\ -V'_y \\ M'_x \\ M'_y \end{pmatrix}_n = \begin{pmatrix} -V_x \\ -V_y \\ M_x \\ M_y \end{pmatrix}_n + \begin{pmatrix} s^2 m x \\ s^2 m y \\ s^2 J_T \theta + s\omega J_P \phi \\ s^2 J_T \phi - s\omega J_P \theta \end{pmatrix}_n + (K+sB)_n \begin{pmatrix} x \\ y \\ \phi \\ \theta \end{pmatrix} \tag{5-37}$$

节点之间各个参数的计算可以由下面的关系式获得

$$x_{n+1} = x_n + z_n\theta_n + C_1\left[z_n^2(M'_{xn} - \varepsilon M'_{yn})/2 + C_2(V'_{yn} + \varepsilon V'_{xn})\right]$$

$$y_{n+1} = y_n + z_n\phi_n + C_1\left[z_n^2(M'_{yn} + \varepsilon M'_{xn})/2 + C_2(V'_{yn} - \varepsilon V'_{xn})\right]$$

$$\theta_{n+1} = \theta_n + C_1\left[z_n(M'_{xn} - \varepsilon M'_{yn}) + z_n^2(V'_{xn} - \varepsilon V'_{yn})/2\right]$$

$$\phi_{n+1} = \phi_n + C_1\left[z_n(M'_{yn} + \varepsilon M'_{xn}) + z_n^2(V'_{yn} + \varepsilon V'_{xn})/2\right]$$

$$M_{x,n+1} = M'_{xn} + z_n V'_{xn}$$

$$M_{y,n+1} = M'_{yn} + z_n V'_{yn}$$

$$V_{x,n+1} = V'_{xn}$$

$$V_{y,n+1} = V'_{yn}$$

式中

$$C_1 = 1/(EI)_n\sqrt{1+\varepsilon^2}, \quad C_2 = \frac{z_n^2}{6} - \frac{(zEI)_n}{(\alpha GA)_n} \tag{5-38}$$

其中，$E$ 为杨氏弹性模量；$I$ 为截面的惯性矩；$G$ 为剪切弹性模量；$\varepsilon$ 为轴的内部阻尼的对数递减除以轴的垂直位置；$\alpha$ 则是截面形状系数（对于圆截面，取 $0.75$）。

## 机电系统及模拟

如果物理系统复杂到不可能获得解析解时，可以采用不同的模拟试验技术得到它的解。使用电气系统对机械系统进行模拟是最容易、最便宜和最快速的解决问题的方法。系统之间的相似模拟实际上是基于其微分方程相似。汤姆森（Thomson）在其著作中给出了振动模拟的非常精辟的论述。

图 5-17 所示为具有黏性阻尼的强迫振动系统。这个系统由弹性系数为 $K$ 的弹簧、悬挂在弹簧下的质量块 $m$ 以及产生阻尼的减振器构成，$c$ 为黏性阻尼系数，满足如下方程，即

$$m\frac{\mathrm{d}v}{\mathrm{d}t} + cv + K\int_0^t v\mathrm{d}t = f(t) \tag{5-39}$$

可以设计一个力-电压系统来模拟这个机械系统，如图 5-18 所示。

当使用电压 $e(t)$ 表示力，电感系数 $L$、电容 $C$ 和电阻分别表示质量、弹性常数和黏性阻尼，以上方程可以写为

$$L\frac{\mathrm{d}i}{\mathrm{d}t} + Ri + \frac{1}{C}\int_0^t i\mathrm{d}t = e(t) \tag{5-40}$$

力-电流模拟用电容表示质量，用感应系数表示弹性常数，使用电导率代替电阻，如图 5-19 所示。系统可以采用下式表示，即

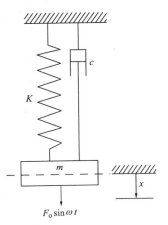

图 5-17 具有黏性阻尼的强迫振动系统

$$C\frac{\mathrm{d}e}{\mathrm{d}t} + Ge + \frac{1}{L}\int_0^t e\mathrm{d}t = i(t) \tag{5-41}$$

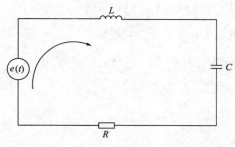

图 5-18　力-电压模拟系统

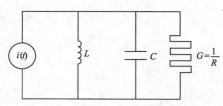

图 5-19　力-电流模拟系统

对比以上方程式可以看出它们的数学关系是一样的。这些方程可以获得相似解。为了方便起见，表 5-1 说明了它们之间的关系。

表 5-1　机电系统模拟

| 机械参数 | 电气参数 | |
|---|---|---|
| | 力-电压模拟 | 力-电流模拟 |
| 力（$F$） | 电压 $e$ | 电流 $i$ |
| 速度 $\dot{x}$ 或 $v$ | 电流 $i$ | 电压 $e$ |
| 位移 $x = \int_0^t v\mathrm{d}t$ | 电荷 $q = \int_0^t i\mathrm{d}t$ | |
| 质量 $m$ | 电感 $L$ | 电容 $C$ |
| 阻尼系数 $c$ | 电阻 $R$ | 电导率 $G$ |
| 弹性常数 $K$ | 电容 $C$ | 电感 $L$ |

## ▶▶ 转子轴承系统上的作用力

有许多不同的力作用在转子轴承系统上，它们可以归为三类：（1）缸体和基座力；（2）转子旋转产生的力；（3）施加在转子上的力。莱格尔（Reiger）所做的表 5-2 很好地总结了这些力。

表 5-2　作用在转子轴承系统上的力

| 力的来源 | 说明 | 例子 |
|---|---|---|
| 1. 传送到基座、缸体或者轴承机架上的力 | 单向不变力 | 定常线性加速度 |
| | 旋转不变力 | 在重力和磁力场中旋转 |
| | 单向变化力 | 外加的地面或基座的周期运动 |
| | 冲击力 | 空中爆炸冲击、爆炸或地震 |
| | 随机力 | 邻近不平衡机械，吹动、撞击 |
| 2. 转子旋转产生的力 | 旋转不平衡力:残余应力或弯曲轴旋转产生 | 存在于所有叶轮机械中 |
| | 科氏力 | 绕变半径曲线运动;空间应用;旋转坐标系分析 |
| | 转子弹性迟滞 | 转子材料特性,转子在弯曲、扭转和轴向周期变形时存在 |
| | 库仑摩擦 | 当配合之间相对运动产生的结构阻尼;干摩擦轴承涡动 |
| | 流体摩擦 | 轴承的黏性剪切力;叶轮机械中的流动阻力;风阻 |

（续）

| 力的来源 | 说明 | 例子 |
|---|---|---|
| 2. 转子旋转产生的力 | 静态水动力 | 轴承载荷能力,蜗壳压力 |
| | 动态水动力 | 轴承刚度和阻尼特性 |
| | 不同的弹性梁刚性反作用力 | 具有不同横向刚性的转子,开槽转子、电机、键槽、速度突变 |
| | 回转力矩 | 在带有叶轮的高转速柔性轴上非常明显 |
| 3. 施加到转子上的力 | 驱动转矩 | 加速或恒速运行 |
| | 周期力 | 内燃机转矩和力的分量 |
| | 振荡转矩 | 偏心联轴器、推进器、风机;内扇内燃机驱动 |
| | 瞬态转矩 | 具有标定或定位误差的齿轮 |
| | 重型转子力 | 驱动齿轮的力;3个或更多转子—轴承组件的安装偏差 |
| | 重力 | 非垂直机械,非空间应用 |
| | 磁场:静止的或旋转的 | 旋转电机 |
| | 轴向力 | 叶轮机械平衡活塞、推进器或风扇的周期力;自激轴力;气锤 |

**传递到缸体和基座上的力**

这些力可能是由于基座的不稳定,附近其他的不平衡的机械、管道应变、重力或磁场中的旋转以及缸体或基座固有频率的激励引起的。这些力可能是恒定的,也可能是变化的脉动载荷。这些力对转子轴承系统的影响可能很大。管道应变会引起严重的对中问题,并在轴承上产生不希望的作用力。在同一个区域运行的往复式机械也可能会产生基座力,并对转子作用过大的激励。

**转子运动产生的力**

这些力可以分为两类:(1)由于机械和材料特性产生的力;(2)系统变载荷产生的力。由于机械和材料特性产生的力是不平衡的,其产生的原因是材料的不均匀、转子弯曲和转子的弹性迟滞。系统载荷所产生的力具有黏性特性,并且是转子轴承系统中流体动力的力与各种各样的叶片载荷力,并且随着机组运行范围而变化。

**施加到转子上的力**

施加到转子上的力来源于驱动转矩、联轴器、齿轮、偏心以及来源于活塞和推力不平衡的轴向力。它们可能是破坏性的,并且通常会造成整个机组毁坏。

#### ▶▶转子轴承系统的不稳定性

不同的施力因素将导致转子轴承系统的不稳定性。埃里克(Ehrich)、冈特(Gunter)、奥尔福德(Alford)及其他一些学者做了相当多的工作来阐明这些不稳定性。这些不稳定性可以分为两个完全不同的类别:(1)基于外部振荡频率的强迫或者共振的不稳定性;(2)与外部激振和频率无关的自激不稳定性。表5-3是强迫和自激振动的特性描述。

**强迫(共振)振动**　强迫振动时,叶轮机械中通常的驱动频率是轴的转速或者转速的倍数。当激振的频率等于系统固有频率时,这个转速就是临界转速。这些频率也可能是转速

表 5-3　强迫和自激振动的特性

| 相关量 | 振动类型 | |
|---|---|---|
| | 强迫或共振 | 自激或非稳定振动 |
| 频率(rpm)关系 | $n_F = n_{rpm}$ 或者有理分数 | 常数,且相对独立于旋转速度 |
| 振幅(rpm)关系 | 转速窄带尖峰 | 从旋转开始,并随转速增加 |
| 阻尼影响 | 附加阻尼可以减小振幅,不能改变其产生的转速 | 附加阻尼将推迟振动起始转速,对振幅没有本质的影响 |
| 系统几何形状 | 缺乏轴对称外力 | 与对称无关。轴对称系统变形小。振幅将自传播 |
| 振动频率 | 正好是或临近临界转速或固有频率 | 与对称无关。轴对称系统变形小。振幅将自传播 |
| 避免措施 | 1. 临界转速高于运行速度<br>2. 轴对称<br>3. 阻尼 | 1. 在低于振动起始转速下运行<br>2. 消除不稳定,引入阻尼 |

的倍数（由不同于转速的频率激振），例如叶片通过频率、齿轮啮合频率和其他部件的频率。图 5-20 所示的是这样一些强迫振动，在任何轴转速下临界频率仍然是常数。临界转速发生在 1/2 倍、1 倍和 2 倍转子转速下。由于阻尼的加入，强迫振动的幅值减小了，但是对于发生这种现象的频率没有什么影响。

典型的强迫振动激振因素如下：

1. 不平衡量。这种激励的产生是由于材料不均匀、公差配合问题或重心与几何中心不同，导致了有离心力作用在系统上。

2. 不对称的弹性。转子轴的下垂将在每个旋转周期上产生两次周期性的激励。

3. 轴偏心。这种激励在转子中心线和轴承支承线存在偏差时产生。轴中心偏移也可能由于外部零件产生，例如离心式压气机的驱动机械。柔性联轴器和更好的定位技术可以减少大的反力。

**周期性载荷**

这种类型的载荷是由于齿轮、联轴器和通过叶片传递的流体压力产生的外力施加于转子之上而产生的。

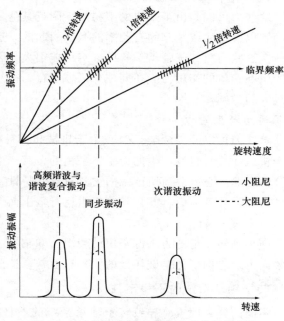

图 5-20　叶轮机械中强迫振动或共振的特性

▶▶**自激不稳定性**

自激不稳定性是由系统特性所决定的，该振动以其自身的临界频率旋转，而与外部激励无关。自激振动具有破坏性，因为它们产生了会导致叶轮机械疲劳损坏的交变应力。回转运动是这种不稳定性的特征，将产生一个垂直于轴的径向变形的剪切力，并且其大小正比于挠度。这种类型的非稳定性通常称为涡动或振荡。在这种力开始作用的转速下，它将克服外部的稳定阻尼力并且产生振动幅值不断增大的涡动。图 5-21 所示为叶轮机械不稳定或者自激振动的特性。图中这个起始转速并不与任何特殊的旋转频率一致。此外，阻尼将使这个频率产生平移，而不像强迫振动中使振动幅值减小。此类非稳定性的重要例子包括迟滞涡动、干摩擦振荡、油膜振荡、空气动力涡动和流体在转子上的激励。在一个自激系统中，摩擦或者流体能量耗散将产生不稳定力。

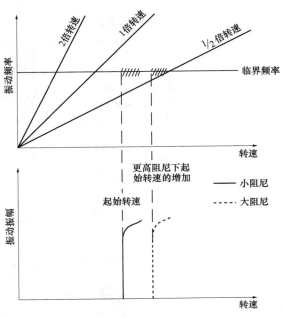

图 5-21 叶轮机械不稳定或自激振动的特性

**迟滞涡动**

这种类型的涡动发生在柔性转子上，产生的原因是部件的紧密配合。当轴上存在径向偏移时，挠曲方向的法向存在一个中性应变轴。从一阶振动方面考虑，中性应力轴与中性应变轴一致，所产生的一个恢复力与中性应力轴相垂直，而恢复力与产生的力平行而方向相反。实际上，轴上存在内部摩擦，它将使应力产生一个相位偏移，从而导致中性应变轴和中性应力轴偏移，并且合成力将不与变形平行。垂直于偏移的剪切力将造成涡动失稳。一旦产生涡动，离心力将增大，产生大的偏移，导致更大的应力和更大的涡动力。如图 5-22a 所示，这类涡动的增加最终将对转子造成破坏。

初始的脉动不平衡量是产生涡动的条件。纽柯克（Newkirk）认为这种影响是由于转子连接部件的界面产生的（紧密配合），而不是由于转子材料的缺陷产生的。这种涡动现象仅仅当转速高于第一阶临界转速时才会产生。这种现象在更高转速的时候将会消失，然后再出现。通过减少分离段的数量，限制紧密配合和加固不同部件之间的安装可以减少这种涡动。

**干摩擦涡动**

当旋转轴的表面与无润滑的固定导套接触时，将产生这种类型的涡动。因为当存在无润滑的轴颈与径向迷宫密封接触以及在滑动轴承中失去了间隙时，将发生这种现象。

图 5-22b 说明了这种现象。当转轴与轴颈表面之间接触时，库仑摩擦将在转子上产生一个切向力。这个摩擦力与接触力的径向分量成正比，从而产生了失稳条件。涡动的方向与轴的旋转方向相反。

**油膜涡动**

这种现象发生在流体被吸入轴和轴承之间的空隙并且开始以平均速度为轴表面速度的1/2 运转时。图 5-23a 示出了油膜涡动的机理。油压沿转子并不对称。流体在很小的间隙里流通时由于黏性损失，在流场的前端存在比较高的压力区，而流场的后端压力相对比较低。于是形成了剪切力，当剪切力超过任何固有的阻尼力时就会产生涡动。研究表明：轴只有在

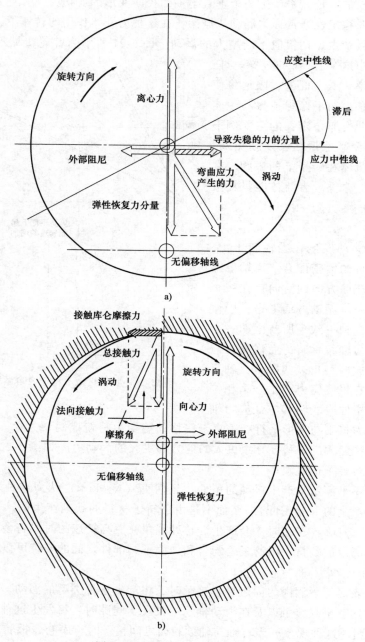

图 5-22 迟滞涡动和干摩擦涡动

a) 迟滞涡动　b) 干摩擦涡动

接近两倍临界转速时才能产生涡动。因此，油膜涡动与临界转速比接近于0.5。这种现象不仅仅在轴承中出现，也会在密封中出现。

很显然，防止油膜涡动的方法就是限制转子转速小于两倍临界转速。有的时候油膜涡动可以通过改变油的黏性或者控制油温来减少或消除。使用油沟或者可倾瓦，也可以有效消除油膜失稳。

气动涡动

尽管气动涡动的机理至今还不是很清楚，一些空气动力部件，例如压气机叶轮和透平叶轮，会由于叶轮旋转而产生交叉耦合力。图 5-23b 说明了这些力是如何产生的。

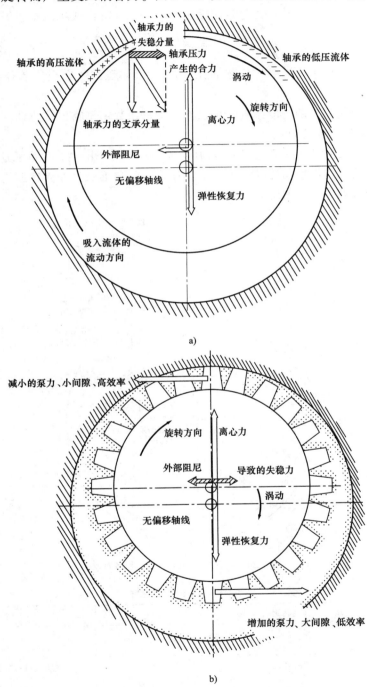

图 5-23  油膜涡动和气动交叉耦合

a）油膜涡动  b）气动交叉耦合

流动的加速和减速过程将使流体在叶片上作用一个纯剪切力。如果在叶轮和机壳之间的间隙沿周向是变化的，那么作用在叶片上的剪切力也是变化的，从而将产生如图 5-23b 所示的净失稳力。由角运动和径向力交叉耦合产生的力将使转子失稳并产生涡动。

空气动力交叉耦合可以转化为等效刚度系数，例如在轴流式机组中，等效刚度系数为

$$K_{xy} = -K_{yx} = \frac{\beta T}{D_p H} \tag{5-42}$$

式中，$\beta$ 为叶高曲线上有效斜率与位移的比；$T$ 为级转矩；$D_p$ 为平均节径；$H$ 为平均叶片高度。

由上述方法量化而来的刚度系数，可以作为轴承系数用于临界转速计算程序。

**转子腔流体集结产生的涡动**

当流体意外被吸入转子内腔会发生这种类型的涡动。图 5-24 说明了这种失稳的机理。流体不沿径向流动，而沿切向流动。失稳发生在第一阶和第二阶临界转速之间。表 5-4 是对于避免和诊断旋转轴中自激振动和失稳的总结。

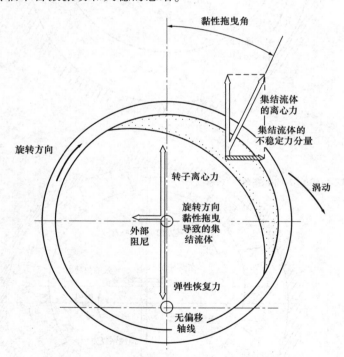

图 5-24  转子腔流体集结产生的涡动

**表 5-4  转子失稳特性**

| 失稳类型 | 起始转速 | 频率响应 | 产生原因 |
|---|---|---|---|
| 强迫振动<br>不平衡量 | 任意转速 | $n_f = n$ | 非均匀材料 |
| 轴偏心 | 任意转速 | $n_f = 2n$ | 驱动或者被驱动的设备偏心 |
| 自激振动<br>迟滞涡动 | $n > n_1$ | $n_f \approx n_1$<br>$n_f = 0.5n_1$ | 紧密配合和组合部件 |
| 油膜涡动 | $n > 2n_1$ | $n_f \leqslant 0.5n$ | 流体膜轴承和密封 |

（续）

| 失稳类型 | 起始转速 | 频率响应 | 产生原因 |
|---|---|---|---|
| 气动涡动 | $n>n_1$ | $n_f=n_1$ | 压气机或者透平叶尖间隙效应，平衡活塞 |
| 干摩擦涡动 | 任意转速 | $n_{f1}=-kn$ | 轴与固定导套接触 |
| 曳出流体 | $n_1<n<2n_1$ | $n_f=n_1$ $0.5n<n_f<n$ | 液体或者蒸汽夹带在转子中 |

# 坎贝尔图

坎贝尔图是运行系统中可能发生的区域振动激励的整体视图或鸟瞰图。坎贝尔图可以通过叶轮机械设计标准或者机组运行数据获得。图 5-25 所示为一个典型的坎贝尔图。横轴所示的是发动机转速，纵轴所示的是系统频率。扇形线是发动机阶次（倍频）线：1/2 发动机阶次（倍频）线、发动机 1 倍频、发动机 2 倍频、3 倍频、4 倍频、5 倍频、10 倍频等。进行这种形式的设计研究是非常必要的，特别是当设计一个轴流式压气机时，可以用来确定它的固有振动频率是否会被某一个转速及其谐波或者分谐波所激振。例如，考虑一个假想压气机的第二级动叶，其一阶弯曲频率计算值为 200Hz。从坎贝尔图可以看出，非常明显存在一个 12,000r/min 的强迫振动频率，当压气机在 12,000r/min 下运行时将会激起 200Hz 的叶片第一阶弯曲振动（200Hz×60＝12,000r/min）。还有，在第二级动叶前有 5 片进口导叶，当压气机在 2,400r/min 运行时，将激起这些动叶 200Hz 的固有频率（200Hz×60＝5×2,400r/min）。

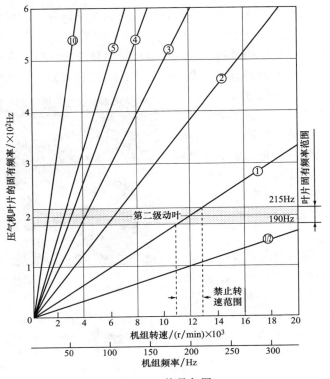

图 5-25　坎贝尔图

由叶片固有频率的计算和采用坎贝尔图对于可能的激振源进行研究，通过使用振动台检查叶片固有频率带的分布，是非常有实用价值的。坎贝尔图中的固有频率带的分布指出：压气机在 11,700~12,600r/min 范围内应该禁止运行。当存在几个叶排和几个激振源时，设计者将发现要设计出满足结构和空气动力学准则的动叶和导叶排是非常困难的。叶片固有频率会受旋转和空气动力载荷影响，以上这些因素都应该计入。大部分轴流式压气机都有特定的运行范围，这样可以避免叶片的疲劳断裂。

为了保证叶片的应力水平位于压气机疲劳寿命要求的范围以内，通常需要测量一个或者两个原型机中的叶片及其应力水平，并且使用坎贝尔图来描述测试数据。把叶轮安装在可以变频的振动台（0~10,000Hz）上测试，可以获得测量数据。加速度传感器可以安装在叶轮的不同位置上从而获得频率响应，然后进行频谱分析（图 5-26）。

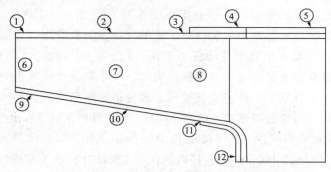

图 5-26　测试叶轮上加速度传感器的位置

首先，初始试验用来获得叶轮的主临界频率，然后对于每一个临界频率进行可视化以确定振型。为了获得模态，将盐⊖撒在叶轮的表面。试验用激振器维持一个特定的频率，对于给定频率的激振维持一定长度的时间，可以使得盐颗粒显现出振型。这些盐聚集在一些节径范围里，对这些临界频率的低频振型拍摄一些相片，可定性确定对应于每一个频率的振型。图 5-27 所示为叶轮的某一个振型。

试验过程的第二步是记录加速度传感器在不同的叶轮、叶片和轮盖位置的低临界频率下的读数，此试验的目的是定量明确激振的高低范围。对于这个试验，6 个或 5 个叶片的范围已经足够用来表示整个叶轮的状况。将这些试验的结果画在一张坎贝尔图中，如图 5-28 所示。

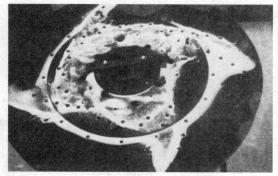

图 5-27　叶轮的振型

激振频率是坎贝尔图中的垂直线，设计转速线是水平线。当激振频率线与转速倍频线在设计转速附近相交时，就可能存在"问题"区域了。例如，如果一个叶轮有 20 个叶片，设计转速是 3,000r/min（50Hz），其中的一个临界频率是 1,000Hz，叶轮将很有可能被强烈激振，因为这个临界频率刚好是 20n。

---

⊖　建议采用砂子。

在坎贝尔图中，此例子将符合转速线（1,000Hz 频率线）与斜率为 20n 的线之间有一个交点。

一个试验用的带轮盖的叶轮有 12 个叶片，设计转速为 3,000r/min。该叶轮第一阶模态发生在 150Hz，为单一伞形振动。350Hz 时存在一个耦合模态，针对这两个频率在叶轮上施加了激振力。在 450Hz 时存在两节径振动，这种模态的特性是具有四条节点半径线，在很多情况下，它是一种非常危险的模态。这种模态由前轮盖和叶轮通道处激振产生。在 600Hz 时出现了双伞形模态。针对最后的两个频率，在叶片通道处施加高频激振。由坎贝尔图（图5-28）可以看出在设计转速这个频率与 12n 线一致，这是不希望发生的，因为叶片数是 12 个，可能会导致共振。在 950Hz 出现了三节

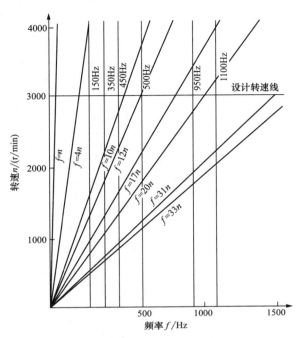

图 5-28　测试叶轮的坎贝尔图

径模态，1,100Hz 出现了四节径模态，1,100Hz 叶尖振动是其主要的振型。这个叶轮在 600Hz 存在问题，因为这个频率与叶片数一致。为了解决这个问题，需要把叶片数增加到 15 或者把叶片加厚。这类分析在设计阶段非常有用，可以避免产生问题。同时进行该领域分析也是非常有益的，如果存在问题，机组也可以通过调整运行转速来避免事故。

# 参考文献

Alford，J. S.，"Protecting Turbomachinery from Self-Excited Rotor Whirl," Journal of Engineering for Power, ASME Transactions, October, 1965, pp. 333-344.

Ehrich，F. F.，"Identification and Avoidance of Instabilities and Self-Excited Vibrations in Rotating Machinery," Adopted from ASME Paper 72-De-21, General Electric Co., Aircraft Engine Group, Group Engineering Division, 11 May, 1972.

Gunter，E. J.，Jr.，"Rotor Bearing Stability," Proceedings of the 1st Turbomachinery Symposium, Texas A&M University, October, 1972, pp. 119-141.

Lund，J. W.，"Stability and Damped Critical Speeds of a Flexible Rotor in Fluid-Film Bearings," ASME No. 73-DET-103.

Newkirk，B. L.，"Shaft Whipping," General Electric Review, Vol. 27, (1924), p. 169.

Nicholas John，C.，and Moll Randall，W.，"Shifting Critical Speeds Out of the Operating Range by Changing from Tilting Pad to Sleeve Bearings," Proceedings of the 22nd Turbomachinery Symposium, Texas A&M University, p. 25, 1993.

Prohl，M. A.，"General Method of Calculating Critical Speeds of Flexible Rotors," Trans. ASME, J. Appl. Mech., Vol. 12, No. 3, September 1945, pp. A142-A148.

Reiger，D.，"The Whirling of Shafts," Engineer, London, Vol. 158, 1934, pp. 216-228. Thomson, W. T., Mechanical Vibrations, 2nd edition, Prentice-Hall, Inc., Englewood Cliffs, NJ, 1961.

# 第 2 部分　主要部件

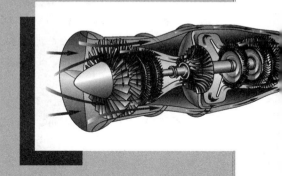

# 第 **6** 章

# 离心式压气机

离心式压气机用于小型燃气轮机，是大多数燃气轮机的驱动对象。作为石化工业的主要装置之一，离心式压气机与其他类型的压气机相比，具有运行稳定、变工况的适应性好以及可靠性高等优点，因此得到了广泛应用。离心式压气机的单级压比范围为 3~12（高压比通常为试验样机）。在本章的讨论中，离心式压气机的压比范围限于 3.5 以下，因为这种压比范围内的压气机在石化工业中应用最为广泛。压气机的合理选用是一个复杂而又非常重要的问题。许多设备的顺利运行都依赖于压气机的平稳和有效运行。工程师只有具备多方面的工程学科知识，才能选择最为合适的压气机，并对其进行合理维护。

典型的离心式压气机在工作过程中，通过叶轮叶片的快速旋转来达到压缩流体的目的，流体的速度分别在叶轮和扩压器中被转换为压升。流体在离开叶轮后，大部分动能在扩压器中转换为压力能，如图 6-1 所示。通常压气机被设计为在叶轮和扩压器分别提升一半的压升。扩压器布置在叶轮出口，由近似切向排列的叶片组成，流体通过这些叶片通道将动能转换为压力能。图 6-2 给出了叶轮出口的气流在进入扩压器叶片通道时的流动方向。

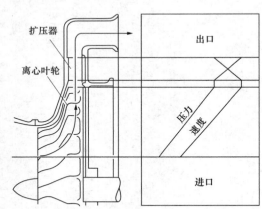

图 6-1 离心式压气机中气流压力和速度的变化及关系

与应用于低压比和大流量的轴流式压气机相比，离心式压气机一般应用在高压比和小流量的场合。图 6-3 给出了离心式压气机的比转速和比直径与效率之间的关系。离心式压气机运行的大部分有效区域位于比转速 $60 < n_s < 1,500$[○]。比转速高于 3,000 时通常需要采用轴流式压气机。由于离心式压气机叶轮出口直径明显大于其进口直径，因此流体流过叶轮后角动量增加。轴流式压气机和离心式压气机的主要差别在于它们的进口和出口直径的变化。工质流出离心式压气机时的流动方向通常垂直于转轴。

---

[○]  原文为 $60 < n_s > 1,500$。

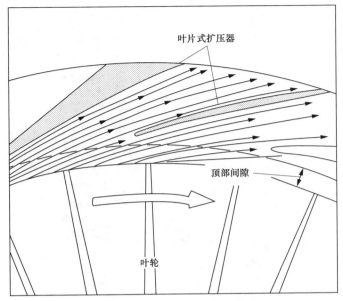

图 6-2 叶轮出门气流在进入扩压器叶片通道时的流动方向

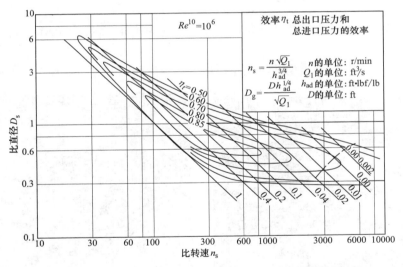

图 6-3 离心式压气机的比转速和比直径与效率之间的关系图

## 离心式压气机部件

图 6-4 给出了离心式压气机部件的术语。离心式压气机主要由进口导叶、导风轮、叶轮、扩压器和蜗壳组成。进口导叶（IGVs）仅用于高压比的跨声速压气机中。离心式压气机叶轮可分为闭式叶轮和开式叶轮，分别如图 6-5 和图 6-6 所示。

流体通过进气管道进入压气机，在 IGVs 的作用下产生预旋，之后以零冲角的方向流入导风轮，将流动方向由轴向变成径向。在叶轮中，流体受到压缩作用而获得能量，然后进入

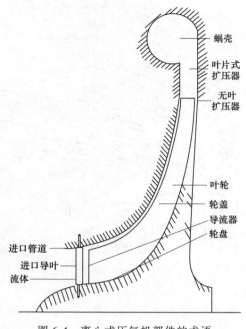

蜗壳

叶片式
扩压器

无叶
扩压器

叶轮
轮盖
导流器
轮盘

进口管道
进口导叶
流体

图 6-4　离心式压气机部件的术语

扩压器中将动能转换为静压。流体从扩压器流出后进入蜗壳。图 6-1 给出了流体在压气机中压力和速度的变化规律。

目前压气机主要有两种类型的导风轮：单进口导风轮和双进口导风轮，如图 6-7 所示。

图 6-5　闭式叶轮（埃利奥特公司）

图 6-6　开式叶轮

由于双进口导风轮系统将进口流量均分成两部分，所以导风轮顶部直径可以得到有效减小，从而降低了导风轮顶部马赫数，但是这种结构难于应用在某些装置中。

图 6-8 给出了三种叶轮叶片类型，分别由叶轮叶片的出口叶片角度 $\beta_2$ 来定义：$\beta_2 = 90°$，称为径向叶片；$\beta_2 < 90°$，称为后弯叶片或后掠叶片；$\beta_2 > 90°$，称为前弯叶片或前掠叶片。图 6-9 给出了每种叶轮叶片的流量与压头的理论关系曲线，虽然图中显示前弯叶轮的压头最大，但在实际应用中所有叶轮的压头特性曲线都类似于后弯叶轮。表 6-1 给出了不同类型叶

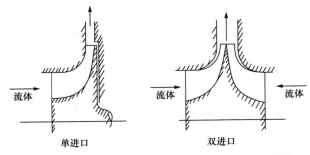

图 6-7　导风轮类型：单进口导风轮和双进口导风轮

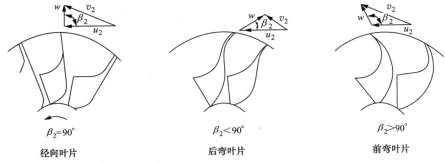

图 6-8　不同类型的叶轮叶片示意图

轮的优点和缺点。

　　基于简单一元流动理论，欧拉（Euler）方程描述了流体通过叶轮时理论上传递给单位质量流体的功，由下式给出，即

$$h = \frac{1}{g_c}(u_1 v_{\theta 1} - u_2 v_{\theta 2}) \qquad (6\text{-}1)$$

式中，$h$ 是单位质量流体获得的功；$u_2$ 是叶轮出口周向速度；$u_1$ 是导风轮进口平均径向位置的周向速度；$v_{\theta 2}$ 是叶轮出口处的流体绝对切向速度；$v_{\theta 1}$ 是在导风轮进口处的流体绝对切向速度。

　　对于轴向进口，$v_{\theta 1} = 0$，则式（6-1）简化为

$$h = -\frac{1}{g_c}(u_2 v_{\theta 2}) \qquad (6\text{-}2)$$

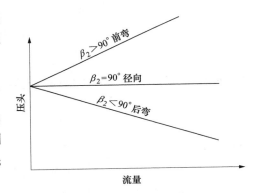

图 6-9　每种叶轮叶片的流量与压头的理论关系曲线

　　图 6-10 给出了不同叶轮类型在相同转速、无滑移、轴向进气条件下的速度三角形。对于径向叶轮，尽管流量会增大或减小，但在叶轮出口处的流体绝对速度的切向分量为常数。所以

$$h \approx u_2 v''_{\theta 2} \approx u_2 v_{\theta 2} \approx u_2 v'_{\theta 2} \qquad (6\text{-}3)$$

　　对于后弯叶轮，在叶轮出口处流体绝对速度切向分量随着流量的减小而增加，随着流量的增加而减小。

表 6-1　不同类型叶轮的优点和缺点

| 叶轮类型 | 优　点 | 缺　点 |
|---|---|---|
| 径向叶轮 | 1. 可很好兼顾低的能量转换和高的绝对出口速度<br>2. 无附加的弯曲应力<br>3. 加工容易 | 喘振裕度相对较小 |
| 后弯叶轮 | 1. 出口动能低，即扩压器进口马赫数低<br>2. 喘振裕度大 | 1. 能量转换低<br>2. 有附加的弯曲应力<br>3. 加工难度大 |
| 前弯叶轮 | 能量转换高 | 1. 出口动能高，即扩压器进口马赫数高<br>2. 喘振裕度小于径向叶轮<br>3. 有附加的弯曲应力<br>4. 加工难度大 |

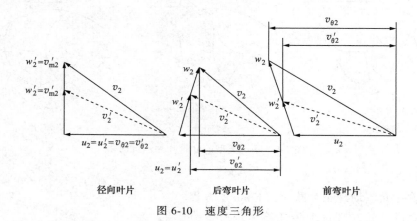

径向叶片　　　　　　后弯叶片　　　　　　前弯叶片

图 6-10　速度三角形

$$h \approx -u_2 v_{\theta 2}'' > -u_2 v_{\theta 2} < -u_2 v_{\theta 2}' \tag{6-4}$$

对于前弯叶轮，在叶轮出口处的流体绝对速度切向分量随着流量的减小而减小，随着流量的增加而增加。

$$h \approx -u_2 v_{\theta 2}'' < -u_2 v_{\theta 2} > -u_2 v_{\theta 2}' \tag{6-5}$$

## ▶▶进口导流叶片

进口导流叶片（IGVs）使得流体在导风轮进口具有周向速度，这种作用称为预旋。图 6-11 表示了带有 IGVs 和不带 IGVs 的导风轮进口速度图。

IGVs 直接安装在导风轮前面，或者在无法采用轴向进气时，安装在进口管道的径向位置。进口叶片安装角为正时产生的预旋方向与叶轮旋转方向一致，进口叶片安装角为负时产生的预旋方向与叶轮旋转方向相反。正预旋的缺点是正方向的进口旋转速度减少了能量转换，这可以由式（6-6）看出。

$$h = \frac{1}{g_c}(u_1 v_{\theta 1} - u_2 v_{\theta 2}) \tag{6-6}$$

没有预旋时（轴向进气），$v_{\theta 1}$ 等于零。则欧拉功等于

$$h = -u_2 v_{\theta 2}$$

对于正预旋，欧拉方程的第一项保留，即 $h = u_1 v_{\theta 1} - u_2 v_{\theta 2}$，所以，欧拉功由于正预旋而

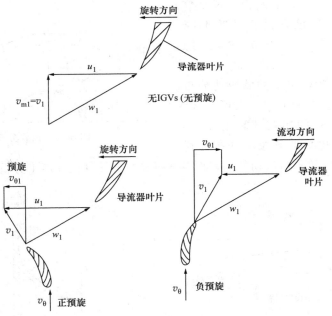

图 6-11　导风轮进口速度三角形

减小。另一方面，负预旋可以增加能量转换，其大小与 $u_1 v_{\theta 1}$ 有关。当叶轮直径和速度相同时，负预旋可以产生高压头。

正预旋可以降低导风轮进口处的相对马赫数，负预旋则可以增大导风轮进口处的相对马赫数。相对马赫数定义为

$$M_{\text{rel}} = \frac{w_1}{a_1} \tag{6-7}$$

式中，$M_{\text{rel}}$ 是相对马赫数；$w_1$ 是导风轮进口处的相对速度；$a_1$ 是在导风轮进口条件下的声速。

安装 IGVs 的目的是降低导风轮顶部（叶轮进口）的马赫数，因为在其顶部位置具有最大的相对速度。当这个相对速度等于或大于声速时，会在导风轮中产生激波，从而产生激波损失和导风轮阻塞。图 6-12 给出了进口预旋对压气机效率的影响曲线。

预旋有三种不同的类型：

1. 自由涡预旋。对于导风轮进口半径，这种类型的预旋由 $r_1 v_{\theta 1} = \text{constant}$ 表示，图 6-13 示出了这种预旋的分布。$v_{\theta 1}$ 在导风轮进口叶顶半径处具有最小值，所以用这种方式不能有效地降低相对马赫数。

2. 强制涡预旋。这种类型的预旋由 $v_{\theta 1}/r_1 = \text{constant}$ 来表示，图 6-14 给出了这种预旋的分布情况。$v_{\theta 1}$ 在导风轮进口叶顶半径处达到最大值，这样可以降低进口的相对马赫数。

3. 可控涡预旋。这种类型的预旋由

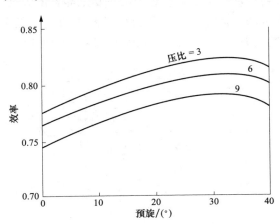

图 6-12　进口预旋对压气机效率的影响曲线

$v_{\theta 1}=AR_1+B/r_1$ 来表示，其中 $A$ 和 $B$ 是常数，$R_1$ 是叶轮进口外径。该方程表明当 $A=0$，$B\neq0$ 时是自由涡预旋，当 $A\neq0$，$B=0$ 时是强制涡预旋。

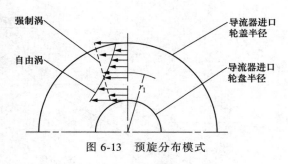

图 6-13　预旋分布模式

图 6-14 给出了叶轮出口的欧拉功分布。从图中可以看出，预旋的分布不仅可以从导风轮进口轮盘半径处的相对马赫数分布得到，还可以从叶轮出口的欧拉功分布得到。考虑到叶轮损失，叶轮出口流动的均匀性对获得良好的压气机性能十分重要。

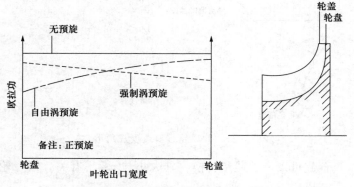

图 6-14　叶轮出口处的欧拉功分布

▶▶**叶轮**

离心式压气机叶轮的作用是将能量传递给流体。叶轮包括两个基本部件：（1）导风轮，类似于轴流叶型的动叶；（2）工作轮，通过离心力向流体传递能量。流体的流动方向是沿着轴向进入叶轮，沿着径向离开叶轮。从轮盘到轮盖速度方向的变化，增加了离心式压气机设计过程的复杂性。

吴仲华先生提出了叶轮机械中的三元流动理论。但是，在没有一定的简化条件下，应用先前的理论来求解叶轮中的流动是非常困难的。因此，对于叶轮内部流动的处理采用了准三元方法。该方法由两类流面求解组成：一是子午流面（轮盘到轮盖流面），二是旋转流面（跨叶片流面）。图 6-15 给出了用于流动分析的两类流面。

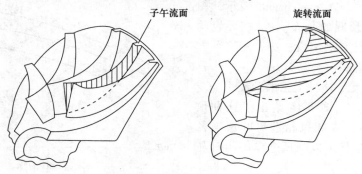

图 6-15　用于流动分析的两类流面

应用这些方法数值求解复杂流动方程，得到的叶轮效率有可能超过 90％，但叶轮内的实际流动现象要比计算情况复杂得多。图 6-16 所示为叶轮内部流面的流动状态，图中的流线是不交叉的，实际上是在靠近轮盖侧和轮盘侧的不同流面上观察到的。图 6-17 表示了在导风轮部分和叶轮出口处的子午面流动的分离区域。

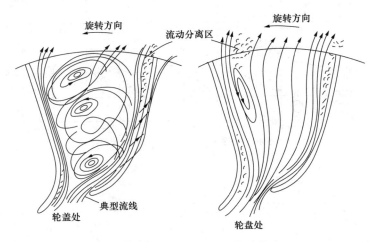

图 6-16　叶轮内部流面的流动状态

　　对叶轮通道内的流动试验研究结果表明，叶片表面的速度分布与理论预测的分布不同。理论和试验结果的差异很可能是由于叶片通道内的压力损失造成的二次流和边界层分离所致。在可能的情况下，应该应用理论方法确定叶片表面速度分布，从而得到高性能的叶轮设计。

　　图 6-18 表示了离心式压气机叶轮叶片的理论速度分布情况。叶片的设计必须消除叶轮内部大的加速区或减速区，因为这些区域会导致大的损失和流动的分离。在忽略边界层效应的前提下，势流方法可以很好地预测远离叶片区域的流动情况。在离心叶轮内黏性剪切力造成的边界层会使动能减小，如果动能损失到一定程度，边界层内的流动会滞止，甚至产生回流。

▶▶**叶轮导风轮**

　　导风轮的作用是在不增加其旋转半径的条件下增加流体的角动量，如图 6-19 所示，导风轮叶片向着旋转的方向弯曲。导风轮实际是轴向动叶，它改变流动的方向，使进口流动变成轴向。在叶轮处具有最大的相对速度，如果设计不当，可能会导致其喉部发生阻塞。

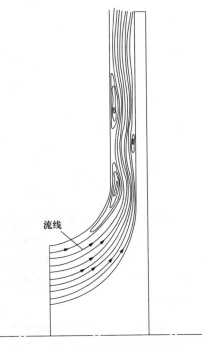

图 6-17　叶轮子午面流动情况

　　有三种形式的导风轮中弧线：圆弧、抛物线和椭圆弧线。圆弧中弧线用在低压比的压气机中，而椭圆中弧线用在跨声速流动的高压比压气机中，可以得到高性能设计。

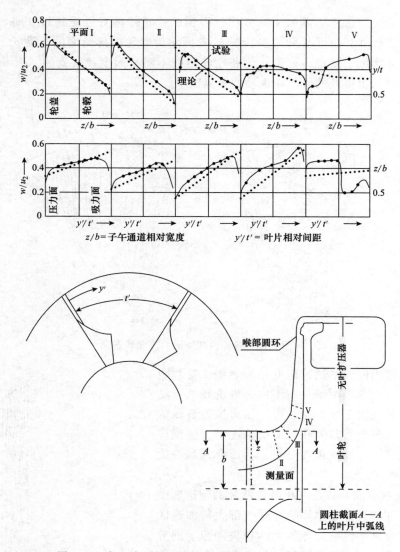

图 6-18　离心式压气机叶轮叶片通道中的速度分布情况

由于导风轮中会出现喉部阻塞情况，因此许多压气机采用了分流叶片设计。图 6-20a 给出了一个导叶部分的流型，表明在分流叶片的吸力面会出现分离。此外，还有串列叶栅导风轮等设计。串列叶栅导风轮如图 6-20b 所示，其串列叶栅沿周向有微小的错排，这种设计能够使得叶面边界层处有更高的动能来抑制分离。

#### ▶▶叶轮工作轮

叶轮内部的流动从导风轮开始，沿径向离开叶轮。该部分中的流动不完全由叶轮叶片引导，因此实际的气流出口角并不等于叶片出口角。

为了量化流动的偏转（与轴流式压气机的偏转角造成的影响相似），使用滑移因子 $\mu$ 来表示。

$$\mu = \frac{v_{\theta 2}}{v_{\theta 2\infty}} \tag{6-8}$$

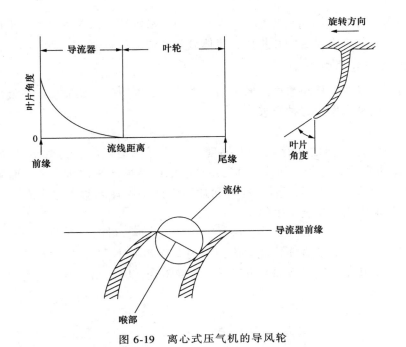

图 6-19　离心式压气机的导风轮

式中，$v_{\theta 2}$ 是有限数量叶片的绝对出口速度的切向分量；$v_{\theta 2\infty}$ 则是假设无限数量叶片时的出口绝对速度的切向分量（此时叶轮出口没有相对速度的滑移）。

对于工作轮，其出口处有

$$\mu = \frac{v_{\theta 2}}{u_2} \tag{6-9}$$

如图 6-21 所示，旋转叶轮通道（动叶片通道）中的流动是叶轮静止流动和叶轮旋转流动的速度向量之和。

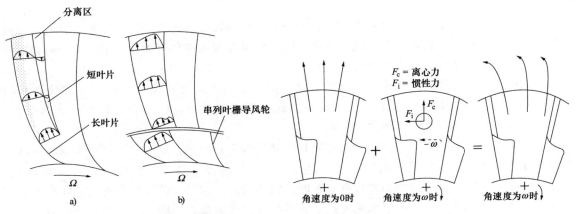

图 6-20　叶轮导风轮通道内的流动

a）无串列导风轮　b）有串列叶栅导风轮

图 6-21　离心式压气机叶轮中的力和流动特性

在静止叶轮中，流动将沿着叶型并在叶轮出口径向离开叶轮。由于沿着叶片通道存在大的逆压梯度，通常需要考虑由此产生的流动分离情况。

惯性力和离心力使流体微元彼此更加接近，而且沿叶片表面从进口流向出口。一旦离开叶片通道，由于流体不再受到叶片作用，流体微元的流动将减速。

#### ▶▶叶轮内滑移产生的原因

在叶轮内部，导致滑移现象产生的确切原因目前还不明确。然而，一些通用的理论可以用来解释为什么流动会发生这种滑移。

**哥氏环流**

因为在相邻叶片叶面之间存在压力梯度，所以哥氏力、离心力和流体遵从亥姆霍兹（Helmholtz）涡量定律。这些力的综合梯度所产生的结果导致流体从一个叶面向另一个叶面移动，反之亦然。从图6-22可以看出在叶轮通道中由于这种运动产生环流，而这种环流产生的速度梯度使流体出口角度发生偏转。

**边界层发展**

叶轮通道中边界层的发展导致流体的出口流动面积变小，如图6-23所示。流体流过这个变小的面积时，其流动速度增加。由于子午速度不变，因而相对出口速度的增加必然伴随着绝对速度的降低。

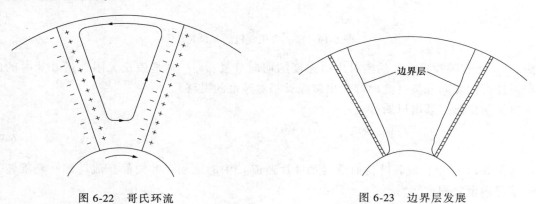

图6-22　哥氏环流　　　　　　　　　　　图6-23　边界层发展

虽然边界层控制不是一种新的方法，但是它的使用较之前更为广泛。边界层控制成功地应用于翼型设计来推迟流动分离的发生，同时可以有较大的冲角范围。翼型流动控制有两种方法：翼型上开槽和注入高速空气。

如前所述，在离心叶轮中也会出现流动分离。应用相同的概念（分离会导致效率和功率下降）可以减少并推迟分离产生。将分离区内慢速运动的流体用快速运动的流体替换，可以减少边界层的形成，从而减少分离。

为了控制离心叶轮的边界层，叶轮叶片的开槽位置一般选在分离点上。这些槽应沿压力面到吸力面开设且其横截面面积收敛，以充分发挥这种设计结构的作用，如图6-24所示。通过槽孔，流体速度可以增加并且附着在叶片吸力面上。这种设计使得分离区向叶轮顶部移动，从而可以减少大的边界层形成所产生的滑移和造成的损失。槽孔必须位于叶片的流动分离点上。试验结果表明：开槽可以改善离心式压气机的压比、效率和喘振特性，如图6-24所示。

**泄漏**

流体从叶片的一侧流动到另一侧的现象被称为泄漏。泄漏使叶轮对流体的做功能力下降，出口气流角减小。

**叶片数**

　　叶片数目越多，叶片的负荷越低，流体越趋于沿叶片流道流动。随着叶片负荷的增加，流动趋向于压力面流动并且在出口处产生速度梯度。

**叶片厚度**

　　因为制造问题和强度需要，叶轮叶片是有厚度的。当流体离开叶轮时，将不再受到叶片通道的作用，流动速度迅速降低。由于子午速度的降低同时会导致相对速度和绝对速度降低，因此改变了流体的出口气流角。

　　上述所有的这些效应在后弯叶轮叶片中都存在。图6-25示出了具有不同滑移现象的叶轮出口速度三角形的变化，这些三角形表明了实际的运行条件远离于设计运行条件。

　　人们已经导出了一些用于计算滑移因子的经验公式（图6-26），这些经验公式是有应用条件的，下面给出了两个常用的滑移因子计算公式。

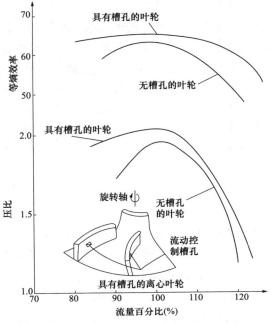

图6-24　离心式压气机的流动控制

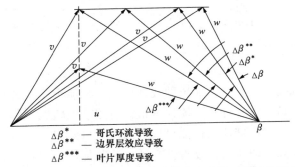

图6-25　具有不同滑移现象的叶轮出口速度三角形的变化

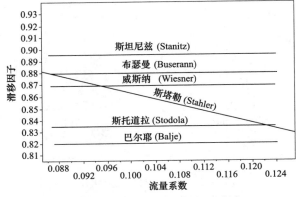

图6-26　计算滑移因子的经验公式

#### ►►Stodola 滑移因子

亥姆霍兹第二定律指出无摩擦流体的涡旋强度与时间无关，因此，如果叶轮进口处的流动是无旋的，则绝对流动在整个叶轮通道中必须保持无旋。因为叶轮具有角速度 $\omega$，流体则具有相对应的角速度 $-\omega$，这种流体运动称为相对涡运动。如果没有气流通过叶轮，则叶轮通道中的流体将以大小相等但方向相反的叶轮角速度旋转。

为了近似这种流动，Stodola（斯托道拉）理论假设滑移是由于相对涡运动产生的，这种相对涡运动被认为是流体在叶片通道的尾部以角速度 $-\omega$ 绕着自身的轴旋转。Stodola 滑移因子公式为

$$\mu = 1 - \frac{\pi}{Z}\left(1 - \frac{\sin\beta_2}{\frac{v_{m2}\cot\beta_2}{u_2}}\right) \tag{6-10}$$

式中，$\beta_2$ 是叶片几何角；$Z$ 是叶片数目；$v_{m2}$ 是子午速度；$u_2$ 是叶片顶部速度。

应用上面公式计算的滑移因子低于试验值。

#### ►►Stanitz 滑移因子

Stanitz（斯坦尼兹）对八个叶轮叶片通道进行了计算，总结出了一定范围内的滑移因子值。$u$ 是叶片数目 $Z$ 的函数，对于可压缩流动和不可压缩流动，叶片出口角度 $\beta_2$ 近似相等。

$$\mu = 1 - \frac{0.63\pi}{Z}\left(1 - \frac{1}{\frac{w_{m2}}{u_2}\cot\beta_2}\right) \tag{6-11}$$

Stanitz 的求解范围在 $\pi/4 < \beta_2 < \pi/2$ 之间，这个公式的计算结果对于径向和接近径向叶片的叶轮与试验值吻合得很好。

#### ►►扩压器

从叶轮机械的观点来看，扩压器通道的设计对压气机能否获得良好的性能起着至关重要的作用。扩压器的作用是将离开叶轮的流体的最大可用动能转换为压力能，同时使总压损失最小。通过提高离心式压气机部件的性能可以提高压气机效率，然而，要进一步显著提高效率，只能通过提高扩压部件的压力恢复特性，因为这些部件的效率最低。

扩压器性能特性是扩压器形状、进口流动条件和出口流动条件的复杂函数，图6-27所

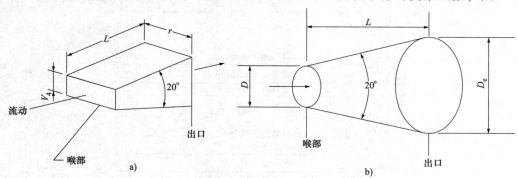

图 6-27 扩压器的几何形状分类
a）直通壁面矩形扩压器　b）直通壁面锥形扩压器

示为扩压器几何形状的分类。针对特定目的而选择最优扩压器通道是一件困难的事情，因为它几乎包括了无数的横截面形状和壁面结构。在离心式压气机和混流式压气机中，高性能和紧凑性的要求，导致使用叶片扩压器，如图 6-28 所示，图中还给出了叶片扩压器的流动状态。

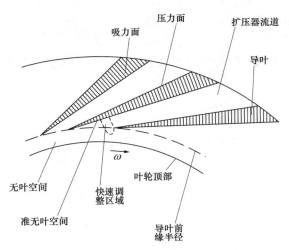

图 6-28　叶片扩压器的流动区域

叶轮和扩压器之间的流动匹配是复杂的，因为流动是从旋转系统进入静止系统。从图 6-29 可以看出，离开叶轮时所具有的射流-尾迹流动现象将强烈影响这种复杂的非定常流动。在无叶区域内存在三维边界层和二次流，叶片内的流动分离也将影响整个扩压器内的流动。

为了得到完整的扩压器几何结构，通常假设扩压器内的流动是稳定的。在通道形式的扩压器中，黏性剪切力产生的边界层将减少动能。如果动能降低到一定程度，边界层内的流动将会滞止，然后出现回流。扩压器通道内的回流会造成流动分离，产生涡损失、混合损失和流动角度改变等现象。避免分离和推迟分离可以改进压气机性能。

高压比离心式压气机具有狭窄而稳定的运行范围，这个运行范围用喘振线和阻塞线来表示。术语"喘振"广泛用来表示压气机的不稳定运行，它是在不稳定运行过程中出现的气流周期性振荡。高压比离心式压气机中喘振发生时的不稳定流动现象，会造成压气机中质量流量的振荡。在喘振开始时扩压器喉部压力增加，

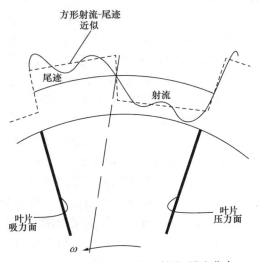

图 6-29　叶轮出口流动的射流-尾迹分布

所有压力（除了气室内的压力）在喘振点上突然下降。压力的突然变化可由其变化周期内通过叶轮进入集气蜗壳出现的回流来解释。

►► **蜗壳**

蜗壳的作用是收集叶轮或者扩压器出口的流体，然后输送到压气机的出口管路。蜗壳对压气机的总体效率有着重要的影响。蜗壳的设计有两种思路。

第一，忽略任何摩擦效应，蜗壳内流动的角动量是常数。假定切向速度 $v_{5\theta}$ 是蜗壳任意半径处的速度，如果角动量保持常数，则有式（6-12），即

$$v_{5\theta}r = \text{constant} = K \tag{6-12}$$

假设通过蜗舌没有泄漏，叶轮出口圆周上的压力是常数，任何截面的流量 $Q_\theta$ 与叶轮流量 $Q$ 之间的关系是

$$Q_\theta = \frac{\theta}{2\pi}Q \tag{6-13}$$

那么，蜗壳内任何截面 $\theta$ 处的面积分配由下式给出，即

$$A_\theta = Qr\frac{\theta}{2\pi}\frac{L}{K} \tag{6-14}$$

式中，$r$ 是距离重心的半径；$L$ 是蜗壳截面的宽度。

第二，通过假设压力和速度与 $\theta$ 无关来设计蜗壳。蜗壳的面积分配由式（6-15）给出。

$$A_\theta = K\frac{Q}{v_{5\theta}}\frac{\theta}{2\pi} \tag{6-15}$$

为了定义给定 $\theta$ 处的蜗壳截面，必须确定截面的形状和面积。图 6-30 表示了不同类型蜗壳的流型，不对称蜗壳有一个独立的涡对，而对称蜗壳有对称的涡。当流体从叶轮流出而直接进入蜗壳时，蜗壳宽度最好设计成大于叶轮宽度，这样扩大的结果使从叶轮出来的流动被叶轮与轮盖之间的间隙涡所限制。

非设计工况下，在叶轮外侧和蜗壳的给定半径处，流动存在着周向压力梯度。在低流量时，压力随着与蜗舌的周向距离

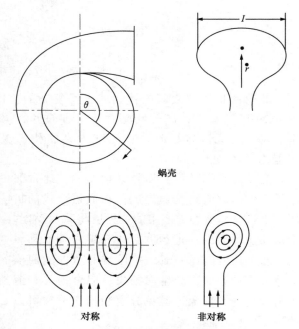

图 6-30 不同类型蜗壳的流型

增大而增加；在高流量时则相反，压力随着与蜗舌的周向距离增大而减小。这种流动的产生是因为近蜗舌处的流动被外围壁面所引导。周向压力梯度使效率远低于设计点效率。叶轮的非均匀压力在叶轮通道中产生不稳定流动，造成叶轮中的流动回流和分离。

# 离心式压气机性能

计算离心式压气机在设计和非设计工况的性能需要了解其各种损失。

准确计算及适当评估离心式压气机的损失与计算叶片负荷参数一样重要。如果不能将参

数控制在合适的范围，效率就会降低。计算各种损失需要结合试验结果与理论分析。损失可分成转子（动叶）损失和静子（静叶）损失两类。

通常用热量和焓值的损失来表示损失，表达损失的方便方法是采用出口叶片速度为参考量的无量纲形式。理论得到的总压头 $q_{tot}$ 等于从能量方程中得到的压头 $q_{th}$ 加上轮盘摩擦损失压头 $\Delta q_{df}$ 和从扩压器到动叶的任何气流回流的压头 $\Delta q_{rc}$。

$$q_{th} = \frac{1}{u_2^2}(u_2 v_{\theta 2} - u_1 v_{\theta 1}) \tag{6-16}$$

$$q_{tot} = q_{th} + \Delta q_{df} + \Delta q_{rc} \tag{6-17}$$

转子出口的实际有效绝热压头等于理论压头减去由于转子激波产生的热量 $\Delta q_{sh}$、导风转损失（$\Delta q_{in}$）、转子叶片负荷（$\Delta q_{bl}$）、转子与轮盖处的间隙损失（$\Delta q_c$）和流道中的黏性损失（$\Delta q_{sf}$）。

$$q_{ia} = q_{th} - \Delta q_{in} - \Delta q_{sh} - \Delta q_{bl} - \Delta q_c - \Delta q_{sf} \tag{6-18}$$

因此叶轮的绝热效率是

$$\eta_{imp} = \frac{q_{ia}}{q_{tot}} \tag{6-19}$$

总的级效率的计算也需要考虑扩压器中的损失。因此，实际得到的总的绝热压头将是叶轮的实际绝热压头减去扩压器中各种损失，即叶轮叶片出口尾迹损失（$\Delta q_w$）、扩压器出口处的动能损失（$\Delta q_{ed}$）和叶片扩压器或无叶扩压器中摩擦力产生的压头损失（$\Delta q_{osf}$）。

$$q_{oa} = q_{ia} - \Delta q_w - \Delta q_{ed} - \Delta q_{osf} \tag{6-20}$$

叶轮的总的绝热效率由下式给出，即

$$\eta_{ov} = \frac{q_{oa}}{q_{tot}} \tag{6-21}$$

上述各项损失都可以计算。这些计算得到的损失可以分成两大类：（1）转子（动叶）损失；（2）扩压器（静叶）损失。

### ▶▶转子损失

转子损失可以分成以下几个方面：

**转子激波损失**

这种损失由转子进口处激波产生。转子动叶片进口应为楔形，这样可使激波为弱的斜激波，然后逐渐增加叶片厚度来避免其他激波的产生。如果转子叶片进口是钝形的，将产生弧形激波，并导致叶片表面流动分离使损失增大。

**冲角损失**

图 6-31 所示为在变工况时流体以正冲角或负冲角进入转子导风轮的情况，正冲角时流量减少。一定冲角的流体进入转子动叶片，将会使叶片进口处速度发生变化。动叶片的分离流动所产生的损失与这种现象相关。

**轮盘摩擦损失**

从图 6-32 可以看出，转子轮盘背面的摩擦转矩产生损失。无论是离心式压气机还是向心式透平，这种损失对于给定尺寸的叶轮轮盘是相同的。密封、轴承和齿轮箱的损失都属于这一类损失，它们总称为外部损失。除非间隙的大小与边界层厚度相当，否则间隙大小的影

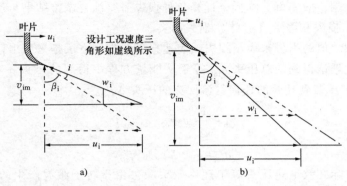

图 6-31　变工况时流体以正冲角或负冲角进入转子导风轮的情况

a）正预旋　b）负预旋

响可以忽略不计。由于存在以 1/2 角速度旋转的旋涡中心，因此壳体中的轮盘摩擦要低于自由轮盘的轮盘摩擦。

**扩压器叶片损失**

这种损失是由边界层内负速度梯度所产生的。减速流动增加了边界层厚度，同时导致流动分离。逆压梯度的存在促进了分离的发生，并使损失明显增大。

**间隙损失**

当流体质点相对于非惯性坐标系统平移时，会产生哥氏力。由于哥氏力的加速作用，在叶轮叶片的压力面和吸力面存在着压力差。旋转的叶轮与静止机匣壳体之间的间隙为减弱这种压力差提供了最短的流动通道。对于闭式叶轮，不存在叶轮叶片的压力面到吸力面的泄漏。反之，在壳体和叶轮轮盖之间的间隙中存在的压力梯度（如图 6-33 所示方向）会产生间隙损

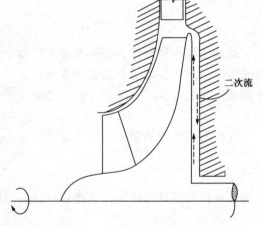

图 6-32　离心式压气机转子
轮盘背面处的二次流现象

失。叶轮进口处的顶部密封可以大大减小这种损失。

这种损失可能非常大。泄漏流经历由整个间隙的温度变化引起的较大的膨胀和压缩，这种变化将影响泄漏流和流入间隙的气流。

**表面摩擦损失**

表面摩擦损失是由湍流摩擦在叶轮壁面的剪切力造成的。这种损失可以由在某一水力直径下，通过环形横截面的流动来确定。损失的计算可以由人们所熟知的管路流动压力损失公式来确定。

### ▶▶静子损失

**回流损失**

这种损失的产生是由压气机叶轮出口的回流造成的，对气流出口角有直接的影响。当通过压气机的流量减小时，将增加叶轮出口的绝对气流角，如图 6-34 所示。部分流体从扩压

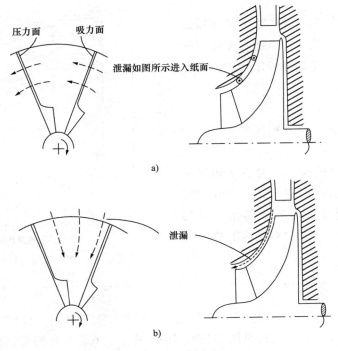

图 6-33 泄漏导致的间隙损失
a) 开式（无围带）叶轮 b) 有围带叶轮

器回流到叶轮，同时它的能量又传递回叶轮。

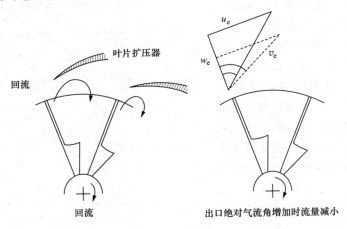

图 6-34 回流损失

**尾迹混合损失**

这种损失源于从叶轮叶片出来的流体在其后的无叶空间中形成的尾迹流动。此损失在扩压器中被最小化，并沿着旋转轴呈对称分布。

**无叶扩压器损失**

这种损失是由无叶扩压器中的摩擦和绝对气流角所引起的。

**叶片扩压器损失**

叶片扩压器的损失是基于锥形扩压器的试验结果，它们是叶轮叶片负荷和无叶空间半径比的函数，同时还需要考虑叶片冲角和叶片表面摩擦损失。

**出口损失**

出口损失假设离开叶片扩压器的一半动能都损失掉了。

这种损失现象十分复杂，是许多影响因素的函数，包括进口条件、压比、叶片角度和流量。图 6-35 作为示意图，给出了在具有后弯叶片、压比低于 2 的典型离心式压气机中的损失分布。

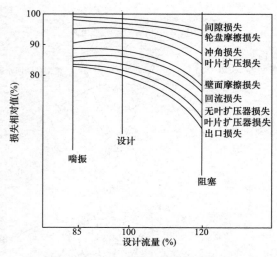

图 6-35　离心式压气机的损失分布

## 压气机喘振

压气机性能曲线图是压气机总压比在不同的转速下，其总压比随质量流量变化的关系曲线图，如图 6-36 所示。

考虑到进口温度和压力的变化时，实际的质量流量和转速分别用修正系数 ($\sqrt{\theta}/\delta$) 和 ($1/\sqrt{\theta}$) 进行修正。喘振线连接着不同的转速线，连接点表示压气机在该转速下出现不稳定运行工况。当主流方向变为反方向，且气流在短时间间隔内出现了从出口到进口的倒流时，压气机处于喘振状态。如果这种状况持续存在，不稳定过程会对机组产生无法修复的破坏。在压气机的性能曲线图上还绘出了等效率线（有时也称为效率等值线）。同时，压气机性能曲线图中还绘有阻塞状态点，它表示在运行转速条件下所能通过压气机的最大质量流量。

压气机喘振是一种应当值得关注的现象，目前其产生机理尚不完全清楚。

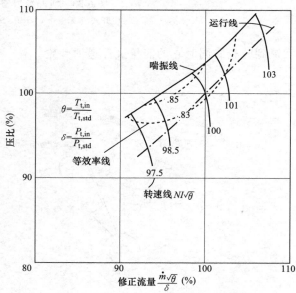

图 6-36　典型的压气机性能曲线图

喘振是不稳定运行的一种形式，在设计和运行时都应该避免。传统上对喘振的定义是压气机稳定运行的下限，但可能包含回流的最小流量，回流的发生是由系统的许多气动不稳定因素决定的。通常压气机的一部分是造成气动不稳定的因素，尽管系统的布置也可能增强这种不稳定性。图 6-36 表示了一个包括等效率线和等转速线的典型离心式压气机性能图，由图中可以看到总压比随着流量和转速变化，压气机通常在距离喘振线有一定安全裕度的运行线上工作。

　　喘振常常是以较大的振动和可听得见的振动声为征兆，但也发生过听不到振动声而造成系统破坏的喘振实例。人们对喘振现象已经进行了大量的研究，但缺乏对不同扩压器和叶轮的气动负荷能力的普适性数据和边界层特性的完整了解，使得在设计阶段对压气机的内部流动进行准确预测十分困难。但是可以肯定的是，造成喘振的根本原因是气动失速。失速可以在叶轮或者扩压器中发生。

　　当叶轮是造成喘振的主要原因时，导风轮中开始发生流动分离。叶轮中质量流量的降低或转速的增加，或由于这两个原因的共同作用，都可以造成压气机喘振。

　　喘振可以是由于扩压器进口处流动分离而在扩压器中发生。扩压器通常包括无叶部分以及叶片扩压器喉部之前的预扩压部分。流体进入无叶部分的速度由离心叶轮和扩压作用决定，其后流动将以较低的速度进入叶片扩压器通道，因此避免了激波和流动分离损失。当无叶扩压器失速时，流动将无法进入喉部。分离现象的发生会造成压气机流动的回流和喘振。增加叶轮转速或者降低流量会导致无叶扩压器失速。

　　无论喘振是由于流速降低还是转速增加造成的，导风轮或者无叶扩压器都可以发生失速现象。其中失速点的确定是非常困难的。但是大量的试验表明对于低压比压气机，喘振最开始发生在扩压器部分；对于单级压比高于 3 的压气机，喘振通常首先发生在导风轮中。

　　大多数离心式压气机的叶轮采用后弯式叶片。图 6-37 所示为叶轮出口叶片角度对稳定运行范围的影响，图中给出了压头和流量曲线斜率的急剧变化。

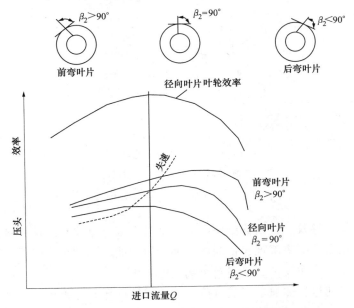

图 6-37　叶轮出口叶片角度对稳定运行范围的影响

　　图中三条曲线具有相同的转速并且表示了实际的压头。用直线来表示不同叶片角度时理想或理论压头与进口流量之间的关系。对于后弯叶片，直线的斜率是负的；对于径向叶片则是平行的；前弯叶片具有正的斜率。在一般石化工业应用中，压气机通常采用具有 $55° \leqslant \beta_2$

≤75°的后弯叶轮（或者是15°~35°的后弯叶轮），因为它可以提供宽广稳定的运行范围，其斜率陡峭。事实证明。这种叶轮的设计是综合考虑了压升、效率和稳定性的最佳折衷方案。前弯叶轮在压气机设计中一般不采用，因为其较高的叶轮出口速度会导致较大的扩压损失。发电用空气压气机始终运行在稳定的工况条件下，不需要很宽的稳定运行范围，但是过程工业压气机就需要牺牲一些性能，以得到更加稳定的运行范围。实际上从图6-37可以看出，最下面的曲线比中间和上面的曲线具有更加平缓的斜率。这种比较在整体意义上是正确的，但是必须记住正常的运行范围介于100%流量和距离喘振10%安全裕度的流量范围内。所以这三条曲线的右侧弯曲部分都不在运行范围内。机组必须运行在具有适当安全裕度的曲线范围内（在曲线斜率开始急剧下降或者减少的左侧范围内），同时在其所确定的运行范围内，后弯叶轮的曲线更加陡峭。这种陡峭曲线正是控制所需要的理想曲线，对于流量的微小变化，曲线上的压力都会发生明显下降。叶片角度本身不能表示压气机的总体性能。级的其他部件的几何形状也将对性能产生明显影响。

在石化工业中应用的大多数离心式压气机采用无叶扩压器。无叶扩压器通常是两个平行壁面的简单流道，内部没有任何叶片来引导流动。

当转速保持为常数，叶轮的进口流速减小时，离开叶轮的相对速度会降低，气流角会减小。气流角的减小导致流道的螺旋线长度增加。图6-38所示为无叶扩压器中的流动轨迹。

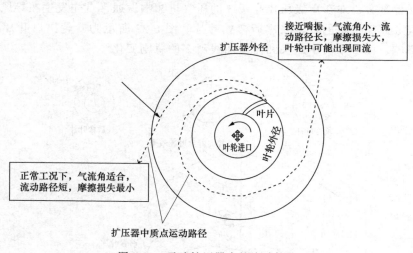

图6-38　无叶扩压器中的流动轨迹

如果流道伸展得足够长，扩压器壁面的流体动量会因为摩擦和减速而被过度耗散掉。随着损失的增大，扩压器的效率降低，使动能转换为压力能的比例相应降低。这种情况的继续发展，压气机级会发生失速现象，最终导致喘振的发生。

叶片扩压器可以使得流体通过流道时更短，更有效率。叶片扩压器有许多类型，其主要区别是叶片类型、叶片角度和型线以及叶片栅距。叶片扩压器通常采用楔形叶片（叶片岛）或薄的弯叶片。在高压头级中有2~4级扩压，它们通常由无叶空间组成以使流动减速，随后通过2~3级叶片扩压器来防止边界层的厚度增加，从而抑制压气机的气流分离和喘振。图6-39给出了叶片扩压器中的流动模式，叶片扩压器能够使级效率增加2~4个百分点，但是效率增加的代价是在喘振和阻塞之间的压头和流量曲线的稳定运行范围变窄。图6-39还表明了非设计工况流动的影响。

当叶轮出口流量较小时,叶片扩压器进口处的正冲角会过大,造成失速现象。相反,流量增加超过一定的限度,过大的负冲角会造成阻塞。从特性曲线上看,尽管叶片扩压器会缩小压气机的可用运行范围,但是在效率作为主要指标的压气机中具有较为适合的应用。虽然可调叶片扩压器能够减少非设计工况时的激波损失,但是在压气机中很少应用,由于所需要的调节装置结构复杂,因而仅应用于单级压气机中。

应该指出的是,从图 6-37 到图 6-39 所示的是压力机部件中流动路径的一种简化形式,每个流动路径用一条独立流线表示。实际的流场要远比这种形式复杂,包括流动分离和回流存在。尽管如此,这些图可以帮助我们实际理解速度三角形变化对流场的影响。

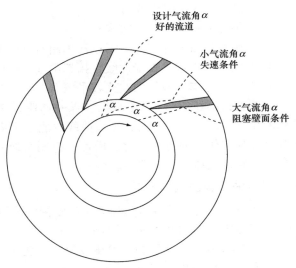

图 6-39 叶片扩压器中的流动情况

静止进口导叶可以引导流体顺利进入叶轮导风轮。根据压气机每一级所需要的压头,这些进口导叶可以引导流体沿着叶轮旋转方向或者与叶轮顶部的气流相同的方向进行,这种作用就是正预旋。这是为了降低进入导风轮时流体的相对马赫数,以防止激波损失。然而,这样降低了压头的提升,但改善了压气机的运行范围。与之相反的作用是逆旋转或者负预旋,它可以增加压头,但也增加了进口相对马赫数。因为负预旋使压气机的运行范围变窄,所以很少采用这种方式。有时进口导叶也设置成零预旋,这些叶片称为径向导叶。可调进口导叶有时被应用在单级压气机或者多级压气机第一级上,并由恒定转速的电动机来驱动。为了适应非设计工况运行的需要,进口导叶的角度能够通过手动或者自动的方式来调节。由于调节机构的机械复杂性和物理空间的限制,在几乎所有的设计中,这种特性变化方式仅能应用在机组第一级上。因此,进口导叶角度变化的影响随着流动向下游发展而变弱。虽然整个机组的流动调节可以通过变化第一级叶片来完成,但是其余的级必须以固定导叶角度来调节流动。

当然,在机组的进气管路上使用蝶阀可以产生类似于调节第一级导叶角度的效应。然而,调节进口导叶的方法比节流调节更加有效,因此在许多情况下,采用可调进口导叶所增加的成本可以通过节能来弥补。

### ▶▶气体组分影响

图 6-40 所示为给定转速下单级压气机对于三种不同相对分子质量气体的性能曲线。

重质气体包括丙烷、丙烯以及标准冷凝剂混合物;空气、天然气和氮属于典型的中等质量气体组分;而在烃加工工业中的富氢气体是典型的轻质气体。

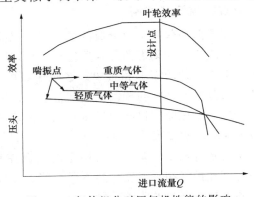

图 6-40 气体组分对压气机性能的影响

由重质气体性能曲线可知：

1. 喘振点对应的流量值较大。

2. 与中等质量气体相比，可以产生相对高的级压头。

3. 在设计点右侧，性能曲线在接近阻塞工况时快速下降。

4. 在运行范围内性能曲线比较平缓。

对于上面描述的第 4 条，设计人员在防喘控制系统的设计时经常出现问题。应该注意的是随着压气机级的增加，这种平缓曲线性能会恶化。因为工作范围很窄，相对较小的压头变化都可以导致较大的流量变化，因此，控制系统必须有更高的灵敏度。从图 6-40 中可以明显看出，轻质气体的性能曲线较好。

## ▶▶喘振的外部原因与影响

下面是常见的与压气机设计无关的喘振发生原因：

1. 系统吸入或排出流量的限制。

2. 工作过程中工质压力、温度或组分的变化。

3. 压气机流道内部阻塞（结垢）。

4. 转速的意外下降。

5. 仪表或控制阀故障。

6. 硬件故障，例如可调进口导叶故障。

7. 运行人员误操作。

8. 两台或多台压气机并行运行时，负荷分配不当。

9. 压气机装配不当，例如转子不对中。

喘振的影响将造成压气机性能下降，甚至机组或者相关系统的严重损坏。喘振会造成内部的密封、隔板、推力轴承和转子的损坏，曾经有剧烈喘振造成转子弯曲的报道。喘振现象经常会造成横向轴振动，并对联轴器和齿轮产生转矩破坏。在机组外部，可以产生破坏性的管路振动，造成结构损坏、轴的偏心以及配件和仪器仪表的失效。

连接系统的尺寸、配置以及不同的运行工况对喘振的强度有非常大的影响。例如，在制造厂试验台上的压气机系统对喘振的反应可能并不明显，但是在用户现场，相同的压气机与不同的连接系统可能会产生相当剧烈的反应。通常，可以通过阀门的撞击、管路振动、噪声、压力计或者电机电流表的波动以及压气机轴的横向和轴向振动，来监测喘振的发生。较弱的压气机喘振的监测有时比较困难。

## ▶▶喘振监测与控制

喘振监测仪器可以分成两类：静态仪器和动态仪器。目前，静态喘振监测仪器已经得到了广泛应用。在动态监测仪器广泛应用之前，还有许多研究工作要做。动态监测仪器将会满足许多工程师的需求和希望，这些仪器可以用来预测失速和喘振，并且起到预防作用。显然，监测仪器必须与控制仪器结合起来，以此来预防压气机的不稳定运行。

静态喘振监测仪器通过压气机工况条件的测量并且保证阈值没有超过范围，以预防压气机失速和喘振的发生。当工况条件达到或者超过极限时，控制系统会采取相应的措施。图 6-41 所示为典型的基于压力调整的喘振控制系统。压力传感器监测压力并控制仪器来决定是否打开排气阀。温度传感器可以修正温度对流量和转速读数的影响。图 6-42 所示为典型的基于流量调整的防喘控制系统。

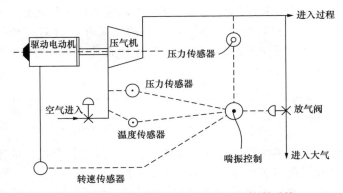

图 6-41 典型的基于压力调整的喘振控制系统

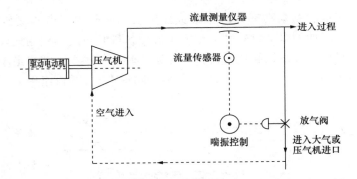

图 6-42 典型的基于流量调整的防喘控制系统

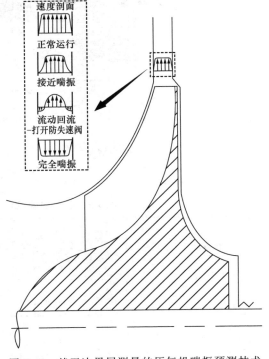

在所有的静态喘振监测仪器中，回流现象并没有被直接监测，监测的是与喘振有关的现象，需要根据以往的经验和压气机特性的研究来设定控制措施。

动态喘振监测和控制方法正在研究中，研究人员试图在压气机达到喘振临界状况之前就能够监测到回流开始发生的现象，这个过程需要使用边界层探针来进行。

本书作者拥有利用边界层探针测量技术的压气机动态喘振监测系统的专利，目前正在进行相关试验研究。这个系统由在压气机中特定位置安装的探针组成，这些探针用来监测边界层的回流，如图 6-43 所示。这个概念假设边界层发生回流是在整个机组发生喘振之前。既然系统通过监测回流来探测喘振的发生，那么就不需要依靠工质的相对分子质量来判断，而且不受喘振线移动的影响。

图 6-43 基于边界层测量的压气机喘振预测技术

在出口管道处使用压力传感器和管套加速度计可以监测压气机喘振。研究发现机组接近喘振时，叶片通过频率（叶片数乘以转速）以及它的二阶和三阶谐波变得活跃。在有限次数的试验中发现，当叶片通过频率的二阶谐波达到叶片通过频率的相同数量级时，机组非常接近喘振。

## 过程离心式压气机

这些压气机叶轮的压比非常低（一般为 1.1~1.3），因此具有宽广的稳定工作范围。图 6-44 为一个典型的过程工业用多级离心式压气机剖视图。

对使用燃气轮机驱动的过程离心式压气机，通常是根据压气机的叶轮数量和轮壳（机闸）设计进行分类的。表 6-2 给出了三种类型的离心式压气机。对于每一种类型的压气机，表中给出了压比、流量和制动功率的近似最大额定值。分段类型离心式压气机具有多个叶轮，这些叶轮安装在延伸的电动机转轴上，将类似的各段叶轮用螺栓相连以获得相应的多级压气机。机匣的材料可选择不锈钢或者铸铁。在运行时，这些机组需要最小限度的监控和维护，并且具有较好的经济性。在为工业炉窑燃烧提供压缩空气的机组中，广泛采用分段离心式压气机。

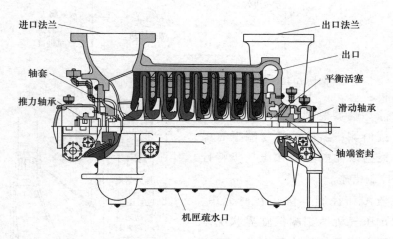

图 6-44　典型的过程工业用多级离心式压气机剖视图
（埃利奥特公司提供）

表 6-2　基于机闸设计的工业离心式压气机分类

| 机闸类型 | 最大效率近似值 | | |
|---|---|---|---|
| | 压力近似值 /($lbf/in^2$)(bar) | 进口流量近似值 /($ft^3/min$)($m^3/min$) | 功率近似值/ 马力(kW) |
| 1. 分段 常规多级 | 10(0.7) | 20,000(566) | 600(447) |
| 2. 水平剖分 单级(双向进气) 多级 | 15(1.03) 1,000(69) | 650,000(18,406) 200,000(5,663) | 10,000(7,457) 35,000(26,100) |

（续）

| 机闸类型 | 最大效率近似值 | | |
| --- | --- | --- | --- |
| | 压力近似值<br>/(lbf/in²)(bar) | 进口流量近似值<br>/(ft³/min)(m³/min) | 功率近似值/<br>马力(kW) |
| 3. 垂直剖分<br>单级(单向进气)<br>悬臂式<br>管线<br>多级 | 30(2.07)<br>1,200(82)<br>大于5,500(379) | 250,000(7,079)<br>25,000(708)<br>20,000(566) | 10,000(7,457)<br>20,000(14,914)<br>15,000(11,185) |

水平剖分类型是在机组机匣的中间部分和顶部采用水平中分布置，机组底部使用螺栓或者定位销固定，如图6-45所示。

水平剖分类型适用于大型多级压气机机组。通过移除机组上半部分，可对内部转子、叶轮、轴承和密封等部件进行检测和维修。此类机组的机匣材料采用铸铁或者铸钢。

有各种类型的圆筒形压气机，其低压类型具有悬臂式叶轮，多用于燃烧、通风和输送过程。高压条件下，机组不适用水平中分连接，应使用多级圆筒式机匣。图6-46给出了圆筒形压气机的基座和内部部件（前视图）。一旦将前机匣拆掉，显然它是垂直中分的。

图6-45 具有闭式叶轮的水平剖分
类型的离心式压气机（埃利奥特公司提供）

图6-46 圆筒形压气机
（埃利奥特公司提供）

## ▶▶压气机结构

为了合理设计离心式压气机，设计人员必须了解压气机的运行条件，包括气体类型、压力、温度、分子质量等，同时还必须了解气体的腐蚀性，以便选择合适的金属材料。必须精确地找到由于压气机工作过程不稳定而引起的气体波动的原因，以使压气机能够稳定工作，不发生喘振。

工业用离心式压气机每一级的压比相对较低，从而可以保证压气机具有宽广的工作范围，同时其应力保持在最低水平。由于每一级的压比较低，所以整个压气机需要很多级才可以达到所要求的总压比。图6-47为离心式压气机结构示意图。

在选择满足工厂需求的压气机结构时，需要考虑下列因素：

1. 级间冷却可以大大降低压气机的耗功。

2. 背靠背叶轮布置可实现转子推力的平衡，并最大限度减少推力轴承的过载。

3. 在机匣中间采用冷进口和热出口的方式可以减少油密封和润滑的问题。

4. 单一进口和单一出口可以减少外部管路问题。

5. 平衡面易于在现场使用，可以明显缩减平衡时间。

6. 无外部泄漏的平衡活塞可以大大减少推力轴承的磨损。

7. 机匣在冷热段交接的区域附近热梯度下降，降低了机匣的变形。

8. 水平剖分机匣与垂直剖分机匣相比更容易打开进行检测，减少了维修时间。

9. 悬臂式转子的对中更容易，因为仅在压气机和驱动机之间的连接时，才需要轴端对中。

10. 体积更小的高压比压气机可以有效地减少基座问题，但会明显降低机组的稳定运行范围。

▶▶**叶轮制造**

离心式压气机叶轮分为闭式和开式两种。开式叶轮主要应用在单级压气机中，其成形采用铸造或者三维立体铣削。在大多数情况下，这种叶轮主要用在压气机的高压比级中。闭式叶轮通常应用在工业压气机中，因为压气机的级压比较低。这种设计可应用于顶部应力较低的场合。图 6-48 给出了几种制造技术。最常用的制造方法如图 a 和图 b 所示，它是在轮盘和轮盖处对叶片采用角焊，其中

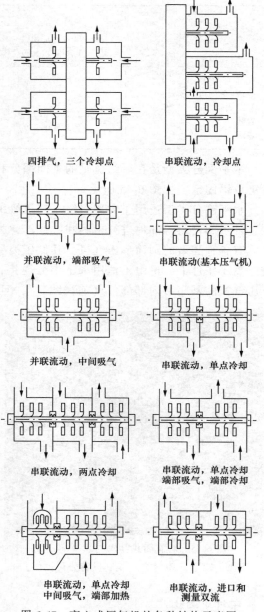

图 6-47 离心式压气机的各种结构示意图

在图 b 中的焊缝完全穿透，这种制造方法的缺点是会对流动产生阻碍作用。在图 c 中，叶片的部分与轮盖一起加工，中间部分采用对接焊接。对于后弯叶轮，这种技术还不十分成功，要得到叶片前缘部分的光滑曲线是很困难的。

图 d 表示开槽搭焊缝的焊接技术，这种技术主要用于叶片通道高度不是特别小（或者是叶片后弯角度大）而允许进行传统角焊接的情况。图 e 中的电子束技术仍处于初步阶段，需要进一步研究来完善，这种技术的主要不足在于电子束焊接部位仅能更好地承受拉力，而

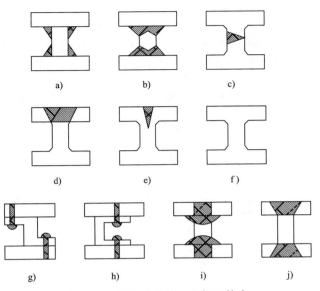

图 6-48　离心叶轮的一些加工技术

a）角焊缝　b）全焊透角焊缝　c）对接焊缝　d）槽塞缝　e）电子束缝　f）机加工　g）~j）铆接

不适用在类似于此结构中剪切力起主要作用的场合。图 f 为叶片轮盖整体加工，对机械加工工艺要求高。结构图 g 至图 j 采用铆钉连接，其缺点是铆头部比较突出，这会导致叶轮的气动性能有所降低。

这些叶轮的制造材料通常使用低合金钢，例如 AISI 4140 或者 AISI 4340。AISI 4140 可以满足大部分的应用，AISI 4340 主要用在需要高强度的大叶轮中。对于腐蚀性气体，采用 AISI 4140 不锈钢（铬的质量分数大约为 12%）。莫奈尔合金 K-500 应用于卤素气体环境下和氧气压气机中，因为它可以阻止火花放电。钛质叶轮应用于氯气工质环境。铝合金叶轮也有很广泛的应用，特别是在低温环境下（低于 300℉）。随着铝合金技术的发展，它的应用范围也在增大。选用铝和钛材料，主要是因为它们具有低密度的特性，低密度可以改变转子的临界转速，有利于压气机的运行。

# 参考文献

Anderson, R. J. , Ritter, W. K. , and Dildine, D. M. , "An Investigation of the Effect of Blade Curvature on Centrifugal Impeller Performance," NACA TN-1313, 1947.

Balje, O. E. , "Loss and Flow-Path Studies on Centrifugal Compressors, Parts I and II," ASME Paper Nos 70-GT-1 2-A and 70-GT-1 2-B, June 1970.

Balje, O. E. , "A Study of Reynolds Number Effects in Turbomachinery," *Journal of Engineering for Power*, ASME Trans. , Vol. 86, Series A, 1964, p. 227.

Bammert, K. , and Rautenberg, M. , "On the Energy Transfer in Centrifugal Compressors," ASME Paper No. 74-GT-121, 1974.

Boyce, M. P. , "A Practical Three-Dimensional Flow Visualization Approach to the Complex Flow Characteristics in a Centrifugal Impeller," ASME Paper No. 66-GT-83, June 1983.

Boyce, M. P. , "How to Achieve On-Line Availability of Centrifugal Compressors," *Chemical Weekly*, June 1978, pp. 115-127.

Boyce, M. P. , "New Developments in Compressor Aerodynamics," Proceedings of the 1st Turbomachinery Symposium, Texas A&M, October 1972.

Boyce, M. P. , "Principles of Operation and Performance Estimation of Centrifugal Compressors," Proceedings of the 22nd Turbomachinery Symposium, Dallas, Texas, September 1993, pp. 161-178.

Boyce, M. P. , "Rerating of Centrifugal Compressors-Part I," *Diesel and Gas Turbine Worldwide*, October 1988, pp. 46-50.

Boyce, M. P. "Rerating of Centrifugal Compressors-Part II," *Diesel and Gas Turbine Worldwide*, January-February 1989, pp. 8-20.

Boyce, M. P. , and Bale, Y. S. , "A New Method for the Calculation of Blade Loadings in Radial-Flow Compressors," ASME Paper No. 71-GT-60, June 1971.

Boyce, M. P. , and Bale, Y. S. , "Diffusion Loss in a Mixed-Flow Compressor," Intersociety Energy Conversion Engineering Conference, San Diego, Paper No. 729061, September 1972.

Boyce, M. P. , and Desai, A. R. , "Clearance Loss in a Centrifugal Impeller," Proceedings of the 8th Intersociety Energy Conversion Engineering Conference, Paper No. 739126, August 1973, p. 638.

Boyce, M. P. , and Nishida, A. , "Investigation of Flow in Centrifugal Impeller with Tandem Inducer," JSME Paper, Tokyo, Japan, May 1977.

Centrifugal Impeller Performance," NACA TN-1313, 1947.

Coppage, J. E. et al. , "Study of Supersonic Radial Compressors for Refrigeration and Pressurization Systems," WADC Technical Report 55-257, Astia Document No. AD110467, 1956.

Dallenback, F. , "The Aerodynamic Design and Performance of Centrifugal and Mixed-Flow Compressors," SAE International Congress, January 1961.

Dawes, W. , "A Simulation of the Unsteady Interaction of a Centrifugal Impeller with its Vaned Diffuser: Flows Analysis," *ASME Journal of Turbo-machinery*, Vol. 117, 1995, pp. 213-222.

Deniz, S. , Greitzer, E. and Cumpsty, N. , 1998, "Effects of Inlet Flow Field Conditions on the Performance of Centrifugal Compressor Diffusers Part 2: Straight-Channel Diffuser," ASME Paper No. 98-GT-474.

Domercq, O. , and Thomas, R. , 1997, "Unsteady Flow Investigation in a Transonic Centrifugal Compressor Stage," AIAA Paper No. 97-2877.

Eckhardt, D. , "Instantaneous Measurements in the Jet-Wake Discharge Flow of a Centrifugal Compressor Impeller," ASME Paper No. 74-GT-90.

Filipenco, V. , Deniz, S. , Johnston, J. , Greitzer, E. and Cumpsty, N. , 1998, "Effects of Inlet Flow Field Conditions on the Performance of Centrifugal Compressor Diffusers Part 1: Discrete Passage Diffuser," ASME Paper No. 98-GT-473.

Johnston, R. , and Dean, R. , 1966, "Losses in Vaneless Diffusers of Centrifugal Compressors and Pumps," *ASME Journal of Basic Engineering*, Vol. 88, pp. 49-60.

Katsanis, T. , "Use of Arbitrary Quasi-Orthogonals for Calculations Flow Distribution in the Meridional Plane of a Turbomachine," NASA TND-2546, 1964.

Klassen, H. A. , "Effect of Inducer Inlet and Diffuser Throat Areas on Performance of a Low-Pressure Ratio Sweptback Centrifugal Compressor," NASA TM X-3148, Lewis Research Center, January 1975.

Owczarek, J. A. , *Fundamentals of Gas Dynamics*, International Textbook Company, Scranton, Pennsylvania, 1968, pp. 165-197.

Phillips, M. , 1997, "Role of Flow Alignment and Inlet Blockage on Vaned Diffuser Performance," Report No. 229, Gas Turbine Laboratory, Massachusetts Institute of Technology.

Rodgers, C. , "Influence of Impeller and Diffuser Characteristic and Matching on Radial Compressor Performance," SAE Preprint 268B, January 1961.

Rodgers, C. , 1982, "The Performance of Centrifugal Compressor Channel Diffusers," ASME Paper No. 82-GT-10.

Rodgers, C. , and Sapiro, L. , "Design Considerations for High-Pressure-Ratio Centrifugal Compressors," ASME Paper No. 73-GT-31, 1972.

Schlichting, H. , *Boundary Layer Theory*, 4th edition, McGraw-Hill Book Co. , New York, 1962, pp. 547-550.

Senoo, Y., and Nakase, Y., "An Analysis of Flow Through a Mixed Flow Impeller," ASME Paper No. 71-GT-2 1972.

Senoo, Y., and Nakase, Y., "A Blade Theory of an Impeller with an Arbitrary Surface of Revolution," ASME Paper No. 71-GT-17, 1972.

Shouman, A. R., and Anderson J. R., "The Use of Compressor-Inlet pre-whirl for the Control of Small Gas Turbines," *Journal of Engineering for Power*, Trans ASME, Vol. 86, Series A, 1964, pp. 136-140.

Stahler, A. F., "The Slip Factor of a Radial Bladed Centrifugal Compressor," ASME Paper No. 64-GTP-1.

Stanitz, J. D., "Two-Dimensional Compressible Flow in Conical Mixed-Flow Compressors," NACA TN-1744, 1948.

Stanitz, J. D., and Prian, V. D., "A Rapid Approximate Method for Determining Velocity Distribution on Impeller Blades of Centrifugal Compressors," NACA TN-2421, 1951.

Stodola, A., *Steam and Gas Turbines*, McGraw-Hill Book Co., New York, 1927.

Wiesner, F. J., "A Review of Slip Factors for Centrifugal Impellers," *Journal of Engineering for Power*, ASME Trans., October 1967, p. 558.

Woodhouse, H., "Inlet Conditions of Centrifugal Compressors for Aircraft Engine Superchargers and Gas Turbines," J. Inst. *Aeron*, *Sc.*, Vol. 15, 1948, p. 403.

Wu, C. H., "A General Theory of Three-Dimensional Flow in Subsonic and Supersonic Turbomachines of Axial, Radial, and Mixed-Flow Type," NACA TN-2604, 1952.

# 第 **7** 章

# 轴流式压气机

## 引言

　　轴流式压气机广泛应用于燃气轮机装置，特别是功率大于 5MW 的机组。在轴流式压气机中，气流沿轴向（与旋转轴平行的方向）进入压气机，并沿轴向排出。气流在轴流式压气机中首先加速，然后减速扩压使得压力升高，即气流首先在旋转叶栅（转子）中完成加速，然后在静止叶栅（静子）中完成扩压，由此气流在转子中获得的动能在静子中转化为压力的增加。一个压气机通常包括若干个级，上游一排旋转叶栅和下游一排静止叶栅组成一个压气机级。通常，在压气机第一级进口前面加一排可变面积叶片（进口导叶 IGV），其作用是确保气流按照一定角度进入第一级动叶。可变面积的进口导叶能够满足压气机变工况要求。在压气机最后一级静子出口下游增加一个扩压器（出口导叶 EGV），一方面使气流进一步减速扩压，另一方面控制进入燃烧室气流的速度。

　　在轴流式压气机中，气流依次流经各级，压力逐级升高。在单级压比 1.1~1.4 的范围内，可以获得很高的效率，见表 7-1。航空发动机和工业燃气轮机的多级轴流式压气机整机的压比可以分别达到 40 和 30。

表 7-1　轴流式压气机的特性参数

| 应用类型 | 流动参数 | 进口相对马赫数 | 级压比 | 级效率 |
| --- | --- | --- | --- | --- |
| 工业用 | 亚声速 | 0.4~0.8 | 1.05~1.2 | 88%~92% |
| 航空用 | 跨声速 | 0.7~1.1 | 1.15~1.6 | 80%~85% |
| 科研用 | 超声速 | 1.05~2.5 | 1.8~2.2 | 75%~85% |

　　燃气轮机技术在过去 20 年中得到了显著进步，主要体现在：压气机压比的提高、先进的燃烧技术、材料工艺的改进、新的涂层和新的冷却方案。燃气轮机效率的提高主要取决于两个基本参数：压比的提高和透平进口温度的提高。需要指出的是，燃气轮机中轴流式压气机耗功占到了燃气透平输出功的 55%~65%。

　　航空发动机代表了大部分燃气轮机技术的最高水平，其设计准则主要包括高可靠性和高性能，并在整个飞行包络线中具有多次起动和灵活运行的特点。发动机的大修周期至少应为

3,500h。推重比一直以来就是航空发动机的一个主要性能参数。通过研发大展弦比压气机叶片以及优化循环压比和透平进口温度，可获得最大的单位工质输出功，从而提高了发动机的推重比。

工业燃气轮机始终强调长寿命，这一保守的方式导致了工业燃气轮机为追求稳定运行而在很多方面放弃了高性能。工业燃气轮机对压气机压比和透平进口温度的要求一直是保守的，但这一现象在近十年发生了变化：由于航空改型燃气轮机的引入，工业燃气轮机在所有运行工况下的性能均得到了显著提升，使得工业燃气轮机和航空发动机的性能差距显著缩小。

图 7-1 所示为 1950—2000 年燃气轮机压比的增长趋势。为提高燃气轮机的热效率，压气机压比和透平进口温度均不断提高。在大多数先进燃气轮机中，轴流式压气机均采用 17～22 级的高压比多级压气

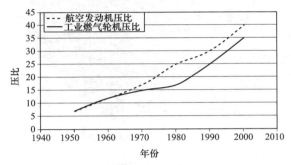

图 7-1 1950—2000 年燃气轮机压比的增长趋势

机。工业燃气轮机压比通常可达 17～20，有的甚至高达 30。图 7-2 所示为多级高压比轴流式压气机转子。采用较低的单级压比可简化设计计算过程，因为这种情况下可以合理假设流过整级的空气都是不可压的。

图 7-2 多级高压比轴流式压气机转子

图 7-3 所示为压气机静子，安装于其上的相邻静叶片形成了工质的扩压通道（静压升高，绝对速度减小）。上游几级静叶的叶根是圆形的，图中静叶安装角度可调。当负荷和进口温度改变引起空气流量发生变化时，可调静叶能够保证流出静叶的工质具有合适的气流角。

和其他叶轮机械一样，轴流式压气机可以采用圆柱坐标系 $(r, \theta, z)$ 描述，其中 $z$ 坐标与旋转轴重合，径向坐标 $r$ 由轴心指向外部，周向坐标 $\theta$ 为图 7-4 中叶片转过的角度，本章采用这种定义方法。

图 7-5 给出了气流流经轴流式压气机时各级压力、速度、温度（焓）的变化情况。如图 7-5 所示，压气机的叶片高度以及由此决定的环形通流面积沿轴向减小，气流密度升高、

压力增大。

图 7-3 安装在机匣内的轴流式压气机静子

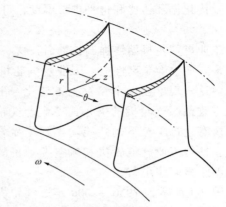

图 7-4 轴流式压气机坐标系

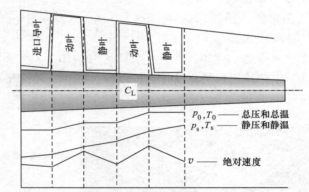

图 7-5 轴流式压气机内温度（焓）、速度和压力沿流动方向的变化情况

# 叶片与叶栅术语

压气机通过叶型的变化使气流加速或扩压，因而许多有关轴流式压气机的理论和研究都建立在对孤立翼型研究的基础上。描述轴流式压气机叶型所采用的术语和方法与描述机翼采用的术语和方法基本相同。对压气机的研究涉及相邻叶片间的相互作用，因此采用一排叶片中的几个叶片来模拟转子或静子中的流动，这样的一排叶片称为叶栅。当我们讨论叶栅流动时，涉及所有描述叶片型线和安装方向的角度，采用与压气机轴向（$z$ 轴）的夹角来表示。

叶型由一侧凸起和另一侧下凹的曲线构成，凹面称为叶片压力面，而凸面称为叶片吸力面，转子向叶片压力面方向旋转。参照图 7-6，弦线定义为从叶片前缘到尾缘的直线，弦线的长度称为叶片的弦长。中弧线为叶片压力面和吸力面之间的均分线（又称为内切圆圆心连线），中弧线到弦线之间的距离称为挠度。叶型的弯曲角 $\theta$ 定义为中弧线的转折角。描述叶型的方法是从叶片前缘开始，给出一些特定弦线所对应的弦长和挠度的比值。展弦比 $AR$ 是叶高与弦长的比值。相对于展弦比，人们更多地使用"轮毂比"（叶片叶根半径与叶尖半径的比值）。展弦比在讨论三维流动特征时十分重要，当质量流量和轴向速度确定下来后，展弦比也就确定了。

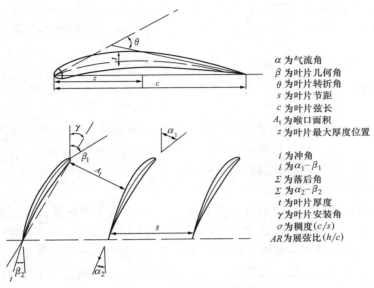

α 为气流角
β 为叶片几何角
θ 为叶片转折角
s 为叶片节距
c 为叶片弦长
$A_t$ 为喉口面积
z 为叶片最大厚度位置

i 为冲角
$i$ 为 $\alpha_1 - \beta_1$
Σ 为落后角
$\Sigma$ 为 $\alpha_2 - \beta_2$
t 为叶片厚度
γ 为叶片安装角
σ 为稠度($c/s$)
AR 为展弦比($h/c$)

图 7-6　叶片与叶栅术语

　　叶栅中相邻叶片之间的距离称为节距 $s_b$，通常在两个叶片前缘或尾缘处的中弧线上测量。弦长与节距的比值称为叶栅的稠度 $\sigma$，它的大小表明叶栅中叶片之间相对干涉效应的程度。当 $\sigma = 0.5 \sim 0.7$ 时，可以选择具有大量型线的单个叶型或孤立叶型库，这些叶型的测试数据可以相当准确地应用到叶栅流动中；当 $\sigma$ 增大到 1 附近时，这些数据仍然可用，只是准确程度有所降低；当 $\sigma = 1.0 \sim 1.5$ 时，必须进行叶栅试验，以获得准确数据；当 $\sigma$ 超过 1.5 时，可以应用通流理论。目前的压气机叶栅设计大部分都在 $\sigma = 1.0 \sim 1.5$ 范围内。

　　叶片进口几何角 $\beta_1$ 定义为中弧线在前缘点的切线与压气机轴向的夹角，叶片出口几何角 $\beta_2$ 定义为中弧线在叶片尾缘点的切线与轴向的夹角。$\beta_1 - \beta_2$ 的值给出了叶型的弯曲角。弦线与压气机轴向的夹角 $\gamma$ 称为安装角。大展弦比叶片通常预先扭转一定角度，这样在全速运行时在叶片离心力的作用下，叶片将扭转到设计的气动角度。对于展弦比大约为 4 的叶片，叶尖位置的预扭角度在 2°~4° 范围内。

　　进口气流角 $\alpha_1$ 表明来流方向，它与进口几何角 $\beta_1$ 不同，二者之间的差值称为冲角 $i$。气流角 $\alpha$ 定义为来流方向与叶片额线之间的夹角。气流流经叶片改变流向，同时也对叶片产生反作用力，气流以大于 $\beta_2$ 的角度离开叶片。气流离开叶片时的角度称为出口气流角 $\alpha_2$。$\alpha_2$ 和 $\beta_2$ 之间的差值称为落后角 $\Sigma$。气流转折角是 $\alpha_1$ 和 $\alpha_2$ 之间的差值，有时也称为气流偏转角。

　　最初由 NACA 和 NASA 开展的工作，形成了大多数现代轴流式压气机的设计基础。NACA 对大量叶型进行了测试，并发表了测试数据，NACA 的叶栅测试数据是同类工作中最全面的。大多数商用轴流式压气机采用了 NACA-65 系列叶型。这些叶型采用类似于 65-（18）10 这样的标记来区别。65-（18）10 表示该叶型升力系数为 1.8，叶型型线代号为 65，叶片最大厚度与弦长的比为 10%。对 65 系列叶型，升力系数与叶片弯曲角通过下式联系起来，即

$$\Theta \approx 25C_{\text{L}} \tag{7-1}$$

新型先进的压气机转子具用更少的叶片和更高的负荷，叶片更薄、更长，并采用先进的径向平衡理论设计，创造了三维可控扩散叶型（3D/CDA）具有更小的间隙和更高的单级负荷。

## 基元翼型理论

当翼型（叶型）与来流方向平行时，绕翼型的流动如图 7-7a 所示。气流在前缘分开绕过翼型并在尾缘处重新汇合。主流本身没有由于翼型的存在而产生偏转，作用在翼型上的力是由当地气流分布以及流体与翼型表面摩擦产生的。设计良好的翼型会使绕过它的气流呈流线型，没有或仅有很小的扰动。

当叶型与来流存在一定气冲角时（图 7-7b），将产生较大的扰动，流型发生改变。尽管距离叶片上、下游一段距离气流依然平行而均匀，但是绕过叶片的气流存在局部偏转。上游的扰动相比于下游的扰动要小得多。根据牛顿定律，只有当叶片对气流施加作用力时，流动中才会产生气流的偏转，因此，气流也会对叶片施加同样大小但方向相反的作用力。叶型的存在改变了其周围的气流压力分布，根据伯努利方程，叶片周围的气流速度随之改变。仔细考察叶片周围的流动可以看到，叶片上方的流线互相靠近，表明这里的流速上升而压力下降；叶片下方的流线彼此远离，表明气流压力升高。

通过测量叶型表面多点压力可得到如图 7-7c 所示的叶片表面压力分布。表面压力的矢量之和产生了一个作用在叶片上的合力。压力矢量的合力可以分解为垂直于来流方向的升力 $L$ 和平行于来流方向的阻力 $D$，阻力 $D$，使得叶片向流动方向移动。这里假设合力作用在叶片内部一点上，这与所有分力同时作用的效果相同。

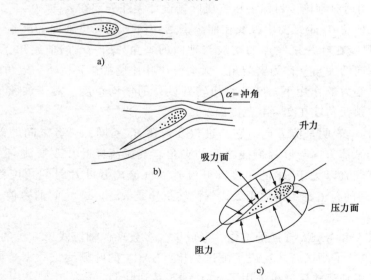

图 7-7　以不同角度绕过叶片的气体流动

通过试验，可以对各种来流速度、冲角以及不同叶型条件下的升力和阻力进行测量，进而可以得到如图 7-8a 所示的任意叶型的升力和阻力特性曲线。由这些试验数据，可以得到

如下的关系式，即

$$D = C_D A \rho \frac{v^2}{2} \quad (7\text{-}2)$$

$$L = C_L A \rho \frac{v^2}{2} \quad (7\text{-}3)$$

式中，$L$ 为升力；$D$ 为阻力；$C_L$ 为升力系数；$C_D$ 为阻力系数；$A$ 为表面积；$\rho$ 为流体密度；$v$ 为流体速度。

式（7-2）和式（7-3）定义了与速度、密度、表面积、

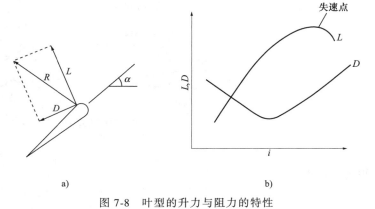

图 7-8 叶型的升力与阻力的特性

升力、阻力相关联的两个系数 $C_L$ 和 $C_D$。这两个系数可以通过风洞试验数据计算得到，并绘制出如图 7-8b 所示的任意叶型截面升力 $L$ 和阻力 $D$ 随气流角 $\alpha$ 变化的曲线。这些曲线可用于预测某一特定叶型的特性。

仔细观察图 7-8 可以看到，存在某一特定气流角，此时升力和升力系数达到最大。如果气流角超过该值，叶型就会发生"失速"，阻力迅速上升。当气流角逐渐增大到最大值时，有相当比例的能量消耗在克服摩擦阻力上，导致效率降低。因此，通常在达到最大升力系数之前存在一个工况点，对于给定的能量供应，当以有效升力来衡量时，在该点处的运行最为经济。

## 层流叶型

在第二次世界大战结束前，对层流叶型进行了许多研究，层流叶型的特点在于使吸力面上的最低压力位置尽可能向下游移动。这样设计的原因在于，当绕叶型流动的气流加速（流动中存在顺压梯度）时，层流边界层的稳定性是增强的，当流动中有逆压梯度存在时，层流边界层的稳定性降低。只要叶片表面足够光滑，通过这种方法扩大层流流动区域，可以相当程度地降低表面摩擦力。

这类叶型的缺点是，在小气流角条件下，从层流到湍流的转捩突然向前移动，导致一个狭窄的小阻力"阱"，这意味着在中等和大气流角条件下的阻力比常规叶型在同样气流角下的值要大很多，如图 7-9 所示。这种现象可以归结为最小压力点向前移动，因而，从层流到湍流的转捩位置也向前移动，如图 7-10 所示。叶型周围的湍流流动区域越大，表面摩擦力就越大。

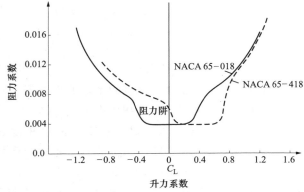

图 7-9 两种层流叶型阻力系数的 NACA 试验数据

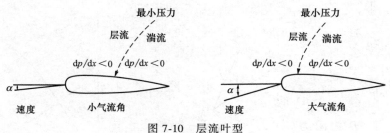

图 7-10　层流叶型

## 能量加入

在轴流式压气机中，气流依次通过各级，在每一级中压力和温度都有所升高。在级压比为 1.1～1.4 的范围内，可以获得很高的级效率。多级压气机的整机压比可以达到 40。图 7-5 给出了气流通过轴流式压气机几个级的压力、速度和温度（焓）的变化情况。特别注意到总压、总温和总焓的改变仅发生在转子中，也就是说能量是通过转子加到气流中的。从图 7-5 可以看到，叶片高度以及机匣与轮毂之间的环形通流面积沿轴向减小，通流面积的减小补偿了压缩气流密度升高、体积减小的影响，使得气流轴向速度维持不变。在对轴流式压气机进行初步设计时，大多情况下采用级的平均叶片高度作为该级的叶高。

燃气轮机多级轴流式压气机设计中的经验规则是每级中加入气流的能量保持为常数，而不是通常人们所认为的每级中压力升高的值为常数。单级中对气流加入的能量为

$$\Delta H = \frac{H_2 - H_1}{N_s} \tag{7-4}$$

式中，$H_1$、$H_2$ 为进、出口的焓 [Btu/lb（kJ/kg）]；$N_s$ 为级数。

假设气体为热力学完全气体（$c_p$，$\gamma$ 为常数），式（7-4）可以写成

$$\Delta T_{stage} = \frac{T_{in}\left[\left(\dfrac{p_2}{p_1}\right)^{\frac{\gamma-1}{\gamma}} - 1\right]}{N_s} \tag{7-5}$$

式中，$\Delta T_{stage}$ 为级的温升；$T_{in}$ 为进口温度（℉，℃）；$p_1$、$p_2$ 为进、出口压力（lbf/in² 或 bar）；$\gamma$ 为比热比 [在 60℉（15℃）条件下，$\gamma = 1.4$]。

## 速度三角形

如前所述，轴流式压气机的工作原理是通过加速、扩压实现对气流加功。如图 7-11 所示，空气以绝对速度（$v_1$）和角度 $\alpha_1$ 进入转子，与叶片的切向速度（$u_1$）矢量合成相对速度 $w_1$，其角度为 $\alpha_2$。气流以相对速度 $w_2$、角度 $\alpha_4$ 流出动叶栅通道，由于叶片偏转角的存在，$\alpha_4$ 要比 $\alpha_2$ 小。注意 $w_2$ 比 $w_1$ 小，这是由于靠近尾缘，随着叶片变薄，通道宽度增加的结果。因此，动叶通道中就会发生流动扩压。相对出口气流速度和叶片切向速度矢量合成绝对出口速度 $v_2$。气流随后进入静叶栅，在其中发生偏转，进而以最小的冲角进入下一列动叶栅。气流进入转子的速度可以分解为轴向分量 $v_{z1}$ 和切向分量 $v_{\theta1}$。

应用欧拉透平方程

$$H = -\frac{1}{g_c}(u_1 v_{\theta 1} - u_2 v_{\theta 2}) \quad (7\text{-}6)$$

这里假设叶片进、出口处旋转速度相同，并注意到下列两个关系式，即

$$v_{\theta 1} = v_{z1} \tan\alpha_1 \quad (7\text{-}7)$$

$$v_{\theta 2} = v_{z2} \tan\alpha_3 \quad (7\text{-}8)$$

方程（7-6）可以写成

$$H = -\frac{u_1}{g_c}(v_{z1} \tan\alpha_1 - v_{z2} \tan\alpha_3) \quad (7\text{-}9)$$

假设轴向分量（$v_z$）保持不变，即

$$H = -\frac{uv_z}{g_c}(\tan\alpha_1 - \tan\alpha_3) \quad (7\text{-}10)$$

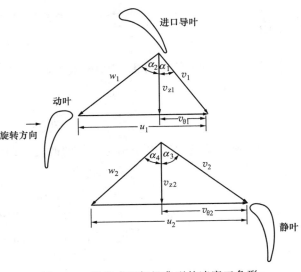

图 7-11 轴流式压气机典型的速度三角形

上述关系式是对绝对进、出口气流速度而言的。根据叶片几何角或者相对气流角重新整理上面的方程，可以得到如下关系式，即

$$u_1 = u_2 = v_{z1} \tan\alpha_1 + v_{z1} \tan\alpha_2 = v_{z2} \tan\alpha_3 + v_{z2} \tan\alpha_4$$

这样可以得到

$$H = \frac{uv_z}{g_c}(\tan\alpha_2 - \tan\alpha_4) \quad\quad\quad (7\text{-}11)$$

上面的关系式可以用来计算级中的压力升高

$$c_p T_{in}\left[\left(\frac{p_2}{p_1}\right)^{\frac{\gamma-1}{\gamma}} - 1\right] = \frac{uv_z}{g_c}(\tan\alpha_2 - \tan\alpha_4) \quad (7\text{-}12)$$

改写为

$$\frac{p_2}{p_1} = \left[\frac{uv_z}{g_c c_p T_{in}}(\tan\alpha_2 - \tan\alpha_4) + 1\right]^{\frac{\gamma}{\gamma-1}} \quad (7\text{-}13)$$

为了更好地描述速度的变化，速度三角形可以以几种不同的方式组合在一起，一种方法是将各个速度三角形依次相连，另一种方法是采用图 7-12 所示的方式连接两个速度三角形。其中图 7-12a 所示的连接方法假设轴向速度相同，因而代表轴向速度的矢量重叠在一起，图 7-12b 所示的连接方法假设进出口的叶片旋转速度相同，因而代表叶片旋转速度的矢量边重叠在一起。

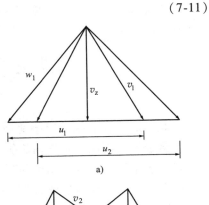

a)

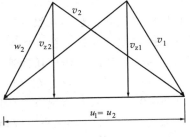

b)

图 7-12 速度三角形

## 反动度

轴流式压气机中的反动度（又称反力度）定义为转子中静压头升高的值与整个级中静压头升高值的比值

$$R = \frac{H_{\text{rotor}}}{H_{\text{stage}}} \tag{7-14}$$

转子中静压头的改变等于相对动能的改变，即

$$H_{\text{r}} = \frac{1}{2g_{\text{c}}} (w_1^2 - w_2^2) \tag{7-15}$$

$$w_1^2 = v_{z1}^2 + (v_{z1} \tan\alpha_2)^2 \tag{7-16}$$

$$w_2^2 = v_{z2}^2 + (v_{z2} \tan\alpha_4)^2 \tag{7-17}$$

这样得到

$$H_{\text{r}} = \frac{v_z^2}{2g_{\text{c}}} (\tan^2\alpha_2 - \tan^2\alpha_4)$$

从而级的反动度可以写成

$$R = \frac{v_z}{2u} \frac{\tan^2\alpha_2 - \tan^2\alpha_4}{\tan\alpha_2 - \tan\alpha_4} \tag{7-18}$$

简化后得到

$$R = \frac{v_z}{2u} (\tan\alpha_2 + \tan\alpha_4) \tag{7-19}$$

在对称轴流级中，动叶栅和静叶栅中的叶片以及方向彼此呈镜像对称。如图 7-13 所示，对称轴流级中 $v_1 = w_2$，$v_2 = w_1$，由欧拉透平方程可以得到压头的速度表达式，即

$$H = -\frac{1}{2g_{\text{c}}} [(u_1^2 - u_2^2) + (v_1^2 - v_2^2) + (w_2^2 - w_1^2)] \tag{7-20}$$

$$H = -\frac{1}{2g_{\text{c}}} [(w_2^2 - w_1^2)] \tag{7-21}$$

由此，对称轴流级的反动度是 50%。

对给定的级压比，对称轴流级中动叶或静叶表面的逆压流动可减弱到最低程度，因此这种 50%反动度级被广泛采用。采用这种级进行压气机设计，必须在第一级前加装进口导叶以提供预旋和进入第一级动叶合适的气流角。由于每列静叶栅中切向速度分量都很大，$w_1$ 的数值减小。这样在进口马赫数不超过 0.70~0.75 上限的情况下，可以允许采用更高的转速和轴向速度分量。高转速可以减小压气机的直径和重量。

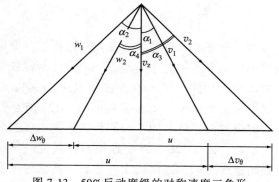

图 7-13　50%反动度级的对称速度三角形

采用对称级的另一个好处在于，静叶栅和动叶栅中的静压升是相同的，这样对级来说，可以获得最大的静压比。因此对于给定的总压比，需要的级数就最少，而级数是衡量这类压气机轻小与否的一个参数。对称级的最大缺点是由于轴向速度分量大，导致出口损失升高。但是，由于对称级所具有的优点对航空应用十分重要，因此采用这种级的压气机在航空发动机中得到了广泛应用。在地面燃气轮机中，由于重量和体积的影响并不很重要，对称级压气机中应用较少，而另一种类型的非对称级应用较多。

术语"非对称级"指反动度不是 50% 的其他类型的级，它的一个特例就是轴向进气级。其动叶进口的绝对速度沿轴向，动叶出口的旋流被下游静叶消除。从图 7-14 可以看到，级中静压升主要发生在动叶中，反动度在 60%~90% 范围内变化。这种级在整个叶高上能量的转换和轴向速度都保持常数，因此，在相邻叶排的不变间隙中保持相同的涡流条件。

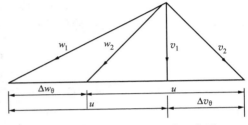

图 7-14 轴向进气级的速度三角形

反动度大于 50% 的级的优点是，由于轴向速度和叶片转速较低，因而出口损失也低。由于静叶栅中压比较低，可以采用一定的简化设计，比如可以采用直列叶栅、取消级间密封等。采用这种级可以得到比对称级更高的实际效率，这主要是由于出口损失降低而取得的。采用这种级的缺点是，由于静叶栅中压比很低，因此对给定的总压比，需要的级数就多，压气机相应的重量也会增加。由于出口轴向速度和叶片转速低，为了将进口马赫数维持在允许的范围内，叶片高度势必增加。在地面燃气轮机中，重量和体积的增加并不是重要的因素，为了追求更高的效率，往往采用这种类型的级。

图 7-15 所示为另一类反动度大于 50% 的轴向出气级的速度三角形。在该级中，出口气流绝对速度沿轴向，静压升全部发生在动叶栅中，静叶栅中静压有所降低，因而级的反动度超过了 100%。这类级的优点是具有较低的轴向速度和叶片转速，因而可能的出口损失也较小。采用这种级的压气机级数很多，直径和重量大。为了使进口马赫数保持在允许的范围内，叶片转速和轴向速度必须维持在非常低的水平。由于出口损失非常低，并且得益于自由涡的设计，这种出气沿轴向的级可以获得更高的实际效率。这种压气机尤其适用于闭式循环电厂，在这种情况下，其中较少量的空气在升高的静压下引入压气机中。

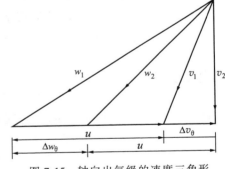

图 7-15 轴向出气级的速度三角形

虽然反动度小于 50% 的压气机级是可能的，但这类设计将产生很高的静叶进口马赫数，进而产生较大的损失。为避免过度的湍流扰动，静叶的最大总扩张角应限制在 20° 以内。进口马赫数高和有限的扩张角使静叶的轴向弦长较大，进而导致压气机具有较大的轴向长度。

## 径向平衡方程

轴流式压气机中的流动控制方程包括连续方程、动量方程和能量方程。由于轴流式压气机中流动的复杂性，完全求解这些方程是不可能的。对轴流式压气机中径向流动的影响已经开展了很多研究工作。考虑轴对称假设引入第一个简化，即叶片排内每个径向和轴向节点上的流动可以用平均的周向参数来代替。另外，假设径向速度分量远小于轴向分量，因此可以忽略。

对于具有小展弦比的低压压气机，当流线曲率的影响不是很显著时，可以采用简单径向平衡方程求解。假设径向速度分量沿轴向的改变为零（$\partial v_{rad}/\partial z = 0$），并且熵沿径向的变化可以不予考虑（$\partial s/\partial r = 0$），由于流线曲率的影响可以忽略，子午速度（$v_m$）就等于轴向分速度（$v_z$）。由此，可以得到静压的径向梯度为

$$\frac{\partial p}{\partial r} = \rho \frac{v_\theta^2}{r} \qquad (7\text{-}22)$$

应用上述简单径向平衡方程，可以计算轴向速度分量的分布，计算的精度与 $v_\theta^2/r$ 和 $r$ 呈线性关系的程度有关。

上述假设对低负荷压气机有效，但对于大展弦比、高负荷的级来说，流线曲率的影响就变得很显著，在这种情况下，上述假设并不适用。此时，必须考虑子午速度在径向的加速度以及径向压力梯度必须考虑。对大曲率的流线，径向压力梯度可以写成

$$\frac{\partial p}{\partial r} = \rho \left( \frac{v_\theta^2}{r} \pm \frac{v_m^2 \cos\varepsilon}{r_c} \right) \qquad (7\text{-}23)$$

式中，$\varepsilon$ 是流线曲率与轴向的夹角；$r_c$ 是曲率半径。

为了精确地确定曲率半径和流线斜率，需要知道通过叶片排的流线形态。流线形态是环形通道面积、挠度、叶片厚度分布以及叶片进、出口气流角的函数。由于没有简单的办法来计算所有这些参数的影响，只能依靠经验来估计径向加速度。通过迭代求解，可以获得参数之间的关系。通过叶片叶尖沿流向锥度变小以减小轮毂曲率，从而消除大展弦比叶片的大径向加速度的影响。

## 扩散因子

最先由利布里恩（Lieblien）定义的扩散因子是一个衡量叶片负荷的指标：

$$D = \left( 1 - \frac{w_2}{w_1} \right) + \frac{v_{\theta 1} - v_{\theta 2}}{2\sigma w_1} \qquad (7\text{-}24)$$

扩散因子对动叶叶尖应小于 0.4，对动叶轮毂和静叶应小于 0.6。整个压气机中扩散因子的分布没有明确的定义。然而，由于后面几级叶排中径向速度分布发生扭曲，因此其效率降低。试验结果指出，尽管后面级的效率有所降低，但是只要不超过扩散载荷限制，级的效率仍然可以维持在相对较高的水平。

## 冲角

对低速叶型设计，低损失运行的区域通常比较平缓，很难建立如图 7-16 所示的对应于最小损失的冲角的精确值。由于曲线基本上对称，最小损失位置位于低损失区的中央，其范

围定义为最小损失系数增加所对应的冲角的变化范围。

以下给出的冲角计算方法可用于曲面叶型。NASA 对各种叶型所做的工作是这个方法的基础。冲角是叶片挠度的函数，而叶片挠度是气流转折角的函数，即

$$i = Ki_0 + m\zeta + \delta_m \qquad (7-25)$$

式中，$i_0$ 是零挠度对应的冲角；$m$ 是冲角随着气流转折角 $\zeta$ 变化的斜率；$K$ 为校正系数；$\delta_m$ 表示马赫数对冲角的影响。零挠度冲角是进口气流角和稠度的函数，如图 7-17 所示。$m$ 的值为图 7-18 给出的进口气流角和稠度的函数。

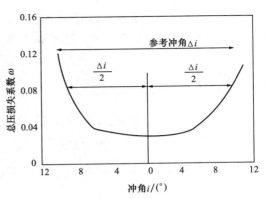

图 7-16 损失与冲角的函数关系

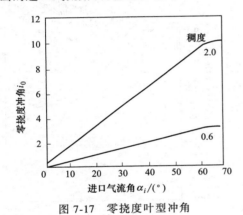

图 7-17 零挠度叶型冲角

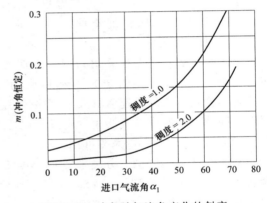

图 7-18 冲角随气流角变化的斜率

冲角 $i_0$ 是对 10% 叶片厚度而言的，对于其他厚度的叶片，引入校正系数 $K$，该系数由图 7-19 得到。

考虑到马赫数的影响，必须对冲角采用 $\delta_m$ 进行校正。马赫数对冲角的影响在图 7-20 中给出。在马赫数达到 0.7 以前，冲角不受影响。

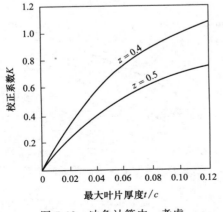

图 7-19　冲角计算中，考虑
叶片厚度影响的修正

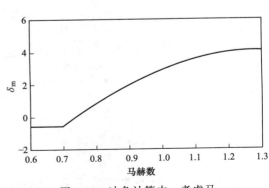

图 7-20　冲角计算中，考虑马
赫数影响的修正

通过上述方法，冲角可以完全确定下来。因此，当进、出口气流角和进口马赫数已知时，进口几何角就可以按这种方法计算出来。

## 落后角

卡特（Carter）规则表明，落后角 $\delta_f$ 是叶型弯曲角 $\theta$ 的函数，它与当量稠度（$\delta = m\theta\sqrt{1/\sigma}$）成反比。考虑安装角、稠度、马赫数以及叶型对这个规则进行修正

$$\delta_f = m_f\theta\sqrt{1/\sigma} + 12.15t/c(1-\theta/8.0) + 3.33(M_1 - 0.75)$$

$$(7-26)$$

式中，$m_f$ 是安装角、最大叶片厚度和最大厚度位置的函数，如图 7-21 所示；方程右边的第二项只适用于叶型弯曲角 $0° < \theta < 8°$ 的条件；第三项只适用于 $0.75 < M_1 < 1.3$ 的条件。

NACA 叶型数据在计算出口气流角时被广泛使用。梅勒（Mellor）在给定升力和稠度的条件下，对具有各种安装角的低速 NACA 65 系列叶型重新绘制了不同截面处的进口气流角、出口气流角的图形，图 7-22 给出了 NACA 65 系列叶型。

NACA 65 系列叶型的分类采用如 65-(18) 10 的命名法，以表示叶片型线为 65 系列、升力系数 $C_L$ 为 1.8、叶片厚度约为弦长的 10% 的叶型。NACA 65 系列叶型的弯曲角与升力系数之间的关系如图 7-23 所示。

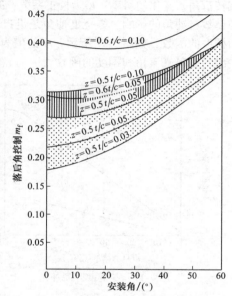

图 7-21 最大厚度位置对落后角的影响

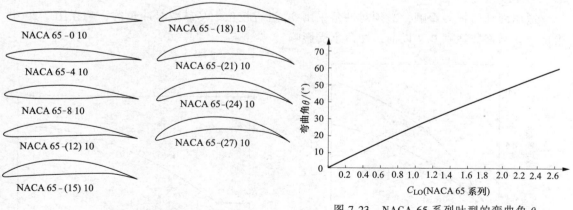

图 7-22 NACA 65 系列叶型

图 7-23 NACA 65 系列叶型的弯曲角 $\theta$ 和升力系数 $C_{L0}$ 之间的近似关系

梅勒对低速叶栅数据进行了重新绘制。如图 7-24 所示，图中横坐标为 $\alpha_1$，纵坐标为 $\alpha_2$，图中数据在给定的挠度和相对栅距的条件下给出，但是按照不同的安装角 $\gamma$ 分组，给

出了不同的冲角（$i = \alpha_1 - \beta_1$）或气流角（$\alpha_1 - \gamma$）的测试结果。每个结果区块由粗黑线表示，这些线代表在对应的气流角下，阻力系数超过未失速时阻力系数平均值的50%。

  NACA 对每一试验叶型给出了"设计点"。设计点从所观察到的叶片表面压力分布最光滑的曲线中选取：假如低速时在某一特定冲角条件下压力分布是光滑的，那么在高速时同样的冲角条件下该叶型的效率可能也比较高，这个冲角就被选取为一个设计点。

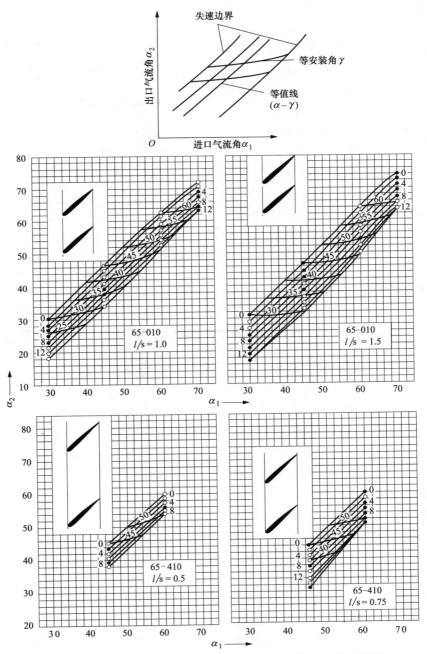

图 7-24   NACA 65 系列叶型数据（麻省理工燃气轮机实验室提供）

$l$—弦长   $s$—栅距

尽管这样的定义不是很严格，但是设计点与稠度和挠度之间的关系所给出的曲线分布一致。这些设计点重新绘制在图7-25中，图中给出的气流角 $\alpha_1-\gamma$ 随相对栅距和挠度的变化关系，与安装角无关。

如果设计者可以任意选择相对栅距、挠度和安装角，那么"设计点"的选择可以通过从图7-24和图7-25反复试凑来得到。假如进口角为35°，并要求出口角 $\alpha_2$ 为15°，从图中曲线就可以查到，在相对节距为1.0、挠度为1.2、安装角为23°时，叶栅在设计点运行。叶栅的相对节距可以在一定范围内变化，但有一个叶栅将在指定气流角的设计点运行。假如上一个例子中相对节距要求为1.0，那么唯一满足运行在设计点的叶栅参数，则为挠度1.2和安装角23°。

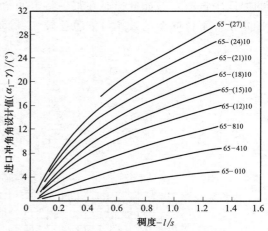

图7-25　NACA 65系列叶型设计气流角（$\alpha_1-\gamma$）

$l$—弦长　　$s$—栅距

这样的设计过程也并不总是被采用，因为设计人员为了获得变工况条件下更大的适应性，可能将设计运行点选在靠近失速边界上限或者下限（喘振）的地方。

# 压气机运行特性

压气机运行在较大的流量和转速范围内，输出稳定的压力/压比。在起动过程中，压气机必须在低转速下稳定运行。压气机存在称之为喘振的非稳定运行的极限工况，如压气机性能曲线图中的喘振线。当压气机背压增大到使压气机的压缩功不足以平衡这一高背压时，压气机中流动发生分离并产生倒流，此时压气机达到其喘振点。发生喘振时，压气机发生气流的倒流，整个压气机连续稳定的流动被阻碍。强烈的流体波动使作用在压气机转子上的推力方向发生变化，导致叶片和推力轴承损坏，进而导致压气机的机械损坏。这里需要将压气机喘振与失速分开，失速是指发生在叶片吸力面的流动分离导致的空气动力学失速。当一级或多级发生失速，但其他各级未失速时，一个多级压气机仍可以稳定运行在非喘振区。

## ▶▶压气机喘振

压气机喘振是一个非常值得关注的现象，目前对其研究和理解还不够全面。喘振是一种非稳定运行状态，应该避免，然而，喘振经常会发生并导致压气机的机械破坏。喘振通常被定义为压气机稳定运行的下限，与工质倒流有关。工质倒流是由于系统中气动失稳引起的。一般情况下，气动失稳是由压气机的部分级诱发的，但是压气机整个系统布局可能扩大这一失稳现象。压气机通常运行在一条基准线上，这条基准线距离喘振线相隔一定的安全裕度。目前针对喘振已开展了大量研究，但由于缺乏对不同动叶和静叶的定量普遍性或气动载荷能力以及边界层流动的深入理解，使得非设计工况下对压气机内部流动特性进行预测仍十分困难。

流量的减少、转子转速的增大，或两者共同作用将诱发压气机的喘振。无论喘振是由流量减小还是转速增大引起的，动叶栅或静叶栅中均会发生失速。应该注意，压气机运行效率越高，越接近于喘振点，工质总压的升高只发生在压气机转子（动叶）部件中。为使性能曲线更具有通用性，在本章的论述中，压气机性能曲线图引入了折合转速和折合流量的概念。

多级压气机的喘振线斜率可以是一条简单的抛物线，也可以是一条复杂的包含多个间断点甚至"槽口"的曲线。喘振线型的复杂性取决于流动受限的级是否会随转速的变化而从一个级过渡到另一个级；特别是非常密切匹配的级组合常常表现出复杂的喘振线。相比于具有调速控制的压气机，具有可变进口导叶的压气机的喘振线在高流量下更为弯曲。

喘振通常伴随有剧烈的机械振动和特有的噪声，但有时也存在无明显噪声的喘振导致的故障。通常情况下，压气机发生喘振或接近喘振时，压气机运行伴随有以下几种症状：一般性或脉动噪声增大、转子轴向偏移、排气温度剧增、压气机压差波动、横向振动幅值增大。通常，高压压气机在初始喘振范围内运行的高压压气机时常伴随有占据主要幅值的低频、非同步振动信号，以及以叶片通过频率为基频的各种简谐信号。机组在喘振区域延长运行将会发生推力轴承和径向轴承的损坏。转子轴向窜动会引起静叶和动叶间的碰磨，进而导致静叶和动叶损坏。由于大的流动失稳的存在，当气动激励频率与动叶自响应频率相同时，将导致动叶损坏。

轴流式压气机性能曲线图显示了在一系列恒定的等折合转速线下，压气机总压比随折合流量（通常表示为设计值的百分比）的变化关系。轴流式压气机的绝热效率（$\eta_c$）在性能图上显示为岛状曲线，也可以表示为随折合流量变化的曲线。图7-26给出了一个典型多级压气机的性能曲线。

在一条给定的折合转速线上，随着折合流量的减小，压比（通常）增大，直到在喘振线上达到极值。在喘振线上或接近喘振线的工况点，压气机中有序的流动（如近似轴对称）被打破（流动变为伴随旋转速的非轴对称流动），并变为剧烈的非定常

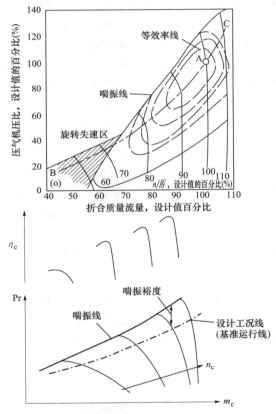

图7-26 多级压气机的性能曲线

$n$—转速 $Q$—压气机实际进气温度与参考温度的比值
$\eta_c$—压气机效率 Pr—压比 $n_c$—转速 $m_c$—流量

流动。因此喘振线是压气机非稳定运行点的轨迹线，应该避免在此工况内运行。为处理这种失稳，喘振裕度可定义为

$$SM = \frac{\mathrm{Pr}_{surge} - \mathrm{Pr}_{working}}{\mathrm{Pr}_{working}} \tag{7-27}$$

在式（7-27）中，$Pr_{surge/working}$表示在相同折合流量下，喘振线/基准运行线上对应的压比，因此喘振线上的运行工况点对应的折合转速更大。对于等折合转速线上的工况点，采用相同折合转速下，基准运行线和喘振线上的折合流量来定义喘振裕度更为合适。为保证一个多级压气机的稳定运行，必须保证一定的喘振裕度。

压气机设计运行工况称为设计工况点。在设计工况点，安装在同一轴上的各个压气机级是气动匹配的，也就是说，对每一级而言，来流均使压气机级处于设计工况点，且该点是折合转速和折合流量的唯一组合点（因此设计工况点又称匹配点）。虽然设计工况点是压气机长期运行的工况点，但在燃气轮机起动时，压气机也存在低速运行的情况，此时，需要高的压比和效率。当压气机在不同折合转速下运行时，折合流量与设计值不同。此时需要将级的进口流动与上一级的出口流动相匹配，但很困难。为了说明，考虑沿等折合速度线的变化：与基准运行线工况点相比，流量的减小引起了更大的增压，因此第一级中流体密度比设计值增大得更多。比设计值偏大的流体密度意味着第二级具有比第一级更低的流量系数和更大的密度增量。随着这一影响的积累，末级趋近于失速，而前面级只有轻微的变化。相反，相对于基准工况点，增大流量将导致更小的增压和密度增量。较小的密度增量意味着第二级内更大的流量系数以及更小的密度增量，这将导致末级趋近于由负冲角引起的失速，效率降低。类似地，通过设计工况点沿基准运行线减小转速将导致压气机上游级失速和下游级鼓风。应对压气机低速运行解决困难的方法包括：中间级抽气、应用可变几何压气机、应用多转子压气机或者几种方法组合应用。

### ▶▶压气机阻塞

压气机阻塞点是指压气机内流动马赫数在叶栅通道喉部达到1的工况点，该点处的压气机流量达到最大值，这一现象在工业上通常俗称为"石墙（Stone Walling）"。如图7-27所示，压气机级数越多，压比越高，压气机在喘振和阻塞区域之间的运行裕度越小。

### ▶▶压气机失速

压气机失速现象可清晰地分为三类：单叶片失速和旋转失速，这两类属于气动现象；还有一类称为失速颤振，属于气动弹性现象。

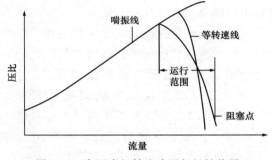

图 7-27　高压多级轴流式压气机性能图

#### 单叶片失速

这类失速发生时，压气机环形空间周向所有的叶片同时失速，而没有出现失速传播机制，这类失速发生的条件目前尚不清楚。叶排的失速通常似乎表明为某种类型的传播失速，但是单叶片失速是一个例外。

#### 旋转失速

旋转失速或传播失速最早是由惠特尔（Whittle）和他的团队在离心式压气机导风轮叶片中观察到的。旋转失速由覆盖多个叶片通道的大失速区组成，并沿着转子旋转方向的反向传播，传播速度与转子的转速成一定比例。失速区的数目和传播速度变化很大。旋转失速是最常见的失速类型。

失速区的传播机制可以从图 7-28 得到解释。某种扰动导致叶片 2 首先达到失速条件，由于失速叶片不能产生足够的压力升高来维持其周围的气流流动，因而产生了流动阻塞或导致低速流区的扩大。这股滞止的气流将转向朝着周围的叶片流动，使得叶片 3 上的冲角增大，叶片 1 上的冲角减小。这样，失速区沿叶片的升力方向在叶栅中传播。失速区相对于叶片排向下传播的速度约为转子转速的一半；发生偏转的气流使位于呆滞流动区域下方的叶片发生失速，而使其上方的叶片远离失速。呆滞的流动或失速区以与转子转动相反的方向从压力面到吸力面移动，失速区可以覆盖多个叶栅通道。从压气机试验中观察到的失速区相对传播速度小于转子转速。从绝对参考系中观察，失速区似乎沿转子转动方向移动。失速区的径向延伸变化范围可以从仅占据叶尖区域到覆盖整个叶高范围。表 7-2 给出了单级和多级轴流式压气机的旋转失速特征。

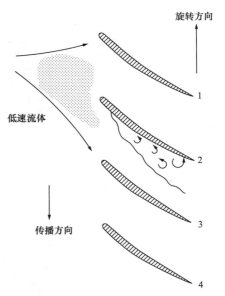

图 7-28　叶栅中的旋转失速

**表 7-2　旋转失速数据总结**

| | | | | 单级压气机 | | |
| --- | --- | --- | --- | --- | --- | --- |
| 速度三角形类型 | 轮毂比 | 失速区数目 | 传播速度,失速速度,绝对速度/转子速度 | 失速期间加权流动波动 $\Delta\left[\dfrac{\rho V}{(\rho V)_{avg}}\right]$ | 失速区沿径向延伸范围 | 失速类型 |
| 对称 | | 3 | 0.420 | 1.39 | 部分 | 渐进 |
| | 0.5 | 4 | 0.475 | 2.14 | | |
| | | 5 | 0.523 | 1.66 | | |
| | 0.9 | 1 | 0.305 | 1.2 | 全部 | 突变 |
| | 0.8 | 8 | 0.87 | 0.76 | 部分 | 渐进 |
| | | 1 | 0.36 | 1.30 | 全部 | 突变 |
| | | 7 | 0.25 | 2.14 | | |
| | | 8 | 0.25 | 1.10 | | |
| | | 5 | 0.25 | 1.10 | 部分 | |
| | 0.76 | 3 | 0.23 | 2.02 | | |
| | | 4 | 0.48 | 1.47 | | 渐进 |
| | | 3 | 0.48 | 2.02 | | |
| | | 2 | 0.49 | 1.71 | 全部 | |
| | 0.72 | 6,8 | 0.245 | 0.71~1.33 | 全部 | 渐进 |
| 自由涡 | 0.60 | 1 | 0.48 | 0.60 | 部分 | 渐进 |
| | | 2 | 0.36 | 0.60 | 部分 | 渐进 |
| | | 1 | 0.10 | 0.68 | 全部 | 突变 |

（续）

| 单级压气机 | | | | | | |
|---|---|---|---|---|---|---|
| 速度三角形类型 | 轮毂比 | 失速区数目 | 传播速度,失速速度,绝对速度/转子速度 | 失速期间加权流动波动 $\Delta\left[\dfrac{\rho V}{(\rho V)_{avg}}\right]$ | 失速区沿径向延伸范围 | 失速类型 |
| 刚体涡 | 0.60 | 1 | 0.45 | 0.60 | 部分 | 渐进 |
| | | 1 | 0.12 | 0.65 | 全部 | 突变 |
| 跨声速涡 | 0.50 | 3 | 0.816 | — | 部分 | 渐进 |
| | | 2 | 0.634 | — | 全部 | 渐进 |
| | | 1 | 0.565 | — | 全部 | 突变 |
| | 0.40 | 2 | — | — | 部分 | 渐进 |

| 多级压气机 | | | | | | |
|---|---|---|---|---|---|---|
| 速度三角形类型 | 轮毂比 | 失速区数目 | 传播速率,失速速度,绝对速度/转子速度 | 失速区沿径向延伸范围 | 周期性 | 失速类型 |
| 对称 | 0.50 | 3 | 0.57 | 部分 | 稳定 | 渐进 |
| | | 4 | | | | |
| | | 5 | | | | |
| | | 6 | | | | |
| | | 7 | | | | |
| 对称 | 0.90 | 4 | 0.55 | 部分 | 间歇 | 渐进 |
| | | 5 | | | | |
| | | 6 | | | | |
| 对称 | 0.80 | 1 | 0.48 | 部分 | 稳定 | 渐进 |
| | 0.76 | 1 | 0.57 | 部分 | 稳定 | 渐进 |
| 对称 | | 2 | | 部分 | 稳定 | 渐进 |
| | | 3 | | | | |
| | | 4 | | | | |
| | 0.72 | 1 | 0.57 | | | |
| 对称 | | 2 | | 部分 | 间歇 | 渐进 |
| | | 3 | | | | |
| | | 4 | | | | |
| | | 5 | | | | |
| 自由涡 | 0.60 | 1 | 0.47 | 全部 | 稳定 | 突变 |
| 刚体涡 | 0.60 | 1 | 0.43 | 全部 | 稳定 | 突变 |
| 跨声速涡 | 0.50 | 1 | 0.53 | 全部 | 稳定 | 突变 |

注：1. "渐进"失速：失速区域的压力特征变化是连续的。
　　2. "突变"失速：失速区域的压力特性变化是不连续的。

失速颤振

失速颤振这类现象是由于叶片自激引起的，属于气动弹性问题。这里必须将它与典型颤振区分开，典型的颤振是一种耦合的弯扭振动，它发生在机翼或者叶片截面的自由流速度达到某个临界值的条件下，而失速颤振是由于叶片周围的气流失速而引起的。

叶片失速导致在叶型尾迹中产生卡门涡街，当这些涡街的频率与叶型的固有频率相同时，颤振就会发生。失速颤振是压气机叶片损坏的主要原因之一。

颤振可以分为几个不同类型，图 7-29 给出了一个高速（跨声速）压气机运行图中的几种颤振边界。为充分描述颤振边界，除折合流量 $\dot{m}_c$ 和折合转速 $n_c$ 外，还引入了额外的无量纲参数。其中一个参数是折合频率，定义为叶片弦长与叶片旋转诱发的非定常扰动波长的比值，常用折合频率的倒数，即折合速度代替它。哈拉克（Khalak）于 2002 年提出并发展了一种实用的颤振评估框架，该框架采用一组 4 个无量纲参数描述颤振边界特征。这组参数是折合流量、折合转速、可压缩折合频率 $\left(\dfrac{c\omega_0}{\sqrt{\gamma RT}}\right)$（$c$ 为叶片弦长，$\omega_0$ 为模态频率）和联合质量-阻尼参数（机械阻尼与叶片质量的比值）。与喘振裕度类似，颤振裕度 FM 可定义为

$$FM = \frac{Pr_{flutter} - Pr_{working}}{Pr_{working}} \tag{7-28}$$

式中，$Pr_{flutter}$ 和 $Pr_{working}$ 分别为相同折合流量下，颤振边界线和基准运行线上的压比。对于等折合转速线上的工况点，采用相同折合转速下的基准运行线和颤振边界线上的折合流量定义颤振裕度更合适。

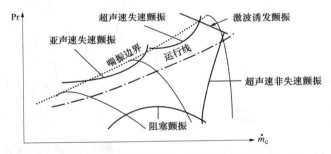

图 7-29　跨声速压气机运行图中的颤振区域［米科莱扎克（Mikolajczak）等，1975］

本节给出了一个由颤振引发轴流式压气机第 5 级故障的典型示例。在 3~10h 的运行期间共 3 个叶片损坏失效，这里对故障原因进行剖析。测试中使用一个输出电压的动态压力传感器来获得频谱。在压气机的前 4 级，没有监测到显著的振幅。在 $48n$（$n$ 为转速）频率点观察到一个信号，但是其振幅并不高，且没有波动发生。在第 4 级低压抽气室进行的测量显示了类似的特征。该压气机的高压抽气室位于第 8 级之后，在这个位置测量到一个频率为 $48n$ 的强波动信号。由于第 5 级叶轮有 48 个叶片，因此怀疑问题出在第 5 级。然而，在第 5 级前面，存在 $96n$（$2×48n$）的叶排，因此还需进一步分析。仔细观察发现，与 $48n$ 频率的高振幅相比，在高压抽气室的测量仅仅观察到一个非常小的 $96n$ 振幅。既然 96 个叶片的叶排靠近高压抽气室，在通常的运行条件下，振动信号频率的预期结果应当是 $96n$，而不是 $48n$。$48n$ 高振幅信号表明导致这一强波动信号的是第 5 级，因此可能在那个截面发生了

失速。

图 7-30 至图 7-33 分别给出了转速为 4,100r/min、5,400r/min、8,000r/min、9,400r/min 时的频谱。在 9,400r/min 时，48$n$ 的二、三谐波也占主导地位。

接下来，对第 5 级的压力进行了测量，再次观察到一个 48$n$ 的高振幅信号。然而，在 1,200Hz 时也观察到一个十分明显的信号。图 7-34 和图 7-35 分别给出了在 5,800r/min 和 6,800r/min 时的最大振幅（横坐标为叶片通过频率的谐频，纵坐标为重力加速度）。

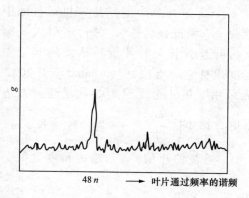

图 7-30　高压抽气室—4,100r/min

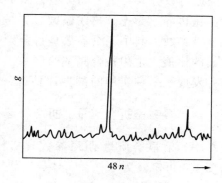

图 7-31　高压抽气室—5,400r/min

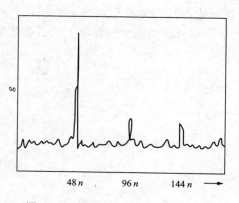

图 7-32　高压抽气室—8,000r/min

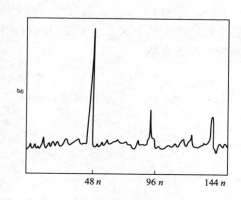

图 7-33　高压抽气室—9,400r/min

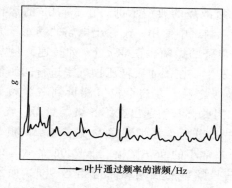

图 7-34　第 5 级抽气压力—5,800r/min

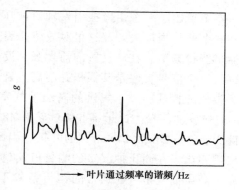

图 7-35　第 5 级抽气压力—6,800r/min

在压气机出口，$48n$ 的主导频率一直到 $6,800 \mathrm{r/min}$ 都存在。在 $8,400 \mathrm{r/min}$，$48n$ 和 $96n$ 频率大致处于相同的量级，这是 $48n$ 和 $86n$ 频率相同的唯一的信号。压力是从抽气室中的一个静压孔测量的。所有其他压力测量是在机匣处进行的，表明这种现象发生在叶尖位置。既然这个问题只与第 5 级有关，那么可以得到结论：失速发生在第 5 级转子叶尖位置。这一故障的解决方法是采用改进的叶片角对第 5 级叶片进行重新设计，从而使该级叶片远离失速颤振。

## 压气机性能参数

对于气体压气机而言，其出口总压/滞止压力 $p_{\mathrm{texit}}$ 和等熵效率 $\eta_{\mathrm{c}}$ 可表示成如下参数的函数，即

$$(p_{\mathrm{texit}}, \eta_{\mathrm{c}}) = f(\dot{m}, p_{\mathrm{tin}}, T_{\mathrm{tin}}, n, \upsilon, R, \gamma, \mathrm{design}, D) \tag{7-29}$$

与压缩过程相关的气体性质用运动黏度 $\upsilon$、比热比 $\gamma$ 和气体常数 $R$ 表示。压气机几何特征用设计和特征尺寸如压气机叶尖直径 $D$ 表示。采用量纲分析简化式（7-29）（注意，比热比 $\gamma$ 和 design 可以认为是无量纲的），可得

$$\left(\frac{p_{\mathrm{texit}}}{p_{\mathrm{tin}}}, \eta_{\mathrm{c}}\right) = f\left(\frac{\dot{m}\sqrt{RT_{\mathrm{tin}}}}{p_{\mathrm{tin}}D^2}, \frac{nD}{\sqrt{\gamma R T_{\mathrm{tin}}}}, \frac{nD^2}{\upsilon}, \gamma\right) \tag{7-30}$$

对于给定的压气机，当进口条件和比热容比 $\gamma$ 恒定时，式（7-30）可简化为

$$\left(\frac{p_{\mathrm{texit}}}{p_{\mathrm{tin}}}, \eta_{\mathrm{c}}\right) = f\left(\frac{\dot{m}\sqrt{T_{\mathrm{tin}}}}{p_{\mathrm{tin}}}, \frac{n}{\sqrt{T_{\mathrm{tin}}}}, \frac{nD^2}{\upsilon}\right) \tag{7-31}$$

当高雷诺数足够高（$> 3 \times 10^5$）时，雷诺数的变化对压气机的性能影响很小，因此 $\left(\dfrac{p_{\mathrm{texit}}}{p_{\mathrm{tin}}}, \eta_{\mathrm{c}}\right)$ 可表示成 $\left(\dfrac{\dot{m}\sqrt{T_{\mathrm{tin}}}}{p_{\mathrm{tin}}}, \dfrac{n}{\sqrt{T_{\mathrm{tin}}}}\right)$ 的函数，即

$$\left(\frac{p_{\mathrm{texit}}}{p_{\mathrm{tin}}}, \eta_{\mathrm{c}}\right) = f\left(\frac{\dot{m}\sqrt{T_{\mathrm{tin}}}}{p_{\mathrm{tin}}}, \frac{n}{\sqrt{T_{\mathrm{tin}}}}\right) \tag{7-32a}$$

由于对方程右侧的无量纲变量乘以一个常数并不会改变其函数关系，因此可以采用折合流量 $\dot{m}_{\mathrm{c}} = \left(\dfrac{\dot{m}\sqrt{\theta}}{\delta}\right)$ 和折合转速 $n_{\mathrm{c}} = \left(\dfrac{n}{\sqrt{\theta}}\right)$ 代替式（7-32a）中的无量纲变量，即

$$\left(\frac{p_{\mathrm{texit}}}{p_{\mathrm{tin}}}, \eta_{\mathrm{c}}\right) = f\left(\frac{\dot{m}\sqrt{\theta}}{\delta}, \frac{n}{\sqrt{\theta}}\right) = f(\dot{m}_{\mathrm{c}}, n_{\mathrm{c}}) \tag{7-32b}$$

在式（7-32b）中，$\theta = \dfrac{T_{\mathrm{tin}}}{T_{\mathrm{ref}}}$，$\delta = \dfrac{p_{\mathrm{tin}}}{p_{\mathrm{ref}}}$，参考温度 $T_{\mathrm{ref}}$ 和参考压力 $p_{\mathrm{ref}}$ 为标准大气压 $[59.6 \mathrm{℉}（15 \mathrm{℃}）、14.7 \mathrm{lbf/in}^2（101 \mathrm{kN/m}^2）]$ 下的海平面值。采用这些折合变量的优势是它们的数值大小与实际值相似。

可以对一个压气机级应用欧拉透平公式（7-6），即

$$c_{\mathrm{p}}(T_{\mathrm{texit}} - T_{\mathrm{tin}}) = \omega\left[(rv_{\theta})_2 - (rv_{\theta})_1\right] \tag{7-33}$$

来阐明压气机性能曲线图中的函数关系，并推断其性能特征变化机理。假设等熵流动（没有损失），理想压气机级的滞止压力比可表示为

$$\mathrm{Pr}_S = \frac{p_{\mathrm{texit}}}{p_{\mathrm{tin}}} = \left\{ 1 + \left[\frac{(\omega r_2)^2}{c_p T_{\mathrm{tin}}}\right]\left[1 - \left(\frac{v_{z2}}{\omega r_2}\right)\left(\tan\beta_{\mathrm{exit}} + \frac{v_{z1} r_1}{v_{z2} r_2}\tan\alpha_{\mathrm{exit}}\right)\right]\right\}^{\frac{\gamma}{\gamma-1}} \tag{7-34}$$

在式（7-33）和式（7-34）中，下标 1、2 分别表示动叶进口和出口；$v_\theta$ 为切向速度；$v_z$ 为轴向速度；$\omega$ 为转子角速度；$\alpha_{\mathrm{exit}}$ 为静叶出口绝对气流角；$\beta_{\mathrm{exit}}$ 为动叶出口相对气流角；$r$ 为半径。在式（7-34）中引入折合变量可得

$$\mathrm{Pr}_S = \left[1 + k_0 n_c^2 - k_1 n_c \dot{m}_c G(M_1)(\tan\alpha_{\mathrm{exit}} + \tan\beta_{\mathrm{exit}})\right]^{\frac{\gamma}{\gamma-1}} \tag{7-35}$$

式中，$G(M_1)$ 与来流马赫数具有弱相关性；$k_0 \propto r^2$，$k_1 \propto r$。对于一个给定的压气机级，$(\tan\alpha_{\mathrm{exit}} + \tan\beta_{\mathrm{exit}})$ 是恒定的，忽略 $G(M_1)$ 的变化可得 $\mathrm{Pr}_S = \mathrm{Pr}_S(\dot{m}_c, n_c)$。对于一个理想的压气机级，图 7-36 中的一系列等折合转速虚线给出了 $\mathrm{Pr}_S$ 随 $\dot{m}_c$ 和 $n_c$ 的变化关系。通过式（7-35）可获得理想级特征随 $\dot{m}_c$ 和 $n_c$ 的变化趋势。图 7-36 中的实线（等折合转速线）是考虑滞止压力损失时 $\mathrm{Pr}_S$ 随 $\dot{m}_c$ 的变化曲线。在一条给定的折合转速线上，气流角随折合流量的变化而变化。图 7-36 中虚线（理想）和实线（实际）最接近的点对应的折合流量产生的冲角引起的流动损失最小；沿着一条等折合转速线偏离该点过程中，冲角改变（$\dot{m}_c$ 随着冲角的增大而减小，随着冲角的减小而增大）导致流动损失增大。在图 7-36 中表现为相同折合流量下，与损失最小时的差异相

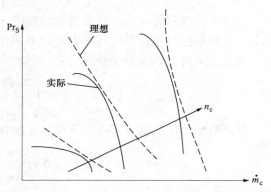

图 7-36　压气机级性能图

比，两条曲线（理想虚线和实际实线）间的差异逐渐增大。由此推断实际的增压（效率）也可以用 $\dot{m}_c$ 和 $n_c$ 来表示。一个包含多级的压气机的压比可通过级的性能获得。

# 轴流式压气机损失

对轴流式压气机进行设计工况和变工况条件下的性能计算，必须知道轴流式压气机中各种类型的损失。

对轴流式压气机中损失的精确计算和正确估计，与对叶片负荷的计算同等重要，因为除非保持正确的参数，否则压气机的效率就会降低。对各种损失的估计要综合试验结果和理论分析。损失可分为两类：（1）转子中的损失；（2）静子中的损失。损失通常用压头损失和焓来表示。

一种方便的表达损失的方法是采用相对于叶片速度的无量纲形式。理论可用总能头 $q_{\mathrm{tot}}$ 等于能量方程中可用能头加上与轮盘摩擦损失掉的压头，即

$$q_{\mathrm{tot}} = q_{\mathrm{th}} + q_{\mathrm{df}} \tag{7-36}$$

转子出口气流中实际上可用的绝热能头等于理论能头减去转子中的激波损失、冲角损失、叶片负荷和型面损失、动叶叶尖间隙损失以及二次流损失，即

$$q_{ia} = q_{th} - q_{in} - q_{sh} - q_{bl} - q_c - q_{sf} \tag{7-37}$$

这样，叶轮中的等熵效率为

$$\eta_{imp} = \frac{q_{ia}}{q_{tot}} \tag{7-38}$$

整级效率计算也要包括静子中的损失。这样，级中实际可用绝热能头为叶轮中实际绝热能头减去因叶轮尾迹而导致的静子中的能量损失、静叶栅出口动能损失以及静叶栅中由于摩擦引起的能量损失，即

$$q_{oa} = q_{ia} - q_w - q_{ex} - q_{osf} \tag{7-39}$$

这样，级的等熵效率为

$$\eta_{stage} = \frac{q_{oa}}{q_{tot}} \tag{7-40}$$

对前面提到的各种损失进一步总结如下：

1. 轮盘摩擦损失。这种损失是由安装了压气机叶片的轮盘表面的摩擦力引起的，其大小随着轮盘类型的不同而变化。

2. 冲角损失。这种损失是由于气流角与叶片的几何角不一致引起的。在±4°角度以内损失最小，超过这个范围，损失将迅速增大。

3. 叶片负荷和型面损失。这类损失是由于边界层中负的速度梯度引起的，这种速度分布最终导致流动分离现象的产生。

4. 表面摩擦损失。这种损失是由叶片表面和环壁处的摩擦力引起的。

5. 间隙损失。这种损失是由叶尖和机匣之间的间隙引起的。

6. 尾迹损失。这种损失是由转子出口产生的尾迹引起的。

7. 静叶型面和表面摩擦力损失。这种损失是由于表面摩擦力和气流进入静叶栅时的冲角引起的。

8. 排气损失。这种损失是由离开静叶栅的气流带走的动能引起的。

图 7-37 所示为轴流式压气机级中各种损失随着流量变化的关系曲线。注意到在流量靠近喘振边界时压气机效率最高。

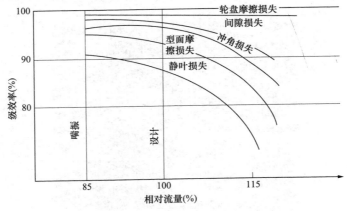

图 7-37 轴流式压气机级中的各种损失

# 轴流式压气机新进展

新型压气机转子具有更少的叶片和更高的负荷，叶片更薄、更长，采用先进的径向平衡理论设计，其三维可控扩散叶型（3D/CDA）具有更小的间隙和更高的单级负荷。

还有一种趋势是在压气机进口或级间截面喷水，这可能会影响叶片的侵蚀寿命。更小的间隙 [20~50mil（1mil=1/1000in）] 和高压比增加了发生碰磨的概率。叶尖碰磨通常发生在燃气轮机的抽气截面，此处内径变化明显，且压气机机匣圆度不好。图 7-38 所示为一个发生叶尖碰磨的压气机动叶。

先进的压气机动叶在叶尖处设计有顶部凹槽，这一凹槽设计可保证叶片与机匣发生接触时，磨损处于一个安全范围。图 7-39 所示为一个具有顶部凹槽的轴流式压气机动叶。严重情况下，碰磨将导致叶尖断裂，以及内部损伤（DOD）引起的下游动叶和扩压器叶片的整体损坏。

在压气机出口，压缩气体的温度很高 [有时超过 1,000℉（537.78℃）]，这要求压缩气体在用于冷却透平高温部件前应该先被冷却降温。这需要大尺寸的热交换器，一些联合循环电厂采用蒸汽冷却压缩气体，这也限制了燃气轮机两次起动之间的停机时间。由于设计裕度由基元级上的有限元模型（FEM）来确定，因而其安全裕度低于先前的设计。这些更大、更薄、碰磨余量更小和扭转程度更明显的叶型，通常成本更高。当从风险角度评估先进燃气轮机的主要特征时，发现其并不具备减小失效概率和/或降低失效后果的特征。

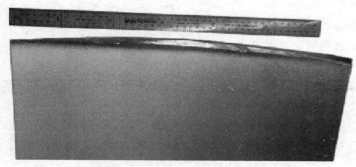

图 7-38　发生叶尖碰磨的压气机动叶

图 7-39　具有顶部凹槽的轴流式压气机动叶

表 7-3 给出了目前在先进燃气轮机中广泛应用的压气机叶片技术的变化。第一列为以前的燃气轮机设计，第二列为新的燃气轮机设计，最后一列为不同设计引起的风险变化（↑表示风险增大）。可见，大部分的比较是不言而喻的。

**表 7-3　燃气轮机中压气机叶片技术的变化**

| 旧设计 | 新设计 | 风险 |
|---|---|---|
| 二维双圆弧或 NACA65 叶型 | 三维或可控扩散叶型（CDA） | ↑ |
| 大叶片数 | 减少叶片数 | ↑ |
| 重复级/小弦长 | 非重复级/大弦长 | ↑ |
| 小/适当展弦比 | 大展弦比 | ↑ |
| 大间隙 | 小间隙 | ↑ |
| 小/适当压比（$R_c$） | 大压比（$R_c$） | ↑ |
| 小/适当单级叶片载荷 | 高单级叶片载荷 | ↑ |
| 宽运行裕度 | 窄运行裕度 | ↑ |
| 厚叶片前缘 | 薄叶片前缘 | ↑ |
| 干运行 | 湿运行 | ↑ |
| 整体安全裕度 | FEM 安全裕度 | ↑ |
| 低成本 | 高成本 | ↑ |

# 轴流式压气机研究

为提高轴流式压气机的性能，已在轴流式压气机的不同方面开展了大量研究。

1. 展弦比（$AR$）对叶片载荷、叶片激励和扭叶片角度（叶片离心力）的影响。通过增加叶片展弦比可实现叶片载荷的增大，当前叶片展弦比已增大到9。高展弦比叶片必须设计成有中叶展拉筋和叶尖围带，虽然这会导致级效率降低，但如果没有围带，预扭叶片角度不得不增大到约 12°，并且叶片激励会导致叶片损坏。目前大部分叶片的展弦比限制在 4 以内。

2. 通过研发新叶型减小压气机中的叶片失速，从而在给定的转速下增大压气机稳定运行范围（喘振—阻塞）的目的。

## ▶▶叶栅试验

轴流式压气机叶片的数据来源于各种叶栅试验，因为理论解非常复杂，而且由于在求解方程时需要采用很多假设，因而使得解的准确性受到质疑。最为深入系统的叶栅试验是由路易斯（Lewis）研究中心的 NACA 研究人员完成的。大量的叶栅测试是在低马赫数和低雷诺数条件下进行的。

赫力格（Herrig）、埃默里（Emery）和欧文（Erwin）对 NACA65 叶型进行了系统测试，试验在叶栅风洞中进行，并在端壁处设置有边界层抽吸。在一个特别设计的叶栅试验水槽中对叶尖影响进行了研究，其中叶片和壁面之间具有相对运动。

叶栅试验对全面了解二次流动很有帮助。为了更好地显示流动图像，采用水槽进行了叶栅试验。配制邻苯二甲酸二丁基和煤油的混合物使其密度等于水的密度，试验时将混合物以极小的颗粒射入水中，以显示流动模式。这种混合物不凝固，可用于追踪二次流的轨迹。

用于空气工质所设计的叶轮，可以用水介质进行测试，只要保证无量纲参数雷诺数、比速度保持不变，即

$$Re = \frac{\rho_{air} v_{air} D}{\mu_{air}} = \frac{\rho_{water} v_{water} D}{\mu_{water}} \quad\quad (7\text{-}41)$$

$$n_s = \frac{Q_{air}}{n_{air} D^3} = \frac{Q_{water}}{n_{water} D^3} \quad\quad (7\text{-}42)$$

式中，$\rho$ 为密度；$v$ 为速度；$D$ 为叶轮直径；$\mu$ 为黏度；$n$ 为转速。

在这个前提下，可以将这种流动显示方法应用到任何工作介质中去。

试验装置包括放置在不同高度上的两个大水槽，恒定的水流从高处的水槽流入低处的水槽中，较低位置的水槽由树脂玻璃制成。进入较低位置水槽的水流首先通过一个大的矩形进水口，进水口处布置了许多稳流栅格，以避免水流产生扰动。针对不同流动显示问题，低处的水槽中央可以安装不同试验模型进行研究。采用这种模块化设计能够方便地更换试验模型，并且可以一次进行多种目的的试验。

#### ▶▶叶片型线

为了研究层流的影响，叶片上设计有如图 7-40 所示的沟槽。为了满足叶片试验的要求，设计加工了树脂玻璃叶栅，如图 7-41 所示。叶栅放置在水槽的底部，并且保持恒定的水压。图 7-42 所示为轴流式压气机叶栅模型测试设备的照片，图 7-43 显示了处理后的中间叶栅中的流动。注意与两边没有处理过的叶片比较，中间经过处理的叶片绕流中层流流动占很大区域。

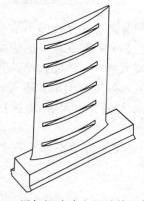

图 7-40　压气机叶片上经过处理的沟槽

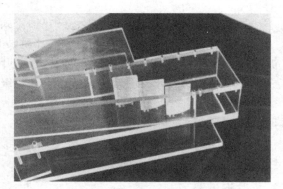

图 7-41　测试风洞中的轴流式叶栅模型

图 7-42　轴流式压气机叶栅模型测试设备

图 7-43　处理后的中间叶栅中的流动

3. 减少压气机叶尖泄漏流。

在水槽叶栅试验装置中对轴流式压气机机匣处理的影响进行了研究。试验中雷诺数和比速度与轴流式压气机实际运行时相同。

实际压气机中，叶片及其构成的流动通道相对于机匣旋转。静止的观察者想要获得旋转叶栅中的流动数据是很困难的，然而，如果观察者随着叶片一起旋转，那么将很容易获得这些数据，这可以通过让叶片及流道与观察者保持静止而让机匣旋转来实现。此外，由于机匣处理影响的是叶尖顶部附近的区域，因此仅对叶栅通道顶部进行研究就已经足够了，这些是进行试验装置设计时遵循的准则。

对叶栅通道进行模化研究，要求能够实现对流进、流出叶栅通道的流体进行控制，这是通过布置叶片来实现的。叶片是形成叶栅通道的组成部分，它们被放置在一个树脂玻璃管中。这个树脂玻璃管必须具有足够的口径，以使得通过它进入和离开叶栅通道的流体不会由于管道壁面影响而发生扭曲，一般将管的直径设计为叶栅栅距的三倍。进入叶栅前的通道需经过仔细设计，以保证进入叶栅的流动为充分发展湍流，叶栅通道中叶尖顶部和旋转机匣之间的流动为层流，层流会在狭窄通道中出现。

可选的叶型很多，应从中挑选最具代表性的叶型对机匣处理进行研究。从声学的观点看，对压气机前面几级进行机匣处理是最有效的，叶型最大挠度位置就选在靠近叶片后部处后缘（$Z=0.6$ 弦长）。这类叶型在跨声速流动中应用最为广泛，并且通常用在压气机的前面几级。

在试验管路中，旋转的机匣必须与叶尖靠得很近。为了实现这一要求，将一个安装在驱动轴上的树脂玻璃盘从叶片上方悬垂下来，图 7-44 所示为这个树脂玻璃盘的结构。图中，

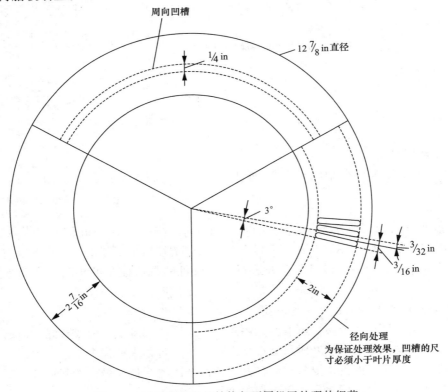

图 7-44 树脂玻璃盘的结构与不同机匣处理的细节

树脂玻璃盘上开了小槽，以使得它可以安放在试验管的中心线上，并且它的台阶面穿过试验管上的两个狭槽，狭槽边缘和盘之间的间隙要尽量小。其中的一条狭槽从叶片通道上方直接扫过，另一条狭槽密封起来以防泄漏。当盘下降至非常接近叶尖时，就会形成完整的叶栅通道。盘与叶片之间的间隙保持为 0.035in，盘在叶片上方转动，以此来模拟旋转的机匣。

　　最简单的情况是对机匣不进行任何处理，此外还有两类基本的机匣处理方法。第一类机匣处理是沿径向开槽，槽基本与叶片弦线平行。第二类机匣处理是沿周向开槽，槽与叶片的弦线垂直。图 7-45 所示为两种机匣处理方式的圆盘。第三个盘是平板盘，代表没有进行机匣处理的情况。试验结果表明，径向机匣处理对减少漏气和增加喘振失速裕度最为有效。图 7-46 和图 7-47 分别给出了不同机匣处理对应的叶尖漏气情况和速度分布。注意沿着弦线（径向）的机匣处理方式，此时流速在叶尖达到最大，表明转子叶尖失速的概率大大降低了。

图 7-45　两种机匣
　　处理方式的圆盘

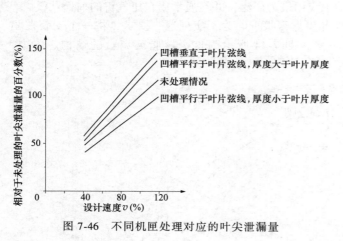

图 7-46　不同机匣处理对应的叶尖泄漏量

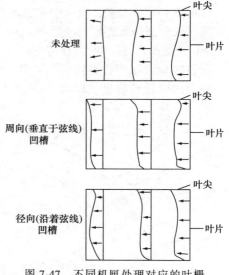

图 7-47　不同机匣处理对应的叶栅
　　通道中速度分布的侧视图

　　4. 纳维尔—斯托克斯方程（Navier-Stokes equation，黏性可压缩流动）数值解的改进。

　　完整的纳维尔—斯托克斯方程的求解需要非常强的数值求解技术，以往的求解方案大多是针对黏性准三维流动的，而目前正在进行许多改进的数值程序可从问题本质上进行方程求解。

　　5. 单级高压比（>2.1）超声速叶型。

　　跨声速叶型设计比较成熟，可取其最厚点位于距叶片前缘 0.6 倍弦长处。而超声速叶型设计面临的问题是流体进入静叶时可能产生激波。扩压过程中的损失很大，目前正在尝试改进设计，使进入扩压器的流体更易控制，并且使激波减弱为损失最小的斜激波。通过针对不同叶型的叶栅试验，可以确保压气机级损失最小。

　　6. 压气机级间喷水冷却。

如图 7-48 所示，在该系统中，在压气机的中间级喷水以冷却压缩空气，从而使其工作过程趋近于等温压缩过程。喷入的水是经过机械雾化的，因此进入压缩空气的雾滴非常细小，并在接触高压高温空气后很快蒸发。当水蒸发时，在高温高压状态下，将吸收约 1,058Btu（1,117kJ）的热量（即汽化潜热），使进入下一级的压缩空气温度降低，从而将降低压气机的耗功。压气机级间冷却已经非常成功地应用到高压比发动机中。

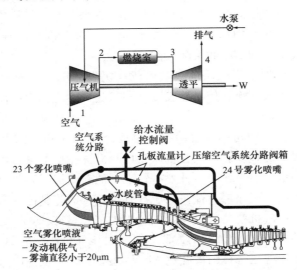

图 7-48　中间冷却压气机方案示意图及其在 GE LM 6000
发动机中的实际应用（GE 电力）

## 压气机叶片材料

压气机叶片由锻造、挤压或车削加工而成。在新型先进燃气轮机时代到来之前，所有的叶片产品均由含 12Cr 的 403 型或 403Cb 不锈钢加工而成。此系列合金具有高强度下的良好延展性、均匀性，以及在小于 900°F（482°C）温度范围内具有良好强度等特性。由于新型轴流式压气机压比高达 30~40，出口温度达 1,000~1,150°F（538~621°C），所以先进大功率压气机的制造中应用了一种新的叶片材料——沉淀硬化马氏体不锈钢（例如 15-5PH），见表 7-4。这种材料能够在不牺牲抗应力腐蚀性能的情况下提高拉伸强度。与含 12Cr 的 403型不锈钢相比，这种材料的高周疲劳和腐蚀疲劳性能均有显著提升，更高的铬镍含量使金属具有优异的耐腐蚀性。压气机腐蚀来自附着在叶片上的含盐和酸的水分。在运行过程中，水分可能来自降雨、蒸发式冷却器的使用、雾化系统或压气机水洗、压气机进口湿空气加速凝结等方面。压气机运行过程中，第 5~8 级前均可能存在水分；第 5~8 级后，压缩空气温度足够高可以抑制水分凝结的发生。在燃气轮机停机时，如果金属温度低于露点温度，压气机中依然会存在水分，这种情况一般发生于潮湿环境中。叶片上水分沉积物的化学性质，特别是空气中的盐分，决定了腐蚀的严重程度。

为减少杂质，高温叶片合金通常采用真空电弧再熔制造技术，该技术被认为具有平衡的化学性质，能够使 δ 铁素体的生成最小化。夹杂物和 δ 铁素体将为该部分缺陷提供基面。为获得更好的锻造效果，加工厂在锻造前通常会先对锻造毛坯进行 1,900℉ 热处理。锻造毛坯常常还会做两次 1,900℉（1,037℃）热处理，紧接着在 1,100~1,150℉（593~621℃）温度范围内进行淬火处理，这取决于对材料性能的要求。硬度和强度（拉伸和疲劳）之间具有一定关联性。32RC 的硬度表明拉伸强度在 150,000lbf/in$^2$（1034.22MPa）附近，加工过程中的淬火温度在 1,100~1,150℉（593~621℃）范围内。

当前压气机叶片普遍使用涂层。压气机叶片遭受着来自空气气流中的杂质的大量侵蚀点蚀，这些侵蚀点蚀会造成叶片的损坏。大多数情况下，压气机叶片寿命可达 100,000h，但点蚀会使叶片寿命大大减少到 20,000~60,000h。过去 30 年一个非常普遍的做法是至少在前 5~8 级使用叶片涂层，具体使用涂层的级数由压气机设计决定。为增大功率，许多机组采用了在线水洗，并且为增大功率采用了蒸发冷却和雾化等措施，因此压气机第一级可以看作是"湿级"。

压气机叶片涂层通常是均匀的复合涂层，厚度至少为 3mil（密耳，1mil = 1/1,000in）。作为一种最典型的涂层，这种复合涂层在金属基层和陶瓷涂层上涂有一层牺牲底层。镍镉涂层也被应用于特定的领域，后来作为一种含有铝浆层的新涂层，其具有更强的耐腐蚀性防护陶瓷表层。相比于传统的铝浆涂层，镍镉涂层具有更优良的防腐蚀性和更好的耐腐蚀性。这种涂层还能够通过减小压气机耗功来提高燃气轮机性能。试验表明：压气机耗功可减小 2%~3%，燃气轮机每运行 4~6 个月节约的能源，可支付压气机涂层的额外成本。

具有进口导叶的轴流式压气机的展弦比 AR 大约在 0.5~4 范围内。压气机中所有的进口导叶，以及前 5 级或前 8 级的静叶和动叶材料均为马氏体高温不锈钢或 15-5PH，其余各级叶片通常采用具有涂层的 AISI 403 或 403 Cb 材料。

表 7-4　压气机叶片材料

| 压气机叶片材料 | 最高可承受温度/℉ | 各元素质量分数(%) | | | | | | | | | | | | |
| --- | --- | --- | --- | --- | --- | --- | --- | --- | --- | --- | --- | --- | --- | --- |
| | | C | S | Mn | P | Si | Cr | Mo | Ni | Cu | Al | Cb | Mg | O | Fe |
| AISI 403 | 900 | 0.11 | | | | | 12 | | | | | — | — | 余额 |
| AISI 403 或 403 Cb | 900 | 0.15 | — | — | | — | 12 | | | | | 0.2 | — | 余额 |
| 马氏体高温不锈钢 | 1,250 | 0.08 | — | 0.14 | | 0.4 | 15.6 | 0.08 | 3.8~6.5 | 2.9 | 0.9 | — | — | 余额 |
| 15-5PH | | <0.07 | <0.03 | <1.0 | <0.04 | <1.0 | 14~15.5 | | 3.5~5.5 | 3.2 | 0.9 | 0.15~0.45 | — | 余额 |

## 致谢

衷心感谢谭春旭（Choon Sooi Tan）博士和龚一方（Yifang Gong）博士对"失速颤振"和"压气机性能参数"章节提供的帮助。谭博士和龚博士分别是 MIT 燃气轮机实验室的高级工程师和工程师。

谭博士是多级叶轮机械非定常全三维流动领域的权威专家，已发表学术论文 38 篇，是 2004 年剑桥大学出版社出版的图书《Internal Flow：Concepts and Applications》的作者之一。

龚博士是压气机空气动力学和压气机/压缩系统失稳领域的权威专家，他目前致力于超临界 $CO_2$ 工质的燃气轮机电厂的设计和研发。

# 参考文献

Boyce, M. P. , "Fluid Flow Phenomena in Dusty Air," (Thesis), University of Oklahoma Graduate College, 1969, p. 18.

Boyce M. P. , Schiller, R. N. , and Desai, A. R. , "Study of Casing Treatment Effects in Axial-Flow Compressors," ASME Paper No. 74-GT-89, 1974.

Boyce, M. P. , "Secondary Flows in Axial-Flow Compressors with Treated Blades," AGARD CCP- 214 pp. 5-1 to 5-13, 1977.

Boyce, M. P. , "Transonic Axial-Flow Compressor." ASME Paper No. 67-GT-47, 1967.

Caltech Lecture Notes on Jet Propulsion JP121 Graduate Course (Instructor: Zukoski E. E. ).

Carter, A. D. S. , "The Low-Speed Performance of Related Aerofoils in Cascade," Rep. R. 55, British NGTE, September, 1949.

Cumpsty, N. A. , 1989, *Compressor Aerodynamics*, Longman Group UK Ltd. , London, England.

Cumpsty, N. A. , 1998, *Jet Propulsion*, Cambridge University Press, Cambridge, England.

Giamati, C. C. , and Finger, H. B. , "Design Velocity Distribution in Meridional Plane," NASA SP 36, Chapter VIII, 1965, p. 255.

Graham, R. W. , and Guentert, E. C. , "Compressor Stall and Blade Vibration," NASA SP 365, 1956, Chapter XI, p. 311.

Hatch, J. E. , Giamati, C. C. , and Jackson, R. J. , "Application of Radial Equilibrium Condition to Axial-Flow Turbomachine Design Including Consideration of Change of Enthropy with Radius Downstream of Blade Row," NACA RM E54A20, 1954.

Herrig, L. J. , Emery, J. C. , and Erwin, J. R. , "Systematic Two Dimensional Cascade Tests of NACA 65 Series Compressor Blades at Low Speed," NACA R. M. E 55H11, 1955.

Hill, P. G. , Peterson, C. R. , 1992, *Mechanics and Thermodynamics of Propulsion*, Second Edition, Addison-Wesley Publishing Company, Reading, MA.

Holmquist, L. O. , and Rannie, W. D. , "An Approximate Method of Calculating Three- Dimensional Flow in Axial Turbomachines" (Paper) Meeting Inst. Aero. Sci. , New York, 24-28 January, 1955.

Kerrebrock, J. L. , 1992, *Aircraft Engines and Gas Turbines*, MIT Press, Cambridge, MA.

Khalak, A. , 2002, "A Framework for Futter Clearance of Aeroengine Blades," *Journal of Engineering for Gas Turbine and Power*, Vol 124, No. 4. Also ASME 2001-GT-0270, ASME Turbo Expo 2001, New Orleans, LA, 2001.

Lieblein, S. , Schwenk, F. C. , and Broderick, R. L. , "Diffusion Factor for Estimating Losses and Limiting Blade Loading in Axial-Flow Compressor Blade Elements," NACA RM #53001, 1953.

Mellor, G. , "The Aerodynamic Performance of Axial Compressor Cascades with Applications to Machine Design," (Sc. D. Thesis), M. I. T. Gas Turbine Lab, M. I. T. Rep. No. 38, 1957.

Mikolajczak, A. A. , Arnoldi, R. A. , Snyder, L. E. , Stargardter, H. , 1975, "Advances in Fan and Compressor Blade Flutter Analysis and Prediction," *Journal of Aircraft* 12.

Stewart, W. L. , "Investigation of Compressible Flow Mixing Losses Obtained Downstream of a Blade Row," NACA RM E54120, 1954.

# 第**8**章

# 向心式透平

## 水力向心式透平

　　向心式透平属于径流式透平一类，其应用至今已有很长时间。但早期的径流式透平为离心式结构，如图 8-1 所示的希罗（Hero）透平和容氏（Ljungstrom）离心式透平。希罗透平如用于草坪洒水的喷淋器，而容式透平的独特性在于没有静叶片，组成级的两排叶片以相反方向旋转，使得它们均可视为转子。

　　向心式透平的应用历史最早可追溯至水力透平领域的一种实用动力装置，其最常见的结构就是弗朗西斯（Francis）透平，它是由美国马萨诸塞州洛厄尔的詹姆斯·弗朗西斯（James B. Francis）发明的一种向心式反动式透平，其设计融合了径流式和轴流式两种概念。这种向心式透平覆盖了很大的功率、流量和转速范围，从大功率的数百兆瓦，如用在水电站的超大型弗朗西斯透平，到小功率的仅数千瓦，如用于空间发电的微型闭式循环燃气轮机。

　　弗朗西斯透平是当今最常见的水力透平，主要用于发电，其运行压头范围为 10 ~ 650m，除小型河流上的水力透平外，其输出功率范围为 10 ~ 750MW。弗朗西斯透平布置在高压水源

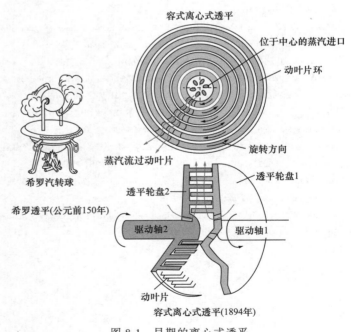

图 8-1　早期的离心式透平

和低压出水口之间，通常在水坝的底部，透平进口蜗壳为螺旋形，且导向叶片使水流以切向流入称为转轮的透平叶轮。这种径向流动的水流作用在转轮叶片上，驱动其旋转，且通常可以通过调整其导向叶片使得透平在运行工况范围内保持较高的流动效率。图 8-2 是弗朗西斯透平的剖视图及部件列表。弗朗西斯透平的转轮直径在 1~10m 范围内，转速在 83~1,000r/min 范围内，大中型尺寸的弗朗西斯透平的转轴常常采用垂直轴形式，但有时也用在小型透平上，不过小型透平通常采用水平轴结构。

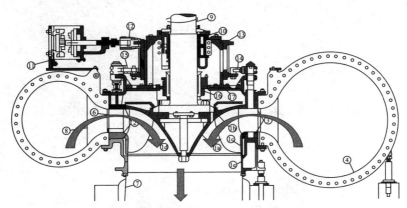

| 弗朗西斯和卡普兰(kaplan)透平的部件列表 | | | |
|---|---|---|---|
| 1 | 透平转轮 | 7 | 导流管 |
| 1a | 转轮泄水锥 | 8 | 泄流环 |
| 1b | 转轮上冠(弗朗西斯) | 9 | 透平轴 |
| 1c | 转轮下环(弗朗西斯) | 10 | 透平导叶轴承 |
| 1d | 转轮叶片环(弗朗西斯) | 11 | 导向叶片伺服电动机 |
| 1e | 转轮轮毂(卡普兰) | 12 | 伺服电动机连杆 |
| 1f | 转轮叶片(卡普兰) | 13 | 导向叶片操作环或变速环 |
| 2 | 耐磨圈或密封圈(弗朗西斯) | 14 | 导向叶片杆 |
| 3 | 抗磨板或控制板 | 15 | 导向叶片摇臂 |
| 4 | 透平蜗壳 | 16 | 填料盒(机械密封) |
| 5 | 斯塔里静叶 | 17 | 顶盖 |
| 6 | 活动导叶 | 18 | 转轮叶片伺服电动机(卡普兰) |

图 8-2 典型弗朗西斯透平的剖视图<sup>⊖</sup>及部件列表

图 8-3 所示为美国大古力水坝上所用的弗朗西斯透平的蜗壳和转轮。图 8-4 给出了中国长江三峡大坝上 26 个弗朗西斯透平中的一个转轮，三峡大坝是目前装机容量最大的水电站，

---

⊖ 原文图中符号有误。——译者注

为 18,200MW，竣工于 2008 年 10 月 30 日。

弗朗西斯透平进口蜗壳 弗朗西斯透平转轮

图 8-3 美国大古力水坝上所用的弗朗西斯透平的蜗壳和转轮

三峡大坝(18,200MW)

26个透平中的一个典型转轮

图 8-4 中国长江三峡大坝上的弗朗西斯透平

# 气体向心式透平

20 世纪 30 年代后期，与离心式压气机的流动方向和旋转方向相反的向心式透平首次用于喷气发动机的飞行。发动机中向心式透平与离心式压气机的组合被认为是珠联璧合，非常自然。设计人员认为，其组合可以抵消两个转子上的轴向推力，并且向心式透平中工质流动的加速特性使得其效率要高于同一转轴上的离心式压气机。

目前对向心式透平性能研究更为感兴趣的是运输与化工行业。在运输行业，向心式透平用在内燃发动机的涡轮增压器上。在航空领域，向心式透平则用作环境控制系统中的膨胀机。在石化工业，向心式透平作为膨胀机用于气体液化和其他低温系统。另外，向心式透平还应用于各种小型燃气轮机中，用于驱动直升机和作为备用发电装置。

向心式透平是一种非常耐用的透平，常用作炼油厂的热气体膨胀机，在恶劣的气体条件下运行。在保证其可靠性和易操作性的前提下，需要在严酷的环境下年复一年地连续运行。炼油厂的气体富含各种颗粒，即使经过过滤，也仍含有许多微米级的颗粒。另外，从过程的压降中回收能量具有经济意义，在联合循环电厂中采用特殊的膨胀机，首先必须降低进气压力，然后才能将其引入燃气轮机。余热、余压以及碳氢化合物压缩仅仅是其众多应用中的一小部分，其中多级膨胀机用于超过 15MW 的场合。

向心式透平的最大优势是其单级发出的功率相当于轴流式透平两级或更多级发出的功率，其原因是向心式透平的叶轮叶尖速度通常较轴流式透平高。在工质流量一定时，输出功率与叶轮叶尖速度的平方成正比（$P \propto u^2$），因此，单级向心式透平的功率要比单级轴流式透平大。

向心式透平的优势还在于：其成本远低于单级或多级轴流式透平。尽管向心式透平的效率低于轴流式透平，然而较低的初始成本可能成为选择它的动机之一。

当雷诺数（$Re = \rho u D / \mu$）足够低（$Re = 10^5 \sim 10^6$）时，轴流式透平的效率就会低于向心式透平，如图 8-5 所示，因此，低雷诺数时向心式透平尤其具有吸引力。

透平比转速（$n_s = n\sqrt{Q}/H^{3/4}$）与比直径（$D_s = DH^{1/4}/\sqrt{Q}$）对效率的影响如图 8-6 所示。雷诺数在 $10^5 \sim 10^6$ 之间以及比转速低于 10 时，向心式透平具有较高的效率。

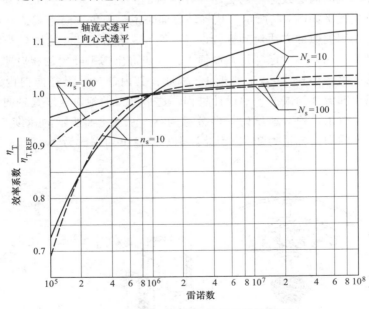

图 8-5　雷诺数对不同透平级效率的影响

▶▶ **透平结构**

向心式透平的许多部件与离心式压气机类似，但名称与功能各不相同。向心式透平有两种结构形式：卡皮查（Cantilever，又称悬臂式）向心式透平和混流向心式透平。卡皮查向

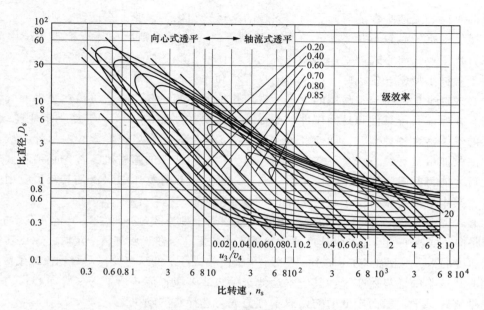

图 8-6　比转速与比直径对透平级效率的影响

心式透平的叶片通常是二维的，并采用非径向进口几何角，工质在叶轮通道中流动时没有加速，相当于冲动式透平或低反动度透平。由于效率低与制造困难，卡皮查向心式透平不太常用。另外，这种类型的向心式透平还有动叶片颤振的问题。

卡皮查向心式透平如图 8-7 所示，从气动方面来说，卡皮查向心式透平类似于轴流冲动式透平，其至可以用类似的方法对其进行设计。图 8-8 给出了其叶轮进口与出口的速度三角形。在这种情况下，如果不考虑叶片摩擦损失，气流进出透平叶轮的相对速度大致相等。卡皮查透平叶轮的进出口半径比 $r_2/r_3$ 接近 1，因此，其内部气流沿径向向内流动的事实，也很难改变其类似于轴流冲动式透平的设计过程。透平出口的绝对速度是轴向的，以获得最小的出口余速损失，故出口绝对速度的周向分量为零。从图 8-8 所示的速度三角形可以看出，叶轮进口绝对速度的周向分量为 $2u_2$，因此该透平的输出功率约为 $2u_2^2$。

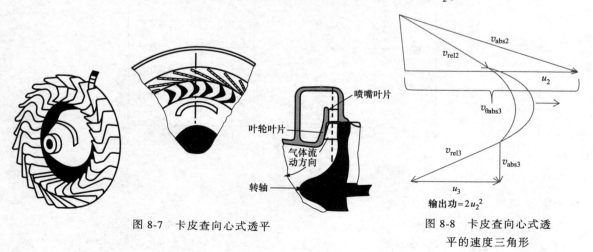

图 8-7　卡皮查向心式透平

图 8-8　卡皮查向心式透平的速度三角形

混流向心式透平（又称混流式透平）和向心式透平的结构仅在叶轮进口有少许差别，如图 8-9 所示。在向心式透平中，气流从叶轮进口至出口，在子午图上流动方向改变了 90°，而在混流式透平中，叶轮进口与轴线成 45°角。与向心式透平相比，混流式透平的优势在于其相对低的叶轮转动惯量，这两种透平结构目前均有广泛的应用。图 8-10 展示了混流式透平和向心透平的各个部件。蜗壳连接在管道上，输送和分配气流，通常其截面面积沿周向逐渐减小。在某些结构中，蜗壳充当无叶喷嘴使用。某些工质携带有液滴或固体颗粒，从经济性考虑，为避免冲蚀，通常不装喷嘴叶片。在无叶喷嘴的结构中，由于流动的非均匀性及加速工质流经的距离较长，摩擦损失要大于有喷嘴叶片的结构。由于大部分发动机中排气总能量远超过涡轮增压器所能够利用的能量，所以在效率并不那么重要的涡轮增压器中，无叶喷嘴结构被广泛采用。

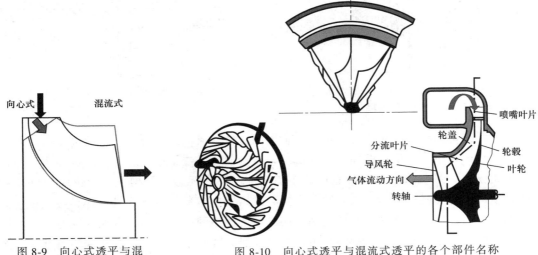

图 8-9　向心式透平与混流式透平的子午图

图 8-10　向心式透平与混流式透平的各个部件名称

与卡皮查向心式透平相比，混流式透平和向心式透平具有较高的结构强度，因此在选择结构时，轴向排气的混流式透平和向心式透平是首选。这两种透平叶轮叶片在进口通常具有径向结构，这是由材料强度和燃气温度决定的。叶轮叶片在承受高离心应力的同时，还得在脉冲和非定常的高温气流中工作。尽管非径向叶片可能带来透平气动性能的提升，但是一般避免采用，这主要是因为叶片弯曲会产生附加应力。但是，仍有一些设计采用后掠叶片结构来增加向心式透平的输出功。

为能承受高温，确保材料不失效，在向心式透平叶轮中，轮毂进口处的材料通常需要去除，形成缺口，其结构各异，如图 8-11 所示。向心式透平叶轮轮背缺口会导致其效率峰值降低 2%~4%，而不同的缺口结构所引起效率降低的差异相对较小。用于涡轮增压器向心式透平叶轮的深轮背缺口结构如图 8-12 所示，它可使叶轮转动惯量降低 45%，对增压器的起动与停机来说，具有非常大的优势。

图 8-11　向心式透平轮背缺口的不同结构

轮背缺口使得该透平叶轮效率仅降低了6%，相对于发动机排出的大量废热，并没有影响发动机的性能。另外，由于轮背缺口不再承受高温，因此可以采用高温性能稍差的材料制造叶轮以降低成本。图 8-13 示出了向心式透平的轮背冷却方案，冷却空气在叶轮进口区域冲击转子和叶尖，并进入轮背与静子部件形成的间隙，带走热量，最后沿轴与壳体的间隙流出。

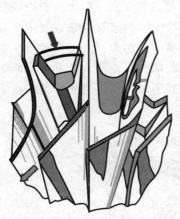

图 8-12　涡轮增压器向心式透平
叶轮的深轮背缺口结构

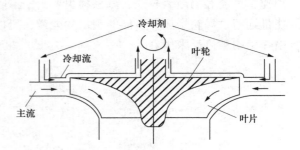

图 8-13　向心式透平的轮背冷却方案

　　有静叶结构的喷嘴叶片通常固定在叶轮周围，使气流以所需旋流分量的进口速度向内流动。在流动过程中，工质逐渐加速。在低反动度的向心式透平中，整个加速过程几乎都是在喷嘴中完成的。图 8-14 所示为带有可调喷嘴叶片的向心式透平结构，其叶轮属于带有轮盖的闭式结构。可变面积喷嘴用来控制水力向心式透平、能量回收透平以及低温透平膨胀机的通流能力。随着变几何透平在柴油发动机涡轮增压器中的广泛应用，很大程度上促进了可变喷嘴技术的商业化。一般通过旋转其布置在喷嘴展向的转轴以调整喷嘴叶片的角度，从而改变通流面积，但这并不是变面积的唯一方式。采用这种方式旋转喷嘴叶片，需要在喷嘴与固定侧壁之间预留一定的间隙，然而这种间隙会使得高温燃气从叶片通道泄漏，并导致透平效率降低。为降低该损失，必须减小间隙尺寸，但同时为保证变喷嘴叶片的工作可靠性，需要

图 8-14　带有可调喷嘴叶片和闭式叶轮的向心式透平结构

一定的间隙尺寸。这在诸如涡轮增压器的高温气体环境中尤其具有挑战性，其中运行过程中壳体的热胀以及由于烟层颗粒引起的结垢可能非常明显。

向心式透平叶轮或转子包括轮毂、叶片以及在某些结构中才有的轮盖。图 8-15 所示为带有分流叶片的向心式透平叶轮和静叶的示意图，分流叶片开始于叶轮进口位置，止于导风轮开始位置，其作用是更好地导流。轮毂是指叶轮内侧轴对称的固体实心部分，决定了流道的内部边界，有时也称为轮盘。叶片与轮毂是一体的，对流体施加法向应力。叶片的出口部分称为导风轮，其结构就像离心式压气机的导风轮。为了在出口能够消耗掉部分周向速度，出口导风轮的叶片弯曲成一定的形状。

图 8-15　带有分流叶片的向心式透平开式叶轮和喷嘴静叶

出口扩压器的作用是使离开导风轮的较高的绝对速度转化成静压力。如果没有这种转换，装置效率会比较低。仅有较低动能的边界层不能承受较大的逆压梯度，因此，这种由速度向静压头的转换必须要格外注意。

## 热力学与气动力学理论

向心式透平中能量转换的原理与第 3 章介绍过的离心式压气机相似。以下是其基本控制方程：

1. 状态方程
2. 质量守恒方程
3. 动量方程
4. 能量方程

动量方程转换为圆柱坐标系（$r$-$\theta$-$z$）后，向心式透平叶轮中的速度矢量如图 8-16 所示。在第 3 章中，我们已用以上四个方程推导出了在任何叶轮机械中均适用的欧拉透平方程，图 8-17 所示为与以下方程中符号相对应的向心式透平各部件名称及各截面位置编号。

$$H = \frac{1}{g_c}(u_3 v_{\theta 3} - u_4 v_{\theta 4}) \tag{8-1}$$

式中，$u$ 为叶片速度；$v_\theta$ 为绝对速度的周向分量；下标 3 和 4 分别代表叶轮进口和出口位置。

根据绝对速度与相对速度的关系，式（8-1）可以写成

$$H = \frac{1}{2g_c}\left[(u_3^2 - u_4^2) + (v_3^2 - v_4^2) + (w_4^2 - w_3^2)\right] \tag{8-2}$$

式中，$u$ 为叶片速度；$v$ 为绝对速度；$w$ 为相对速度；下标 3 和 4 分别代表叶轮进口和出口位置。

为获得正输出功，叶轮进口线速度与进口气流切向速度之积必须大于叶轮出口线速度与

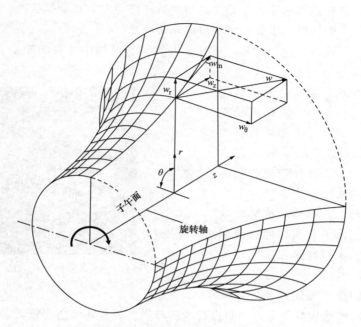

图 8-16　向心式透平叶轮中的速度矢量

出口气流切向速度之积。从式（8-2）可以看出，工质必须向内流动，离心力才可能被利用。透平的出口速度认为是不可回收的，因此，速度利用系数定义为总能头与总能头及出口动能之和的比值。

$$\varepsilon = \frac{H}{H + \frac{1}{2}v_4^2} \qquad (8-3)$$

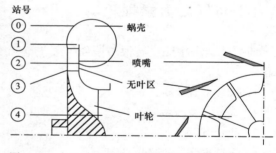

图 8-17　向心式透平各部件名称及各截面位置编号

式中，$H$ 为总绝热能头；$v_4$ 为出口气流绝对速度。

通常采用静叶与叶轮中能量转换的相对比值对叶轮机械进行分类，该比值称为反动度，即叶轮中静压变化的能量相对于总绝热能头的比。

$$R = \frac{\dfrac{1}{2g}\left[\,(u_3^2 - u_4^2) + (w_4^2 - w_3^2)\,\right]}{H} \qquad (8-4)$$

向心式透平的总效率是其各个部件效率的函数，如喷嘴、叶轮效率等。典型的向心式透平膨胀过程的焓熵图如图 8-18 所示。工质流经喷嘴时，没有功和热量的输出与传入，因此，总焓保持为常数。工质流经叶轮时，由于有功的输出，总焓发生了变化，而叶轮下游的总焓又保持为常数。对于喷嘴和出口扩压器，总压的降低仅仅是摩擦损失引起的。因此，理想情况下，喷嘴与出口扩压器中的总压损失为零。等熵效率（$\eta_{\text{is}}$）是实际输出功与等熵焓降的比值，其中等熵焓降则为进口总压膨胀到出口总压的焓降。

$$\eta_{\text{is}} = \frac{h_{0\text{i}} - h_{05}}{h_{0\text{i}} - h_{05\text{is}}} \tag{8-5}$$

式中，$h_0$ 为总焓；下标代表的含义如图 8-17 和图 8-18 所示。

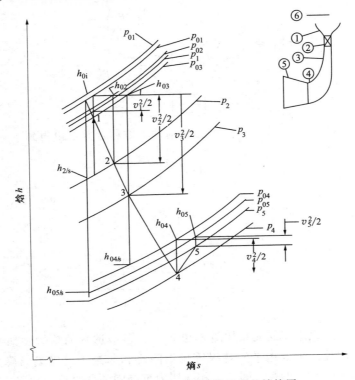

图 8-18　单级向心式透平膨胀过程的焓熵图

喷嘴效率定义为

$$\eta_{\text{noz}} = \frac{h_{0\text{i}} - h_2}{h_{0\text{i}} - h_{2\text{is}}} \tag{8-6}$$

式中，$h_0$ 为总焓；下标代表的含义如图 8-17 和图 8-18 所示。

叶轮效率定义为

$$\eta_{\text{rotor}} = \frac{h_{0\text{i}} - h_4}{h_{0\text{i}} - h_{4\text{is}}} \tag{8-7}$$

式中，$h_0$ 为总焓；下标代表的含义如图 8-17 和图 8-18 所示。

与压气机中微小级效率的概念相似，透平中多变效率就是微小级效率。根据总压给出的等熵效率为

$$\eta_{\text{is}} = \frac{1 - \left(\dfrac{p_{05}}{p_{0\text{i}}}\right)^{\frac{n-1}{n}}}{1 - \left(\dfrac{p_{05}}{p_{0\text{i}}}\right)^{\frac{\gamma-1}{\gamma}}} \tag{8-8}$$

式中，$p_0$ 为总压；$n$ 为多变指数；$\gamma$ 为等熵指数，即比热比，$\gamma = c_p/c_V$；下标代表的含义如

图 8-17 和图 8-18 所示。

状态方程 $p/\rho^n =$ constant，代表了任意一种多变膨胀过程。当 $n=\gamma$ 时，过程即为理想等熵过程，多变效率定义为

$$\eta_{poly} = \frac{\mathrm{d}h_{0act}}{\mathrm{d}h_{0isen}} = \frac{1-\left[1-\dfrac{n-1}{n}\left(\dfrac{\Delta p_0}{p_{0i}}\right), \cdots,\right]}{1-\left[1-\dfrac{\gamma-1}{\gamma}\left(\dfrac{\Delta p_{0i}}{p_{0i}}\right), \cdots,\right]}$$

$$= \left(\frac{n-1}{n}\right)\Big/\left(\frac{\gamma-1}{\gamma}\right) \tag{8-9}$$

透平的多变效率与等熵效率是相关的，将前两个方程合并可以得到

$$\eta_{is} = \frac{1-\left(\dfrac{p_{05}}{p_{0i}}\right)^{\eta_{poly}\frac{\gamma-1}{\gamma}}}{1-\left(\dfrac{p_{05}}{p_{0i}}\right)^{\frac{\gamma-1}{\gamma}}} \tag{8-10}$$

$$\eta_{poly} = \frac{\ln\left[1-\eta_{is}+\eta_{is}\left(\dfrac{p_{05}}{p_{0i}}\right)^{\frac{\gamma-1}{\gamma}}\right]}{\left(\dfrac{\gamma-1}{\gamma}\right)\ln\left(\dfrac{p_{05}}{p_{0i}}\right)} \tag{8-11}$$

等熵效率与多变效率之间的关系如图 8-19 所示，多级透平的焓熵图如图 8-20 所示。研究多级透平的特性发现，多级透平的各级等熵焓降之和与透平的等熵焓降之比称为重热系数。由于压力线向熵增方向扩散，因此，相同压力范围间的各级等熵焓降之和大于透平的等

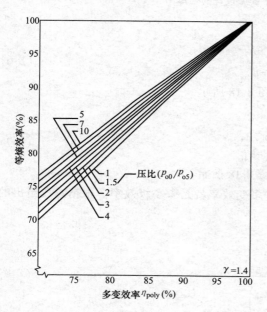

图 8-19　膨胀过程中多变效率与等熵效率的关系

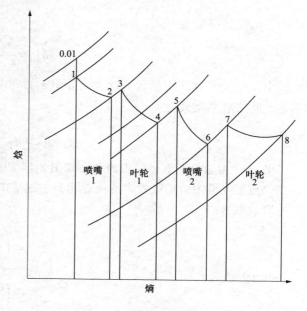

图 8-20　多级透平的焓熵图

熵焓降。因此，重热系数大于1，且透平的等熵效率大于多变效率。重热系数是等熵效率与多变效率的比值，即

$$R_f = \frac{\eta_{isen}}{\eta_{poly}} \qquad (8\text{-}12)$$

## 透平设计要点

要设计高效的向心式透平，透平出口气流方向必须为轴向。如果出口气流方向为轴向，欧拉透平方程可简化为

$$H = u_3 v_{\theta 3} \qquad (8\text{-}13)$$

由于出口速度为轴向，故其周向速度分量 $v_{\theta 4} = 0$。

工质流进向心式透平的叶轮时必须有一定的冲角，而不是零冲角，这一点相当于离心叶轮的"滑移"。将这个概念应用于向心式透平，可以得到叶轮进口绝对速度的周向分速度与叶轮进口线速度之比的关系，即

$$\frac{v_{\theta 3}}{u_3} = \left(1 - \frac{\pi}{2N_{blades}} \frac{D_3}{D_3 - D_4}\right) \qquad (8\text{-}14)$$

这个速比值通常在 0.8 附近，向心式透平的 $D_3/D_4$ 值在 2.2 左右，$N_{blades}$ 为叶片数。

有了前述几个关系式，向心式透平的速度三角形如图 8-21 所示。

级效率的变化可以表示成叶轮级速比的函数，而叶轮级速比是叶轮进口线速度与级等熵焓降全部在喷嘴中无损失转化成动能所对应的速度的函数，定义为

$$\phi = \frac{u}{v_o} \qquad (8\text{-}15)$$

图 8-22 给出了透平效率与级速比之间的关系。从图中也可以看出飞车（失控）转速，即当叶片线速度高于设计速度条件下透平的转矩降为零时的叶片线速度。如果在高于叶轮进口线速度时透平发生失效，那么该叶轮就是不安全的设计。

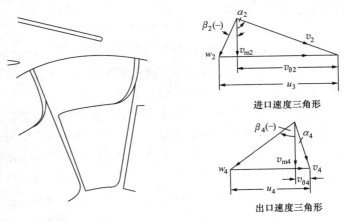

图 8-21　向心式透平的速度三角形

叶片的进口面积可以用连续方程计算得到

$$A_3 = \pi D_3 b_3 - \eta_B t_3 b_3 = \frac{\dot{m}}{\rho v_3 \cos\beta_3} \qquad (8\text{-}16)$$

式中，$b_3$ 为叶片进口高度；$t_3$ 为叶片进口厚度。

在向心式透平出口，其出口绝对速度是轴向的，并且叶片线速度在出口截面从轮毂到轮盖是变化的，其叶片出口速度三角形如图 8-23 所示。

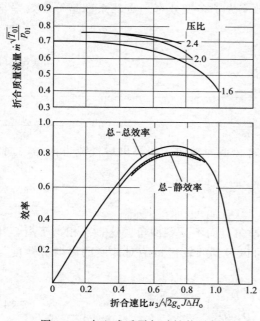

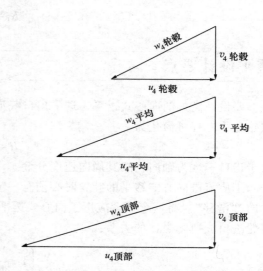

图 8-22　向心式透平气动性能示例

图 8-23　向心式透平出口不同叶高位置的速度三角形

## 向心式透平性能

透平通常是在单个运行条件（即设计点）下进行设计的。但是在多数情况下，透平都需要在非设计工况下运行。可以通过调整转速、压比以及进口温度来改变透平的输出功，这种改变后的运行工况就是透平的变工况。

为预测透平的性能，有必要计算整个透平的流动特性。而为了计算透平的流动特性，就必须分析叶片通道内的流动过程。首先将三维流动简化为二维流动，以计算叶轮通道的子午面、跨叶片面以及准正交面的流动。此分析计算首先是在子午面进行的，子午面有时也称为轮毂-轮盖流面，如图 8-24a 所示；然后是在跨叶片面计算求解，如图 8-24b 所示，而气流流

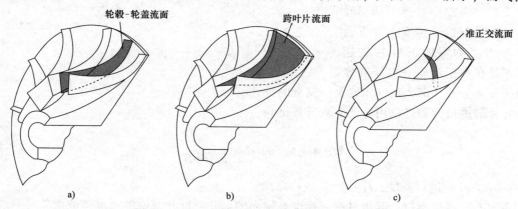

图 8-24　向心式透平流动分析的两类流面示意图

a）轮毂-轮盖流面　b）跨叶片流面　c）流道中的准正交流面

经的准正交面如图 8-24c 所示。当子午面和跨叶片面上的解一旦获得，其上的解通过耦合就可以获得最终的准三维流动解。子午面上轮毂与轮盖的速度分布如图 8-25 所示。由于叶片在流体介质中工作，压力面与吸力面上的速度分布不同，因此，叶片两个表面上有一定的压差存在。叶片压力面和吸力面上的相对速度分布如图 8-26 所示。

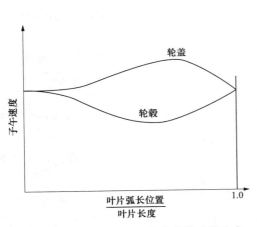

图 8-25　子午面上轮毂和轮盖处的速度分布

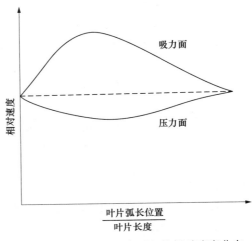

图 8-26　压力面与吸力面上的相对速度分布

　　叶片表面的边界层必须合理组织，否则会出现流动分离。图 8-27 为向心式透平叶轮的流动示意图。变工况的研究表明，向心式透平的效率受流量与压比的影响程度，没有轴流式透平那样严重。

　　向心式透平中的冲蚀问题与出口导风轮的振动问题很突出。气流中被夹带的颗粒的尺寸随叶轮直径的平方根减小，对于石化行业中应用的向心式透平膨胀机，建议在进口进行过滤，过滤器必须是惯性类型才能去掉大部分较大的颗粒。尽管向心式透平出口导风轮的疲劳是随叶片负荷变化的，但其疲劳问题还是很严重，出口导风轮固有频率应该设计成高于四倍叶片通过频率。

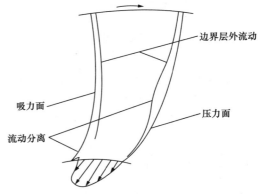

图 8-27　向心式透平叶轮中流动边界层的示意图

　　向心式透平的噪声有四个来源：

1. 压力波动
2. 边界层中的湍流
3. 叶轮尾迹
4. 外部噪声

压力波动会产生严重的噪声，这种噪声是由叶轮叶片通道扫过由喷嘴形成的非均匀速度场产生的。而边界层的湍流则在内壁面产生噪声，不过这种噪声源可以忽略。叶轮中的流动产生噪声是因为出口导风轮下游产生的尾迹，导风轮产生的噪声很大，这种噪声包括高频部分，其正比于尾迹与自由流间相对速度的 8 次方。外部噪声源有很多，但最大的噪声源是齿轮箱。强噪声是由齿轮箱中齿的啮合引起的压力波动所产生的，失衡条件以及机械部件和壳体的振动影响可能会导致其他噪声。

# 向心式透平损失

向心式透平中的各种损失与本书第 6 章给出的离心式压气机中的损失类似，可分为：内部损失和外部损失两大类。内部损失可细分如下：

1. 叶片负荷或扩散损失：这种损失是由于叶轮负荷类型产生的。近壁面速度减小，边界层增厚，导致动量损失增加。损失的大小随流动速度的不同而变化，高速时大约为 7%，低速时大约为 12%。

2. 摩擦损失：这种损失由壁面的剪切力引起。该损失的大小同样也随流动速度的不同而变化，大约在 1%~2% 不等。

3. 二次流损失：这种损失是由于边界层在非主流方向上的运动造成的。在精心设计的向心式透平中，该损失很小，通常不到 1%。

4. 间隙损失：这种损失是在流体流经静止的轮盖与转动的叶片之间形成的通道时产生的，是叶片高度和间隙大小的函数。间隙的大小通常是由公差确定的，叶片高度越小，间隙损失占比越大，该损失约 1%~2%。

5. 热损失：这种损失是由于流体工质将一部分热能传给壁面导致流体冷却引起的。

6. 冲角损失：该损失在设计点最小，但是随着工况变化，损失增大，其值大约为 0.5%~1.5%。

7. 出口损失：流体工质离开向心式透平时带走大约出口能量头的四分之一能量，该损失约为 2%~5%。

外部损失是由于轮盘摩擦、密封、轴承以及齿轮引起的。轮盘摩擦大约占 0.5%，密封、轴承及齿轮的损失大约占 5%~9%。在大部分向心式透平中，轴颈轴承采用可倾瓦结构，这种轴承为转子提供了优异的刚度和阻尼特性，保证了转子工作的稳定性。

# 向心式透平应用

向心式透平最常见的应用是在各种设备的涡轮增压器上，如内燃发动机以及以天然气、柴油、汽油为燃料的动力装置等。涡轮增压器的优势在于它可以压缩空气，使更多的空气进入发动机气缸，从而使更多的燃料参加燃烧过程，因而每个气缸可获得更大的功率输出。相同的发动机，带涡轮增压比不带涡轮增压可获得更大的输出功率，因此涡轮增压器可以有效地提高发动机的功重比。图 8-28 给出了涡轮增压器的横截面图，它主要由一个离心式压气机和一个向心式透平组成。空气经过滤器过滤后，吸入离心式压气机，经压缩后进入内燃发动机的气缸；在气缸内燃料和压缩空气燃烧并经做功后形成的高温废气进入向心式透平继续膨胀做功，驱动离心式压气机。涡轮增压器透平的转速高达 150,000r/min，约是大部分汽车内燃发动机转速的 30 倍。同时，内燃机气缸的废气直接排入涡轮增压器，透平中的温度也非常高。

从图 8-28 还可以看出，向心式透平采用双蜗壳从两个排气歧管中收集内燃发动机气缸排出的高温废气。

　　在石化和化学工业中，透平膨胀机的应用非常广泛。与轴流式透平相比，应用向心式透平的透平膨胀机具有更高的耐用性，比如在带有微米级颗粒的工质中使用时，也仅需要很少的维护工作。透平膨胀机非常广泛地用作工业过程中的冷源，如乙烷分离、天然气中水分的分离，或者如氧气、氮气和氦气等气体的液化分离。

　　美国 GE 的 Rotoflow 子公司制造出了采用主动电磁轴承支撑的透平膨胀机，用于替代传统的油轴承系统。电磁轴承不需要润滑，避免了润滑油污染的风险，并且简化了系统，不需要任何润

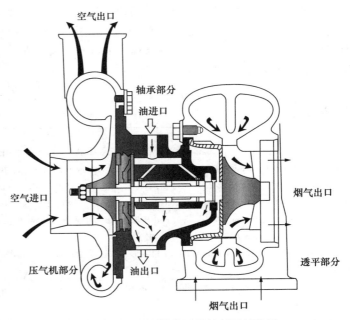

图 8-28　典型涡轮增压器的剖面结构图

滑油系统的组件，如泵、过滤器和冷却器等。在采用电磁轴承支撑的透平和压气机中，转子组件由主动电磁径向轴承支撑，如图 8-29 所示。具有自动推力控制系统的透平膨胀机可以根据轴向位置传感器的信号，通过调整电磁轴承的电流大小，以自动平衡转子上的轴向推力。各种传感器被组合用于自动消除转子表面的旋转信号谐波或椭圆或三角变形。

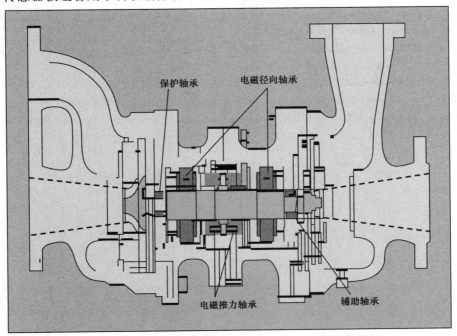

图 8-29　电磁轴承支撑的透平膨胀机（GE 石油天然气部门）

另外，透平膨胀机还可用于采用流化床催化反应器的热气体发电的领域。再生器中的烟气通过旋流管输送以除去部分催化剂颗粒，这种方式可去除 70%~90% 的残留催化剂颗粒。鉴于向心式透平的耐用性，尽管气体中有残留颗粒，但仍能在向心式透平中膨胀做功，而采用轴流式透平将会出现问题。

## 参考文献

Abidat, M. I., Chen, H., Baines, N. C., and Firth, M. R., "Design of a Highly Loaded Mixed Flow Turbine," Proceedings of the Institution of Mechanical Engineers Part A, Journal of Power and Energy, 206: 95-107, 1992.

Arcoumanis, C., Martinez-Botas, R. F., Nouri, J. M., and Su, C. C., "Performance and Exit Flow Characteristics of Mixed Flow Turbines," International Journal of Rotating Machinery, 3 (4): 277-293, 1997.

Baines, N. A., Hajilouy-Benisi, A., and Yeo, J. H., "The Pulse Flow Performance and Modeling of Radial Inflow Turbines," IMechE, Paper No. a405/017, 1994.

Balje, O. E., "A Contribution to the Problem of Designing Radial Turbo-machines," Transactions of ASME, Vol. 74: p. 451, 1952.

Balje, O. E., "A Study of Reynolds Number Effects in Turbomachinery," Journal of Engineering for Power, ASME Trans., Vol. 86, Series A, p. 227, 1964.

Benisek, E., "Experimental and Analytical Investigation for the Flow Field of a Turbocharger Turbine," IMechE, Paper No. 0554/027/98, 1998.

Benson, R. S., "A Review of Methods for Assessing Loss Coefficients in Radial Gas Turbines," International Journal of Mechanical Sciences, 12: 905-932, 1970.

Karamanis, N. Martinez-Botas, R. F., Su, C. C., "Mixed Flow Turbines: Inlet and Exit flow under steady and pulsating conditions," ASME 2000-GT-470.

Cox, G., Wu, J., and Finnigan, B., "A study on the Flow around the Scallops of Mixed-Flow Turbine and its effect on Efficiency," ASME 2007 GT2007-27330.

Knoernschild, E. M., "The Radial Turbine for Low Specific Speeds and Low Velocity Factors," Journal of Engineering for Power, Transaction of the ASME, Serial A, 83: 1-8, 1961.

Rodgers, C., "Efficiency and Performance Characteristics of Radial Turbines," SAE Paper 660754, October, 1966.

Shepherd, D. G., Principles of Turbomachinery, New York, The Macmillan Company, 1956.

Vavra, M. H., "Radial Turbines," Pt 4., AGARD-VKI Lecture Series on Flow in Turbines (Series No. 6), March, 1968.

Vincent, E. T., "Theory and Design of Gas Turbines and Jet Engines," New York, McGraw-Hill, 1950.

Wallace, F. J., and Pasha, S. G. A., "Design, Construction and Testing of a Mixed-Flow Turbine." The Second International JSME Symposium Fluid, 1972.

# 第**9**章

# 轴流式透平

轴流式透平是使用最为广泛的以可压缩气体为工质的一类透平。除一些小功率透平外，大多数燃气轮机采用轴流式透平驱动，并且在大部分运行范围内，其效率高于向心式透平。轴流式透平也用于蒸汽轮机的设计中，但是就燃气轮机和蒸汽轮机应用而言，两者有关轴流式透平的设计有着显著差异。

蒸汽轮机的发展要比燃气轮机早得多。因此，燃气轮机采用的轴流式透平是由蒸汽轮机的技术衍生而来的。近年来，燃气轮机向更高进口温度发展的趋势要求采用各种冷却方案。本章将对这些冷却方案进行详细的介绍，同时关注其冷却效果及其对气动性能的影响。蒸汽轮机发展过程中诞生了两类透平：冲动式透平和反动式透平。大部分蒸汽透平中反动式透平的反动度为 50%，此类透平运行的效率很高。但是在燃气轮机设计中，一方面各级反动度变化很大，另一方面单个透平级从轮毂到叶尖的反动度变化也很大。

目前，航空发动机为降低油耗以及噪声，轴流式透平设计采用很高的负荷系数（级输出功/转速的平方）。低油耗和低噪声的要求需要设计更高涵道比的发动机，而高涵道比的发动机要求采用多级透平驱动大流量的低速风扇。发展高负荷、低转速和高效率的透平级以获得高的运行效率是目前正在努力的方向。

## 透平结构

轴流式透平与其对应的轴流压气机类似，气流为轴向进气和轴向排气。如前所述，轴流式透平可分为冲动式透平和反动式透平，其中冲动式透平的焓降全部发生在喷嘴静叶中，因而气流进入动叶的速度非常高，而反动式透平的焓降分别发生在喷嘴和动叶中。图 9-1 给出了轴流式透平的结构示意图，同时也给出了透平级中压力、温度和绝对速度沿轴向的变化规律。

大多数轴流式透平为多级透平，且通常前面的级为冲动级（零反动度），后面的级具有大约 50% 的反动度。冲动级产生的输出功率大致为具有 50% 反动度的反动级的 2 倍，但是冲动级的效率比 50%反动级要来得低。

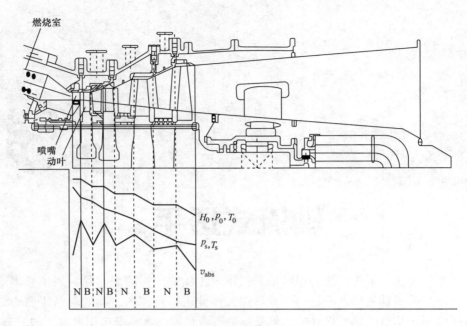

图 9-1　轴流式透平的结构及流动特征示意图

　　随着透平叶片冶金技术的发展，透平进口温度逐渐提高。定向凝固（又称定向结晶）叶片和新型单晶叶片的发展，以及新型叶片表面涂层技术和新的冷却技术的应用，使得燃气轮机透平进口温度显著提高。压气机的高压比同时也使透平第一级中使用的冷却空气温度相对很高，通常燃气轮机压气机出口气流温度可高达 1,200 ℉（649℃）。因此当前以压气机中压缩空气作为冷却介质的冷却方案也需要对压缩空气进行冷却，并且在很多情况下冷却通道也需要设置涂层，以防止热侵蚀。由于冷却空气量的增加会影响燃气轮机总的热效率，因此冷却方案受到它们可以使用的冷却空气量的严格限制。相关的经验准则是：如果冷却空气量需要超过 8%，那么提高透平进口温度带来的收益就会被抵消掉。

　　为新千年（21 世纪）而设计的燃气轮机研究采用蒸汽作为透平第一级和第二级叶片的冷却介质。新型联合循环电厂可以进行蒸汽冷却，这是新型高性能燃气轮机的基础，蒸汽作为燃气透平第一级静叶的部分冷却工质，通常来自蒸汽轮机高压透平级的出口，蒸汽在冷却燃气透平静叶的同时，在进入中压透平级之前自身也被加热，从而增加了中压和低压蒸汽透平的输出功率，并使总的循环效率和功率提高。

　　燃气轮机透平喷嘴静叶采用蒸汽冷却并不是一个新的概念。蒸汽冷却是 20 世纪 80 年代初，联合技术公司和斯托-拉瓦尔（Stal-Laval）研究团队在对美国能源部的高温透平技术项目［透平进口温度达到 3,000 ℉（1,649℃）］的概念研究中提出的基础冷却方案。利用蒸汽可获得的额外功率是最经济的。

　　注蒸汽技术可用于控制 $NO_x$ 生成，其中蒸汽随燃料喷射被注入燃烧室中。在功率提升技术中，注蒸汽与压气机出口空气混合后进入燃烧室。注入空气质量 5% 的蒸汽可以增加约 12% 的输出功率。注蒸汽的压力至少应比压气机排气压力高 4bar。蒸汽注入方式必须认真设计，以避免压气机喘振。以上这些都不是新的概念，在过去已经得到了验证和使用。

## 热力学与气动力学理论

在分析透平流动时有三个状态点很重要，它们分别位于喷嘴进口、动叶进口及动叶出口。气流速度是透平中控制流动和能量转换的一个重要变量。绝对速度（$v$）是相对于某些静止点的流体速度，且通常相对于静叶。在分析静叶（如喷嘴）中的流动时，绝对速度非常重要。当考虑旋转部件或动叶通道内的流动时，相对速度（$w$）更为重要，其通常相对于转子的旋转速度。采用矢量形式，相对速度定义为

$$\vec{w} = \vec{v} - \vec{u} \tag{9-1}$$

式中，$\vec{u}$ 为动叶旋转速度。

雷诺数对轴流式透平效率的影响如图9-2所示。在高雷诺数（$Re = \rho u D/\mu$）下轴流式透平更具有优势，这也表明高流量（$Re = 10^6 \sim 10^8$）时具有高的效率。当今新型先进的轴流式透平的效率已达到约92%，远高于向心式透平的效率。

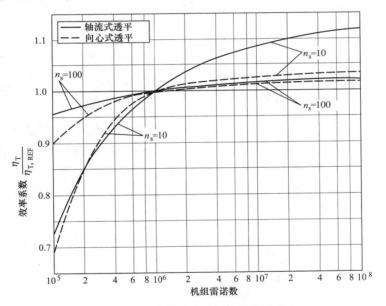

图9-2 雷诺数对透平级效率的影响

图9-3中的透平巴尔耶（Balje）图清晰地给出了比转速（$n_s = n\sqrt{Q}/H^{0.75}$）和比直径（$D_s = DH^{0.25}/\sqrt{Q}$）对轴流式透平效率的影响关系。轴流式透平在雷诺数为 $10^5 \sim 10^6$ 时，其比转速在 $10^2 \sim 10^4$ 范围内更为高效，这也表明轴流式透平应该用于高流量低压比的场合。轴流式透平的另一优势是，与向心式透平较大的径向尺寸变化相比，轴流式透平具有平滑的子午轮廓线。

轴流式透平中能量转换的一般原理与第3章中相关概述类似。能量转换的基本控制方程有：

1. 状态方程
2. 质量守恒方程

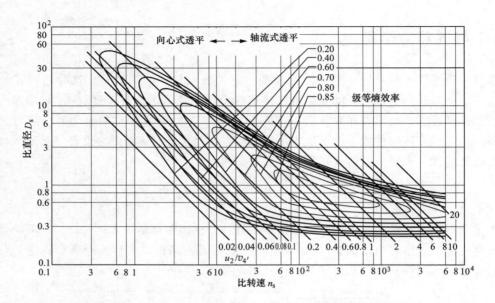

图 9-3　透平级 $n_s$-$D_s$ 图，效率为总-总效率，即针对透平进出口滞止

工况的效率，适用于 $Re>10^6$（巴尔耶，1964）

3. 动量方程

4. 能量方程

图 9-4 给出了透平动叶内部流动相对速度矢量，动量方程已转换到圆柱坐标系（$r$-$\theta$-$z$）。利用上述 4 个方程在第 3 章中推导出的透平欧拉方程适用于任意叶轮机械的内部流动。

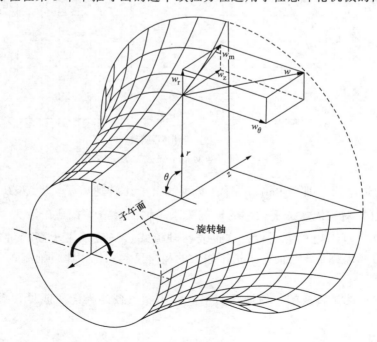

图 9-4　透平动叶内部流动相对速度矢量

图 9-5 给出了与本章以下相关方程中所对应的术语、符号以及流动关键位置编号。需要重点指出：这些术语在不同的书中以及对于不同的国家可能有所不同。各种论文或书籍中用到的轴流式透平的一些最常用术语有

绝对速度 $= v = v_{abs} = C$

绝对速度切向分量 $= v_\theta = v_{\theta abs} = C_\theta$

相对速度 $= \vec{w} = \vec{v}_{rel} = \vec{v} - \vec{u}$

动叶旋转速度 $= u$

上述变量关系如图 9-5 所示，图中下标 z 表示轴向分量，θ 表示切向分量。

图 9-5 中定义了两个角度。第一个角度为气流角 α，定义为气流与切向的夹角。喷嘴中气流角 α 表示气流离开喷嘴的方向；动叶中气流角 α 表示气流离开动叶的绝对速度方向。动叶中相对气流角 β 是相对速度与切向的夹角，是理想流动条件下（零冲角）的动叶气流角。

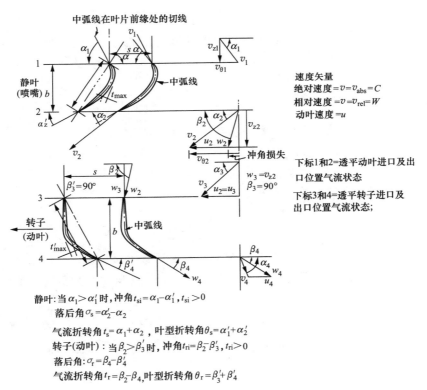

图 9-5　轴流式透平的术语及位置编号

前面导出的透平欧拉方程适用于任意叶轮机械内部流动，对于轴流式透平可以写为

$$H = \frac{1}{g_c}(u_3 v_{\theta 3} - u_4 v_{\theta 4}) \tag{9-2}$$

式中，$u$ 为动叶旋转速度；$v_\theta$ 为绝对速度切向分量。

该方程可以绝对速度和相对速度的形式写成

$$H_o = \frac{1}{2g_c} \left[ (v_3^2 - v_4^2) + (u_3^2 - u_4^2) + (w_3^2 - w_4^2) \right] \qquad (9\text{-}3)$$

式中，$u$ 为动叶旋转速度；$v$ 为绝对速度；$w$ 为相对速度；下标 3 和 4 分别为动叶进口和出口的状态。

当能量转换输出正功时，在方程式（9-2）中，叶尖圆周速度与切向速度的乘积在动叶进口处必须大于出口处。

### ►► 利用系数

即使对于理想流体而言，所有提供给透平的能量都不可能完全转化为有用功。这是因为在透平出口由于排气速度的存在，总会产生一定的动能损失。因此，利用系数定义为理想情况下做功与所提供能量的比值，即

$$E = \frac{H_{id}}{H_{id} + \dfrac{v_4^2}{2g}} \qquad (9\text{-}4)$$

对于半径不变的单个转子，上式可以以速度的形式写成

$$E = \frac{(v_3^2 - v_4^2) + (w_4^2 - w_3^2)}{v_3^2 + (w_4^2 - w_3^2)} \qquad (9\text{-}5)$$

### ►► 反动度

轴流式透平中的反动度是动叶中静焓降与级总焓降的比值，即

$$R = \frac{h_3 - h_4}{h_{01} - h_{04}} \qquad (9\text{-}6)$$

对于恒定半径且轴向速度始终不变的动叶可以写成

$$R = \frac{w_4^2 - w_3^2}{(v_3^2 - v_4^2) + (w_4^2 - w_3^2)} \qquad (9\text{-}7)$$

由上述关系式明显可以看出，对反动度为零的透平（冲动式透平）其出口相对速度与进口相对速度相等。大部分透平的反动度在 0 和 1 之间，而反动度为负时，透平效率很低，不能采用。

### ►► 做功系数

除了反动度和利用系数，决定叶片负荷的另一个参数是做功系数，即

$$\Gamma = \frac{\Delta h_\theta}{u^2} \qquad (9\text{-}8)$$

对于半径不变的透平可以写成

$$\Gamma = \frac{v_{\theta 3} - v_{\theta 4}}{u} \qquad (9\text{-}9)$$

当出口绝对速度方向为轴向且没有旋流存在时，上式可进一步简化为最大做功系数，即

$$\Gamma = \frac{v_{\theta 3}}{u} \qquad (9\text{-}10)$$

冲动式透平（零反动度）的利用系数最大时所对应的做功系数为 2，而 50% 反动度透平

的利用系数最大时所对应的做功系数为1。

近年来，轴流式透平的设计向高做功系数的方向发展。高的做功系数表明透平动叶具有高的负荷。很多涡扇发动机向高涵道比的方向发展，以降低油耗和噪声。随着涵道比的增加，直接驱动风扇的透平的相对直径减小，动叶叶尖速度降低。低的叶尖速度意味着在通常的做功系数下，透平的级数需要增加。在发展高做功系数、高叶片负荷及高效率透平方面正在进行大量的研究工作。图9-6给出了透平级做功系数和效率之间的关系，可以看出，随着做功系数的增加，透平效率迅速下降。有关做功系数超过2的透平的信息很少。

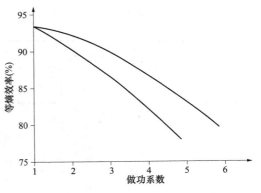

图9-6 透平级做功系数和效率之间的关系

## 速度三角形

图9-7所示为不同反动度对透平级速度三角形的影响。尽管给出了各种不同反动度的叶栅结构布置方式，但是并非所有都是实用的。

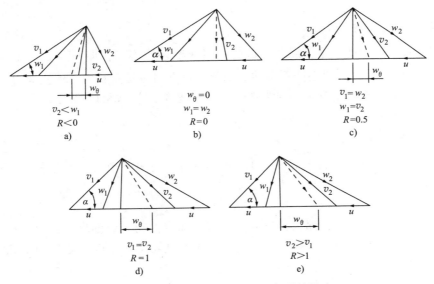

图9-7 反动度对透平级速度三角形的影响

根据利用系数的定义，排气速度（$v_4^2/2$）表示透平级的动能损失或不可利用的能量。利用系数最大时，出口速度应该最小，从速度三角形可以看出，出口速度最小时，其方向应该沿轴向，此时的速度三角形对应出口没有旋流。图9-8所示为与做功系数和透平类型变化所对应的各种速度三角形，该图表明对于任何类型的透平，均可以实现零出口旋流设计。

### ►► 零出口旋流速度三角形

很多情况下，出口速度 $v_{\theta 4}$ 的切向角代表了效率的损失。叶片设计为零出口旋流（$v_{\theta 4}=$

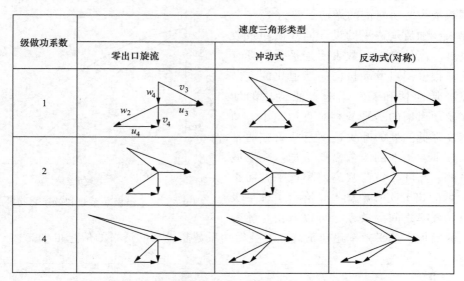

| 级做功系数 | 速度三角形类型 | | |
|---|---|---|---|
| | 零出口旋流 | 冲动式 | 反动式(对称) |
| 1 | | | |
| 2 | | | |
| 4 | | | |

图 9-8　做功系数和透平类型变化时对应的各种速度三角形

0）可以将排气损失降低到最小。如果做功系数 $\Gamma < 2$，此类速度三角形可以产生最高的静效率，同时其总效率与其他速度三角形近似相同。如果 $\Gamma > 2.0$，级反动度通常是负值，这种情况应避免出现。

▶▶**冲动式速度三角形**

对于冲动级，反动度为零，因此气流的相对速度保持不变，即 $w_3 = w_4$。如果做功系数小于 2，出口气流正旋，此时会降低级功。因此，只有当做功系数为 2 或更大时才采用冲动式速度三角形。冲动式速度三角形对末级是一个很好的选择这是因为当 $\Gamma$ 大于 2 时，冲动式动叶具有最高的静效率。

▶▶**反动式速度三角形**

反动式速度三角形对应的进出口速度三角形具有相同的形状，因此也称为对称速度三角形，即：$v_3 = w_4$ 且 $w_3 = v_4$。此时反动度为

$$R = 0.5 \tag{9-11}$$

如果做功系数 $\Gamma$ 等于 1，那么出口旋流为零。随着做功系数的增加，出口旋流也增强。由于在反动度为 0.5 时总效率很高，对于出口旋流不引入损失的第一级及中间级，此种速度三角形设计很有用。

# 冲动式透平

冲动式透平是最简单的一类透平，冲动式透平级由一列喷嘴和一列动叶组成。气流在喷嘴中膨胀，将高温热能转化为动能。其转化过程可用下式表达，即

$$v_3 = \sqrt{2\Delta h_0} \tag{9-12}$$

高速气流直接冲击动叶，此时大部分气流的动能转化为透平的轴功。

图 9-9 所示为单级冲动式透平的示意图。喷嘴中静压降低的同时，对应的绝对速度增

大。然后动叶中绝对速度降低，而静压和相对速度保持不变。为了获得最大的能量转换，动叶转速应为静叶出口速度的一半。有时为了获得叶尖速度和叶尖应力较低的叶轮设计，会在一列喷嘴后布置两列甚至更多列旋转动叶。旋转动叶中间布置导叶，其作用是引导气流从一列动叶栅流向下一列动叶栅，如图 9-10 所示，该类透平称作柯蒂斯（Curtis）透平，通常也称为复速级透平。

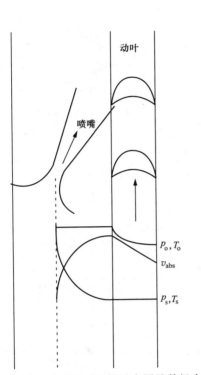

图 9-9　单级冲动式透平的示意图及其级内热
　　　　力学与流体动力学参数的变化

图 9-10　柯蒂斯冲动式透平示意图及
　　　　其内部压力与速度的变化

另一类冲动式透平是多级透平或拉托（Ratteau）透平。在这类透平中，由不同的透平级共同完成做功过程。每个透平级都包含各自的喷嘴和动叶，气流的动能被动叶转换并对外输出有用功。离开动叶的气流进入下一级喷嘴中继续膨胀，其焓值进一步降低，气流速度增加，然后气流动能在动叶中转换对外做功。

图 9-11 为拉托透平的示意图。假定摩擦损失很小，各组喷嘴中总压和总温将基本保持不变。

根据定义，冲动式透平级反动度为零，这意味着全部焓降发生在喷嘴中，喷嘴出口速度非常高。由于动叶中气流焓值没有改变，气流进入动叶的相对速度与离开动叶的相对速度相等。当利用系数最大时，由图 9-12 可知，此时出口绝对速度必须沿轴向。对应最大利用系数的气流角 $\alpha$ 为

$$\cos\alpha_3 = \frac{2u}{v_3} \tag{9-13}$$

气流角 $\alpha$ 通常很小，介于 $12° \sim 25°$ 之间。$\alpha$ 的极限是通过通流速度 $v_1\sin\alpha$ 来确定的，如

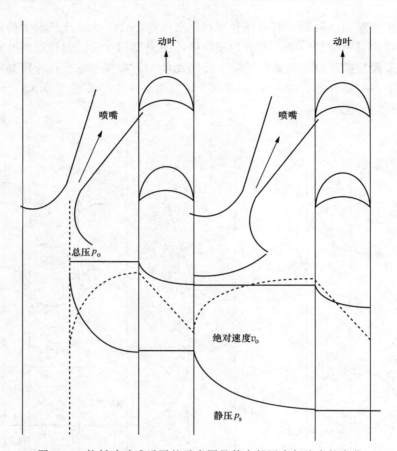

图 9-11　拉托冲动式透平的示意图及其内部压力与速度的变化

果 $\alpha$ 限定过小，此时需要增加叶片长度。速比 $u/v_3$，即动叶转速与动叶进口绝对速度的比值，是一个与利用系数相关的有用参数（图 9-12）。

$u/v_3$ 的最佳值，即最佳速比，表示此时热能可以最大限度地转化为轴功，也表示 $\cos\alpha$ 偏离最佳值会引起能量转化过程中的损失。在非设计工况，气流相对动叶的冲角会增加，从而引起损失增加。级的最大效率出现在 $u/v_3 = \cos\alpha_3/2$ 或附近。

冲动式透平流动过程中的做功由透平欧拉方程给出，即

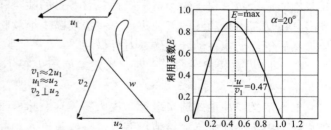

图 9-12　冲动式透平级速度和气流角对利用系数的影响

$$P = \dot{m}u(v_{\theta3} - v_{\theta4}) = u(v_{\theta3} - v_{\theta4})$$

$$(9\text{-}14)$$

当利用系数为最大值时，可以利用绝对速度和喷嘴气流角 $\alpha$ 将上式改写为

$$P = \dot{m}u(v_{\theta3}\cos\alpha_3)$$

$$(9\text{-}15)$$

在不考虑摩擦及湍流的影响时，纯冲动式透平中相对速度 $w$ 保持不变。随着气流速度的变化，透平损失在很大范围内变化，对高速透平（3,000ft/s），其损失大约为20%，而低速透平（500ft/s）损失约为8%。当利用系数为最大值时，速比为 $\cos\alpha/2$，此时冲动式透平中转换的能量可以写成

$$P = \dot{m}u(v_{\theta3}-v_{\theta4}) = u(v_{\theta3}-v_{\theta4}) \tag{9-16}$$

轴流反动式透平是应用最广泛的透平。在反动式透平中，喷嘴和动叶都起到使气流膨胀的作用，因此在静叶和动叶中静压均会降低。喷嘴引导气流以略高于动叶周向速度的流速进入动叶通道。在反动式透平中，气流速度通常较低，且气流进入动叶的相对速度几乎是沿轴向的，图9-13为反动式透平的示意图。

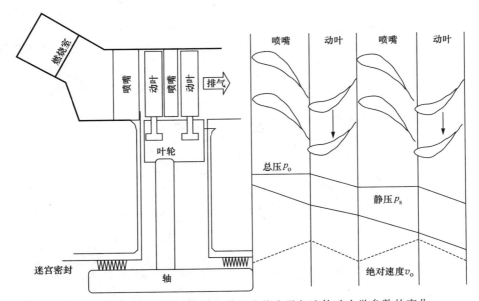

图9-13 反动式透平的示意图及其级内热力学与流体动力学参数的变化

在大部分设计中，透平的反动度沿着叶高方向会发生变化，而冲动式透平是反动式透平在反动度为零（$R=0$）时的特例。对于一定的喷嘴出口气流角，当反动度趋近于100%时，利用系数将不断增加。当 $R=1$ 时，利用系数并未达到1，但是会达到某个最大值。实际上，反动度为100%的透平并不实用，这是因为为了获得高的利用系数，动叶转速必须很高。对于反动度为负的透平级，此时动叶具有扩压作用，由于扩压会产生流动损失，因而必须避免出现这种情况。

50%反动度的透平应用广泛并且特别重要。这种透平的速度三角形是对称的，当利用系数为最大时，出口速度（$v_4$）必须沿轴向。图9-14给出了反动式透平的速度三角形及其对利用系数的影响。从图中可以看到，$w_3=v_4$，静叶和动叶气流角相等。因此，当利用系数最大时，最佳速比为

$$\frac{u}{v_3} = \cos\alpha \tag{9-17}$$

在各种类型的透平中，50%反动度透平的效率最高。式（9-17）表明，在相当大的速比（0.6~1.3）范围内，速比对透平效率的影响相对较小。

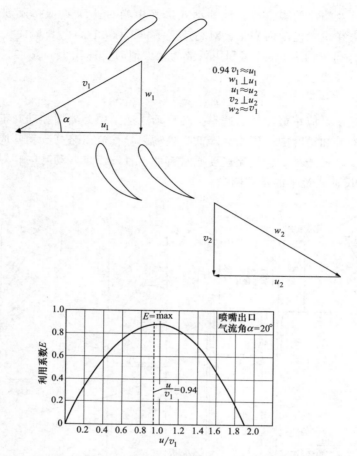

图 9-14　反动式透平的速度三角形及其对利用系数的影响

反动式透平的输出功率也可由一般的透平欧拉方程给出。当利用系数为最大值时，可以表示为

$$P = \dot{m}u(v_3\cos\alpha_3) \tag{9-18}$$

对 50% 反动度透平，方程式（9-18）简化为

$$P = \dot{m}u(u) = \dot{m}u^2 \tag{9-19}$$

相同转速下，单级冲动式透平产生的功率是反动式透平的两倍。由于产生同等功率需要更多的级数，因而反动式透平的造价要比冲动式透平高很多。在实际设计过程中，多级透平经常采用如下的设计形式：前面的几级采用冲动级，以最大限度地产生压降，在后面级中采用 50% 反动度的反动级。反动式透平中由于动叶具有降压效应，因此具有更高的效率。如果全部采用冲动级透平，效率会很低，而若全部采用反动级，必须设计过多的级数，因此冲动式和反动式相结合的设计是很好的折衷方案。

# 透平叶片冷却概念

在过去几十年中，燃气轮机进口温度快速提升，且这一趋势仍在继续，这主要得益于材料和工艺方面的进步以及透平叶片先进冷却技术的应用。新的材料技术和冷却技术的发展使得燃气轮机透平进口温度提高，从而使透平效率不断提高。第一级动叶在高温、高应力等综合的恶劣服役环境下工作，因此其通常是燃气轮机部件寿命的限制因素。图 9-15 所示为燃气轮机透平进口温度和叶片合金性能随时间的变化曲线。

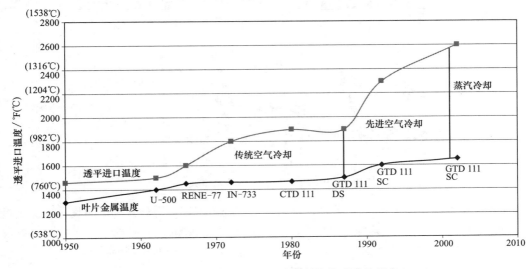

图 9-15 透平进口温度随叶片材料性能改进的提高

自 1950 年以来，透平叶片材料的耐温能力已经提高了约 850°F（472℃），大致每年增加 20°F（10℃）。叶片耐热温度提升的重要性在于：透平进口温度每提高 100°F（56℃），可使透平输出功率增加 8%~13%，简单循环效率提高 2%~4%。合金材料和加工工艺方面的进步尽管费用昂贵而且耗时，但是可以提高透平功率密度和效率，从而可以带来显著的收益。冷却空气从压气机抽出，并被引导至静叶、动叶、转子及气缸等高温部件，以便为其提供足够的冷却。冷却气流对透平气动性能的影响与冷却类型、冷却气流温度和主流温度差异、冷却气流喷射的位置和方向，以及冷却气流流量等参数均有关系。这一系列因素对透平的影响已通过环形叶栅或平面叶栅试验台进行试验研究。

在高温燃气轮机中，必须针对透平动叶、静叶、端壁、围带以及其他部件的冷却系统需要进行专门设计，以满足金属材料的耐温极限要求。透平部件冷却的这些概念构成了以下五种基本的空气冷却方案（图 9-16）：

1. 对流冷却
2. 冲击冷却
3. 气膜冷却
4. 发散冷却
5. 水/蒸汽冷却

自 1995 年以来，燃气轮机透平进口温度得到了大幅上升，这就需要材料和冷却技术的显著改进。到 2015 年，最新的大型商用涡扇发动机在最大功率时透平进口温度将会接近 3,000°F（1,650℃），具有高的燃料利用效率和接近 100,000lb（445kN）的推力水平。对于商用工业燃气轮机，其透平进口温度紧随航空发动机的发展而提高，功率可以达到 450MW（GE

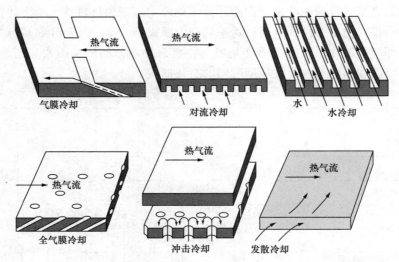

图 9-16　各种建议的冷却方案

7 系列和 9H 系列，三菱 J 系列）。在透平设计中必须充分保证高可靠性和耐用性，以满足运行的经济性目标。透平叶栅应具有高的可靠性，寿命达到 25,000h，同时超过一半的时间能够运行在最大功率工况。这些性能水平是由以下技术方案的综合应用而得到的：

1. 先进的透平动叶和静叶空气冷却技术。

2. 应力与气动设计技术。

3. 单晶（SC）与定向凝固（DS）铸造技术的改进。

4. 先进涂层，包括全叶片陶瓷热障涂层（TBCs），并采用金属铼（Re<6%）的镍基超级合金的开发及应用。

从空气及蒸汽冷却到新型叶片结构的研发，透平动叶和静叶的冷却技术已经取得了很大进展。新型先进燃气轮机叶片必须承受非常高的温度，因此叶片材料必须是消除了横向和纵向晶界的单晶（SC）叶片。大部分静叶和动叶铸件通过传统的各向同性熔模铸造工艺进行制造，在铸造过程中熔化的金属被注入真空的陶瓷模具中，以防止超级合金中的活性元素与空气中的氧和氮反应。同时通过合理控制金属和模具的加热条件，熔化的金属液从模具表面到中心逐渐凝固，形成等轴晶体结构。定向凝固技术（DS）也用于制造先进的静叶及动叶。这一技术在数十年前首先用于航空发动机的叶片制造，且在 20 世纪 90 年代早期开始用于大型叶片的制造。通过仔细控制温度梯度，在叶片中形成二维的固化前沿，同时铸造部件从该固化前沿开始，沿着整个部件的长度方向逐渐凝固。最终形成的叶片拥有平行于整个部件轴向的定向晶粒结构，而不存在普通叶片中的横向晶界。图 9-17 分别示出了各向同性叶片、定向凝固叶片和单晶叶片的晶粒结构。横向晶界的消除会使合金产生额外的蠕变和断裂强度，而定向晶界使得材料在长度方向具有优良的弹性模量，从而可以延长

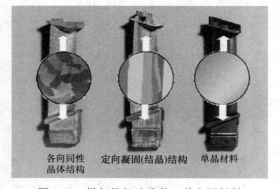

各向同性　　定向凝固(结晶)结构　　单晶材料
晶体结构

图 9-17　燃气轮机叶片的三种主要材料

疲劳寿命。定向凝固叶片可以显著延长叶片的蠕变寿命，或者在叶片固定的寿命周期内可以显著提升叶片可承受的应力水平。定向凝固叶片的这一优势是因为消除了叶片的横向晶界，从而消除了微观结构中的传统薄弱环节。在延长蠕变寿命的同时，定向凝固叶片与各向同性叶片相比有超过 10 倍的应变控制或热疲劳特性。定向凝固叶片的冲击强度也优于各向同性叶片，强度提高超过 33%。

单晶叶片在 20 世纪 90 年代末已用于燃气轮机。单晶叶片通过进一步消除晶界来提供更好的蠕变和疲劳特性。单晶材料中，所有晶界在材料结构中被消除，且产生了一个以叶片为形状的具有受控取向的单一晶体。通过消除晶界以及加入相关的晶界强化添加剂，金属的熔点显著增加，从而使叶片的高温强度显著增加。与各向同性叶片和定向凝固叶片相比，单晶叶片的横向蠕变和疲劳特性增强，其中低周疲劳寿命大约增加 10%。

在铸造叶片的超级合金中添加铼金属，不仅可以提高叶片的蠕变、热机械疲劳强度特性，而且可以改善材料的涂层性能等外部特性。这些合金与透平部件性能和寿命相关的一系列关键特性都已有评估。在高温工作条件下，添加铼会显著减缓这些合金的扩散速度。工业燃气轮机包括航空改型燃气轮机，现在开始逐渐采用这些航空发动机透平中的相关技术。

直到 20 世纪 60 年代后期，对流冷却一直是燃气轮机叶片冷却的主要方式，同时在一些关键部位偶尔会采用气膜冷却。气膜冷却在 20 世纪 80~90 年代被广泛应用。在 2001 年，蒸汽冷却技术在联合循环电厂应用的重型燃气轮机中获得应用。新型燃气轮机具有很高的压比，这使压气机出口的气流温度很高，此时这些气流的冷却能力受到影响。

▶▶**对流冷却**

对流冷却方式是使冷却空气在动叶、静叶内部流动并通过与壁面的对流传热带走热量，从而实现冷却叶片壁面的目的。通常气流沿着径向流动，从轮毂到叶尖设置蛇形通道使气流实现多次往复的径向流动。对流冷却是当代燃气轮机中应用最为广泛的冷却方式。

▶▶**冲击冷却**

这是一种高强度的对流冷却方式，冷却空气从冷却通道以高速射流的方式冲击叶片内表面，使得更多的热量从金属表面传递到冷却气流中。该冷却方式可以在特定的叶片位置进行冷却，以使整个表面保持温度分布均匀。例如，叶片前缘比叶片中弦及尾缘处更需要冷却，因此在叶片前缘采用冲击冷却。

▶▶**气膜冷却**

该冷却技术通过在高温燃气主流与叶片表面之间形成一层冷却气体隔离层来实现叶片冷却。叶片的气膜冷却保护原理与保护燃烧室火焰筒在超高温燃气下工作的气膜冷却方式类似。

▶▶**发散冷却**

这种冷却方式要求冷却气流通过叶片材料的多孔表面，传热直接在冷却介质和热燃气之间进行。发散冷却在温度很高的情况下非常有效，因为冷却介质可以将整个叶片表面覆盖起来。

▶▶**水/蒸汽冷却**

水从嵌入叶片的多个小导管中流过，并在叶尖以蒸汽的形式喷出，从而对叶片形成很好的冷却效果，该冷却方式可使叶片金属温度保持在 1,000 ℉（537.8℃）以下。

蒸汽流过嵌入透平静叶和动叶中的许多小导管。在大多数情况下，蒸汽从联合循环电厂高压蒸汽透平出口引出，在对燃气透平叶片进行冷却后又流回到蒸汽透平中，在此过程中进入中压蒸汽透平的这一部分蒸汽得到了加热。这是一种非常有效的冷却方式，可使叶片金属温度保持在 1,250 ℉（649℃）以下。

# 透平叶片冷却设计

将叶片冷却概念应用在实际的透平叶片设计中非常重要。叶片冷却有五种不同的设计方案。

### ▶▶对流与冲击冷却/内部冷却设计

图 9-18 所示的嵌入肋柱叶片中，中弦区通过水平肋片进行对流冷却，前缘区采用冲击冷却，冷却气流通过尾缘劈缝流出。空气向上流经由嵌入肋柱形成的中心冷气腔室，然后通过前缘内腔上的小孔喷出，对叶片前缘进行冲击冷却。空气然后循环流过叶片壳体与肋柱之间的水平肋片，最后从尾缘劈缝流出。这种冷却方案产生的叶片温度分布如图 9-19 所示。

嵌入肋柱上的应力比叶片壳体上的应力高，同时叶片壳体压力面的应力比吸力面高。尾缘的蠕变应力要比前缘的蠕变应力大得多。同时轮毂截面的蠕变应力分布并不平衡，而这种不平衡分布可以通过更均匀的壁面温度分布来改善。

### ▶▶气膜与对流冷却设计

这种叶片的冷却设计方案如图 9-20 所示。中弦区采用对流冷却，前缘采用对流和气膜冷却两种冷却形式。冷却气流从叶片底部射入两个中心腔室和一个前缘腔室，随后上下循环流经一组垂直通道。

在叶片前缘，冷却空气流经垂直通道壁面上的一系列小孔，然后冲击到前缘内表面，并从前缘气膜冷却小孔中流出。在叶片尾缘，气流通过劈缝流出并对叶片尾缘产生对流冷却。叶片采用气膜和对流冷却方案设计时的温度分布如图 9-21 所示。从图中可以看到，尾缘位置是温度最高的区域。另外，肋板是叶片中应力最大的部位，同时也是温度最低的部位。

与此类似的冷却方案在经一定改进后已用于最新的燃气轮机设计中。GE FA 燃气轮机的透平进口温度达到 2,350 ℉（1,288℃），这是

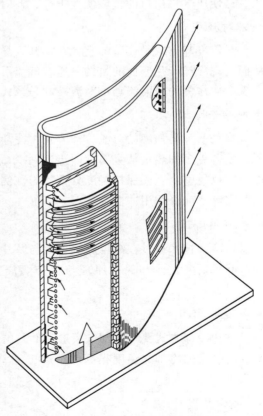

图 9-18　叶片的内部冷却（嵌入肋柱）

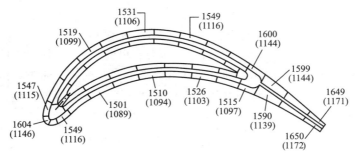

图 9-19 肋柱嵌入叶片的温度分布（冷却后，单位：℉）

电力工业中的较高温度水平。为了适应透平进口温度的增加，FA 燃气轮机机组应用了由 GE 航空发动机公司研发的先进冷却技术。第一级动叶、第二级动叶以及所有三级静叶采用空气冷却。第一级动叶采用先进的航空发动机衍生的蛇形通道布置实现对流冷却，具体如图 9-22 所示。

冷却空气流过动叶尾缘和叶尖的轴向气流通道以及叶片前缘和侧壁排出，实现气膜冷却。

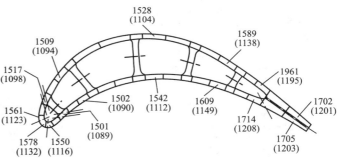

图 9-21 对流冷却和气膜冷却
叶片的温度分布（冷却后，单位：℉）

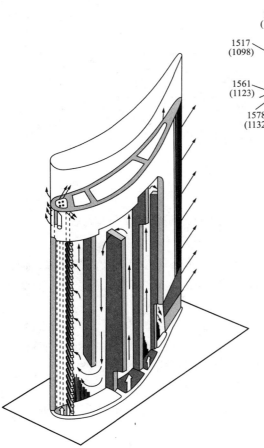

图 9-20 叶片的气膜冷却和对流冷却

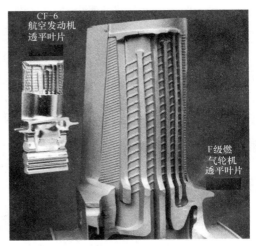

图 9-22 FA 叶片的内部冷却通道（GE 公司提供）

▶▶ 发散冷却设计

如图 9-23 所示，采用这种冷却方案设计的叶片有一个由支柱支撑的多孔壳体。支撑在支柱上的壳体是由多孔材料组成的丝状结构。冷却空气向上流入支柱中心腔室中，支柱为中空结构，表面布满不同尺寸的小孔。随后冷却气流通过多孔壳体，通过对流冷却和气膜冷却对壳体进行综合保护。由于叶片表面存在数量极多的小孔，因而这种冷却方式十分有效。图 9-24 给出了叶片温度分布。

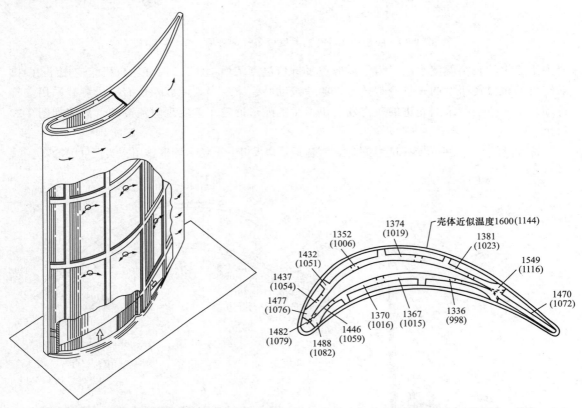

图 9-23　叶片的发散冷却　　　　图 9-24　发散冷却叶片的温度分布（冷却后，单位：℉）

尽管在尾缘突出位置存在突然的应力释放，支柱尾缘仍然是蠕变应变最高的区域，而支柱中的蠕变应变可以得到很好的平衡。发散冷却要求多孔网状材料在温度为 1,600 ℉（871.1℃）或更高时具有抗氧化特性。

否则，这种设计的优异的蠕变特性就微不足道了。由于氧化会堵塞小孔，从而导致不均匀和热应力高，使叶片存在失效的可能。叶片具有优异的蠕变特性的原因是其支柱平均温度相对很低，仅为 1,400 ℉（760℃），这足以补偿支撑多孔壳体所需的高离心应力。

▶▶ 多孔冷却设计

对于多孔冷却设计，冷却的主要过程是冷气通过叶片表面的小孔射出，产生气膜冷却，如图 9-25 所示。图 9-26 给出了多孔冷却叶片的温度分布。

多孔冷却设计的孔径要明显大于发散冷却中多孔丝网形成的孔径。此外，由于孔径较大，

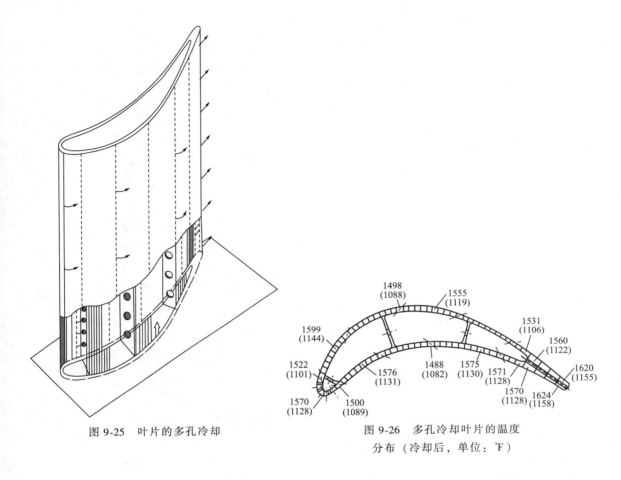

图 9-25　叶片的多孔冷却

图 9-26　多孔冷却叶片的温度
分布（冷却后，单位：℉）

因此它们不易被氧化堵塞。多孔冷却设计中，叶片外壳利用交叉肋柱进行支撑，并且在机组运行工况下，不需要额外的支柱就可以实现叶片壳体的支撑。多孔冷却设计的叶片的蠕变寿命仅次于发散冷却，并且叶片前缘与尾缘之间具有接近最优值的最好的应变分布。

### ▶▶ 水冷透平叶片

这一冷却设计在叶片内部嵌入很多小的导管形成冷却水通道，如图 9-27 所示。大多数情况下，导管采用铜制成，以获得良好的传热条件。水在到达叶尖位置时变为蒸汽，然后射入燃气流中。目前这种冷却叶片还处于试验阶段，但是通过这种设计很可能将透平进口温度提高到 3,000 ℉（1,648.8℃）。水冷叶片冷却方案应使叶片金属材料温度维持在 1,000 ℉（537.8℃）以下，以避免产生热腐蚀问题。

### ▶▶ 蒸汽冷却透平叶片

蒸汽冷却叶片内部嵌入很多蒸汽流通导管。在大多数情况下，导管由铜制成，以增强换热。在联合循环电厂中，蒸汽喷射正在逐渐成为燃气轮机的一个主要冷却源。蒸汽从蒸汽轮机高压透平出口引出并导入燃气轮机透平的静叶中，蒸汽在被加热的同时，叶片温度下降。随后蒸汽被注入蒸汽透平的中压级中继续做功，这也使联合循环的总效率得到了提高。

在透平动叶中，蒸汽在冷却叶片后，通过一系列专门设计的滑环导入蒸汽轮机中压缸的蒸汽主流中。联合循环电厂采用蒸汽冷却可使未来燃气轮机透平进口温度达到 3,000 ℉（1,649℃），同时应使叶片温度保持在 1,200 ℉（649℃）以下，以便将热腐蚀的影响降到最低。同时，蒸汽冷却可使整个联合循环电厂的效率提高 1%～3%。表 9-1 给出了对 6 种不同的叶片冷却设计方案的评估。

表 9-1　叶片冷却方案的评估

| 叶片冷却方案 | 达到 1% 蠕变应变的时间/h | |
| --- | --- | --- |
| | 基于初始工况 | 基于平均工况 |
| 内部冷却 | 2,430 | 47,900 |
| 气膜对流冷却 | 186 | 46,700 |
| 发散冷却 | 2,530 | 无穷大 |
| 多孔冷却 | 4,800 | 33,500 |
| 水冷却 | 150 | 无穷大 |
| 蒸汽冷却 | 150 | 35,000 |

#### ▶▶ 冷却透平气动力学

透平动叶和静叶中的冷气射流的存在会引起透平效率的略微降低。然而，透平进口温度提升带来的收益能够很好地补偿冷气引起的透平部件效率的损失，因此总的循环效率得到了提高。NASA 在一个特别设计的 30in 透平冷却试验台上对采用三种不同冷却方式的静叶进行了试验研究，三个静叶外部型线相同，如图 9-28 所示。

为了分析冷却气体对静叶损失的影响，在静叶栅下游对径向和周向的总压分布进行了试验测量。对叶片上布置离散孔和叶片尾缘槽的两种方案的尾迹进行了比较，结果表明冷却方式和冷却气体流量对静叶总压损失具有显著影响。对于多孔叶片，当冷气流量增加时，冷气对主流流场的扰动和尾迹厚度均增加，损失也相应增加。对具有尾缘槽的叶片，随着冷气流量增加到尾迹开始增厚时，损失开始增加。然而当冷气流量进一步增加时，冷气给尾迹增加能量，从而降低损失。对于更大的冷气流量，冷却气流压力势必也升高，同时也会向主流提供能量。

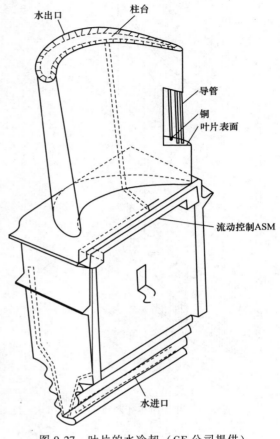

图 9-27　叶片的水冷却（GE 公司提供）

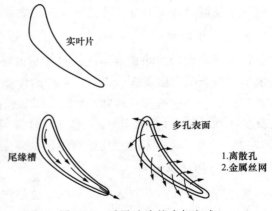

图 9-28　透平叶片的冷却方式

通过对不同冷却方案的比较可知，具有尾缘槽的叶片的效率最高，如图 9-29 所示。静叶多孔设计会显著降低级效率，但这里的效率只表明透平中的损失，并没有考虑冷却效果。如前所述，多孔叶片的冷却效果最好。

先进的燃气轮机采用大量的冷却空气，这可以从图 9-30 所示的透平静叶和动叶截面示意图中清晰地看到。图 9-31 示出了某高温燃气轮机第一级静叶的外端壁顶部，可以看到静叶外端壁上的三个大的冷却空气进气腔以及很多小冷却孔。

新型先进燃气轮机的静叶上、下端壁均需要冷却，如图 9-32 和图 9-33 所示。这两幅图均显示整个静叶接近于发散冷却布置，这些图也清楚地表明这些静叶需要全封装式冷却，这与透平进口温度为 2,100 ℉（1,149℃）的燃气轮机的静叶和动叶不同。

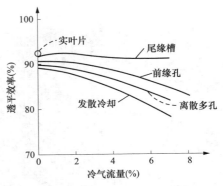

图 9-29 不同冷却方式对透平效率的影响

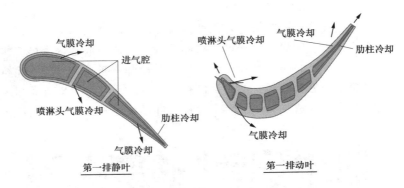

图 9-30 静叶及动叶的冷却布置

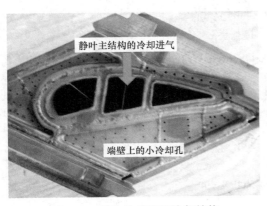

图 9-31 静叶外端壁的冷却结构

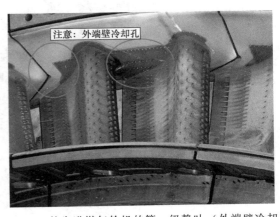

图 9-32 某先进燃气轮机的第一级静叶（外端壁冷却）

透平第一级叶片需要沿叶片叶型的不同位置以及叶片前缘和尾缘、叶尖及端壁进行冷却。图 9-34 所示为带有前缘喷淋头冷却、叶身沿叶展方向成排气膜孔冷却以及沿尾缘气膜孔冷却的某燃气轮机第一级动叶。先进的燃气轮机透平叶片都带有热障涂层（TBC），以进一步保护

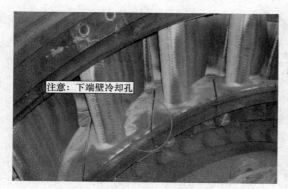

图 9-33　某先进燃气轮机的第一级静叶（下端壁冷却）

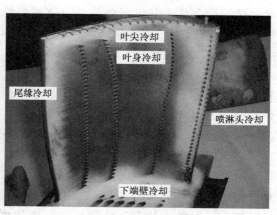

图 9-34　典型高温透平的第一级动叶

叶片。在叶片表面涂上 15～25mil（密耳，1mil＝1/1000in）厚度的涂层，而每 1mil 厚度的涂层可使叶片金属温度下降 8～16℉（4～9℃）。

通常情况下，先进燃气轮机第二级叶片仍然带有冷却并涂有热障涂层，以进一步保护叶片。进入第二级静叶的气流温度显著低于第一级静叶进口气流，但是进入第二级静叶和第二级动叶的气流温度仍然很高，此时的动叶和静叶仍需要冷却保护。如图 9-35a 所示，第二级静叶前缘、尾缘以及端壁均需要冷却。图 9-35b 给出了第二级动叶以及前缘和尾缘的冷却布置，同时叶身上也带有冷却。透平第一级大多设计成冲动式透平级，此时所有的焓降均发生在静叶中。

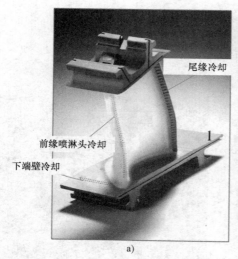

a)

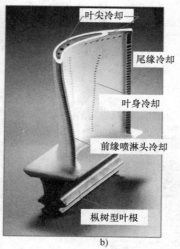

b)

图 9-35　透平第二级静叶及动叶

第三级和第四级透平静叶和动叶通常不需要冷却。这些叶片长度较长，因此都设计成带有围带的形式，以避免可能导致叶片失效的共振问题。图 9-36 所示为典型的带围带叶片，图中各个叶片的围带在顶部彼此互锁为一体。检查叶片顶部围带的互锁状态非常重要，如果两个叶片围带之间不能很好地连接，则叶片可能已经径向拉伸，这会导致叶片失效。图 9-37

所示为典型轮盘上加工的纵树型叶根结构，通常，轮盘之间通过弧端齿联轴器连接在一起。

为了保证透平动叶叶尖与透平机壳（气缸）之间合适的间隙，一般会在机壳安装叶尖围带块/环，用于控制叶尖与机壳之间的间隙。这些围带块也用于阻止过多的热量到达透平机壳。由于第一级动叶处的外壳温度过高，覆盖第一级动叶叶尖的围带块需要冷却，同时围带块也覆盖并保护机壳以免过热而变形。图9-38中，叶尖围带受到了过多的摩擦。很多围带块涂有热障涂层（TBC），以保护它们免受转子中高温气流的影响。

图9-36 一组典型的带有围带的动叶片

图9-37 轮盘纵树型叶根与弧端齿联轴器

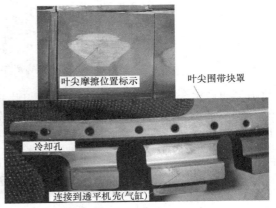

图9-38 动叶叶尖围带块/环

#### ▶▶ 透平损失

导致轴流式透平效率损失的主要原因是叶片表面及端壁上边界层的形成及发展。与边界层相关的损失有黏性损失、掺混损失以及尾缘损失。为了计算这些损失，必须知道叶片表面的边界层发展过程，以便计算边界层位移厚度和动量厚度。图9-39给出了典型的边界层位移厚度及动量厚度的分布。由叶片表面边界层发展造成的型面损失是一种总压损失，而这又是由黏性流体的动量损失引起的。叶片型线及流场压力梯度是影响型面损失的主要因素。端壁损失同样也是由动量损失引起的，尽管端壁损失也取决于叶片型线和流场压力梯度，但与型面损失相比，叶片型线和压力梯度对端壁损失的影响截然不同。端壁损失通常与二次流损失联系在一起，因为相邻叶片通道产生了由压力面指向吸力面的压力梯度。叶片载荷由同一个叶片的压力面和吸力面上的压差产生，而叶栅流道中的横向压力梯度使气流从高压区流向低压区，从而产生二次流动并引起二次流损失，并在叶栅出口产生漩涡。

当动叶叶尖采用无围带设计时，叶尖附近叶片两侧的横向压力梯度会引起气流流过叶尖间隙，引起从压力面向吸力面的横向流动，进而产生叶尖泄漏流，并引起叶尖泄漏流动损失。叶尖泄漏流会产生湍流、压力下降并与主流发生干涉，所有的这些影响均会导致叶尖间

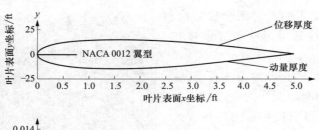

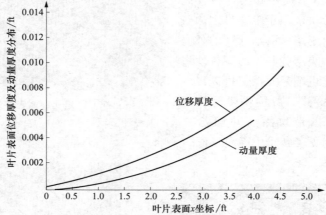

图 9-39　叶片表面边界层位移厚度和动量厚度的分布

隙损失的产生。另一损失是由来流角度与叶片几何角不一致造成的，这会引起叶片前缘的流动分离。轴流式透平中，由于转子轮盘和机壳之间存在很小的间隙，当流体在轮盘表面的拖拽摩擦作用下运动时，产生黏性耗散，进而产生轮盘摩擦损失。表 9-2 给出了整个透平级中上述损失的近似值。

表 9-2　整个透平级中的损失近似值

| 损失机制 | 损失（%） | 损失机制 | 损失（%） |
|---|---|---|---|
| 型面损失 | 2~4 | 转子冲角损失 | 1~3 |
| 端壁损失 | 1.5~4 | 叶尖间隙损失 | 1.5~3 |
| 二次流损失 | 1~2 | 轮盘摩擦损失 | 1~2 |

　　人们已经发展出一套计算轴流式透平损失的简单而有效的方法。在损失计算中，将叶栅几何结构、节距、展弦比、厚度比和雷诺数的影响考虑在内。这些影响因素会引起来流及出流流动方向的偏转。图 9-40 给出了由于气流偏转引起的叶片几何损失。在损失计算过程中，安装角、尾缘厚度以及马赫数等因素的影响并未被考虑进去。

　　在高负荷透平级的损失计算中，忽略马赫数的影响会带来一定的问题。叶片最佳稠度（$\sigma = c/s$）的计算式为

$$\sigma = 2.5\left(\cot\alpha_2 + \cot\alpha_1\right)\sin^2\alpha_2 \qquad (9\text{-}20)$$

　　损失系数由下式计算，即

$$\omega = \left(\frac{10^5}{Re}\right)^{1/4}\left[\left(1+\omega_\theta\right)\left(0.975+0.075/\mathrm{AR}\right)-1\right]\omega_i \qquad (9\text{-}21)$$

式中，AR 是展弦比（$h/c$）；$\omega_\theta$ 是图 9-40 所示的叶片几何损失系数；$\omega_i$ 是图 9-41 所示的冲角损失系数；$Re$ 为雷诺数，$Re = \dfrac{v_3 D_n}{v_3}$，其中，水力直径 $D_n = \dfrac{2\mathrm{AR}s\sin\alpha_2}{\sigma\sin\alpha_2 + \mathrm{AR}}$，$s$ 为栅距。

焓降由下式计算，即

$$h_{2a} = h_{2s} + \omega v_3^2 / 2 \tag{9-22}$$

对于转子，这些损失需要重新计算。

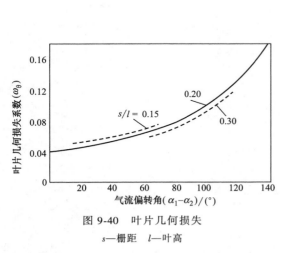

图 9-40 叶片几何损失
s—栅距 l—叶高

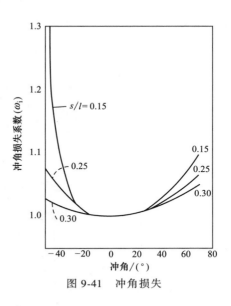

图 9-41 冲角损失

透平的变工况特性与设计工况特性同样重要。图 9-42 给出了转速与压比对透平输出功率的影响。可以明显看出，透平进口温度和透平压比是影响透平输出功率的最显著的两个因素。为了得到透平变工况特性，很有必要研究各种无量纲参数的影响，如以流量系数为函数变量的压力系数和温度系数。用于研究叶片内部机理和流场分布的其他方法，也可用来确定透平的变工况特性。

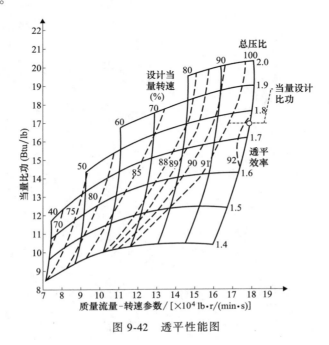

图 9-42 透平性能图

## 参考文献

Balje, O.E., "A Study of Reynolds Number Effects in Turbomachinery," Journal of Engineering for Power, ASME Trans., Vol. 86, Series A, 1964, p. 227.

# 第10章

# 燃 烧 室

## 燃气轮机燃烧室

燃气轮机布雷顿循环中的热量输入是由燃烧室提供的，燃烧室将来自压气机的空气加热后送入透平（理想状态下不考虑压力损失）。这样，燃烧室就成为一个直燃式空气加热装置，在燃烧室里燃料几乎以理想当量比燃烧，燃料燃烧所消耗的空气只占压气机流量的8%~30%，其值取决于燃料的热值，低热值燃料的热值约为300Btu/lbm（698kJ/kg），高热值燃料的热值约为1,050Btu/lbm（2,443kJ/kg）。燃烧产物随后与其余的空气混合使燃气温度降到合适的透平进口温度。

所有的燃气轮机燃烧室具有相同的作用：提高压缩气体的温度。燃烧室进口温度取决于机组的压比、负荷和机组类型，以及机组是否具有回热，尤其是在低压比情况下。与当前的工业燃气轮机17~35的压比相比，回热燃气轮机具有8~12的较低压比，这意味着对于低压比回热机组，燃烧室进口空气的温度范围为1,005~1,139℉（541~614℃）；对于较高压比机组，燃烧室进口温度为1,266~1,574℉（686~857℃）。燃烧室出口温度的范围为1,700~2,900℉（927~1,593℃）。新型航空发动机的压比可高达45，燃烧室进口温度约为1,139~1,697℉（541~925℃），出口温度约为2,990℉（1,593℃）。

燃烧室的性能由燃烧效率、燃烧室压降以及出口温度分布的均匀性来衡量。燃烧效率是燃烧完全性的度量，它直接影响燃料的消耗，原因是任何未燃烧的燃料的热值都没有用于增加透平的进口温度。通常的燃烧温度为3,400~3,500℉（1,871~1,927℃），在此温度下，燃气中氮氧化物的体积约占0.01%。如果燃烧温度降低，则氮氧化物含量也会相应降低。

天然气以及新型干式低$NO_x$燃烧室的使用可将$NO_x$排放量降低到$10 \times 10^{-6}$（10ppm）以下。自1979年9月开始，相关规定要求$NO_x$排放需限制在75ppmvd（百万体积分数，干成分），数以千计的重型和中型燃气轮机在累计数百万小时的运行中使用了注蒸汽或注水来满足所要求的$NO_x$排放，有时产生的排放甚至低于所要求的值。图10-1给出了过去40年中$NO_x$排放的降低情况，在此过程中需水量约为燃料流量的0.5%~0.75%。然而，对于以油为燃料的简单循环燃气轮机，当使用水来控制$NO_x$排放时，约1.8%的热量将损失掉，但输出功率将增加约 3%，这也使得利用注水（或注蒸汽）来增大功率在某些情况下（例如用于尖峰负荷）在经济性方面具有吸引力。

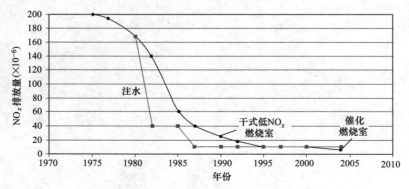

图 10-1　过去 40 年燃气轮机 $NO_x$ 排放的控制

使用注水或注蒸汽的单喷嘴燃烧室，当以气体或油作为燃料时，其降低 $NO_x$ 的极限值分别为 42ppmvd 和 65ppmvd。自 1987 年开始，多喷嘴燃烧室和注水及注蒸汽喷嘴（图 10-26）分别使气体燃料和油燃烧产生的 $NO_x$ 降低至 25ppmvd（15% $O_2$）和 42ppmvd。在扩散燃烧室中使用的注蒸汽（湿式）燃烧室和之后 20 世纪 90 年代开始应用的干式低排放（低 $NO_x$）燃烧室都大大降低了 $NO_x$ 的排放。大多数新型燃气轮机都由在主燃烧区注蒸汽的湿式扩散燃烧室，发展到了干式低排放或干式低 $NO_x$（DLE/DLN）燃烧室。扩散燃烧室具有单个喷嘴，而许多 DLE 燃烧室在每个火焰筒上就有多个燃料喷嘴。目前研发的新机组将使 $NO_x$ 降低到 $9 \times 10^{-6}$ 以下，未来 $NO_x$ 可被控制在 $2 \times 10^{-6}$ 以下。为了进一步降低 $NO_x$ 排放，在各类燃烧室中还会使用催化转化器。

燃料流量随着负荷变化，重质燃料需要燃料雾化器，其流量范围高达 100∶1。在 DLE/DLN 燃烧室中，流量需要分级。然而，在空载和满负荷条件之间，燃料空气比的变化通常小于 1/3。在瞬态条件下，燃料空气比会发生变化。在起动和加速过程中由于有较高的温升，因此需要更高的燃料/空气比。在减速过程中，明显接近贫燃料状态。因此，能够运行在很宽的燃料空气比范围内而无熄火危险的燃烧室，简化了其控制系统。

催化燃烧室等新型燃烧室的研究有良好的发展前景，催化燃烧室在美国能源部先进燃气轮机计划中已经得到了应用，获得了近零的 $NO_x$ 排放，而且催化剂的催化效用可持续 5,000~8,000h，其效果令人鼓舞。

## 典型燃烧室布置

在燃气轮机中有不同的方法来布置燃烧室，其中主要有三种类型：

1. 环管形燃烧室
2. 环形燃烧室
3. 单筒形燃烧室

### ▶▶ 环管形和环形燃烧室

大多数美国的大功率燃气轮机采用环管形燃烧室，图 10-2 所示为一些重型燃气轮机的环管形燃烧室。在单个燃烧室中，有 10~16 个这样的以环形布置的火焰筒。环管形燃烧室易于维护，每个火焰筒可以很容易地拆卸并可独立工作。在许多环管形燃烧室中，每个火焰筒都通过联焰管与邻近的火焰筒相连，如图 10-3 所示。联焰管不仅用于平衡每个火焰筒中的压力，而且可以在起动过程中让火焰由两个点火火焰筒向其他火焰筒传播，从而保证起动的可靠性。环管形燃烧室可以按顺流布置，也可以按逆流布置，在扩散燃烧室中每个火焰筒仅有单个燃料喷嘴，而在 DLE/DLN 燃烧室中每个火焰筒有 3~8 个喷嘴，在中心有一个值班喷嘴。如果在航空发动机中使用环管形燃烧室，则采用顺流布置，而在工业燃气轮机机组中可以采用逆流布置。

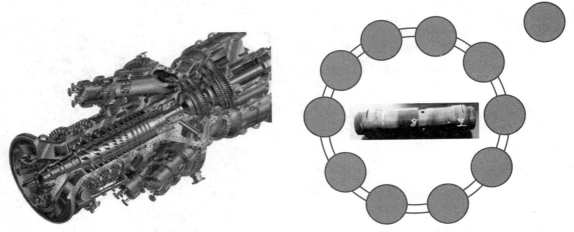

图 10-2 环管形燃烧室　　　　　　　图 10-3 采用联焰管连接的环管形燃烧室

环形燃烧室用于欧洲的重型燃气轮机中，图 10-4 所示为用于大功率燃气轮机的典型环形燃烧室。环形燃烧室在新型航空发动机设计中尤其常见，然而，由于环形燃烧室在设计研

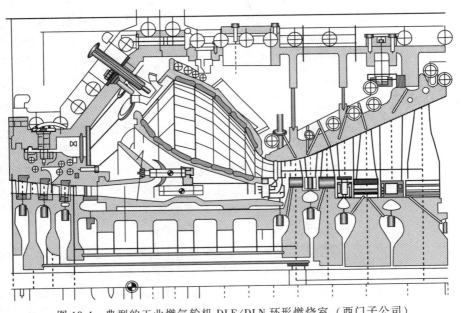

图 10-4 典型的工业燃气轮机 DLE/DLN 环形燃烧室（西门子公司）

发方面存在一些困难，当前环管形燃烧室仍在应用。随着透平进口温度的提高或低热值气体的使用，环形燃烧室得到了大量应用，其原因在于环形燃烧室的表面积更小，所需的冷却空气量要远远小于环管形燃烧室。在使用低热值气体燃料时，由于在主燃区需要使用大量的空气，剩余的可用于气膜冷却的空气量就很少，因而冷却空气量是一个需要考虑的重要问题。环形燃烧室总是采用顺流布置。

环管形燃烧室的设计仅需要对一个火焰筒进行试验，而环形燃烧室必须作为一个整体试验，从而需要更多的压缩空气量及更多的硬件设备。

▶▶ **筒形燃烧室**

在大型工业燃气轮机尤其是欧洲的设计中可以看到筒形侧置燃烧室，图 10-5 给出了具有两个筒形侧置燃烧室的大功率燃气轮机。更小尺寸的侧置燃烧室及一些小的车辆燃气轮机在图 10-6 中给出，它们的优点是设计简单、易于维护、放热量低，因而寿命较长。这些燃烧室可以按顺流布置，也可以按逆流布置。在逆流布置中，空气进入燃烧室火焰筒和外壳之间的环形空间，通常通过一个热燃气管进入透平，逆流布置具有最小的燃烧室长度。

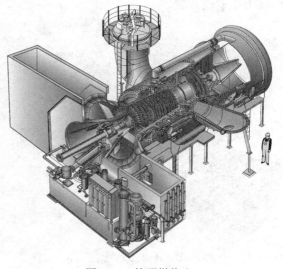

图 10-5　筒形燃烧室

▶▶ **燃烧室中的燃烧**

在燃烧室中存在两类燃烧：

1. 扩散燃烧

2. 干式低 $NO_x$（DLN）或干式低排放（DLE）燃烧

燃气轮机燃烧室在设计上已经发生了较大的变化，最初的扩散燃烧室通过在燃烧区注水或注蒸汽来限制 $NO_x$ 的生成。许多新型燃气轮机已由向主燃区注蒸汽的湿式扩散燃烧室发展为干式低排放燃烧室。扩散燃烧室具有单个喷嘴，而大多数 DLE 燃烧室每个火焰筒具有多个燃料喷嘴。

▶▶ **扩散燃烧室**

这是市场上最常见的燃烧室，当前正被更加复杂的 DLN/DLE 燃烧室所代替。

由于气体燃料的热值高，因而燃气轮机扩散燃烧室在燃烧过程中使用的空气量很少（10%），剩下的空气用于冷却和混合。新型燃烧室为了进行冷却，还通过燃烧室火焰筒内壁注入蒸汽。来自压气机的空气在进入燃烧室前必须进行扩压，离开压气机的空气速度约为 400~600ft/s（122~183m/s），而燃烧室内的速度必须维持在 50ft/s（15.2m/s）以下。即使在这样低的速度下，也必须小心避免火焰被带到下游而熄火。

燃烧室是一个直接燃烧加热空气的装置，在燃烧室里燃料几乎以化学计量状态燃烧，燃料燃烧所消耗的空气只占压气机流量的 1/3 或更少。燃烧产物随后与其余的空气混合，使燃气温度降到合适的透平进口温度。无论燃烧室采用何种设计，所有的燃气轮机燃烧室均有如图 10-7 所示的三个特征区域：（1）回流区；（2）燃烧区（由回流区延伸至稀释区域）；

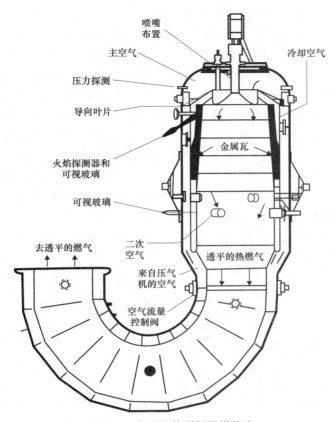

图 10-6　典型的筒形侧置燃烧室

（3）稀释区。进入燃烧室中的空气被分为三个主要区域：　（1）主燃区；　（2）稀释区；
（3）火焰筒与外壳之间的环形空间。

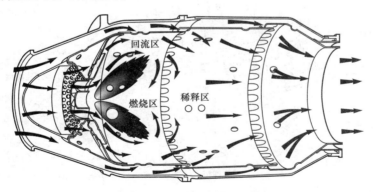

图 10-7　典型的顺流扩散燃烧室

　　燃烧室中的燃烧发生在主燃区。天然气的燃烧是碳氢和氧之间发生的化学反应并放出热
量，燃烧产物是二氧化碳和水。反应是当量反应，意味着反应物质的含量恰好有足够的氧分
子来进行完全反应，在产物中形成稳定的分子形式。空气进入顺流或逆流燃烧室，大多数航
空发动机为顺流燃烧室，而大多数重型燃气轮机为逆流燃烧室。回流区的功能是蒸发燃料、

部分燃烧，以及为燃烧区进行快速燃烧提供燃料。理想状态下，在燃烧区的末端，所有燃料应该被完全燃烧，因而稀释区的功能就是将加热的燃气与稀释空气混合，使离开燃烧室的混合气体具备满足透平进口导叶和透平要求的温度和速度分布。通常，如果在燃烧区的末端燃烧不充分，在稀释区会因稀释气体的大量进入，导致燃气温度降低，阻止了燃料的完全燃烧。但是，也有证据显示在燃烧室内如果燃烧区处于富燃料状态，燃烧也可以在稀释区继续进行。图10-8所示为扩散燃烧的燃烧室中不同区域的空气分配。理论或参考速度为进入燃烧室中的空气通过相当于燃烧室外壳最大截面面积的空气的速度。该速度在逆流燃烧室中通常为25ft/s（7.6m/s），在涡喷发动机顺流燃烧室中为80~135ft/s（24.4~41.1m/s）。图10-9所示为重型燃气轮机中使用的典型扩散燃烧室，在环管形燃烧室结构中可以有6~16个这样的火焰筒。注意在许多这样的燃烧室中，来自压气机的主流由燃烧室火焰筒和外壳之间的不同位置进入，这种方式被称作逆流燃烧室。仅约18%的空气量在火焰筒头部通过旋流器进入，然后与燃料进行燃烧，剩余的空气通过火焰筒与外壳的环形空间，并从一系列小孔进入火焰筒内部来保证火焰筒壁面的冷却。

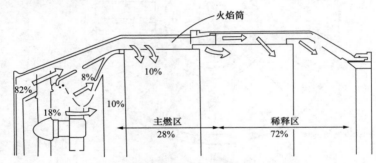

图10-8　典型的扩散燃烧室中的空气分配

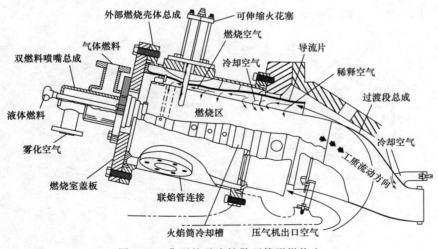

图10-9　典型的逆流扩散环管形燃烧室

　　正如在本章开头所提到的，燃烧室进口温度取决于压比、负荷和机组类型，以及是否采用回热，尤其在低压比条件下。

　　燃烧室的性能由燃烧效率、燃烧室压降以及出口温度分布的均匀性来衡量。燃烧效率是燃烧完全性的度量，它直接影响燃料的消耗，原因是任何未燃燃料的热值都无法用于提高透平的进口温度。燃烧效率为实际的燃气热量增加值与理论的燃料热量输出值（即燃料热值）之比。

$$\eta_{\text{comb}} = \frac{\Delta h_{\text{actual}}}{\Delta h_{\text{theoretical}}} = \frac{(\dot{m}_a + \dot{m}_f)h_3 - \dot{m}_a h_2}{\dot{m}_f \text{LHV}} \quad (10\text{-}1)$$

式中，$h_2$ 为离开压气机焓；$h_3$ 为进入透平的焓；$\dot{m}_a$ 为空气的质量流量；$\dot{m}_f$ 为燃料的质量流量；LHV 为燃料的低热值。

燃烧室的压力损失是一个主要问题，因为它影响单位功率的燃料消耗和输出功率。燃烧室中的压力损失由扩压、摩擦和动量损失引起。通常，总压损失约占压气机出口压力的 2%~4%，此时机组的效率也将降低相同的百分数。压力损失的后果是造成燃料消耗增加和输出功率降低，并进一步影响机组的尺寸和重量。

燃烧室出口温度分布的均匀性影响着透平进口温度的可利用程度，其原因在于平均燃气温度受到最高燃气温度的限制。燃烧室出口温度分布系数是最高出口温度与平均出口温度之比。图 10-10 所示为在不同的负荷下测量得到的燃气轮机排气温度，这是确定燃气轮机健康运行的一个非常重要的参数。在图中，可以看到相对平滑的分布。排气温度的分布数据是基于透平出口处的排气读数，在该透平中，控制系统使用了 16 个探头，以天然气为燃料的机组的停机条件通常设置为在任何时间透平出口的最大和最小温差达到 100℉（56℃），相邻探头之间的温差不应超过 40~50℉（22~28℃）。透平出口的温度读数表示的是上游沿旋转方向 30°~40°之间的温度条件。

燃烧室出口温度分布的均匀性还为透平喷嘴寿命提供了保障，因为喷嘴寿命取决于运行温度。透平的平均进口温度影响燃料消耗和输出功率。较大的燃烧室出口温度梯度降低了平均燃气温度，从而降低了输出功率和效率。因此在燃烧室出口处，温度分布的不均匀度要求保持在较低值，如 0.05~0.15 范围内。

影响运行状态的因素和影响燃烧室寿命的因素同样重要。为达到良好的运行状态，火焰必须能够自续，燃烧必须在一定的燃空比范围内保持稳定，并能避免瞬态点火失败。同样，也应该避免会导致燃烧室变形和产生裂纹的大的温度梯度。

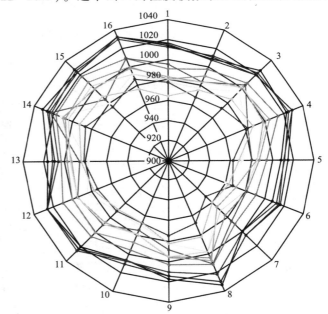

图 10-10 不同负荷下测量得到的典型燃气轮机出口排气温度分布

碳沉积可破坏火焰筒内壁面并改变燃气流动模式，进而造成压力损失。烟雾会污染环境并堵塞热交换器，因此，减小碳沉积和烟雾排放也有助于维持良好的运行状态。

燃烧室中的燃烧发生在主燃区，天然气的燃烧是碳氢和氧之间发生的化学反应，并放出热量，燃烧产物是二氧化碳和水。反应是当量反应，意味着反应物质的含量恰好有足够的氧分子来进行完全反应，在产物中形成稳定的分子形式。当量条件下和实际条件下的氧气燃料比称作当量比，即

$$\phi = \frac{当量条件下氧气燃料比}{实际条件下氧气燃料比} \qquad (10\text{-}2)$$

通常，天然气的当量燃烧温度为 $3,400 \sim 3,500 \text{°F}$（$1,871 \sim 1,927\text{°C}$）。在此温度下，燃气中氮氧化物的体积分数约为 $0.01\%$。如果燃烧温度降低，氮氧化物含量将显著减少。要完全了解燃烧过程，必须要了解扩散燃烧室中定义燃烧过程的一些燃烧术语。

**扩散燃烧室的设计考虑**

下面讨论扩散燃烧室设计中定义的主要参数。

**燃烧室横截面面积：** 燃烧室横截面面积可通过燃烧室进口的体积流量除以参考速度来确定，而参考速度则在相似机组运行性能的基础上选择，并要求参考速度适合于特定的燃气轮机工作条件。另一个方法是根据单位面积内热负荷来确定燃烧室横截面面积。热负荷与主燃区空气流量成正比，因为在所有燃烧室的主燃区中，燃料与空气的混合比都接近化学计量比。

**长度：** 燃烧室必须足够长以便维持火焰稳定性，进行燃烧以及燃气与稀释空气的混合。火焰筒的长度直径比通常在 $3\sim6$ 之间，外壳的比值在 $2\sim4$ 之间。

**参考速度：** 参考速度即燃烧室进口空气流过相当于与燃烧室最大横截面面积相同的截面时的理论流速，该速度通常为 $25\text{ft/s}$（$8\text{m/s}$，回流燃烧室）和 $80\sim135\text{ft/s}$（$24\sim41\text{m/s}$，涡喷发动机顺流燃烧室）。

**分布系数：** 分布系数的定义为最大出口温度和平均出口温度的比值。

**温度系数可以定义为：**

1. 最高燃气温度减去平均燃气温度除以喷嘴设计中的平均温升。
2. 最高和平均径向温度之差。

**化学计量比：** 使氧分子恰好足够进行完全反应得到稳定分子形式的产物时反应物质组成比例。

**当量比：** 定义为完全燃烧所需要的理论空气量与实际供给的空气量之比，即理想配比中的氧含量与实际条件下的比值，即

$$\phi = \frac{理想配比中的氧/燃料}{实际条件下的氧/燃料}$$

**低热值：** 燃气的低热值是燃料燃烧后在生成物中的水还没有凝结的情况下所释放的热量值，它等于燃料的高热值减去凝结水蒸气的汽化潜热。

**压降：** 燃烧室内由于扩张、摩擦和流动所造成的压力损失。压降大约为燃烧室出口压力的 $2\% \sim 10\%$。相应的机组的效率也将降低同样的百分比。

**Wobbe 数（沃泊数）：** 沃泊数是表征燃烧过程中的燃烧特性和稳定性的参数。增大沃泊数可使火焰靠近火焰筒燃烧，降低沃泊数将导致燃烧室脉动。

**单位体积释热率：** 释热率正比于燃空比和燃烧室压力，也是燃烧室性能的指标。燃烧需要的实际空间与化学反应近似，即随压力的 $1.8$ 次方变化。

**火焰筒孔：** 火焰筒面积与外壳面积之比以及火焰筒孔与外壳面积之比，对燃烧室的性能十分重要。例如，压力损失系数在火焰筒面积与外壳面积之比为 $0.6$、温度比值为 $4:1$ 的

条件下达到最小值。

在实际运行中发现，主燃区孔的直径大小不应大于火焰筒直径的 0.1 倍；管状内壁在轴向排列 10 列、每列 8 孔时的效果较好。如前所述，旋流叶片和火焰筒孔的组合可使燃烧室性能更好。在稀释区，孔的尺寸可用于提供所需的燃烧室出口温度分布。

**火焰筒：**从最初的 AISI 309 使用的不锈钢栅格冷却方式的火焰筒至今，燃烧室火焰筒经历了三个主要变化。第一个变化是采用了更好的材料，如 20 世纪 60 年代的哈氏（哈斯特洛伊）耐蚀镍基合金（Hastelloy X/RA333），以及 20 世纪 70 年代早期的镍锰 75 合金和槽道式内壁冷却方式的采用，这种槽道冷却设计使内壁冷却的效率大大提高。从材料方面来看，它带来了新的工艺挑战，火焰筒的装配和维修主要靠铜焊和焊接方法。另一方面，早期的火焰筒是由机械加工的部件经焊接形成的。

为了抗疲劳，镍锰 75 曾与镍锰 80 和镍锰 90 同时使用。镍锰 75 由在 80-20 镍铬合金中加入增加硬度的少量钛碳化物构成。镍锰 75 在高温时有优异的抗氧化和耐蚀性，合理的抗蠕变性和良好的抗疲劳性。而且，它很容易压制、拉伸和模铸。随着新型燃气轮机的燃烧温度不断升高，镍铬合金 HA-188 已被应用于燃烧室内壁来提高其抗蠕变断裂能力。

第二个变化，除了金属基材的变化，当前许多燃烧室也应用了热障涂层（TBCs），由 $ZrO_2$-$Y_2O_3$ 构成的总厚度为 $0.015 \sim 0.025in$（$0.4 \sim 0.6cm$）的绝热层，可使涂层下的金属温度降低 $90 \sim 270°F$（$50 \sim 150°C$）。

在部件的高温侧，应用由两种不同材料组成的热障涂层，其中黏结层用在部件的表面，绝热氧化物覆盖在黏结层上。热障涂层的特点是绝热层有多孔的两层结构，第一层是 NICrAIY 黏结层，第二层是稳定氧化锆的 YTTRIA 顶层。

热障涂层的优点是每微米涂层能够降低冷却金属部件的温度约 $8 \sim 14°F$（$4 \sim 8°C$），这主要得益于热障涂层提供了一个绝热层，可以降低位于其下方的金属基材的温度，并减缓了热斑或不均匀燃气温度分布的影响。目前，涂层已成为大多数高性能燃气轮机上的标准配置，并在已应用的燃气轮机中表现出良好的性能。

第三个主要变化是内壁蒸汽冷却技术的引入，这一技术有着很大的发展潜力，尤其在联合循环中。

**燃烧室可靠性：**燃烧所生成的热量、压力波动以及压气机的振动会使火焰筒和喷嘴产生裂纹，此外还存在腐蚀和变形问题。火焰筒孔的边缘尤其需要注意，因为孔附近存在着机械振动引起的应力集中，并且温度的快速脉动也在孔边缘区域形成高温梯度，使燃烧室的热疲劳度增加。

有必要通过不同的方法改进孔的边缘设计来降低应力集中。改进的方法有涂底漆、切入、标准倒圆角和抛光。在干式低 $NO_x$ 燃烧室中，尤其在贫燃料预混燃烧室中，压力波动可产生强烈振动，导致机组的破坏。

燃烧过程

简单来说，燃烧就是某些物质或燃料着火燃烧的过程。无论燃烧表现为划燃一根火柴还是点燃一台喷气发动机，所遵循的原理是相同的，燃烧产物也是相似的。

天然气的燃烧是发生在碳、氢、氧之间的化学反应，反应发生时释放出热量，燃烧产物为二氧化碳和水，其反应式为

$$CH_4 + 4O \longrightarrow CO_2 + 2H_2O + 热量 \tag{10-3}$$

（甲烷+氧）　　　　（二氧化碳+水+热量）

燃烧 1 份甲烷需要 4 份氧，生成 1 份二氧化碳和 2 份水，$1ft^3$ 的甲烷将产生 $1ft^3$ 的二氧化碳气体。

燃烧所用的氧来自大气。大气的化学组成为约 21%（体积分数，下同）的氧气和 79% 的氮气，或者 1 份氧气对 4 份氮气。换句话说，空气中每含 $1ft^3$ 的氧气，就相应有大约 $4ft^3$ 的氮气。

氧气和氮气的分子中均含有 2 个氧原子或氮原子，说明完全燃烧时 1 份甲烷需要 4 份氧，而氧气分子含有 2 个氧原子，甲烷和氧气的体积比如下：

$$1CH_4+2O_2 \longrightarrow 1CO_2+2H_2O+热量 \tag{10-4}$$

以上方程是燃烧过程的真实化学方程。$1ft^3$ 的甲烷实际需要 $2ft^3$ 的氧气来燃烧。

由于氧气是包含在空气中的，空气中还含有氮气，因此，燃烧反应可以写成如下形式，即

$$1CH_4+2(O_2+4N_2) \longrightarrow 1CO_2+8N_2+2H_2O+热量 \tag{10-5}$$

（甲烷+空气）　　　　（二氧化碳+氮气+水+热量）

$1ft^3$（$0.03m^3$）的甲烷燃烧需要 $10ft^3$（$0.28m^3$）的空气（$2ft^3/0.06m^3$ 的氧气和 $8ft^3/0.23m^3$ 的氮气），产物为二氧化碳、氮气和水。$1ft^3$ 甲烷的燃烧可产生 $1ft^3$ 的二氧化碳气体，燃烧后的气体还含有乙烷、丙烷和其他碳氢化合物。燃烧 $1ft^3$ 甲烷产生的惰性燃气将达 $9.33ft^3$（$0.26m^3$）。

如果燃烧过程仅发生上述反应，就不需要控制反应物的产生，不幸的是，燃烧过程还发生了其他反应，产生了一些不希望的产物。

在燃烧过程中形成硝酸时发生的化学反应如下：

$$2N+5O+H_2O \longrightarrow 2NO+3O+H_2O \longrightarrow 2HNO_3 \tag{10-6}$$

在上述反应中所需的水来自燃烧产生的水，上述中间反应（生成硝酸）不发生在燃烧过程中，而发生在一氧化氮进一步氧化为二氧化氮并冷却后。因此，有必要控制燃烧过程中一氧化氮的形成，阻止它最终转化为硝酸。通常，可以通过降低燃烧温度来阻止燃烧过程一氧化氮的产生。正常的燃烧温度范围为 $3,400 \sim 3,500℉$（$1,871 \sim 1,927℃$），在这一温度下，燃气中的一氧化氮的体积分数约占 0.01%。如果燃烧温度降低，一氧化氮的总量会显著减少，如果将燃烧室中的温度控制在 $2,800℉$（$1,538℃$）以下，一氧化氮的体积分数将低于 0.002%。因此，可通过在燃烧室周围注入不可燃气体来冷却燃烧区，从而使一氧化氮体积分数达到其最小值。

硫酸是燃烧的另一种常见副产品，它的反应式为

$$H_2S+4O \longrightarrow SO_3+H_2O \longrightarrow H_2SO_4$$

（硫氧化物）　（硫酸）

燃烧过程中不能很经济地阻止硫酸的产生，减少燃烧产物中硫酸含量的最佳方法是对燃料气进行脱硫处理。可通过两个独立的除硫过程来除去用于燃烧的燃料气中所含的硫。

可以通过控制主燃区的空燃比来调控燃烧气体中氧的总量，正如前面提到的，理想的空气与甲烷的体积比为 10∶1。如果少于 10 倍体积的空气与 1 倍体积的甲烷混合，燃烧的气体会含有一氧化碳。反应式为

$$1CH_4+1.5(O_2+4N_2) \longrightarrow 2H_2O+1CO+6N_2+热量 \tag{10-7}$$

燃气轮机中空气量是足够的，因此，一氧化碳的生成量很小，但从环境排放的角度来看可能也很重要。

　　在燃烧室的设计尤其是在火焰的稳定上，气流速度被作为一种准则，在主燃区内气流速度的重要性是周知的。在主燃区之前通常引入一个过渡区域，在此区域来自于压气机的高速空气被扩压减速。二次或稀释空气仅应在主要反应完全进行后加入，其加入应逐次进行，以避免反应停止而熄火。火焰筒的设计应产生需要的出口温度分布并在燃烧室环境中持续工作，火焰筒的寿命由气膜冷却来确保。

　　进入火焰筒和外壳之间的环形空间内的空气由于压差的作用，通过孔和槽缝进入火焰筒内部。这些孔和槽缝的设计使得火焰筒被分为用于火焰稳定、燃烧和稀释的不同区域，并提供火焰筒的气膜冷却。

　　火焰的热辐射及燃烧所产生的热量使火焰筒承受很高的温度，要提高火焰筒的寿命，必须要降低火焰筒温度并使用抗热应力和抗疲劳的材料。空气冷却的方法降低了火焰筒表面内外两侧的温度，温度的降低是由火焰筒内部紧固的一个金属环产生环形间隙，空气由火焰筒的小孔排进入此间隙并在火焰筒的内部形成冷却气膜来实现的。

# 扩散燃烧室中的空气污染问题

### ▶▶ 烟雾

　　通常，大部分可见烟在局部的富燃料区域生成，消除烟雾生成的一般途径是使主燃区处于贫燃料状态，其化学当量比处在 $0.9 \sim 1.5$ 范围内，另一个方法是向那些局部确切的富燃料区域提供少量的空气。

　　未燃碳氢化合物和一氧化碳仅在怠速工况下典型的不完全燃烧时产生。此时的燃烧效率可通过详细的设计加以改善，比如：在使用液体燃料时可以通过更好的雾化及更高的局部温度来提高此时的燃烧效率。

### ▶▶ 氮氧化物

　　燃烧中产生的主要氮氧化物是 $NO$，其余的 $10\%$ 为 $NO_2$，这些燃烧产物之所以受到关注，是因为它们能在大气中生成有害的悬浮微粒、破坏臭氧层和形成酸雨，特别是满负荷条件下生成量更大，因此应高度重视。$NO$ 的形成机制如下：

1. 高的燃烧温度下由大气中氧气和氮气的固有反应。

2. 燃料中碳或碳氢化合物基元与氮分子反应，生成 $NO$。

3. 燃料中的氮与氧发生化学反应。

　　在 1977 年，美国环境保护局（EPA）颁布了限制燃气轮机排放量的试行规定：

- $15\%$ 氧气（干式）条件下 $NO_x$ 排放 $75 \times 10^{-6} NO_x$（体积分数）。

- $15\%$ 氧气（干式）条件下 $SO_x$ 排放 $150 \times 10^{-6} SO_x$（体积分数），燃料中硫含量限制在 $0.8\%$ 以下。

　　这些标准适用于简单循环和回热循环燃气轮机以及燃气-蒸汽联合循环发电系统中的燃气轮机部分。通过明确规定用排气中 $15\%$ 的氧气含量，以防止用空气稀释排气来实现 $NO_x$ 的指标。

人们在 1977 年就认识到有许多方法可以控制氮氧化物的生成。

1. 采用富燃料的主燃区，在该区域内，很少有 NO 形成，接着在二次燃烧区迅速稀释高温燃气。

2. 采用极贫燃料的主燃区并用稀释的方法降低主燃区的最高温度。

3. 在燃料中注水或注蒸汽来冷却燃料喷嘴下游的小区域。

4. 将惰性废气再循环进入反应区。

5. 催化净化处理排气中的 $NO_x$ 和 CO。

6. 使用"贫预混"燃烧技术限制燃烧区污染物的形成。1980 年进行了 DLE 燃烧室的研究和第一代 DLN 系统的测试。

由于"干式"排放控制和催化净化处理都处于发展的早期阶段，在 20 世纪 80 年代和 90 年代的大部分时间里，人们倾向于使用"湿式"方式来控制排放。催化转化装置在 20 世纪 80 年代就开始应用，直到今天仍被大量应用，但催化剂再生的成本很高。

近年来对 $NO_x$ 排放的限制越来越严格，排放标准从 $75 \times 10^{-6}$ 降到了 $25 \times 10^{-6}$。现在，新一代燃气轮机的目标是 $2 \times 10^{-6}$。

当前，随着燃烧技术的进步，在源头上控制 $NO_x$ 生成水平已成为可能，"湿式"的排放控制方法已逐渐被淘汰，这为燃气轮机在缺乏淡水的地区（如沙漠或海洋平台）的应用打开了市场。

目前，尽管仍在使用注水的方法，但在工业发电市场中"干式"燃烧排放控制技术已成为最受用户欢迎的排放控制技术。DLN（Dry Low $NO_x$，干式低 $NO_x$ 排放）成为第一个创新的缩略词，但随着技术的发展，人们在控制 $NO_x$ 排放的同时，要求不增加 CO 及未燃碳氢化合物的生成，这一缩略词已演变为 DLE（Dry Low Emissions，干式低排放）。

根据氮氧化物（$NO_x = NO + NO_2$）的形成机制可将其分为两类，由助燃空气或燃料中的游离氮氧化形成的氮氧化物称作"热力 $NO_x$"，它们主要与燃料的当量绝热火焰温度相关，当量绝热火焰温度是燃料和空气在隔绝容器中燃烧时在理论上达到的温度。下面是燃烧室的运行条件与热力 $NO_x$ 形成的关系：

- $NO_x$ 随燃空比或燃烧温度的增加而急剧增加。
- $NO_x$ 随燃烧室进口空气温度的增加呈指数增加。
- $NO_x$ 随燃烧室进口压力的平方根增加。
- $NO_x$ 随火焰区驻留时间的增加而增加。
- $NO_x$ 随着注水或注蒸汽或比湿度的增加而呈指数下降。

燃料中有机固定氮的氧化产生的排放——燃料固定氮（FBN）被称作"有机 $NO_x$"，每百万单位的自由氮中仅很少一部分被氧化形成氮氧化物（几乎全部来自于空气），但是 FBN 向 $NO_x$ 的氧化却有很高的效率。在常规的燃烧系统中，低 FBN 含量时 FBN 向氮氧化物的转化效率为 100%，在较高的 FBN 含量下，转化效率下降。人们对有机 $NO_x$ 的形成机制不如热力 $NO_x$ 的形成机制了解得更加清楚。通过降低火焰温度来降低热力 $NO_x$ 的方法对有机 $NO_x$ 影响很小，注意到这一点十分重要。对于液体燃料，注水和注蒸汽实际上增加了有机 $NO_x$ 的形成。有机 $NO_x$ 的生成仅对于含有较多 FBN 的燃料很重要，例如原油和渣油。

燃烧室内产生的大部分 $NO_x$ 是"热力 $NO_x$"，之所以称作热力，是由于很强的 $N_2$ 三倍键的打破需要很高的活化能。它是通过空气中的氮气和氧气在燃气轮机燃烧室的高温高压条件下发生的一系列化学反应生成的，该反应速率与温度高度相关，$NO_x$ 生成率在火焰温度高于约3,300℉（1,815℃）时显著增加。热力型 $NO_x$ 的生成机理首先由泽尔多维奇（Zeldovich）提出，图10-11 给出了馏分燃料的火焰温度与当量比的关系，热力 $NO_x$ 的生成随着化学计量火焰温度的接近而快速增加。远离该点时，热力 $NO_x$ 的生成快速降低。该理论给出了扩散火焰燃烧室中热力 $NO_x$ 的控制机理，因而控制热力 $NO_x$ 的主要方法是降低火焰温度。本章先前定义的当量比是对燃烧室中的燃料/空气比的一种度量，它通过化学计量的燃料/空气比进行了无量纲化。当量比为1时为化学计量条件，在此点火焰温度最高。当量比小于1时为"贫燃料"燃烧室，当量比大于1时，为"富燃料"燃烧室。燃气轮机的燃烧室设计以贫燃料状态运行。

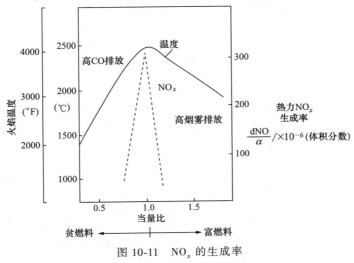

图 10-11　$NO_x$ 的生成率

图10-12 给出了常规的扩散燃烧室中火焰温度和 $NO_x$ 生成区域之间的关系，该燃烧室设计使燃料在从富燃料到贫燃料的一系列区域中都能燃烧完全，而且在整个功率范围内具有良好的稳定性和高的燃烧效率。

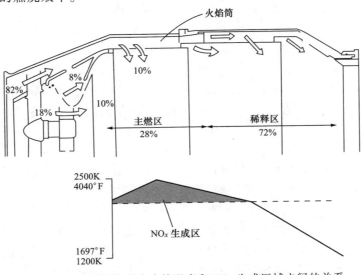

图 10-12　扩散燃烧室中火焰温度和 $NO_x$ 生成区域之间的关系

$NO_x$ 的形成对温度的高度依赖关系揭示了注水或注蒸汽能减少 $NO_x$ 生成的直接原因，最近的研究表明采取与优化燃烧室的空气动力学相适应的注水或注蒸汽可减少 85% 的 $NO_x$ 生成。

► ► **抑制 $NO_x$ 的生成**

燃气轮机的排放是温度的函数，因而也是燃空比（$F/A$）的函数。从图 10-13 可以看出：当温度升高时，$NO_x$ 排放量增加，而 CO 和未燃碳氢化合物减少了。$NO_x$ 生成的主要机制是燃烧过程中空气中的氮气在高温条件下发生了氧化反应，因此 $NO_x$ 的排放量与燃烧温度密切相关，同时也随氮分子在高温区域中驻留时间的减少而减少。

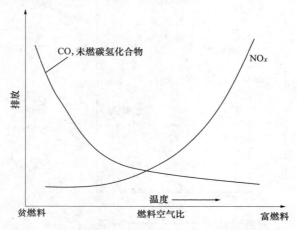

图 10-13　燃料空气比（温度）增加对排放的影响

这些设计中的挑战在于要在不降低装置燃烧稳定性的基础上降低 $NO_x$ 排放。在燃用不含氮的燃料时，$NO_x$（主要是 NO）的形成机制主要有两个，即热力机制和瞬时机制。在热力机制中，NO 由氮分子通过下面反应氧化形成。

$NO_x$ 主要通过空气中的氮和氧在高温下反应生成，即

$$O+N_2 \longleftrightarrow NO+N \tag{10-8}$$

$$N+O_2 \longleftrightarrow NO+O \tag{10-9}$$

$$N+OH \longleftrightarrow NO+H \tag{10-10}$$

由于热力 NO 的形成需要很大的活化能，因此燃气轮机燃烧所形成的 $NO_x$ 仅在很高的火焰温度下才很显著。根据一阶近似，$NO_x$ 的生成速率由下面的关系描述，即

$$\frac{dNO}{dt} \propto \exp(T_{flame}) \tag{10-11}$$

从上述关系可以看到，$NO_x$ 主要通过氮（N）和空气中的氧气（$O_2$）的高温反应生成。

碳氢基主要通过下面的反应触发了瞬时机制，即

$$CH+N_2 \longrightarrow HCN+N \tag{10-12}$$

HCN 和 N 在火焰中通过与氧气和氢原子的反应迅速转化为 NO。

瞬时机制主要发生于富燃料条件下的低温环境中，而热力机制则在温度高于 2,732℉（1,500℃）时会变得很重要。由于热力机制的作用，在燃料/空气混合物的燃烧过程中，随着温度超过 2,732℉（1,500℃），$NO_x$ 的生成迅速增加，同时也随燃气在燃烧室内停留时间

的增加而增加。

降低 $NO_x$ 的重要参数是火焰温度、氮和氧气的含量，以及气体在燃烧室中的驻留时间，这些参数中任何一个降低都会降低机组的 $NO_x$ 排放，图 10-14 所示为绝热火焰温度与 $NO_x$ 排放之间的关系。

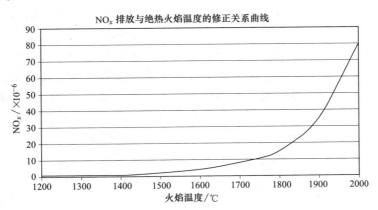

图 10-14　绝热火焰温度与 $NO_x$ 排放之间的关系

# 扩散燃烧室设计

## ▶▶ 扩散燃烧室

最简单的燃烧室是将压气机和透平连接在一起的直管燃烧室，如图 10-15 所示。实际上这种设计是不可行的，因为这样的设计会使燃气在燃烧室内高速流动，并导致过大的压力损失。燃烧室的基本压力损失与空气流速的平方成正比，由于压气机的来流速度可达 500ft/s（152.4m/s）的量级，这种情况下燃烧室的压力损失可高达压气机所产生压升的 1/4。因此，进入燃烧室的空气要先通过扩压过程来降低速度，但是这一扩压过程造成的压力损失，将占燃烧室压力损失的一半。

即使采用了扩压器，燃烧室中的气流速度还是太快，难以保证稳定燃烧。当火焰速度仅几英尺每秒时，以高 1~2 个数量级的速度简单喷入空气不能产生稳定的火焰。即使开始点火成功，火焰也将被气流带到下游，如果不进行连续点火，火焰就无法维持。因此，需要像图 10-16 那样增加一个挡板来形成低流速区和回流区来保持火焰稳定，挡板还会在流场中形成一个涡流区，不断吸入将要燃烧的气体并将它们混合，完成燃烧反应。正是这一稳定的环流保证了火焰的稳定性及连续点火，燃烧问题也就变为如何产生刚好能够进行混合和燃烧的

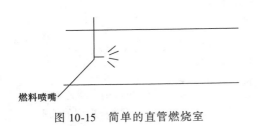

图 10-15　简单的直管燃烧室

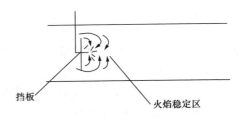

图 10-16　在直壁管中添加挡板形成火焰稳定区

湍流，而且能够避免过强的湍流，因为燃烧室内流动的湍流度过大会导致更大的压力损失。

分析稳定系统的控制特点是很必要的，这样既可保持低的压力损失，又能保证良好的燃烧效率。由于燃烧室设计涉及的湍流流动既有复杂的流体流动，又受到化学反应的影响，十分复杂，因此燃烧室设计必须求助于以往的经验。一个简单的直壁挡板，例如放在流动区域内的挡板，是保持火焰稳定最简单的例子。尽管在每个燃烧室主燃区的基本流动模式都是相似的（燃料和空气混合，回流区火焰点火，在高湍流区域内燃烧），主燃区可以有不同方法来形成稳定的火焰，但是它们比简单的挡板结构要复杂得多，且更难以分析。图10-17和图10-18给出了两种这样的设计。一种是通过设置在燃料喷嘴周围的旋流叶片形成强旋流流动，另一种则是在燃烧室中空气通过径向射流孔形成旋流流动，径向射流与燃烧室轴向流动撞击的结果造成了回流流动，形成了一个环形回流区，从而使火焰稳定。

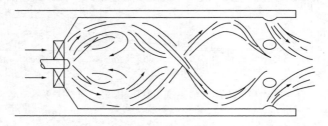

图 10-17　旋流叶片产生的火焰稳定区

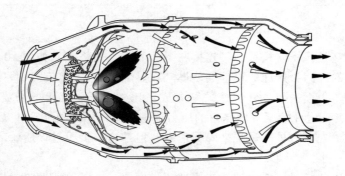

图 10-18　冲击射流所产生的火焰稳定区和气流流型（罗尔斯-罗伊斯公司）

在主燃区的设计中气流速度是一个重要因素。燃烧室气流速度一定时，对应一定的可燃混合物范围，在这一范围内火焰是稳定的。同样，不同的火焰稳定设置（挡板、喷嘴、旋流叶片）条件下，不同的气流速度对应有不同的可燃混合物范围。图10-19是一个通用的稳定性图，它表明可燃的燃空比范围如何随气流速度的增加而减小。改变挡板的大小将影响可燃极限的范围和压力损失。为了提供一个较宽的燃空比运行范围，燃烧室的设计要求气流速度能在低于吹熄速度时运行良好。燃气轮机压气

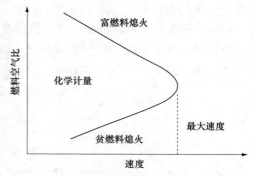

图 10-19　可燃的燃空比范围与
燃烧室气流速度之间的关系

机在任何负荷下都能以近乎恒定的空气气流速度运行，这种恒定的空气速度是由压气机以一个恒定转速运行而产生的。在质量流量随负荷变化的情况下，静压也发生相似变化；空气体积流量近乎不变。因此，速度可用作燃烧室设计的一个准则，特别是在考虑火焰的稳定性时。

主燃区中空气速度的重要性是众所周知的。主燃区燃料空气比值约为 60：1，剩余的空气必须在别的地方加入，二次空气或稀释空气应在主燃区燃烧反应完成后加入。稀释空气应被逐渐加入，以免反应停止。火焰筒作为燃烧室的基本组成部分可以实现这一点，如图 10-20 所示。火焰筒的设计要求能够获得理想的出口气流参数，并能在燃烧室的工作环境中长时间运行，通过采用气膜冷却的方式来降低火焰筒壁面温度，从而保证其有足够的使用寿命。

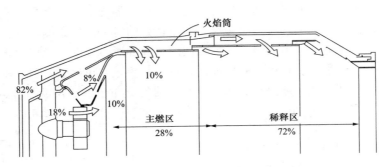

图 10-20　主燃区和稀释区之间的气流加入和分配

图 10-21 给出了一个环管形燃烧室，其左侧为过渡区，可将来自压气机的高速空气扩压成为高压低速的空气流，同时将其分配在燃烧室火焰筒周围。

空气进入燃烧室火焰筒与外壳间的环形间隙，由于压差通过火焰筒上开设的孔和槽缝进入火焰筒内部。这些孔和槽缝的设计，将火焰筒分为不同的区域，以实现火焰稳定、燃烧、稀释，并为火焰筒提供气膜冷却。

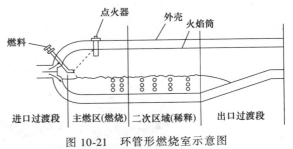

图 10-21　环管形燃烧室示意图

▶▶ **火焰稳定**

在燃料喷嘴周围旋流叶片的作用下，燃烧空气在燃烧区中产生强旋流流动。图 10-22 显示了旋流的轴向流动和旋转流动的情况。在燃烧室轴线处形成了一个低压区域，使得火焰朝着燃料喷嘴方向回流。同时，火焰筒壁面的径向孔缝向涡流中心提供空气，使火焰驻留。射流角度和孔缝的穿透深度必须达到使沿燃烧室径向的射流与轴向流动冲击可产生回流流动的程度，以便形成环形回流区来稳定火焰。

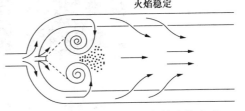

图 10-22　旋流叶片和径向射流的流型

▶▶**燃烧与稀释**

在环形空气流动的情况下，如果主燃区当量比低于 1.5，则燃烧室将在正常工况下运行而不会产生可见烟雾，可见烟雾是一种空气污染。

燃烧后，富燃料混合物离开燃烧区，并在进入火焰筒的多排射流之间流动。每股射流夹带着空气与燃烧的燃料，并将其带向燃烧室轴线，在每股射流周围形成环形再循环模式，从而产生强烈的湍流并在整个燃烧室中混合。燃烧产物被通过火焰筒壁的孔进入的空气稀释，使出口燃气温度可以满足叶片材料的要求，并使稀释区有足够的体积流量。空气的喷射主要通过收缩的缝隙产生，并产生较高的局部压力。

▶▶**火焰筒气膜冷却**

由燃烧和火焰辐射带来的热量使火焰筒内壁经受很高的温度。为提高火焰筒的寿命，有必要降低火焰筒的温度并使用具有高耐热应力和耐疲劳的材料。气膜冷却方法可降低火焰筒壁面的温度，这一降温过程是由火焰筒内壁紧固的金属环所形成的环形空间来实现的。空气通过火焰筒壁上的一排小孔引入火焰筒内部，并由金属环导入在筒壁上形成冷却空气膜。图10-23a 显示了空气流动是如何被内壁表面的压差驱动的。在空气质量流量较高的燃烧室内，这种压差可能太小而不起作用，因而有必要借助于燃烧室总压差，此时这种布置方式如图 10-23b 所示。

图 10-24a 是一个典型的扩散燃烧火焰筒照片（GE 重型燃气轮机机组），图中给出了燃烧室火焰筒的外侧，注意空气通过多排小孔缝进入火焰筒，图 10-24b 给出了其沿着火焰筒内壁面的流动。图中还给出了连接相邻火焰筒的联焰管的位置，较多空气由稀释孔进入火焰筒的稀释区域。

图 10-23　燃烧室火焰筒的气膜冷却

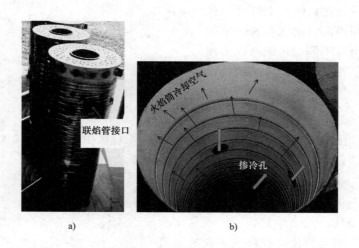

图 10-24　扩散燃烧火焰筒（GE 重型燃气轮机机组）

a）燃烧室火焰筒外表面　b）燃烧室火焰筒内壁面

## ▶▶燃料雾化与点火

在大多数燃气轮机中，液体燃料被雾化并以细小雾滴的形式喷入燃烧室。图 10-25 所示为一种典型的低压燃料雾化喷嘴。由于燃料液滴的动量夹带，燃料喷射时会带入空气，这一过程在喷雾锥内产生了一个低压区，导致燃料细小雾滴在喷嘴的下游汇聚。燃烧产物沿轴向的逆流流动与这一低压区相互作用，阻止了燃料细小雾滴在燃烧室内的进一步汇聚。

对一个简单的压力雾化燃料喷嘴而言，喷流速度随压力的平方根变化。航空发动机运行的高度和推力范围比较大，要求压力雾化喷嘴能够在中等大小的燃料压力条件下，可供油量变化大于 100 倍，能够满足这一要求的喷嘴有双油路压力雾化喷嘴、溢流控制压力雾化喷嘴、面积可调式喷嘴或空气雾化喷嘴。

双油路压力雾化喷嘴由两个同心的单油路压力雾化喷嘴组成。外层喷嘴的流量是内层喷嘴的 2 ~ 10 倍。燃油混合物的点火由与高能电容放电点火系统接口的点火器完成。

注水是一个十分有效地减少 $NO_x$ 生成的方法，然而，燃烧室设计者在使用该方法时必须小心。要最有效地利用水，必须将燃料喷嘴设计为具有额外的通道来将水喷入燃烧室头部，使得水能够有效地与进入的燃烧空气混合并达到火焰区域的最高温度点。降低 $NO_x$ 的注蒸汽技术基本上与注水进入燃烧室头部的方式相同，但是，蒸汽在降低热力 $NO_x$ 方面不如水有效。水的高潜热在降低火焰温度上十分有效。通常，要将 $NO_x$ 降低到一定水平，所需蒸汽的质量需要控制在所需水的质量的 1.6倍左右。在实际运行中，由于其他一些问题的存在，燃烧室中可喷注的蒸汽或水的量是有一定限制的。

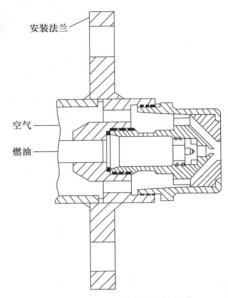

安装法兰
空气
燃油

图 10-25 低压燃料雾化喷嘴

在 $NO_x$ 的控制方面，典型的燃料喷嘴端部旋流器的直喷水可有效地控制 $NO_x$ 排放，水雾会在喷嘴端部旋流器和火焰筒拱顶上产生冲击作用，产生的热应变通常会导致裂缝，从而将燃烧室的检修时间缩短至 8,000h 或更少。图 10-26 所示为一个典型的具有喷水环的燃料喷嘴。

在多个火焰筒的燃烧室中，所有的火焰筒通过位于上游环形孔的管道相连，只在其中的部分火焰筒内设置点火装置。当一个火焰筒点燃后，压力损失会突然增加，使火焰

燃料喷嘴
水/蒸汽喷嘴

图 10-26 用于降低 $NO_x$ 排放的湿式扩散燃烧室的具有典型喷水环的燃料喷嘴（$NO_x \approx 25 \times 10^{-6}$）

通过联焰管传播到相邻的火焰筒，并迅速点燃其他火焰筒。图 10-27 所示为点火器火花塞，

它是一个表面放电的点火装置，电极末端由半导体材料形成的小球覆盖，点火时从中心高压电极向周围放电，从而产生高能电火花。

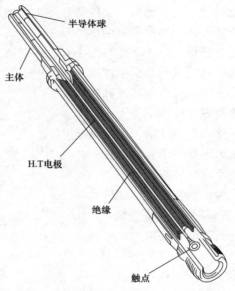

半导体球

主体

H.T电极

绝缘

触点

图 10-27　点火器火花塞（罗尔斯-罗伊斯公司）

# 干式低排放燃烧室

在燃气轮机排放的控制上有三种主要方法：

1. 对传统的扩散燃烧室的燃烧区注水或注蒸汽等稀释剂。

2. 对燃气轮机排放的 $NO_x$ 和 CO 进行催化净化。

3. 基于"贫预混"燃烧技术降低燃烧区污染物生成的燃烧室设计方法。

使用稀释剂来降低 $NO_x$ 排放会导致燃烧室检修时间的缩短和寿命的下降。为了使 $NO_x$ 排放的体积分数控制在 $(25\sim42)\times10^{-6}$ 范围内，并避免注水或注蒸汽所产生的循环效率的下降，必须考虑使用上面提到的另外两种方法。

在传统扩散方式的燃烧系统中，火焰的稳定范围很宽，可在很大的燃空比下稳定运行。但与预混 DLN 燃烧相比，扩散方式的燃烧系统的 $NO_x$ 排放却大得多。一般来说，在 DLN 燃烧系统中的稳定燃烧需要在所有负荷条件下更精确地控制燃料和空气量（即燃空比）。在 DLN 燃烧室中，许多因素都会影响火焰的稳定性，例如燃料组分的变化、热值、电网频率、大气条件、负荷的变化，甚至是瞬态运行过程中操作的影响。同时，湍流流动和化学反应的相互作用也是不可避免的。

DLE 方法采用在低温、贫燃料条件下燃烧掉大多数（至少75%）燃料的燃烧方式来避免产生较多的 $NO_x$。这种燃烧系统的重要特征是燃料在进入燃烧室前先与空气混合，并使混合物处于贫燃料状态，从而降低火焰温度和减少 $NO_x$ 排放。这一作用使满负荷运行点在图 10-28 所示的火焰温度曲线上降低，并接近贫燃料极限，这样一来控制 CO 的排放就变得比较困难。负荷快速降低时也带来了如何避免火焰熄灭的问题，火焰一旦熄灭，就难以再安全地恢复稳定燃烧，除非停机并重新起动燃气轮机。

DLE 燃烧室有两个以上的燃料回路。主燃料约占总燃料量的 97%，在预混室的进口将燃料喷入旋流器下游的空气流中。值班燃料几乎没有任何预混就直接喷入燃烧室。图 10-29 中给出了典型的干式低 $NO_x$ 燃烧室和传统燃烧室的比较。两者均使用旋流器来形成燃烧室要求的流动状态以保持火焰稳定。DLE 的燃料喷射装置比较大，因为它含有燃料/空气预混室，所要混合的空气量很大，几乎占燃烧室空气流量的 50%~60%。

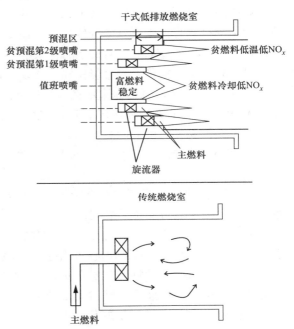

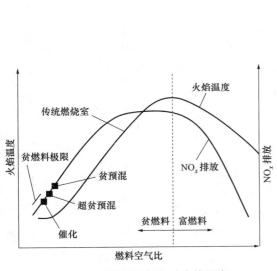

图 10-28　燃料空气比对火焰温度
和 $NO_x$ 排放的影响

图 10-29　典型的干式低 $NO_x$ 燃烧室和
传统扩散燃烧室的比较

图 10-30 为一个典型的预混低 $NO_x$ 燃烧室的 $NO_x$ 生成和燃烧性能示意图。由于火焰温度与传统的燃烧系统相比十分接近于贫燃料极限，因此需要采取措施来防止机组负荷降低时的熄火。如果不采取措施，会由于混合物过于接近贫燃料极限而不能燃烧，引起熄火。值班喷嘴使一小部分燃料始终保持更利于燃烧的燃料配比关系，以提供一个稳定的"值班"区域，其余的燃料维持贫燃料燃烧状态。在这两种情况下，燃烧室均使用旋流器来建立所需要的流动条件以稳定火焰。

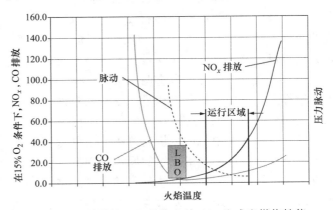

图 10-30　预混低 $NO_x$ 燃烧室的 $NO_x$ 生成和燃烧性能

一种方法是随着负荷的降低逐渐关闭压气机进口的导向叶片，减小进入发动机的空气流量，因此也减少了燃烧室内混合比的变化。对单轴发动机而言，这种方法一般能够使发动机在负荷低至 50% 的条件下运行时仍然保持低排放特性。另一种方法是人为地在发动机的燃烧区之前或直接从燃烧区内分流空气，从而减少了空气流量，也增加了（在给定负荷下）所需的燃料流量，因此燃烧区的燃料空气比可以在满负荷下近乎保持稳定，但这一方法导致发动机在部分负荷时的热效率降低 20%。

尽管有了这样的空气管理系统，当负荷迅速降低时，仍然会产生不稳定的燃烧现象。

如果燃烧室不具有可变几何的结构形式，则有必要随机组功率的增加而分级喷入燃料。预期的发动机运行范围决定了分级数，如图 10-31 所示，典型的机组至少有 2~3 级，那些在非设计工况条件下起动或运行的装置会设有非常复杂的分级。

以下列出了与极贫燃料燃烧室相关的设计挑战：

- 首先，必须注意确保火焰在设计运行点稳定。
- 其次，由于机组必须在整个负荷范围内点火、加速和运行，因此需要具有调节能力。
- 上述挑战源自燃烧室要在低火焰温度下运行，以实现非常低的排放。
- 燃烧室满负荷运行点接近于火焰吹熄点，这是预混燃料空气混合物不能自动维系燃烧的点。
- 在较低负荷下，由于流入燃烧室的燃料流量减小，火焰温度将接近于熄火点，在某些时候火焰将变得不稳定或熄灭。

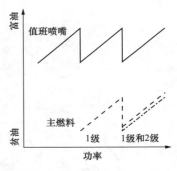

图 10-31　透平功率变化时干式低排放燃烧室的分级

DLE 燃烧室的这种特性与扩散火焰燃烧室的特性形成鲜明对比，在扩散燃烧室中，燃料无混合喷入并仅使用一部分可用空气在最高火焰温度下燃烧。这使得扩散燃烧室具有如下的特性：

- 高的 $NO_x$ 排放。
- 由于火焰温度与燃料流量无关，具有很好的火焰稳定性。

为了应对这些挑战，燃烧系统的设计者可使用分级燃烧室，这样在低负荷或起动阶段，一部分火焰区域中的空气能够与燃料混合。分级燃烧室的两种类型是燃料分级和空气分级。图 10-31 是分级燃烧室的示意图，在其最简单且最常见的结构中，燃料分级的燃烧室有两个火焰区域，每个区域都有一个固定的空气流量。燃料量在两个区域之间分配，这样在机组的每一个运行条件下，供入每个区域中的燃料量与可用的空气量相匹配。空气分级的燃烧室使用的原理是在低负荷下将火焰区域中的一部分空气加入稀释区。这两种方法可以结合使用，但是两者的目的相同，即将火焰温度恰好维持在吹熄点以上，如图 10-32 所示。

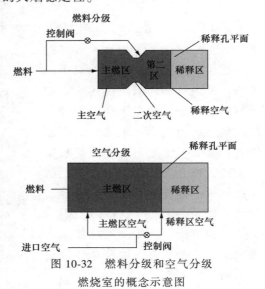

图 10-32　燃料分级和空气分级燃烧室的概念示意图

DLN/DLE 燃烧器在每一个环管形燃烧室或

环形燃烧室中，具有比扩散燃烧室更多的燃料喷嘴，从而可进行贫预混燃料的喷注。一个简单的两级预混燃烧室包含四个主要部分，如图10-33所示：

1. 燃料喷注系统
2. 火焰筒
3. 文丘里管
4. 盖板及中心体总成

这些组件在燃烧室中形成了两级，第一级以预混方式将燃料和空气完全混合，并将均匀的、贫燃料的未燃燃料空气混合物供给第二级。如果需要，主燃料喷嘴和二次燃料喷嘴都可以是双燃料喷嘴，从而可实现在整个负荷范围内由气体燃料到液体燃料

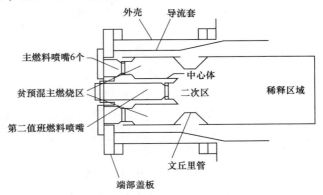

图 10-33 典型的预混燃烧室（GE）

的自动切换。在某些情况下，这可能会带来回火问题。当燃烧天然气或馏分油时，系统能够在贫-贫燃料模式下运行至满负荷。这也允许对液体燃料使用湿法来抑制 $NO_x$ 的排放，对气体燃料通过注水来增加功率。

对于较小机组，系统使用5个主燃料喷嘴，对较大机组则使用6个主燃料喷嘴。良好稳定的扩散火焰在点火和部分负荷下能够有效地燃烧，此外，使用多喷嘴的燃料喷注系统对进入第一级混合器的燃料流能提供满意的空间分布。主燃料空气混合段由燃烧室的第一级混合器、拱顶/中心体以及文丘里管的前锥部所约束，这部分空间在燃烧室以主燃料和贫-贫燃料模式运行时成为燃烧区。由于点火在该级中发生，因此安装有联焰管来传递火焰并平衡邻近燃烧室之间的压力。火焰筒壁面的气膜槽缝提供冷却，其作用与标准的燃烧室相同。

在预混燃料运行时，这种燃烧系统工作在四种不同的分级模式下，如图10-34所示。

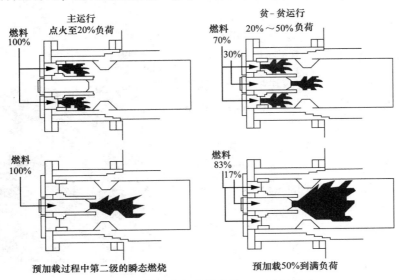

图 10-34 燃料分级的干式低 $NO_x$ 运行模式

1. 主燃料点火至 20% 负荷

燃料仅向主燃料喷嘴供应，火焰仅在主区中。该模式用于点火、加速及机组低负荷和中等负荷时运行，直到预先选择的燃烧参照温度。

2. 贫-贫燃料运行于 20%~50% 的负荷

燃料向主燃料喷嘴和第二喷嘴供应，火焰位于主级和第二级中。该运行模式用于两个预先选择的燃烧温度之间的中间负荷的运行。

3. 向满负荷转换过程中第二级的瞬态燃烧

燃料仅向第二喷嘴供应，火焰仅在第二级中。该模式是贫-贫燃料和预混模式之间的过渡状态，它在燃料被重新引入成为主预混区之前，对熄灭主区火焰是必须的。

4. 预加载 50% 运行到满负荷

主喷嘴和第二喷嘴均供应燃料，火焰仅在第二级中。该运行模式在或接近燃烧参考温度设计点或附近实现，在预混模式下产生最低的排放。

图 10-35 是含一组燃料喷嘴和一个中心值班喷嘴的燃烧器示意图（GE DLN 环管形燃烧室）。每一个环管形燃烧室具有 3~8 个燃料喷嘴以及中心 1 个值班喷嘴。在机组的环形结构

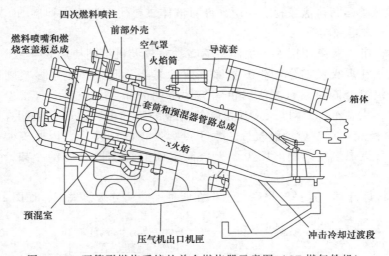

图 10-35　环管形燃烧系统的单个燃烧器示意图（GE 燃气轮机）

中布置有 8~16 个分管火焰筒，其中每个火焰筒都使用联焰管与其他火焰筒相连。图 10-36 给出了预混室，它有图 10-37 所示的 6 个燃料喷嘴。图 10-37 中所示的燃料喷嘴安装在预混室中并与其腔室表面齐平。这是一组带有中心值班喷嘴的 DLN 燃料喷嘴。预混器和燃料喷嘴总成位于预混器腔室中，如图 10-35 所示的单个燃烧器的上半部分。

燃料喷嘴安装于端部盖板上，如图 10-38 和图 10-39 所示，4 个燃料喷嘴的扩散通道由一个被称作主管的公共总管供应气体燃料，该总管被置于端部盖板内。相同的 4 个喷嘴的预混通道由另外的称为二次管的内部总管

图 10-36　DLE 燃烧室的预混室

供应气体燃料。剩余喷嘴的预混通道由三次燃料系统供应,该喷嘴的扩散通道总是由压气机排气吹扫并不通过燃料。下面是燃料的 4 个功能分类的定义(不同的制造商对这些术语有不同的定义,下面是 GE 的定义):

- 一次燃料——通过 4 个燃料喷嘴外侧安装的旋流器扩散气孔进入的气体燃料。
- 二次燃料——通过 4 个燃料喷嘴外侧辐射状喷射器气体计量孔进入的预混气体燃料。
- 三次燃料——通过燃料喷嘴内侧辐射状喷射器计量孔进入的预混气体燃料。
- 四次燃料——喷入燃料喷嘴旋流器上游邻近区域空气中的少量燃料。

图 10-37 具有 5 个燃料喷嘴和
中心值班喷嘴的 DLE 燃烧器

图 10-38 安装于燃烧器盖板
上的 DLN 燃料喷嘴

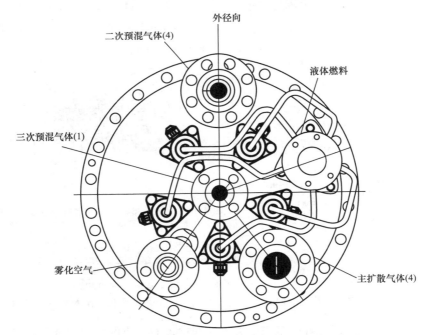

图 10-39 安装于燃烧器盖板上的 DLN 燃料喷嘴示意图

图 10-40 是图 10-37 所示的二次燃料喷嘴的典型横截面图,喷嘴具有用于扩散气体、预混气体、油和水的通道。GE 的先进 DLN-2 燃烧器采用 6 个燃料喷嘴的设计,可将 $NO_x$ 排放

降低到 $9 \times 10^{-6}$。新的中心喷嘴设计可使其比原先的设计更加易于调节。通过与外部喷嘴分开向中心喷嘴注入燃料，可以相对于外部喷嘴调节燃空比，由基本负荷调低近 200℉（111℃）时 $NO_x$ 排放为 $9 \times 10^{-6}$。降低中心喷嘴的燃料不会引起 CO 的额外增加。该计需要 3 个预混总管将燃料分级到 6 个喷嘴，第 4 个预混总管用于喷注四次燃料。图 10-41 是前 3 个预混总管的示意图，分别表示为 PM1、PM2 和 PM3，其配置可使任何数量（标号为 1~6）的喷嘴在任何时间运行。PM1 向中心喷嘴供应燃料，PM2 向位于联焰管处的两个外侧喷嘴供应燃料，PM3 向其余 3 个外部喷嘴供应燃料。5 个外部喷嘴与 DLN2 所使用的喷嘴相同，而中心喷嘴类似但形状更加简化来与可用空间匹配。

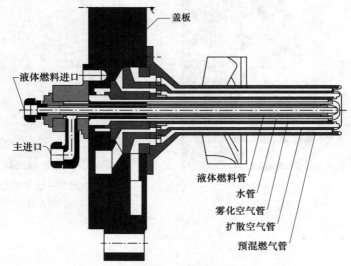

图 10-40　DLN 的二次燃料喷嘴的截面图

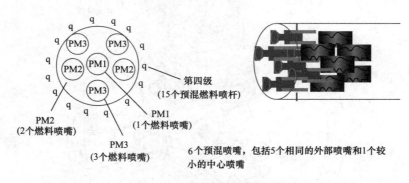

图 10-41　安装在燃烧器端盖上的燃料喷嘴以及用于一次、二次和三次燃料系统的连接件

每个 GE DLN 燃烧系统具有由燃烧室火焰筒和拱顶面形成的单一燃烧区。在低排放运行条件下，90% 的气体燃料通过预混器中的径向气体喷口喷入，燃烧空气与燃料在围绕 5 个燃料喷嘴的各个管中混合。预混管是拱顶的一部分，其布置如图 10-38 和图 10-39 所示。燃料和空气完全混合，以高速流出 6 个管并进入燃烧区，在其中进行贫燃料低 $NO_x$ 的燃烧过程。预

混器出口的旋流流动以及火焰筒的突扩膨胀所产生的涡的脱落是火焰稳定的机制。6 个喷嘴及预混管的组合位于燃烧室的头部，四次燃料总管位于燃烧室的圆周上，以使剩余的燃料供入沿外壁径向布置的喷杆。该燃烧系统可在几种不同的模式下运行。

### ▶▶一次燃料（主燃料）

此时，燃料仅向 4 个扩散燃料喷嘴的主燃料侧供入，形成扩散燃烧。从点火转速至 81% 的折合转速范围，采用该模式。

### ▶▶贫-贫燃料

向主扩散燃料喷嘴和三次预混燃料喷嘴供入燃料，从 81% 的折合转速到预选设置的燃烧参考温度达到之前，采用该模式。在整个运行范围内主燃料流量的百分比是燃烧参考温度的函数。如有必要，可在整个机组负荷范围内以贫-贫燃料方式运行。选择"贫-贫燃料基本模式"将锁定预混运行，并使机组以贫-贫燃料条件作为基本负荷。

### ▶▶预混转换

贫-贫燃料和预混模式之间的过渡状态。在该模式下，主燃料和二次燃料控制阀被调整到它们的最终位置，以用于转换到下一模式。预混分隔阀也被调整到保持恒定的三次燃料流量的分配。

### ▶▶值班预混

燃料供应到主喷嘴、二次燃料喷嘴和三次燃料喷嘴，该模式为运行于温度控制关闭条件下的贫-贫燃料和预混模式之间的中间模式。该模式也作为预混模式外的默认模式存在，在不需要预混运行时，可以选择将值班预混作为基本负荷运行。在该模式下，主燃料、二次燃料和三次燃料的分流量不变。

### ▶▶预混

燃料直接供入二次、三次和四次燃料通道，在燃烧室中存在预混燃烧。预混模式运行的最小负荷由燃烧参考温度和 IGV 位置设置，其典型的范围为自进口放气加热开启时的 50% 到进口放气加热关闭的 65%。自预混到值班预混或值班预混到预混的过渡模式，可以在燃烧参考温度大于 2,200℉（1,204℃）的任何时候运行。在预混模式下排放最低。

### ▶▶三次燃料全速无负荷（FSNL）

该模式在任何大于 12.5% 负载的遮断器打开状态时触发，此时燃料仅供入三次喷嘴，机组在二次 FSNL 模式下运行至少 20s，然后转换到贫-贫燃料模式。图 10-41 说明了与 DLN-2 运行相关的燃料流量调节，燃料分级取决于燃烧参考温度及 IGV 温度控制运行模式。

三菱 DLN 环管形燃烧系统的每个燃烧器由 1 个值班喷嘴和 8 个主燃料喷嘴构成，如图 10-42 所示。值班喷嘴的主要作用是产生能够在预混火焰中保持高度稳定的扩散火焰。在过渡段下游安装有空气旁通阀来保持燃烧器中几乎恒定的燃空比。燃气轮机所有的空气旁通阀由一个液压活塞带动，旁通阀在非稳态条件、点火和加速以及部分负荷运行过程中调节，随着负荷的增加逐渐关闭。空气旁通阀还用于防止燃气轮机在 IGV 位置变化时引起的总空气流量改变时产生的熄火、燃烧振荡和回火。三菱 DLN 燃烧系统不需用本章前面所介绍的燃料分级来维持燃空比，图 10-43 所示为每个燃烧系统的进口导叶和旁通阀之间的典型相互作用，以保持恒定的燃空比。总的燃烧控制十分简单，每个燃烧器的燃料通过一个单独的值班喷嘴进口和一个主燃料喷嘴进口供应，所有燃烧器的值班燃料和主燃料进口分别与一个值班导管和一个主导管相连，每个导管的燃料由值班控制阀和主控制阀来控制。除了控制上述燃空比外，DLN 系统还控制值班燃料与主燃料的比值来保证排放和燃烧的稳定性。值班燃料和主燃料的比值在点火、加速和低负荷条件下较高，为了降低排放，该比值随着负荷增加而逐渐降低。图 10-44 所示为三菱/西屋公司重型燃气轮机一个分管中的 8 个燃料喷嘴和 1 个值班喷嘴，这些喷嘴放置于图 10-45 所示的燃烧器中。

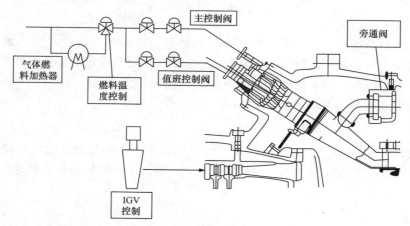

图 10-42　三菱 F 级燃气轮机的 DLN 环管形燃烧器

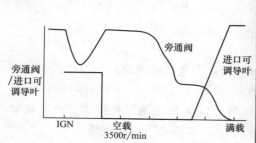

图 10-43　每个燃烧器系统的进口导叶
和旁通阀之间的控制图

图 10-44　分管典型喷嘴组（8 个燃料喷嘴和 1 个
中心值班喷嘴）（三菱/西屋公司 DLN 燃烧室）

　　图 10-46 所示为西门子大功率重型燃气轮机 V84.3 和 V94.3 的环形 DLN 燃烧室，其中气流由 24 个燃料和空气喷嘴环进入燃烧室，并最终流入第一级喷嘴叶片中，该燃烧室喷嘴环保证了连续的环形火焰及其合理均匀的温度分布。注意环形燃烧室中的陶瓷挂片代替矩形的金属板，由螺栓固定，这些螺栓采用空气冷却，以防止其膨胀导致金属板在其后面的空气作用下变形，从而严重损坏透平叶片。在最后一列仍保留了具有金属螺钉的金属板，因为陶瓷难以制作成所需的形状。图 10-47 是机组中使

图 10-45　装有 8 个燃料喷嘴和 1 个中
心值班喷嘴的典型的三菱/西屋燃烧器

用的燃料喷嘴的示意图，图 10-48 为相同的燃料空气喷嘴的照片。图 10-49 为西门子环形燃烧室中使用的具有旋流叶片的燃料喷嘴的特写图。

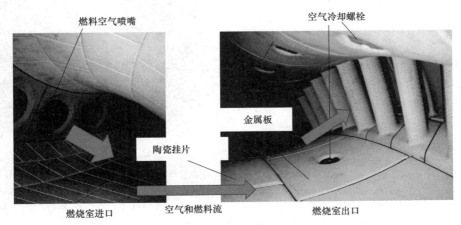

图 10-46　环形 DLN 燃烧室（西门子 V94.3 燃气轮机）

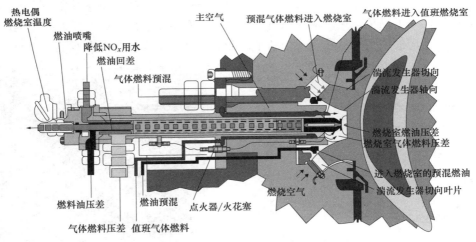

图 10-47　西门子燃烧室的燃料喷嘴

图 10-48　西门子燃料喷嘴的照片

在阿尔斯通 GT 13、GT 24 和 GT 26 中使用的环形 DLN 燃烧室与先前讨论的所有 DLN 燃烧室一样，必须要解决以下相同的问题：

- 火焰稳定性。
- 燃烧室中火焰温度分布的均匀性。
- 燃烧控制。

图 10-50 是一个由阿尔斯通设计的 DLN 燃烧室的示意图，采用了对流和气膜冷却。如图 10-51 所示，燃烧室使用了 72 个 EV 燃烧器（EV 表示环保），EV 燃烧器是双燃料（油和天然气）的贫预混燃烧器，主要由两个半圆锥构成，这两个半圆锥在径向上偏移，以形成具有

图 10-49　燃料喷嘴的特写图
（注意燃料和空气旋流叶片）

一定宽度的两个空气进气槽，如图 10-52 所示。气体燃料通过沿着进口槽布置的许多孔喷入空气并与空气混合。由于空气进口槽的径向距离沿着中心线在下游方向增加，因此旋流强度在燃烧器的端部也增大。当旋流气流扩展到燃烧室时，在燃烧器的中心处就会发生涡的脱落，其间热燃烧产物的回流使火焰得以稳定。燃烧器锥体内部的高速空气流对金属表面免受火焰的影响，起到了保护作用。液体燃料可在喷嘴中心喷注，燃料在燃烧器内部蒸发并与空气混合，旋流运动促进了燃料和空气的精细混合，这是获得低 $NO_x$ 排放的先决条件。

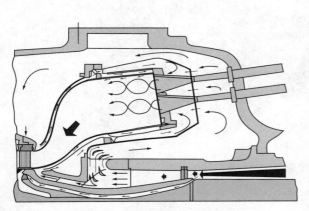

图 10-50　干式低 $NO_x$ 排放燃烧室示意图
（阿尔斯通燃气轮机）

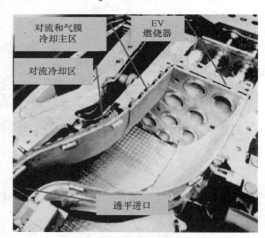

图 10-51　重型燃气轮机环形干式低 $NO_x$
燃烧室（阿尔斯通燃气轮机）

由于干式低 $NO_x$ 燃烧系统以贫预混模式运行，火焰温度比传统燃烧系统更接近于贫燃料极限，因此当负荷降低时，为了防止熄火，必须采取一些措施。如果不采取措施，混合物会由于燃料过贫而不能燃烧，从而导致熄火。为了在部分负荷下能够稳定地燃烧，需要在 60% 相对负荷下的预混过程中进行燃烧器的分级。燃烧器的分级通过将预混的气体燃料系统分为两组来实现，如图 10-53 所示。

1. 富燃料主燃烧器组，以富燃料和稳定的方式运行，该组包括了燃烧器总数的 3/4，即 54 个燃烧器。

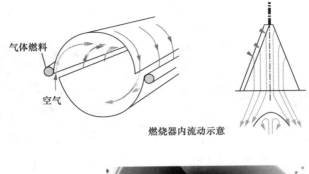

燃烧器内流动示意

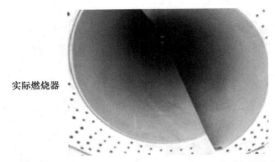

实际燃烧器

图 10-52 EV 贫预混燃烧器的涡脱落稳焰基本原理（阿尔斯通燃气轮机）

2. 贫燃料分级燃烧器组，可以在火焰稳定极限以下运行，用于部分负荷下控制燃气轮机的负荷，该组包括剩余的 1/4，即 18 个燃烧器。

燃烧室的设计可保证两个燃烧器组之间有足够的混合和停留时间，从而保证了分级燃烧器中的燃料在主燃烧器组热燃烧产物中的氧化。由于分级燃烧器组拥有燃烧器总数的 1/4，因此分级比（$SR$）可在 0~25% 范围内变化，此时两个燃烧器组达到均衡运行。

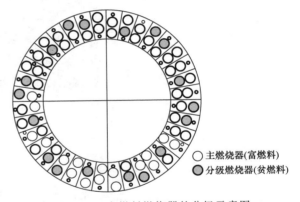

○ 主燃烧器(富燃料)
◉ 分级燃烧器(贫燃料)

图 10-53 主燃料燃烧器的分级示意图

燃烧室选择满负荷时的透平进口温度作为其设计点，此时即使在满负荷下也未达到均衡点，这意味着分级燃烧器组总是在稳定极限以下运行，因此几乎不产生 $NO_x$ 排放。由于大部分 $NO_x$ 排放是在稳定的主燃烧器组的火焰中生成的，因此这些燃烧器各自有均匀的火焰温度十分重要。

图 10-54 为阿尔斯通 GT 24/26 两级串联燃烧系统的示意图，它是唯一在市场上具有两个串联燃烧室的燃气轮机，因此 GT 24/26 为再热式燃气轮机。GT 24/26 的压气机有 22 级，在第 16 级后有放气阀释放 20%~25% 的空气，剩余的空气进入第一个 EV 燃烧室，在其中加热随后送入高压透平。离开高压透平的燃气与第 16 级后放出的空气混合后进入第二个 EV 燃烧室，这些压缩空气与燃料气混合后在第二个 EV 燃烧室（SEV）中重新燃烧，由于气体中有大量的氧气，因此燃烧得以实现。EV 和 SEV 燃烧室的燃气温度均可达 2,600℉（1,427℃）。

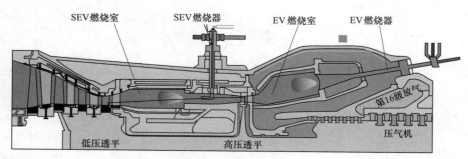

图 10-54　GT 24/26 两级串联燃烧系统的示意图

DLN 燃烧室还用于飞机发动机中，图 10-55 给出了一个航空发动机中实际使用的干式低排放环形燃烧室。注意同心的旋流器和燃料喷嘴可用于进行燃料的分级燃烧。

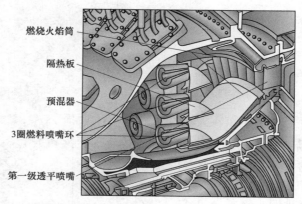

图 10-55　航空发动机的环形 DLE 燃烧室

# 筒形燃烧室

筒形燃烧室主要用于欧洲的燃气轮机燃烧室中，它具有许多环形 DLN 燃烧室类似的问题。阿尔斯通环形 DLN 燃烧室十分类似于环形 DLN 筒形燃烧室，图 10-56 为移除顶盖后的

图 10-56　筒形燃烧室的上半部分

图 10-57　筒形燃烧室的俯视图

筒形燃烧室的上半部分照片，机组为 GT 11 燃气轮机。图 10-57 为筒形燃烧室的俯视图，注意覆盖燃烧室的耐火块。在图 10-58 中，燃烧器安放于燃烧室的顶盖上，该顶盖抬起后可以看到燃烧器，燃烧器类似于图 10-52。

图 10-58　顶部装有燃烧器的筒形燃烧室

## DLN/DLE 燃烧室的运行

燃气轮机采用 DLN/DLE 燃烧室通常会遇到一些问题，常见的一些问题有：

- 自发点火和回火。
- 燃烧不稳定。

这些问题可导致机组突然失去输出功率，因为控制系统一旦检测到故障信号，就会自动停机。

自发点火是可燃混合物的自燃过程。在特定的温度和压力条件下，对给定的燃料混合物来说，发生自发点火前会有一段有限的延迟时间，柴油机发动机（爆燃）正是依赖这段延迟时间工作，但对于燃气轮机这样的火花点燃式发动机，则必须避免这种时间延迟。

DLE 燃烧室在其头部设有一个预混装置来使燃料和空气均匀混合。为防止预混装置中自发点火的发生，燃料在预混管中存留的时间必须少于燃料自发点火的延迟时间。如果在预混装置内发生了自发点火，那么在机组再次满负荷运行前可能需要维修或更换已损坏的部件。

运行人员常因自发点火问题而关闭机组，而机组供应商并不鼓励在此情况下关机。但是，运行人员认为不能把这种机组运行可靠性降低的现象当作是"正常"现象来处理。

如果发生自发点火，那么表明所设计的安全裕度不够，此处的安全裕度是指燃料自发点火延迟时间和预混管中燃料停留时间的差值。但是，燃料自发点火的延迟时间确实存在，而且文献表明：同一种燃料的自发点火延迟时间变化范围还是相当大的。因此，导致预混管自发点火的可能原因有以下几种：

- 设定的燃料自发点火延迟时间太长。
- 燃料成分的变化减少了自发点火延迟时间。
- 燃料停留时间计算不正确。

● 因吸入可燃颗粒提前触发自发点火。

预混管内的回火发生在局部火焰速度大于燃料/空气混合物离开预混管的速度时。

回火常常发生在非预期的机组瞬态过程（如压气机喘振），这类过程使进入燃烧室的空气速度发生了变化，而空气流速的变化几乎一定会引起回火。不幸的是，当火焰前锋抵达预混管出口时，火焰锋面的压力会减小，进一步降低了混合物通过预混管的速度，这使初始扰动得到加强，因此增加了发生回火的机会。

先进的冷却技术可以在回火发生时对预混管提供一定程度的保护，即使是由机组喘振引起的回火，在设计中也可通过将火焰探测系统与快速响应的燃料控制阀相结合来降低回火造成的影响。另外，在新型燃烧室中还可通过提供蒸汽冷却来降低回火造成的影响。

燃气轮机的高压燃烧室使用预混方式来燃烧贫燃料的混合物，燃气轮机中空气和燃料混合的化学计量比在 1.4~3.0 范围内，当量比超过 3.0 时火焰将不能保持稳定，而当量比低于 1.4 时会因火焰温度过高导致 $NO_x$ 排放量迅速增加。在新型燃烧室中，缩短燃烧室长度，可减少燃气的停留时间，增加燃烧器的数量，可使燃料在燃烧室内更好地雾化和混合。在大多数情况下，燃烧器的数目增加 1/10~1/5，就会导致控制系统变得非常复杂。当前，燃气轮机燃烧室的趋势是向环管形燃烧室发展，如某个传统的重型燃气轮机只有 1 个仅带 1 个燃烧器的燃烧室，而新型的同类型的燃气轮机带有 12 个环管形燃烧室和 72 个燃烧器。

过去，只有当机组在非常低功率下运行时人们才会考虑燃烧室的不稳定燃烧问题，这种现象被称为低频不稳定燃烧，它与燃烧室的贫燃区有关，而贫燃区的环境是不利于燃烧的。同时，燃烧室内存在着复杂的三维流动结构，在这些结构中总会有一些易于发生振荡燃烧的区域。在传统燃烧室中，从这些"振荡"区域释放出的热量，在低功率条件下仅占燃烧室总释放热量的很大部分。

采用 DLE 燃烧室的目的是使大部分的燃料在贫燃料条件下燃烧，以避免大量生成 $NO_x$ 的高温区形成。因此，这些易于引发振荡燃烧的贫燃区在机组从空载到 100% 功率运行的所有运行区内都存在。燃烧室内常会发生共振现象，在任何给定共振频率下压力扰动可被迅速放大，并导致燃烧室失效。振荡模式可以是轴向的、径向的或周向的，或同一时间三者共存。在燃烧室（尤其是在低排放 $NO_x$ 燃烧室）内使用动态压力传感器可使每个燃烧器都稳定燃烧，这可由控制每个燃烧器的流动使每个燃烧器的振动频率相互匹配来实现。这一技术已应用在燃烧室设计中并有效地保证了燃烧的稳定性。

计算燃料在燃烧室或预混管内的停留时间并不容易。空气和燃料混合的目的是在预混管出口处形成均匀的燃料/空气混合物，这一混合过程通过流动的相互作用来实现，这些流动包括旋流流动、剪切层流动和涡流流动。为保证获得良好的混合效果以及确定预防自发点火的安全裕度，建立预混管气体动力学的 CFD 模型是非常必要的。

通过将火焰温度限制在 2,650℉（1,454℃）以下可实现个位数的 $NO_x$ 排放。为了在最高火焰温度低于 2,650℉（1,454℃）的条件下运行，这一温度值较以前提到的 LP 系统低 250℉（139℃）。因此需要燃料在进入燃烧室前先与 60%~70% 的空气预混合。由于控制火焰温度用去了大量的空气，剩下用于冷却燃烧室壁或稀释透平进口高温燃气的空气量就不够了。因此，所剩余的空气就必须有双重功能，既要用于冷却还要用于稀释。在透平进口温度较高（2,400~2,600℉ 即 1,316~1,427℃）的机组中，尽管几乎不需要稀释，但是也没有足够的剩余空气来冷却燃烧室壁面。在这种情况下，用于燃烧过程的空气就必须具有双重任务，在进入预混燃料喷嘴与燃料预混合前，先用于冷却燃烧室壁面，这种双重要求意味着燃烧室壁面上不能应用气膜冷却或渗流冷却的方法。燃烧室壁面上也可覆盖热障涂层（TBC），这是燃烧室制造过程中应用等离子喷涂技术在燃烧室壁面上形成的一层陶瓷材料，它导热性低，对金属绝热。TBC 两侧的温差一般为 300℉ （149℃），这意味着与高温燃气接触的壁面工作温度可以降至 2,000℉ （1,094℃） 左右，这也将有助于防止在壁面附近 CO 氧化反应的停止。

# 催化燃烧与催化燃烧室

催化燃烧是可燃混合物与氧气在催化剂表面发生化学反应，使可燃物完全氧化的过程。该过程发生时无火焰产生，且较传统火焰燃烧的温度低得多。在一定程度上，由于反应温度较低，催化燃烧较传统燃烧过程所产生的 $NO_x$ 排放就低得多。催化燃烧如今被广泛地应用于去除燃烧排气中的污染物，并在燃气轮机发电行业中日益得到重视。

在燃料/空气混合物的催化燃烧中，燃料通过不同的机理在催化剂表面起反应。催化作用可以使燃烧反应在绝热温度低于 2,732℉ （1,500℃） 的超贫燃料混合物中进行。这样，燃气温度将保持在 2,732℉ （1,500℃） 以下，如图 10-59 所示。在此燃烧温度下，热力 $NO_x$ 的生成量将会非常少，催化燃烧室内 $NO_x$ 的生成量比低燃烧温度下 $NO_x$ 的预测生成量低得多。尽管在催化燃烧起动过程中因一些气相均匀反应可能会产生一些 $NO_x$，但是催化剂表面的反应不直接生成 $NO_x$。

▶▶ **催化燃烧的特点**

表面温度

在低温时，催化剂表面的氧化反应受反应动力学控制，在这一过程中催化剂活性是一个重要的参数。当温度升高时，表面反应的释热造成催化剂表面的热量逐渐积累并导致点火燃烧，通过点火燃烧，催化剂表面温度迅速达到该燃料/空气混合物的绝热燃烧温度，图 10-59 为在传统催化燃烧室中燃气和催化剂温度关系的示意图。在绝热火焰温度下，催化剂表面的氧化反应进行得非常迅速，总的稳态反应速度取决于流向催化剂表面的燃料量。由于受到来自底层催化剂的加热，沿反应器的燃气温度不断升高，逐渐达到了催化剂表面的温度。

点火后，当催化剂表面的温度增加到绝热火焰温度时，催化剂表面温度不再依赖于燃烧反应，而且也不能简单地通过限制转化（如使用短反应器或大的单元块）来降低。因此，除非采用其他一些措施来限制催化剂表面温度，否则催化剂材料必须能耐受燃烧反应过程中混合物的绝热燃烧温度。对于现代燃气轮机而言，这一温度将等于所要求的透平进口温度，约为 2,372℉ （1,300℃），这对于目前正应用的燃烧催化剂来说，提出了苛刻的问题。

加利福尼亚的催化燃烧系统公司发展了一种新的催化燃烧方法，田中贵金属工业集团公司（Tanaka Kikinzoku Kogyo K. K.）在

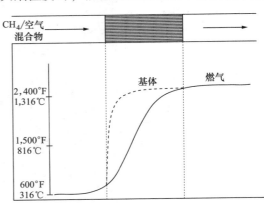

图 10-59　传统催化燃烧室中催化剂（基体）和燃气温度关系示意图

多级过程中将催化反应和均匀燃烧相结合，如图 10-60 所示。在这一方法中，全部燃料/空气混合物在催化剂表面起反应，但是，具有自动调节的化学反应限制了催化剂表面的温度上升。因此，在进口阶段催化剂温度较低，催化剂能够长时间保持很高的活性，同时，因为进口阶段催化剂活性较高，点火温度可以很低，甚至在接近压气机出口气流的温度下也能点火，从而减少了预燃室的应用；出口阶段部分燃烧后的气体温度达到了能够进行均匀燃烧的温度，由于出口阶段催化剂在较高的温度下运行，这一阶段催化剂的活性较进口阶段低，不过，因为这一阶段的燃气温度比较高，低活性也已足够；在最后阶段以均匀的气相反应完成了燃料的燃烧，并将燃气温度增加到设计要求的燃烧室出口温度。

可利用钯催化剂的独特性质来限制进口阶段的温度升高。在燃烧条件下，钯既可以金属形式存在，也可以氧化物的形式存在。钯氧化物是高活性的燃烧催化剂，但钯金属的活性却很低。钯氧化物是钯在温度高于 400°F（200℃）的温度下氧化形成的，但分解成钯金属则需要在 1,436°F（780℃）或 1,690°F（920℃）之间的温度下进行，准确的分解温度还取决于压力。因此，当催化剂温度达到 1,472°F（800℃）时，由于形成了活性较低的钯金属，催化剂活性将大幅度下降，从而阻止了温度的进一步上升。钯催化剂实际上起到了控制自身温度的化学恒温调节器的作用。

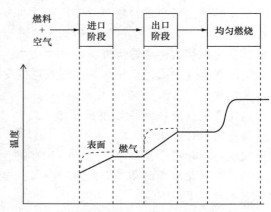

图 10-60  能限制壁温且催化后发生完全燃烧的催化燃烧系统的温度分布示意图

## 催化燃烧室设计

GE 公司对其 MS9001E 燃气轮机催化燃烧室系统进行了全尺寸试验。MS9001E 燃烧室满负荷运行时的燃烧温度为 2,020°F（1,105℃），燃烧室出口温度大约为 2,170°F（1,190℃）。图 10-61 所示为在 GE 设于纽约的斯内克塔迪（Schenectady）发电工程实验室进行测试的关键部件。

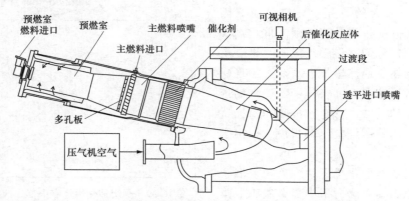

图 10-61  全尺寸催化燃烧室示意图（GE 电力系统和催化燃烧系统公司）

整个催化燃烧系统有三个主要组件：预燃室、主燃料喷射器和催化反应器。

## ▶▶预燃室

在催化反应器没有开始工作时，预燃室担负着主要的机组负荷，在大多数情况下，这时机组处于低负荷点，在这一点上，用于燃气轮机运行的燃料不足以达到使催化反应进行所必需的最小出口燃气温度。当燃气轮机负荷增加时，越来越多的燃料进入主燃料喷射器，而进入预燃室的燃料减少，最终预燃室仅接受维持最低催化剂进口温度所需要的燃料，而这一温度是催化反应能够进行的最低温度。

## ▶▶主燃料喷射器

该部件的设计可使燃料/空气混合物以均匀的成分、温度和速度传递给催化剂，GE公司的多文氏管（MVT）燃料喷射系统就是为这一目的而设计的，该系统由93个独立排列在流道上的文氏管组成，每个文氏管喉部有4个燃料喷射孔。

## ▶▶催化反应器

催化剂的作用已在前面叙述，催化反应器需要燃烧一定的燃料才能让燃气达到足够高的出口温度，并在此温度下使通过催化剂出口的燃气能快速均匀地燃烧。

由于在排放严格限制的地区，规定 $NO_x$ 排放必须低于 $2×10^{-6}$，因此，在新型联合循环电厂的燃气轮机中，催化反应燃烧技术有着巨大的发展潜力。

选择性催化反应器

许多国家尤其是美国，在 DLE 燃烧室中加入了一个选择性催化反应器来进一步减少 $NO_x$ 的排放。选择性催化减排技术（SCR）通过 $NO_x$ 与氨气在催化条件下反应，将燃气轮机排气中的 NO 和 $NO_2$ 转化为氮分子和氧气排出。

传统的 SCR 方法要求排气温度维持在 288~399℃ 的较窄温度范围内，且限制在排气回热系统中的应用。在联合循环电厂中，大多数 SCR 系统是 HRSG（余热锅炉）的一部分，SCR 安装于 HRSG 中气体温度降低到上述温度范围的位置。正在开发新的高温 SCR 技术，可以在没有 HRSG 系统时应用 SCR。

将 SCR 看作是 HRSG 系统一部分的主要原因在于：只有当燃气轮机出口排气的温度由 566℃ 左右降低到 399℃ 左右时，催化剂的使用寿命才能够延长到可以接受的程度。在 HRSG 中采用一套完整的 SCR 系统来控制排气中产生的 $NO_x$，SCR 是一种转化氮氧化物的方法，在催化剂的帮助下它将 $NO_x$ 转化为 $N_2$ 和水（$H_2O$），在排气中加入的气体减排剂通常为无水氨或氨水。

当气体通过催化燃烧室时发生降低 $NO_x$ 的反应，在进入催化燃烧室前，注入氨并与气体混合。使用无水氨或氨水的选择性催化反应过程的当量反应为：

$$4NO+4NH_3+O_2 \longrightarrow 4N_2+6H_2O$$

$$2NO_2+4NH_3+O_2 \longrightarrow 3N_2+6H_2O$$

$$NO+NO_2+2NH_3 \longrightarrow 2N_2+3H_2O$$

伴随的多个二次反应为：

$$2SO_2+O_2 \longrightarrow 2SO_3$$

$$2NH_3+SO_3+H_2O \longrightarrow (NH_4)_2SO_4$$

$$NH_3+SO_3+H_2O \longrightarrow NH_4HSO_4$$

气体的最佳反应温度范围在 698~860℉ （370~460℃） 之间，但可在 440~836℉ （227~447℃） 范围内以更长的停留时间运行。最低的有效温度取决于燃料、气体的成分和催化剂的几何形状。

SCR 催化剂由各种陶瓷材料制成，例如钛氧化物。催化剂既是载体又是活性的催化组分，通常是钒和钨等基底金属的氧化物。钒和钨基底金属催化剂不具备高温持久性，但是价格便宜，而且可在工业和 HRSG 电厂等具有较宽工作温度范围的设备中较好地运行。

目前最常见的两种 SCR 催化剂几何结构是蜂窝型和平板型。蜂窝型结构通常是将陶瓷载体整个均匀地拉长或覆盖在基体上，与各种催化剂相同，其结构有优点也有缺点。平板型的催化剂压降较小，同蜂窝型相比，不容易堵塞和结垢，但是平板型结构更大且更贵。蜂窝型结构比平板型的小，但是压降更大且更容易堵塞。

所有的 SCR 系统有一个共同的问题，就是未反应的氨的释放，它被称作氨泄漏。当催化剂的温度不在反应的最佳范围内或喷入了过多的氨以后会发生氨泄漏。在 SCR 系统的下游通常布置有一个额外的称作泄漏催化剂的氧化催化剂来减少这种泄漏，氨泄漏应该被限制在 $5\times10^{-6}$ 以下。这些系统要求 SCR 将大约 20% 的氨水导入到 SCR 反应器中，在 HRSG 的设计中必须小心，以确保在催化剂上分布等量的燃气和氨。

氨喷注网格位于 SCR 反应室的上游，即位于气体或表面温度不超过 800℉ （427℃） 的区域内。图 10-62 所示为典型的 HRSG 中氨喷注网格和催化剂的位置，氨喷注网格的设计和布置保证了氨和排气的均匀混合，再循环气体用作稀释和蒸发介质。

大部分的 SCR 系统在 5 年或 40,000h 的运行时间内不需要进行催化剂的更新、维护、添加或替换，能够保证提供所要求的减排作用。

SCR 系统被认为是 HRSG 的一个组成部分，因此，SCR 设备的设计、制造、维护、测试和安装均与 HRSG 的要求一致。

SCR 催化剂模块的位置应该根据温度、出口的 $NO_x$ 排放进行优化，并要考虑 HRSG 的滑压运行。

在 SCR 系统的前后应该有关联性测试来确定催化剂的性能，必须将 SCR 系统考虑成 HRSG 系统的一个部分。催化剂室所在的 HRSG 温度区域应该是催化剂在所有的负荷和大气温度条件下最有效的区域。

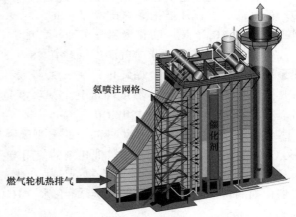

氨喷注网格

催化剂

燃气轮机热排气

图 10-62　典型的 HRSG 中氨喷注网格和催化剂的位置

在定期的检修期间应该对催化剂样品进行评估并允许对催化剂进行清洁，HRSG 外壳的内部结构设计要允许不移动内部结构，就能够完全接触到催化剂。

# 过渡段

尽管从技术上讲过渡段不是燃烧室的一部分，但是它是燃烧系统的重要组成部件，它将燃烧室的圆形部分与透平第一级喷嘴的扇形部分进行连接。过渡段较火焰筒要简单些，但从材料和工艺过程看可能更具有挑战性。因此，过渡段倾向于首先要引入新的材料。从设计角度看，在先进的型号中对过渡段已经进行了重大改进，包括使用较重的壁面、靠近端部的单片设计、肋片、浮动密封布置和选择性冷却，这些设计变化与材料的提升相匹配。早期的过渡段由 AISI 309 不锈钢制成，其后在 20 世纪 60 年代早期，一些限制部件使用镍基合金 Hastelloy-X 和 RA-333，这些合金在 70 年代以前成了过渡段的标准材料。在 20 世纪 80 年代早期，过渡段引入了一种新的材料镍铬 264（镍铬钛合金 263），它是一种析出强化的镍基合金，比哈氏合金（哈斯特洛伊耐蚀镍基合金，Hastelloy-X）强度更高。自 20 世纪 80 年代早期开始，热障涂层（TBCs）被应用于高温燃气轮机的过渡段中并沿用至今，数千小时的现场运行表明，过渡段应用的这种涂层具有很好的持久性。

过渡段靠近端部或某些部分在增加抗磨损方面也进行了一些性能的提升，热喷的钴基硬涂层在机组中进行的测试结果表明，最好的喷涂可以使密封部件的抗磨寿命提高 4 倍。

图 10-63 和图 10-64 所示为老式燃气轮机机组 W501D 的过渡段，该机组的火焰温度较低，值得注意的是这种机组的冷却孔使冷却空气沿内表面形成了冷却空气层。图 10-65 和图 10-66 给出了更新型的燃气轮机 W501F 的过渡段，该机组的火焰温度更高，需要注意的是过渡段外表面上有确保冷却的冷却空气孔。图 10-67 所示为 GE 重型燃气轮机机组 7FA 的过渡

图 10-63  W501D 燃气轮机的过渡段

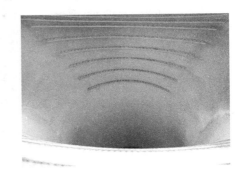

图 10-64  W501D 燃气轮机过渡段的
内部冷却方案

图 10-65  W501F 燃气轮机中将燃烧室
与第一级喷嘴相连的过渡段

图 10-66  与燃烧室相连的一组过渡段

段，该机组温度更高且有一个冷却夹套，用于冷却金属并具有内部冷却孔来冷却火焰筒。图10-68 所示为使用蒸汽冷却的 W501 FA 燃气轮机过渡段，蒸汽由蒸汽轮机的高压部分抽取，这样不仅冷却了过渡段，而且在其进入蒸汽轮机的中压部分之前对其进行了加热。过渡段有三层，层与层之间具有冷却管，注意火焰筒内部的标记，其中热障涂层有一些变色，显示了冷却回路的布置情况。

图 10-67　GE 重型燃气轮机 7FA 机组的过渡段

图 10-68　W501 FA 燃气轮机的过渡段

# 第 3 部分　材料、燃料技术与燃料系统

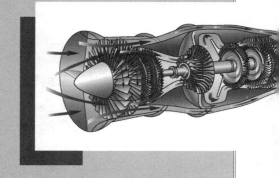

# 第**11**章

# 材　料

制约燃气轮机效率的关键因素是温度极限。图 11-1a 和 b 给出了提高透平进口温度在提

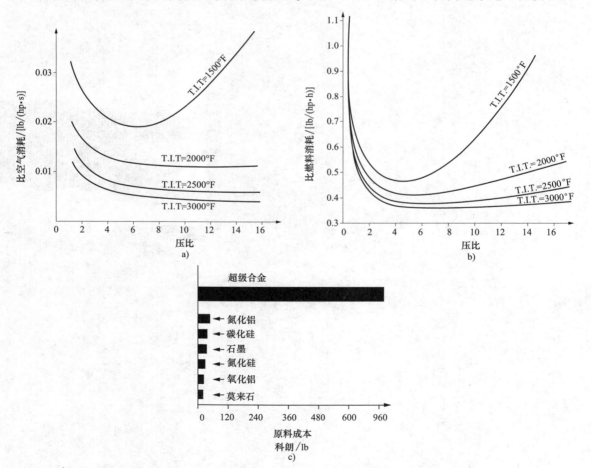

图 11-1　透平进口温度与压比对燃气轮机机组性能的影响及耐高温材料的成本

a）比空气消耗与压比和透平进口温度（TIT）的关系　b）比燃料消耗与压比和透平进口温度的关系　c）原材料价格比较

高效率的同时是如何降低比燃料和比空气消耗的。满足高温使用条件的材料与合金，无论是购买还是加工都是非常昂贵的，图11-1c给出了相关原材料的成本。透平叶片、喷嘴与燃烧室火焰筒的冷却都是整体材料图谱中不可缺少的组成部分。

由于叶轮机械的设计十分复杂，而且其效率与材料性能直接相关，因此材料的选择至关重要。燃气轮机和蒸汽轮机虽然有类似的材料问题，但这些问题所表现的程度不同。燃气轮机部件必须在各种应力、温度与腐蚀条件下工作，其中压气机叶片在相对低温和高应力条件下工作，燃烧室在高温和低应力条件下工作，而透平叶片则在极端的应力、温度和腐蚀条件下工作。对于燃气轮机来说，这些条件要比蒸汽轮机更加严酷。因此，在燃气轮机和蒸汽轮机中应该根据不同的标准选择每一个部件的材料。

燃气轮机设计的有效性直接依赖于所选部件材料的性能。在现有的高性能、长寿命燃气轮机中，燃烧室火焰筒与透平叶片是最为关键的部件。极端的应力、温度、腐蚀等极端条件使得燃气轮机叶片对材料提出了挑战，而其他部件，出现材料问题的概率相对较低。因此，为了解决问题起见，将讨论燃气轮机叶片的冶金学技术，对此问题的解决方法也适用于其他部件。

应力、温度和腐蚀的交互作用产生了一种十分复杂的机制，尚不能采用现有的技术进行预测。对于高性能、长寿命的透平叶片，所要求的材料特性包括蠕变极限、高断裂强度、腐蚀抗力、良好的疲劳强度、低热膨胀系数和高热传导率，以降低其热应变。透平叶片的失效机制主要与蠕变、腐蚀有关，其次与热疲劳有关。满足以上设计标准的透平叶片将确保燃气轮机的高性能、长寿命和最少的维护保养。

各种新材料与冷却方法的发展使得透平进口温度快速提高，从而进一步提高了燃气轮机效率。第一级叶片必须承受最严酷的温度、应力和环境的最严酷的交互作用，该级叶片通常也是机组的限制部件。图11-2给出了透平进口温度与叶片合金性能的趋势关系。

自1950年以来，透平叶片材料的温度能力已经提高了大约850℉（472℃），每年提高大约20℉（10℃）的速度提高。值得注意的是，透平进口温度每增加100℉（56℃），机组输出功率相应提高8%~13%，简单循环效率增加2%~4%，因此，提高温度的重要性显而易见。各种合金材料和加工工艺的进步，虽然昂贵且耗时，但极大地促进了机组比功的增加和效率的提高。在深入讨论这些材料之前，了解金属的一般特性非常重要。

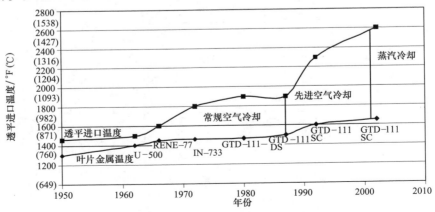

图 11-2　透平进口温度增加与叶片材料性能的改进

## 燃气轮机金属材料的特性

### ▶▶ 蠕变与断裂

不同金属的熔点差别很大，同时其强度在不同温度下也是不同的。在低温下，所有材料首先表现为弹性变形，然后是塑性变形，并且与时间无关。然而，在高温下，材料在恒定载荷作用下会发生变形，这种与高温、时间有关的性质被称作蠕变断裂。图 11-3 所示为典型的蠕变曲线图，显示了蠕变的不同阶段。第一部分的区域为初始应变或弹性应变，在应变速率降低后进入塑性应变区，然后保持一个基本不变的塑性应变速率，最后应变速率增加直至断裂。

这种蠕变的性质取决于材料、应力、温度以及环境。应用于透平叶片时，要求有限的蠕变（<1%）。铸造超级合金失效时只发生很小的伸长，甚至在极高的工作温度下也表现为脆性断裂。

通常使用拉氏-米勒（Larson-Miller）曲线来表示应力-断裂数据，该曲线以一个完整简洁的图表示了合金的使用性能，一方面可以广泛应用于描述合金在不同温度、寿命、应力范围条件下的应力-断裂特性，另一方面也可以用于比较各种合金的高温性能。

拉氏-米勒参数可以表示为

$$P_{LM} = T(20 + \log t) \times 10^{-3} \qquad (11\text{-}1)$$

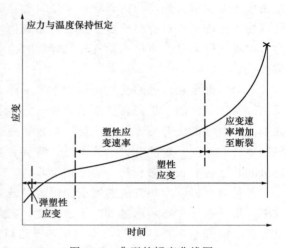

图 11-3　典型的蠕变曲线图

式中，$P_{LM}$ 为拉氏-米勒参数；$T$ 为温度（°R）；$t$ 为断裂时间（h）。

图 11-4 表示了几种不同透平叶片材料的拉氏-米勒参数。对不同合金的曲线进行比较，可以看出服役性能上的差异。合金的使用寿命（单位：h）可以在相同应力和温度条件下进

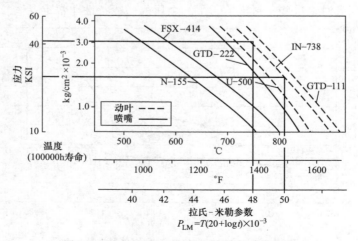

图 11-4　不同透平叶片材料的拉氏-米勒参数

行比较。

### ▶▶ 塑性与断裂

塑性一般通过轴向伸长和截面面积的减小来测量。在许多情况下并不出现图 11-3 中蠕变的全部三个阶段，在高温或者高应力条件下只能观察到非常小的原始蠕变，而对于铸造超级合金而言，断裂时只发生很少的延伸，这种延伸量则属于塑性。在时间-蠕变曲线上存在两个有意义的伸长，其中一个来自于塑性应变速率，另一个是总的伸长或断裂时的伸长。材料的塑性行为是不稳定的，甚至在实验室条件下也不总是可以重复的。金属的塑性往往受到晶粒尺寸、试样形状以及制造技术的影响。对于不同的合金，拉伸导致的断裂有两种类型：脆性断裂和韧性断裂。脆性断裂的发生表现为晶间断裂，很少或不产生延伸；而韧性断裂表现为穿晶断裂，是普通的塑性拉伸断裂特征。透平叶片合金在所工作的温度表现为低塑性，由于磨损和腐蚀萌生表面凹坑，随后裂纹快速扩展。

### ▶▶ 循环疲劳

所有的材料在一定的载荷作用下，在经受大量的循环周期后都会失效。透平叶片所承受的是一种被称作"高周疲劳"的很常见的失效形式，叶片在承受不稳定载荷重复作用的条件下会发生这种失效。假设给定叶片的谐振频率为 $10^3$ Hz，绝大部分材料在交变载荷作用下都会在大约 $10^7$ 次循环时失效。如果受到激发叶片共振频率的交变力作用，将意味着叶片材料在 $10^4$ s（大约 2.8h）内就会失效。这种形式失效的叶片后缘附近断裂表面会观察到 V 形断口形态。通常用材料的古德曼（Goodman）图来确定叶片在不同载荷时交变应力的大小，特别有助于确定材料或部件在受到叠加在平均应力上的交变应力作用时的有效性。图 11-5 所示为古德曼图，图中横轴为材料的平均应力极限强度[⊖]，单位为 lbf/in$^2$ 或 MPa；纵轴为交变应力，为拉伸强度的一半[⊖]或平均应力乘以修正系数或安全系数。

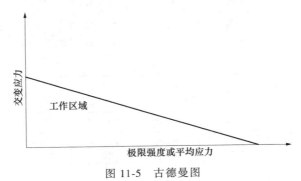

图 11-5　古德曼图

### ▶▶ 热疲劳

透平叶片的热疲劳是一种二次失效机制。在燃气轮机起动和停机时产生的温差将导致热应力，这种热应力的循环就是热疲劳。热疲劳属于低周疲劳，类似于蠕变断裂损伤。对热疲劳问题的分析基于传热以及材料的性质，例如弹性模量、热膨胀系数与热传导系数。

最重要的金属特性是塑性和韧性。高塑性材料具有更好的抵抗热疲劳的能力，也具有更

---

⊖ 这里应为纵轴数值为零时对应的拉伸强度。

⊖ 这里应为循环应力幅值的 1/2。

好的抵抗裂纹萌生与扩展的能力。

研究工作证明脆性材料可以成功地应用于所要求的高温结构。根据已有的研究，氮化硅和碳化硅就其成形加工和制造过程而言，是未来陶瓷发动机最可能选择的两种材料。这两种材料都表现出了合适的可加工性、期望的高温强度，具有特别的抵抗热疲劳的能力和可用性，并且容易制造，因此使得它们具有可能用于燃气轮机部件的前景。

燃气轮机在运行时产生低频热疲劳，运行时间内每小时的起动次数直接影响叶片寿命。表 11-1 表明，减少单位运行时间的起动次数有利于提高燃气轮机寿命。

**表 11-1　工业燃气轮机的运行寿命与维护**　　　　　　　　（单位：h）

| 应用场合与燃料 | 起动次数/h | 进口温度低于 927℃（1,700℉） | | | 进口温度高于 927℃（1,700℉） | | |
|---|---|---|---|---|---|---|---|
| | | 燃烧室火焰筒 | 第一级喷嘴 | 第一级动叶 | 燃烧室火焰筒 | 第一级喷嘴 | 第一级动叶 |
| 基本载荷 | | + | + | + | | | |
| 天然气 | 1/1,000 | 30,000 | 60,000 | 100,000 | 15,000 | 25,000 | 35,000 |
| 天然气 | 1/10 | 7,500 | 42,000 | 72,000 | 3,750 | 20,000 | 25,000 |
| 蒸馏油 | 1/1,000 | 22,000 | 45,000 | 72,000 | 11,250 | 22,000 | 30,000 |
| 蒸馏油 | 1/10 | 6,000 | 35,000 | 48,000 | 3,000 | 13,500 | 18,000 |
| 渣油 | 1/1,000 | 3,500 | 20,000 | 28,000 | 2,500 | 10,000 | 15,000 |
| 渣油 | 1/10 | | | | | | |
| 系统峰值 | | | | | | | |
| 正常短时与每天起动的标准最大载荷 | | | | | | | |
| 天然气 | 1/10 | 7,500 | 34,000 | 60,000 | 5,000 | 15,000 | 24,000 |
| 天然气 | 1/5 | 3,800 | 28,000 | 40,000 | 3,000 | 12,500 | 18,000 |
| 蒸馏油 | 1/10 | 6,000 | 27,200 | 53,500 | 4,000 | 12,500 | 19,000 |
| 蒸馏油 | 1/5 | 3,000 | 22,400 | 32,000 | 2,500 | 10,000 | 16,000 |
| 透平峰值 | | | | | | | |
| 高于点火温度 28～56℃（50～100℉） | | | | | | | |
| 天然气 | 1/5 | 2,000 | 12,000 | 20,000 | 2,000 | 12,500 | 18,000 |
| 天然气 | 1/1 | 400 | 9,000 | 15,000 | 400 | 10,000 | 15,000 |
| 蒸馏油 | 1/5 | 1,600 | 10,000 | 16,000 | 1,700 | 11,000 | 15,000 |
| 蒸馏油 | 1/1 | 400 | 7,300 | 12,000 | 400 | 8,500 | 12,000 |

#### ▶▶腐蚀

在实际的工程应用中，镍基超级合金叶片会产生材料性能的退化，这种退化是由侵蚀和腐蚀引起的。侵蚀产生于硬颗粒碰撞燃气轮机叶片使其表面材料剥落，这些硬颗粒可能是通过燃气轮机进口进入的，也可能是来自燃烧室内部松散的沉积物。

腐蚀是指热腐蚀和硫化过程。热腐蚀是由于 $Na_2SO_4$ 沉积引起的合金的加速氧化过程，氧化来自燃气轮机中盐的吸入以及燃料燃烧所产生的硫。硫化过程腐蚀也被认为是一种热腐蚀过程，其中的残余产物含碱性硫酸盐。腐蚀引起叶片材料的退化并使部件寿命降低。

热腐蚀是一种快速破坏的形式，通常与碱金属杂质如钠、钾有关，与燃料中的硫反应形成熔融硫酸盐。只要燃料或空气中出现百万分之一量级的这类杂质，就足以引起这种腐蚀。钠可以有几种引入方式，如液体燃料中的盐水，通过在盐水或其他杂质，区域附近的燃气轮机空气进口进入，或者作为水/蒸汽中的杂质喷射引入。除了碱金属钠、钾外，其他化学元素也可能影响或造成透平叶片的腐蚀。在这方面值得注意的是钒，它主要存在于原油和渣油中。

工业界已经确认，目前存在着两种截然不同的热腐蚀形式，它们分别是高温（1型）和低温（2型）热腐蚀，尽管这两种热腐蚀的最终结果是相同的。

自20世纪50年代以来，人们就已经了解了高温热腐蚀。当硫酸钠存在时，在$1,500 \sim 1,700\,℉$（$816 \sim 927\,℃$）条件下，会发生非常快速的氧化腐蚀。硫酸钠在燃烧过程中生成，是钠、硫和氧的反应产物，其中硫来自燃料中的炉边腐蚀。

在20世纪70年代中期，人们已经认识到低温热腐蚀导致腐蚀损伤的不同机制。如果条件适合，这种损伤非常危险。这种腐蚀在$1,100 \sim 1,400\,℉$（$593 \sim 760\,℃$）范围内发生，但需要有显著的$SO_2$分压。腐蚀物来自硫酸钠和一些合金成分（例如镍和钴）相结合形成的低熔点共晶化合物。事实上，这种腐蚀某种程度上类似于燃煤锅炉中发生的炉边腐蚀。

这两种热腐蚀引起的损伤形式不同。高温腐蚀的特点是晶间损伤、硫化物颗粒以及基体金属的剥蚀。当氧原子与金属原子结合形成氧化物时发生金属氧化，温度越高氧化过程越快。如果过多的基体材料被氧化，则部件失效的可能性更高。低温腐蚀只是一种层状腐蚀产物，既不显示剥离区，也不存在晶间损伤。

预防上述两种腐蚀的思路是类似的。首先，需要减少杂质；第二，尽可能使用耐腐蚀材料；第三，使用涂层提升透平叶片合金的耐腐蚀能力。

热腐蚀包括两种机制：

1. 加速氧化

起始阶段——叶片表面清洁

$Na_2SO_4 + Ni$（金属）$\rightarrow NiO$（多孔）

2. 高温剧烈氧化

存在Mo、W、V时发生高温剧烈氧化，首先NiO层减薄，然后氧化速度增加。

镍基合金的反应

保护性氧化膜

$$2Ni + O_2 \longrightarrow 2NiO$$

$$4Cr + 3O_2 \longrightarrow 2Cr_2O_3$$

硫酸盐

$$2Na + S + 2O_2 \longrightarrow Na_2SO_4$$

其中，Na源自NaCl（盐），S源自燃料。

其他氧化物

$$2Mo + 3O_2 \longrightarrow 2MoO_3$$

$$2W + 3O_2 \longrightarrow 2WO_3$$

$$4V + 5O_2 \longrightarrow 2V_2O_5$$

镍基合金表面暴露在具有氧化性的燃气中，首先氧化物成核，然后形成连续的氧化膜

（Ni）（$Cr_2O_3$ 等）。这种氧化膜是一种保护层。金属离子扩散至氧化膜表面与熔融 $Na_2SO_4$ 结合，破坏了保护层，形成 $Ni_2S$ 和 $Cr_2S_3$。其中的 $Na_2SO_4$ 来自 Na 盐和燃料中 S 元素的反应：

$$NaCl(海盐) \longrightarrow Na+Cl$$

$$2Na+S(燃料)+2O_2 \longrightarrow Na_2SO_4$$

Cl 离子进入晶粒边界，然后引起晶间腐蚀。

合金中镍和铬的含量决定了腐蚀的程度，当氧化膜变成多孔时将失去保护作用，加速氧化。

存在 $Na_2SO_4$ 和钼、钨或钒时会产生高温剧烈氧化。钒在原油中含量很高，在原油燃烧产物中 $V_2O_5$ 的质量分数达到或超过 65%。钒可以与金属化合，形成原电池：

$$MoO_3$$
$$WO_3 \quad\rangle\!\!\!-\!\!\!-\!\!\!- 阴极 - 阳极 -\!\!\!-\!\!\!\langle\quad Na_2SO_4$$
$$V_2O_5$$

原电池腐蚀破坏了保护性的氧化膜，增加了氧化速度。腐蚀问题包括：（1）侵蚀；（2）硫化；（3）晶间腐蚀；（4）热腐蚀。铬的质量分数为 20% 的合金可以提高抗氧化能力。

铬的质量分数为 16% 的合金（Inconel600）具有较低的抗氧化能力。合金中的铬会减少晶粒边界的氧化，而高镍合金则倾向于沿晶界氧化。经过时效硬化的铬的质量分数为 10%~20% 的透平叶片，在高于 1,400°F（760°C）时发生腐蚀（硫化），在晶界形成 $Ni_2S$。合金中添加钴有利于提高腐蚀发生的温度。为了减少腐蚀，可以提高材料中的铬含量，或者使用表面涂层（Al 或 Al+Cr）。

高镍合金有利于提高高温强度，而超过 20% 的铬的质量分数有利于提高耐腐蚀能力。尚未开发出满足应力、温度与腐蚀交互作用的最优合金。腐蚀速率直接与合金成分、应力水平以及腐蚀环境有关。腐蚀环境包含氯化盐、钒、硫化物以及颗粒物。其他燃烧产物，例如 $NO_x$、CO、$CO_2$ 对腐蚀也有影响。天然气、2 号柴油、石脑油、丁烷、丙烷、甲烷以及其他化石燃料等产生的不同燃烧产物，也将以不同的方式影响腐蚀机制。

## 燃气轮机材料

表 11-2 为燃气轮机中使用的新合金材料和常规合金材料的成分。表中给出了 GE 系列燃气轮机所使用的材料，这些材料虽然在合金成分上有一些变化，但是对所有牌号的高温透平都是通用的。在燃气轮机发展初期，提高透平叶片合金的高温性能是提高透平进口温度的主要手段，直到引入了空气冷却技术，这种技术减弱了透平进口温度与叶片金属温度之间的相互影响。另外，当金属温度接近 1,600°F（870°C）时，热腐蚀成为比强度更重要的叶片寿命限制因素，直到保护性涂层技术的引入，这个问题才得以解决。在 20 世纪 80 年代，研究重点转向了两个主要领域：一是改进材料技术，在不牺牲合金耐腐蚀能力的条件下使叶片合金性能更加优异；二是发展先进的、高度完善的空气冷却技术，以满足新一代燃气轮机对透平进口温度的要求。在 20 世纪 90 年代的中后期，在燃烧室中使用蒸汽冷却方式进一步提高了联合循环的综合效率。2002 年，蒸汽冷却技术也开始用于商业化运行机组的透平动叶和喷嘴中。

表 11-2　燃气轮机中使用的高温合金（引自 GE 能源系统）

| 部件 | 铬 | 镍 | 钴 | 铁 | 钨 | 钼 | 钛 | 铝 | 钶 | 钒 | 碳 | 硼 | 钽 |
|---|---|---|---|---|---|---|---|---|---|---|---|---|---|
| 透平动叶 | | | | | | | | | | | | | |
| U-500 | 18.5 | 其余 | 18.5 | — | — | 4 | 3 | 3 | — | — | 0.07 | 0.006 | — |
| RENE-77（U700） | 15 | 其余 | 17 | — | — | 5.3 | 3.35 | 4.25 | — | — | 0.07 | 0.02 | — |
| IN-738 | 16 | 其余 | 8.3 | 0.2 | 2.6 | 1.75 | 3.4 | 3.4 | 0.9 | — | 0.10 | 0.001 | 1.75 |
| GTD-111 | 14 | 其余 | 9.5 | — | 3.8 | 1.5 | 4.9 | 3.0 | — | — | 0.10 | 0.01 | 2.8 |
| 透平喷嘴(静叶) | | | | | | | | | | | | | |
| X40 | 25 | 10 | 其余 | | 8 | | | | | | 0.50 | 0.01 | |
| X45 | 25 | 10 | 其余 | 1 | 8 | | | | | | 0.25 | 0.01 | |
| FSX414 | 28 | 10 | 其余 | 1 | 7 | | | | | | 0.25 | 0.1 | |
| N155 | 21 | 20 | 20 | 其余 | 2.5 | 3 | | | | | 0.20 | | |
| GTD-222 | 22.5 | 其余 | 19 | — | 2.0 | 2.3 | 1.2 | 0.8 | — | | 0.10 | 0.008 | 1.00 |
| 燃烧室 | | | | | | | | | | | | | |
| SS309 | 23 | 13 | — | 其余 | | | | | | | 0.10 | | |
| HAST X | 22 | 其余 | 1.5 | 1.9 | 0.7 | 9 | | | | | 0.07 | 0.005 | |
| N-263 | 20 | 其余 | 20 | 0.4 | | 6 | 2.1 | 0.4 | | | 0.06 | | |
| HA-188 | 22 | 22 | 其余 | 1.5 | 14.0 | | | | | | 0.05 | 0.01 | |
| 透平叶轮 | | | | | | | | | | | | | |
| Alloy 718 | 19 | 其余 | — | 18.5 | — | 3.0 | 0.9 | 0.5 | 5.1 | — | 0.03 | | |
| Alloy 706 | 16 | 其余 | — | 37.0 | — | — | 1.8 | — | 2.9 | | 0.03 | | |
| 铬-钼-钒合金 | 1 | 0.5 | — | 其余 | — | 1.25 | — | — | — | 0.25 | 0.30 | | |
| A286 | 15 | 25 | — | 其余 | — | 1.2 | 2 | 0.3 | — | 0.25 | 0.08 | 0.006 | |
| M152 | 12 | 2.5 | — | 其余 | — | 1.7 | | | | 0.3 | 0.12 | | |
| 压气机叶片 | | | | | | | | | | | | | |
| AISI 403 | 12 | — | — | 其余 | — | — | | | | | 0.11 | | |
| AISI 403+钶 | 12 | — | — | 其余 | — | | | | 0.2 | | 0.15 | | |
| GTD-450 | 15.5 | 6.3 | — | 其余 | — | 0.8 | | | | | 0.03 | | |

　　IN-738 透平叶片在 20 世纪 70 年代已得到广泛的使用，它是工业界公认的一流耐腐蚀材料。到 20 世纪 80 年代中期，GE 研发了新型合金并取得专利，例如 GTD-111。与 IN-738 相比，GTD-111 相同持久断裂强度对应的温度提高了大约 35°F（20℃），低周疲劳强度也超过了 IN-738。

　　这种合金具有独特的设计，它使用相稳定性和其他预测技术来平衡关键元素（铬、钼、钴、铝、钨和钽）的含量，从而将 IN-738 的抗热腐蚀性能保持在较高的强度水平，而不会损害相稳定性。绝大部分透平喷嘴和动叶的叶片铸件都采用传统的等轴熔模铸造工艺制造，在这种工艺中，将熔融金属在真空条件下浇注到陶瓷铸型中，真空的作用在于防止超级合金中活泼元素与空气中氧和氮的反应。通过对金属和铸型热条件的适当控制，熔融金属从铸型表面向中心凝固，从而产生等轴晶结构。定向凝固（DS）技术也被应用于生产先进的工业透平喷嘴和动叶，这种技术首先用于飞机发动机的制造，在 20 世纪 90 年代早期，曾用于制造大型翼型。通过仔细控制温度梯度，在叶片中产生一个二维凝固前沿，通过沿叶高方向纵向移动二维凝固前沿使材料凝固，使得叶片具有定向晶粒结构，这种定向结构平行于部件的主轴方向，而不同于普通叶片那样存在横向的晶粒边界。横向晶粒边界的消除使得合金具有更高的蠕变抗力和断裂强度，晶粒结构的定向有利于改善轴向弹性模量，提高疲劳寿命。定向凝固透平叶片的使用大大提高了蠕变寿命，或者在固定寿命的条件下大大提高了许用应力，这些优越性来自消除了透平叶片显微结构中传统的薄弱环节,即横向晶粒边界。除蠕变寿命改善外,定向凝固叶片还具有超过等轴晶叶片 10 倍的应变疲劳或抗热疲劳能力,相比于等轴晶叶片,其冲击强度大约提高了 33%。

20 世纪 90 年代后期,燃气轮机引入了单晶叶片。单晶叶片由于晶粒边界的去除具有更好的蠕变和疲劳抗力。在单晶材料结构中没有晶粒边界,控制定向的单晶被制成翼型形状。晶粒边界的消失以及晶界强化成分的添加,使得合金熔点大大提高,从而使合金材料的高温强度相应提高。与等轴晶或定向凝固(结晶)结构相比,单晶的横向蠕变与疲劳强度提高,低周疲劳寿命提高大约 10%。

可以用持久强度比较叶片的寿命,持久强度是拉氏-米勒参数的函数,这个参数与时间、温度有关。拉氏-米勒参数是叶片金属温度与叶片在相应温度下作用时间的函数。图 11-4 给出了一些透平喷嘴与动叶合金材料的对比。拉氏-米勒参数是重要的设计参数之一,为了确保叶片使用时合金具有合适的使用性能,特别是长期服役寿命,必须满足这个参数。此外,还必须考虑到蠕变寿命、高周和低周疲劳、热疲劳、拉伸强度与塑性、冲击强度、耐热腐蚀和抗氧化性能力、可制造性、可喷涂性以及其他物理性能。

## ▶▶ 透平叶轮合金

### 718 合金——镍基合金

这种镍基沉淀硬化合金是为下一代重型燃气轮机开发的最新产品,该合金用于发动机涡轮叶片已有 20 多年。718 合金具有含量较高的合金元素,因此难以用作大型燃气轮机叶轮和隔板锻件所需的大尺寸铸锭。这项工作需要制造商与超级合金熔炼厂和大型锻件供应商之间的密切合作,以进行凝固和锻造流程研究,这些研究是实现大型叶轮用新材料的开发所必需的。这项开发工作已生产出有史以来最大的铸锭,并锻造成高质量的透平叶轮和隔板锻件。

### 706 合金——镍基合金

这种镍基沉淀硬化合金被 GE 用于制造大型燃气轮机机组的叶轮和隔板,例如 7FA、9FA、6FA 以及 9EC 系列机组。与其他叶轮合金相比,这种合金的持久强度和拉伸屈服强度明显提高,图 11-6 和图 11-7 所示分别为不同合金的持久强度和拉伸屈服强度。虽然 706 合金与 718 合金相似,但由于合金元素含量相对较低,因此相对来说,比较容易用于生产制造大型燃气轮机所需的大尺寸铸锭。

### Cr-Mo-V 合金

GE 公司的绝大部分单轴重型燃气轮机的叶轮和隔板使用 1% Cr-1.25% Mo-0.25% V 合金钢制造。这种合金在淬火回火(调质)后使用,以提高钻孔韧性。通过在零件的周缘设置附加质量块使淬火时冷却速率降低,从而控制燕尾区(周缘)的持久强度。图 11-6 给出了这种合金的持久强度。

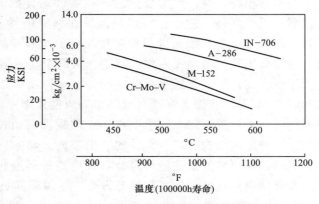

图 11-6　透平叶轮合金材料的持久强度

**12Cr 合金**

该系列合金的综合性能非常适用于制造透平的叶轮。这些性质包括高强度水平时所具有的优良塑性，整个厚度截面的均匀性以及温度达到 900℉（482℃）时仍具有良好的强度。

12Cr 系列合金的 M-152 合金，其 Ni 含量为 2%~3%，最初被用于代替 A-286 作为燃气透平中的升级材料使用。除了与其他 12Cr 合金相同的性质外，它具有特别优异的断裂韧性。M-152 合金具有适中的持久强度，介于 Cr-Mo-V 和 A-286 合金之间，如图 11-6 所示，但是其拉伸强度高于这两种合金。这些特点以及合适的膨胀系数、优良的断裂韧性，使得这种合金在燃气轮机中的应用极具吸引力。

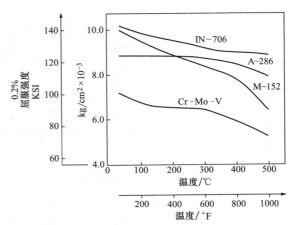

图 11-7　透平叶轮合金材料的拉伸屈服强度

**A-286 合金**

A-286 是一种奥氏体铁基合金，在飞机发动机上已使用多年。它在工业燃气轮机方面的应用大约始于 1965 年，当时技术的进步使得无瑕疵铸锭的尺寸能够做得足够大，可以用于叶轮的制造。

随着对 M-152 性能的深入认识，叶轮的材料从 A-286 换成了 M-152。目前，A-286 在透平中被用于组合式的低压轴。

# 压气机叶片

压气机叶片的制造是通过锻造、挤压或机加工完成的。到目前为止，所有的叶片产品都用 403 型或 403Cb 型（均为 12Cr）不锈钢材料制造。在 20 世纪 80 年代，一种新的压气机叶片材料 GTD-450（沉淀硬化马氏体不锈钢）被用于制造先进的和升级的压气机叶片，见表 11-2。这种材料在拉伸强度提高的同时，不会牺牲其耐应力腐蚀的能力。与 403 钢相比，这种材料的高周疲劳和腐蚀疲劳强度得到了很大的提高。铬和钼的高含量使这种材料具有优异的耐腐蚀能力。压气机叶片的腐蚀通常是由于机组吸入的水分和盐分引起的，强烈推荐对压气机叶片进行涂层处理。

# 锻件与无损检测

燃气轮机中其他转动部件，大多数是单独锻造的，包括压气机叶轮、隔板、垫片以及短轴。所有这些部件都由经过淬火加回火的低合金钢（Cr-Mo-V 或 Ni-Mo-V）制成，对于特殊部件，材料和热处理工艺还要进行优选。这样做的目的是达到强度、与塑性有关的韧性、加工工艺与无损评估能力之间的最佳平衡。需要特别注意的是某些部件可能要在 -60℉（-51℃）的低温条件下工作。

许多高压压气机的叶轮以类似于透平叶轮的方式旋转，为了保证试验效果并减小内孔残余应力，推荐对这些部件进行声波和磁粉探伤试验。特别在新型高压比的压气机中，这种高压压气机叶轮可能是透平叶轮之外的第二个关键旋转部件。

检查透平锻件的新型无损技术比过去所能采用的方法具有更高的灵敏度，这种新型超声检测技术被应用于所有的透平锻件，以确保这些高强度锻件具有更高的可靠性。

必须与供货商一起合作优化材料性能和锻件质量，继续努力改进锻件的现行工艺。在工艺过程改进中，继续强调对所有旋转部件进行无损检测，以提高锻件的质量。

▶▶陶瓷

人们期望燃气轮机可以工作在 2,500~3,000℉（1,371~1,649℃）时，只需目前发动机一半的体积就可以产生 2 倍的功率。这一天可能不再遥远，因为陶瓷和独特的冷却系统的使用，使得这个梦想可能变成现实。由于陶瓷的脆性、难以加工，并且不适合飞机发动机使用，致使陶瓷至今仍未被考虑。但是，在陶瓷中加入铝后所形成的复合材料具有更好的塑性。

从 1945 年以来，飞机发动机合金材料的极限使用温度以每年大约 20℉（11℃）的速率稳定提高。发散冷却与内部冷却使得金属叶片的工作温度更高，因此机组效率更高。但是效率和制造成本的直接相关性导致了超级合金利用的回报率降低。由于对超级合金部件冷却需要越来越多的冷却空气，使得发动机效率降低，相应的透平最佳进口温度在 2,300℉（1,260℃）左右。此外，它们对于汽车应用来说是不经济的。

应用无冷却耐温 2,500℉（1,371℃）陶瓷叶片可带来效率的提升，使得燃料的消耗相比 1,800℉（982℃）透平进口温度时减少 20% 以上。这意味着燃料消耗比空气消耗降低了50%，即对相同体积的发动机来说，功率几乎增加了 1 倍，或者反过来说（对于机车生产商可能更加重要），在保持同样功率输出时，发动机体积可以减小一半。

钠和钒这类杂质对陶瓷的影响相对比较小，这类杂质主要出现在低成本燃料中，对目前使用的镍基合金具有很强的腐蚀性。陶瓷与高温合金相比，重量要减轻 40% 以上，这是其应用的另一个优势。但是陶瓷最大的优势是材料成本，其成本仅是超级合金成本的 5% 左右。

尽管陶瓷具有如此多的优点，但是如果不能克服它的脆性，则其在燃气轮机中的使用将是不现实的。

# 涂层

叶片涂层源于航空工业中航空发动机的发展需要。重型燃气轮机中的金属温度低于航空发动机，但重型燃气轮机会由于更多杂质而受到热腐蚀的加速破坏。

叶片涂层用于保护叶片免于腐蚀、氧化并防止力学性能的退化。随着超级合金的组成日趋复杂，既要满足所要求的高强度，又要在不使用涂层的情况下满足耐腐蚀与抗氧化能力的需求，使得超级合金的研发变得越来越困难。因此，透平进口温度的不断提高增加了对涂层的要求。所有涂层的机理在于提供一种元素的表面富集，以形成充分保护性的附着氧化层，从而保护金属的基体材料免于氧化、腐蚀损伤以及性能退化。

试验表明，有涂层或无涂层的透平叶片的寿命很大程度上都与燃料和空气中的杂质量有关，同时也与叶片的工作温度有关。普通杂质钠在 1,600℉（871℃）时对叶片寿命的影响如图 11-8 所示。当硫酸钠（$Na_2SO_4$）出现时，热腐蚀大大加速。硫酸钠是燃烧产物，只要出现百万分之一级别的微量钠与硫，就足以引起严重的热腐蚀损伤。硫作为燃料中的天然杂质出现，钠既可以是燃料中的天然杂质，也可以由盐水或杂质区附近的大气中引入。

Pt-Al（铂-铝）涂层是一种贵金属膜，通过在叶片表面均匀电镀一层非常薄（0.00025in）的铂，然后通过固体扩散沉积一层铝和铬，最终形成的涂层具有非常耐腐蚀的铂-铝金属间化合物表层。从图 11-8 中可以看到有涂层与无涂层的 IN-738 叶片所进行的比较性腐蚀试验。在严酷的腐蚀条件下，在同一机组上两组叶片并排

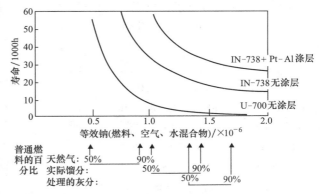

图 11-8 钠腐蚀对叶片寿命的影响

运行，在 11,300 次循环（289 次起动）后取出两个叶片进行中期评估。该机组燃烧含硫为 $3.5×10^{-8}$ 的酸性天然气，位于该场地附近的土壤中含有超过 3% 的硫。从无涂层叶片来看，超过 50% 叶型凹面的区域产生了 0.005in 的腐蚀损伤，叶型底面大约有 0.010in 的渗透。对有涂层的叶片进行检查，除了在前缘上一个小的粗糙点（从端壁向上约 1in）以及在凸面中部的第二个粗糙点（从叶尖向下约 1in）之外，没有发现任何可见的侵蚀痕迹。

其他区域的金相检查表明，两种叶片存在同样程度的腐蚀。有涂层叶片没有任何部位存在渗入基体金属的腐蚀，尽管在有涂层叶片的两个区域中原始 0.003in 的涂层中大约有 0.002in 已经氧化。

在这种非常严酷的环境中，无涂层 IN-738 叶片的试验表明，叶片寿命可以达到大约 25,000h。根据中期评估，涂层叶片的寿命应当额外增加 20,000h。

试验表明无涂层和有涂层叶片的寿命很大程度上都与燃料和空气中的杂质含量有关。图 11-8 所示为 1,600℉（871℃）时普通钠杂质对叶片寿命的影响。

通常，把杂质含量增加而造成损伤加速形成的情况称作热腐蚀。

热腐蚀与飞行条件下的纯氧化明显不同，因此重型燃气轮机的涂层与飞机发动机的涂层相比具有不同的效果。除了热腐蚀，在较高温度的燃气轮机中高温氧化和抵抗热疲劳的能力都是重要的准则，如图 11-9 所示。在目前的先进设备中，由于压气机的高压比使得冷却用空气的温度提高，导致氧化

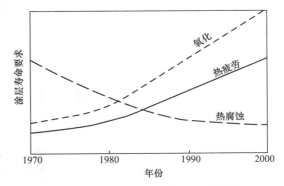

图 11-9 叶片的涂层要求与涂层发展

不仅仅发生在叶片的外表面，而且也发生在内通道（如冷却孔）。涂层的主要作用在于保护叶片抵抗氧化、腐蚀以及开裂等问题。涂层有利于阻止基体金属的损伤。涂层的其他益处包括可以减小周期运行引起的热疲劳、压气机涂层的表面光滑度和腐蚀以及考虑隔热层时的热

通量。与热障问题更相关的第二个问题是涂层容许损伤的能力，或许对这个问题也要加以考虑。这种损伤由轻微冲击引起，此时涂层脱落导致的金属温度的升高在可接受的范围。涂层还可在运行条件下对机组提供保护，延长机组寿命，并通过牺牲涂层来保护叶片，允许在相同的基体金属上将涂层剥离并再次涂层。

图 11-10 所示为涂层在过去几十年的发展情况（此图为 2010 年前的预测数据）。目前的涂层寿命比 10 年前延长了 10~20 倍，有涂层的叶片寿命是无涂层叶片的 2 倍多。图 11-11 所示为各种涂层的抗氧化、耐腐蚀和抗开裂能力的比较。为了改进抗氧化能力，有必要增加涂层基体外层区域的铝含量。高的铝含量有利于形成更多的保护性氧化铝层，从而大大改善其抗高温氧化的能力。

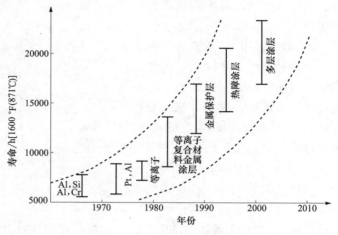

图 11-10　涂层技术的发展情况

涂层的寿命与其金属元素的成分、涂层厚度以及沉积的均匀性标准有关。绝大部分新型涂层采用了真空等离子喷涂技术，以确保涂层以均匀和可控的方式进行。涂层通过保护叶片免于氧化、腐蚀、开裂、热疲劳、温度偏离以及外来物损伤（FOD）等破坏，来帮助叶片延长寿命。在"清洁"燃料状态，主要考虑氧化问题，而腐蚀则在更高金属温度和使用不清洁燃料时产生。

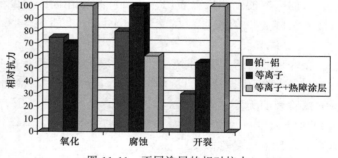

图 11-11　不同涂层的相对抗力

对于给定的负荷组合，涂层寿命取决于：

1. 涂层的组成：包括环境和力学性能，例如热疲劳。

2. 涂层的厚度：涂层越厚，提供保护性富集元素越多；但是涂层越厚，抵抗热疲劳的能力越低。

3. 沉积的标准：例如厚度均匀性或规定的厚度变化与涂层缺陷。

涂层通常有三种基本类型：热障涂层、扩散涂层和等离子喷涂涂层。涂层的进步对于在高温下确保叶片基体金属受到保护，是必不可少的。涂层保护叶片寿命得到延长，并且涂层在许多情况下作为牺牲层，可以实现剥离与重新涂层。一般类型的涂层与 10~15 年前相比没有太大区别，包括各种类型的扩散涂层，例如起源于约 40 年前的铝化物涂层，厚度在 25~75μm 范围内，这些涂层由 Ni/Co 大约为 30% 的 Al 组成。新型铝化物涂层含有铂（Pt），有利于提高抗氧化和耐腐蚀的能力。涂层中的铂增加了铝的活性，使得具有保护性、附着的 $Al_2O_3$ 更容易在表面形成。

一些在 30~35 年前研制的涂层，可以在较大的范围内对成分进行调整，以达到所需的使用性能。众所周知的如 MCrAlY 是 Ni/Co 基涂层，主要有以下三种常见类型：

1. Ni，18% Cr，12% Al，0.3% Y；

2. Co，29% Cr，3% Al，0.3% Y；

3. Co，25% Ni，20% Cr，8% Al，0.3% Y。

这些涂层厚度一般为 75~500μm，为了提高环境变化的抵抗能力，有时也加入其他微量元素，例如铂（Pt）、铪（Hf）、钽（Ta）或锆（Zr）。通过精心选择，这些涂层可以具有非常优良的使用性能。

热障涂层有一层厚度为 100~300μm 的 $ZrO_2$-$Y_2O_3$ 基础绝热层，可以降低 90~270℉（50~100℃）的金属表面温度。这种涂层可用于燃烧室火焰筒、过渡段、喷嘴导叶以及叶根。

值得注意的是，一些主要制造商对单一偏重于腐蚀防护的涂层的关注已经转移到既抗氧化又抗高温金属氧化的涂层。在所有先进的燃气轮机装置中，热障涂层被用于透平的前几级。由于压气机出口的高温造成内表面氧化，内涂层得到了越来越普遍地使用，其中绝大部分属于铝化物涂层。为防止浆料载体或者气相/化学气相沉积等涂层物进入内部，涂层材料的选择受到了限制，必须细心操作，以避免堵塞内部通道。在一些先进的燃气轮机中，使用高温技术来定位内部通道被堵塞的叶片，这些叶片工作时的金属温度比相邻叶片高 50~100℉（28~56℃）。

#### ▶▶持环涂层

新型高温燃气轮机的工作温度远高于之前的重型燃气轮机的工作温度，为了提供耐久的静子持环部件，在这种高温内持环表面使用了涂层。过去对持环涂层进行了研究，并在航空发动机中得到了广泛的应用。持环涂层提供了抗氧化的表面以及耐磨涂层，用于防止叶尖偶尔摩擦到静子持环带来的损伤。涂层还减少了叶片与持环之间的缝隙泄漏，从而减少了顶部损失。

#### ▶▶未来涂层

在过去的几年中，有关耐腐蚀能力更高的涂层材料的研究，已经成为深入研究与发展的一个领域，其研究目标是进一步改进高温叶片涂层的抗氧化能力和抗热疲劳能力。除了努力研制提高抵抗环境变化能力的涂层外，还在开发研究用于燃气轮机静子与转子燃气通道部件的先进热障涂层（TBCs）。通过细致的过程控制，可以使得这些热障涂层的结构具有更高的抗热疲劳能力，寿命更长。新型涂层的性能是在实验室进行最初评估，使用专门设计的各种旋转试验台确定涂层的耐腐蚀能力，以及腐蚀对力学性能的影响。

另一个研究领域是发展保证所应用的涂层均匀性技术。外部沉积源可以是电子束气相沉积、溅射、等离子喷涂、涂覆以及许多其他技术。用于外部涂层最有前途的是高速等离子技术，使用这个技术，涂层粉末通过等离子场可以被加速至声速的 3 倍，粉末冲击到工件上，使得涂层与工件之间的粘合力比传统亚声速等离子喷涂强得多。此外，使用高速等离子可以使涂层达到更高的密度。

已经有公司发明了用于涂层的"爆燃枪"并申请了专利。这个技术的原理是"爆燃枪"引爆氧化物、乙炔和所需的喷涂层材料的颗粒，并以超声速的速度喷向工件表面。由于工件本身保持在相当低的温度，因此其冶金特性不会改变。

# 参考文献

Bernstein, H. L., "High Temperature Coatings for Industrial Gas Turbine Users," *Proceedings of the 28th Turbomachinery Symposium*, Texas A&M University, p. 179, 1999.

Bernstien, H. L., "Materials Issues for Users of Gas Turbines," *Proceedings of the 27th Texas A&M Turbomachinery Symposium*, 1998.

Lavoie, R. and McMordie, B. G., "Measuring Surface Finish of Compressor Airfoils Protected by Environmentally Resistant Coatings," *30th Annual Aerospace/Airline Plating and Metal Finishing Forum*, April 1994.

McMordie, B. G., "Impact of Smooth Coatings on the Efficiency of Modern Turbomachinery," 2000 *Aerospace/Airline Plating & Metal Finishing Forum*, Cincinnati, Ohio, March 2000.

Schilke, P. W., "Advanced Gas Turbine Materials and Coatings," *39th GE Turbine State-of-theArt Technology Seminar*, NY, August 1996.

Warnes, B. M. and Hampson, L. M., "Extending the Service Life of Gas Turbine Hardware," *ASME* 2000-GT-559, 2000.

Wood, M. I., "Developments in Blade Coatings: Extending the Life of Blades? Reducing Lifetime Costs?" CCGT Generation, March 1999, IIR Ltd.

# 第12章

# 燃　　料

燃气轮机的主要优点之一在于其燃料灵活性，可使用的燃料包括从气体到固体的全部燃料。传统上的气体燃料包括天然气、过程气、低热值煤气和燃油蒸发气。"过程气"是一个广义的术语，指由工业过程中所产生的气体，包括炼油厂燃料气、发生炉煤气、焦炉煤气和高炉煤气等。天然气是首选燃料，因为它是可以延长机组寿命的清洁燃料，通常作为进行燃气轮机性能比较的标准燃料。

燃油蒸发气的性能同天然气非常接近，它能在部件寿命减少很小的情况下，获得很好的性能。已安装运行的燃气轮机中大约 40% 燃用液体燃料，液体燃料包括从易挥发的来自于煤油的轻质油到重质渣油，这些液体燃料的分级和它们的使用要求见表 12-1。

表 12-1　燃气轮机使用的液体燃料的比较

| 常用燃料种类 | 真馏分与轻质油 | 混合的重质馏分与低灰分原油 | 残渣与高灰分原油 |
|---|---|---|---|
| 燃料预热 | 否 | 是 | 是 |
| 燃料雾化 | 机械/低压空气 | 高压/低压空气 | 高压空气 |
| 燃料脱盐 | 否 | 一些 | 是 |
| 燃料抑制 | 通常没有 | 有限的 | 总是 |
| 透平洗涤 | 否 | 是，馏分除外 | 是 |
| 起动燃料 | 使用轻质油 | 某些燃料 | 总是 |
| 基本燃料成本 | 最高 | 中等 | 最低 |
| 特性描述 | 高品质，基本无灰 | 低灰分，有限杂质 | 低挥发性，高灰分 |
| 包含的燃料类型 | 真馏分(石脑油，煤油，2 号柴油，JP-4，JP-5) | 高品质原油 | 渣油和低品质原油 |
| ASTM 指定 | 1-GT，2-GT，3-GT | 3-GT | 4-GT |
| 透平进口温度 | 最高 | 中等 | 最低 |

轻质馏分作为燃料，相当于天然气，已安装的机组中有 90% 燃用轻质馏分或天然气燃料。在处理液体燃料时需特别注意避免污染，非常轻质的馏分如石脑油具有高挥发性，在燃料系统的设计中也需要特别关注。通常应用没有蒸发区域的浮动顶盖燃料储罐，这种储罐可以避免轻质馏分的挥发。重质馏分如 2 号蒸馏油可以考虑作为标准燃料，这类馏分燃料是良

好的燃气轮机燃料，但是在这种燃料中含有钒、钠、钾、铅、钙等微量元素，其中钒、钠元素的腐蚀性对燃气轮机的寿命是非常有害的，因此，在使用这类燃料前需要进行处理。

钒元素以金属化合物的形式存在于原油中，在分馏过程中最终进入重质燃料中。钠元素通常以盐的形式出现，来自含盐的油井、海洋运输过程和海洋环境下的雾气。燃料的处理成本昂贵，而且不能除去全部的有害元素，只要燃油参数已达到要求，就不再需要进行特殊处理。混合燃料是指为了改进性能而将蒸馏残余物与轻质馏分混合而形成的混合物，通过混合，降低了比重和黏度，已安装机组中大约1%燃用混合燃料。

最后一类燃料还包含高灰分原油和渣油，这些燃料占了动力燃料的5%。渣油是分馏过程的高灰分副产品，其价格低廉，因此得到了关注。但是，在使用这些燃料之前，必须要在燃料系统上增加特殊的设备。因为从输油管泵送来的原油可以直接燃烧，所以原油作为燃料也极具吸引力。表12-2列举了来自大量用户的数据，这些数据表明，通过选择服务和燃料种类，可以大大降低故障停机时间。同时，此表也表明到目前为止天然气是最好的燃料。不同燃料对燃气轮机输出功的影响如图12-1所示，从图12-1中可以看出，雾化燃油具有更高的输出功，当蒸汽与热燃气混合时会产生这种高输出功率，热燃气进入燃烧室的温度为371℃。此类燃料在燃气轮机中应用时，没有检测到腐蚀效应，因为蒸汽不允许在透平中凝结。

表 12-2　某工业燃气轮机的运行和维护寿命　（单位：h）

| 燃料和应用类型 | 起动次数/运行小时数 | 火焰温度低于1700℉（927℃）的寿命 | | | 火焰温度高于1700℉（927℃）的寿命 | | |
| --- | --- | --- | --- | --- | --- | --- | --- |
| | | 燃烧室火焰筒 | 第1级喷嘴 | 第1级叶片 | 燃烧室火焰筒 | 第1级喷嘴 | 第1级叶片 |
| 基本负荷 | | + | + | + | | | |
| 天然气 | 1/1,000 | 30,000 | 60,000 | 100,000 | 15,000 | 25,000 | 35,000 |
| 天然气 | 1/10 | 7,500 | 42,000 | 72,000 | 3,750 | 20,000 | 25,000 |
| 蒸馏油 | 1/1,000 | 22,000 | 45,000 | 72,000 | 11,250 | 22,000 | 30,000 |
| 蒸馏油 | 1/10 | 6,000 | 35,000 | 48,000 | 3,000 | 13,500 | 18.000 |
| 渣油 | 1/1,000 | 3,5000 | 20,000 | 28,000 | 2,500 | 10,000 | 15,000 |
| 渣油 | 1/10 | | | | | | |
| 系统峰值 | | | | | | | |
| 短时间和日常起动的正常最大负荷 | | | | | | | |
| 天然气 | 1/10 | 7,500 | 34,000 | 60,000 | 5,000 | 15,000 | 24,000 |
| 天然气 | 1/5 | 3,800 | 28,000 | 40,000 | 3,000 | 12,500 | 18,000 |
| 蒸馏油 | 1/10 | 6,000 | 27,200 | 53,500 | 4,000 | 12,500 | 19,000 |
| 蒸馏油 | 1/5 | 3,000 | 22,400 | 32,000 | 2,500 | 10,000 | 16,000 |
| 透平峰值 | | | | | | | |
| 28～56℃以上运行 | | | | | | | |
| 透平前温 | | | | | | | |
| 天然气 | 1/5 | 2,000 | 12,000 | 20,000 | 2,000 | 12,500 | 18,000 |
| 天然气 | 1/1 | 400 | 9,000 | 15,000 | 400 | 10,000 | 15,000 |
| 蒸馏油 | 1/5 | 16,000 | 10,000 | 16,000 | 1,700 | 11,000 | 15,000 |
| 蒸馏油 | 1/1 | 400 | 7,300 | 12,000 | 400 | 8,500 | 12,000 |

假定以天然气作为获得相同功率的基准燃料，使用柴油的燃气轮机将不得不在更高的温度下工作，在相同的工作温度下，使用低热值气体（400Btu/ft³，14,911kJ/m³）的燃气轮机将会产生更高的输出功，因为燃料量增加为原来的3倍，使流经透平的总质量流量增加。使用低热值气体的局限在于：它需要大约30%的空气用于燃烧，从而减少了用于冷却燃烧室内壁的空气流量，而天然气只用去了燃烧空气流量的10%。因此，低热值气体更适用于环形燃烧室，与环管形燃烧室相比，环形燃烧室具有更小的燃烧室内表面积。另外的一个问题是，在某些情况下，过大的流量会堵塞透平喷嘴。对用于联合循环的机组而言，存在一种趋势，即在部分负荷条件下通过调整进口导向叶片改变空气流量来保持燃烧温度不变。

目前，燃烧热值低于200Btu/ft³（7,456kJ/m³）的燃料的应用尚未获得成功。理论上，为了提供与天然气相同的能量，燃烧热值为150Btu/ft³（5,592kJ/m³）的低热值气体的体积为天然气体积的7倍，因此，提供相同能量的低热值气体的质量流量为天然气的8~10倍。低热值气体的可燃性很大程度上取决于混合物中所含的$CH_4$和其他惰性气体。从图12-2中可以看出：热值低于240Btu/ft³（8,947kJ/m³）的$CH_4$-$CO_2$的混合气体是易于燃烧的，热值低于150Btu/ft³（5,592kJ/m³）的$CH_4$-$N_2$混合气体不易燃烧，这表明混合物中所含的$CH_4$和其他惰性气体对可燃性有影响。热值在这些数值附近的低热值气体已严格规定了可燃性极限，燃油蒸发气是通过将过热蒸汽与燃油混合使燃油蒸发得到的，其性能和热值接近于天然气。

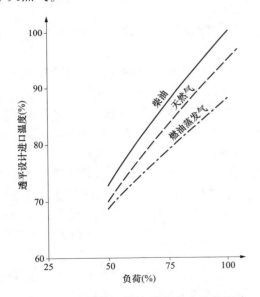

图 12-1　不同燃料对燃气轮机输出功的影响

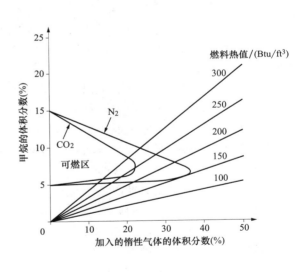

图 12-2　标准大气压条件下 $CH_4$-$N_2$ 和 $CH_4$-$CO_2$ 可燃混合物的不同热值

## 燃料规范

为确定使用何种燃料，必须考虑许多因素，目的是得到高效率、最短停机时间和总的经济效益。下面是一些对燃料的要求，这对设计燃烧系统和燃料处理装置是非常重要的。

1. 热值
2. 清洁性
3. 腐蚀性
4. 沉积和结垢倾向
5. 可用性

燃料的热值影响着燃料系统的总体尺寸。通常，燃料热值对气体燃料有着更重要的影响，因为液体燃料都来自于原油的馏分，热值变化范围小；另一方面，气体燃料的热值范围很广，可以从天然气的 $1,100Btu/ft^3$（$41,000kJ/m^3$）到过程气的 $11,184kJ/m^3$ 甚至更低。使用过程气时，燃料系统必然会变得很大，因为对于相同的温升，需要更多的气体燃料。

如果燃料本身"不洁净"或者在运输过程中可能混入杂质，则必须监测燃料的清洁性。杂质的特性取决于特定的燃料，这里定义的清洁性特指那些可以过滤出去的杂质微粒，而不是那些可溶解的杂质成分，这些杂质微粒会导致燃料系统的破坏或者产生结垢，并导致燃烧不良。

由燃料引起的腐蚀通常发生在机组的燃烧室或者透平叶片等热端部件中。腐蚀与燃料中某些重金属元素的含量有关，通过应用本章后面所讨论的具体处理方法，可以大大降低燃料的腐蚀性。

在燃料系统和燃气轮机的热端部件中可能发生沉积和结垢，沉积率取决于燃料所含特定成分的量，一些导致沉积的成分可以通过燃料处理来除去。

最后，必须考虑燃料的可用性。如果未来的储量不明，或者可以预见到该燃料的供给会产生季节性的变化，则必须考虑使用双燃料的能力。

燃料要求可以根据不同的燃料性质来确定，巧合的是，燃料热值的要求也是燃料的一种特性，这里无需进一步讨论。

清洁性是对燃料中的水、沉积物和固体微粒含量的度量。水和沉积物主要出现在液体燃料中，而固体微粒出现在气体燃料中。固体微粒和沉积物会导致燃料过滤器的阻塞，水会导致燃料系统的氧化和不完全燃烧。燃料可以通过过滤来净化。

碳残余量、倾点和黏度是与沉积和结垢相关的重要特性。碳残余量可以通过燃烧样本燃料并测定碳损失量得到。碳残余特性表示燃料在燃料喷嘴和燃烧室壁面沉积的趋势。倾点是燃料可以通过重力作用流动的最低温度。黏度与管道流动中的压力损失有关。燃料的倾点和黏度是衡量燃料系统结垢特性的重要参数。在一些情况下，必须对燃料系统和管线进行加热，以确保燃料的流动性。

液体燃料的灰分含量与燃料的清洁性、腐蚀性和沉积特性一样，对燃烧系统都是非常重要的。灰分是燃烧后留下的物质，灰分以两种形式出现：（1）作为固体颗粒相即所谓的沉积物；（2）作为油或水中溶解的金属元素。前面提到，沉积物含量表明了燃料的清洁性，燃料灰分中不同微量元素的含量影响着燃料的腐蚀性，某些高灰分燃料往往具有很强的腐蚀性。最后，沉积率与燃料的灰分含量直接相关，因为灰分是燃烧后所留下的成分。

使用排气回收系统的电厂中，硫的含量必须进行控制，如果硫在排气管中凝结就会发生腐蚀。在没有排气回收系统的电厂中不存在这种问题，因为管道中的温度会高于露点。但是，硫会在某些含有钠和钾等碱金属燃料的燃烧中促进热端部件的腐蚀。这种腐蚀就是硫化作用或热腐蚀，可以通过限制硫和碱金属的引入量来控制。气体中的杂质成分与气体种类有关，一般的杂质包括焦油、炭黑、焦炭、沙粒和润滑油。

表 12-3 总结了制造商为机组高效运行制定的液体燃料规范。水和沉积物的限制设定为体积分数小于 1%，以防止燃料系统的结垢和燃料过滤器的堵塞。燃料喷嘴处黏度极限值是 20cSt（$1cSt = 10^{-6}m^2/s$），以防止燃料管线的堵塞。此外，建议倾点应低于最低的环境温度 20℉（11℃），如果不满足这一要求，可以通过加热燃料管线来进行修正。碳渣占样本的重量应小于 1%。氢的含量与燃料的烟雾排放量相关，氢含量低的燃料排放的烟雾高于含氢量高的燃料。燃料中硫的标准是为了保护排气热回收系统不受腐蚀。

灰分分析受到特别关注，因为在灰分中含有导致腐蚀的某些微量元素，主要是指钒、钠、钾、铅和钙元素，尤其是前四个元素应受到严格限制，因为在高温下这些元素的存在会加强腐蚀作用；而且，所有这些元素都将会导致叶片表面的沉积。

钠和钾受到严格限制，因为它们会与硫在高温下反应，通过热腐蚀或硫化作用使金属腐蚀。到目前为止，人们并没有完全清楚热腐蚀机理，但可以确信，硫酸钠（$Na_2SO_4$）在叶片上的沉积会破坏或减少其表面起保护作用的氧化层。这种连续不断的腐蚀会消除氧化层，且当钒在叶片表面沉积时，叶片上就会发生氧化反应。幸运的是，并不总是存在铅，它主要来自含铅燃料或者某些提炼过程，目前，尚无对燃料中的铅进行特别处理。

**表 12-3　液体燃料规范**

| 水和沉积物 | | | 最大 1.0%（体积分数） |
|---|---|---|---|
| 黏度 | | | 燃料喷嘴处 20cSt |
| 倾点 | | | 低于最低环境温度 20℉（11℃） |
| 碳渣 | | | 基于 100%样本的 1%（质量分数） |
| 氢 | | | 最小 11%（质量分数） |
| 硫 | | | 最大 1%（质量分数） |
| **典型的灰分分析和规范** | | | |
| 金属 | 铅 | 钙 | 钾和钠 | 钒 |
| 单位最大值（×10⁻⁶） | 1 | 10 | 1 | 0.5 未处理 |
| | | | | 500 处理. |
| 石脑油 | 0～1 | 0～1 | 0～1 | 0～1 |
| 煤油 | 0～1 | 0～1 | 0～1 | 0～1 |
| 轻质挥发分 | 0～1 | 0～1 | 0～1 | 0～1 |
| 重质挥发分（真） | 0～1 | 0～1 | 0～1 | 0～1 |
| 重质挥发分（混合） | 0～1 | 0～5 | 0～20 | 0.1/80 |
| 渣油 | 0～1 | 0～20 | 0～100 | 5/400 |
| 原油 | 0～1 | 0～20 | 0～122 | 0.1/80 |

# 燃料特性

## ▶▶ 液体燃料

表 12-4 中给出了燃气轮机液体燃料的所有重要特性，闪点是挥发分开始燃烧的温度，是燃料能够安全处理的最高温度。

倾点是燃油既可以储存，又可以在重力作用下流动的最低温度。允许在加热的管线上使用高倾点燃料。燃料中的水分和沉积物会导致燃料系统结垢和燃料过滤器堵塞。

碳渣是燃料挥发后留下的含碳成分。可使用两种不同的碳渣测定方法，一种应用于轻质馏分油，另一种应用于重质燃料（重油）。对于轻质燃料，燃料中的 90%是可以蒸发的，留下的碳渣只占 10%。对于重质燃料，由于碳渣很多，可以使用 100% 的样本测定。这些测定对燃料系统中形成碳沉积的趋势给出了一个大致的近似。灰分中的金属化合物与燃料的腐蚀特性有关。

黏度是对流动阻力的度量，对燃料泵送系统的设计非常重要。

表 12-4　燃料特性

| 特性 | 柴油燃料 | | | | 高灰分原油重质残渣 | 典型的利比亚原油 | 船用蒸馏油 | 重质蒸馏油 | 低分灰原油 |
|---|---|---|---|---|---|---|---|---|---|
| | 煤油 | 2号 | 油2号 | JP-4 | | | | | |
| 闪点/℉ | 130/160 | 118-220 | 150/200 | <RT | 175/265 | | 186℉ | 198 | 50/200 |
| 倾点/℉ | −50 | −55～+10 | −10/30 | | 15/95 | 68 | 10℉ | | 15/110 |
| 黏度/cSt@ 100℉ | 1.4/2.2 | 2.48/2.67 | 2.0/4.0 | 0.79 | 100/1,800 | 7.3 | 6.11 | 6.20 | 2/100 |
| SSU | | 34.4 | | | | | 45.9 | | |
| 硫的质量分数（%） | 0.01/0.1 | 0.169/0.243 | 0.1/0.8 | 0.047 | 0.5/4 | 0.15 | 1.01 | 1.075 | 0.1/2.7 |
| API 比重指数 | | 38.1 | 35.0 | 53.2 | | | 30.5 | | |
| 比重@ 100℉ | 0.78/0.83 | 0.85 | 0.82/0.88 | 0.7543@60℉ | 0.92/1.05 | 0.84 | 0.874 | 0.8786 | 0.80/0.92 |
| 水和沉积物 | | 0 | | | | | 0.1%水 | | |
| 热值/（Btu/1b） | 19,300/19,700 | 18,330 | 19,000/19,600 | 18,700/18,820 | 18,300/18,900 | 18.250 | | 18,235 | 19,000/19,400 |
| 氢的质量分数（%） | 12.8/14.5 | 12.83 | 12/13.2 | 14.75 | 10/12.5 | | | 12.40 | 12/13.2 |
| 碳渣 | 0.01/0.1 | 0.104 | 0.03/0.3 | | 2/10 | | | | 0.3/3 |
| 灰分（×10⁻⁶） | 1/5 | 0.001 | 0/20 | | 100/1,000 | 36ppm | | | 20/200 |
| 钾和钠（×10⁻⁶） | 0/0.5 | | 0/1 | | 1/350 | 2.2/4.5 | | | |
| 钒 | 0/0.1 | | 0/0.1 | | 5/400 | 0/1 | | | |
| 铅 | 0/0.5 | | 0/5 | | 0/25 | | | | |
| 钙 | 0/1 | 0/2 | 0/2 | | 0/50 | | | | |

比重是燃料相对于水的重量，该特性在离心式燃料清洗系统的设计中很重要。硫含量对排放有重要影响，其重要性与灰分中的碱金属含量相关，硫与碱金属通过硫化过程发生反应，形成有腐蚀作用的成分。

发光度是燃料中作为热辐射释放的化学能量。

最后，燃料的挥发性与燃料的比重有关，大多数挥发性燃料容易蒸发，并在蒸馏过程中较早地分离出来。在这一过程中，重质馏分稍后分离，蒸馏之后留下的物质称为渣油，其灰分含量很高。

燃料中所含有的 $Na_2SO_4$ 和 Mo（钼）、W（钨）和/或 V（钒）会使燃气轮机各相关部件发生严重氧化。原油中 V（钒）含量高，灰分中 $V_2O_5$ 的质量分数达到 65% 或者更高。腐蚀速率与温度有关，在 1,500℉（815℃）或者更高的温度下，硫化导致的腐蚀会迅速发生。在较低温度的富钒燃料中，由于受到 $V_2O_5$ 的催化作用，氧化作用超过了硫化作用。温度对由钠和钒所造成的 IN-718 合金（含铌、钼的沉淀硬化型镍铬铁合金）腐蚀的影响如图 12-3 所示。通常认为，腐蚀的温度阈值在 1,100~1,200℉（593~649℃）范围内，从机组的效率和输出功率来看，该温度范围不是实际可行的透平进口温度。图 12-4 给出了钠、钾和钒对装置寿命的影响，在通常的燃烧温度下，假定应用无杂质燃料的正常寿命为 100%，在图中给出了相应于其正常寿命 100%、50%、20% 和 10% 的容许极限。

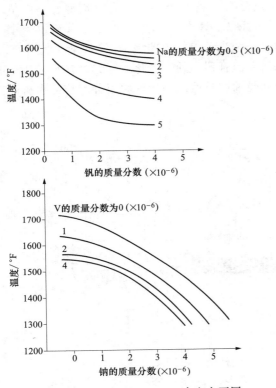

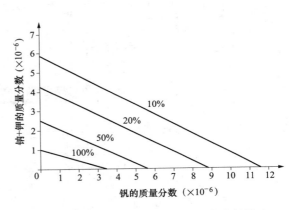

图 12-3　钒和钠对 IN-718 合金在不同　　　　图 12-4　钠、钾和钒对装置燃烧室寿命的影响
　　　　　温度下腐蚀的影响

## 液体燃料的处理与加工

在大多数情况下，液体燃料需要进行特殊的处理，如前所述，液体燃料必须除去钠和钒。对于低品质的液体燃料，目前已经发展了一种防止腐蚀的燃料处理方法。钒、钾和钙的化合物通常以盐的形式出现于燃料中，这些成分来自于含盐的油井及海洋运输过程，或者由压气机在海洋环境下以雾状形式吸入。移除盐分并降低钒、钾和钙的方法依赖于这些组分的水溶性，通过它们的水溶性移除这些组分被称作燃料的清洗。减少原油中降低钠元素含量的先决条件是原油必须是可清洗的。可清洗燃料的定义如下：

- 燃料油中不含有非化合物形式的钠元素。
- 燃料油不形成任何形式的不能被系统清除的乳液，并且还允许大量的水可以分离出去。

要在燃料的净化过程中防止乳液的形成并有助于分离过程，需要向燃料中加入一种燃油反乳化剂。"反乳化剂"是一种用于阻止水颗粒与油之间乳化以提高分离效率的化学试剂，根据钠和水的含量及燃料的黏度，将试剂以 $(100\sim200)\times10^{-6}$ 的浓度（指质量分数）喷入。

当离心分离后燃料中游离水的量很少或盐浓度很高时，有必要进行注水。如果没有足够的游离水，则无法通过离心分离移除水溶金属。通过注入最高不超过 $5.3ft^3/h$（$0.15m^3/h$）的水，应用离心分离法可以将水溶性的微量金属元素含量降低到可接受的水平。

燃料清洗方法分为四种：离心式、直流电（DC）方式、交流电（AC）方式和混合方式。离心式燃料净化过程包括将 $5\%\sim10\%$（指质量分数）的水与油和反乳化剂混合，以帮助分离水和油。图 12-5 所示为一个典型的燃料处理系统，未处理的燃油由离心泵通过一个过滤器吸入，并将燃料中较大的固体去除。燃油由一个流动控制阀控制，该控制阀响应来自待处理的原油储罐中的信号。反乳化剂通过静态管路混合器中的一个化学计量泵在平板热交换器之前连续地注入油中，反乳化剂的加入可中和燃油中自然出现的乳化组分并帮助水从油中分离出来。

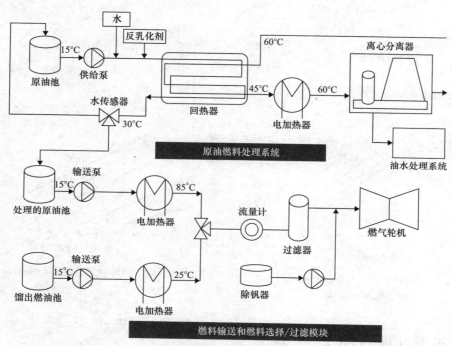

图 12-5　典型的燃料处理系统

通常的处理温度为 $130\sim140°F$（$55\sim60°C$），燃油通过多个不同的阶段达到该温度。首先，待净化的燃油通过平板热交换器被即将离开处理流程的高温纯净燃油预热，然后再由电加热器加热。当温度达到设定的处理温度时，未处理的原油向前进入包括离心分离器的分离模块中。在分离模块中，未处理的原油通过截止阀连续供入并进入分离筒中，原油中所有的水和固体颗粒都通过离心力的作用从油中分离出来。

净化后的原油和分离出的水不断地由它们各自的出口排出，固体颗粒聚集在分离筒周边，当固体颗粒的聚集达到某一程度时会定时去除，否则会影响分离过程。整个过程由控制面板的按钮触发或由自动控制程序设置一定的执行周期自动完成。

离心分离器移除的水和杂质在排污罐中收集并由泵输送到一个中心储存池中。

净化油的排出管道上有一个油水监测器，用于检查离开离心分离器的油的品质。如果与设定值有偏差，则会报警。该系统通常由一个传感器和一个监测单元构成，用于精确测定油中水的含量。

处理过的燃料（原油）被储存在一个燃料日罐中并维持在 170℉（77℃）以下的预定温度，燃料油在燃气轮机控制系统的控制下被泵送到燃气轮机的燃料阀。

处理过的燃料含有一些油溶性金属，尤其是钒，如果不处理会对燃气轮机的热端部件产生危害。处理过的燃料需要以一定的比例喷入 10%（指质量分数）的硫酸镁（$MgSO_4$），并在燃料阀的上游完全混合进行进一步的处理以抑制钒。$MgSO_4$ 通过可调的计量泵，在静态管线混合器之前进入净化处理后的燃料管线中。

燃料洗涤后产生的杂质（包含固体、含盐喷射洗涤水和一些油）在重力的作用下流入一个专用排污池被收集起来，以便通过油水分离器进行进一步的处理。杂质通过泵由排污池进入油水分离器后，在其中分离并收集进入储存筒中。收集到的燃油重新由泵送回原油储罐中，油中的游离废水通过重力由油水分离器流入电厂的废水处理系统后排掉。在排污池中和油水分离器中的固体杂质可以通过人工进行移除。

游离水必须由原油储存池自动沉淀并在重力作用下流入废水池（或其他地方），并通过泵由废水池送入油水分离器中移除微量金属元素，在排出之前需满足当地的废水排放标准。

燃料中的化学元素必须通过采样进行连续监测，以确保对燃气轮机不产生危害。采样样本应该由每一个储油罐定期获取并通过测试来确定微量金属、盐和其他化学活性成分的含量。可以使用原子光谱仪来处理样本并确定燃料中的金属含量和去除化学成分的有效性。

使用重质燃料的燃气轮机，通常在起/停时使用 2 号燃料油（LFO）来防止停机时重质燃料在燃料喷嘴中结焦，且在引入处理过的燃料油之前，燃料分配管路要达到运行温度以上。某些时候一些轻质原油，例如沙特的原油也可以成功地进行起/停，但是，更多的时候推荐使用柴油进行起动。通常，燃气轮机在起动和停机阶段需要以 LFO 燃油运行近 30min。图 12-5 中所示的阀门需要根据燃气轮机控制的要求对这些输送燃料进行处理。阀门位置位于燃气轮机的燃料进口法兰附近，并含有紧急关闭阀、燃料管理设备、控制传感器和双燃料过滤器。该双燃料过滤器位于燃气轮机底撬上的最终燃料过滤器的上游，其作用是保证燃料中没有外来的颗粒影响燃气轮机燃烧系统的运行。

用于燃气轮机起/停的柴油（LFO）通常根据需要从 LFO 储存罐泵送到阀门，如果对柴油燃料中的含盐水分不确定，则需进行处理，在将其供给燃气轮机前先送入离心分离器中去除，对钒的处理同样如此。燃气轮机的控制系统将决定燃料向燃气轮机的供应并选择阀门的合适位置。原油的处理装置由其自身的离心控制台来控制、监测和检验，该控制台与燃气轮机的控制系统相连。

如果重质燃料的比重在 0.96 以上或者黏度超过 3,500SSU@100℉（37.8℃），则无法采用离心分离方法。燃油的比重增加了，水的比重由于溶解了含盐成分也增加了。燃油的比重可以通过燃油混合来降低，图 12-6 表明这种关系是线性的。混合物的比重是其各成分的平均值，但是黏度混合呈一种对数关系，如图 12-7 所示。为了将黏度从 10,000 SSU 降低到 3,000SSU，此时黏度的降低仅需要掺入 10% 的低黏度油进行稀释即可。离心过程的另一个优点就是可以除去导致燃料系统堵塞的残渣和杂质颗粒。

静电分离器的工作原理类似于离心分离。首先，将盐分溶解在水中，然后，将水分离出去。静电分离器利用电场聚合水滴，以增加直径和相关沉积率。直流（DC）分离器对低传导率的轻质燃料是非常有效的，而交流（AC）分离器则应用于较重的高导电性燃料。考虑到安全性（无旋转机械）和维护性（几乎不需要检修），静电分离器是非常有吸引力的，但是残渣的去除比较困难。表 12-5 对燃料清洗系统进行了概括。

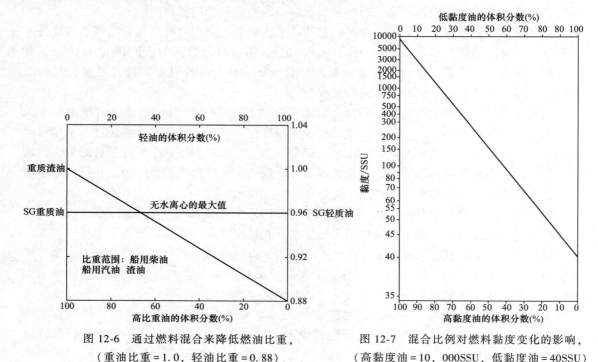

图 12-6　通过燃料混合来降低燃油比重，（重油比重＝1.0，轻油比重＝0.88）

图 12-7　混合比例对燃料黏度变化的影响，（高黏度油＝10，000SSU，低黏度油＝40SSU）

表 12-5　燃料清洗系统的选择

| 燃　　料 | 清　洗　系　统 |
| --- | --- |
| 蒸馏油 | 离心或直流静电脱盐器 |
| 重质蒸馏油 | 离心或交流静电脱盐器 |
| 轻质-中质原油 | 离心或交流静电脱盐器 |
| 轻质渣油 | 离心或交流静电脱盐器 |
| 重质原油 | 离心脱盐器和混合系统 |
| 重质渣油 | 离心脱盐器和混合系统 |

　　钒来自于原油中的金属化合物，并通过蒸馏过程的浓缩残留在重油中，当液态钒沉积在叶片上时，会作为催化剂使叶片发生氧化作用。钒化合物是油溶性的，因而不受燃料清洗的影响。无添加剂时，钒形成低熔点化合物，并以溶渣状态沉积在叶片上，快速腐蚀叶片。但是，通过添加合适的成分（如镁），可以有效地增加钒酸盐的熔点，以防止它们在工作条件下处于液态，从而可避免残渣在叶片上的沉积。钙，起初被选作抑制剂，试验表明它在 1，750℉（954℃）时更为有效，随后的试验表明镁在 1，650℉（899℃）或低于该温度的条件下具有更好的保护作用。但是，在 1，750℉（954℃）或高于该温度的条件下，镁不再起抑制作用，而是会加速腐蚀，镁可以比钙抑制剂生成更易碎的沉积物。当温度在 1，400～1，550℉（760～843℃）范围内时，镁/钒比为 3：1 的抑制剂将会使腐蚀作用降低到原来的 1/6。

选择用于抑制剂的特定镁化合物取决于燃料特性。在钒质量分数较低时（低于 $50 \times 10^{-6}$），可以按比例加入油溶性化合物（如磺酸镁）；但在质量分数超过 $50 \times 10^{-6}$ 时，油溶性抑制剂因成本增加较多而不再适用。

钒含量较高时，使用硫酸镁和氧化镁作为抑制剂，两种抑制剂的材料成本大致相同，但硫酸镁已被证实可用于实际生产，而氧化镁仍处于研究阶段。到目前为止，硫酸镁需要的成本最大，因为它需要先被溶解，然后调整到已知的含量，并与燃油及乳化剂混合，形成一种乳状液并悬浮在燃料中。有两种不同的注入方法：一种方法是在燃烧室之前的扩散混合器中与含已脱盐燃料的溶液混合，通常要求在混合后的 1min 内含抑制剂的燃油迅速燃烧，因为这种溶液有产生沉淀的趋势；另一种方法是将溶液在油箱前加入到燃料中，为了避免溶液产生沉淀，油箱采用分配头重新循环。因为在实际应用中的镁钒比为 $(3.25 \pm 0.25) : 1$，因而如果在燃烧前可以保证加油箱符合规范，则第二种方法是一种标准的注入方法。为了对燃油中钒的氧化作用进行抑制，需要对燃油杂质有深入了解。

另一种燃料清洗的方法是采用蒸发燃油（VFO）系统。这种技术是由天然气燃料转化成为液体燃料的方法发展而来的，其过程包括将蒸汽与液体燃料混合，然后使混合物蒸发，蒸发后的混合物具有与天然气相同的燃烧特性。

VFO 在燃气轮机中工作良好。在一个为期 9 个月的试验项目中，通过燃烧试验模块对 VFO 的燃烧特性进行了研究；同时一台燃气轮机整机也使用 VFO 运行。这些试验用来研究 VFO 的燃烧特性、VFO 的侵蚀和腐蚀影响，以及燃用 VFO 的燃气轮机的运行情况。燃烧测试在燃烧试验模块上进行，该试验模块由一个 GE F5 燃烧室及其火焰筒构成；燃气轮机测试在一台 Ford 707 型工业燃气轮机上进行，燃烧模块和燃气轮机都用于侵蚀和腐蚀影响的评估。燃烧测试表明，VFO 可以匹配天然气的火焰模式、温度分布、火焰颜色等；燃气轮机的运行试验表明在使用 VFO 时燃气轮机不仅能够很好地运行，而且其性能还得到了提高。在给定输出功率的条件下，使用 VFO 的透平进口温度低于使用天然气或柴油时的透平进口温度，这是因为在蒸发过程中对燃油加入了蒸汽，从而增加了排气质量流量，在这些试验之后，还对组成燃烧模块和燃气轮机以及与蒸发燃油气和燃气接触的材料进行了详细的检查，结果表明，对于装置中的任何部件，使用 VFO 不会产生任何有害的影响。

VFO 技术提供了一种将天然气系统转换为应用液体燃料而无需新的燃料管线、喷嘴和控制系统的途径，而且 VFO 还提供了一种处理含杂质燃料的方法。VFO 仅仅蒸发了液体燃料的一部分，杂质仍停留在残余的液体燃料中，而残余的液体燃料可以作为燃料或其他过程的原料加以利用。已经发现，如果 90% 的燃料被蒸发，则残余的 10% 提供了蒸发所需的热量。蒸发液体燃料所需要的热量在燃气轮机中得到了回收，因为这部分热量加入了燃烧室中，因此，该过程是非常高效的，仅损失了由蒸发器排气管排出的加热气体所带走的能量。

VFO 装置的总成本低于传统的液体燃料处理设备。美国能源部进行了一项调查表明，一套液体燃料处理系统在 20 年周期内的运行成本近似为 0.5 美元/MMBtu。该成本包括了初始的资本投资、维护和运行成本，输出功为 800MMBtu/h（60MW 燃气轮机所必需的）的 VFO 装置的初始成本近似为 1,150 美元/（MMBtu/h）（总共 920,000 美元）。VFO 的运行成本非常低，因为仅需要电能来驱动几个小型泵，蒸发燃油所需的能量来自于燃烧未蒸发燃油。运行 VFO 系统的所有额外成本来自于维护，可以通过选择合适的装置部件将维护费用降至最低。

## 重质燃料

即使在温暖的环境温度下，重油残余物的高黏度也可能需要燃料预热或混合。

使用重质燃料（重油）时，必须考虑环境温度和燃料种类。如果机组计划在极为寒冷的地区运行，则重质馏分会变得非常黏稠。燃料系统要求在燃料喷嘴处将黏度限制在 20cSt。

重质燃料燃气轮机的起动和停机使用蒸发的轻质油，当出现异常停机时通常会出现问题。此时，燃气轮机在重油运行状态下停机，因此没有机会用轻质油来清洁来燃料供应系统，燃料供应系统的重油将凝固并堵塞燃料系统。在大多数情况下，出现这种问题时需要对燃料系统进行全部的拆除来清除固化的燃料。

燃料系统的结垢与燃料中水和沉积物的含量有关。燃料清洗的副产物就是燃料除渣。清洗去除了燃料中那些导致燃料系统的堵塞、沉积和腐蚀的有害成分。处理的最后一步是在进入透平前进行过滤。清洗后燃料中的底渣和水的含量应少于 0.25%。

燃气轮机中液体燃料的燃烧需要空气雾化系统，当液体燃料喷入燃烧室时，会在离开燃料喷嘴后形成大的液滴。但是，在燃烧室中的大液滴不能完全燃烧，许多液滴以这种状态离开排气管道。为了改善这一状况，可使用低压雾化空气系统提供雾化空气，并通过燃料喷嘴中的辅助孔直接冲击每一束从喷嘴喷出的燃料射流，这股雾化空气将燃料破碎成薄雾，使得点火和燃烧效率显著提高，并减少了排向大气中的燃烧颗粒。因此，有必要在点火到加速，甚至整个燃气轮机运行阶段都使用空气雾化系统。

空气雾化系统需要在燃料喷嘴的空气雾化室中提供足够的压力来维持一定的雾化压比，以在机组整个运行范围内，使得雾化空气与压气机出口的压比近似为 1.4 或更大。

在大多数情况下，雾化空气取自燃气轮机的压气机排气，然后送入一个管壁式热交换器，在最小的压降下进行冷却。燃气轮机的排气参数取决于燃气轮机压气机的压比。通常，抽取的空气压力约为 150~300lbf/in$^2$（10~20bar），温度约为 750~950℉（400~480℃）。取自燃气轮机的空气在管壳式冷却器中被冷却到约 250℉（120℃），以使压缩气体需要的功显著降低。用于压缩抽取空气的压气机通常是离心式压气机，与燃气轮机机组的辅助齿轮箱或单独的电动机连接。该压气机通常以 40,000~60,000r/min 的高转速运行。压气机压缩的空气通常为燃料流量的 120%~150%，压比约为 1.4~1.7，具体数值取决于液体燃料的黏度。由于由辅助齿轮驱动的压气机在点火阶段转速低，因此在点火和暖机阶段以及部分加速阶段，需要起动雾化空气压气机来提供类似的压比。

空气雾化系统主要组件包括：主雾化空气压气机、起动雾化空气压气机和雾化空气热交换器，图 12-8 所示为液体燃料系统中的空气雾化系统。空气自燃气轮机的压气机抽取，由雾化空气抽取管道经过空气-水预冷器，以降低空气的温度，并在雾化空气压气机进口保持均匀的温度以减少压缩耗功。如果进入到主雾化空气压气机的雾化空气温度过高，则建议发出报警，此时的温度控制不当可能是由于传感器故障、预冷器或冷却水流量不足所引起的。系统不允许在 285℉（140℃）以上长时间连续运行，因为这样会使主雾化空气压气机不足以提供足够的雾化空气来维持正常的燃烧。

压气机抽取的空气在清洁和冷却后进入主雾化空气压气机，这是一个单级的离心式压气

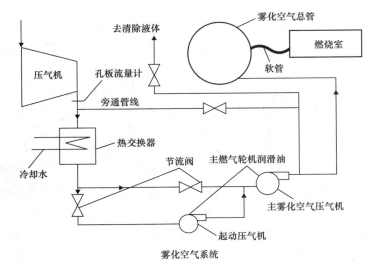

图 12-8　液体燃料系统中的雾化空气系统

机，包含安装于齿轮轴上的单个叶轮。当燃气轮机以 70% 的转速运行时，主压气机就足以产生燃烧所需的充足的雾化空气。

压气机附近的旁路上安装的压差转换开关可对空气的压力进行监测，如果压气机的增压不足以进行良好的燃料雾化时，系统会发出示警。

被用作雾化燃料的空气，在离开压气机后通过管道进到雾化空气总管，管道上有"尾纤"管，其作用是向各燃料喷嘴分配相等压力的雾化空气。

当燃气轮机开始点火后，辅助齿轮未全速旋转，主雾化空气压气机不能输出足够的空气进行雾化。在该阶段，由电动机带动的起动雾化空气压气机运行，以提供必需的雾化空气。起动雾化空气压气机此时具有较高的压比，而主雾化空气压气机的压比低。主雾化空气压气机的压比随着燃气轮机转速的提高而提高，在接近 70% 转速时，主雾化空气达到起动雾化空气压气机的最大通流能力。通向主压气机的空气输入管线的止回阀开始打开，允许空气由主空气管线和起动空气压气机同时向主压气机供气。起动雾化空气压气机的压比降低到 1，当燃气轮机机组转速达到自持时，起动压气机在接近 95% 转速时关闭。此时，进入到主压气机的所有空气都直接来自于通过止回阀经过预冷器的空气，起动空气压气机的空气完全被旁通掉。

当对燃气轮机的压气机和透平段进行水洗时，一定要保证雾化空气系统不与水接触。为了使水不进入雾化空气系统，系统的进口和出口应该配有排气阀、排水阀和隔离阀。排气阀用于防止完全节流或者隔离压气机，排水阀防止水经过隔离阀后的缝隙进入系统。

在燃气轮机的正常运行过程中，必须关闭排气阀和排水阀，并且必须打开隔离阀。在开始水洗前，必须关闭隔离阀以将水与雾化空气系统隔离，并且必须打开排气阀以允许空气通过雾化空气压气机。

运行完全节流或减压的雾化空气压气机可能会导致压气机的过热或毁坏。

在水洗结束时，打开低位排水阀来排出雾化空气管道的污水。当水由管道排掉时，必须关闭排水阀和排气阀。

雾化空气压气机运行时如管道中有水，将导致压气机毁坏。

通常，燃烧系统设计要求无可见烟雾和无碳沉积。烟雾是环境关注的主要问题之一。燃料中过量的碳降低了燃料喷雾质量，并导致了火焰筒较高的壁温，这是因为与环境中的气体相比，碳颗粒的存在增强了辐射作用。烟雾和碳颗粒特性与燃料相关。氢饱和度影响了烟雾和游离碳，氢饱和度最小的燃料如苯（$C_6H_6$）倾向于生成烟雾；较好的燃料如甲烷（$CH_4$）是饱和的碳氢化合物，这种影响如图12-9所示。沸点是相对分子质量的函数，较重的分子倾

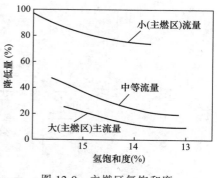

图 12-9　主燃区氢饱和度
对燃烧烟雾的影响

向于在较高的温度下沸腾，由于低饱和度的分子会更重（分子量更高），根据已有的实践，可以预期残渣油和重质蒸发油更容易产生烟雾。GE 公司在它的 LM2500 燃气轮机上采用的解决方案是增加流量和燃料喷嘴周围区域的旋流。增加流量有助于避免产生富燃的小区域并促进良好的混合，应用轴向旋流器可以实现无烟条件并降低壁面温度，GE 公司设计的环形燃烧室如图 12-10 所示。

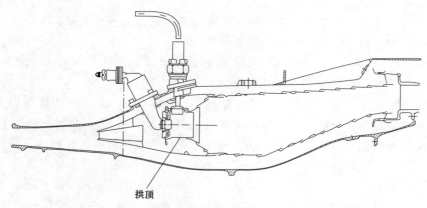

拱顶

图 12-10　典型环形燃烧室的截面图 （GE 公司提供）

必须对燃烧室壁面进行特别考虑。低品质的燃料会将更多的能量以热辐射的形式释放能量，这种能量释放与大直径的单管燃烧室和碳沉积形式相互作用，会带来燃烧室内壁的过热问题。对此制造商建议燃烧室火焰筒使用金属瓦，这些金属瓦嵌在燃烧室内壁上，其背面有小节距的翅片，这些翅片通过连接火焰管壁和陶瓷片之间的缝隙形成了双层壁面结构，在其构成的环形空间中加入空气，从而提供了强烈的冷却作用。

## 气体燃料的处理和加工

天然气是燃气轮机理想的燃料，但是这种气体燃料必须是清洁和干燥的，尤其对先进的燃气轮机更是如此。这种强调十分必要，因为干式低 $NO_x$ 排放的燃烧室对进入的任何液体携带物都非常敏感，可能会因回火问题遭受破坏。基于此，需要对气体燃料进行清洁和加

热，以保证气体燃料满足燃气轮机原始设备制造商的要求。为了防止对燃料中任何液体十分敏感的燃气轮机造成损坏（尤其是先进的燃气轮机），加之美国的气体燃料品质的普遍下降，使得监测气体燃料的质量并采取补救措施变得十分重要。

经由管道向任何装置中输送的气体燃料都会由于生产和输送而含有不同的杂质，天然气中最常见的一些杂质包括：

- 烃类液体
- 脱水过程产生的乙二醇
- 原油
- 管线加压泵站带入的润滑油
- 水和盐水
- （铁）锈
- 建筑残渣，例如碎铁屑、焊渣、碎颗粒、金属碎屑和沙土

尽管必须对气体管线进行清吹，但仍然常会出现建筑残渣，尤其在早期的调试阶段，在气体的供应中会出现一些杂质。因此在该阶段，需要在气体控制组件的进口及在燃气轮机内部选择气体管道安装临时的"女巫帽"式细网筛过滤器。

当获得满意的运行而且临时安装的网筛过滤器上不再有碎片和杂质出现，则可以将它们去掉。这些网筛过滤器的安装不能代替正确设计的气体燃料清洁系统。如果未建立足够的过滤系统，需要经常停机来进行网筛的清洗和替换。

液体烃类化合物和水等液体的去除要困难得多，因此需要制造商、施工人员和终端用户进行非常仔细的规划。气流中的液体会影响自发点火和燃料的热值变化，从而对燃烧产生影响。这些液体来自于天然气中出现的大量的烃类物质以及水蒸气中的水汽，通常天然气中含有的这些烃类物质比戊烷（$C_5H_{12}$）更高。水蒸气能够与甲烷和其他烃类化合物结合生成水化物形成的固体。许多因素会影响液体的去除，例如液滴的尺寸和分布，并且很难量化。如果在工程施工阶段不进行认真的分析和考虑，将会导致液体氢类化合物进入燃气轮机的燃料系统并进而引发燃烧室问题。由于在干式低 $NO_x$ 排放燃烧室中，即使有很少量的液体氢类化合物在下游管道中堆积，也会造成燃烧室的毁坏。干式低 $NO_x$ 排放燃烧室需要非常干燥的气体，这是所有的发电企业众所周知的事实，因此必须小心设计燃料处理系统，以保证满足燃料供应条件。

气相组分变化导致的热值变化会影响燃气轮机的排放、出力和燃烧室的稳定性，热值变化超过 10% 时需要改变气体的控制硬件，但这不是一个常见的问题。

一些当地电力公司使用丙烷和空气喷注作为稳定热值变化的方法，喷入的空气量要恰好低于达到富油熄火极限所需的量且无安全问题。

如果气体是从不同的供应商处购买且每日或每周都会发生变化，则热值的变化可能成为一个问题。此时，用户应该保证燃料热值的变化在燃气轮机原始设备制造商所允许的范围内。许多大型发电厂具有在线装置来确定和监测热值，一方面是为了机组的运行，另一方面是由于购买的气体燃料的计量基于的是热值而不是气体的体积。

烃类液体的液塞会影响提供给机组的能量，并且可能导致显著的控制问题以及由于回火问题而对燃料喷嘴和燃烧室火焰筒的潜在损坏。夹带到透平中的液体达到一定的量时会导致放热异常，使热通道损坏。另一个问题是出现于压气机排气中的少量烃类液体，干式低 $NO_x$

燃烧系统需要气体燃料和压气机出口空气的预混，以产生均匀的燃料空气混合物并使燃烧室中局部富燃料 $NO_x$ 生成区域最小。无点火源存在而进行自发燃烧所需要的温度称作自燃温度（AIT），该温度对于这些燃料约为 $400\sim500°F$ （$204\sim288°C$），低于压气机的出口温度 $625\sim825°F$ （$329\sim451°C$）。当压气机出口空气中的烃类物质温度高于 AIT，将导致液滴的瞬时自发点燃，在某些情况下导致预混气体的过早点火，通常称作回火。由于液体烃类化合物的作用，在透平的喷嘴和动叶上可能出现类似于油漆的沉积物和热斑。鉴于问题的严重性，燃气轮机原始制造商的气体燃料规范不允许气体燃料中有任何的液体出现。

表 12-6 给出的气体燃料规范清楚地表明在燃料气中不应有液体。但实际上所有的天然气都包含液体，这些液体来自气体燃料中的液态烃类化合物、泵站中使用的润滑系统以及管线中的凝结水，电厂的燃料处理系统应该认真考虑这些因素。

表 12-6　气体燃料规范

| 燃料特性 | 最大 | 最小 | 备　注 |
|---|---|---|---|
| 低热值/（Btu/1b） | 1,150 | 300 | 仅供参考 |
| 修正的沃泊指数范围 | +5% | −5% | $WI = LHV / \sqrt{(Sp. Gr \cdot T_f)}$（$Sp. Gr$ 为比重） |
| 过热/°F | — | $45\sim54°F$ | ANSI/ASME B133.7M |
| 着火极限 | | 2.2 : 1 | 基于体积的燃料空气比（从富燃料到贫燃料） |
| 气体的体积分数（%） | | | |
| 甲烷 | 100 | 85 | 反应组分百分数 |
| 乙烷 | 15 | 0 | 反应组分百分数 |
| 丙烷 | 15 | 0 | 反应组分百分数 |
| 丁烷+石蜡（C4+） | 5 | 0 | 反应组分百分数 |
| 己烷（C6） | 0.5 | 0 | 反应组分百分数 |
| 氢 | 0 | 0 | 反应组分百分数 |
| 一氧化碳 | 15 | 0 | 反应组分百分数 |
| 氧 | 10 | 0 | 反应组分百分数 |
| 二氧化碳 | 15 | 0 | 总（反应物质+惰性）百分数 |
| 氮 | 30 | 0 | 总（反应物质+惰性）百分数 |
| 硫 | <1% | — | |
| 全部的惰性物质（$N_2+CO_2+Ar$）芳香烃（苯、甲苯等） | 30 | 0 | 如果存在过多的芳香物质，当 $T_f>300°F$ 时可能形成胶质 |
| 燃气供应压力 | | 高于压气机出口压力 $50\sim100lbf/in^2$ | 最小和最大气体燃料供应范围由制造商提供 |

| 杂质 | 燃料范围/$\times10^{-6}$（重量） | | 备注 |
|---|---|---|---|
| | 扩散燃烧室 | 干式低 $NO_x$ 燃烧室 | |
| $10\mu m$ 以上的全部颗粒 | 32～35 <br> 0.3～0.4 | 23 <br> 0.2 | |
| 微量金属（钒和钠） | 0.8 | | 形成碱金属时 |
| 液体 | 0 | | 不允许液体（见过热要求） |

过热是在机组的燃气控制部件进口消除所有液体的唯一可靠的方法，因为它可以阻止液体的形成并缩短液滴的蒸发时间，从而确保消除液体。ASME "Gas Turbine Fuels," ANSI/ASME B133.7M, 1992 推荐燃气轮机气体燃料的过热温度为 $45\sim54°F$ （$25\sim30°C$）。计算表明，最低 28℃ 的过热条件将防止控制阀下游液体的形成，这在实际运行中得到了证实。在

满足该要求需要加热气体时，还必须保证预留一定的空间来考虑每天露点的变化。在许多实际应用中，燃料气被加热到约 350~400℉（177~205℃），远高于 ASME 和许多使用 ASME 标准的制造商的推荐值 45~54℉（25~30℃）。

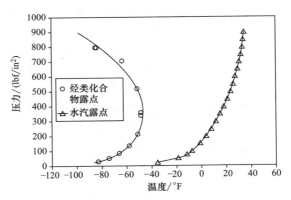

图 12-11　烃类化合物和水汽的露点温度随压力的变化

液滴的蒸发时间随着过热温度的增加而降低，图 12-11 所示为露点温度随压力的变化情况，表 12-7 给出了清洁天然气的规范条件，其中包括在压力 490lbf/in² （28bar）条件下天然气中烃类化合物和水汽的露点温度，两者表明在该燃气进口压力下，过热水汽的最低温度要求与 ASME B133.7M 中要求的 42℉（5.55℃）相同，过热烃类化合物的最低温度为-7℉（-14℃）。在推荐的燃气温度 350~400℉（177~205℃）下，有足够大的温度范围来防止在控制阀下游气体膨胀处形成液体。

表 12-7　清洁天然气的规范条件

| 最大允许供给压力 | 490lbf/in² | 28bar |
|---|---|---|
| 烃类化合物露点 | -49℉ | -44℃ |
| 要求的烃类化合物过热 | 42℉ | 5.5℃ |
| 要求的烃类化合物最低温度 | -7℉ | -14℃ |
| 水汽露点 | 23℉ | -5℃ |
| 要求的水汽过热 | 18℉ | -7.8℃ |
| 要求的水汽最低温度 | 42℉ | 5.5℃ |
| 要求的最低燃气温度 | 42℉ | 5.5℃ |

燃气组分的变化对燃气轮机运行（例如排放）的影响很小（例如排放），燃气轮机运行主要关心的是碳原子数高于己烷的高碳化合物的冷凝物的形成。根据己烷+组分的不同，天然气中的这种成分可能导致供应到燃气轮机的气体燃料中形成液体烃类冷凝物，对机组产生极大的损害。

气体燃料中的颗粒能够造成：

- 燃料喷嘴的堵塞
- 磨损
- 结垢

燃料喷嘴极易堵塞，尤其是在 DLN 燃烧系统中，原因是 DLN 燃烧室的燃料喷孔比扩散火焰燃烧室的燃料喷孔小。堵塞会导致喷嘴之间和燃烧室之间燃料分布不均匀，进而导致排放量和排气温度的不均匀性增加。堵塞还会导致气体燃料在不同管路之间产生流量分配偏差，使排放性能恶化，最坏的情况下还可能会在 DLN 燃烧室中产生自燃和回火问题。

磨损的速率与颗粒速度呈指数变化关系，孔口和阀座等高速区域更加容易被磨蚀。尺寸小于 10μm 的颗粒能够随气体燃料流运动，使磨损率降低。所有的原始设备制造商的燃料规范均要求去除尺寸大于 $10\mu m$ 的颗粒，以防止磨损和结垢。

透平喷嘴和动叶的叶片前缘上的磨损问题会造成热障涂层（TBC）的磨损，透平喷嘴和动叶叶片甚至还受直径小于 $10\mu m$ 的颗粒的影响，因此，许多原始设备制造商的规范规定在第一级喷嘴静叶进口处所有不同来源和尺寸的颗粒浓度不得超过 $600\times10^{-9}$。

## 气体燃料系统中去除颗粒和液体的设备

清除设备必须解决固体和液体的去除问题，最安全的考虑是假定所有的气体燃料中都会出现液体，因为气体燃料中的液体在注入燃烧系统后，会对燃气轮机产生极大危害。分离鼓和垂直聚结系统等其他额外保护设备的成本小于整个电厂成本的 0.5%，因此没有理由不装备气体燃料的除液设备。DLN 燃烧室不允许气体燃料中存在液体。

推荐使用过滤系统作为颗粒去除设备，该系统设计为可去除 $3\mu m$ 量级或者更小的颗粒。该设备通常采用垂直布置，由一系列的附加在管板上的并列过滤单元构成。在给定的气体体积流量条件下，气流的压降达到设定值时就需要更换过滤单元。过滤单元推荐使用双套布置，因为这样可以在一个过滤单元运行时对另一个过滤单元进行隔离维护。在任何情况下都不要设置计划在维修时使用的旁通管路。如果气体在过滤前加热，那么过滤单元必须满足气体燃料加热要求的最高温度。

液体清除系统应该依次包含以下设备：

- 减压站
- 干燥洗涤器
- 过滤器/分离器
- 过热器

许多天然气燃料管线的压力高达 $1,000lbf/in^2$（69bar）以上，并含有很多水分，因此气体需要在上游进行加热，以避免在膨胀阀之后水化物的形成以及烃类物质的凝结，否则这些物质在去除液体过程后继续存在于气体燃料中。这种加热器很可能不能提供足够的能量来满足燃气控制模块进口处 $50^\circ F$（$10^\circ C$）的最低过热要求，但可以阻止自由液体的收集。

对所有气体燃料，推荐使用垂直气体分离器后接双层多管过滤器，或一个过滤分离器加一个过热器的方案。每一个双层单元必须设计为 100% 的系统流量，这样可以保证一个单元在维护时另一个单元可正常工作。"如果气体是湿的且在供气中出现堵塞，则在减压站上游需要一个干燥洗涤器"这一概念应该改变，因为所有的气体燃料系统都必须处理，只要它们含有液体。

气体燃料需要去除液体和固体污染物，这些干燥洗涤器和凝聚式过滤器必须尽可能靠近燃气轮机。干燥洗涤器是多管式旋风惯性分离器，可以在不使用洗涤油或液体情况下去除液体和固体物质，除了排污池的清理外几乎不需要维护。

干燥洗涤器应与凝聚式过滤器结合使用，以对燃气轮机在整个运行范围内进行保护，通常使用垂直布置，在装备多个燃气轮机机组的电厂中推荐每个机组配备一套。图 12-12 给出了凝聚式过滤器的典型布置方式。电厂中的每台燃气轮机都应有自己的清除系统，在气体的输送位置至少有一个气液分离罐，推荐在气体的初始输送位置安装一套与各机组安装的类似的系统，另外还需要一个过滤分离器来提供超过 100% 流量范围的保护，并最大限度地使进入加热器的夹带液体量最少。在减压站上游通常需要干燥洗涤器和加热器，如前所述，需要过滤器或分离器和过热器。可以在上游进行最小化的热输入，将气体加热，避免水化物形成的温度，并允许下游过滤器或分离器通过物理分离来去除液体。

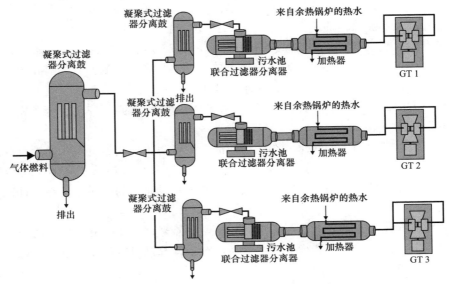

图 12-12　凝聚式过滤器的典型布置方式（天然气燃料处理系统）

凝聚式过滤器通常与干燥洗涤器一起使用，以去除所有的液体颗粒。在凝聚式过滤器之前应该总是有液体和气体的去除设备，以防止全部的杂质进入。通常，凝聚式过滤器将移除所有约 0.3μm 以上的液滴和固体，该过滤器由一个含有多个并列管状过滤芯的垂直压力容器构成。含有细小液滴的湿气体沿着过滤器流动，其中的液滴与纤维状过滤材料碰撞，液滴之间相互汇合并形成较大液滴，这些较大液滴通过重力由过滤器单元中去除并排入污水池中。

过滤分离器在一个容器中将可更换的过滤器元件和叶片式除雾器组合在一起，气体首先通过过滤器单元，将较小的液体颗粒凝聚并同时去除固体。由于凝聚作用，叶片除雾器比单独的干燥洗涤器或垂直气体分离器更容易去除液体颗粒，从而在一个容器中综合提升了叶片分离器的效率和凝聚式过滤器的效率。

对于上面描述的凝聚式过滤器，过滤分离器保留了其在 0～100% 设计流量下的分离效率。过滤分离器通常在液体含量很高时代替过滤器，该分离器还可去除燃料气体中的固体，但是必须定期地拆掉并替换其中的干燥过滤元件，因此，基本负荷机组需要布置两套过滤分离器，以保证维护阶段使用另一个过滤分离器。

## 燃料加热

可能需要进行燃料加热，以将气体燃料的温度提高到烃类化合物的露点以上的 50℉（28℃）。燃料加热有三种基本的加热器类型，每一种在经济性、维护性及运行上都有自己的优缺点。

电加热器是最便于使用和安装的一种燃料加热器，应用一个简单的控制系统就可以在容量范围内，随着燃料流量的变化保证恒定的出口温度或恒定的温升。在忽略向周围环境散热时，由于所有的电能都转化为热能并用来提高气体温度，因此热效率接近100%。但是，对于简单循环机组来说，由于加热所用电能的电厂发电效率是30%~40%，因此，其总的能源效率约为燃气或油气加热器的1/2或更低。

电加热器的投资成本是三类加热器中最低的，但是运行成本最高，而维护成本相对较低。电加热器结构简单、紧凑。占地少，加热单元能够很容易地更换且不需要中间的换热流体，排除了严寒天气带来的问题，降低了维护成本。

气体或油加热器很容易获得使用，且已经在世界范围都得到了应用，为了安全一般使用中间介质的换热流体。

在寒冷天气，使用乙二醇和水或等同物的混合物可防止冻结，提高水的沸点并减少热交换器的表面积。这些装置的热效率很高，产生的热量约80%传递给了气体，其余的通过排气释放。但是，加入到气体燃料中的热量减少了燃气轮机需要的燃料量，在某种程度上补偿了热交换器消耗的燃料。

这种类型的加热器占地较大，可能需要一些燃烧器来改善热响应和调节能力，运行成本比电加热器低很多，但是维护和投资成本更高。对于调峰机组或起动阶段，当燃气轮机对燃料要求变化很快时可能会产生问题。

联合循环电厂还可使用余热加热的燃料加热器，此时可以很容易地使用低品质的热（热水）。这种类型的加热器的优点是不需要补充燃料，电厂的总热效率可以得到提高，缺点是投资成本高，维护和安装成本也相应增加。

由于在起动阶段没有热量输入，因此这类系统更适用于基本负荷电厂，通常在起动时使用一个小型辅助锅炉。这类系统采用管壳式结构，比间接加热的热交换器更重，以适应 $400\mathrm{lbf/in^2}(28\mathrm{bar})$ 以上的增压水。

这里描述的气体燃料的清洁系统是最基本的，必须仔细评估各种情况下的特殊需求，并相应地选择设备和系统设计。但是，仅仅简单根据所声明的高效率来独立选择设备是不充分的，必须对整个系统进行评估，最好进行建模以确定整个系统对气体燃料的组分、压力、温度和质量流量变化的敏感性，一定要记住这里不是降低成本所考虑的地方。

## 燃气轮机部件清洗

燃料处理系统将有效消除腐蚀作为一个主要问题，但是燃料中的灰分以及外加的镁也会导致透平中形成结垢。透平间歇运行100h或更少不会发生任何问题，因为大部分沉积物在刚重新点火时就脱落了，不需要专门清洗。但是，在连续运行时这些沉积物并不会达到一个稳态值，它们会逐渐地以5%~12%每100h的速率堵塞第一级喷嘴面积。因此，目前渣油仅限用于无需连续运行1,000h以上的机组。

如果需要增加两次停机之间的连续运行时间，可以通过向燃烧系统喷入适度的研磨剂来清洗透平。研磨剂包括坚果壳、谷粒和失效的催化剂。谷粒是一种非常差的研磨剂，因为它易于被粉碎成更小的碎粒。通常，在研磨剂清洗开始前，容许第一级喷嘴的堵塞最大达到10%。研磨剂清洗会除去50%的沉积物，恢复损失功率的20%~40%。如果喷注研磨剂的次数过于频繁，而且不能防止喷嘴堵塞面积超过 10% 时，则必须采用水清洗。水或溶剂清洗能有效地恢复 100% 的损失功率。图 12-13 所示为典型的清洗对燃气轮机机组输出功率的影响。

#### ▶▶ 热部件清洗

对燃气轮机热端部件进行水洗。使用含钒量高的燃料时，必须在高含钒量的燃料中需要通过添加镁盐来抑制钒的腐蚀作用，而这些镁盐添加剂会产生灰分并沉积在叶片表面，从而降低了通流面积。为了保证通流面积不变，必须除去这些灰分，在多数情况下，这意味着作为热端部件的动叶和喷嘴必须每 100～120h 清洗一次。其步骤是先将燃气轮机关机，然后由盘车装置转动透平直到叶片温度降到 200℉（93.3℃）左右，绝大多数情况下该过程需要

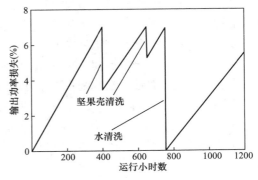

图 12-13　清洗对输出功率的影响

6～8h；随后将透平热膨胀区通过蒸汽冲击清除大部分的灰分；在透平叶片区干燥后，再使透平加速并继续运行。整个过程大约需要 20h。

#### ▶▶ 压气机清洗

压气机清洗也是燃气轮机运行中非常重要的部分。压气机清洗的两种方法分别是研磨剂清洗和溶剂清洗。研磨剂清洗由于侵蚀问题已经很少使用了，目前主要使用溶剂清洗方法。新型高压压气机对叶片表面的污垢非常敏感，这些污垢不仅会降低压气机性能，而且会导致压气机喘振。清洗效果取决于燃气轮机装置运行的不同环境条件，目前，已有许多适用于水洗的先进技术和系统，只需要为燃气轮机选定最好、最适合的清洗方法即可，包括选择溶剂和清洗的频率。已经发现不用任何溶剂的水洗和使用溶剂的清洗一样有效，这是一个非常复杂的技术经济性问题，这个问题的解决取决于燃气轮机所采用的保养方式和装置所处的环境。但是，使用没有除去矿物质的水来进行清洗弊大于利。

水洗（使用或不使用清洗剂）就是通过水冲击或去除水溶性的盐分来进行清洁。在燃气轮机运行的起初几个阶段水洗比较有效，之后，水洗的作用通常就不是很明显了，按照制造商的建议关注水洗质量、清洗剂/水的比例和其他操作程序是非常重要的。使用水-清洗涤剂混合物进行水洗是一种有效的清洗方法，这种清洗方法在按照以下过程进行时更为有效，包括应用清洗剂和水的混合溶液进行几个漂洗循环，每个漂洗循环都要求压气机加速到起动速度的 50% 左右，之后，压气机以惯性运行直至停止，接下来有一个浸泡期，在此期间混合溶液通过溶解盐分来完成清洗工作。

小部分空气中的盐分经常可以通过过滤器。建议采用下面的方法来确定在污垢中是否含有盐分：先用含洗涤剂的水溶液清洗机组，然后收集来自所有排水口的水溶液，并分析水溶液中是否有含盐成分。

在线清洗作为一种通过避免积灰来控制污垢的方法正被广泛使用，技术的发展和清洗系统的进步使这一方法安全而有效。清洗可以通过水、水基溶剂、石油基溶剂或表面活化剂完成，溶剂通过溶解杂质来进行清洗，而表面活化剂通过与污垢发生化学反应来进行清洗。水

基溶剂对盐分有效，但对含油的沉积物的效果就很差，而油基溶剂不能有效地除去盐分沉积物。使用溶剂进行清洗，有可能使污垢在压气机的前几级上溶解后又在后面的几级压气机上重新沉积。

含盐分颗粒的空气即使经过良好的过滤，其中的盐分颗粒也会在压气机区域积聚。在盐分和其他污垢积聚的过程中，很快就达到了平衡条件，此后又发生大颗粒的重新吸收。为了阻止重新吸入颗粒物，必须在其饱和之前除去压气机上的盐分。盐分饱和的速率高度依赖于过滤质量，通常，当气体和金属温度不超过 1,000°F 时盐分可以安全地通过燃气轮机，如果温度太高，将会产生破坏性的腐蚀。在清洗中，盐分通过的实际瞬时速率随着颗粒尺寸的增加而提高。

下面是在清洗过程中必须注意的一些要点：

- 用于清洗的水应该脱盐，清洗中使用没有脱盐的水对压气机是有害的。
- 只要压气机性能降低 2%~3%，就要进行在线清洗，在开始水洗前，不应让污垢不断增加。
- 建议储油罐、喷嘴和进气道采用不锈钢材料，以减少腐蚀问题。
- 清洗喷嘴应安装在恰当的位置，以使水能更好雾化并减小对下游的流动干扰，应特别注意不要让喷嘴因振动而掉进通流部分。
- 在经过多次在线水洗之后，压气机的性能会恶化，这时，就需要进行离线水洗。

## 燃料经济学

燃气轮机的燃料特性并不是影响成本的唯一因素，在某些情况下，性能好的燃气轮机燃料甚至会比差一些的燃料售价低，最经济的燃料的选择取决于许多考虑因素，燃料成本只是需要考虑的因素之一，因此用户应该选择燃用最经济的燃料，而这可能不是最便宜的燃料。

在选择燃料前，必须了解燃料特性并考虑燃料经济性。燃料的特性对燃料处理设备的成本影响很大，燃料黏度增加一倍，脱盐设备的成本也大约增加一倍，燃料比重大于 0.96 时会大大增加清洗系统的复杂性，从而增加成本。去除燃料中微量金属元素对燃料清洗成本的影响在表 12-8 中给出，燃料处理系统的主要成本在于燃料清洗系统，因为点火系统的成本只占整个成本的 10%。燃料流量与燃料种类一样影响着燃料处理系统的投资成本，其影响情况如图 12-14 所示。

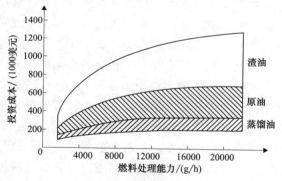

图 12-14　燃气轮机燃料处理系统的
投资成本（GE 公司提供）

表 12-8　去除燃料中微量金属元素对燃料清洗成本的影响

| 钠的降低 | 清洗系统的成本 |
| --- | --- |
| $100 \rightarrow 5 \times 10^{-6}$ | $x$ 美元 |
| $100 \rightarrow 2 \times 10^{-6}$ | $2x$ 美元 |
| $100 \rightarrow 1 \times 10^{-6}$ | $4x$ 美元 |
| $100 \rightarrow 1/2 \times 10^{-6}$ | $8x$ 美元 |

燃气轮机与其他机械设备一样，需要检查、维护、保养，维护成本包括燃烧系统、热通道的维护成本和主要的检查成本（见第21章）。燃料种类对维护成本的影响见表12-9，表中以天然气为标准，列出了不同种类燃料的成本系数，维护成本的变化范围很大。考虑到对于不同的应用进行维护成本的预测是非常困难的，因此使用表12-10作为估算成本的粗略指南。这些数据基于重型燃气轮机的实际维护成本。

如前所述，最经济的燃料的选择除了成本之外，还可以取决于许多因素。表12-10总结了在燃料选择中需要考虑的主要经济因素。

**表12-9　燃料种类对燃气轮机维护成本的影响**

| 燃料 | 预期的实际维护成本（mils/kW·h） | 预期的维护成本系数 |
| --- | --- | --- |
| 天然气 | 0.3 | 1（基准） |
| 2号蒸馏油 | 0.4 | 1.25 |
| 典型原油 | 0.6 | 2.0 |
| 6号渣油 | 1.0 | 3.33 |

**表12-10　影响燃料选择的经济因素**

Ⅰ. 燃料价格
Ⅱ. 运行
　　1. 给定燃气轮机的功率输出
　　2. 效率降低
　　3. 停机时间
Ⅲ. 投资成本
　　1. 燃料清洗和去除
　　2. 燃料品质监测
　　3. 机组清洗和清洁
Ⅳ. 负荷周期
　　1. 要求的连续负荷
　　2. 总的年运行时间
　　3. 起动和停机

## 运行经验

美国早期使用渣油的经验可以回溯到20世纪50年代初期，几个公司对燃气轮机做了改动，以便将渣油燃料应用于铁路机车燃气轮机上。在较低的进口温度1,350℉（732℃）下运行时，低硫残留物的腐蚀作用受到了抑制；但是，人们也注意到随着燃烧温度的增加，伴随着腐蚀作用的增强。由于增加燃烧温度所带来的好处，人们开始研究燃料处理，最终发现了引起腐蚀的材料并开发出了抑制腐蚀影响的燃料处理系统。

用于调峰和备用两种发电模式的燃气轮机电厂需要在两次大修之间运行30,000h，在此运行期间，透平喷嘴的结垢问题变得很明显，而且燃料喷嘴上不断增加的沉积物，可能会导致燃料喷雾角偏离设计值以及相关的燃烧问题，因此透平喷嘴和燃料喷嘴都需要经常清洗。

如前所述，经济形势在很大程度上决定了燃料种类的选择。在20世纪50年代初期人们对燃气轮机的兴趣激增，在20世纪60年代又因为成本问题和可利用性等方面的因素，缩小燃气轮机的应用范围。到了20世纪90年代，随着高效（效率高达40%~45%）燃气轮机的出现，使得燃气轮机应用得到了大幅增长，用于联合循环电厂，其发电效率达到了55%~

60%。在 2000~2001 年期间，大多数燃气轮机都采用天然气为燃料，世界主要厂商的燃气轮机订单已排到 3~5 年之后，燃气轮机的所有这些增长都受到廉价天然气的推动，当时天然气的价格为 3.50 美元/mmBtu（3.32 美元/mmkJ）。但天然气价格在 2001 年末达到 9.0 美元/mmBtu（8.53 美元/mmkJ），这再一次激发了人们对替代燃料的关注。表 12-11 是对全世界燃气轮机机组燃料应用及运行情况的评估，它反映了从 20 世纪 90 年代后期到 21 世纪初以天然气为燃料的燃气轮机的增长情况。

表 12-11　世界燃气轮机机组燃料应用及运行情况

| 燃料 | 机组(%) | 运行时间(%) | 总功率(%) |
|------|---------|-------------|-----------|
| 天然气 | 60 | 80 | 90 |
| 双燃料 | 22.5 | 8 | 4.0 |
| 蒸馏油 | 15 | 6 | 0.6 |
| 渣油 | 2.0 | 5 | 5 |
| 原油 | 0.2 | 0.5 | 0.4 |
| 其他 | 0.3 | 0.5 | — |

# 管道系统的伴热

如前所述，重质燃料在应用时需要将温度保持在某一温度，以使其黏度在燃料喷嘴处低于 20cSt。管道伴热用于保持管道及管道部件中的材料高于环境温度。管道伴热有两个常见的作用，一个是防止水管冰冻，另一个是使油管路保持一定的温度，以使其黏度处于较低水平，从而能够利用机泵和管道输运燃油。管道伴热还用于防止气体燃料中液体的凝结。

通常，管道伴热系统的安装成本要高于它所保护的管道系统的成本，同时，该系统的运行成本也比较高。对管道伴热系统的研究表明，安装成本从 31 美元/ft（95 美元/m）到 142 美元/ft（430 美元/m），每年的运行成本从 1.40 美元/ft（4.35 美元/m）到 16.66 美元/ft（50 美元/m）。除了主要成本以外，伴热系统还是影响管道系统可靠性的重要部分，伴热系统的失效常常会造成管道系统不能正常运行。例如，对一个水管防冻系统，如果伴热系统发生故障，管道系统会因水冻结时的体积膨胀而遭到破坏。

绝大多数伴热管道都是隔热的，以尽量减少对周围环境的热量损失，通常管道需要输入 2~10W/ft（6~30W/m）的热量以防止管道冻结。在高风速条件下，一个非隔热管道需要输入 100W/ft（300W/m）以上的热量以防止冻结，如此高的热量输入将会产生高昂的成本。

当管道内的燃料不流动时，通常仅需要对隔热管进行一定时间间隔的间歇性加热。隔热管的热损失与管内正在流动的流体的热容量相比是非常小的。除非管道特别长（几千英尺或几千米），否则管道内流体的温度不会明显下降。

有三种主要方法可避免采用管道伴热：

1. 改变管道周围的环境温度以避免低温带来的问题，在冰冻线以下埋设水管或使管道穿过具有供暖设施的建筑物而受热，是这种方法最常用的两个例子。

2. 在使用后清空管道。设计合理的管道系统，使其在不运行时会自动将水排空，这是一个避免使用伴热的有效方法。一些不常应用的管道可以用压缩空气清管或吹出，但由于较高的人力需求，并不推荐在常用管道上应用这种技术。

3. 合理组织流动过程，使流体在管道内能够保持连续流动，以消除这些管道的伴热需要。一般不推荐使用这一技术，因为一旦流动堵塞导致失效，将会使管道堵塞或破裂。

这些技术的组合应用可以减小伴热管道的数量。但是，含有流体的管道必须将其温度保持在最低环境温度之上，因而大部分管道都需要进行伴热。

## 伴热系统种类

工业上应用的伴热系统通常有流体伴热系统和电伴热系统。在流体伴热系统中，称为伴热器的管道连接在所要伴热的管道上，热流体从其中流过，这个伴热器放在管道的绝热层下面。到目前为止，蒸汽是伴热器中最常用的流体，除此之外，还使用乙二醇或其他更特殊的传热流体。在电伴热系统中，将一根电加热电缆紧靠绝热层下方的管道放置。

### ▶▶蒸汽伴热系统

蒸汽伴热是工业管道中最常见的伴热方式。在20世纪60年代，超过95%的工业伴热系统采用蒸汽伴热。随着电加热技术的进步，到1995年，电伴热系统所占的比重从30%增加到了40%。但是，蒸汽伴热仍然是最常见的方式，除蒸汽之外的其他流体伴热系统比较少见，占比不超过5%。

在蒸汽伴热系统中，常采用1/2in（12.7mm）的铜管。此外，3/8in（9.525mm）的管道也有应用，但其有效的管道长度因此从150ft（50m）降到了60ft（20m）。在某些腐蚀性的环境中使用了不锈钢管，偶尔也使用标准的碳钢管（1/2~1in）作为伴热系统的管道。

除了伴热器以外，蒸汽伴热系统还包括蒸汽输送管路（从蒸汽管输送蒸汽到伴热管）、蒸汽疏水阀（除去蒸汽凝结水和阻止蒸汽回流）和冷凝水回收系统（大多数情况下将冷凝水返回系统），如图12-15所示。过去，大量来自蒸汽伴热后的冷凝水被简单地排掉，但是，随着能源费用的增加和环保标准的提高，使得几乎所有的新型蒸汽伴热系统的冷凝水得到了回收，因此蒸汽伴热系统的初期投资成本将显著增加。

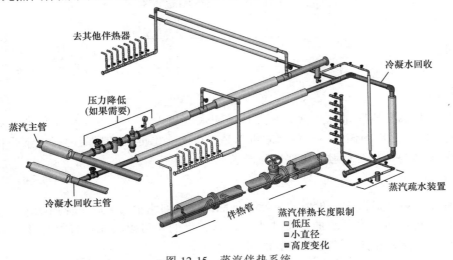

图 12-15　蒸汽伴热系统

通常，需要准确控制温度的应用仅限于选择电伴热系统。例如，巧克力输送管不能暴露在蒸汽温度下，否则会降低产品的等级。此外，如果腐蚀性的烧碱加热到150℉（66℃）以上，它对碳钢管的腐蚀作用就会变得非常强烈。

对于另外一些应用，不能简单地选择应用蒸汽伴热或电伴热，而需要进行综合考虑，仅仅为了管道的伴热而安装一台蒸汽锅炉是很不经济的。一般来讲，只有当已经安装或者因为其他一些主要目的而准备安装蒸汽锅炉的情况下，才可以考虑采用蒸汽伴热。电伴热所需要的电能在大多数条件下都能够以合理的成本获得，而且长距离提供蒸汽的成本远高于长距离输电的成本，因此，除非所伴热的管道附近有蒸汽源，否则通常都自动选择电伴热方式。

### ▶▶电伴热

图 12-16 为电伴热系统的示意图，整个系统包括：位于绝热层与管道之间的电热器、电热器的供电装置和控制或监测系统。供电装置包括一个电气面板和电力线或电缆盘，是否需要变压器则要根据伴热系统的容量大小和已有电力系统的供电能力来确定。

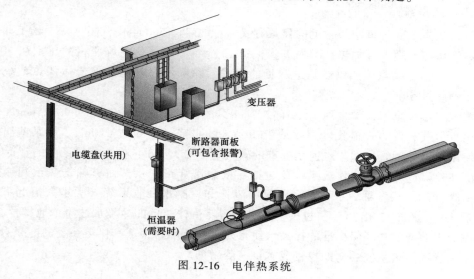

图 12-16　电伴热系统

## 液体储存

### ▶▶常压储罐

这里所使用的常压储罐，是指那些设计用于大气压力下，压力变化在每平方英尺几磅（几十分之一巴）之内的储罐。这些储罐可以是开口的，也可以是封闭的，通常采用垂直于地面的圆柱形结构及相对平坦的底部来降低成本。

### ▶▶高位储罐

这类储罐可以在需要大流量但油泵能力仅能提供平均流量的情况下应用。因此，采用这类储罐可以节约泵和管道系统的投资成本。而且，它们还可以在泵故障后输出所储存的液体，这对消防系统而言是一个非常重要的考虑因素。

### ▶▶开式储罐

这类储罐用于储存那些不会受到水、天气和空气污染影响的材料。否则，就需要采用固定顶盖或浮动顶盖的储罐。储罐的固定顶盖通常是圆形的或者圆锥形的，大容量的储罐采用带支撑的圆锥形顶盖。设计这类储罐时，由于涉及的压力可以忽略不计，因此雪和风是其主要的设计载荷，通常当地的建筑规范会提供所需要的载荷数值。

### ▶▶ 固定顶盖储罐

常压储罐需要通风孔以防止因温度变化和液体的抽出或添加而引起的压力变化。API 2000 标准针对常压储罐和低压储罐给出了通风孔设计的实际规范，这个标准主要用于除石油产品以外的液体。挥发性液体将会因使用带有开式通风孔的固定顶盖储罐而产生额外损失，特别是那些闪点低于 100 ℉（38℃）的液体。某些情况下，通风孔是汇集式的，以便将挥发气体导向储罐；另外一些情况下，挥发的气体通过回收系统回收。

阻止通风孔损失的有效方法就是采用变容积储罐，这些储罐都是基于 API 650 标准建造的，它们具有双层或单层的浮动顶盖，顶盖的升降由可以沿着环形液面上下移动的裙部或者与储罐壳体相连的柔性膜支撑。另外，在储罐顶部设置一个可变容积的织物膨胀室也可以达到变容积的目的。

### ▶▶ 浮动顶盖储罐

这类储罐在顶盖和储罐壳体之间有一个密封结构。如果没有固定顶盖的保护，它们必须有排水管用于排水，并且储罐外壳必须配有风力桁架以避免变形。现在已发展出了一个专门改造浮动顶盖储罐的行业。制造商给出了有关各种类型储罐顶盖的详细资料，图 12-17 所示为不同类型储罐的示意图。这些顶盖可以减少冷凝，值得推荐使用。

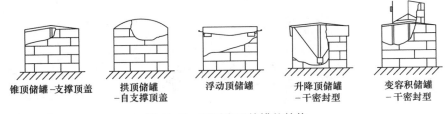

锥顶储罐-支撑顶盖　拱顶储罐-自支撑顶盖　浮动顶储罐　升降顶储罐-干密封型　变容积储罐-干密封型

图 12-17　不同类型储罐的结构

### ▶▶ 压力储罐

工作压力高于 15psi（1bar）但仍接近大气压时，可以按照 API 650 标准建造圆形或圆锥形顶盖结构的垂直圆柱形储罐。作用于顶盖的压力被传到储罐壳体上，而壳体的重量足以平衡该压力。如果不能平衡该压力，则会产生一个升力作用于储罐底部，但是储罐底部的强度是有限的，如果强度不够，就需要使用锚环固定或者加强地基。对于大容积的储罐，由于升力的限制，储罐内的压力需要保持在较低的水平。

# 参考文献

Bahr, D.-W., Smith, J. R., and Kenworthy, N. J., "Development of Low Smoke Emission Combustors for Large Aircraft Turbine Engines," AIAA Paper Number 69-493, 1969.

Boyce, M. P., "Chapter 10. Transport and Storage of Fluids-Process-Plant Piping," *Perm's Chemical Engineers' Handbook*, 7th Edition, 1997.

Boyce, M. P., Trevillion, W., and Hoehing, W. W., "A New Gas Turbine Fuel," *Diesel & Gas Turbine Progress*, March 1978 (Reprint).

Brown Boveri Turbomachinery, Inc. , "MEGA PAK CT, The simple cycle combustion turbine plant designed for today' s energy needs," Pub. No. 4875-BIO-7610.

"Characterization and Measurement of Natural Gas Trace Constituents, Vol II: Natural Gas Survey," Gas Research Institute Report GRI-94/0243. 2.

Combustors for Large Aircraft Turbine Engines, AIAA Paper Number 69-4931. Federal Energy, 1969.

C. Wilkes, "Gas Fuel Clean-Up System Design Considerations for GE Heavy Duty Gas Turbines," GER 3942 GE Power, 1996.

Deaton and Frost, "Apparatus for Determining the Dew Point of Gases Under Pressure," Bureau of Mines, May 1938.

"Gas Sampling for Accurate Btu, Specific Gravity and Compositional Analysis Determination," Welker, Natural Gas Quality and Energy Measurement Symposium, 5-6 Feb, 1996, published by The Institute of Gas Technology.

"Gas Turbine Fuels," ANS1/ASME B133.7M, 1985, reaffirmed in 1992. An American National Standard published by the American Society of Mechanical Engineers, United Engineering Center, New York.

GE Power "Process Specification: Fuel Gases for Combustion in Heavy-Duty Gas Turbines," GEI41040E, GE, 1994.

"GPA Method for Standard Gas Analysis, C1-C6+," GPA 2261-95.

"Method for Analysis of Natural Gas by Gas Chromatography," ASTM method D1945-81, 1945.

"Method for Extended Gas Analysis C1-C14," GPA 2286-95 GPA.

"Obtaining Natural Gas Samples for Analysis by Gas Chromatography," GPA Standard 2166-85, 1992.

"Variability of Natural Gas Composition in Select Major Metropolitan Areas of the United States," Liss, Thrasher, Steinmetz, Chowdiah and Attari, Gas Research Institute Report, GRI-92/0123, 1992.

# 第 4 部分 辅助部件和配件

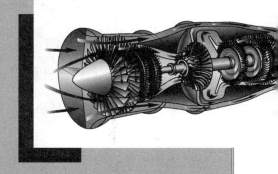

# 第13章

## 轴承与密封

### 轴承

　　燃气轮机和蒸汽轮机中轴承的作用是为旋转部件提供支撑和定位。其中，径向支撑通常由滑动轴承或滚动轴承提供，而轴向定位和支撑则由推力轴承提供。在一些燃气轮机中（主要是喷气式飞机发动机），通常使用球轴承（滚珠轴承）或滚子轴承作为径向支撑；但几乎所有的工业燃气轮机中，都采用滑动（轴颈）轴承来提供径向支撑。

　　轴承设计的主要目标是：长使用寿命、高可靠性和经济性。为了实现这些目标，工程设计人员需要考虑如下的影响因素：

1. 载荷和转速
2. 润滑
3. 温度
4. 轴系布置
5. 寿命
6. 安装和拆卸
7. 噪声
8. 环境条件

#### ▶▶ 滚动轴承

　　航空改型燃气轮机具有低支撑重量的转子，例如：LM 5000 燃气轮机高压转子（包含全部滚动轴承）的重量为 1,230lb（558kg），该机组不需要大型润滑油储液器、冷却器、泵以及与滑动轴承设计相关的预润滑和后润滑循环。滚动轴承非常坚固耐用，因此在工业运行中具有较长的使用寿命。大多数轴承可以可靠地运行 100,000h 以上，然而在实际的大修过程中，当燃气轮机发电机组工作 50,000h 或动力透平工作 100,000h 时，一般会更换轴承装置。

　　滚动轴承的种类繁多，不同滚动轴承的主要区别在于：主径向载荷（径向轴承）或轴向载荷（推力轴承）的方向，所用滚动体的种类，如滚珠或滚子。图 13-1 给出了不同类型的滚动轴承结构示意图，球轴承和滚子轴承的本质区别是：球轴承的承载能力较低、转速较高，而滚子轴承的承载能力较高、转速较低。

在滚动轴承中，滚动元件沿接触线方向将载荷从一个轴承环传递到另一个轴承环，接触角 $\alpha$ 是由接触线和轴承的径向平面所形成的夹角，$\alpha$ 是名义上的接触角，即空载轴承的接触角，如图 13-2 所示。在轴向载荷作用下，深沟球轴承、角接触球轴承等轴承的接触角会增加。在复合载荷下，接触角的变化从一个滚动元件传递到另一个滚动元件。当计算轴承内的压力分布时，需要考虑这些接触角的变化。在具有轴对称滚动元件的球轴承和滚子轴承中，内轴承环和外轴承环具有相同的接触角；而在具有非轴对称滚动元件的球轴承和滚子轴承中，其内轴承环和外轴承环则具有不同的接触角。在这些轴承内，由一个指向轴承挡边的分力维持轴承受力的平衡，压力锥顶点位于轴承轴线和角接触轴承（角接触球轴承、圆锥滚子轴承或推力球面滚子轴承）接触线的交点上，其中接触线是压力锥顶的母线。在角接触轴承中，外力并非作用在轴承中心，而是作用在压力锥的顶点。

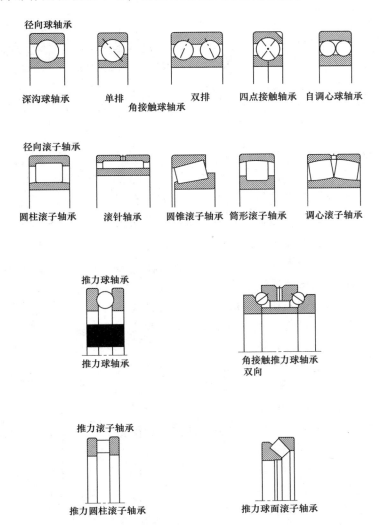

图 13-1 不同类型的滚动轴承结构示意图（来源于 FAG 轴承）

如图 13-3 所示，滚动轴承一般由轴承环（内环和外环）、在滚道环上的滚动元件以及围滚动元件的保持架组成。滚动元件根据其形状可以分为滚珠、圆柱形滚子、针形滚子、圆锥形滚子和筒形滚子，如图 13-4 所示。

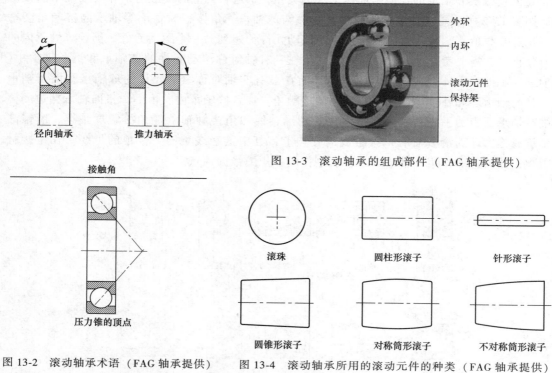

图 13-2　滚动轴承术语（FAG 轴承提供）

图 13-3　滚动轴承的组成部件（FAG 轴承提供）

图 13-4　滚动轴承所用的滚动元件的种类（FAG 轴承提供）

滚动元件的功能是将作用在轴承上的力从一个环传递给其他环。为了达到较高的承载能力，在轴承环之间应尽可能多地布置尽可能大的滚动元件。滚动元件的数目和尺寸取决于轴承的横截面面积。另外，轴承内各滚动元件应该具有相同的尺寸，这对于轴承的承载能力来说是非常重要的。因此，轴承的等级是根据滚动元件尺寸的相同程度来划分的，每个等级所允许的误差非常小。在圆柱滚子和圆锥形滚子中，其母线具有对数规律，而针形滚子的母线中心部分是直的，两端略加弯曲，这种型线可避免在载荷下产生边缘应力。

轴承环包含一个内环和一个外环，以在旋转方向上引导滚动元件。滚道沟槽、挡边和倾斜区域起着引导滚动元件运动并沿横截面方向传递轴向载荷的作用，如图 13-5 所示。圆柱滚子轴承和针形滚子轴承需要适应轴的伸展，因此仅在一个轴承环上有挡边，通常称为浮动轴承。

保持架的功能是使滚动元件保持互相分离，使它们不会互相摩擦

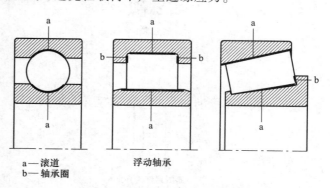

a—滚道
b—轴承圈

浮动轴承

图 13-5　典型转子轴承的滚道沟槽和挡边

且保持均匀间隔,以实现荷载的均匀分布并防止滚动元件从可分离的轴承或旋转的轴承上脱落,同时在轴承非承载区中引导滚动元件。但是,保持架不具备传递力的功能。

保持架可根据加工方式分为压制保持架、机加工保持架、模制保持架。压制保持架通常由钢制成,有时也用黄铜,它们比机加工金属保持架轻。由于压制保持架内环和外环之间的间隙几乎不封闭,润滑剂可以轻易渗透到轴承中。

金属和纺织品层压酚醛树脂的机加工保持架是由钢管、轻金属或纺织品层压酚醛树脂或铸造黄铜管制成的。为了获得所需要的强度,大型重载轴承如果需要对导管进行挡边引导,也可以使用机加工保持架。在大多数情况下,高速轴承的挡边引导保持架由轻质材料制造,如轻金属或纺织品层压酚醛树脂,以保证较低的重力。

模制保持架采用注塑成型技术制造而成,以实现具有特别高承载能力的设计。保持架的弹性和低重量使其可以适应冲击型轴承负荷、巨大的加速和减速以及适用于各轴承环之间需要适当倾斜的场合。聚酰胺保持架的特点是具有非常好的滑动和干运转特性。

还有许多特殊的滚动轴承以及一些圆柱滚子轴承中无保持架部件。去掉保持架后,轴承可以容纳更多的滚动元件,这样的好处是增加了额定载荷,但是由于增加了摩擦力,这种轴承仅适用于较低的转速。

### 额定载荷

轴承的额定载荷反映其承载能力,是滚动轴承尺寸的重要参数,由滚动元件的数量和尺寸以及轴承的曲率比、接触角和节圆直径决定。由于滚子和滚道之间接触面积较大,滚子轴承的额定载荷比球轴承要高。

径向轴承的额定载荷定义为轴承的径向载荷,而推力轴承的额定载荷定义为轴承的轴向载荷。每个滚动轴承具有额定动态载荷和额定静态载荷,术语"动态"和"静态"指的是轴承的运动,而不是指载荷的类型。

在所有具有弯曲滚道型面的滚动轴承中,滚道的半径略大于滚动元件的半径。这种轴向平面内的曲率差异定义为曲率比 $X$,而曲率是滚动元件半径与略大的沟槽半径之间的曲率差,即

$$半径曲率比 X = (沟槽半径 - 滚动元件半径)/滚动元件半径$$

推力球轴承适用于仅有轴向载荷的场合。单向载荷时采用单向(即单排)设计,双向载荷时采用双向(即双排)设计。可以采用平垫圈、球面壳垫圈和阀座垫圈设计来补偿不对中。

调心滚子推力轴承可承载高轴向载荷,它们适用于相对较高的转速。这种轴承通过将滚道朝向轴承轴线方向倾斜的设计,使轴承也可以承载径向载荷,但径向载荷不得超过轴向载荷的 55%。

具有非对称筒形滚子的轴承,能补偿不对中。通常,球面滚子推力轴承必须用油来润滑。

### 磨损

除疲劳破坏外,滚动轴承还可能会因磨损而导致失效,因为磨损后轴承的间隙会变得过大。

导致磨损最常见的原因是外部颗粒因密封不严而进入轴承并产生研磨,此外,磨损也可能是由于缺乏润滑以及润滑剂用尽所致。

因此,可以通过提供良好的润滑条件(尽量使黏度比 $x > 2$)和提高滚动轴承的清洁度来

尽可能地减少磨损。当 $x \leqslant 0.4$ 时，如果没有采用合适的添加剂（EP 添加剂）来阻止磨损，磨损破坏将是轴承运行失效的主要原因。

运动容许速度可能会高于或低于热参考速度。热参考速度是指运行工况（载荷、润滑油黏度或容许温度）偏离参考工况时的速度，而运动容许速度则取决于轴承元件的强度极限和摩擦密封的容许滑动速度。可以通过采用特殊设计的润滑方式，根据运行条件调整的轴承间隙，高精度、考虑散热的轴承座加工方式，使运动容许速度高于热参考速度。

热参考速度是滚动轴承速度适应性的新指标，定义为在参考温度 160℉（70℃）时所建立的速度。对于高温滚动轴承，轴承环和滚动元件所使用的钢通常是经过热处理的，因此可在高达 300℉（150℃）的工作温度下使用。在更高的温度条件下，轴承的尺寸会发生变化并且硬度下降。因此，当工作温度超过 300℉（150℃）时需要进行特殊的热处理。

#### ▶▶ 滑动轴承

重型燃气轮机中使用的是滑动（轴颈）轴承。滑动轴承可以是整圈的，也可以是分段的。用于重型机组中的大型轴承的衬套比较厚，而用于内燃发动机内精密嵌入型轴承的衬套较薄。大多数滑动轴承为分段式，便于维修和更换。通常在分段式轴承内，载荷完全朝下，轴承上半部分仅用作覆盖件以保护轴承和固定机油接头。图 13-6 列出了不同类型的滑动轴承，其特点如下：

1. 简单滑动轴承。轴承的轴颈和轴承座之间具有相等的间隙（1.5~2,000 倍轴颈直径的倒数）。

2. 周向槽轴承。通常在轴承长度一半处有油槽，该结构提供了更好的冷却，但由于轴承被分成了两部分，轴承的承载能力下降。

3. 圆柱孔轴承。它是燃气轮机中另一种常用的轴承类型，轴承具有分段式结构，其中有两个轴向供油槽。

4. 压力轴承或压力坝轴承。常用于对轴承稳定性有需求的场合，该轴承是一种普通的滑动轴承，在半卸载时具有承压腔。承压腔室的深度大约为 1/32in（0.8mm），宽度为 50% 的轴承长度，沟槽或通道占 135° 弧段，端部具有锋利的边缘坝。工作中通过旋转将润滑油沿通道送向锋利的边缘。压力坝轴承是单向旋转的，它们可以与圆柱孔轴承一起使用，如图 13-6 所示。

| 轴承类型 | 载荷量 | 合适的旋转方向 | 抗半速涡动能力 | 刚度和阻尼 |
|---|---|---|---|---|
| 圆柱孔轴承 | 好 | | 最差 | 中等 |
| 压力坝轴承 | 好 | | | 中等 |
| 椭圆孔轴承 | 好 | | 递增 | 中等 |
| 三叶轴承 | 中等 | | | 好 |
| 半偏移轴承 | 好 | | | 优 |
| 可倾瓦轴承 | 中等 | | 最好 | 好 |

图 13-6 不同类型的滑动轴承及比较

5. 柠檬孔或椭圆孔轴承。这类轴承在中分段上打有楔垫，在安装前将其移除。由此产生的孔形状近似为椭圆，椭圆长轴大约是短轴的两倍。椭圆孔轴承适用于双向旋转。

6. 三叶轴承。三叶轴承在叶轮机械中不常用，它具有适中的承载能力，可用于双向旋转。

7. 半偏移轴承。这类轴承类似于压力坝轴承，其承载能力很好，仅限于单向旋转。

8. 可倾瓦轴承。该轴承是现代叶轮机械中最常见的轴承类型，它由几个环绕轴的轴瓦构成，每个轴瓦工作时能够倾斜以获得最有效的工作位置。其最重要的特性是当使用球形轴时能自调心。这类轴承还具有较长的疲劳寿命，这是因为：

a. 采用自调心以获得最佳对齐位置和最小的限制。

b. 导热支撑材料能将油膜中产生的热量导走。

c. 可以用离心铸造的方式加工均匀厚度约为 0.005in（0.127mm）的薄巴氏合金层。厚的巴氏合金会大大降低轴承的寿命，如巴氏合金厚度为 0.01in（0.254mm）左右，轴承寿命会降低一半以上。

d. 在轴承刚度的计算中，油膜厚度是至关重要的。在可倾瓦轴承中，可以通过多种方式改变油膜厚度：（1）改变轴瓦的数量；（2）改变轴瓦间载荷的方向；（3）改变轴瓦的轴向长度。

前面列出的是一些最常见的滑动轴承类型，其稳定性沿排序方向由前往后逐渐增加，但所有为增加稳定性的轴承设计均是以增加制造成本和降低效率为代价的。所有的双向轴承均对轴颈施加了附加载荷，导致更高的轴承功率损耗，并需要更高的润滑油流速来冷却轴承。合理的轴承设计需要考虑许多因素，这些因素有：

1. 轴转速范围。

2. 允许的最大轴对中偏差。

3. 临界转速分析和轴承刚度对临界转速的影响。

4. 压气机叶轮的加载。

5. 油温和黏度。

6. 基础刚度。

7. 容许的轴向偏移。

8. 润滑系统的类型及其污染。

9. 容许的最大振动水平。

## 轴承设计准则

滑动轴承属于流体膜轴承。轴承中形成完整的流体膜将固定的轴衬与旋转的轴颈完全隔开，形成了轴承系统的两个组件。这两个组件间的分隔是通过向间隙中的流体加压，直到使流体力与轴承载荷相平衡来实现的。这种平衡方式需要不断向膜空间中注入流体并加压。图 13-7 给出了流体膜轴承的四种润滑模式，流体动力润滑模式的轴承是最常用的轴承类型，通常也称为"动压"轴承。

从图 13-7a 可以看出：压力是由两个轴承表面之间的相对运动产生的，在这种润滑模式中，流体膜为楔形。图 13-7b 显示了静压方式的润滑，这类轴承中润滑剂是由外部加压，然后进入轴承。图 13-7c 显示了压膜润滑模式，这类轴承承载力的获得以及轴衬、轴颈部件间的隔开是通过"黏性流体不能瞬间被挤出两个相邻表面之间"的事实来实现的。图 13-7d 给出了综合前面模式的混合型轴承，最常见的混合型轴承结合了流体动压和静压两种模式。

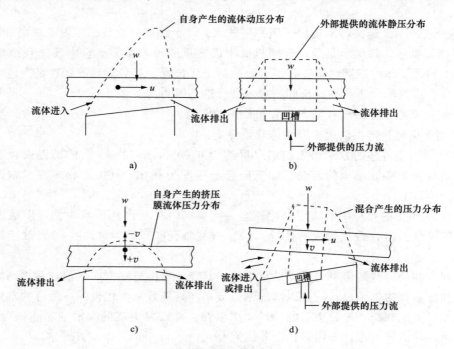

图 13-7 流体膜轴承的四种润滑模式

a）流体动压模式 b）流体静压模式 c）压膜模式 d）混合模式

对流体动力学润滑模式的进一步研究很有必要，因为它是目前最常见的一种润滑方式。这种类型的润滑取决于轴承部件的速度以及楔形构造的形态。滑动轴承可以形成一个自然的楔形（图 13-8），这是设计中所固有的，图 13-8 也给出了轴承的压力分布。流体膜厚度取决于润滑模式、润滑和应用场合，其厚度一般在 $0.000,1 \sim 0.01 \text{in}$（$0.002,54 \sim 0.254 \text{mm}$）范围内。对于静压润滑轴承，其膜厚度为 $0.008 \text{in}$（$0.203 \text{mm}$），在特殊情况下压膜轴承必须提

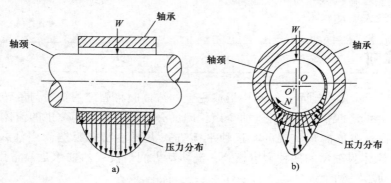

图 13-8 滑动轴承的压力分布

a）轴向 b）周向

供能够承受极高载荷而不会损害轴承，其油膜厚度可以小于 0.000,1in（0.002,54mm）。鉴于流体膜厚度非常重要，研究油膜的表面特性也是至关重要的。

无论表面如何，所有的表面均由一系列峰和谷构成，一般而言，平均粗糙高度可能是 5~10 倍的均方根表面光洁度。当表面磨损时，表面会很快形成氧化膜。

图 13-9a 给出了全液膜、混合膜和边界界面的相对位置。如果能形成全液膜，则轴承寿命几乎是无限长的，但全液膜性能会受润滑剂分解、冲击负荷、轴承表面侵蚀和轴承组件磨蚀的影响。图 13-9b 和图 13-9c 给出了不同污染类型的横截面，油添加剂是形成有益表面膜的污染物。

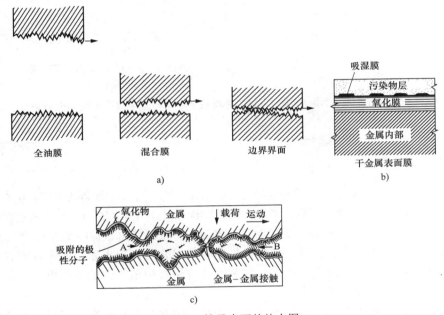

图 13-9 轴承表面的放大图

可以通过绘制 $Zn/P$ 相对于摩擦系数的曲线来最好地描述轴承健康状况。如图 13-10 所示，$Z$ 是以 cSt 为单位的润滑剂黏度，$n$ 是轴颈每分钟的转速，$P$ 是单位载荷的投影面积。

在给定的润滑剂和载荷条件下，随着轴承转速的增加，摩擦系数在全液膜时达到最低点，之后由于润滑剂剪切力的增加而增加。

轴承内的流体膜的作用类似于非线性的弹簧。图 13-11 给出了轴承载荷与膜厚度和偏心率之比的关系曲线。在任何载荷下，轴承的刚度可以通过在该加载点向该曲线画一条切线（求导）得到，油膜刚度可以用于确定转子的临界速度。

在更高转速和非常规流体润滑剂条件下，流体膜中的湍流不再罕见。通常，以为薄膜是层流的，但在具有高转速、低黏度、高密度的流体情况下，润滑剂在膜空间中的流动可能是湍流的。湍流流动可大幅增加功率的损失。相对于层流流动，湍流流动在转捩区，随着雷诺数的增加，损失的功率甚至会翻倍；而在高湍流区，功率损失会十倍地增加。由于湍流的随机性质，这一现象很难分析，但目前已经完成了大量的理论工作和一些可用的实验工作。作为指导，可以假定在雷诺数大约为 800 时转捩会发生。至于膜厚度，有证据表明：在湍流条件下，实际的膜厚度大于基于层流理论的计算值。

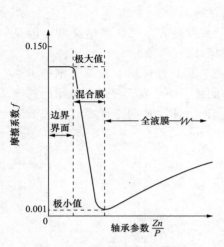

图 13-10　典型的 $Zn/P$ 曲线

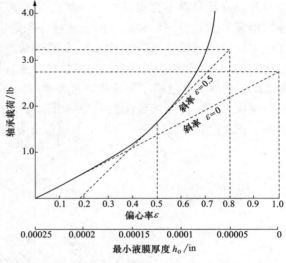

图 13-11　滑动轴承载荷与最小液膜厚度和偏心率比值的关系曲线

## 可倾瓦滑动轴承

由于可倾瓦滑动轴承具有能承受油膜涡动所引起振动的能力，通常会被考虑应用在轴载荷较小的条件下。但是，假如这类轴承设计得当，就可以具有很高的承载能力。它可通过倾斜以适应流体动力油膜中产生的力，因此在给定的载荷和速度下，轴承能以最佳的油膜厚度工作。这种在大范围载荷中工作的能力，在输入和输出轴的各种组合的高速齿轮减速中特别有用。

可倾瓦滑动轴承的另一个重要优点是它具有适应轴对中偏差的能力，由于其长径比相对较小，可以轻易地适应较小的对中偏差。

如前所示，轴承刚度随油膜厚度的变化而变化，因此临界转速在一定程度上直接受油膜厚度影响。而且，在临界转速附近，可倾瓦滑动轴承有最大程度的设计灵活性。已有精确的计算程序显示出各种载荷和设计因素可对可倾瓦滑动轴承的刚度产生影响。在可倾瓦轴承的设计中，如下的变量可能会发生变化：

1. 轴瓦的数量可以从 3 个变化到任何整数间。
2. 载荷可以直接加载于轴瓦上或轴瓦之间。
3. 可以通过调整轴瓦的弧长或轴向长度来改变轴瓦上的单位载荷。
4. 可以根据轴的弯曲曲率来改变轴瓦的圆周曲率，以对轴承的附加载荷进行设计。
5. 可以选择最佳的支撑点，以获得最大的油膜厚度。

在高速转子系统中，有必要使用可倾瓦轴承，因为这些轴承具有动态稳定性。高速转子系统运行在超过系统的第一阶临界转速的范围。需要注意的是，转子系统包括转子、轴承、轴承支架系统、密封、联轴器和其他连接在转子上的部件，因此系统的固有频率取决于这些组件的刚度和阻尼效应。

商用多用途可倾瓦轴承通常设计为多向旋转，因此其枢轴点位于轴瓦中心点上。然而，通常用于产生最大的稳定性和承载能力的设计准则，将枢轴点定位在沿旋转方向轴瓦弧的 2/3 位置处。

轴承预加载荷是可倾瓦轴承设计的另一个重要标准。轴承预加载荷是轴承装配间隙与加工间隙之比，即

$$预加载荷比 = C'/C = 同心枢轴膜厚度/加工间隙$$

预加载荷比为 0.5～1.0 时可以提供稳定的运行条件，这是因为轴承轴颈和轴承瓦之间能产生收敛的楔形油膜。

变量 $C'$ 是装配间隙，依赖于径向枢轴的位置。变量 $C$ 是加工间隙，对于给定的轴承而言是固定的。图 13-12 显示了五轴瓦可倾瓦轴承中的两个轴瓦。由于已经安装了轴瓦，因此预加载荷比小于 1，其中 2 号轴瓦的预加载荷比为 1.0。图 13-12 中的实线表示轴颈位置在同心位置上，虚线表示轴颈的位置，其载荷作用在底部轴瓦。

从图 13-12 可看出，1 号轴瓦以良好的收敛楔形膜运行，而 2 号轴瓦是以完全发散的膜运行，从而表明 2 号轴瓦完全没有承载。因此，预加载荷比为 1.0 或更高值的轴承在运行时，一些轴瓦是完全没有承载的，这减小了轴承的整体刚度并降低了它的稳定性，这是因为上端轴瓦在消除交叉耦合影响上不起作用。

非承载轴瓦会引起颤振，从而导致"前缘锁定"的现象。"前缘锁定"会使轴瓦远离轴，然后通过转子和轴瓦的摩擦作用保持在该位置。因此，轴承设计中预加载荷是至关重要的，尤其

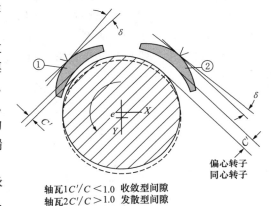

轴瓦1 $C'/C < 1.0$　收敛型间隙
轴瓦2 $C'/C > 1.0$　发散型间隙

图 13-12　可倾瓦轴承预加载荷

是对于在低黏度润滑剂下工作的轴承。在许多情况下，由于制造的原因和双向旋转能力造成许多轴承在制造时并没有预加载荷。

流体膜从层流区到湍流区的转捩也会影响到轴承的设计。转捩速度（$n_t$）可以用以下关系式计算，即

$$n_t = 1.57 \times 10^3 \frac{v}{\sqrt{DC^3}}$$

式中，$v$ 是流体黏度；$D$ 是直径（in）；$C$ 是径向加工间隙（in）。

湍流可以吸收更多的能量，从而增加油温，油温升高可能会导致严重的轴承侵蚀和磨损问题。最好将排油温度保持在低于 170℉（77℃）。但对于高速轴承，这种理想情况几乎是不可能的。在这些情况下，最好是监测进出口油的温差，如图 13-13 所示。

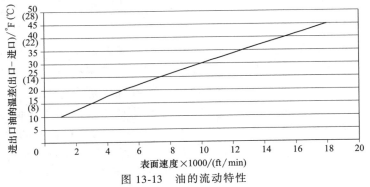

图 13-13　油的流动特性

## 轴承材料

自从伊萨克·巴比特（Issaac Babbitt）于 1839 年为其提出的特种合金（巴氏合金）申请专利以来，一直没有开发出任何包括其作为油润滑轴承表面材料的优良性能的产品。巴氏合金具有良好的兼容性和无划痕特性，并在机械组装和运行过程中具有良好的嵌入污垢和适应几何误差的优良性能。然而它们在疲劳强度方面的性能相对较弱，特别是在高温和巴氏合金厚度超过 0.015in（0.381mm）的时候，如图 13-14 所示。一般来说，轴承材料的选择需要在各种性能间进行适当的取舍折衷，因为没有哪一种单一的材料具有所有的优良特性。巴氏合金可以承受油膜的瞬间破裂，并在完全失效的情况下能很好地减轻轴或转子的损伤。含锡巴氏合金材料比含铅材料性能更好，因为前者具有更好的耐蚀性，减轻轴或转子的侵蚀，并更容易附着在钢基材料上。

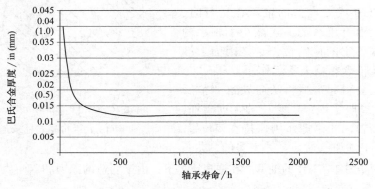

图 13-14　巴氏合金的疲劳特性

实际应用表明：巴氏合金的最高设计温度为 300℉（149℃），因此设计者会将这个温度降低 50℉（28℃）作为该材料的温度极限。当温度增加时，受温度升高软化效应的影响，金属会出现高温蠕变的趋势。蠕变可能在较大的膜厚度条件下发生，并可通过轴承表面的流动波纹观察到。当采用含锡巴氏合金时，观察表明：蠕变温度范围从轴承载荷低于 $200lbf/in^2$（13.79bar）时的 375℉（190℃）变化到轴承稳定载荷 $1,000lbf/in^2$（69bar）时的 260~270℉（127~132℃）。该温度范围可以通过采用非常薄的巴氏合金涂层来改善，例如在汽车轴承中的应用。

## 轴承与轴的不稳定性

"半频涡动"是滑动轴承工作时遇到的最严重的一种不稳定形式。"半频涡动"是由自激振动引起的其特点是轴心绕轴承中心以大约一半转速的频率旋转，如图 13-15 所示。

随着转速的增加，在达到"涡动"阈值前，轴系可以是稳定的。当达到阈值速度时，轴承会变得不稳定，并且进一步提高转速会产生更强烈的不稳定，直至轴承失效。与普通的临界转速不同，轴不能"通过"该阈值，并且失稳频率将随着轴转速的增加而增大，且保持"半频涡动"频率不变。这种类型的不稳定主要与高速、轻加载轴承有关。目前，这种形式的不稳定机理已得到了较好研究，并可以从理论上进行准确预测，从而通过改变轴承设计来避免。

需要注意的是，可倾瓦滑动轴承几乎可以完全不受这种不稳定形式的影响。然而，在某些情况下，倾斜轴瓦还是会发生前面所述的轴瓦颤振。

所有叶轮机械在运行的过程中都会发生振动，但轴承失效主要是由于它们无法抵抗循环应力。图13-16中给出了机组可以承受的振动水平的示意图。这些图经过了许多用户的改进，以期这些机组在运行中可维持更低的振动水平。但使用这些图时必须注意，不同的机组有不同尺寸的外壳和转子，因此，信号的传播会有所不同。

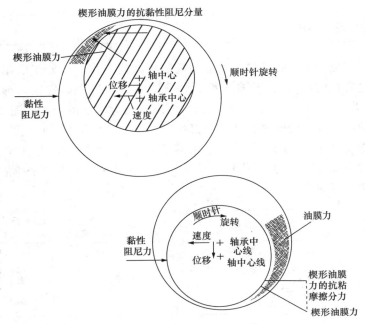

图 13-15　油膜涡动

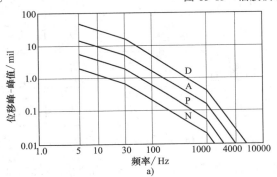

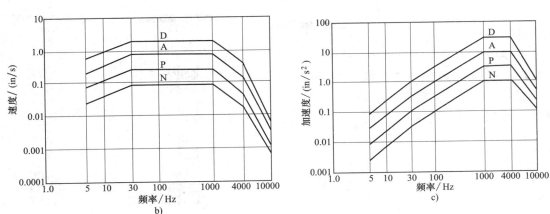

图 13-16　机组可以承受的振动水平

a）位移　b）速度　c）加速度

D—危险，停机　P—有问题，严密监视　A—反常，将会恶化，尽早检查　N—正常

# 推力轴承

推力轴承最重要的功能是抵抗机器内工作流体产生的不平衡力和保持转子的位置（在允许范围内）。因此对于推力轴承，必须进行全面的轴向推力载荷分析。如前所述，带有"背靠背"转子的压气机可以大大减少推力轴承的载荷。图 13-17 中显示了各种类型的推力轴承。普通的凹槽止推垫圈很少用于连续加载条件，而仅限于在推力载荷持续时间很短或可能仅在静止或低速下发生的情况使用。有时，此类轴承用于轻载荷 [小于 $50\text{lbf/in}^2$／（3.5bar）]，并且在这种条件下，由于在名义上平整的轴承表面存在小的变形，轴承的运行情况可能属于全流体动压模式。

| 轴承种类 | 载荷 | 合适的旋转方向 | 允许变载荷/转速的程度 | 允许偏心的程度 | 需要的空间 |
|---|---|---|---|---|---|
| 平垫圈 | 差 | | 好 | 中等 | 紧凑 |
| 锥形面 双向的 | 中等 | | 差 | 差 | 紧凑 |
| 单向的 | 好 | | 差 | 差 | 紧凑 |
| 倾斜轴瓦 双向的 | 好 | | 好 | 好 | 更大 |
| 单向的 | 好 | | 好 | 好 | 更大 |

图 13-17　推力轴承的比较

当显著的连续载荷作用在止推垫圈上时，必须采用一定型线的轴承表面来产生合适的流体膜，该型线可以是锥楔形，也可以是小的台阶形。

锥形面推力轴承，如果设计合理，可以承受或支持与可倾瓦推力轴承等量级的载荷。通过完美的对齐，它甚至可以承受与自平衡可倾瓦推力轴承（支点沿着径向线在轴瓦的背面枢转）相同的载荷。对于变速运行工况，可倾瓦推力轴承（图 13-18）与传统的锥形面轴承相比仍然具有优势，由于轴瓦可以自由旋转并形成一个合

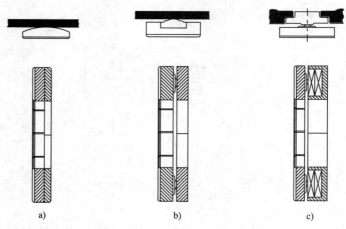

图 13-18　各种类型的推力轴承
a）径向轴的非平衡可倾瓦推力轴承　b）球形轴的非平衡可倾瓦推力轴承　c）自平衡推力轴承

适的角度，以便能在很宽的转速范围内进行润滑。自调平特性使得每个轴瓦的载荷均等，减少了运行期间对轴不对中的敏感度。这种类型轴承的主要缺点是在标准设计时，比非平衡推力轴承需要更多的轴向空间。

## 推力轴承设计的影响因素

推力轴承的主要作用是承受燃气轮机工作部件内产生的不平衡推力并保证转子位置在可容许的范围内。在对推力载荷进行准确的分析之后，应确定推力轴承的尺寸，尽可能以最有效的方法支撑这些载荷。许多试验证明：由于在高载荷和高温区域内巴氏合金表面的强度问题，推力轴承的承载能力会受到限制。在标准钢基巴氏合金可倾瓦推力轴承中，此承载能力限制在平均压力为 250~500（bf/in²）（17~35bar）范围，这种限制是由于表面的温度积累效应和轴瓦的凸起所导致的。

推力轴承的承载能力可以通过保持轴瓦的平整以及从加载区导出热量来大幅提高。通过使用适当厚度和适当支撑下的高热导率轴瓦，上述的最大持续推力极限可以增加到 1,000（bf/in²）或更高。工程中可以利用这个新的极限来增加安全系数，或用以提高给定尺寸轴承的抗流体激振能力，或用以减小推力轴承的尺寸，并因此减小给定载荷下产生的损失。

由于高热导率材料（铜或青铜）比传统钢基轴承材料要好得多，可以将巴氏合金的厚度减小到 0.010~0.030in（0.254~0.762mm）。如果嵌入式热电偶和热电阻布置的位置合适，在轴承运行出现问题时它们将会发出故障信号。已经发现温度监测系统比安装轴向位置指示器更加精确，轴向位置指示器在高温条件下存在线性度问题。

将钢基材料改变为铜基材料时，应采用一组不同的温度限制指标。图 13-19 给出了两种材料的典型曲线。此图还显示出，排油温度是反映轴承工作条件的一个次要的指标，因为从低负荷工况到失效工况，排油温度变化很小。

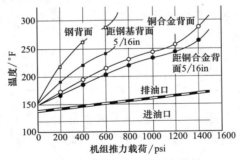

图 13-19　推力轴承的温度特性

## 推力轴承功率损失

在任何系统中，各种类型推力轴承消耗的功率都是一个需要着重考虑的因素。对功率损耗必须进行准确预测，以便准确计算燃气轮机的效率和设计合理的供油系统。

图 13-20 给出了推力轴承中典型功耗与机组转速之间的函数关系。通常，推力轴承的总功率损失大约占机组额定功率的 0.8%~1.0%。正在测试的新型矢量润滑轴承的初步数据显

示，该设计可以减少高达 30% 的功率损耗。

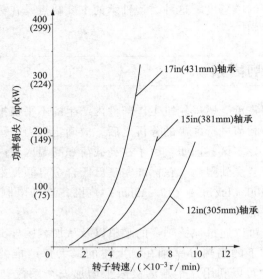

图 13-20　推力轴承中典型功耗与转速间的函数关系

# 密封

　　密封是叶轮机械中十分重要和关键的部件，特别是在高压和高速条件下尤为重要。本章涵盖了用于叶轮机械的转子和静子部件之间主要的密封系统。它们可以分为两大类：（1）非接触密封；（2）端面密封。

　　由于这些密封是转子系统的组成部分，它们会影响机组的动态运行特性。例如，密封几何尺寸和压力的改变将会影响机组的刚度和阻尼系数。因此，在密封系统的设计过程中，必须仔细评估和考虑这些影响因素。

# 非接触密封

　　非接触密封广泛应用于高速叶轮机械中，具有良好的机械可靠性，它们不属于主动控制型密封。目前有两类非接触密封（或称间隙密封），即迷宫密封和指环密封。

### ▶▶迷宫密封

　　迷宫密封是最简单的密封装置之一。它由轴或轴套中的环形金属条形成的一系列环形间隙组成。迷宫密封的泄漏量大于指环密封、接触密封或浮环密封。因此，当密封对效率的影响较小时可以考虑采用迷宫密封。有些条件下，迷宫密封是主密封系统中的重要附件。

　　在大型燃气轮机中，迷宫密封可以用于静态条件下，也可以用于动态条件下。在静态条件下，迷宫密封安装在气缸上，但必须保持与气缸的非连接状态，以允许部件的热胀差。在这个连接位置，迷宫密封的泄漏量最小。在动态条件下，迷宫密封安装在透平或压气机内，可以分为级间密封、叶顶密封、平衡活塞密封和轴端密封等。

迷宫密封的主要优点是：简单、可靠性高、对污垢容许能力强、系统适应性高、轴功率损耗非常低、材料选择灵活、对转子动力学特性影响小、工作压力无限制和可允许显著的热变形。迷宫密封的主要缺点是泄漏量大、对机组效率影响大、缓冲气成本高、由于容许外部污染物进入从而对其他重要零件如轴承产生损害、由于低气体速度或反向扩散造成密封腔室阻塞的可能性，以及难以形成符合 OSHA 或 EPA 标准的简单密封系统。由于上述这些缺点，目前许多机组改用其他类型的密封。

迷宫密封制造简单，并可以用常规材料制成。早期设计的迷宫密封采用梳齿密封设计，在齿间可以形成相对较大的腔室，但相对较长的齿很容易受到损坏。现代高性能可靠迷宫密封装置的齿表面坚固、齿间距离相对较近。图 13-21 给出了一些迷宫密封的示意图。图 13-21a 所示为简单形式的迷宫密封。图 13-21b 所示为带凹槽的迷宫密封，虽然其加工难度大，但封严性能更好。图 13-21c 和图 13-21d 所示为齿在转子上的旋转迷宫密封。图 13-21e 所示

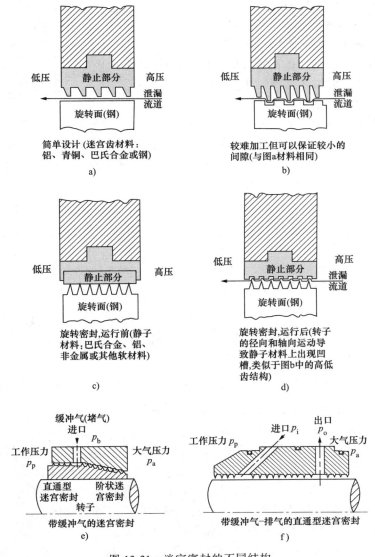

图 13-21 迷宫密封的不同结构

为带缓冲气的简单迷宫密封装置，其缓冲气的气压必须大于泄漏流压力和出口压力（可以大于或小于大气压）。缓冲气对泄漏流的流动产生了阻碍作用，喷射器从端部大气环境中吸入气体。图13-21f所示为带缓冲气的阶状迷宫密封。阶状迷宫密封能产生更好的封严效果。

静子部分通常由柔软材料制成，如巴氏合金或铜，对应的静止或旋转的迷宫面则由钢制成。这种构造可以使密封以最小的间隙安装。因此静子面可以嵌入柔软的材料，以提供必要的运行间隙来调整转子的动态偏移。

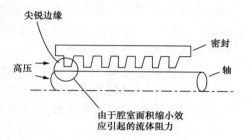

为保证最大的封严效率，关键是要沿流动方向保证迷宫齿端面的尖锐形状，这个功能类似于孔板。迷宫齿端面尖锐边缘的存在可以产生较大的收缩效应，因此较大程度地限制了泄漏流动（图13-22）。

在密封喉部（齿尖间隙），由于面积的突缩产生高速流动，在喉部后的腔室内，由于湍流效应流体动能耗散为内能。因此，迷宫密封中会产生多次的速度能损失。在直通型迷宫密封中，上游的速度能会携带进入下游从而导封严性能的下降，尤其在

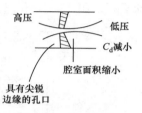

图 13-22　梳齿封严原理

相邻的喉部间隔很近的情况下。为了最大限度地阻止上游的速度能携带进入下游，可以采用阶状型或交错型密封，以使突扩膨胀的射流冲击到固体横向表面上。由于泄漏量与迷宫齿数目的平方根近似成反比，因此，若使4齿迷宫密封的泄漏量减半，迷宫齿的数量应该增加到16个。埃尔吉（Elgi）泄漏量计算公式如下：

$$\dot{m}_1 = 0.9A\left[\frac{\dfrac{g}{v_o}(p_o-p_n)}{n+\ln\dfrac{p_n}{p_o}}\right]^{1/2}$$

对于交错型迷宫密封，泄漏量公式为

$$\dot{m}_1 = 0.75A\left[\frac{\dfrac{g}{v_o}(p_o-p_n)}{n+\ln\dfrac{p_n}{p_o}}\right]^{1/2}$$

式中，$\dot{m}_1$ 为泄漏量（lb/s）；$A$ 为单节流泄漏面积（$ft^2$）；$p_o$ 为迷宫齿前绝对压力（lbf/$ft^2$）；$v_o$ 为迷宫齿前比体积（$ft^3$/lb）；$p_n$ 为迷宫齿后绝对压力（lbf/$ft^2$）；$n$ 为齿数。

迷宫密封可以通过以下方法减小泄漏量：（1）减小密封间隙；（2）采用尖锐边缘的迷宫齿，以减小流量系数；（3）在流道中布置凹槽或台阶，以减少相邻腔室间携带的动能。

迷宫密封静子可以柔性安装，以适应自对准效应所需的径向运动。实际中，除了非常小的高精度机组，径向间隙达到 0.008in 以下是难以实现的。大型燃气轮机的间隙通常为 0.015~0.02in。在机组安装过程中，测量并记录这些间隙是很重要的，因为机械动静碰磨或气动效率损失通常可以归结为迷宫密封间隙设计的不合理。

背风密封（Windback）结构与迷宫密封非常类似，但工作原理完全不同。如图 13-23a

所示，螺纹装置通过轴的鼓风作用将吹入的油带到孔周围，然后进入内部，继而返回系统。

背风密封结构非常简单，它与轴之间的间隙较大，并且具有较高的可靠性。当轴转速较低时，鼓风作用将不能保证密封的有效运行，这时可以通过轴表面特殊的结构来增加鼓风效应。背风密封也作为其他类型密封的补充，如图13-23b所示。当存在结焦问题时，利用周向背风密封可以防止油溅到密封碳环上。在压气机的油阻密封中，背风密封可引导轻微的内部泄漏流至高压出口，来实现实际过程中泄漏流的完全回收。

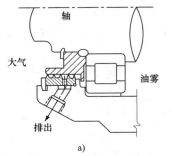
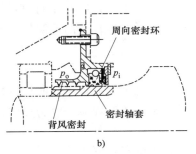

图 13-23　背风密封

### ▶▶ 指环（套筒）密封

限制型指环密封实际上是由一系列套筒组成的密封装置，它由套筒中的孔沿轴形成小的密封间隙。因此在限制区域，泄漏流受流动阻力和层流或湍流摩擦作用的影响。API 617 标准介绍了这种类型的密封装置，大多数限制型密封是浮动型而非固定型。浮动环允许的泄漏要小很多，而且它们可以是图13-24a所示的分段类型，也可以是图13-24b所示的刚性类型。

这种密封由于静子环和转子之间较小的接触，经过适当的设计非常适合高速叶轮机械。

当有足够的润滑和冷却流体时，用内衬巴氏合金钢、铜或碳制造的密封环将具有令人满意的运行性能。当密封的介质是空气或燃气时，必须采用碳密封。碳具有自润滑属性，密封由流经密封的泄漏流体进行冷却。根据工作温度和环境不同，铝合金和银也可用于制造密封环。泄漏流的大小取决于流动的类型和衬套的类型。有四种流动类型：可压缩和不可压缩，以及这两种流动都有可能是层流或湍流流动。指环密封可根据是否固定在静止外壳

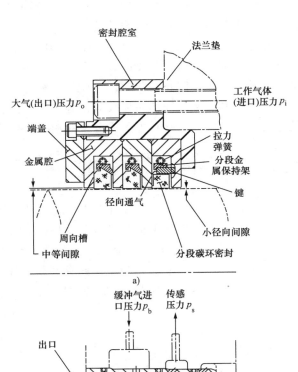

图 13-24　浮动限制型指环密封

上分为两种：固定分离环和浮动分离环。

固定密封环

固定密封环由一个附着在外壳上的长套筒组成，其中轴在套筒中以小间隙旋转。这种安装方式比较经济。然而，由于它是固定的，当发生摩擦时，密封就像一个附加的轴承一样，并且像迷宫密封一样需要大的运行间隙。因此，必须用长密封组装来保证泄漏在合理的范围之内。由于长密封的组装会恶化对中和摩擦问题，所以需要保证刚性轴的运行是在亚临界转速范围。固定衬套密封几乎总是以明显的偏心状态运行，再加上同时具有较大间隙和较大偏心率，这会在单位长度上产生较大的泄漏量。因此，固定密封环在不允许泄漏的场合是不实用的。

浮动密封环

相对于轴和机组外壳可以沿径向方向自由移动的间隙密封称为浮动密封。这些密封具有较小环形间隙密封所不具备的优势。浮动特性允许它们随着轴的运动和变形而自由移动，从而可避免产生严重的摩擦。

在高温条件下，当轴和衬套由不同类型的材料组成时，或它们之间有较大的温度梯度时，热胀差是一个难题。例如，通常碳的线性热膨胀系数约为钢铁的 $1/5 \sim 1/3$，必须在设计中对碳衬套的热膨胀进行控制。这时可以通过减少金属固定环（热膨胀系数等于或大于轴材料的热膨胀系数）的碳含量来实现。

在比较重要的场合，用略高于轴热膨胀系数的材料作为衬套是一种很好的选择。这样，启动时的卡涩会导致衬套膨胀远离轴。在大转矩伴随着高剪切强度的工况下，当外壳壁面的不平衡压力不足以阻止旋转时，可能需要沿与转动相反的方向固定衬套。

密封环和底座之间的污垢或其他异物的积累会损害浮动密封环中的轴颈，以及引起密封的过度涡动。柔软的材料如巴氏合金和银等比较容易吸附污垢，从而引起轴的损坏。

# 机械端面密封

机械端面密封在平直、精密抛光的表面之间进行封严，以防止泄漏。当应用于旋转轴时，密封表面处于垂直于轴的平面上，并且使两个接触面在一起的力与轴线平行。为使密封正常工作，如图 13-25 所示，必须满足四个密封条件：（1）填料箱的面必须密封；（2）轴的泄漏必须密封；（3）密封板内垫圈环必须设计为浮动密封；（4）动态面（旋转面到静止面）必须密封。通常，大多数的机械密封含有如下组件：

1. 旋转密封环

2. 静止密封环

3. 提供压力的弹簧装置

4. 静态密封

完整的密封装置含有两个基本组成部分：密封头和密封座。密封头单元包括外壳、端面构件和弹簧组件。密封座是配合构件，保证了密封组件配合面的精确配合。

密封头可以旋转或者保持静止（连接到本体），或者要么一部分（头或座）旋转，而另一部分保持静止。密封作用的运动取决于压力的方向。图 13-26 所示为旋转密封头和静止密封头。

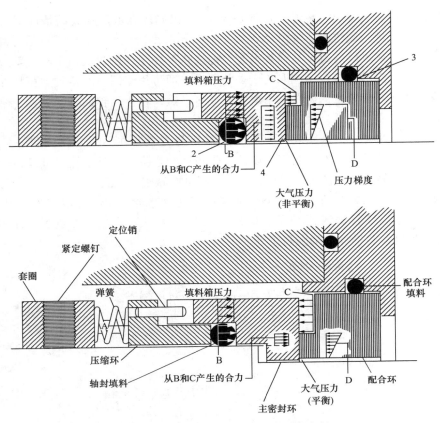

图 13-25 带台阶轴的非平衡和平衡密封

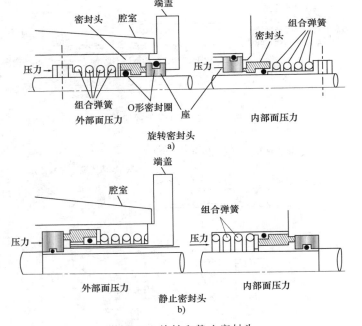

图 13-26 旋转和静止密封头

需要某种形式的机械加载装置（通常是弹簧），以确保在液压损失的情况下密封表面保持闭合的状态。密封区域的载荷量由"密封平衡"的程度决定。图 13-27 所示为密封的平衡原理。当施加在密封表面的力仅是弹簧力时，即液压不作用在密封表面上时，就形成了一个完全的平衡状态。使用的弹簧类型取决于多种因素，即可用空间、所需的载荷特性、密封运行的环境等。基于这些考虑，可以使用单弹簧或多弹簧设计。当轴向空间非常小时，可以采用蝶形（贝氏）弹簧、指式垫圈或弯曲垫圈。

最近发展了采用磁场力来获得面载荷的新型密封方式。在不同的液体和恶劣运行条件下，磁密封能提供可靠的性能。磁密封设计的优势在于紧凑并且重量轻，可以提供均匀分布的密封力，并很容易组装。图 13-28 所示为一个简单的磁密封装置。

轴密封的组件可以分成两类：一类是推杆型密封（包含 O 形环、V 形杯、U 形和楔形结构），另一类是波纹管密封，不同于推杆型密封，它们与轴之间形成了一个静态密封。图 13-29 所示为典型的推杆型轴密封组件。

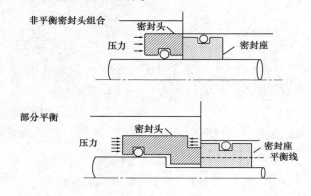

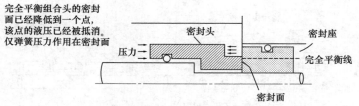

图 13-27　密封的平衡原理

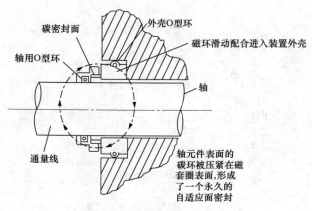

图 13-28　简单的磁密封装置

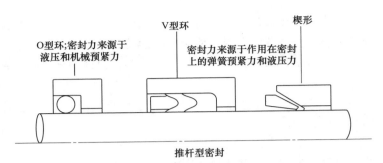

图 13-29 典型的推杆型轴密封组件

　　典型的机械接触轴密封含有两个主要组件，如图 13-30 所示，即油-压-气密封和油-未污染的密封-油-排出密封（或分离式套环）。这种类型的密封通常利用位于密封内侧的迷宫单孔缓冲气以及主动停机装置，在压气机待机和尚未用密封油时维持外壳的气压。在停机过程中，当没有油压时，碳环夹紧在旋转密封环和固定套筒间利用气压防止气体泄漏。

　　在运行过程中，密封油压保持与密封工作气体压力间有 $30 \sim 50 \mathrm{lbf/in^2}$（$2.4 \sim 3.5 \mathrm{bar}$）的压差。可以看出，这种高压油进入图 13-30 的顶部并完全充满了密封腔。一部分油（相对较小的比例，根据机组的大小，每个密封 $2 \sim 8 \mathrm{gal}$）流经碳环密封面并夹在旋转密封环（以轴速度旋转）和固定套筒（非旋转，被一系列外围弹簧压在碳环上）之间。因此，碳环的实际旋转速度可以介于零转速和全转速之间。由于油流经这些密封面接触到了工作气体，因此称为"被污染的油"。

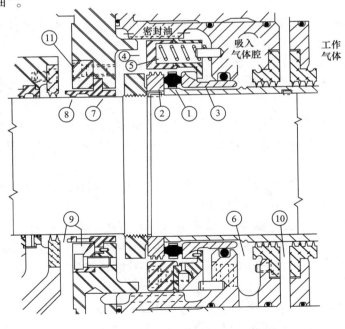

1. 旋转碳环　　　　　　　7. 浮动巴氏合金面钢环
2. 旋转密封环　　　　　　8. 密封刷环
3. 静止套筒　　　　　　　9. 密封油排出口
4. 弹簧挡板　　　　　　　10. 缓冲气注入口
5. 弹簧　　　　　　　　　11. 旁通孔板
6. 气体和污染油排出口

图 13-30 机械接触轴封

大多数未污染油在分离套环上从设计密封油压降到大气压力后，从密封油沟流出。这时可以利用一个与分离套环平行放置的孔板来测量冷却油的流量。污染油从油沟流向脱气器进行净化。轴承排油管可以与未污染的密封油沟连接或分离，而这种分离式的系统将增大轴承的跨距，降低临界转速。

## 机械密封选择与应用

已被证明有助于密封系统的设计和选择的因素如下：

1. 产品
2. 密封环境
3. 密封布置
4. 设备
5. 二次填料
6. 密封面组合
7. 密封盖压板
8. 主密封体

### ▶▶产品

被密封的液体的物理和化学性质将限制密封装置的类型、制造材料和可用的密封结构。

压力

被密封材料的相对压力影响着是采用平衡密封设计还是非平衡密封设计。因为密封属于表面加载，压力也会影响表面材料的选择。

如果工作条件低于大气压力，那就需要特别考虑对材料进行有效的密封。大多数的非平衡密封设计适用于填料箱的压力低于 $100lbf/in^2$（7bar）的工况，超过 $100lbf/in^2$（7bar）时应使用平衡密封。

密封制造商基于 $pv$ 等级进行密封面组合设计，$pv$ 是面负荷（$p$）和面滑动速度（$v$）的乘积。非平衡密封的最大 $pv$ 值大约是 $200,000$，而平衡密封的 $pv$ 值大约是 $2,250,000$。

温度

被泵送的液体的温度非常重要，因为它影响着密封面材料的选择以及面磨损寿命。这主要是由于温度变化改变了液体的润滑特性。

常见的密封设计能承受的流体的温度为 $0 \sim 200$℉（$-17 \sim 93$℃）。当温度高于 $200$℉（93℃）时，特种金属波纹密封的温度可达到 $650$℉（343℃）。低温（$-100 \sim 0$℉，即 $-73 \sim -17$℃）时，密封还需要进行特殊的处理，因为大多数的碳氢化合物在此温度范围内几乎不起润滑作用。

关于温度，最重要的一点是避免液体在接近闪蒸的温度附近运行。对于许多液体来说，机械密封的工作状态良好，但对大多数气体而言，机械密封的工作效果较差。

润滑

在所有的机械密封设计中，动态密封面之间都有摩擦运动。这种摩擦运动通常由被泵送的流体润滑。因此，必须考虑在给定的工作温度下被泵送的液体的润滑性来确定所选择的密封设计和密封面组合是否具有优良的性能。

大多数密封制造商采用具有良好润滑的密封面并将密封速度限制在 90ft/s（27.4m/s）以内。这主要是由于作用在密封体上的离心力会限制密封的轴向挠度。

**磨损**

当评估在夹带固体颗粒的液体中安装密封的可能性时，必须考虑以下因素：密封的动态运动是否会受到密封部件内的污垢限制？当出现研磨物时，通常首选的是采用一种含有非常硬质材料结合面的内冲洗型密封装置。然而受材料的属性（如毒性和腐蚀性）的限制可能需要采用其他的密封设计。

**腐蚀**

当考虑密封工质的腐蚀性时，必须确定什么金属可以用作密封体，什么材料可作为弹簧材料，什么密封面材料能与工质兼容（黏合剂或碳或碳化钨是否会被侵蚀、金属密封面是否会被侵蚀），以及可以使用什么类型的弹性体或垫圈材料。腐蚀速率将决定是否使用单弹簧还是多弹簧的设计，因为弹簧可以耐受较大程度的腐蚀而自身不会产生明显的失效。

**毒性**

毒性问题逐渐成为机械密封设计中的一个重要的考虑因素。由于摩擦的密封面需要液体的浸润来冷却和润滑，因此合理的推测是——总会有一些蒸汽通过这些密封面，实际运行情况也是如此。可以预期，正常工作的密封可能有 $10^{-6} \sim 10 \text{mL/min}$ 的"泄漏"。而人们也普遍认为，密封泄漏量会随速度的增加而增加。

#### ▶▶产品注意事项

1. 产品具有热敏性吗？密封面产生的热量可能会导致聚合化。
2. 产品对剪切敏感吗？如：湍流会使其硬化吗？
3. 如果产品是高度易燃，应注意可能存在的火源。
4. 对工作在危险性密封泄漏条件下的人员进行保护。
5. 可分解的气体产品必须进行适当通风。在大多数情况下，应将排出的气体送回储存箱。
6. 寒冷条件下服役的密封对水滴非常敏感。在维修后必须采用"干燥系统"。
7. 必须考虑正常运行、起动、停机和非正常运行条件下密封的压力和温度条件。
8. 必须知道产品的气化压力，以防止在储存箱中蒸发。

#### ▶▶密封环境

一旦对产品进行了充分的定义，就可以选择密封环境的设计。环境系统可以通过四个参数进行调节或改变：

1. 压力控制
2. 温度控制
3. 更换流体
4. 隔离大气

最常见的环境控制系统包括冲洗、阻隔流体、停止和加热/冷却系统，在上面提到的四种参数调节中，每一种控制系统都有应用。

#### ▶▶密封布置注意事项

有四个注意事项：

1. 有毒和致命产品中采用标准的双密封，但维护问题和密封设计会导致较差的可靠性。

双"面对面"的密封应当密切监视其运行状态。

2. 在脏污的服役条件下不要使用双密封，否则内部密封会出现卡涩。

3. API标准能较好地指导平衡密封和非平衡密封的使用。在过低压力下使用的平衡密封可能会引起密封面脱开。

4. 密封的布置及辅助部件的数量很大（超过100）。无论密封的供应商如何，密封的布置通常决定了机组运行是否成功。

### ▶▶设备

很少有人考虑将设备和密封的选择结合起来。在大多数情况下，无论选择哪种密封或布置，不良的设备都会导致密封性能不佳。同时，应该注意在相同的轴径和总压头条件下，不同的泵可能会引起不同的密封问题（注：在故障排除中，可以基于同样的考虑来解决这类问题）。

### ▶▶二次填料

虽然二次填料不重要，但它的作用应受到重视，特别是在这些部件中含有聚四氟乙烯时。大多数的密封设计中，会用一个O型密封环来获得与轴封类似的性能。当使用聚四氟乙烯轴封时，不同的密封供应商在性能设计上有很大的不同。根据密封的布置，当使用聚四氟乙烯时，配合环（静止）密封的填料性能可能有差异。

### ▶▶密封面组合

在过去的8~10年中，密封面组合的选择得到了较大的发展。目前，在石油、石化密封中，钨铬钴合金材料正在被淘汰，而更好等级的陶瓷材料逐渐作为标准的使用材料被应用。此外，碳化钨的成本有明显的下降，钨在大多数工业领域中的使用是可靠的。在密封市场上，碳化硅也逐渐受到欢迎，特别是在磨损的环境中。目前，所有的主要密封制造商均能提供碳化钨复合材料或涂层制造技术。如今，人们对密封面的动力学特性有了更好的了解。

### ▶▶密封压盖板

密封压盖板可以由泵供应商和密封供应商提供。泵供应商可以提供价格合理的合金压盖，但合金压盖的应用会受到限制，这是由于压盖是铸件，且必须适应多种密封的设计。也有一些压盖由泵供应商提供，但这些压盖很容易因螺栓连接引起变形。

密封件供应商应提供需加热、淬火和排空的特殊密封压盖，并按ANSI（美国国家标准学会）在泵上安装浮动衬套。几台ANSI泵的密封压盖设计并不令人印象深刻。

### ▶▶主密封体

制造商之间的设计差别很大。术语"密封体"是指除轴封压盖和密封环以外的推力密封外所有的旋转部件。提供不同密封体结构或备选项，主要是为了避免在特定的工作条件下进行设计。

## 密封系统

近年来，密封系统已经变得更为复杂，以满足现代化工过程的需求和达到政府的条规。简单的密封系统是一个带缓冲气和排气的限制环密封系统，如图13-31所示，此系统必须在缓冲气压力大于工作和喷射压力的情况下运行，喷射器压力必须低于大气压力。这些系统的问题比较常见，如喷射系统没有足够大的容量，缓冲气压力低于工作压力，以及在许多情况下密封环向后安装。

复杂密封系统包含许多不同类型的组件，以提供最有效的密封性能。图 13-32 所示为一个多组合分段式气体密封系统。其中前端迷宫式密封的作用是防止工作气体中所含的聚合物对密封环的堵塞，迷宫式密封后部安装了两弧段接触式密封和四

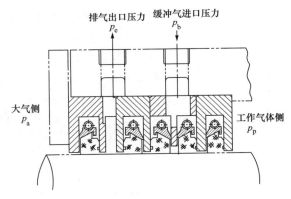

图 13-31 带缓冲气和排气限制环的密封系统

弧段限制环密封，四弧段限制环密封在这个组合中起主要作用，主限制环密封后面是四弧段密封圈，缓冲气也在第一组周向接触密封中引入，排气口位于后方周向密封的中部。因此，这个密封系统非常有效地阻止了泄漏，并可以利用工作过程中所排出的气体。

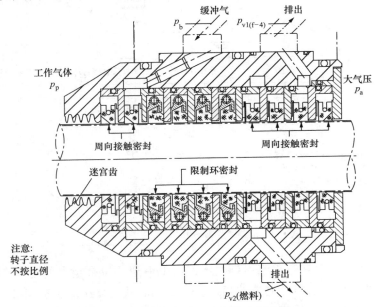

图 13-32 多组合分段式气体密封系统

当气体压缩机以剧毒或易燃气体为工质运行时，可能需要附加的系统以确保无泄漏。在许多应用中，如制冷工质气体，需要用缓冲气密封和液体缓冲气面密封。常用的方法是采用带缓冲气的液体迷宫密封。

## 相关的油系统

机械接触密封的优点是，相关的密封油供应系统可能比其他类型密封所需的油系统相对简单，机械密封分类如图 13-33 所示。相对较高的油-气差和较宽的许用范围使得该系统可采用简单的差动调节器，而不必采用复杂顶置的油箱装置来控制供油系统。图 13-34 中的深

色线表示了这种类型密封所用的密封油系统，密封油从一个控制头"A"抽出，经过一个相对廉价的调节器控制后降到所需的 $\Delta p$。其中，$\Delta p$ 控制的感应点位于高压压缩机末端，远离污染物排放腔。通过在高压末端进行监测，以使压缩机两端油气间保持最小的 $\Delta p$。由于采用了缓冲气气体，污染物排放腔中的压力会升高，因此应在污染物排油腔中配备一个自动监测点。在图 13-34 所示的系统中，"未污染油"与密封油混合并返回储油池。在那里，"被污染的油"可以被排放器收集，并自动排出或选择性地排出或通过脱气器返回到储油池。

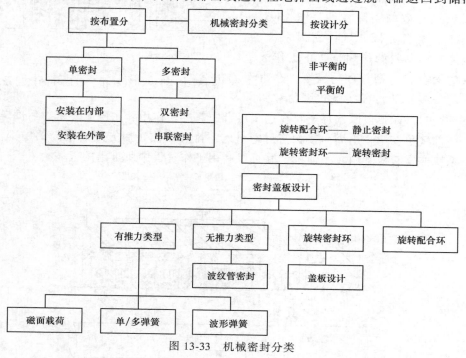

图 13-33　机械密封分类

# 干气密封

近 30 年来，干气密封在过程气体离心压缩机中得到了越来越多的使用，在大多数应用中取代了传统的油膜密封。目前制造的超过 85% 的离心式气体压缩机都配备了干气密封。

干气密封本质上属于机械面密封，包括旋转的配合环和静止的主环。干气密封的剖面图如图 13-35 所示。旋转部分包括轴套上的配合环（带螺旋槽），轴套的轴向固定通过夹套和锁紧螺母来实现，配合环通常采用销驱动，带螺旋槽的配合环和主环保持在护圈内。静止部分包括安装在护圈内的，主环护圈固定在压缩机的壳体上。在静态条件下，主环和配合环在主环弹簧载荷作用下保持接触。

在配合环上顺时针旋向的螺旋槽结构如图 13-36 所示。螺旋槽气体密封的工作原理是：流体静力和流体动力相平衡。当气体进入凹槽时向中心剪切运动。密封坝限制了气体的流出，从而提高了坝上游的压力。增加的压力可使安装比较灵活，并使主环与配合环分离。在正常运行期间，运行间隙为 $3\mu m$ 左右。在加压条件下，施加于密封上的力属于流体静力类型，并且无论配合环是静止还是旋转，这个力都是存在的。流体动力只有在旋转时才产生，由对数螺旋槽形成的配合环是产生这些流体动力的关键。

在运行期间,配合环中的螺旋槽会产生流体动力,使得主环与配合环分离,并在这两个环之间形成一个"运行间隙",有效地封住了工作气体。在正常运行中,运行间隙大约是3μm。密封气体注入密封中,以提供工作的流体,从而建立起运行间隙。

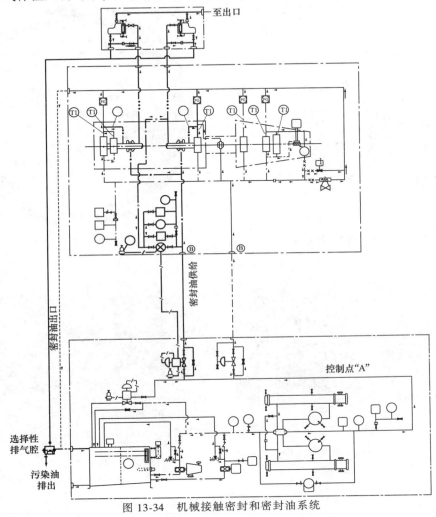

图 13-34　机械接触密封和密封油系统

## ▶▶ 串列式干气密封

串列式干气密封如图 13-37 所示,应用在允许过程气体有少量的泄漏场合。它在大气侧的密封系统中起安全密封的作用。串列布置可以提供特别高的安全操作等级。工作气体(产品)侧的密封和大气侧的密封能吸收全部的压差。在正常运行条件下,所有压力的降低仅由工作气体侧的密封承担。工作气体侧密封和大气侧密封之间的空间通过一个喇叭形通道连接。大气侧密封的压力等于喇叭形通道内压力,压差由大气侧密封来承担,因此泄漏到大气中或出口的量非常低。如果主密封失效,第二列密封起着安全密封的作用。

## ▶▶ 串列式干气迷宫密封

中间带迷宫密封的串列密封如图 13-38 所示。这种密封应用在不允许工作气体(产品)

泄漏到大气或缓冲气体泄漏到工作气体的场合，例如 $H_2$、乙烯和丙烯压缩机。在这种类型密封中，被密封的工作气体压力通过气体侧的密封来降低。整个过程气体泄漏后通过喇叭形通道连接排出。大气侧的密封通过与缓冲气通道相连的缓冲气气体（比如氮）施压，缓冲气体的压力确保了从迷宫密封到主排气口间的流动。

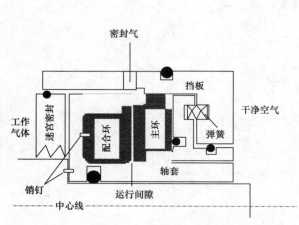

图 13-35　干气密封的剖视图

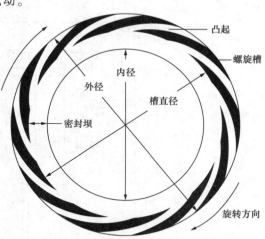

图 13-36　螺旋槽配合环（John Crane 公司）

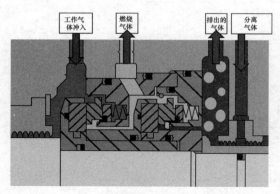

图 13-37　串列式干气密封（德国伊格尔
博格曼股份有限公司）

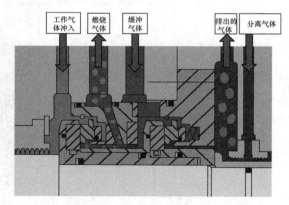

图 13-38　中间带迷宫密封的串列密封
（德国伊格尔博格曼股份有限公司）

### ▶▶双气体密封

　　如图 13-39 所示，双气体密封应用在不允许工作气体泄漏到大气中以及由于过小的工作气体压力导致串列式密封配置方式不适用的场合。运行中，缓冲气体可以泄漏到工作气体中，并且缓冲气体的压力必须高于工作气体压力。该密封适用于有合适压力的中性缓冲气体的条件，主要在化工行业中有比较典型的应用，例如 HC 气体压缩机。缓冲气体（例如氮气）以比工作

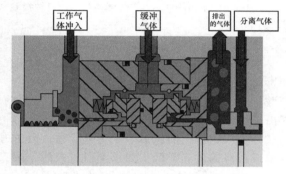

图 13-39　双气体密封（德国伊格尔博格
曼股份有限公司）

气体高的压力流入密封。缓冲气体泄漏的一部分逸出到大气侧，另一部分逸出到工作气体侧。

#### ▶▶干气密封工作范围

无论是惰性气体（氮气等）还是高毒性的天然气和硫化氢气态混合物的气体，都可以采用最佳的密封布置方式进行密封。

螺旋槽干气密封的工作范围如下：

密封压力：$2400lbf/in^2$（165bar）

温度：500℉（260℃）

表面速度：500ft/s（152m/s）

M. W.：$2\sim60$

#### ▶▶干气密封材料

气体成分、气流中的污染物、工作温度以及工艺过程条件决定了密封材料的选择。最常见的密封结构材料如下：

配合环：碳化钨、碳化硅

主环：碳、碳化硅

O形环：弹性体（氟橡胶，"Kalrez"）

硬件：300或400系列不锈钢（套、圆盘、护圈环）

螺旋弹簧：316不锈钢、海斯洛合金

#### ▶▶干气密封系统

干气密封的使用需要设计一种系统，该系统用来向密封件供应密封气体作为运行间隙工作的流体。这些气体密封系统通常由压缩机原始设备供应商提供，并安装在压缩机底座。气体密封系统有两种基本类型，即差压（$\Delta p$）控制型和流量控制型。差压控制系统通过调节密封气体的压力到预定值［通常高于密封压力$15lbf/in^2$（1bar）］，来控制向密封件提供密封气体，这一功能是通过使用差压控制阀来实现的。流量控制系统通过调节密封上游孔内的气体流量向密封件提供密封气体，这一功能是通过使用差压控制阀并监测孔两侧的压力来实现的。

#### ▶▶干气密封性能退化

外来的污染物会导致密封失效。主气封环和副气封环之间的运行间隙通常约为$3\mu m$，任何类型的固体或液体进入这个非常狭窄的密封间隙中，都有可能导致密封性能的退化。这将引起过多的气体泄漏到出口，甚至引起密封的最终失效。

由于两个密封面之间典型的运行间隙范围为$0.000,1\sim0.000,3in$，因此产生的泄漏量很小。在静态加压超过$50\sim75lbf/in^2$（3.4～5.17bar）时，密封的泄漏量非常小。这种泄漏量随着压力的增加而增加，随温度的增加而减小。在较高温度下气体的黏度增加，从而会降低密封泄漏量。例如，天然气压缩机中4in（101.6mm）的轴封，在静态加压到$1,000lbf/in^2$（69bar）时，泄漏量为1标准$ft^3/min$（0.03标准$m^3/min$）。在动态条件下，由于螺旋槽的泵送效应，泄漏量也会增加。

由于密封中进入了外来污染物，功率损耗也会增加。密封表面在动态条件下，是非接触式的，与干气密封相关的功率损耗是非常小。工作条件为 $1,000\text{lbf/in}^2$（69bar）、$10,000\text{r/}$min 的 10in（254mm）密封的功率损耗约为 $12\sim14\text{kW}$。如果密封表面受损，损失可能增加 $20\%\sim30\%$。

密封内的异物会造成主环和副环之间剪切力的增加，引起密封组件过热，导致 O 形环受挤压或其他机械形式的密封的失效。引起气体密封污染发生的主要区域是：

- 工作气体从密封的内侧或高压侧泄漏。
- 来自密封的外侧或低压侧的轴承润滑油。
- 注入密封的密封气体被上游工作气体射流所污染。

来自工作气体的污染

当密封中的密封气体供应不足时，可能会发生来自工作气体的污染，使得工作气体直接接触密封环面，导致污染物损坏密封。

来自轴承润滑油的污染

在干气密封的外侧、气体密封和压缩机轴承之间，需要采用缓冲气密封来封严。缓冲气密封（一般用空气或氮气作为缓冲气）的主要功能是防止轴承润滑油流向气体密封。当缓冲气密封失效时，润滑油可能会引起干气密封污染。

来自所提供的密封气体的污染

来自所提供的密封气体污染的发生是由于干气密封上游的密封气体没有进行适当的处理。气体密封制造商对密封气体的质量有严格要求。通常，密封气体必须进行干燥，并且过滤掉 $3\mu\text{m}$ 及以上的颗粒。大多数情况下，气体密封系统中提供的过滤器可以满足这个要求。

干气密封在极其严格的公差范围内运行，特别要注意气体密封环境的设计以及压缩机和气体密封系统的运行情况。确实存在因外界影响而导致的密封性能退化和密封寿命缩短的威胁，但这些因素的不利影响可以最小化。

用干气密封替代机械密封时必须仔细检查，许多事故发生在用干气密封替代机械密封的情况下，导致压缩机不能稳定运行。这是由于更换机械密封后，转子系统的阻尼发生了变化，并且可能导致转子在接近临界转速的条件下运转。

# 参考文献

Abramovitz, S., "Fluid Film Bearings, Fundamentals and Design Criteria, and Pitfalls," Proceedings of the 6th Turbomachinery Symposium, December 1977, pp. 189-204.

Childs, D. W., and Vance, J. M., "Annular Gas Seals and Rotordynamics of Compressors and Turbines," Proceedings of the 26th Turbomachinery Symposium, Texas A&M University, 1997, p. 201.

"Effects of Compressible Annular Seals," Proceedings of the 24th Turbomachinery Symposium, Texas A&M University, 1995, p. 175.

Egli, T., "The Leakage of Steam through Labyrinth Seals," Trans. ASME, 1935, pp. 115-122.

Evenson, R. S., Mason, B., Frederick, D. V., St. Onge, and Alain, G., "Development and Field Application of a Single Rotor Design Dry Gas Seal," Proceedings of the 24th Turbomachinery Symposium, Texas A&M University, 1995, p. 107.

FAG "Rolling Bearing Damage," Publication No. WL 82 102/2 Esi, 1995.

FAG "Rolling Bearings, Fundamentals, Types, Design," Publication No. WL 43 1190 EA, 1996.

Garner, D. R., and Leopard., A. J., "Temperature Measurements in Fluid Film Bearings," Proceedings of the 13th Turbomachinery Symposium, Texas A&M University, 1984, p. 133.

Herbage, B., "High Efficiency Fluid Film Thrust Bearings for Turbomachinery," 6th Proceedings of the Turbomachinery Symposium, Texas A&M University, December 1977, pp. 33-38.

Herbage, B. S., "High Speed Journal and Thrust Bearing Design," Proceedings of the 1st Turbomachinery Symposium, Texas A&M University, October 1972, pp. 56-61.

Jackson, C., "Radial and Thrust Bearing Practices with Case Histories," Proceedings of the 14th Turbomachinery Symposium, Texas A&M University, 1985, p. 73.

King, T. L., and Capitao, J. W., "Impact on Recent Tilting Pad Thrust Bearing Tests on Steam Turbine Design and Performance," Proceedings of the 4th Turbomachinery Symposium, Texas A&M University, October 1975, pp. 1-8.

Leopard, A. J., "Principles of Fluid Film Bearing Design and Application," Proceedings of the 6th Turbomachinery Symposium, Texas A&M University, December 1977, pp. 207-230.

Mayeux, T., Paul, Feltman Jr., and Paul, L., "Design Improvements Enhance Dry Gas Seal's Ability to Handle Reverse Pressurization," Proceedings of the 25th Turbomachinery Symposium, Texas A&M University, 1996, p. 149.

Richards, R. L., Vance, J. M., Paquette, D. J., and Zeidan, F. Y., "Using a Damper Seal to Eliminate Subsynchronous Vibrations in Three Back-to-Back Compressors," Proceedings of the 24th Turbomachinery Symposium, Texas A&M University, 1995, p. 59.

Salamone, D. J., "Journal Bearing Design Types and Their Applications to Turbomachinery," Proceedings of the 13th Turbomachinery Symposium, Texas A&M University, 1984, p. 179.

Scharrer, J. K., Pelletti, and Joseph, M., "Leakage and Rotordynamic Effects of Compressible Annular Seals," Proceedings of the 24th Turbomachinery Symposium, Texas A&M University, 1995, p. 175.

Shah, P., "Dry Gas Compressor Seals," Proceedings of the 17th Turbomachinery Symposium, Texas A&M University, 1988, p. 133.

Shapiro, W., and Colsher, R., "Dynamic Characteristics of Fluid Film Bearings," Proceedings of the 6th Turbomachinery Symposium, Texas A&M University, December 1977, pp. 39-53.

Southcott, J. F., Sweeney, J. M., Feltrnan Jr., and Paul, L., "Dry Gas Seal Retrofit," Proceedings of the 24th Turbomachinery Symposium, Texas A&M University, 1995, p. 221.

Takeuchi, Takao, Kataoka, Tadashi, Nagasaka, Hiroshi, Kakutani, Momoko, Ito, Masanobu, Muraki, and Ryoji "Advanced Dry Gas Seal by the Dynamic Ion Beam Mixing Technique," Proceedings of the 27th Turbomachinery Symposium, Texas A&M University, 1998, p. 39.

# 第 **14** 章

# 齿　轮

齿轮装置是动力机械和被驱动机械间重要的连接部件。齿轮装置选择不合适将会引起许多问题。齿轮能在高转速下传输大的功率。随着叶轮机械技术的进步，尤其是透平、压缩机、联轴器和轴承性能的提高，需要齿轮装置能够承受较高的外力。为了设计零故障运行的设备，需要考虑外部系统对齿轮传动性能的影响。因此在设计阶段，应该考虑所有影响齿轮传动的设计、应用和运行方面的因素。

由于齿轮工作遇到的问题很复杂，因此不能单方面苛责齿轮制造商。齿轮供应商往往比别的供应商更缺乏对机组的了解。齿轮制造商和用户应该合作解决所遇到的问题。引起齿轮问题的原因之一是系统的弹簧常数和质量不同步。齿轮通常是唯一与金属部件紧密接触并直接工作的部件，这种工作方式可能引起早期失效。齿轮传动边要经受 $0 \sim 55,000 \mathrm{r/min}$ 的周期性加载变化。

随着目前材料和热处理技术的发展，齿面负载达 $5,000 \mathrm{lbf/in^2}$（$34,474 \mathrm{kPa}$）（面）、节线速度达 $20,000 \sim 30,000 \mathrm{ft/min}$（$6,096 \sim 9,144 \mathrm{m/min}$）的高硬度齿轮装置得到了广泛使用。在燃气轮机驱动测试设备中，齿轮传动装置的节线速度可达 $55,000 \mathrm{ft/min}$（$16,764 \mathrm{m/min}$），旋转速度接近 $100,000 \mathrm{r/min}$。较高的内力和材料应力与高转速的耦合作用，使得齿轮传动装置的动态特性非常复杂，并易于受到系统中其他部件的影响。

必须了解整个传动装置的系统特征，以便合理地选择齿轮。影响传动系统的主要因素有：（1）联轴器；（2）外部振动；（3）运行条件；（4）推力载荷；（5）安装方式。

联轴器是不平衡振动的恒定来源，并且临界转速的变化可归因于垫片等间隔件的移位和磨损。联接键可引起严重的齿轮箱体振动，而轴的振动可以维持在较低水平。因此，需要用加速度传感器，并结合接近探头来监测振动。当大、小齿轮的齿在彼此之间几百微英寸的距离内运行时，很容易出现由高频振动引起的齿轮失效。加速度传感器还可以监测齿轮啮合的频率，从而作为预警设备，但必须详细给出运行条件。

在许多情况下，仅给齿轮制造商提供了机组的传动功率。由于接近扭转或横向临界转速，实际传递的载荷可以达到更高。例如：离心式压气机的喘振会引起严重的超载，并导致齿轮失效。

外部推力载荷是另一个重要问题。在许多情况下，会选择双螺旋齿轮来解决外部推力载

荷问题，如图 14-1 所示。由于齿轮箱的不正确
安装和膨胀会导不对中问题，所以齿轮箱和齿
轮装置的安装形式也是影响装置整体寿命的一
个非常重要的考虑因素。

必须提供一种支撑齿轮传动重量、推力和
转矩反作用力，并使载荷挠度最小的牢固结构。
每个齿轮箱至少需要两个销子来定位，并且必
须减小任何因素所导致的箱体振动。理想情况
下，结构应该用钢筋混凝土或灌浆的钢进行加
固。由于不可避免的温度变化会对校准产生不
利影响，所以要避免在支撑主体部件的结构上
布置油箱。如果支撑结构无法用钢筋混凝土或
灌浆的钢进行加固，则要避免装置组件的质量

图 14-1 双螺旋齿轮 （54,000hp，
40MW，禄福金公司）

和结构刚度处于系统转动频率或谐振频率附近而导致的共振问题。

## 齿轮类型

某些时侯，对于单螺旋齿轮和双螺旋齿轮的选择是比较困难的。两种类型的齿轮都可以
达到相同的精度水平。对齿轮精度的控制仅仅是齿轮铣齿机的一个功能，在切削加工过程
中，需要对铣齿机进行维护并提高加工人员的技术水平。滚铣齿轮是用简单且容易维护的齿
轮插刀连续加工的，齿轮插刀能加工出具有极高几何精度的齿轮，具有无法测量的间距误差
以及均匀的导程。当双螺旋的两个螺旋同时被切削时，或者安装顺序没有变化时，顶点位置
误差在运行时几乎难以察觉，啮合产生的轴向振动激励可以忽略。单螺旋齿轮和双螺旋齿轮
可以使用相同的设备来制造。大部分应用于燃气轮机的传动装置，无论是单螺旋齿轮还是双
螺旋齿轮，都是通过磨削加工，以达到必要的轮齿精度和表面光洁度。

在任何齿轮部件的设计中，推力载荷的设计都是一个难题，而且它的影响会因选择单螺
旋或双螺旋齿轮的不同而不同。不论哪种情况，都必须对推力载荷做精确估算，以对其进行
智能补偿。对于双螺旋齿轮，可以通过略微增加容量来适应连续轴向载荷，以解决螺旋载荷
不平衡的问题。美国石油学会（API）613 和 617 两项标准要求单螺旋齿轮必须安装推力轴
承，并建议（但不要求）双螺旋齿轮也安装推力轴承。

当一个大直径、高转速的推力轴承安装在单螺旋小齿轮轴上时，将造成费用增加和效率
下降，但这仅仅是一小部分。

间歇性载荷，比如安装在热膨胀轴系上的齿式联轴器产生的间歇性加载，也是一个难
题。在双螺旋齿轮中，可以通过对螺旋角和联轴器尺寸进行调整来缓解该问题。因此，由传
递扭矩所造成的轴向耦合作用力会小于每个螺旋齿轮产生的推力。这种设计确保联轴器能够
滑动，以减小轴向载荷，并使两个螺旋线上的力平衡。

当螺纹中径远小于齿轮直径时，应该选择高速齿式联轴器，但此时产生的轴向力会很
大，因此应当仔细检查联接部件，以消除潜在的故障源。采用隔板和圆盘联轴器可以消除齿
轮联接所引发的轴向力。

双螺旋齿轮通常应用在高加载精度和运转平稳的场合。如果应用合理，这些齿轮装置将具有更高的效率和无与伦比的可靠性。在选择联轴器时，应利用合理的运行数据信息，这种判定方法能确保被联接机器的振动和噪声保持在不被察觉的较低水平。

在单螺旋齿轮中，所有外部产生的力都必须加载到齿轮产生的推力中，合力作用于每个轴上，并用于选择高速轴推力轴承。推力或承载力的估算误差会导致推力轴承或相关轴系的失效频发。由于来自螺旋线的载荷不对称，单螺旋齿轮有两个设计难点，而双螺旋齿轮结构则不存在。由于齿廓的有效中心来回摇摆不定，给轴承带来较大的交变载荷。这种摇摆导致实际的轴承负荷峰值远大于其计算值，可能导致轴承早期失效。此外，螺旋线引起的推力导致齿轮在齿轮箱中有偏斜的趋势，使得轴承载荷不平衡以及齿轮不平行。单螺旋齿轮的凸度用于抵消轴偏心所带来的影响。

## 齿轮设计的影响因素

齿轮啮合的横截面如图 14-2 所示，图中标出了齿轮和啮合线上的一些重要的点。图 14-3 给出了螺旋齿轮的术语。影响齿轮性能的主要因素如下：（1）压力角，（2）螺旋角，（3）齿的硬度，（4）磨损预测，（5）齿轮精度，（6）轴承类型，（7）服役系数，（8）齿轮箱，（9）润滑。

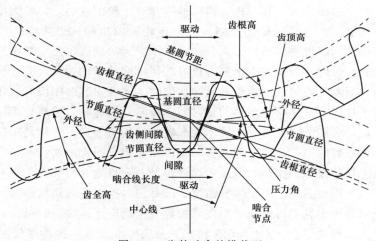

图 14-2　齿轮啮合的横截面

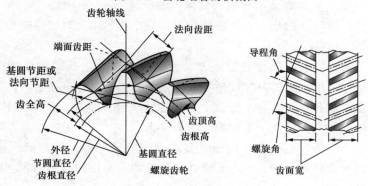

图 14-3　螺旋齿轮的术语

▶▶**压力角**

在设计初期，设计者首先需要选取合理的压力角。通常情况下，压力角在 14.5°~25° 范围（大）变化。压力角的变化会影响啮合系数和啮合线的长度。当压力角变大时，啮合系数和啮合线的长度都会减小，如图 14-4 和图 14-5 所示。啮合系数是啮合齿数的指标。一般情况下，啮合系数越大，齿轮产生的噪声越小。

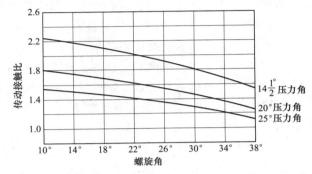

图 14-4　齿轮几何参数随压力角和螺旋角的变化（禄福金公司）

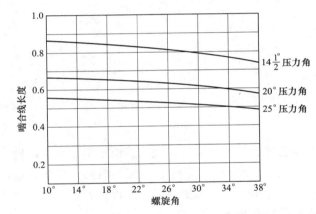

图 14-5　啮合线长度随压力角和螺旋角的变化（禄福金公司）

齿强度是选择压力角的一个重要依据。齿的几何形状随压力角的变化如图 14-6 所示。

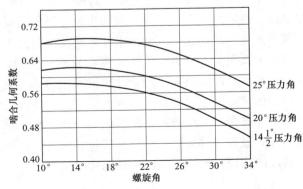

图 14-6　啮合几何系数随压力角和螺旋角的变化（禄福金公司）

压力角越大，齿强度越高。齿轮产生的噪声随啮合几何系数的增大而减小。因此，压力角的选择需要考虑许多因素。通常采用的压力角在 17.5°~22.5°范围内。较大的压力角会使轴承载荷增大，但这并不是选择压力角的决定因素。

▶▶ 螺旋角

螺旋角一般在 5°~45°范围内变化。单螺旋角的变化范围为 5°~20°，而双螺旋角的变化范围为 20°~45°。选择合理的螺旋角可以获得最小的重合度并提供良好的载荷分配。重合度随螺旋角的变化规律如图 14-7 所示。所产生的推力与螺旋角的关系如图 14-8 所示，推力随着螺旋角的增大而增大。因此，单螺旋齿轮的螺旋角较小。

单螺旋齿轮和双螺旋齿轮各有优缺点。单螺旋齿轮的优点是精度高、对联轴器推力的敏感度低、没有顶点跳动且齿面切制成本低。单螺旋齿轮的缺点是它需要采用更昂贵的推力轴承和/或止推端面，并由于推力轴承上产生的热负荷导致效率更低。

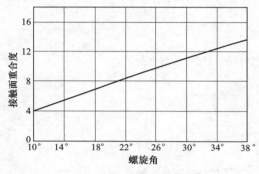

图 14-7　重合度随螺旋角的变化关系
（禄福金公司）

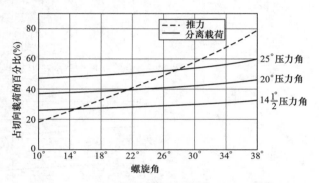

图 14-8　推力和分离载荷随螺旋角和压力角的
变化关系（禄福金公司）

双螺旋齿轮的优点是它很容易进行设计和加工，由于不需要止推端面和推力轴承，齿轮传动产生的推力很小，并且由于没有推力轴承，效率通常高于单螺旋齿轮。双螺旋齿轮的缺点有：对联轴器锁定很敏感；由于安装和更换刀具使得齿面切制成本稍高；另外，为了容纳螺旋线之间的间隔，使得齿轮箱稍宽。

▶▶ 齿轮硬度

当前所用的齿轮硬度在 225BHN~60Rc 之间变化。每种硬度的齿轮都有自己的优点和缺点，所以一定要仔细评估决定硬度的因素。中等硬度的齿轮对操作错误不太敏感，并且在失效前磨损缓慢。由于高载荷强度和滑动速度，硬度大的齿轮对磨损更为敏感。中等硬度的齿轮的噪声水平随着磨损的增大而增大，噪声增大预示着齿轮即将失效。比起表面硬化齿轮，中等硬度齿轮的热处理相对简单。硬齿面齿轮用于叶轮机械中为小空间提供更大功率密度的场合。当表面进行硬化时，齿轮必须经过磨削进行表面处理。零件渗碳处理的过程如图 14-9 所示。渗碳工艺用于对采用淬火和回火没有效果的低碳钢进行硬化处理，这会使零件的耐磨性更好、承载能力更高。渗碳过程通过加热与碳质材料接触的金属到高于相变温度范围并保持在该温度下，将碳渗透进固体铁合金中。碳的渗透深度取决于温度以及保持该温度的时间和渗碳剂的组成。

渗氮处理也是一种使齿轮表面硬化的方法。渗氮处理能提供比硬化更高的承载能力，但不如表面渗碳那么高。也有其他可行的表面硬化方法，但在这类齿轮装置中并不常用。

▶▶**磨损**

对于高速和高载荷齿轮，需要评估磨损的影响。可采用闪点温度指数来预估磨损概率，美国齿轮制造商协会（AGMA）217 对比有相应的计算方法。如果该指数的值低于 275，可以认为磨损风险低。指数的值在 275～335 范围内则表示磨损风险高。通常可以用齿距、润滑选择、表面光洁度和轮齿载荷的最佳组合来控制磨损。

图 14-10 所示为转速和转矩对闪点温度指数的影响。由于磨损度是压力角、润滑和齿尺寸的函数，这些曲线本质上是通用的。

▶▶**齿轮精度**

按照 ANSI/AGMA ISO 1328-1 规定，叶轮机械中的齿轮通常需要齿轮精度达到 4 级或更高。研磨可精密控制齿顶和齿廓的形状，以补偿转子和齿的偏差。通过创建更均匀的载荷分布，可以提高齿轮的承载能力。

图 14-9　进行渗碳处理过程中的零件
（禄福金公司）

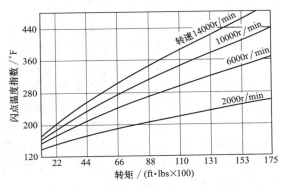

图 14-10　闪点温度指数随转速和转矩的变化
（禄福金公司）

ANSI/AGMA ISO 1328-1 为各种齿轮提供了所需的齿轮精度要求。对于高速或大功率的齿轮，应注意评估所测得的型线配合和啮合齿顶的匹配。一般情况下，高速齿轮的制造商需要监测齿轮啮合渐开线、齿顶、径向圆跳动、齿间距和表面光洁度。轻载软蓝法检测可以用来证明系统的准确度。

▶▶**轴承类型**

各种类型的轴承都可以用来支撑齿轮。一般来说，燃气轮机驱动用的齿轮传动装置，无论是单螺旋还是双螺旋，都是用流体动压滑动轴承来进行支撑的。

最基本的轴承类型是普通滑动轴承。该类轴承具有很好的承载能力，但也会产生油膜涡动问题。为了防止油膜涡动，要使用压力坝轴承或可倾瓦滑动轴承。齿轮电动机有自身的工作载荷，不需要与驱动压气机的透平相同程度的空载轴承稳定性。在驱动压气机的透平中，只有转子重量作用于轴承。

在这类传动中，排除滚动轴承可能是毫无依据的。在低功率范围内，滚动轴承的承力等级也很容易满足要求，因此滚道和滚子产生的失效问题不容易发生。使用滚动轴承的传动装置有时候会给齿轮制造商提供额外的设计自由度。滚动轴承在现代轻型燃气轮机中的广泛应用可以强有力地证明这一点。

推力轴承有各种类型，从球轴承到自平衡可倾瓦轴承。最常见的类型是巴氏合金衬套轴承和平面推力轴承。平面推力轴承有时通过增加锥形台来增加负载能力。可倾瓦推力轴承应用越来越常见，这是因为它的轴向载荷支撑能力较高，以及调整偏差的能力较好。由于具有较高的许用载荷和较低的摩擦速度，可倾瓦推力轴承的效率也更高。

### ▶▶ 服役系数

选择齿轮时，主要考虑服役系数和传动装置的类型。服役系数定义为系统任意组件的计算载荷和平均传输载荷的最小比值。一般来说，齿面点蚀、磨损或轮齿裂口都会导致失效，其中准则之一是控制这些因素在齿轮传动中的影响。这三种失效模式的后果是不同的，尤其是在持续时间方面。磨损发生后可以在很长一段时间内不影响机器的使用性和可靠性。点蚀如果是新进的，最后会破坏轮齿的工作齿廓，改变它们的热性能，并在轮齿不能承载之前达到很高的振动水平，使得传动装置失效。裂口所导致的一小部分的轮齿质量损失将会即刻对齿轮运行产生后果，平衡受到严重影响，齿尖断裂后齿轮将不能再工作。任何对服役系数的估算都需要确定失效属于这三种模式中的哪一种模式。

实际上，除非在严重和不可预见的过载情况下，设计齿顶倒角时都需要增加额外的间隙，目的是减少轮齿的裂纹，因为裂纹是失效的首要原因。

需要避免齿轮在高载荷下的磨损失效，在设计中应选择高黏性的润滑剂，一般在给定温度下润滑剂黏度为 150 SSU（赛波通用黏度）或更高。点蚀失效是提供（确定）运行范围最大的难点，增大齿轮尺寸或硬度是增加载荷能力的唯一方法，但这两种方法都会增加成本。

服役系数本质上不代表过载能力，因为它还包含经验或理论的估计值，如使用寿命、转矩波动、所需的可靠性等。AGMA、API 和其他机构按照标准制定和公开的服役系数是以传输载荷的需求为准则所提出的。如果计划或允许有大过载能力（超大功率电动机），则必须在这种情况下运行的齿轮提供额外的齿轮等级。同样，由扭力振荡或错误操作造成的转矩载荷在常用的服役系数范围之外时，必须单独估算并提供。但任何造成啮合过程中轮齿分离的转矩波动都是最难提供的。冲击载荷出现在再啮合的过程中，尽管齿轮尺寸合适，如果不考虑这些载荷，在这些条件下运行的齿轮使用寿命也将非常短。

### ▶▶ 齿轮箱

齿轮箱用诸如铸铁、钢、铝之类的材料制成。为保证尺寸的稳定性，齿轮箱在最后装配前必须消除应力。齿轮箱还得有足够的刚性来抵抗变形。齿轮周围必须有足够的空隙以防止堵油。为了防止热变形，需要能够保持箱体温度恒定，因为热变形会使齿轮箱产生对中问题。

### ▶▶ 润滑

配备给高速齿轮的润滑油具有双重目的：轮齿和轴承的润滑以及冷却。通常只有 10% ~ 30% 的油用于润滑，而 70% ~ 90% 的油用于冷却。

应优先选择有抗氧化剂和防锈剂的润滑油，一定要保持润滑油的干净、冷却，并有正确的黏度。合成油的应用也越来越广泛。如果要使用合成油，重要的是要提前通知齿轮制造商，因此齿轮的设计应与合成油使用相匹配。

当油在 100℉（38℃）条件下黏度为 150 SSU 时，如果可能，进口温度必须限制在 110~120℉（43~49℃），以确保油的黏度处于合理的范围。如果采用更高的进口温度，需要进行更详细的分析来确保齿轮得到足够的润滑。在运行中，应在制造商推荐的温度和压力范围内供给润滑油。当齿的节线速度达到 15,000ft/min（4,572m/min）时，润滑油应该喷向啮合外侧（轮齿啮合分离的一侧），从而使得齿轮有最长的冷却时间，且润滑油位于齿轮温度最高的区域。而且，当轮齿脱离啮合时，会形成一个负压，使润滑油进入齿间。

当齿的节线速度超过 15,000ft/min（4,572m/min）时，90% 的润滑油会被喷到啮合外侧，10% 的润滑油被喷到啮合内侧，这确保了所需润滑油在啮合处得到有效的利用。当速度范围在 25,000~40,000ft/min（7,620~12,192m/min）之间时，润滑油应喷到齿轮的侧面和间隙区域，以最大限度地减小热变形。

## 加工过程

齿轮制造商采用多种加工工艺来制造性能优良的高速齿轮。最常见的工艺有精密滚齿、滚齿和剃齿以及滚齿和磨齿。

高速齿轮需要在切削之后进行镗磨、剃齿或磨削等精加工。

### ▶▶ 滚齿

滚齿过程能够加工较好的齿间距和精确的齿顶，滚齿加工过程如图 14-11 所示。但由于经济性限制，它不能做到优于 40μin 的表面光洁度。被称为"齿轮滚刀"的切削工具是一个带有凹槽和铲齿的螺旋齿，如图 14-12 所示。这些凹槽有切削刃，并且被削尖用以保证原始齿廓。通过工件与滚刀的啮合，经过一系列切削过程后形成轮齿。为了切削螺旋角，随着滚刀的旋转，工件的旋转稍微提前或滞后，并且按照工件和滚刀的相对位置控制进给。经过滚齿过程可以制造出非常精密的齿轮。

图 14-11 齿轮制造中的滚齿过程
（禄福金公司）

图 14-12 齿轮制造中的滚齿过程所用的滚刀
（禄福金公司）

### ▶▶ 滚齿与剃齿

剃齿过程改善了齿表面、渐开线齿形和齿顶的表面光洁度，并用于加工轮齿。采用不精确的刀具进行剃齿会降低滚铣的精度，但不会改变间距或节线跳动度。剃齿刀具有渐开线齿，通过与被加工部分进行啮合，减小了表面的光洁度。

▶▶ **滚齿与研磨**

滚齿和研磨技术曾广泛应用于齿轮加工中，但随着技术的进步，为了承受更大的载荷，齿轮材料的硬度增加，磨削技术逐步取代了研磨，成为首选的精加工技术。

▶▶ **磨削**

磨削使齿顶和渐开线轮廓达到最佳值。图 14-13 和图 14-14 分别为典型的磨削床和成形磨削床。一般情况下，较好的齿间距表面光洁度可达到 $Ra24\mu in$ 或更高。现有的磨削工艺包括使用立方氮化硼（CBN）、氧化铝或陶瓷轮进行成形磨削。比起磨齿机，这种类型磨床的优点是具有更好的速度、齿间距和齿表面光洁度，以及高度可控的齿顶和渐开线。磨削的缺点之一是加工过程必须严格操作和控制，以避免磨削烧损和产生裂纹。

图 14-13　格里森-普法特（Gleason Pfauter）磨削床（禄福金公司）

图 14-14　成形磨削床（禄福金公司）

## 齿轮等级

2003 年 2 月，第 5 版的 API 613 "石油、化工、天然气领域专用齿轮设备"标准公开发布，目前已成为世界叶轮机械领域生产可靠齿轮的通用指南。API 613 基于 ANSI/AGMA2101-D02，提供了简化的齿轮等级，但 API 613 的评级方法通常比 AGMA 方法更保守。对齿轮进行比对和分选的常用步骤是基于轮齿的点蚀指数，即系数 $K$（美国惯例）：

$$K = \frac{材料指数}{服役系数}$$

材料指数基于材料的硬度，服役系数考虑了传动和被传动设备的特性。

$$K = \frac{126,000P_g}{n_p d^2 F_w} \frac{R+1}{R}$$

式中，$P_g$ 为传输功率；$R$ 为齿轮齿数比；$n_p$ 为齿轮转速；$d$ 为齿轮节圆直径；$F_w$ 为最窄配对齿轮的齿面净宽或双螺旋齿轮每个螺旋的面宽之和。

基于 API 613 的强度评级为

$$S = \frac{W_t P_n \text{SF}}{F_w} \frac{1.8\cos\gamma}{J}$$

式中，$S$ 为弯曲应力数；$\gamma$ 为螺旋角；$J$ 为几何因子；SF 为服役系数；$P_n$ 为标准径节距；$W_t$ 为工作节径下传输的切向负载。

## 齿轮噪声

工作齿轮组产生的噪声与工作组件的圆度和同心度（齿轮和轴系）、平衡度、齿间距偏差的控制和用以减小啮合激振频率的啮合刚度均匀性有关。

引起齿轮噪声的因素如下，但不局限于这几点：

齿间距或渐开线的偏差

啮合系数

表面光洁度

齿面的磨损或点蚀

过大或过小的齿侧间隙

齿轮、轴系和齿轮箱的共振

齿的变形

节线的偏转

齿轮的载荷强度

离合器和联轴器

润滑油泵和管道

传动装置所产生的噪声

## 安装与始运行

将齿轮箱安装到整台机组中是一项精细的工作，应该小心谨慎。齿轮组件的安装是保证长时间、无故障运行的重要因素之一，因此齿轮箱应该经过仔细的测试。图 14-15 所示为一个正在测试的齿轮箱。不论齿轮组件制造得多么精密，如果安装不当，都会在运行数小时内损坏。安装齿轮箱要像安装任何高速机械一样小心。安装面必须是一个用成品钢制成的单独的水平平面，并能够允许使用必要的垫片，以使齿轮部件和连接轴能够对齐，垫片在尺寸上至少应与机组基座脚垫的宽度相当。另外，齿轮组件应放置在靠近基座的位置。不均匀的支撑会使齿轮箱变形，并影响轮齿齿合。

轴线对中对齿轮的使用寿命影响很大。不良的对中会导致轮齿载荷不均衡，以及在吊装时齿轮构件变形。由偏心产生的齿轮组

图 14-15 正在测试的齿轮箱（禄福金公司）

件 0.002in（0.05mm）的轴振相当于齿轮节线跳动 0.002in（0.05mm）。

应对齿轮箱进行合理的支撑，以保证内部齿轮正确对齐。当安装齿轮箱时，支撑垫应保持在与制造商使用的同一平面内，即制造商在安装时保证齿轮面接触的平面。起动前，要用高亮软蓝法检测齿轮面的接触，并在齿侧间隙的范围内旋转，或突然前后摇动小齿轮或较轻的组件来检查齿轮面的接触。用软蓝法检测时，涂蓝区域应显示大约 90% 的齿接触面积。如果没有足够的齿接触面积，应在齿轮腔合适的角上增加垫片，直到获得足够的齿接触面积。

许多大型、高硬度或宽齿面的齿轮制造时都采用螺旋角修改，以解决扭转和弯曲变形问题。当螺旋角被修改时，轻载工况下将难以获得 90% 的齿接触面积。这种情况下，齿轮供应商应提供齿接触面积百分比与载荷间的关系数据，以便在安装和起动时作为参考。许多齿轮在齿的两端有一小片缓和区用以防止末端加载，齿面的这片区域通常在轻载下不接触。

齿轮组件越大，检查就越重要，因为大的齿轮箱壳体更容易弯曲。使用原始设备制造商所提供的基础垫板并不能减少齿面接触问题，因此必须严格检查。

在齿轮检查完毕之后，应均匀地拧紧地脚螺栓并重新检查对中问题。为了获得最终正确的冷态对中校准，有必要重新调整垫片和拧紧地脚螺栓。

高速齿轮组件的对中校准必须在热态下进行，在必要时应尽可能地调整至最佳。齿轮箱和轴系的温度变化很剧烈，以至于无法精确地计算热膨胀，因此对中校准检查必须在热态条件下进行。

当对中完成时，应对底板进行灌浆，使得它尽可能地贴近齿轮箱。齿轮轴采用滑动轴承，并且必须保持适当的油流量。因此，起动前要彻底检查油润滑系统。在任何操作前，通常要清理齿轮润滑系统。为了不让污垢聚入系统，要在安装过程中检查齿轮网状喷嘴，确保没有观察到喷雾或向喷嘴歧管中引入高压空气。

如果可能，在最初起动时应磨合一下齿轮。转速和载荷应该按照比例增加。观察润滑油温度和压力以及轴承温度，必要时应对润滑油系统进行调节，调整量取决于系统的复杂程度。润滑油压力是最重要的，当使用辅助油泵时，应在实际起动前使润滑油循环。如果没有，应该使用油泵，使轴颈得到润滑油的润滑。有时需要增加可替代的底孔，通过这些为轴承温度探测器准备的孔，使轴承得到润滑。

建议安装报警设备来最大限度地消除人为失误，并仔细检查设定值。对所有的起动来说，都要监测并记录振动情况。振动监测系统至少要有一个加速度计，以监测齿轮啮合频率产生的任何振动。所有记录的数据都要保存，并为将来的备查提供基本的振动数据。

停机和起动一样，需要格外注意和关注。在潮湿环境下进行停机，会导致齿轮、轴颈、齿轮箱在短时间内发生相当大的冷凝和随后的生锈。当水接触干净的钢材时，会很快腐蚀钢材。当在某些情况下需要停机时，应为防止冷凝做好准备。

在正常运行条件下，按照最先达到的时间期限来算，每工作 2,500h 或 6 个月就要更换一次润滑油。定期进行润滑油分析可以大大延长换油的时间。若工作条件允许，此期限可以延长；相反，严苛的运行条件会使换油更加频繁。在潮湿的或多尘的环境中或有化学烟雾的空气中工作的时候，温度的大幅上升或下降会导致冷凝。无论如何，在确定润滑油维护计划时，都应咨询相应的润滑油供应商。

## 齿轮失效

由于金属面的直接接触，齿轮在许多燃气轮机装置中最容易出问题。轮齿会承受非常高的压力，由于不对中和润滑性能的降低，如水油混合或油中颗粒数的增加导致黏度损失，会使得轮齿压力进一步增加。

对齿轮失效证据的细致分析可为失效模式提供宝贵的信息，从而避免失效再次发生。这种分析包括：在现场或实验室的观测、对微观结构和材料特性的冶金检查、对物理试样力学性能的测试、对化学性能的测试、对载荷的分析、对安装结果的勘察以及润滑分析等。

图 14-16 所示为齿轮渗碳部位接触面发生疲劳断裂的剖面图。这种疲劳是由非金属夹杂物和高的轮齿载荷所引起的。

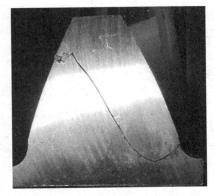

图 14-16 齿轮渗碳部位接触面
的疲劳断裂 （禄福金公司）

图 14-17 和图 14-18 所示为当裂纹出现在结构不连续的区域或局部应力集中区域的疲劳失效实例。当循环继续时，裂纹会扩展，直到断裂最终发生。

图 14-17 疲劳失效引起的轮齿缺失
（禄福金公司）

图 14-18 多个轮齿的根部弯曲疲劳失效
（禄福金公司）

当渗碳表层没有足够的强度来承受载荷时，就会发生齿面塌陷，如图 14-19 所示。当材料内部的强度或/和硬度不够时，也会发生齿面塌陷。

ANSI/AGMA 出版物 ANSI/AGMA 1010-E95 "齿轮齿的外观——磨损和失效术语"，为轮齿失效模式及其特征识别提供了宝贵的信息。

图 14-19 渗碳部分的齿面塌陷（禄福金公司）

## 致谢

作者感谢禄福金（Lufkin）公司的工程主管丽莎·福特（LisaFord）女士为本章提供了相关领域的专业知识和指导性建议。

## 参考文献

API617, *Axial and Centrifugal Compressors and Expandor-Compressors for Petroleum*, *Chemical and Gas Industry Services*, 7th edition, Washington DC, AIP, 2002.

API 613, *Special Purpose Gear Units for Petroleum*, *Chemical and Gas Industry Services*, 5th edition, Washington, DC, AIP, 2003.

Partridge, J. R. High-Speed Gears-Design and Application, *Proceedings of the 6th Turbomachinery Symposium*, Texas A&M Univ., December 1977, pp. 133-142.

AGMA/ISO 1328-1, *Cylindrical Gears-ISO System of Accuracy-Part 1*, 1999.

Phinney, J. M. Selection and Application of High-Speed Gear Drives, *Proceedings of the 1st Turbomachinery Symposium*, Texas A&M Univ., October 1972, pp. 62-66.

AGMA 2101/2001-DO4 *Fundamental Rating Factors and Calculation Methods for Involute Spur and Helical Gear Teeth*, 2010.

ANSI/AGMA 1010-E95, *Appearance of Gear Teeth Terminology of Wear and Failure*, 1995.

# 第 5 部分　安装、运行与维护

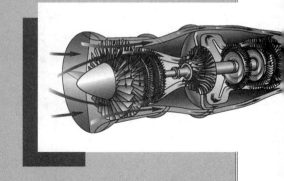

# 第15章

## 润　　滑

　　润滑系统的设计、安装、运行以及维护对叶轮机械的可靠性至关重要。对于叶轮机械这种复杂且各部件需协调工作的精密机械设备，润滑系统是整个系统的"命脉"。系统中的润滑油从油箱连续泵送经冷却、排干后至待润滑机组，工作后返回油箱并再次循环。在燃气轮机装置中，透平润滑油系统、压气机润滑油系统以及透平控制油系统既可以是相互独立的，也可以是透平润滑油和控制油共用一个系统，压气机使用单独的润滑油系统，或者透平润滑油和压气机润滑油共用一个油系统，控制油系统使用单独的油系统。通常，大多数燃气轮机装置都共用一个油系统，同时提供润滑油和控制油。

　　本章主要介绍润滑油系统运行和维护方面所涉及的基本原理，并描述了构成润滑油系统的主要部件以及润滑油本身的一些内容，具体如下：

1. 基础油系统
2. 润滑油的选择
3. 油的污染
4. 过滤器的选择
5. 清洁和冲洗
6. 油品取样与检测
7. 检测规定
8. 齿轮箱
9. 清洁油系统
10. 联轴器润滑

## 基础油系统

　　API 614 标准中详细阐述了专用设施的润滑油系统、油型轴封系统和特殊用途控制供油系统的基本要求。

### ▶▶润滑油系统

　　图 15-1 所示为典型的润滑油系统。油存储在油箱内，经油泵输送至冷却装置、过滤装

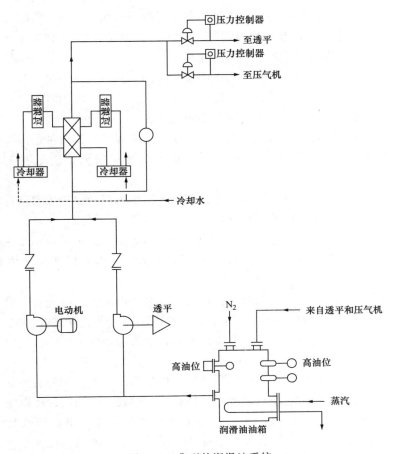

图 15-1 典型的润滑油系统

置以及各个用油终端，然后返回油箱。为了便于燃气轮机起动，油箱装有加热装置和温度显

示器，除此之外还装有可视玻璃的油位显示器以及为减少水分摄入的可控干燥氮气吹扫装置，在控制室内还装有油温指示器、高温报警器以及高、低油位报警器。

图 15-2 中给出了油箱的基本结构，油箱应当与设备的底座分离，并通过密封阻断灰尘和水分进入。油箱的底面应当向低位排污口倾斜，同时油箱的回油线应当远离泵的抽吸口，以防止对泵的抽吸造成扰动。油箱的工作能力在正常的流量下至少要维持 5min。在正常的

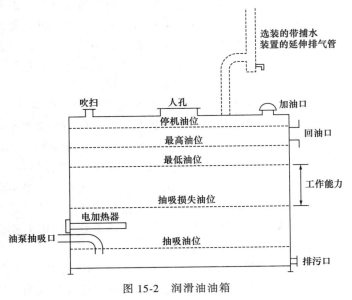

图 15-2 润滑油油箱

流量并且油位低于最低油位的情况下，油箱的存储时间至少为 10min。同时，应有给油加热的设备。如果使用恒温控制的电加热器加热，最大的功率密度应为 $15W/ft^2(2.33W/cm^2)$。如果使用蒸汽加热，加热元件应置于油箱的外部。

油箱的停机油位，也是油箱在整个系统闲置时可能达到的最高油位，其计算应当将所有组件中的油全部考虑在内，如轴承和密封腔室、控制元件内部、回油管路内部等。考虑到内部连接管路中的油量，其油位还至少应留出 10% 的裕度。

在考虑系统装置中密封油排出的情况下，油箱内最低和最高运行油位之间的油量应当至少能够连续工作三天而无需额外加油。自由液面的正常流量至少应为 $0.25ft^2/(gal/min)$ $[0.023m^2/(gal/min)]$。

油箱内壁应当光滑，避免出现凹坑，并且需要为油箱内部的保护装置进行非破坏性的磨光。油箱壁面与顶部的连接一般采用熔透焊的方式从外部进行焊接。

每个油箱都应该在停机油位上方安装两个最小 3/4in 的插入式连接器，用于气体吹扫、补给、供油、过滤回油等。其中一个连接器应当合理放置，以确保吹扫气体有效地吹向通风口。

润滑系统通常应当配备一台主泵和一台备用泵，对关键设备还应配备一台应急泵。每台泵都必须有自身专用的驱动机，并且为防止泵内发生倒流，每台泵的出口还必须安装止回阀。主泵和备用泵的工作能力应当高出系统最大运行能力的 10%~15%，每台泵还要配备不同的驱动机。

通常，主泵由蒸汽轮机驱动，而备用泵由电动机驱动。一个小型的机械驱动透平在运行时是很可靠的，但是在长时间的停机之后再自行起动有时是不可靠的，所以电动机是很理想的备用起动设备。在控制室内装有一个"待起动"状态指示灯，用于显示电动机的电路是否正常。备用泵的起动是由多重冗余资源控制的。停机时透平驱动机应该采用低速或使用低压蒸汽，或两者兼具的方法维持运转以防损坏。

泵以及冷却器、过滤器的进口端或出口端需要安装低油压开关，并且通常安装在管路与用油终端的连接处，因为管道内的流动使得这里的油压有所降低。这些低油压开关中的任何一个都可以发出信号来起动电动机驱动的备用泵，并且触发控制室内相应的报警器发出报警提示。应急泵可以用交流电动机来驱动，但是所使用的电源应与备用泵不同。如果有直流电源，也可以使用直流电动机驱动应急泵。除此之外，过程气体或空气驱动的透平以及能够快速起动的蒸汽轮机也可以用于驱动应急泵。

润滑油与控制油系统的泵的工作能力要在整个系统最大出力（包括瞬态）的情况下加上至少 15% 的裕度。密封油系统的泵的工作能力要在整个系统最大出力的情况下多出 10gal/min 或 20% 的裕度，二者比较取较大值。系统的最大出力工况应当考虑到正常的磨损造成的增量。每个泵的出口都要安装止回阀，以防止空转时泵内发生回流。

泵的类型可以是离心泵，也可以是容积式泵。如果是离心泵，需要它从停机点开始拥有连续的升压曲线。备用泵在通过管道连接润滑油系统时需要具备独立性，以便在主泵运行时能够对备用泵进行检测。为了能够达到这个目的，需要安装节流孔板并配合放泄阀将油注入回油管道或者直接注入油箱。

图 15-3 为双油冷却器的布置示意图，两个冷却器通过多端口的阀门并联在一起，油通过阀门流向冷却器。冷却水通过冷却器内部的管道流动，油则通过管道与外壁之间的空腔流

动。油侧的压力需要高于水侧的压力，虽然这种方法无法保证在出现管路泄漏时水不会流入油内，但至少可以降低这种风险。应在油系统的冷却器下游配备两个全流过滤器。由于过滤器安装在冷却器的下游，所以只需要一个多端口溢流阀就可以控制油流至冷却器和过滤器了。不需要用单独的截止阀分别控制过滤器和冷却器，因为在过滤器开关运行中导致流动堵塞时可能会发生由于人为因素造成的油量损失。

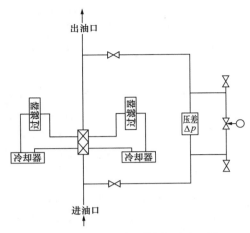

图 15-3　双油冷却器的布置示意图

一般选取标称为 10μm 的过滤网。对于烃类油和合成油，在正常流量油温 100 ℉（38℃）下，过滤器内的压降不能超过 5lbf/in$^2$（0.034，45MPa）。滤芯内将产生至少 50lbf/in$^2$（0.344，737，9bars）的压差。

当备用泵从停机状态起动时，系统需要一个蓄压器来维持足够的油压。如果是采用蒸汽轮机驱动备用泵，则必须要有蓄压器。许多用户都使用高位油箱来保证油可以流到重要的机组部件内，高位油箱的大小取决于具体的应用场合。在某些燃气轮机应用中，轴承的温度在停机 20min 后达到峰值。

油冷却器和过滤器内的油温由当地温控回路控制。同时在远程控制室内，安装有远程油温显示器以及高、低油温报警器，以显示冷却器和过滤器内的油温。在控制室内还装有一个压差报警器，当冷却器和过滤器内压差过高时，会提前报警提示需要转换过滤网或者更换过滤元件。

为了保证所需的恒定油压，在透平润滑油系统、压气机润滑油系统、控制油系统上都安装了压力监测回路。每个系统上的压力都会传入控制室，以提供故障排除的信息。整个油系统的良好工作不仅取决于仪器，也取决于适当的仪器的位置。

每一个驱动和被驱动设备应当配备的最基本的报警系统和遮断点为：低油压报警、低油压遮断（在某些点上比低压报警点还低）、低油位报警（油箱）、滤油器高压差报警、轴承高温报警、金属屑探测器。详见表 15-1。

表 15-1　报警器和遮断

|  | 报警器 | 遮断 |
| --- | :---: | :---: |
| 低油压 | √ | √ |
| 低油位 | √ | |
| 高油压过滤 | √ | |
| 推力轴承金属高温 | √ | |
| 推力轴承高油温 | √ | |
| 金属屑探测器 | √ | |

每一个压力感应开关和温度感应开关都应该安装在单独的箱体内。开关的类型应当是单掷、双掷，开启为报警状态（断电）和关闭为闭合回路状态（通电）。用于报警的压力感应开关还应该配备一个 T 形连接的压力计和一个泄压阀，用于测试报警器。

温度计应安装在油管内，以测量每个径向推力轴承出口以及冷却器进出口的油温。同时，还建议测量轴承金属的温度。

在泵的出口、轴承的进口、控制油管路以及轴封油系统都应该安装压力计。每一根空气泄油管都应该安装钢制的非限制靶心式流量指示器，以便于从侧面查看。油管的观察口对于观察油的污染程度是非常有用的。

在管道的布局和布置上一定要避免产生气穴和污物的聚集。在起动一个新的油系统或改进的油系统时，一定要对整个管路直至用油设备的连接处进行仔细清洁、冲洗、排污和重新填充，并对所有的设备进行彻底的检查。

### ▶▶密封油系统

压气机密封油系统在设计和监测设备配置上与润滑油系统类似，如图 15-4 所示。它们唯一重要的区别在于终端供给的控制方式。由于密封油系统需要更高的压力（$1,500 \sim 2,500 \text{lbf/in}^2$，即 103.421，4 $\sim 172.368$，9bar），所以通常采用容积泵，同时需要一个压力控制阀将油送回油箱。这种供

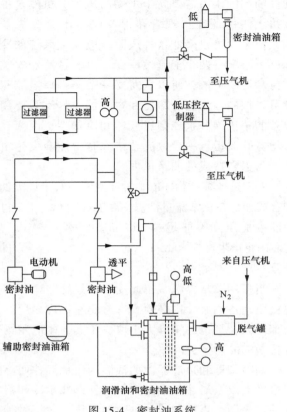

图 15-4　密封油系统

油方式可以通过提高油箱高度来为每个轴封供油。高位油箱的油压由与之连接的密封内的压力决定，因此，密封油供应系统的油压必须维持在一个很高的水平，以便能够为最高压力的密封供油。每个密封处油的流量需要通过调节油箱的油位来控制。控制室内装有油箱高、低油位报警装置。低油位报警触发时表明密封消耗了过多的油，将起动备用泵并同时开启相关的压力开关。高油位报警触发时表明主泵的驱动透平发生了与润滑油系统相似的故障。

系统中还需要一个用于分离密封油中气体的脱气罐。图 15-5 所示为一个典型的脱气罐的布置。一个不透气的挡板和一个液封将脱气罐分成两部分，以确保将分离出来的气体限制在罐内的一侧。脱气罐的气体侧应当提供排气孔和惰性气体吹扫装置。为了便于清除气体，脱气罐还配备有电加热器或蒸汽加热器。

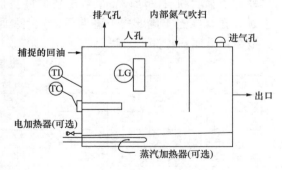

图 15-5　典型的脱气罐布置

TI—温度显示器　TC—温度控制器　LG—油位窥视窗

## 润滑管理规程

精心制定润滑管理规程在电厂的整体维护计划中是一个至关重要的因素。润滑管理规程包括制定润滑周期维护计划，对油品进行采样和检测以及确定具体的润滑油使用步骤。制定全面的电厂润滑管理规程首先要对现有电厂的润滑应用展开调查，应当利用机组本体的图样并对机组以外的设备进行考察。

从调查的结果可以归纳出详细的润滑油类型列表及其应用环境。结合列表和当前计划，便可以制定总体的电厂润滑日程表。

然后，可以给相关的维护人员发送月度润滑日程表来提醒其工作进度。但发送润滑日程表并不能保证它能够被完全地遵守和履行，监督者需要进行检查，以确保相关事宜都已被执行。

润滑管理规程的另外一部分就是对润滑油进行定期检测。将从润滑系统内取出的油样送到实验室进行分析。通常油的检测指标包括黏度、pH 值和中和值、沉淀、颜色、气味以及外界杂质粒子。将检测结果与新油的数据进行对比，以决定油的寿命特征。

通过评估任何新润滑油的性能，可以得出更换当前润滑油的时间。新润滑油的一般特征可以通过供应商提供的产品说明书或者通过检测得到。新润滑油的选取要经过对几个典型电厂实际应用的仔细观察后才能决定。在每月的检查中，应当特别仔细地检查新润滑油，以确保这些润滑油具有应有的性能。尽管所有的润滑油应用对机组的健康状况十分重要，但是前面已经解释过齿轮联轴器存在特有的润滑问题，需要特别关注。实际的运行经验表明，除非严格执行所需润滑油的操作流程，否则即使设计再好的机组也会出事故。合理恰当的润滑管理规程必须包含月度润滑日程表、新润滑油的评估和监督，以确保维护人员执行规定的计划。

由于润滑问题导致的故障，应彻底分析故障的原因，以确定究竟是润滑油的问题导致的，还是不当的维护操作导致的。一旦确定了故障原因，不论是需要更换润滑油还是改进维护程序，都要采取一系列的改进措施，以防止类似的故障再次发生。

## 润滑油的选择

好的叶轮机械润滑油必须具有防锈和抗氧化性、良好的抗乳化性和正确的黏度以及不易淤积并且可以防止淤积的形成。除了润滑作用，润滑油还起到冷却轴承和齿轮，防止起动过程发生金属间过度接触，在控制系统内传递压力、带走杂质、减缓腐蚀、降解树脂的作用。对于燃气轮机，尤其是更为先进的高温燃气轮机，应当选用合成油，因为合成油具有较高的闪点。燃气轮机的润滑系统在停机后 20min 内依然需要持续工作，因为最高温度会在停机后10~15min 产生，尤其是在轴承的工作面。大多数燃气轮机具有盘车装置，以防止轴下垂。矿物油可以用于压气机润滑。在石化厂采用两种类型的润滑油并不罕见，因为矿物油比合成油便宜得多。

正确的润滑油选择要从制造商开始。操作手册中涉及了所需的润滑油及推荐的黏度范围。应认真考虑当地的环境状况，包括暴露在外界的环境条件，如酸性气体或蒸汽泄漏。作为一般规则，大多数叶轮机械都会使用优质的透平等级的润滑油。然而在某些特定的环境条件下，可能需要优先考虑其他替代油。例如，如果机组暴露在低浓度的氯气或氯化氢气体中，就需要选择一种在这种环境下优于透平等级的润滑油，如使用含有碱性添加剂的油，效果会很好。在某些汽油机和柴油机中使用最佳含量和类型的碱性添加剂，可以防止基础润滑油与氯气和氯化氢气体反应。当润滑油被某些不明气体污染时，最好先到实验室进行测试。

# 油的污染

叶轮机械中油的污染是维护人员面临的主要问题之一。污染是一个持续存在的问题，人们主要关注的是污染的程度。最大的污染源头是外来物，比如空气中的尘埃就是一个严重的威胁。它可以通过排气孔、进气孔和密封进入油系统。其主要危害是造成设备磨损，但是油管和端口的堵塞以及油的氧化稳定性的降低，也是严重的影响。设备磨损产生的金属颗粒，油箱以及油管腐蚀产生的铁锈颗粒，都会降低设备的寿命并导致油质恶化，因此安装有效的过滤设备来去除这些杂质是非常重要的。

水的污染一直是一个威胁。水的来源有很多，比如空气中凝结出的水，蒸汽的泄漏，油冷却器以及油箱泄漏。设备零部件生锈以及油系统中铁锈颗粒的影响，是油中水分造成的主要危害。此外水形成的乳液，结合磨损产生的金属屑以及铁锈颗粒形成催化剂，会加快油的氧化。

过程气体造成的污染也是一个严重的问题，特别是在设备起动时。一定要想尽各种办法探测并阻止这种污染的发生。相对于热油，大多数烃类气体更容易溶解于冷油中，并可能将油的黏度降低到危险的等级。在燃气轮机起动时推力轴承损毁的事故就是由于油的黏度过低导致的，因此在机组起动前可以将油箱内的油加热到正常运行时的温度，以防止这种事故的发生。

与氯气和氯化氢接触的设备要防止油与这些酸性气体的接触。显然，第一道防线是防止密封的失效。第二道防线就是在这些设备中使用碱性油润滑。碱性添加剂会与这些低浓度的酸性气体中和，因此防止了酸性物质进入油分子。

# 过滤器的选择

有很多类型的全流过滤器，可用以过滤掉不溶性的污染物。通常可选择两种通用类型的过滤器，即表面过滤器和深度过滤器，它们对过滤颗粒物都很有效。

表面过滤器如果采用合适的材料制造，可以不受油中水分的影响。耐水的褶纸式过滤器元件比深度过滤器元件拥有更大的表面积，并且只会产生很小的压差，它可以替代原本深度过滤器中的过滤元件。褶纸式过滤器元件可以过滤掉 $0.5\mu m$ 的颗粒。

深度过滤器用于无水油的过滤以及过滤颗粒的直径大于 $5\mu m$。通常，深度过滤器对水是敏感的，当油被水分污染时，这种过滤器会吸收水分，并产生很大的阻力造成过滤器前后很大的压差。在正常工作温度下，带有清洁厚件的过滤器可允许的最大压差不超过 $5lbf/in^2$（34,473kPa）。

过滤器元件要求能够过滤掉 $5\mu m$ 的颗粒，必须是防水的，在高速流动下压降小、具有很高的杂质截留能力、抗断裂。全新过滤元件在 100℉（38℃）状态下压降不超过 5lbf/in²（34,473kPa）。同时，过滤元件必须具有的最小坍塌压差为 50lbf/in²（0.344,7MPa）。只要能够满足上面提到的这些要求，通常首选褶纸式过滤器元件。在深度过滤器中使用褶纸式过滤器元件，在全新状态下会产生 5lbf/in² 的压降，主要原因在于褶纸式元件具有更大的表面积，通常是传统叠盘式或其他深度过滤器元件的两倍以上。

当压降增大到一定程度时，压差开关就会启动报警器，以提示油在流动过程中产生了过高的损失。与此同时，还有一个两路三端口的压力计与压差开关并行安装，以精确指示过滤器进出口的压力。当仅有一个输送流量阀配合冷却器和过滤器安装时，冷却器和过滤器均应安装有压差开关和压力计，以便对其压力和压差进行检测。

油系统内的水污染会对叶轮机械造成严重的破坏，所以应予以避免。首先，应该采取措施防止水进入油系统；其次，如果不能有效避免水的侵入，应当安装相应的除水设备。经验表明，设计人员和设备运行人员能更有效地阻止水进入油系统，因为水的主要来源是大气凝结、蒸汽泄漏、冷却器故障，因此可以采取必要的预防措施。

当蒸汽空间中的温度降至露点以下时，水蒸气在具有大气排气孔的油系统中会发生凝结，它可能发生在回油管道中或者油箱内。安装在室外没有保护措施的设备比安装在室内的设备更容易受到气候变化的影响。室外环境更容易受到昼夜温差、降雨或突然降温等其他天气变化的影响，特别是在秋冬季节。

目前通过一些简单的改进就可以为油系统创造"干燥"的环境。第一步是检查油箱，排气口应该安置在油箱的最顶部，并且不要安装隔板，以防止隔板上发生凝结而使水分进入油箱；排气管的长度越短越好，这样可以减小凝结面积。如果排气口必须架设很高并且远离油箱本身，那么就应该在排气管最靠近油箱的位置安装除水装置，以除去排气管中形成的任何凝结水。第二步是要在油箱内提供并维持惰性气体或干燥空气的吹扫，只需要 2～5ft³/h（0.057～0.141,5m³/h）的持续吹扫就可以了。但气体吹扫系统不能替代消除油箱的其他水源。

在叶轮机械中，蒸汽泄漏和冷凝水泄漏是最难避免的水源，但通过采取切实有效的措施是可以消除的。很显然，第一种预防措施就是将蒸汽包保持在完好的状态，经验表明蒸汽包最终总会出现泄漏，泄漏的蒸汽就会凝结然后通过轴封进入油系统。目前湿油系统也有成功的"干燥"措施，其做法就是通过向轴封迷宫腔室内吹扫惰性气体或者干空气。其中一种方法是在轴承盖上钻一个 1/8in（3.175mm）的孔并与轴封迷宫腔室连通，在轴承盖外侧通过一个 1/4in（6.35mm）直径的管子连接一个转子流量计，然后向迷宫密封腔室内吹入 15ft³/h（0.43m³/h）的惰性气体或干空气；另一种方法是在轴承座上可以容纳外部密封的情况下，安装外部迷宫腔室，然后提供气体吹扫。

通常用离心式分离器或聚结式分离器将游离状态的水从油系统中去除。离心式分离器无论是在制造还是运行成本上都比聚结式分离器贵。离心式分离器通常是常规的盘式并且需要人工清理，盘片至少每周要清理一次，每次清理至少要 1h。而聚结式分离器就不需要太多的关注，有些聚结式分离器只需要一年更换一次零件，有些需要 3～6 个月更换一次，个别的需要每月更换一次，更换的频率主要取决于油系统内水的含量。在很多情况下，如果在油系统上安装了预过滤系统，聚结式分离器的元件更换频率会降低。这种预过滤装置可以过滤掉聚结式过滤器无法过滤的 2μm 级的颗粒状物质（通常为铁锈）。更换预过滤器和聚结式过滤器的元件耗时都不会超过 1h。

## 清洁和冲洗

燃气轮机严重的机械故障是由于油系统过脏导致的。因此在新机组首次起动之前一定要提前彻底清洁油系统，同理，在机组大修之后也要彻底清洁油系统。

除了大修后对机组油箱和机油有要求外，初始起动和大修后第一次起动的基本步骤类似。大修之后需要从油箱取油进行检测，如果油里没有水，也没有金属杂质，那么这些油就可以继续使用。

检查油箱内部有没有铁锈或其他沉积物，用刮刀或钢丝刷去除所有的铁锈，并用洗涤剂对油箱内部进行清洗，最后用清洁的水冲洗干净。用干空气吹干油箱表面使内部干燥，再用真空吸尘器清除角落里残留的水分。

在过滤器内安装 5μm 级的褶纸式过滤器元件。将蒸汽管路连接到冷却器的水侧，用于在冲洗过程中加热冷却器中的油。拆下孔板并在轴承、联轴器、控制器、调速器及其他关键部件安装挡罩，防止在冲洗的过程中被碎屑损坏。每个挡罩都装有一个 40 目的报警滤网。通常，圆锥形滤网最好，平滤网也可以接受。将所有控制阀调节到最大开度，以允许使用最大的冲洗流量。冲洗的有效性主要取决于冲刷的速度，高速流动的油可以将颗粒物带入油箱和过滤器。必要的情况下应当对系统进行分段，逐一冲洗每条支管路，以获得最大的冲洗速度。

最后，往油箱中注入新的或者是用过的油。然后去掉报警滤网，打开一个或多个油泵以可能达到的最大流量进行冲洗。通过冷却器内的蒸汽将油加热到 160℉（71℃），使温度在 110°~160℉（43~71℃）之间循环，以提升管路的热力性能。敲击管路尤其是水平放置的管路，以清除杂质颗粒。在完成一个完整温度循环的冲洗后关掉泵，安装上报警滤网，然后再冲洗 30min，再拆下报警滤网，查看颗粒的类型和数量。重复上述步骤，直到连续两次检查滤网上不再有颗粒物为止。在连续的运行中应观察过滤器的压降，压降不允许超过 20lbf/in² （1.4bar）。

当整个系统清洗干净之后，清空油箱，用清洗剂洗掉所有碎屑，再用清水洗净。用干空气吹干油箱内部，并抽真空除去自由水。更换过滤元件，将遮挡罩去掉，并更换孔板。将控制开关恢复到正常设置下。如果试验检测结果显示冲洗用油可以继续使用，那么可将这部分油注入油箱，否则更换新油。

在冲洗过程中由于流速很高，因此可以快速将整个油系统清洗干净。冲洗的目的是将碎屑冲入油箱和过滤器。高速流动产生的湍流、管道的热特性和机械特性是能够快速有效清理油系统的关键因素。

## 油品采样与检测

应定期检测燃气轮机油箱内的油，以确定它们是否能够继续使用。油样品应从油系统内抽出，然后在现场和异地实验室进行分析。过去，使用过的油样品的简单检测项目通常包括：（1）黏度；（2）pH 值和中和值；（3）沉淀。然而，现在需要对燃气轮机等高温机械进行如下所述的新的测试。这些检测结果能够显示出与最初状态相比油品发生的变化，根据变化的程度，可以决定这些油是否能够继续使用。

## ▶▶ 油分析检测

油分析的一个重要方面是测试油的性能，以确保其所需的润滑质量。油分析必须满足不同类型应用的需求，没有单一的油分析手段可以适用于所有不同类型的油润滑设备的所有需求。了解不同油分析方法之间的区别，对于正确选择油检测手段是非常有价值的。

在设计合理的预防性维护计划里，油分析可以对即将发生的事故发出报警。另一种观点是，油分析是对一台机组整体健康状况的一种度量，或是一种主动的方法。如果使用得当，油分析可以同时胜任这两种角色。"使用得当"指的是为机组可靠性选择了正确的油分析检测手段。

对不同的机组选择一系列正确的检测手段非常重要，这取决于机组安装和使用的环境。有很多种检测手段是可行的，但有些是针对特定应用的。了解不同的测试手段以及它们可以完成的任务，并考虑所实施的维护准则，就可以轻松规划出一系列的检测来达到预期的结果。对于不同油样品所采用的检测方法是第二重要的，最重要的是检测结果所表现出的趋势。

多数大型或新建电厂和石化企业都有现场实验室，这些实验室能够完成以下这些检测：

1. 颗粒计数
2. 水分（爆裂声）测试
3. 黏度
4. 过滤分析
5. 酸度
6. 分片检测

### 颗粒计数

有一种在线分析方法是采用放置在润滑油油箱内的磁探针，它可以确定油中的金属屑含量，这种探针可以计算悬浮在油中的含铁物质量。而离线的颗粒计数器可以测得每毫升油中不同尺寸范围内的颗粒数。这种污染主要来自外界环境，尽管有一小部分是由机组内部磨损产生的。大部分颗粒计数器都不可能区分颗粒是来源于内部还是外部磨损，但有一些新技术可以解决该问题。

表15-2显示了一个颗粒计数器测得的不同尺寸范围内的颗粒数目。颗粒的数量是由各种不同类型测试设备计算得出的，因此可以给出不同格式的颗粒数报告。表15-2是最常用的一种颗粒数的报告格式。

表15-2　颗粒计数器测得的不同尺寸范围内的颗粒数目

| 4 | 6 | 10 | 14 | 20 | 50 | 75 | 100 | 4/6/14 |
|---|---|----|----|----|----|----|-----|--------|
| 1,752 | 517 | 144 | 55 | 25 | 1.3 | 0.27 | 0.08 | 18/16/13 |

表中除了最后一列，每列显示了每毫升液体内尺寸大于某个微米的颗粒数目，最后一列显示了颗粒数的摘要，它们分别是与大于 $4\mu m$、大于 $6\mu m$ 和大于 $14\mu m$ 的颗粒数相关的指数。在一系列检测中如果颗粒数呈现不断增大的趋势，则说明油品在变脏；如果呈现降低的趋势，说明油品在变好。

如果存在一些干扰因素，则可能导致异常的测试结果。干扰因素取决于选取的检测技术，主要包括水滴、气泡和严重变色的油。如果测试结果中颗粒数的差别很大，首先要确定是否排除了测试过程中的干扰，并确定其他一些重要的测试结果是否发生了明显的变化，比如水污染测试。

颗粒计数器比较昂贵，但它们的测试结果很重要，现场实验室的测试报告中必须保证有关于颗粒数的部分。

水分（爆裂声）测试

对油样品进行爆裂声检测是最简单的水分测试之一，对于任何现场实验室来说都是绝对必需的检测。这项油污染检测，需要将油的温度加热至油和水的沸点之间。在这个温度下，油中的水会沸腾，并产生十分明显的气泡。在实际应用中，采用的方法是将一滴油放在一个加热板上，然后观察油滴中的水泡，它可以精确到大约万分之五，即 0.05%（指质量分数）含水量。

这个检测的干扰很少，但最重要的是存在污染物，如制冷剂气体。水分爆裂声测试足以满足大多数水污染测试的需求。如果通过了水分测试，说明油中水分含量是可以接受的。如果水分测试失败了，大多数情况下则需要采用更精确的方法进行含水量测试，可有多种选择，如最常用的卡尔费休测试。

黏度

黏度是流体的流动阻力。它是油品的一个重要指标，同样也会受到污染带来的不良影响。有很多测量黏度的手段，测试可以在 104~212℉（40~100℃）范围内进行。对于多数工业应用，需要在 104℉（40℃）时进行黏度测试。

许多现场实验室的仪器不能在 104℉（40℃）下进行黏度试验，因此通常做室温下的黏度试验，然后估算 104℉（40℃）下的测量值。

过滤分析

过滤分析是指从过滤器元件上取下固体污染物，并进行可视化分析，主要是对过滤器元件上的污染物，通过过滤器贴片在显微镜下进行观察。如果需要，颗粒物可以被分离为磁性和非磁性组分，但是与铁谱分析不同，不能根据污染颗粒的尺寸来分离。与铁谱分析相同，这个检测也是很耗时、昂贵并且是主观的，但它能给出比铁谱分析更好的适用于非磁性组分的分辨率。这个检测可以作为过滤系统的附加测试，比如不合格的元素分析、铁密度检测或颗粒计数检测。

过滤分析可以在现场实验室内完成，然而更为先进的分析诊断结果可能要通过商用实验室才能得到。

酸度

酸度（AN）测试主要检测样本油中的酸性含量。AN 值能够指示有多少流体发生了氧化和降解。AN 值同样也用于确定抗氧化添加剂的消耗速率。该测试主要关注油品的状况，尽管也有一些污染物会影响 AN 值。酸度的单位是 mg KOH/g 油。AN 值的增大意味着油的氧化程度增加。不像污染物可以被清理，高 AN 值是不能逆转的。

AN 值在现场实验室就可以轻松测得。

分片检测

与水分爆裂声测试一样，分片测试是最简单廉价的测试之一，也是现场实验室必备的检测手段。通过一段过滤片过滤样品油，然后在显微镜下观测它的过滤谱。这个测试主要关注油分析的污染物和磨损方面。如果需要，可以将样品油分离成强磁性和非磁性组分，然后分别检测。也可以在显微镜上安装摄影机并拍摄检测过程然后存储在计算机里，供日后对比分析使用。

其他一些需要大型实验室或者商用实验室提供的在线检测，可以通过下面这些检测补充：

1. 水含量（卡尔费休）
2. 铁密度
3. 铁谱分析
4. 傅里叶变换红外光谱分析
5. 元素分析

### 水含量（卡尔费休）

卡尔费休方法可以精确获得油样品中水的含量（以百万分之一的精度）。它是水分爆裂声测试的补充，但在水的质量分数小于0.1%时就必须使用这种方法检测水的含量，比如变压器内的油。对于大多数工业应用，卡尔费休方法足够用作水分测试方法的补充。

### 铁密度

铁的密度用于确定油中磁性颗粒的含量。因为大多数磨损金属都是铁基的，所以这个检测可以表明油中磨损颗粒的含量。它不能像元素分析那样显示颗粒的尺寸情况，而且这个测试在磨损金属颗粒含量很低的情况下精度较差，因此这项检测只能用于预测是否需要维修，而不是一个主动的维护工具。

做这项测试可以使用不同的仪器，从便携式仪器到台式仪器，每种仪器以不同的方式报告其结果。同样，使用什么样的仪器是次要的，重要的是针对不同样本都要采用一致的方法。

### 铁谱分析

铁谱分析是用于检测油样中固体污染物的可视化分析。它主要针对含铁性污染物，即金属磨损，但也包含一些非磁性物质。测试在显微镜玻片里进行，通过磁场将不同大小的磁性颗粒进行分离。这是一项昂贵的检测，其结果是很主观的，所以这项检测通常只作为补充性检测。

在过滤系统内，这种检测可能会带来误导，因为一些异常的磨损粒子已经被过滤掉了。它可以用于过滤系统以及采用便携式过滤单元过滤的系统，但针对这种系统最好采用过滤分析。

由于需要的仪器很昂贵，检测结果解释起来又很复杂，所以铁谱分析在现场实验室内并不常见。

### 傅里叶变换红外（FTIR）光谱分析

傅里叶变换红外光谱分析使用不同频率的红外光搜寻油中某种化合物是否存在。这个检测可以很便宜很简单，也可以很昂贵很复杂，主要取决于想要得到何种结果。它能够同时检测油品的状况以及油污染的状况。

对于绝大多数工业应用来说，简单的测试已经足够了。红外光谱主要检测油的氧化。

FTIR在现场实验室里很少见，因其设备昂贵，操作起来也比较复杂。然而由于光谱仪的价格在下降，因此越来越多的现场实验室采购了这种设备。一些大型电厂采用光谱仪进行在线燃料分析，以确定燃料的热值。

### 元素分析

元素分析可以说是油分析中最重要的测试分析，它能够提供三方面的信息，即油的状态（某些添加剂的含量）、污染程度以及机械磨损状况。

最常用的方法是电感耦合等离子体（ICP）光谱技术，它利用从可见光到紫外线的光谱范围，能够以百万分之一（$10^{-6}$）的精度显示各种元素的含量。

这种方法最大的缺点就是它受限于能够检测的颗粒的尺度，超出 $5\sim 8\mu m$ 的颗粒是检测不到的。然而在大多数机械磨损中，磨损颗粒尺度大部分在这个范围内，因此元素分析也可以得到很好的结果。具备冶金学的知识对于解释检测结果是至关重要的。当元素分析中检测到异常物质存在时，则需要采用额外的检测手段。

由于设备的昂贵和操作的复杂性，ICP 光谱仪只在最重要的现场实验室内采用。

## 检测规定

检测规定可分为三类：筛查性的、预测性的和主动性的。

筛查检测可以在多个不同的应用中使用，它也可以用在小的或者不关键的设备上，因为对这些设备进行常规的全套润滑油分析不划算。筛查检测也可以用在任何一个被怀疑存在某种问题的设备上。筛查检测的好处在于其低成本和快速的应变能力，正因为这些优势，筛查检测通常被用在现场实验室里。它是对常规全套油分析的一种补充，而不是替代。常规油分析被分为两类：预测性的和主动性的。理想状态下，希望能够尽量做出主动性的维护，不过实际上有些场合经常是做预测性的维护，这些场合包括更换成本低、重要性不高的设备，而不是去做更复杂的维护策略。主动维护策略通常用在新设备或昂贵的设备上，尤其是在有较高的可靠性需求时。

预测性和主动性的检测又有两种不同的测试含义，一种是常规性的，另一种是异常性的。常规性的检测在每次对油样品进行检测时实施。筛查检测项不会给出任何异常检测结果，筛查检测失败的异常测试就是全套完整的常规检测。

检测规定用来指导进行工业应用中最常见的一系列检测。确实存在一些特殊的情况需要对检测规程进行修改，比如当考虑运行的重要性、成本、安全系数、环境因素、流体选取等方面时。在所有这些情况下，之前提到的所有因素都要考虑在内，只有这样才能最终确定将要采取的一系列检测。了解什么样的油分析能够与可靠性目标相关，对最终的选择至关重要。

## 齿轮箱

齿轮箱内由于金属间的接触，更容易出现事故，因此需要如第 16 章中介绍的那样严密监测振动状况，并进行油的各种分析。在预测性的检测中，更应注重异常的磨损现象，而主动检测更应关注油的污染与状态。比如，铁密度检测和分片检测通常作为预测性检测中的常规项目，但它们在主动性检测中仅属于异常检测项目。同样在主动性检测中的酸度检测时，更为关注的是添加剂的异常消耗情况而不是氧化。表 15-3 列出了一些推荐的齿轮箱检测选项。

## 清洁油系统

清洁油系统用于包括诸如压气机、液压装置和循环系统的机组中，如燃气轮机。清洁油系统比齿轮箱更重视油的污染，这主要是由于这些机械设备本身对污染物的容忍性更低，如表 15-4 所示。

表 15-3　齿轮箱检测选项

| 编号 | 检测项目 | 筛查 | 预测性 | 主动性 |
|---|---|---|---|---|
| 1 | 颗粒计数 | | | √ |
| 2 | 水分(爆裂声)检测 | √ | √ | √ |
| 3 | 水含量(卡尔费休法) | | | E(2) |
| 4 | 黏度 | √ | √ | √ |
| 5 | 铁密度 | | √ | E(1) |
| 6 | 铁谱分析 | | E(5) | E(5,10) |
| 7 | 过滤分析 | | | |
| 8 | 酸度 | | | √ |
| 9 | FTIR(氧化) | | √ | √ |
| 10 | 分片检测 | √ | √ | E(1,5,11) |
| 11 | 元素分析 | | √ | √ |

注：E = Exception 异常（括号内为触发测试）。

表 15-4　清洁油系统检测选项

| 编号 | 检测项目 | 筛查 | 预测性 | 主动性 |
|---|---|---|---|---|
| 1 | 颗粒计数 | √ | √ | √ |
| 2 | 水分(爆裂声)检测 | √ | √ | |
| 3 | 水含量(卡尔费休法) | | E(2) | |
| 4 | 黏度 | √ | √ | √ |
| 5 | 铁密度 | | | E(1,11) |
| 6 | 铁谱分析 | | | |
| 7 | 过滤分析 | | | E(1,10,11) |
| 8 | 酸度 | | √ | √ |
| 9 | FTIR | | | √ |
| 10 | 分片检测 | | E(11) | E(1,11) |
| 11 | 元素分析 | | √ | √ |

油分析可以达到很多目的，包括故障预测、整体健康状况监测等，但前提是必须选择一套正确的检测方法，才能实现目标。检测的选择一方面要考虑机组的可靠性指标，另一方面要充分理解基本检测的内涵。在此基础上，用户便可以选取一套正确的油分析检测来完成预定目标。

# 联轴器润滑

联轴器是叶轮机械中非常关键的部件。当润滑失效时，轴承就会紧接着失效。50%的轴承提前失效都是润滑不良产生的。除此之外，润滑不足还会使润滑效果低下，比如再润滑的频率过高，导致消耗过多的高油脂。

联轴器及其润滑系统必须仔细设计并进行恰当的润滑。油脂存储非常重要，必须注意确保不超过保质期，同时还必须避免过高的环境温度。高环境温度会改变油脂的化学性质，比如会加速油的分解和氧化，从而影响润滑性能和效率。

运行温度和环境温度对油脂的选择和降解影响很大。高温会加速油脂的氧化和基础油的损失，低温会使得油脂硬化，造成缺油。图 15-6a 所示为油脂不足造成的故障，图 15-6b 所示为运行 48h 后油脂热力降解导致的故障。

a)                                            b)

图 15-6　油脂不足和降解对轴承的影响

油脂内基础油的黏度是一个重要参数。在低速下，机组部件内金属接触面间的润滑油膜可能不充分（在润滑区域的边界上）。在高速下，黏性力较大或者摩擦力增大的情况下，油膜可能会变得太厚（流体动力润滑区域的前端）。油脂的黏度在运行的过程中会发生变化，特别是在基础油由于降解而消耗殆尽时。

齿轮型联轴器最常用的润滑方法有：（1）油脂盒润滑，（2）油填充润滑，（3）连续流动油润滑。齿轮联轴器的润滑油必须能够承受齿轮啮合处超过 8,000g 的加速度。

油脂盒润滑和油填充润滑具有相同的优缺点。主要优点是操作简便、经济、易于维护，所采用油脂的类型还可以阻止污染物的侵入。同时，由于可以采用重质油润滑，因此可以采用高齿结构。应仔细检查油脂的适用性、润滑周期以及润滑油用量。此外，还要检查如稠度变化、油渗性能以及污染物含量等重要性能。

对于油脂填充型联轴器，在滑动载荷情况下应使用特殊品质的油脂，以防止高加速度载荷情况下配合齿出现磨损。这种严苛的工况下会导致高速时油脂分离，因而造成严重的磨损。试验表明，油脂的分离是加速度和时间的函数，因此油脂联轴器并不适合在高速下运行，除非采用了核准的高速联轴器油脂，此时最高仅允许连续运行一年。目前，市场上的新油脂已经可以做到在高速下不再分离，并且连续运行三年品质不会恶化。

对于油填充型联轴器，很重要的一个条件就是要有足够容量的静态油，以保证在联轴器运行时能够没过齿轮。该型联轴器最大的缺点就是在运行过程中可能会漏油，漏油的原因包括有缺陷的润滑垫片、松动的法兰螺栓、润滑剂接口以及联轴器法兰和垫片之间的缝隙等。

连续油流动润滑方法主要用在高速旋转的机械上。这种方法能够在高速环境下提供最大的连续运行周期。油的连续流动也带走了联轴器工作过程中产生的热量，起到了冷却的作用。这种润滑方法的另一个优点就是可靠性好，因为油的供给是持续的，所以联轴器内的漏油问题就可以忽略了。

# 参考文献

API-614, *Lubrication, Shaft-Sealing and Oil-Control Systems and Auxiliaries*, 5th edition (ISO 10438：2008, Modified), Includes Errata, 2008.

Noordover, Alain. "*Grease Analysis in the Field：Helps to Improve Lubrication*," February 2010.

ExxonMobil Corp., *Outlook for Energy：A View to 2030*, December 2009.

Hinrichs, R., and Kleinbach, M. *Energy：Its Use and the Environment*, Thomsen Brooks/Cole Corp., 2006.

U. S. Department of Energy, "*Compressed Air Tip Sheet #6*," August 2004.

Lubrication Engineers, Inc., ZAP flyer, www. le-inc. com/documents/Zap Flyer. pdf.

U. S. Department of Energy, "*Energy Efficiency and Renewable Energy*," accessed 1 April, 2010, www. eere. energy. gov/industry/bestpractices/compressed air ma. html.

Clapp, A. M., 1972. "Fundamentals of Lubricating Relating to Operating and Maintenance of Turbomachinery," *Proceedings of the 1st Turbomachinery Symposium*, Texas A&M University.

Fuller, D. D., 1956. *Theory & Practice of Lubrication for Engineers*, Wiley Interscience.

O' Connor, J. J., and Boyd, J., eds, 1968. *Standard Handbook of Lubrication Engineering*, McGraw-Hill Book Co.

# 第 16 章

# 频谱分析

高速叶轮机械的总体分析需要综合性能和振动数据并进行复杂的处理。随着能源短缺及对电厂使用效益最大化的要求，对机组进行总体分析的需求不断增长。性能分析对于燃气轮机的高效应用十分重要，如果与振动分析结合起来，就可以形成全面的诊断系统。

实时分析方法在提供振动数据方面起到了很重要的作用，因为它能够应用到预测系统中。本章将详细描述频谱分析方法的这一重要作用。此外，利用频谱分析方法能够更好地理解振动分析中的统计技术。

频谱分析将位移-时间图变换为振幅-频率图（即频谱图），将一个时变信号分解成一系列固定频率和振幅的正弦波，其数据处理可以在小型计算机上用傅里叶变换或者通过滤波完成。

高速叶轮机械产生的信号本质上非常复杂，并且是由多种力产生的。其净效应掩盖了纯音。与纯音混合在一起的随机信号通常称为噪声，总的振幅（频谱图中表示的面积）与噪声的比值称为信噪比。有时这一比值用分贝（dB）来表示：

$$S/N(单位:dB) = 20\lg(S/N) \tag{16-1}$$

例如：

6dB = 2

10dB = 3.16

20dB = 10

40dB = 100

如果信噪比小于 10dB，将会使频谱中周期信号与噪声的区分变得困难。

目前已有的一些分析方法可以把时域信号转换到频域上来。所有频谱分析方法得到的频谱图都是振幅-频率图，这可以使给定的信号通过一组固定带宽的滤波器，记录每个滤波器中间频率的输出来得到。

但这种简单的方法是不能使用的，因为为了得到完整的结果，要求每个滤波器的滤波宽度很窄，从而使得代价太高。在波形分析器或者跟踪滤波器中，用一个滤波器通过手动增加滤波时间输入来确定最大的振幅出现在哪个频段上。在时间压缩实时分析仪（RTA）中，滤波器用来对输入进行电子扫描。这里实时的含义是当事件触发时，通过一定的手段获得时域内的信号并将其转换到频域内。从技术角度来说，实时要求取样速率要等于或者大于测量中用的滤波器的宽度。实时分析仪用一个模数转换器和数字电路来加速数据信号处理和提高滤波器扫描速率，从而产生了明显的时间压缩。前面提到的两种分析仪都是基于模拟装置而来的，因为模拟信息滤波的特点，在频率较低的情况下响应比较慢。

傅里叶频谱分析仪（FFT）是基于快速傅里叶变换将时域变换到频域内的一种数字仪器，它使用小型计算机通过矩阵方法来求解一组联立方程组。

时域和频域之间的关系可以通过傅里叶级数和傅里叶变换表达出来。利用傅里叶分析，一个时间函数可以分解成一系列振动函数（每个函数都有特定的频率），在每一个时刻对这些函数进行累计求和都将会得到与原来相同的函数值。这一过程可以通过图 16-1 来描述。因为每一个振动信号都有特定的频率，所以在频域内就反映了这些振动函数在相应频率上的振幅大小。

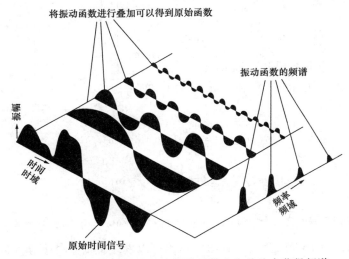

图 16-1　将时间信号分解为振荡函数之和并从中获得频谱

应用傅里叶级数方法或傅里叶变换，可将一个给定的信号分解为振荡函数之和。对一个周期为 $t$ 的周期函数 $F(t)$，傅里叶级数可以表示为

$$F(t) = \frac{a_0}{2} + \sum_{n=1}^{\infty} \left[ a_n \cos(n\omega t) + b_n \sin(n\omega t) \right] \tag{16-2}$$

式中，$a_n$ 和 $b_n$ 分别表示振动函数 $\cos(n\omega t)$ 和 $\sin(n\omega t)$ 的振幅；$\omega$ 是固有频率。

$$\omega = 2\pi f \tag{16-3}$$

前面的函数也可以写成复数形式：

$$F(t) = \int_{-\infty}^{\infty} G(\omega) e^{i\omega t} d\omega \tag{16-4}$$

其中

$$G(\omega) = \frac{1}{2\pi} \int_{-\infty}^{\infty} F(t) e^{-i\omega t} dt \tag{16-5}$$

函数 $G(\omega)$ 是 $F(t)$ 的指数形式的傅里叶变换，是圆频率 $\omega$ 的函数。实际应用中给定的函数 $F(t)$ 并不是整个时间区间的，而是从时刻 0 到某一有限时刻，如图 16-2 所示。时间

段 $T$ 被等分成 $K$ 段，每段为 $\Delta t$。通常为了计算方便，使 $K = 2^p$，其中 $p$ 为一个整数。同样使圆频率段分成 $N$ 段，$N = 2^q$（实际使用中，通常使 $N$ 与 $K$ 相等）。通过设置 $f = K/(NT)$，得到频率间隔 $\Delta\omega$ 为

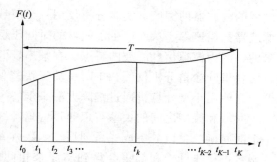

$$\Delta\omega = 2\pi\Delta f = \frac{2\pi K}{NT} \qquad (16\text{-}6)$$

从而得到式（16-3）和式（16-4）的离散方程为

$$F(t_k) = \Delta\omega \sum_{n=0}^{N-1} G(\omega_n) e^{i\omega_n t_k} \qquad (16\text{-}7)$$

$$G(\omega_n) = \frac{\Delta t}{2\pi} \sum_{k=0}^{K-1} F(t_k) e^{-i\omega_n t_k} \qquad (16\text{-}8)$$

为了计算方便，求和界限从 0 到 $N-1$。

应用欧拉恒等式，式（16-7）和式（16-8）可以写成

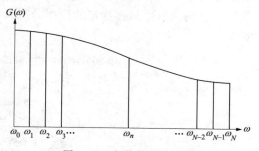

图 16-2 离散傅里叶变换

$$G(\omega_n)_{\text{real}} = \sum_{n=0}^{N-1} F(t_k) \cos(\omega_n t_k) \qquad (16\text{-}9)$$

$$G(\omega_n)_{\text{imaginary}} = \sum_{n=0}^{N-1} F(t_k) \sin(\omega_n t_k) \qquad (16\text{-}10)$$

$$F(t_k) = \Delta\omega \sum_{n=0}^{N-1} \left[ G(\omega_n)_{\text{real}} \cos(\omega_n t_k) + G(\omega_n)_{\text{imaginary}} \sin(\omega_n t_k) \right] \qquad (16\text{-}11)$$

将这些公式与式（16-7）及式（16-8）相比可以发现，傅里叶变换实际上就是有限时间间隔的傅里叶级数。利用下面的定义式，这些方程也可以写成更简洁的形式，即

$$\overline{F}_k = F(t_k) \qquad (16\text{-}12)$$

$$G_n = G(\omega_n) \qquad (16\text{-}13)$$

$$\omega_n = n\Delta\omega = \frac{2\pi nK}{NT} \qquad (16\text{-}14)$$

$$t_k = K\Delta t \qquad (16\text{-}15)$$

于是式（16-7）和式（16-8）成为

$$\overline{F}_k = \Delta\omega \sum_{n=0}^{N-1} G_n e^{(2\pi i/N)(nk)} \qquad (16\text{-}16)$$

$$G_n = \frac{T}{2\pi K} \sum_{k=0}^{K-1} \overline{F}_k e^{(-2\pi i/N)(nk)} \qquad (16\text{-}17)$$

如果进一步定义

$$F_k = \frac{T}{2\pi K} \overline{F}_k \qquad (16\text{-}18)$$

和

$$W = e^{-2\pi i/N}$$

可以得到

$$G_n = \sum_{k=0}^{K-1} F^{nk} \qquad (16\text{-}19)$$

写成矩阵形式为

$$[G_n] = [W^{(nk)}][F_k] \quad n = 0,1,2,\cdots,N-1 \qquad (16\text{-}20)$$
$$k = 0,1,2,\cdots,K-1$$

矩阵 $[G]$ 和 $[F]$ 是列矩阵，行数分别为 $n$ 和 $k$。利用对称矩阵的特性，并且由于最终得到的 $G_n$ 恰好是共轭复数，从而使得这里矩阵的求解得到简化。通常 $G_n$ 可以写成

$$G_n = a_n + ib_n = |G_n| e^{i\alpha_n} \qquad (16\text{-}21)$$

其中

$$|G_n| = a_n^2 + b_n^2 \qquad (16\text{-}22)$$
$$\alpha_n = \arctan(b_n/a_n) \qquad (16\text{-}23)$$

利用时间函数 $F(t)$ 并计算矩阵 $[W]$，可以得到 $G_n$ 值。计算 $[G]$ 矩阵的一种快速傅里叶方法称为 Cooley-Tukey 算法（蝶形算法），这是一种基于 $q$ 阶方阵相乘的方法。其中 $q$ 与 $N$ 仍然具有如下关系：$N = 2^q$。当 $N$ 比较大时，这种方法可以大大减少矩阵的运算。近年来，人们发展了不少实现快速傅里叶变换的更好方法。这些计算方法对离散傅里叶变换和快速傅里叶变换基本上都是相同的，两种方法之间的差别仅在于快速傅里叶变换中用特定的关系式，从而使得计算时间比离散傅里叶变换减少了。

确定 $G_n$ 的所有值就能得到频域上的频谱图。可以用一个常数乘以 $G(f)$ 的平方来近似能谱函数，从而可确定每一频率上能量的大小。能谱函数是一个正的实数，单位为伏特平方。从能谱中，可以衰减杂波得到衰减宽带噪声，从而识别主要频谱分量。这一衰减过程通过集合平均的数字处理来实现，也就是谱平方集合逐点平均值。

## 振动测量

要对机械振动进行成功测量需要多个随机选择、安装的传感器，并用电线将信号传输给频谱仪。对振动进行监控可以通过选择三个量的测量来实现：1）位移；2）速度；3）加速度。这三个量的测量方法的侧重点在频谱中是不同的。为了解其独特性，需要研究它们的不同特点。对于一个简单谐振的位移 $x$

$$x = A\sin(\omega t)$$

连续求导可以得到其速度 $\dot{x}$ 和加速度 $\ddot{x}$ 的表达式，即

$$x = A\sin(\omega t)$$
$$\dot{x} = A\omega\cos(\omega t)$$
$$\ddot{x} = -A\omega^2\sin(\omega t)$$

在实际应用中，通常采用以下的方式：

1）位移：波谷到波峰测量值 $= 2A$

2）速度：最大测量值 $= A\omega$

3）加速度：最大测量值 $= A\omega^2$

从上面的式子可以看出：位移与频率无关，速度与频率成正比，加速度与频率的平方成正比。如果知道位移和频率，就可以算出速度和加速度。

测量上述的任一信号需要应用振动传感器。振动传感器是一种将机械振动转换成可以分析的时变电压信号的装置。在选择传感器之前要仔细考虑需要测量的频率范围。但要注意，对给定的机械进行振动分析，并不存在一种最好的传感器，通常需要几种不同的传感器来共同分析，并且通常在测试之前要对传感器信号进行调试。

▶▶ **位移传感器**

电涡流传感器主要用于位移测量。涡流探测器产生一个电涡流场，导体对该涡流场的吸收与探测器和测量表面之间的距离成正比。电涡流传感器常用来测量轴相对于轴承的位移（将传感器装在轴承上），或也用在轴向位移的测量上。这种传感器受恶劣环境影响不大，测量的环境温度可以高达 $250\,℉$ （$121℃$），而且价格不贵。它的缺点就是轴表面质量和电气泄漏会导致错误信号，此外能够测量的最小位移量受系统信噪比的限制，实际应用中难以测量小于 $1/10,000$ in 的位移。如果对轴位移进行测量，那么用同一系统测得的轴跳动应小于其最小可测量值。为了测得准确的轴跳动，必须对轴进行精密的打磨、抛光和消磁。

▶▶ **速度传感器**

常用的速度传感器由装在磁铁中的线圈组成，磁铁中线圈的运动产生与线圈速度成正比的电压。通常，被测的力必须较大才能产生信号输出。但是，如果将传感器安装在机器轴承上时产生的信号很强，一般不需要对其进行放大。这种传感器比较坚固也比较大，其价格一般是位移传感器的 10 倍。

由于阻尼作用，这种线圈磁铁结构的转换特性在约 10Hz 的低频下受到限制，而传感器自身产生的共振峰是高频时的限制因素，因此可供使用的线性带宽是很窄的。速度传感器的主要优点是它的高输出/低阻抗，因此，即使是测量环境不太理想时，它也有很好的信噪比。其缺点在于它对位移比较敏感，它是有方向的，在水平方向或者垂直方向作用相同的力时，传感器的读数是不同的。

▶▶ **加速度传感器**

多数加速度传感器由一些装在压电晶体上的小质量块组成。当加速度作用在质量块时，就对压电晶体产生作用力，从而输出电压。加速度传感器的频响范围比较宽，而且价格低廉，对温度也不太敏感。加速度传感器有两个主要缺陷。首先它具有很高的低输出/高阻抗特性，需要的负载阻抗不小于 $1MΩ$，这使得这种传感器不能使用长的电缆。解决这个问题的一个办法是在传感器中使用放大器得到低阻抗的放大信号，但是需要提供激励源，从而增加了重量。它的第二个缺点可以从下面的例子看出来。以 0.5Hz 的频率对 1g 的质量做加速运动来表征位移为 100in 的运动，可以发现尽管它的频响范围很宽（0.1~15kHz），但它很差的信噪比使其在低频时的应用受到严重限制。

传感器必须与要测量的机械相匹配。对常见的问题有所了解将有助于选择合适的传感器。比如，非接触式的轴位移传感器有助于轴对中和平衡，但是在齿轮啮合问题和叶片振动频率的测量上并不适用。如果对信号进行积分或者二重积分，用于削弱高频段的低通滤波器会导致高通，这就导致更低的频率限制（通常只有 5Hz）。如上所述，选择传感器主要取决于要测量的频率范围。图 16-3 所示为上述三种传感器的频率限制范围。

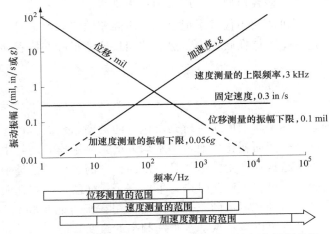

图 16-3　机械振动分析系统中三种传感器的频率限制范围

### ▶▶动态压力传感器

使用动态压力传感器能够对燃气轮机压气机运行做出早期预警。目前大多数先进的燃气轮机的压力都非常高，从而使得这些压气机必须在喘振和阻塞之间比较窄的转速范围内运行。因此，这些机组运行受结垢和叶片角度的影响很大。动态压力传感器可以获得监测叶片和激振力频率的频谱。当压气机接近喘振时，二阶叶片激振频率（2×叶片数×运行速度）接近一阶喷嘴叶片激振频率的量级。在压气机出口使用动态压力传感器，它所提供的早期预警能够解决运行中主要由喘振和叶尖失速引起的问题。

在燃气轮机燃烧室中，尤其是在低 $NO_x$ 的燃烧室中使用动态压力传感器，可以确保每个燃烧器的稳定燃烧。这可以通过控制喷入每个燃烧器的燃料量使得每个燃烧器获得的频谱图都很相似来实现。在此应用中要注意传感器的安装，通过使用缓冲气体避免其暴露在燃烧室的高温中。这一技术已经在实际中使用并证明对确保燃气轮机的平稳运行是很有效的。

## 数据记录

通常，需要进行分析的机组位于不同的地方，每次分析都需要把频谱仪带到现场，会存在许多不便之处。还有，试验场所的环境可能比较恶劣，会造成频谱仪损坏。解决这些问题的一个办法就是采用磁带记录数据，一盒磁带就意味着一个永久的记录。因为磁带的每个磁道可以作为存储数据的位置，一个记录可以由不同传感器的输入或者是同一传感器在不同位置上的输入组成。这种装置中，一个连续磁带监视器是很有用的。在机组运行事故中，对于记录磁带的分析将有助于事故诊断。

采用合适的记录方法是很重要的。调幅记录机要比调频记录机便宜得多，其饱和电压通常为 20V 或者更大些，而调频记录机的饱和电压在 1V 左右。调幅记录机的一个缺陷就是其漂移频率相当高，大约为 50Hz（3,000r/min）。低于漂移频率的数据会衰减且幅值减小。调频记录机没有低频限制，但它要求仔细的信号调制（放大或者削弱）以避免磁带饱和。在高频情况下通常选用调幅记录机。无论使用何种类型的记录磁带，推荐使用已知的振动信号进行输入信号的标定，并且最好遵照生产厂家的规定进行。

在许多情况下，计算机的使用代替了记录机。用高速数字采集信号获得的数据直接存储在内存中，并且可以进一步存储在硬盘中，然后使用快速傅里叶变换程序进行处理。

# 振动频谱分析

频谱分析仪准确地描述了时域内每一时刻所包含的频率，然而，描述连续信号的时域图及其相对应的频域图则随时间而变化。通常用平均方法来显示连续信号中哪些振幅占的分量最大。大多数情况下，机组振动产生的信号是恒定的，它的统计特性是不随时间变化的。也就是说，对一组时间历程记录，不论何时进行平均都是一样的。已被证明，机组信号在运行速度和负荷不变的情况下信号是恒定的。平均方法也用在机组起动和变负荷运行的分析中，这种对连续时间间隔的平均可以显示振动水平和频率的改变。

平均方法是一种提高信噪比的技术。将周期性信号和随机信号混在一起并进行平均处理，可以得到双谱图或多谱图。混合得到的谱图中周期性部分与其瞬态信号几乎一样，但随机部分峰值比振幅小得多。这是因为周期性信号的峰值以固定频率出现在谱图上，而噪声峰值频率在整个谱图上是波动的。

图 16-4a 所示为对一台机组进行诊断获得的记录信号，图中的瞬时谱图和经过平均处理的谱图证明，经过平均化处理确实能够移除与噪声相关的信号。第二幅谱图中表示的是标准的瞬时谱图。最上面一幅图中清楚地显示了记录某点上有噪声信号影响的谱图，注意到瞬时噪声信号并不会影响经过平均处理后的信号，图中最大的峰值对应的是运行频率，同时也显示了在运行转速下发生的弱共振。瞬时信号的重要作用不可忽视。在起动阶段，较长时间的平均可能消去由于运行转速变化引起的谱变化中的重要部分。由随机脉动载荷产生的非周期性的脉冲可能也会被平均所消除。可以在"瀑布图"中使用短时平均值来显示机组起动时某些频率图谱的增长，如图 16-4b 所示。

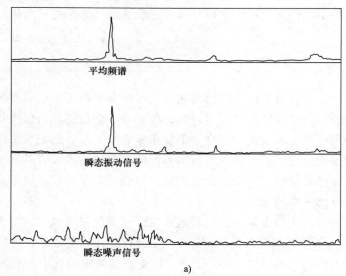

平均频谱

瞬态振动信号

瞬态噪声信号

a)

图 16-4　平均噪声衰减与瀑布图
a）平均后的噪声衰减

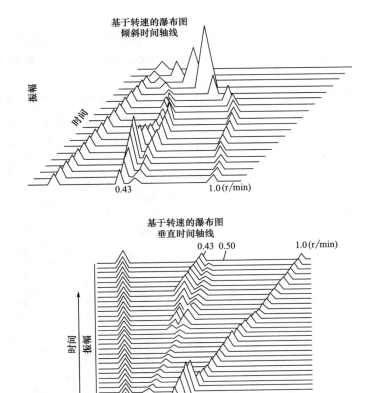

图 16-4 平均噪声衰减与瀑布图（续）
b）随转速变化的瀑布图

　　频谱图中的频率可以分成两部分：分频谐波频率和谐波频率（也就是高于和低于运行转速的频率）。分频谐波部分可能包括滑动轴承的油膜涡动。由于机组与系统中正在运行的其他部分的结构共振以及滑动轴承动力学不稳定，将导致油膜涡动，其数值大概是机组运行转速的一半。大多数分频谐波部分与运行转速无关。

　　频谱中谐波部分包括与转速成倍数的部分、叶片激振频率（由叶片数和转速确定）、齿轮啮合频率（由齿数与转速确定）、齿轮盘的轮盘共振频率（与转速无关），同时滚动轴承的转动元件数也是其中的一个部分。此外，还有由于机械不平衡而导致每转一次的频率或一次谐波频率。表 16-1 中列出了更多的主要诊断结果。为了区分机组不同部件相应的频率，应该先得到基准信号。

　　为了能在任一特定的机组上进行有效的故障分析，获得的机组基准信号必须是可用和可供分析的。基准信号是机组在标准工况下运行时的振动频谱。通常，标准工况是很难定义的，要根据实际情况确定。当机组第一次安装或者在其大修以后，应获取其振动频谱并存储起来以便用作以后基准评估的频谱。基准信号确定后，还需要经过详细的计算，以尽可能确定其组成部分。

首先，主激振频率是要确定的最重要的频率是主激振频率（也就是激振函数的频率）。某些机组与其运行转速相应的激励不止一个。在多轴系或者复合轴系的机组中，将有多个运行转速。

表 16-1 中给出的振动诊断关系有助于进一步确定这些激励。将这些信息与基准信号结合就可以确定频谱图中突然变化的原因，但这种方法对刚运行的新机组并不适用。因为没有基准信号可以比较，该机组的标准运行工况并不知道，可供参考的相似机组的信息也很有限，因为即使是同一机组，不同测试样本之间都有很大的不同。缺乏信息正是机组振动分析中最大的困难。

表 16-1　振动诊断结果

| 常用主频率① | 产生振动原因 |
| --- | --- |
| 0~40%转速频率 | 轴瓦、轴承座、缸体、支撑松动<br>转子过盈配合松动<br>摩擦涡动引起的推力轴承损坏 |
| 40%~50%转速频率 | 轴承支撑的激励<br>轴瓦、轴承座、缸体、支撑松动<br>油膜涡动<br>共振涡动<br>间隙引起的振动 |
| 运行转速频率 | 初始不平衡<br>转子弯曲<br>转子零件丢失<br>缸体变形<br>基础变形<br>中心线未对准<br>管道激励<br>轴颈与轴承偏心<br>轴承损坏<br>转子轴承系统临界转速<br>联轴器临界转速<br>结构共振<br>推力轴承损坏 |
| 其余频率 | 缸体和支撑松动<br>压力脉动<br>振动传递<br>齿轮误差<br>阀振动 |
| 高频 | 干摩擦涡动<br>叶片气流激振 |

① 大部分情况下在这个频率发生，可能产生谐波，也可能没有谐波。

对于一台新机组，频谱图中谐波部分的频率能够根据与运行转速的关系来大致确定，但这些频率上的振幅无法确定。分频谐波部分由于与运行转速无关，难于获取其频率和振幅，此时，应用变换函数分析方法可以预测分频谐波谱图的一些特性。

变换函数分析中要用激振器来获得频率确定的外激励。当激振力作用在停止运行的机组时，观察到的振动响应就是机组结构的特性。这有助于确定不同结构的共振频率，从而为分频谐波的频谱图提供了有关信息。

在新机组的起动过程中，需要尽可能地确定实时频谱中的所有主要峰值，如果出现不确定的波峰，应该先保持当前的运行转速，直到确定产生这个波峰的原因。当频谱图上出现全新的组成部分时，基准信号对于分析产生该现象原因的作用是很有限的。通常当出现这种情况时，很有可能意味着事故的发生。如果这一部分随时间不规律变化时，机组肯定出现了故障。从另一个角度说，振幅小、频带宽的峰值，或是机组多年运行累积而来的一组峰值，可能是机组正常老化和正常磨损的结果，对机组的运行不会有什么影响。这种事故诊断是一个反复的判断过程。有些情况能从事故记录中找到原因，但很多情况下，即使是发生了很大的事故，也难以确定导致事故的确切原因。为了正确利用频谱图这种分析工具，必须将其与运行性能因素结合使用。

性能和振动监控之间应通过适当的方式结合起来，以使得机组尽可能避免过多的维护和停修，并使得系统在每一个可能工况点上的运行效率达到最高。综合分析振动频谱和变化的性能数据，能够对压气机和透平进行有效的分析。通过适当的监控和分析，可以确定这些部件出现的主要问题。

# 次同步振动分析

高速柔性转子系统，尤其是那些运行转速在一阶临界转速两倍以上的系统，容易趋于次同步的不稳定。这种不稳定性可能是由转子系统中的各种因素引起的，包括从叶轮、红套、轴的滞后等轴承、衬套和迷宫气封到油膜气动部件。伴随着振动不稳定，转子不断获得加速的能量，加功提速。在高速转子系统中，这种次同步不稳定性是导致转子和轴承系统发生严重事故的一个主要原因。近年来，高压回注的应用导致了由于次同步振动而出现的问题和故障发生率很高。这些问题中绝大多数出现的原因还无法确定，因为传统的模拟信号调谐滤波器不能分析这一问题，除非次同步振动量达到很大值，而此时机组很快出现了事故。

在次同步振动的起始阶段会呈现间歇现象，这就要求采用高速、高分辨率的实时分析仪（RTA）来快速确定它的存在。

这里给出了在运行速度高于一阶临界转速的一个高压离心式压气机中出现的这种次同步非稳定现象的分析和确定。图16-5~图16-8所示为其试验振动频谱。纵轴为轴承轴颈位移（峰-峰值，单位为mil），并用对数坐标表示。这种标度能够识别在次同步不稳定的边际条件期间发生的较弱的次同步振动。

图16-5所示为进口压力为$500lbf/in^2$（34.5bar），出口压力为$1,200lbf/in^2$（82.7bar），转速为20,000r/min时机组的振动频谱。在此，由于转子系统不平衡，在20,000r/min时同步峰值为0.5mil（0.012,7mm）这是频谱图中唯一显示的分量。图16-6是转速为20,000r/min，进口压力为$500lbf/in^2$（34.5bar），出口压力达到$1,250lbf/in^2$（86.2bar）时机组的振动频谱。从图中可以观察到在转速为9,000r/min时产生振幅为0.2mil（0.005,08mm）的次同步振动。对分析仪采用连续实时模式，频谱中的9,000r/min这一分量是间断的，可以对分析仪设置"峰值保持"模式来捕捉。

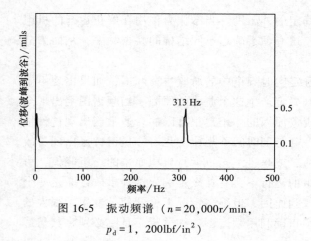

图 16-5　振动频谱 ( $n = 20,000\text{r/min}$,
$p_d = 1$, $200\text{lbf/in}^2$ )

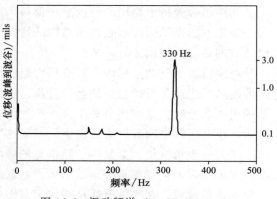

图 16-6　振动频谱 ( $n = 20,000\text{r/min}$,
$p_d = 1$, $250\text{lbf/in}^2$ )

　　图 16-7 中所示为在保持进口压力和转速都不变的情况下，将出口压力升高 $20\text{lbf/in}^2$ （1.38bar）时的振动频谱图。发现转速为 9,000r/min 时的振动分量的振幅从 0.5mil（0.005,08mm）增大到 1.5mil（0.038,1mm）。可见出口压力的很小增加，都可能导致次同步振动的振幅超过 1.0mil（0.025,4mm），并损坏部件。

　　当进口压力升高 $50\text{lbf/in}^2$ （3.45bar）而出口压力保持不变时，机组恢复到原来的稳定状态，振动频谱中的次同步振动部分也会消失，如图 16-8 所示。在这里，压气机进出口压差为 $770\text{lbf/in}^2$ （500~1,270lbf/in$^2$），当转子系统处于临界压力升高状态时，受到气动激励就会导致机组的次同步不稳定。

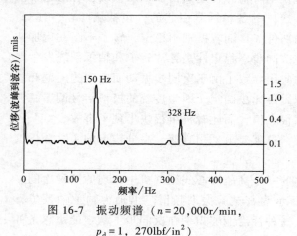

图 16-7　振动频谱 ( $n = 20,000\text{r/min}$,
$p_d = 1$, $270\text{lbf/in}^2$ )

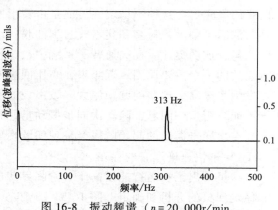

图 16-8　振动频谱 ( $n = 20,000\text{r/min}$,
$p_d = 1$, $320\text{lbf/in}^2$ )

## 同步与谐波频谱分析

　　同步转速下的频谱图给出了一组很有趣的信息。高速旋转的振幅可以反映机组运行中出现的一些问题，比如不平衡问题。图 16-9 所示为不平衡下的频谱图。对中问题同样可以这样分析。图 16-10 是利用安装在机组壳体上的传感器测到的振动频率为 2 倍频的径向振动图。同时还存在轴向的高频振动，通常这在膜片联轴器中更为明显。图 16-11 给出了一个高速压气机临界频率的实时图。为了确定不同频率分量代表的含义，需要对机组的各个部件进行详细的分析，其中包括叶轮叶片数、扩压器或喷嘴导叶数、齿轮齿数、叶片及轴承座（润滑轴承）的共振频率、滚柱或者滚球数以及瓦片数（可倾瓦动压轴承）。

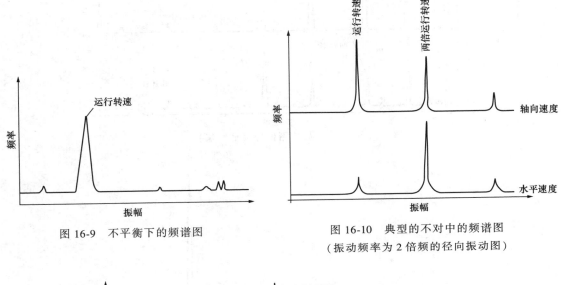

图 16-9　不平衡下的频谱图

图 16-10　典型的不对中的频谱图
（振动频率为 2 倍频的径向振动图）

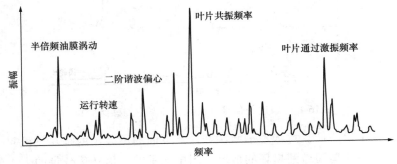

图 16-11　压气机临界频率的实时图

　　使用加速度传感器来诊断问题很有效，因为许多情况下从传感器获得的高频信息比用探针测得的低频信息要多得多。例如，图 16-12 所示的齿轮箱信号表明两个齿轮转动的状态良好。图 16-13 所示为高频端加速度传感器信号，显示齿轮 A 存在问题（存在裂纹或者有缺口的齿）。

　　加速度传感器也可以用来确定轴流压气机中的静叶角度和叶尖失速问题。通过分析传感器测到的信号发现存在有机组能够承受的高频振动。图 16-14 是加速计得到的频谱图，图中显示了第五级静叶片上很强的一阶、二阶及三阶谐波振动。检查发现该叶片由于受到高周的低应力作用而产生了裂纹。

　　图 16-15 所示为安装在三架不同飞机上的三台同类型喷气发动机的声学信号。数据是飞机在高空飞行时记录的，其中一台发动机带负荷，另两台发动机处于空转飞行状态。图中最上面的信号是这台发动机的标准信号。中间的图表示发动机涡扇中不平衡部件或一倍转速的分量的信号要比正常的大，表明涡扇的平衡性比较差。另外，带负荷的燃气发生器一倍转速

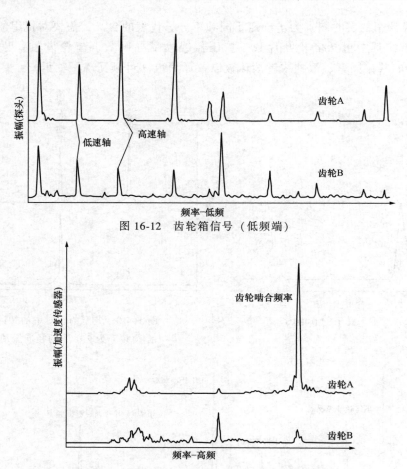

图 16-12 齿轮箱信号（低频端）

图 16-13 齿轮箱信号（高频端加速度传感器信号）

的部件的分量要比正常的低，意味着平衡性好。最下面的图表示的是在飞机起飞时第三台发动机风扇由于吸入一只鸟而遭到损坏的情况，图中显示的一倍转速分量的大小说明损坏的风扇存在很大的不平衡性。此外，与其他两个信号相比，风扇的二阶和三阶谐振也很明显。

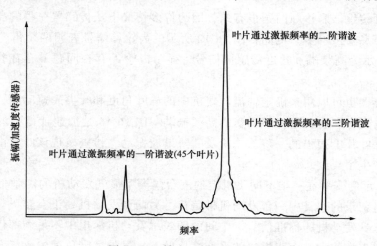

图 16-14 轴流压气机的频谱图

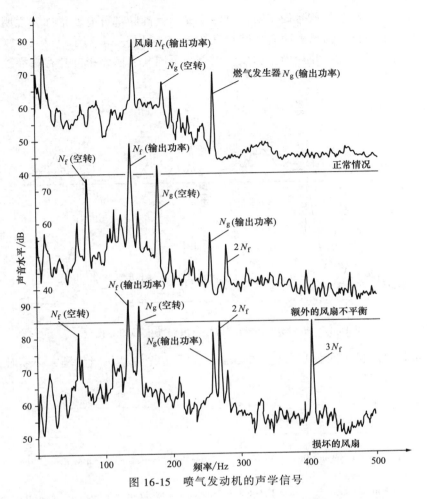

图 16-15　喷气发动机的声学信号

对于检查发动机随时间的恶化情况而言，基准信号是一种很有用的工具。在图 16-16 中

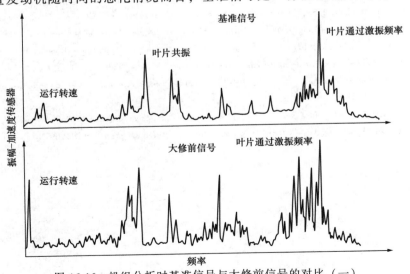

图 16-16　机组分析时基准信号与大修前信号的对比（一）

对基准信号与机组大修前的信号做了对比。图中显示其高频部分有所增加，说明存在叶片颤振的问题，对机组的检查结果表明有些叶片存在裂纹。另外一个例子（图 16-17）显示其导叶的共振频率增加了，表明叶片颤振剧烈。检查结果同样表明该级叶片存在裂纹。

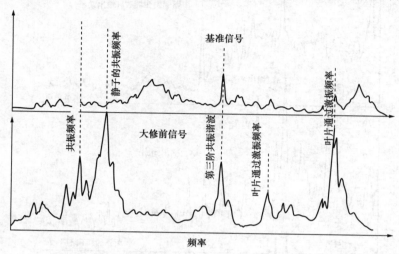

图 16-17　机组分析时基准信号与大修前信号的对比（二）

频谱分析是诊断机组问题非常有用的工具。为了完全评估机组问题，必须对分频谐波和高频谐波进行分析。

# 参考文献

Bickel, H. J. , "Calibrated Frequency Domain Measurements Using the Ubiquitous Spectrum Analyzer," *Federal Scientific Monograph* 2, January 1970.

Bickel, H. J. , and Rothschild, R. S. , "Real-Time Signal Processing in the Frequency Domain," *Federal Scientific Monograph* 3, March 1973.

Borhaug, J. E. , and Mitchell, J. S. , "Applications of Spectrum Analysis to Onstream Condition Monitoring and Malfunction Diagnosis of Process Machinery," Proceedings of the 1st Turbomachinery Symposium, Texas A&M University, 1972, pp. 150-162.

Boyce, M. P. , Morgan, E. , and White, G. , "Simulation of Rotor Dynamics of High-Speed Rotating Machinery," Proceedings of the First International Conference in Centrifugal Compressor Technology, Madras, India, 1978, pp. 6-32.

Lang, G. F. , "The Fourier Transform . . . What It Is and What It Does," *Informal Nicolet Scientific Corporation Monograph*, December 1973.

Lubkin, Y. J. , "Lost in the Forest of Noise," *Sound and Vibration Magazine*, November 1968.

Mitchell, H. D. , and Lynch, G. A. , "Origins of Noise," *Machine Design Magazine*, May 1969.

第**17**章

# 平　衡

当今，解决叶轮机械的振动问题，与其在设计、制造及维护中遇到的问题一样，非常紧迫和重要。当出现机械故障时，有相当多宝贵的能源浪费了，而且机组停机的相关成本增加了非生产性开支。发展高速叶轮机械需要新的、可靠的技术来降低振动。

## 转子不平衡

在引起叶轮机械振动的因素中，转子不平衡问题是最主要的，它是由于内部的不均匀性或外部的一些影响而产生的。引起转子不平衡的一般来源可分成以下几类：

1. 不对称
2. 不均匀材料
3. 偏心
4. 轴承不对中
5. 由于转子部件塑性变形造成的局部移位
6. 水力或空气动力的不平衡
7. 温度梯度

有一些源自诸如不对中、气动力耦合和温度梯度的不平衡问题可以用现代的平衡技术在运行时进行校正。但大多数都是在平衡之前就必须进行校正的基本问题，如源自不对称、材料不均匀、变形及偏心引起的转子质量不平衡够得到校正，从而使转子可以运转而不会在轴承箱上施加不适当的力。在平衡过程中，仅考虑同步振动，即频率和转子转速相同的振动。

在实际的转子系统中，不平衡量及其位置往往难以找到，唯一能够获得它们的方法便是研究转子振动。通过细心操作，使用电子设备能够对振幅和相位进行精确测量。对一个非耦合质量位置，其振幅和作用力的关系为

$$\overline{F}(t) = \overline{F}e^{i\omega t} \tag{17-1}$$

$$\overline{Y}(t) = \overline{A}e^{i(\omega t - \phi)} \tag{17-2}$$

$$A = \frac{\overline{F}/K}{1 - \left(\dfrac{\omega}{\omega_n}\right)^2 + \mathrm{i}2\zeta\left(\dfrac{\omega}{\omega_n}\right)} \qquad (17\text{-}3)$$

$$\phi = \arctan \frac{2\zeta\left(\dfrac{\omega}{\omega_n}\right)}{1 - \left(\dfrac{\omega}{\omega_n}\right)^2} \qquad (17\text{-}4)$$

式中，$\overline{Y}(t)$ 为振幅；$\overline{F}$ 为作用力；$\overline{A}$ 为放大系数；$\phi$ 为作用力和振幅的相位滞后角；$\zeta$ 为阻尼系数；$K$ 为恢复力系数。

由方程式（17-4）可以知道相位滞后角是相对转速 $\omega/\omega_n$ 和阻尼系数 $\zeta$ 的函数，如图 17-1 所示。由于作用力的方向并不是与最大振幅保持一致，为了达到最好的平衡效果，修正的重量必须加在作用力的反方向。

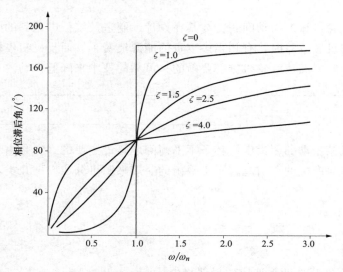

图 17-1　相位滞后角与相对转速和阻尼系数的关系

转子系统中的不平衡量可能以连续或离散的形式存在，如图 17-2 所示。要确定其精确的分布状态，在目前的技术条件下仍然相当困难。

对于平衡完美的转子来说，不但重心要位于旋转轴心上，而且惯性轴也应该与图 17-3 所示的旋转轴相一致，然而这几乎是不可能的。平衡可以定义为一个调整转子质量分布的过程，目的是减少或控制轴颈的一倍频振动或作用在轴承上的力。平衡功能可以分作两大部分：1）确定不平衡量及其位置；2）安装一个或多个总质量与不平衡量相同的平衡块，以消除不平衡量的影响，或精确消除不平衡位置处的不平衡质量。

可以把转子放在无摩擦的支撑上，应用静力分析确定其不平衡量；转子重心有向下滚动的趋势，注明此位置就可以找出合成的不平衡量力，转子就能够被静态平衡。静态平衡能够使转子重心位于两端支撑的中心线上。

动态平衡可以在转子自身支架或者外部支架上通过旋转转子实现。转子的不平衡量可以由各种探头或者传感器监测转子的振动来确定，然后可以在与轴垂直的各个平面上加修正重

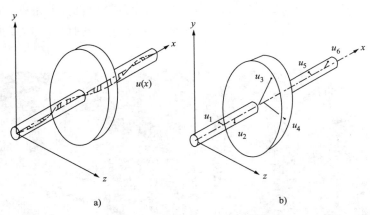

图 17-2 转子中不平衡量的分布

a）连续分布的不平衡量  b）离散分布的不平衡量

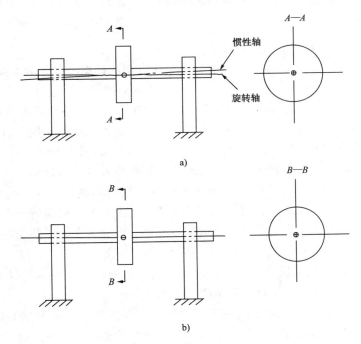

图 17-3 平衡转子

a）静态平衡的转子  b）完美平衡的转子

量块来实现转子的平衡。这些重量块会减小不平衡力和不平衡动量，把这些修正重量块加到尽可能多的平面上，以减小由最初的不平衡力及附加的重量所引起的轴的弯矩。

柔性转子设计的运行转速要高于横向振动的一阶固有频率。当转子运行在不同的临界转速以上时，与最大振幅相关的相位将会产生明显的偏移。因此，当振动系统的响应与不平衡力同步时，柔性转子中的不平衡量不能简单地用力和力矩来考虑。所以，用于刚性转子的两（平）面动平衡法并不能保证柔性转子的动平衡。

最佳的高速柔性转子平衡方法不是在低速下使其平衡，而是在它的相应的高转速下平衡。这种方法在车间里并不总是可行的，所以常在特定的试验设备上完成。这些试验设备使转子能在图 17-4 所示的真空室里，在工作转速条件下进行动平衡，图 17-5 所示的则是高速运平衡的控制室。

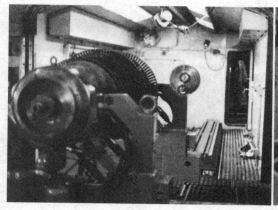

图 17-4　高速动平衡的真空室

图 17-5　高速动平衡的控制室

高速动平衡中应该注意以下各种因素：

1. 实际工作情况下转子的模态特性与标准平衡过程的模态有很大的不同。

2. 柔性转子平衡必须与转子涡动一致的近似模态来进行。当运行转速在主柔性模态共振附近（阻尼临界转速）时，由于这两个转速彼此很近，要对平衡误差进行严格限制。对于具有比较低的转子轴承刚度比或者轴承在模态节点附近的情况，要给予特别注意。

3. 对转子的不平衡分布的响应进行预估是很重要的，这种分析可以获得在额定转速下进行平衡的轴的情况，也可以知道在装配之前需要对哪些部件进行仔细的平衡。

4. 平衡平面应该远离不平衡点，以减小运行时产生的不利影响。平衡的准则是对存在不平衡量的面进行补偿。低速平衡时如使用的不适当的平衡面，将在转子高速旋转时起到相反的效果。许多情况下由于在不平衡面上进行了补偿，因此，在转子装配时进行多次低速平衡就已经足够。这种方法对于采用实心转子结构的设计有效。

5. 为了满足严格的振动规范，必须使产品平衡误差非常小。在运行转速下进行多平面平衡，可以使转子的振动小于标准产品的平衡要求。

6. 其他相似设计的转子也会遇到现场振动问题。即使是一个经过精心设计和制造的转子，也可能会由于不恰当的或者无效的平衡而产生过大的振动。这种情况通常可能发生在长期服役后并经过多次重新平衡的转子，此时有未知的不平衡量出现。经过高速平衡的转子不应再进行低速平衡。

已经出版了大量的有关平衡的技术文献，这些文献中研究了许多不同的平衡方法。杰克逊（Jackson）和本特利（Bently）详细讨论了轨迹技术；毕晓普（Bishop）、格拉德威尔（Gladwell）及琳赛（Lindsey）研究了平衡的模态方法；西亚尔（Thearle）、勒格罗（Legrow）和古德曼（Goodman）提出了影响系数法的早期形式。本书作者以及泰萨泽克（Tessarzik）和巴杰利（Badgley）通过研究得出了用于较宽转速范围和多阶弯曲临界转速下柔性转子的影响系数方法的改进形式。

巴杰利及本书作者将多平面和多转速平衡中影响系数方法应用到实际中。还有许多作者在不同程度上对选择平衡面的分离问题做了探讨，其中，丹（Den）、哈托格（Hartog）、凯伦盾格（Kellenberger）和米娃（Miwa）研究了 $N+2$ 平面方法，毕晓普（Bishop）和帕金森（Parkinson）则研究了 $N$ 平面方法。

## 平衡过程

转子的平衡有三种基本方法：1）轨迹平衡；2）模态平衡；3）多平面平衡。这些方法都受一定条件的限制。

### ▶▶轨迹平衡

这种方法基于对轴中心线运动轨迹的观察，需要用到三个传感器：其中两个在相互垂直的方向上测量转子的振幅，这两个信号描绘出了轴中心线的轨迹；第三个用来记录一倍转速参考点，称为键相点。图 17-6 是这些传感器的布置图。

这三个信号分别作为一个示波器的 $x$ 轴、$y$ 轴及外部强度标志输入信号。键相点显示在屏幕上是一个亮点。当得到的轨迹是个圆时，在键相点方向上所示的振幅最大。为了估计修正质量的大小，需要进行反复的试验。随着对转子的完美平衡，轨迹最终收缩成一个点。如果是椭圆轨迹，可以用简单的几何方法来确定不平衡力的相位所在。

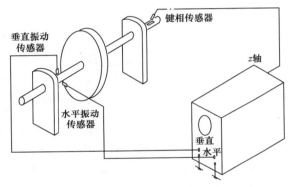

图 17-6　轨迹平衡中传感器的布置

通过键相点作椭圆主轴的垂线与圆相交，这个交点确定了所需的相位角，如图 17-7 所示。使用前述方法可以得到修正质量。如果转速高于一阶临界转速，需要注意的是键相点将出现在重心位置的对面。

在轨迹平衡方法中并没有考虑阻尼作用，因此实际应用中，这一方法仅对微小阻尼系统有效。此外，由于旋转使得偏心质量与离心不平衡量之间没有区别，平衡质量仅仅在特定转速下有意义。考虑的最佳平衡平面是过转子系统重心的平面，也就是那些能使得轨迹缩成一点的平面。

### ▶▶模态平衡

模态平衡的原理是柔性转子能够通过消除各个模态不平衡量的影响从而使它平衡，图 17-8 所示为一个对称均匀轴的典型主模态。任一转速下转子的变形

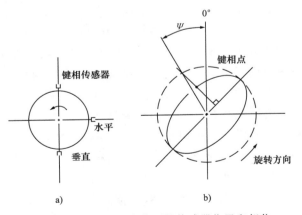

图 17-7　椭圆轨迹中典型的传感器位置和相位
a）轴和传感器　b）轨迹

可以用不同的模态变形与同转速有关的常数的乘积之和表示，即

$$\overline{Y}(x,\omega) = \sum_{r=1}^{\infty} \overline{B}_r(\omega)\eta_r(x) \qquad (17-5)$$

式中，$\overline{Y}(x,\omega)$ 表示横向振动的振幅，在一定的转速 $\omega$ 下它是轴向距离的函数；$\overline{B}_r(\omega)$ 和 $\eta_r(x)$ 分别表示转速 $\omega$ 下的复合系数和第 $r_\text{阶}$ 主模态。

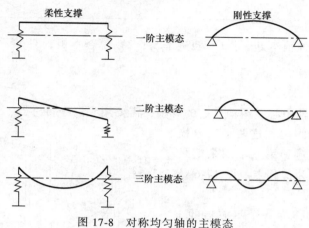

图 17-8  对称均匀轴的主模态

因此，一个在任意临界转速都平衡好的转子在任一转速下都是平衡的。对于轴端支撑的转子，推荐的平衡过程如下：1）将轴作为刚体平衡；2）对运行范围内的每个临界转速进行平衡；3）尽可能在进行运行转速下进行其余非临界转速模态的平衡。平衡平面要选在振幅最大的面上。

模态平衡是业已证明的对柔性转子平衡的一个有效方法，已经应用在不同的横向刚度、迟滞涡动以及复杂的转子-轴承问题上。在许多模态平衡的研究中，没有考虑油膜的阻尼作用，有的还忽略了滚动轴承的影响，对于这些情况，并不能充分确定模态方法的实用性。

将模态方法应用于更复杂的系统中还存在一些问题，需要通过计算获得平衡系统的模态和固有频率，而计算结果的精度取决于计算中采用的计算程序的能力和输入的数据（维数、各种系数、系统模态效果）。在叶轮机械中，由于使用油膜轴承，系统阻尼影响明显，这样将增加分析的难度。大阻尼系统的模态和共振频率与无阻尼模型及其共振频率差别很大。模态平衡由于依赖于系统模态和频率的预测，很不方便，并且由于没有合适的响应程序，这是模态平衡的一个显著缺点。

与影响系数（多平面）方法的程序相比，目前还没有通用的模态平衡程序。要求这种程序具有以下两种功能：计算模态振幅和相位，以及可以平衡转子轴承系统测试获得的振幅和相位。这种程序能计算每一个单独的涡动模态，包括全部转速的残余平衡量修正，目前还不存在适合这种程序的通用分析方法。

### ▶▶多平面平衡（影响系数法）

模态平衡法有效地减缓了汽轮发电机组超临界转子的不平衡问题。它将当时可用的计算不同转子振动模态响应幅值的技术与测量真实转子振动水平的手段结合在一起。近年来设计了更多的在超临界转速条件下运行的转子系统。新的传感器和仪器设备使得振幅和相位的测量更方便、更精确。在车间或者平衡机中运行的小型计算机，以及使用现场连接到大型计算机的分时终端，已经逐渐普及，正是这些先进的技术使得最新的多平面平衡方法在这些领域得到了成功应用。

影响系数法实施起来很简单，数据也很容易得到。考察一个有 $n$ 个轮盘的转子，影响系数法可以测量该轴的柔度特性。

令 $P_1$、$\cdots$、$P_j$、$\cdots$、$P_n$ 表示作用在轴上的力，可得 $i$ 平面的变形 $Z_i$：

$$Z_i = \sum_{j=1}^{n} e_{ij} P_j, i = 1, \cdots, n \tag{17-6}$$

上式定义了柔度矩阵 $[e_{ij}]$，矩阵中的元素称为影响系数。通过以下定义就可以得到柔度矩阵，

$$P_j = \delta_{ij} \tag{17-7}$$

式中，$\delta_{ij}$ 是克罗内克符号，衡量变形量 $Z_i$，随着 $j$ 从 1 变化到 $n$，就得到柔度矩阵的每一列。如果知道柔度矩阵以及每一平面 $q_i$ 上起始的振动程度，则可用以下系统方程来求解所需的修正力 $F_j$，从而可以算出修正重量。

$$\sum_{j=1}^{n} e_{ij} F_j = q_1, i = 1, \cdots, n \tag{17-8}$$

通常，在定点转速平衡方法中需要有 $2N$ 组振幅和相位值。使用影响系数法进行平衡的过程如下：（1）记录初始不平衡的振幅和相位；（2）在沿转子选定的位置上连续加上试验重量块；（3）在方便的位置上测量振幅和相位；（4）计算修正重量并加到系统中。平衡平面很明显就是那些加试验重量块的地方。记录影响系数（或者是系统参数）以便进一步修正平衡。这一方法不需要预知系统的动态响应特性，尽管这些特性对选择大部分有效平衡面、传感器的安装位置和试验重量块的大小是很有用的。

影响系数法测量的是相对位移而不是绝对位移。对理想平衡条件没有做任何假设，所以不受阻尼作用、测量位置或者初始挠度的影响。在数据处理中，在转子一定转速范围内用最小二乘法来优化修正重量。

许多学者研究了对一个柔性转子做平衡所需的最佳平衡面数目。要对柔性转子实现理想的平衡，平衡面要取得足够多，但是要达到理想的平衡是不可行的，也不经济，因此，提出了确定平衡面数目的两种替代方法。

一种方法称为 $N$ 平面法，这种方法认为对于运行转速范围内存在 $N$ 个临界转速的转子系统进行平衡，只需要做 $N$ 个平面平衡。另一种方法称为 $N+2$ 平面法，这种方法中则需要另外增加两个平面，这另加的两个平面是为两支撑轴承系统所添加的，是使用这种方法进行平衡所必需的。

$N$ 平面法是基于模态方法而来的。从式（17-5）中知道，对运行转速超过 $N$ 个临界转速的转子，理想平衡有 $N$ 个主模态必须为 0。因此，在这些主模态中相应的峰值位置的 $N$ 个平面就可以满足平衡条件，考虑到轴承支撑的残余力和力矩，采用 $N+2$ 平面要比 $N$ 个平面更好。

转子在设计转速下能够达到理想平衡，但转子跨越不同临界点时仍然可能会遇到很多问题。因此，最好在整个运行转速范围内对其进行平衡，做平衡所需的转速数值的选择也非常重要。试验证明，当平衡转速恰好选在临界点上或比临界点稍高一点，在整个运行转速范围内达到的平衡是最好的，如图17-9所示。

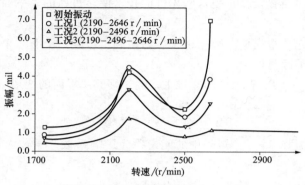

图 17-9　最小二乘法平衡的转子振幅

## 平衡技术的应用

在多平面平衡中应用影响系数法是符合逻辑的一种简单扩展，这也是安装在标准平衡设备上的"硬件"。使用更好的电子仪器以及更为容易利用电子计算机使得这种方法变得可行。

实际平衡可以在任何合理数量的转速和任何合理数量的平面上实现。低速平衡采用最简单的单平面方法，这一方法是在旋转夹具中已知径向位置上用一已知的重量块（通常用手工添加蜡）来确定要平衡部件的平衡灵敏度，可以有效地去除某一部件中的不平衡力。两平面平衡方法是这一方法的简单扩展，可以同时消除不平衡力和不平衡力矩。在一些情况下，可以预先确定这些类型机械关联的灵敏度（可以对机械进行校准），并将这些数值存储起来以允许一次起动平衡。对完全安装好的转子，无论是刚性的还是柔性的，在它的实际运行环境下的平衡也就是最终的应用。

平衡过程必须与转子动力学特性，也就是所说的运行环境相一致。但是，当平衡步骤确定以后，人们通常不能正确识别其动态特性，结果可能无法识别不平衡量分布问题，可能没有提供足够的平衡平面；传感器可能没有安装在最佳位置，或者可能完全忽略了临界转速。制造商需要考虑使用者的要求：

1. 整个转子系统在运行转速范围内的临界转速。

2. 转子临界转速下的模态（不平衡量分布问题）。

3. 转子安装后不平衡量最可能的分布，考虑制造公差、低速平衡后的平衡残余量、安装公差等。

4. 整个转子-轴承系统对不平衡的响应，考虑轴承、联轴器和阻尼器等的阻尼。

5. 为生产过程的每一阶段消除不平衡量分布制定规则，无论是制造、低速平衡还是高速平衡。

6. 必要时为最终转子组件的未来平衡制定规则。

所有以上的步骤，目前都可以通过商用途径实施，而费用却只是更换转子费用的一小部分。

在工厂里对部件进行平衡的理由很简单：因为设计部件的质心（或者长部件每一部分

的质心）并不是在预设的旋转轴线上。这一问题的发生是由于机械加工的公差以及金属中的空隙夹杂物等，因此，部件需要一次或者多次平衡。在平衡操作过程中，转子的不平衡敏感度（干涉系数）由取样转子所决定，并将其存储下来。

转子平衡过程的设计从分析优化过程开始，通常最好在系统设计期间进行。不平衡响应的计算程序与平衡计算程序结合可以计算作为不平衡量函数的振动的振幅。这些程序可以求出振动传感器最佳的安放位置、修正平面和最佳的平衡转速。转子装置的多平面平衡可以在模拟转子运行实际环境下动态特性的动平衡台上方便地实现。根据转子的结构和平衡转速，平衡需要一台驱动电机，可能还要一个真空系统。

最终的平衡校正并不包括那些在运行条件下要替代的部件，如透平叶轮，在维修过程中它是可替换的平衡项，如果叶轮上使用了平衡修正，那就显然不能将它移除或者没有改变装置平衡就将它替换。因此，平衡过程应该结合维护设计得到最佳的结果。

一旦转子系统安装好，由于振动所造成的停机时间就是最重要的成本损耗。例如，通常化工厂的压缩机由于停机而造成的损失每天都是以数万美元来衡量的。显然，机组停机并重新平衡的决定是不敢轻率做出的。最好的办法是在机组运行中确定修正量，停机时间只是安装平衡重量块所花的时间。多平面平衡方法就可以轻易地在确定转子灵敏度后完成平衡。

现场动平衡（修正平衡）时，转子的转速和系统的温度是关键因素。实际过程中，由于要考虑许多因素，转速比较难以控制；系统温度可能要几个小时甚至好几天才能稳定下来。每一次停机加入配重块，要达到热态下稳定都需要很长的时间，并且其振动都需要记录下来。有关临界转速的位置和振型以及由单独的转子动力学研究所获结果的考虑，可以用来指导选用传感器和平衡面的位置，从而可大大改善结果。

尽可能减少机组的起动次数是很重要的，因为不断起动会使机组寿命缩短。关键是在过程开始时正确选择平衡平面，这是必不可少的，因为待平衡的转子通常由多个部件（透平、压气机）通过联轴器连接而成，并且具有大量可用的校正平面。通常，平衡仅需在特定转速下某一个"区域"内进行（透平或联轴器）。临界点的位置可以利用上述的不平衡响应灵敏度研究来精确确定。这一研究中，包括整个轴和连接件，能够确定那些分布有不平衡量的平面，如果不平衡确实存在，将会在某一特定转速下引起振动。比如，一台由精确平衡的压气机和精确平衡的联轴器组成的机组，有时在某些转速下的振动过大。这种振动的产生是因为转子在运行转速范围内存在一个或者多个弯曲临界转速，其中振动模态由各单个精确平衡好的部件的残余不平衡量所产生。必须强调的是平衡过的转子部件并非具有零不平衡量。实际上，它具有的残余不平衡分布，在平衡条件下不会激发转子振动。如果不存在分析结果，平衡工程师们必须依赖于传感器的振动读数，并最终通过试验或者推算确定修正位置。

一旦沿着转子轴线的临界区得以确定，就能计算这些平面的敏感因子。如果不平衡敏感因子不能在平衡平面和目标转速下获得，那就需要进行试重。因为这个过程要花很多时间，所以热稳定时间很重要。如果敏感度可以利用，那么要校正的量就能基于停机之前测量的振动程度计算出来，从而机组能够实现平衡，并很快可以重新起动。

人们常常想尽可能找到获得敏感因子的捷径，这可以在单平面向量图基础上通过在可用的平面上一次性加上修正重量来实现。这可能偶尔导致转子的平衡，但更常见的是得到相反的效果。之所以会出现这种不平衡，是因为随后平面中的试验重量不是"按原样"状态的唯一扰动。记录表 A、B 和 C 所示的是一个典型的使用该平衡技术计算机程序的平衡过程。

平衡工程师必须保留自己所做的机组平衡记录，因为在多数情况下，叶轮机械系统自身常常包含一些不可重复的因素。对热变化敏感的部件，比如阻尼器、轴承对中等可能常常产生问题。当出现一个非重复因素时，平衡工程师必须首先确定这是否意味着要进行额外的校正。如果不需要，那么可以获得的平衡质量，严格受到不可重复因素的可变性的范围的限制。这种水平的平衡没有经验是很难达到的，不管在单一机组还是在同一类机组上。平衡工程师要利用每一参数的平均值对每一个转子进行平衡，而且必须对不同的结果进行详细的记录，这些记录主要包括每一情况的残余不平衡试验过程。从多平面平衡方法的角度看，这种记录包括每一机组的各种敏感性参数，这完全可以通过试重法得到。

## 多平面平衡的用户指导

以下是应用多平面平衡方法进行转子平衡的建议步骤，这些步骤适用于特定程序，其他程序也需要大致相同的信息：

1. 选择平衡平面数，装上相同数目或者更多的接近传感器。在转轴上安装一个每转一圈就产生一次脉冲的转速计。将同一平面上同一时刻获得的转速计信号和传感器信号输入相位计中，以确定转速是每分钟多少转，以及振幅、最大振幅与转速脉冲相位。

2. 在记录表 A 上记录平衡平面数和平衡转速。以低速（小于平衡转速的 25%）旋转机组，并测量每个平面上的初始振幅和相位。然后，在平衡转速下测量每个平面上的最终振幅和相位。在表 A 上记录这些过程的全部数据。

3. 取一张空白记录表 B，输入平面数。在该平面任一半径和任一角度上放置一试重块。将这些数值输入表中。接着，使机械运行在平衡转速下，测量每个面上振动的振幅和相位。在每个平面上重复这一过程（一次只在一个平面上放一个试重块）。当完成这些后，就可以得到和平面数一样多的记录表 B。

4. 记录表 C 是用户可用的选项，在每个选项中进行正确的选择。

### 记录表 A

| 平衡面数 | | 转速/(r/min) | |
| --- | --- | --- | --- |
| | | 振幅 | 相位 |
| 起始振动的振幅和相位 | 1 | | |
| | 2 | | |
| | 3 | | |
| | 4 | | |
| | 5 | | |
| 平面上最终的振幅和相位 | 1 | | |
| | 2 | | |
| | 3 | | |
| | 4 | | |
| | 5 | | |

记录表 B

平面_____

| 试重 | 半径 | 角度 | |
|---|---|---|---|
| | | | |
| 平面上的振幅和相位 | 1 | 振幅 | 相位 |
| | 2 | | |
| | 3 | | |
| | 4 | | |
| | 5 | | |

记录表 C

(选项)

1. 如果用与试重块同样重量的加重块来平衡，把它定位在正确的半径（NS1 = 1）。对于固定半径处的计算重量，NS1 = 2。NS1 = _____。

2. 施加平衡重量的半径。如果 NS1 = 2，在每一个平面上给出定位半径（如果 NS1 = 1，则不需要）。

| 平面号 | 1 | 2 | 3 | 4 | 5 |
|---|---|---|---|---|---|
| 半径 | | | | | |

3. 如果进行初始平衡，NS2 = 1。
如果进行零振幅平衡，NS2 = 2。

NS2 = _____

4. 如果加试重块，NS3 = 1。
如果钻孔去重，NS3 = 2。

NS3 = _____

5. 如果在一定数量确定的空间位置进行加重或者去重，NS4 = 1。
如果可以在任何位置加重或者去重，NS4 = 2。

NS4 = _____

6. 如果 NS4 = 1，给出每一个平面的孔数和相对于第一个孔的角度。

| 平面号 | 孔数 | 相对于第一个孔的角度 |
|---|---|---|
| 1 | | |
| 2 | | |
| 3 | | |
| 4 | | |
| 5 | | |

# 参考文献

Badgley, R. H. , "Recent Development in Multiplane-Multispeed Balancing of Flexible Rotors in the United States," Presented at the Symposium on Dynamics of Rotors, IUTAM, Lyngby, Denmark, 12 August, 1974.

Bently Nevada Corp. , "Balancing Rotating Machinery," Report 1970, Minden, Nevada.

Bishop, R. E. D. , and Gladwell, G. M. L. , "The Vibration and Balancing of an Unbalanced Flexible Rotor," *Journal of Mechanical Engineering Society*, Vol. 1, 1959, pp. 66-77.

Bishop, R. E. D. , and Parkinson, A. G. , "On the Use of Balancing Machines for Flexible Rotors," ASME Paper No. 71-Vibr-73 1971.

Boyce, M. P. , "Multiplane, Multispeed Balancing of High Speed Machinery," Keio University, Tokyo, Japan, July 1977.

Boyce, M. P. , White, G. , and Morgan, E. , "Dynamic Simulation of a High Speed Rotor," International Conference on Centrifugal Compressors at Madras, India, February 1978.

Den Hartog, J. P. , "The Balancing of Flexible Rotors," *Air, Space, and Industr.* , McGraw-Hill, New York, 1963.

East, J. R. , "Turbomachinery Balancing Considerations," Proceedings of the 20th Turbomachinery Symposium, Texas A&M University, p. 209, 1991.

Goodman, T. P. , "A Least-Squares Method for Computing Balance Corrections," ASME Paper No. 63-WA-295 1963.

Jackson, C. , "Using the Orbit to Balance," *Mechanical Engineering*, pp. 28-32, February 1971.

Kellenberger, W. , "Should a Flexible Rotor Be Balanced in N or (N+2) Planes?" *Trans. ASME Journal of Engineering for Industry*, pp. 548-560, May 1972.

Legrow, J. V. , "Multiplane Balancing of Flexible Rotors—A Method of Calculating Correction Weights," ASME Paper No. 71-Vibr-52 1971.

Lindsey, J. R. , "Significant Developments in Methods for Balancing High-Speed Rotors," ASME Paper No. 69-Vibr-53.

Miwa, S. , "Balancing of a Flexible Rotor (3rd Report)," *Bulletin of the ASME*, Vol. 16, No. 100, October 1973, pp. 1562-1572.

Stroh, C. G. , MacKenzie, J. R. , Rebstock, and Jordan, "Options for Low Speed and Operating Speed Balancing of Rotating Equipment," Proceedings of the 25th Turbomachinery Symposium, Texas A&M University, p. 253, 1996.

Tessarzik, J. M. , Badgley, R. H. , and Anderson, W. J. , "Flexible Rotor Balancing by the Exact Point Speed Influence Coefficient Method," Transactions ASME, Inst. of Engineering for Industry, Vol. 94, Series B, No. 1, p. 148, February 1972.

Thearle, E. L. , "Dynamic Balancing of Rotating Machinery in the Field," Trans. ASME Vol. 56, pp. 745-753, 1934.

# 第**18**章

# 联轴器与对中

在绝大多数叶轮机械中，联轴器用于将驱动部件与从动部件相连接。叶轮机械使用的高性能挠性联轴器必须具备三个主要功能：（1）能够以恒定转速将机械功从一个轴向另一个轴有效传递；（2）在不导致高应力的前提下以最小功损实现对中偏移的补偿；（3）允许任一个轴的轴向运动而不会对另一个轴产生过大的推力。有三种基本类型的弹性联轴器可以满足这些要求。

第一类是机械连接联轴器，它可以通过滑动和滚动实现挠性连接。这种联轴器包括齿轮联轴器、链轮联轴器和欧氏滑块联轴器。

第二类是弹性材料联轴器，其挠性依赖于材料的挠度。弹性材料联轴器包括那些在压缩过程中使用的弹性体（销和衬套、块、套筒和弹性环、金属内嵌型件），剪切弹性体（夹层型、轮胎型），钢簧（径向片簧、外围线圈型）以及钢盘和膜片联轴器。

第三种类是机械与材料组合式联轴器，其挠性由滑动或滚动以及挠曲来实现。组合联轴器包括连续和间断的金属环栅格联轴器、非金属齿轮联轴器、非金属链联轴器以及具有非金属滑块元件的滑块联轴器。

在选择联轴器时，必须事先知道载荷与转速。图 18-1 显示了联轴器类型、圆周速度、联轴器尺寸和转速之间的关系。这些高性能挠性联轴器的载荷如下：

1. 离心力。其重要性随系统转速而有所不同。

2. 稳定传输转矩。电动机、透平以及各种平稳吸功（被驱动）设备的稳定无波动转矩。

3. 循环传输转矩。往复式原动机和负载机（如往复式压缩机、泵和船用螺旋桨）的脉动或循环转矩。

4. 附加循环转矩。由驱动部件（特别是齿轮）的瑕疵以及旋转驱动部件的不平衡所引起。

5. 峰值转矩（瞬态）。由起动条件、瞬态冲击或过载引起。

6. 冲击转矩。与系统松动或反冲相关。通常，机械连接的挠性联轴器具有固有的反冲。

7. 偏心载荷。所有挠性联轴器在偏心时都会产生循环或稳定的力矩。

8. 滑动速度。机械联轴器特有的一个参数。

9. 共振振动。任何受迫振动载荷，诸如循环或偏心载荷，可能具有与转子系统或发电机组的某一部件及基础的固有频率一致的频率，这种情况下可能会激起共振。

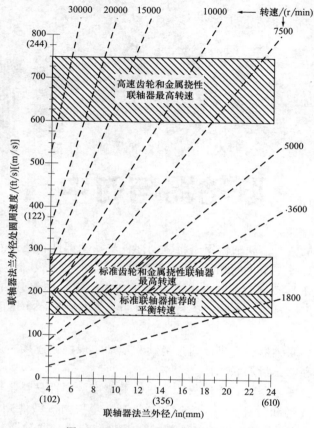

图 18-1　挠性联轴器的运行范围图

燃气轮机是一种高转速、高转矩的驱动装置，要求其联轴器具备以下特点：

1. 重量轻，悬臂力矩小
2. 高转速，功率范围内可接受的离心应力
3. 高平衡潜力
4. 可接受的偏心

齿轮联轴器、圆盘联轴器和膜片联轴器都是符合这些要求的最佳选择。表 18-1 给出了这几种联轴器的主要特征。

表 18-1　圆盘、膜片及齿轮联轴器[①]

| | 圆盘 | 膜片 | 齿轮 |
|---|---|---|---|
| 转速 | 高 | 高 | 高 |
| 功重比 | 中 | 中 | 高 |
| 润滑要求 | 否 | 否 | 是 |
| 高速下的偏心情况 | 中 | 高 | 中 |
| 固有平衡 | 好 | 非常好 | 好 |
| 整体直径 | 小 | 大 | 小 |

（续）

| | 圆盘 | 膜片 | 齿轮 |
|---|---|---|---|
| 通常的失效模式 | 突然（疲劳） | 突然（疲劳） | 逐渐（磨损） |
| 机械轴的悬臂力矩 | 中等 | 中等 | 非常小 |
| 偏心产生的力矩 | 中 | 小 | 中 |
| 轴向移动能力 | 低 | 中 | 高 |
| 对轴向移动的抵抗力 | | | |
| 快速加载 | 高 | 中 | 高 |
| 逐步加载 | 高 | 中 | 低 |

① 本表内容为概略指南。

## 齿轮联轴器

齿轮联轴器包括两套啮合齿。每一套啮合齿都有一个内部和外部齿轮，具有相同的齿数。叶轮机械中所使用的齿轮联轴器主要有两种。第一种齿轮联轴器的公齿与轮毂连成一体，如图18-2所示。在这种联轴器中，齿面上产生的热量以一种特别的方式传入轴，而不是通过套筒进入周围空气中，套筒因此被加热并膨胀超出轮毂。这一部分膨胀加上作用在套筒上的离心力，将使套筒迅速增大，甚至超过轮毂多达3~4mil，产生偏心力，从而会导致非常大的不平衡力。因此，这种联轴器多用于小功率机组。

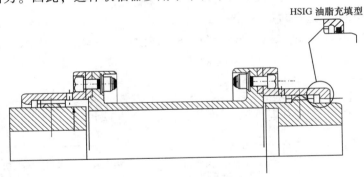

图 18-2 齿轮联轴器（公齿与轮毂连为一体）

第二种联轴器（图18-3）的公齿与轴连为一体。在这种联轴器中会产生等量的热量，但是空心轴会以类似于套筒的方式传递这些热量，从而不会产生非匹配膨胀。

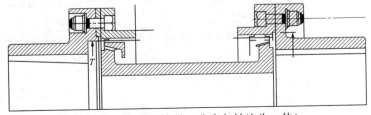

图 18-3 齿轮联轴器（公齿与轴连为一体）

齿轮联轴器有一个带内齿的外壳，与公齿啮合后在一定的转速下以同心形式支撑联轴器的松动部件，如图 18-4 所示。

滑动摩擦系数是齿轮联轴器的另一个评估参数。当转子受热膨胀时，它产生一个阻力来抵抗必要的轴向运动。这种联轴器部件间的相对滑动解决了齿轮联轴器的偏心问题。

啮合齿间的相对运动在轴向上是振荡的，并具有低的幅值和相对较高的频率。齿轮联轴器的一些主要优点如下：

1. 传输功率大：相比于其他联轴器，单位质量或单位尺寸上能够传输更大的功率。

2. 容差性好：相比于其他联轴器，能容许安装及运行过程中更大的偏差。

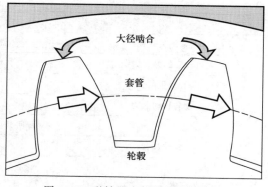

图 18-4　联轴器中使用的齿轮结构

3. 安全可靠：即使在发生故障时也不会飞出金属或橡皮碎片，还能够在腐蚀性条件下比许多其他联轴器工作更长的时间。

齿轮联轴器的主要缺点在于偏心问题。齿滑动速度、齿啮合偏角与转速成正比。因此，在高速驱动情况下，其偏心距必须保持在最小值，以将滑动速度限制在可接受范围内。

联轴器必须能够适应由冷起动所造成的偏心。齿轮联轴器的物理偏心能力永远不应视为高速应用中可接受的运行条件，偏心极限与运行转速的关系最好根据齿轮之间的恒定相对滑动速度来确定。

图 18-5 中给出了在运行转速下系统偏心的推荐限值。该图基于 1.3in/s 的最大恒定滑动速度，并且包括联轴器尺寸、转速以及啮齿间的轴向距离。齿轮联轴器要比其他联轴器更能承受轴向增长。

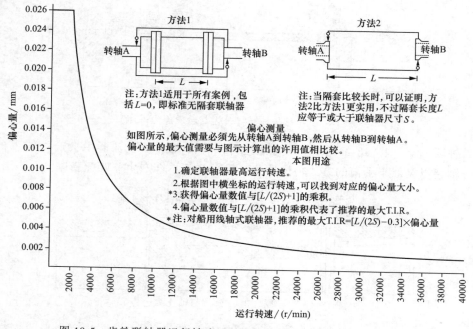

图 18-5　齿轮联轴器运行转速下系统偏心的推荐限值（参考文献 3）

在盘型联轴器中，轴向增长受到盘挠曲范围的限制，因此设备必须被调整到比齿轮联轴器的轴向精度更高。

高速联轴器必须非常小心地平衡，并且其悬臂力矩要低。联轴器悬臂力矩不仅影响轴承载荷，而且影响轴的振动。

悬臂力矩减小的作用在于不仅降低了轴承载荷，而且使轴的挠曲变小，这就可以使振幅减小。联轴器悬臂力矩的减小会使轴的临界转速提高。另外，减小联轴器悬臂力矩会增加转轴的固有频率，从而提高转轴的临界转速。对于许多应用，减小悬臂力矩是能够使系统在要求转速下安全运行的必要条件。

高速联轴器有五个部件：通常有两个轮毂，两个套管和一个垫圈。为了获得合理的平衡，应当分别平衡每个轮毂，其次是垫圈，最后整个联轴器应该在组合后再平衡。

在从平衡心轴上拆下之前，应该对联轴器进行仔细的匹配标记。

润滑问题在齿轮联轴器使用过程中是主要考虑的因素。在轮毂齿和套筒齿之间的相对滑动需要合适的润滑条件，以确保较长的部件寿命。这种滑动是交替式的，具有小振幅和较高的频率。

齿轮联轴器可用润滑剂包围，也可连续供润滑油。每种系统都有优缺点，可根据联轴器工作条件进行选择。

### ▶▶ 充油联轴器

很少有高性能的联轴器采用这种系统，因为它的尺寸大。但是，它是最好的润滑方法，同时也是最先使用的方法。其主要缺点是可能会从法兰垫圈缺口等处泄漏润滑油。

### ▶▶ 油脂联轴器

除了可以让用户选择一种很好的润滑剂外，油脂联轴器还有密封隔绝环境的优点。这种高性能的联轴器偏心很小，通常产生的热量极少。在大多数情况下，这种联轴器从轴传来的热量要比自身产生的热量多。很少有油脂能够工作在超过 250 ℉（121℃）的温度条件下，出于这个原因，油脂联轴器不能安装在防止热量耗散的外壳内。油脂也会在大的离心力作用下剥离。在许多高转速联轴器中离心力超过 8,000$g$。市场上已有出售抗高载荷剥离的新型润滑剂。

油脂润滑的第二个缺点是需要维护。联轴器生产商通常建议每六个月更换一次润滑剂。但是现场发现有油脂联轴器工作两年没有维护依然处于极佳工作状态的情况。

### ▶▶ 连续供油联轴器

采用连续供油是一种理想的润滑方法，但必须满足：

1. 自由选择油的型号。

2. 独立的油路循环。

但是由于独立油路循环增加额外成本，而且循环回路的油与设备其他油路系统的油很可能混合，所以用户很难接受以上条件。

实际上，连续供油联轴器是从主油路系统取油。这种油不是联轴器的最佳工质，还会带来大量的杂质，这些累积的沉淀物会缩短联轴器的寿命。

在联轴器内沉淀物堆积有两个原因：（1）油品不纯；（2）联轴器的离心作用存积了这些杂质。

几乎没有方法可以避免联轴器存积杂质。联轴器内的离心力是非常高的，在套筒结构上布置的油栏可以防止杂质进入。

一些生产商现在提供没有油栏的联轴器或带有径向孔的套筒。经验表明这种联轴器不会积聚杂质。采用油栏有两个作用：

1. 它可以维持供油在足够高的水平，以完全淹没啮合齿。

2. 即使在油路系统出现故障时，它可以在联轴器内存积一定量的油。

去掉油栏就失去了这两个功能。为了使得无油栏联轴器具有相同的性能，应当重新评估流向联轴器的油。然而，在无油栏联轴器中无法存油，出于这个原因，一些用户不愿意接受它们。因此，只能通过权衡由于杂质堆积所引起的联轴器故障与油路系统的偶然故障之间的轻重，才能做出合理的决定。

#### ►►齿轮联轴器故障模式

齿轮联轴器发生故障的主要原因是磨损或表面疲劳，这些又是由于缺乏润滑、不恰当润滑或过大的表面应力所造成的。由过载或疲劳引起的部件断裂是次要原因。

高转速要求相对轻质的齿轮元件。所有部件的硬化过程会产生变形，为了将变形降低到最小，渗氮法是最好的硬化方法。在所有的机械加工完成，并且对齿结构的几何形状做进一步的修正后，这种方法才可采用。

渗氮法允许更大的齿负荷。能增加多少负荷无法准确计算，但是业已证明：在 10,000～12,000r/min 下负荷可增加 20%。渗氮联轴器还有一个优点，就是摩擦系数比通体硬化部件的小。联轴器中摩擦产生的热量也会减少。更重要的是，轴向力的传递由于摩擦的降低而减少。

在许多情况下，先于渗氮的齿型修形已经被用于修正或减小由于造型或滚铣过程而产生的轮齿结构上的小问题。

确保几乎完美的轮齿接触方法是在渗氮之后再匹配研磨轮齿。研磨可缩短约 70～120h 的磨合期。在磨合的时候，齿表面有可能产生问题。

为了最大限度提高可靠性，建议指定需要渗氮的轮齿。经验表明，匹配研磨的额外花费是合理的。

齿轮联轴器的主要问题是轮齿上的微动磨损，其可能是由不合适的润滑造成的。润滑问题可以根据所采用的润滑系统类型来归类，可以分为批量型和连续润滑型两类。表 18-2 给出了一些影响齿轮联轴器的常见问题，这些问题取决于所用的润滑系统。齿轮联轴器的另外一个问题是偏心。过度的偏心会导致下列问题，如轮齿破裂、裂痕、冷变形、磨损和凹陷。此外，紧固件也是联轴器中的另一个问题来源。

表 18-2 齿轮联轴器的典型故障类型

| 标准或密封润滑 | 连续润滑 |
|---|---|
| 磨损 | 磨损 |
| 微动侵蚀 | 腐蚀 |
| 蠕变损伤 | 联轴器污染 |
| 冷变形 | 裂痕和焊接 |
| 润滑分离 | 蠕变损伤 |

联轴器紧固件应当经过合适的热处理，以承受其在高转速联轴器应用中所经受的大的应力。紧固件应得到适当扭转，在经过 4~6 次的拆卸之后，整个紧固件就应该更换了。螺栓剪切或螺栓孔伸长是由于在法兰面紧贴之前螺母的螺纹线就已经用完，导致两轴之间通过螺栓而不是法兰结合面传力。螺栓和螺母的重量应当被平衡至非常接近的公差。表 18-3 是对齿轮联轴器故障的诊断分析。

表 18-3　齿轮联轴器故障的诊断分析

| 损坏或应力痕迹 | 原因 |
| --- | --- |
| 轮齿表面恶化(大面积磨损、裂痕和蠕变) | 油黏度低和/或过度偏心 |
| 轮齿表面恶化和过热 | 偏心、高滑动速度 |
| 轮齿开裂和磨损 | 偏心角过大 |
| 轮毂损坏,键剪切 | 轴上的紧配合过多 |
| 卡锁磨损和坏齿 | 受污染的润滑系统,过度偏心 |
| 蠕变损坏 | 偏心,润滑剂分离,油黏度低 |
| 端部或密封环损坏 | 轴与轴空隙太多及偏心 |
| 磨损孔 | 不合理的拆卸技术,无效的或不正确的加热,过度的界面配合 |
| 脱色孔 | 不合理的液压安装,轴与轮毂间的污染 |
| 部件断裂 | 过载或疲劳,冲击载荷 |
| 冷变形,磨损,微动侵蚀 | 高振动 |
| 螺栓剪切,螺栓孔伸长 | 螺纹线不够用 |
| 润滑油成分分离 | 离心力 |
| 水分杂质滞留 | 离心力 |
| 润滑油变质 | 高环境温度 |

## 金属膜片联轴器

　　金属膜片联轴器在叶轮机械应用领域属于相对较新的产品。尽管这种联轴器第一次有记载的使用可追溯到 1922 年在蒸汽机车中的应用，然而直到 20 世纪 50 年代这种波状膜片才得到广泛使用。

　　膜片联轴器可通过挠曲来适应系统偏心，其主要的性能标准是抗疲劳强度。在膜片联轴器的设计条件下运行，其理论寿命是无限的。图 18-6 是一种典型的金属膜片联轴器的照片。

　　图 18-7 所示为一个膜片联轴器的结构剖面图。该联轴器只有五个部件：两个刚

图 18-6　金属膜片联轴器的照片<br>[由科伯斯（Koppers）公司提供]

性轮毂，一个绕轴件和两个对中环。这五个部件用螺栓紧固在一起，通过线轴的两个膜片挠曲来适应偏心。绕轴件由三个独立的部件组成：两个膜片和一个垫管，它们用电焊焊接在一起。

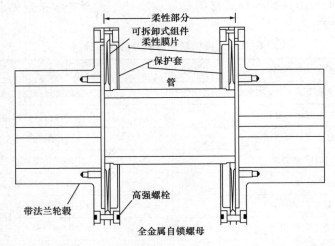

图 18-7　非典型膜片联轴器的结构［科伯斯（Koppers）公司提供］

　　这些联轴器的核心是挠曲圆盘，它由真空脱气合金钢制成，沿径向结晶锻造，并由高精度设备加工成型。

　　轮廓曲线如图 18-8 所示，膜片经历了轴向挠曲。圆盘受到转矩、离心力和轴向挠曲的影响而产生应力。计算旋转圆盘离心力的标准方法表明，周向和径向的应力会随着半径的减小而迅速增大。

　　如图 18-9 所示，由于轴向挠曲而产生的应力在轮毂处比在边缘处高得多。因此，当作用在膜片上的各种力都达到最大时，要在膜片中保持均匀的应力，轮毂和边缘处都必须用膜片连接轮廓型线，以减小应力。

　　膜片联轴器比齿轮联轴器对于轴向运动更为敏感，因为膜片有最大挠度限制。

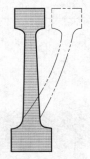

图 18-8　圆盘中的轴向挠曲

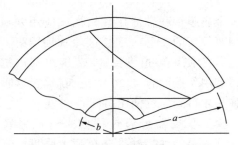

图 18-9　由轴向挠曲产生的应力分布

　　从理论上讲，膜片联轴器只要在"设计条件"下运行就不会出现问题或故障。转矩过大会造成膜片失效。两个明显的失效模式发生在零轴向位移处和大轴向位移处。零轴向位移的失效特征是一条通过膜片最薄部分的环形裂纹，这个裂纹相对平滑，且圆盘没有屈曲。大的轴向移动和角偏心会导致圆盘失效，其特征是沿着一条从圆盘最薄部分到最厚部分的曲折裂纹。这条裂纹很不规则，并且在圆盘未失效部分有较强的屈曲。这种形式的失效表明，在圆盘屈曲发生之前，裂纹转过了约270°，表明转矩负荷对圆盘内的总应力只有很小的作用。金属膜片联轴器也存在由于膜片腐蚀引起的问题。因此，必须小心应用涂层材料来保护其不受恶劣环境的损害。

## 金属圆盘联轴器

典型金属挠曲圆盘联轴器和金属膜片联轴器的主要区别在于大量的圆盘取代了轮毂与间隔区之间的单个膜片。图18-10显示了这种联轴器的结构。一个典型的金属挠曲圆盘联轴器包括两个轮毂（利用过盈配合或法兰螺栓固定在连接到相连设备的驱动轴或从动轴上）。锻压成薄片的圆盘部件被贴附到每一个轮毂上，以补偿偏心。间隔区包括了轴之间的间隙，并且轴的每一端都连接到挠性元件上。

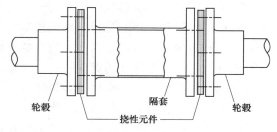

图18-10 金属挠曲圆盘联轴器的典型结构

挠性元件的功能要求和特性是传输额定的转矩以及任何系统的过载而不会发生屈曲或永久变形。换言之，它们必须具有扭转刚性。然而，在径向、周向和轴向偏心的条件下，扭曲部件必须有足够的挠度，从而在不对设备轴和轴承施加过度的力和力矩的情况下满足上述要求。先前的两个要求都必须满足，从而维持应力水平安全，处在材料屈曲的疲劳极限内。当金属挠曲联轴器共振时，它会在轴向上出现偶发的大振幅振动。

金属挠曲联轴器的阻尼被认为相对较小，尽管众所周知层压叠片盘式结构的阻尼要比由一体式膜片组成的联轴器阻尼大。层压叠片盘式结构阻尼较大的原因是，在轴向移动条件下，相邻圆盘之间会发生微量运动，如图18-11所示。因为这个元件在螺栓预紧力作用下被夹紧在一起，因此存在摩擦力，该摩擦力可以阻止滑动。

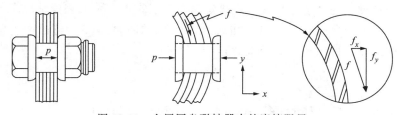

图18-11 金属圆盘联轴器中的摩擦阻尼

叶轮机械制造商和用户的现场经验表明，金属挠曲联轴器的轴向共振有时会产生问题，这些问题有时会在整体的传动系统中反映出来。对于层压叠片盘式联轴器，仅当存在外加作用力时才会出现问题。这种情况可能是由于传动系统的气动或液压波动、不规则推力盘、齿轮不精确或驱动电动机的电磁激励所致。如果在系统设计期间就提出要求，通常还是可以避免联轴器在共振点或附近运行。然而，在机组的服役期内这个问题并不总是发生。对于外部激励的本质和程度尚需要更多的信息去了解。

## 叶轮机械升级

如果由于机组功率升级或其他原因，需要采用新型联轴器取代现有的联轴器，则应采用最新技术对需要连接的旋转系统的特性进行重新评估。不应当简单地从目录中选取联轴器或圆盘联轴器。事实上，一些设备非常老旧了，还有一些已经在现场用其他方法修理过，但不幸的是由于设备供应商很忙，难以安排这类工程检修评估。

因此，目前的趋势是将现有联轴器的主要特征进行匹配来观察发生的情况。许多较老的设计有相对较重且直径较大的轴，但已经非常成功地进行了改型并且没有发生故障。这种改型成功的部分原因在于联轴器生产商和旋转设备生产商的合作工程师对改型的考虑，而主要原因是首批提供圆盘联轴器的公司为确保成功所做出的贡献和不懈努力。

如果改型和新的安装占用了这些工程师的可用时间，那么就有可能增加潜在的失误。因此，应该给这项工作留有更多的时间。

联轴器的应用是联轴器和旋转设备设计者共同的工程实践。用户通过购买技术可以协助或阻碍这项工作，因为运行和维护人员将为所选择的基本联轴器投入时间和精力。

在任何一种情况下，应该有一个好的采购规范来说明联轴器的选型和设计准则必须要尽可能满足转子的设计，以避免联轴器出现竞争性投标。显而易见，风险可控对于初期的成本节约至关重要。

齿轮联轴器被圆盘联轴器替换是由于这两个原因：（1）圆盘联轴器不需要润滑；（2）采用圆盘联轴器的机组可以提升功率。

在机组升级后，压气机和驱动轴常出现过载；然而，在压气机或其驱动的功率升级期间，从传统的齿轮联轴器改型为新型的膜片联轴器，足以将轴应力降低而避免轴的更换。

通过检查设备供应商如何达到最大许用应力要求，可能常常表明，如果联轴器选型经过了优化，可以避免更换轴而没有过大的风险。这种情况是基于这样一个事实，即齿轮联轴器有可能在轴内产生扭曲应力和弯曲应力，而膜片联轴器主要引起扭曲应力，其弯曲应力微不足道。

必须对作用在轴上的力进行计算，以决定是否可以在不安装大轴的情况下升级机组的性能。作用在轴上的力可分为三类：（1）扭曲力，（2）轴向力，（3）弯曲力。扭曲力是轴转速和传输功率的函数，可用下面的公式计算：

$$T = \frac{63,000P}{n} \tag{18-1}$$

式中，$P$ 为传输功率（hp，1hp = 745.700W）；$n$ 为转速（r/min）。

扭曲应力 $\tau_T$ 的计算公式为：

$$\tau_T = \frac{16T}{\pi d^3} \tag{18-2}$$

通常假设轴向应力 $\tau_a$ 不超过扭曲应力的 20%，轴向应力因此可通过 $\tau_a = 0.20\tau_T$ 来获得。这两个应力对于任何一种类型的联轴器都是相同的，然而弯曲应力的变化取决于使用何种联轴器。

当传递转矩存在一定夹角或平行的偏心时，齿轮联轴器会引起三个相关的弯曲力矩：

1. 接触点移动引起的弯曲力矩。该力矩作用在有夹角的偏心平面上并趋向于拉伸联轴器。它可以表述为

$$M_c = \frac{T}{D_p/2} \frac{X}{2} \tag{18-3}$$

式中，$T$ 为轴扭矩；$D_p$ 为齿轮联轴器节圆直径；$X$ 为齿面长度（图 18-12）。

2. 联轴器摩擦引起的力矩。该力矩作用在相对于角度偏心成直角的平面上，其大小为

$$M_f = T\mu \tag{18-4}$$

式中，$\mu$ 是摩擦系数。

3. 由带有一个偏心角 $\alpha$ 的转矩所引起的力矩。它作用在与摩擦力矩 $M_f$ 相同的方向上，可以表示为

$$M_T = T\sin\alpha \tag{18-5}$$

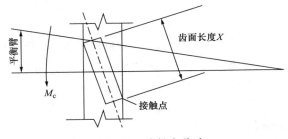

图 18-12　接触点移动

总力矩是各个力矩的矢量和，即

$$M_{total} = \sqrt{M_c^2 + (M_f + M_T)^2} \tag{18-6}$$

成型膜片联轴器产生两种弯曲力矩：

1. 由夹角偏心产生的力矩。这力矩会导致膜片弯曲，即

$$M_B = k_B^\alpha \tag{18-7}$$

式中，$k_B$ 等于膜片的角弹性刚度（lb·in/°）；$\alpha$ 是偏心角。该力矩作用在有夹角的偏心平面上，就像在齿轮联轴器分析中的 $M_c$ 一样。

2. 由带有偏心角 $\alpha$ 的转矩引起的力矩。可以表示

$$M_T = T\sin\alpha \tag{18-8}$$

因此，总力矩等于

$$M_{total} = \sqrt{M_B^2 + M_T^2} \tag{18-9}$$

比较由齿轮联轴器所产生的弯曲力矩与成型膜片联轴器所产生的弯曲力矩，可以看出前者较大，而后者几乎可以忽略。

在齿轮联轴器轴上作用的循环弯曲应力可以计算如下

$$\sigma_\alpha = \frac{M_{total} C}{I} \tag{18-10}$$

式中，$C$ 为轴半径；$I$ 为轴面积惯性矩。

此外，在轴的横截面上存在一个平均拉应力，于是应力可计算为

$$\sigma_m = \frac{T\mu}{(D_p/2)(\pi C^2)\cos\theta} \tag{18-11}$$

式中，$\theta$ 是假设的轮齿压力角。

膜片联轴器匹配轴的循环弯曲应力可用一个简单比例公式计算得到

$$\frac{\sigma_a(膜片联轴器)}{\sigma_a(齿轮联轴器)} = \frac{M_{total}(膜片联轴器)}{M_{total}(齿轮联轴器)} \tag{18-12}$$

作用在膜片联轴器匹配轴的横截面上的平均拉应力，取决于膜片与其中性静止位置的轴向距离以及膜片的轴向弹性刚度。

对于组合弯曲和扭转，安全系数可用如下的关系式计算：

$$n = \frac{1}{\sqrt{\left(k_f \dfrac{\sigma_a}{\sigma_e} + \dfrac{\sigma_m}{\sigma_{y.p.}}\right)^2 + 3\left(k_f' \dfrac{\tau_a}{\sigma_e} + \dfrac{\tau_m}{\sigma_{y.p.}}\right)^2}} \tag{18-13}$$

式中，$\sigma_e$ 为拉伸强度；$\sigma_{y.p.}$ 为拉伸的最小屈服强度；$\tau_a$ 为动态剪切应力；$\tau_m$ 为平均剪切应力。

由键槽所导致的应力集中系数 $k_f$，必须用于扭转应力计算。而应力集中系数 $k_f'$ 考虑了轴台阶的影响，必须用于弯曲应力的计算。

## 弧端齿联轴器

实质上，弧端齿联轴器是由转位后啮合的精密平面花键形成的圆弧端面齿环。这些花键或径向齿以某种特定的方式研磨，使一侧单元的啮合齿表面呈凸形，另一侧单元的啮合齿表面呈凹形。结果就是，当这些单元被夹紧固定在一起后，即可获得完美的啮合位置，于是两个转轴的旋转中心完美地达到同轴。

弧端齿联轴器的另一个重要优点是两个轴上的弧端面齿精度会随着使用而提高（而不是降低），但要注意防止碎片或其他碎屑进入两个结合面之间。图 18-13 所示为某典型弧端齿联轴器的一个半侧，图 18-14 所示为一个燃气轮机的典型叶轮及其弧端齿联轴器的轮盘。

图 18-15 为某重型燃气轮机的典型横截面照片。

许多燃气轮机转子是螺栓固定结构，具有正扭矩，分别包括了径向柱销和弧端齿联轴器等结构特征。转子由双可倾瓦和上半部固定轴承所支撑。

图 18-13　典型的弧端齿联轴器（半侧）

这种推力轴承可承受双向载荷，且采用前缘开槽润滑系统，如图 18-15 所示。

图 18-14　典型的弧端齿联轴器的轮盘

图 18-15　重型燃气轮机的照片

图 18-16 所示为在燃气轮机中轴流式压气机利用螺栓和弧端齿联轴器联接其轮盘的结构示意图。这些联轴器的传递功率超过 200MW，已广泛应用于燃气轮机中。

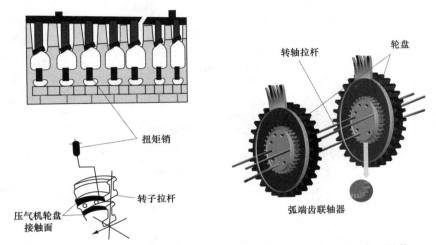

图 18-16　燃气轮机中采用弧端齿联轴器和拉杆的压气机轮盘的装配结构

# 轴的对中

燃气轮机各部件的成功对中是非常重要的，其现场运行中的主要问题通常可归结为不对中或偏心引起的故障，包括：振动过大、联轴器过热、磨损和轴承失效。

通常，在一倍和两倍转速下发生轴向振动是由于轴的偏心。使用膜片型挠性联轴器，可在一定程度上抑制振动，因此，需要定期检测使用这些联轴器的机组以确保对中。

要实现运行条件下轴精确地与轴线完美对中，是非常困难且不经济的。可允许的偏心度是联轴器长度、尺寸和转速的函数。因为更长的联轴器可允许更大的偏心，通常一些公司规定联轴器的最小长度为 18in。

机组允许的偏心量也依赖于所用的径向轴承和推力轴承的类型。可倾瓦轴承大大降低了偏心问题。图 18-17 所示为在径向轴承和推力轴承中的偏心。对于径向轴承，偏心会引起轴与轴承端的接触。因此，轴颈长度是轴承所能允许的偏心量的基准，较短的轴颈长度显然可允许更多的偏心。对推力轴承的影响是在推力轴承的一部分弧度上加载，而在相反的部分卸载。这种影响在更高负荷和挠性更小的轴承上越发明显。

## ▶▶轴的对中过程

对中过程一般分为三步：（1）预对中检测；（2）冷对中；（3）热对中检查。

预对中检测

在冷对中之前要进行很好的检测工作，如管道、灌浆、地脚螺栓、垫片组等都需要被检查和确定，以确保其质量合格。同样，还需要确定缸体变形、管道应变、机组支撑相对于底板的偏心等，并进行校正以确保这些不会引起对中问题。

管道应变是迄今为止最严重的问题来源，因此需要仔细检查管道，以确保其满足制造规范。已经观察到高达 0.22in（0.558,8cm）的管道应变。

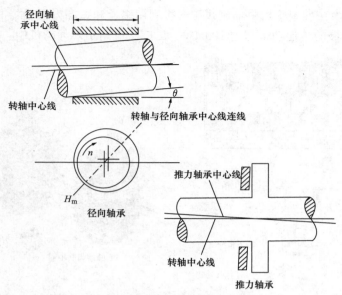

图 18-17　径向轴承与推力轴承中的偏心

当两个法兰不匹配但管道安装工将它们连在一起时，就会发生典型的管道变形。管道支架放置不当或被张紧也会造成严重的管道应力问题。

冷对中

有两种主要的冷对中技术：（1）轴向-径向圆跳动法；（2）对向指标法。这两种方法都利用千分仪。对于高速叶轮机械，对向指标法较为优越，推荐使用。

图 18-18 为轴向-径向圆跳动法指示器布置示意图。如图所示，对中支架安装在联轴器轮毂上，轴向-径向圆跳动读数可从相邻的轮毂上读取。轴向—径向圆跳动指示器分别给出了轴的夹角及偏移。使用这种方法的问题非常多：首先，轴存在轴向浮动的问题，难以获得一致的读数；第二，联轴器轮毂几何的不精确性必须考虑；第三，获取读数的轴向直径相对较小，误差放大。图 18-19 所示为对向指标法指示器布置示意图。这种方法仅测量联轴器轮毂或轴的外径，并消除了轴的轴向浮动问题。通过跨越整个联轴器，夹角偏心就会大大放大。对于轴向-径向圆跳动法和对向指标法这两种方法来说，确定对中支架的下垂量是很重要的。图 18-20 中给出了确定下垂量的一种方法，一旦下垂量确定，就必须永久地将其标记下来。对中支架应当被视为一种重要的精度工具，必须小心存放和使用，以便下次需要对中时使用。

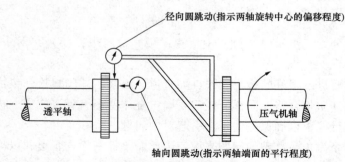

图 18-18　轴向-径向圆跳动法指示器布置

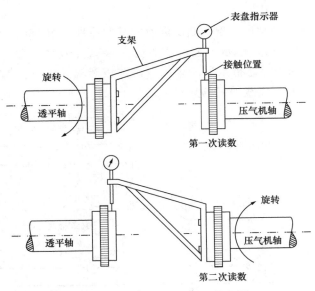

图 18-19　对向指标法指示器布置

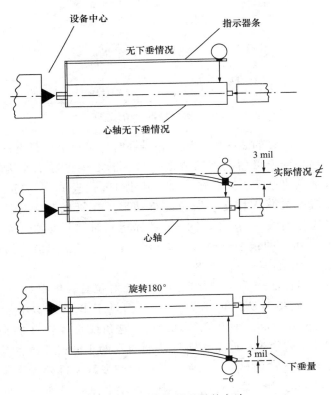

图 18-20　确定下垂量的方法

一旦获取千分仪的读数，就可在图样上做出两轴的中心线。此时，当机组处于热态工况时，应根据预期的热变形来确定需要的间隙补偿量，从而使两轴同轴。然而，生产商所提供的这些值可能是不精确的，管道应变和其他外力就会产生。正是出于这个原因，才需要开展热对中检查。

从对向指标法简单的图示中可看到其所涉及的基本原理，图 18-21 所示为应用于蒸汽轮机驱动压气机装置的对向指标法示意图。假设这个装置是新的，生产商估计的热膨胀如图 18-21 所示。获取对向指标法指示器的读数以确定相对轴的位置，然后可以估计热变形，并通过填隙来弥补，从而可以获得好的热对中。

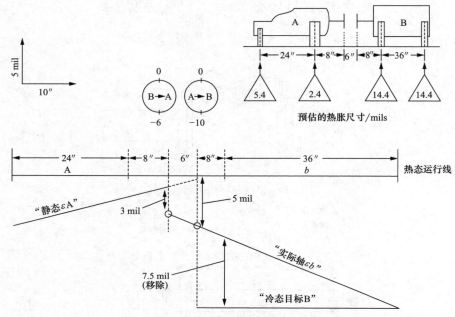

图 18-21　对向指标法的示意图

热对中检查用于确定实际的热膨胀，然后在需要时还可以进行最终的间隙补偿。本示例只列出了垂直变形，水平变形可用类似的方法获得。图形中进行了比例放大，在竖直 $Y$ 轴方向上 1in 代表 5mil 的垂直增量，同时在 $X$ 轴方向上 1in 代表 10in（25cm）的装置长度。

在这个例子里，假设机械 A 固定，所有的移动都是在机械 B 上进行的。如图 18-21 所示，先画出一条"热态运行线"，这条线就是在机械运行时轴所处的位置。

现在，使用机械 A 和 B 的预估热膨胀，画出一条"冷态目标 B"的线，这条线就是当轴 B 与轴 A 在热态运行线上同线时，轴 B 所处的位置。

下一步是使用对向指标法来确定轴之间的实际相对位置。B 相对于 A 的读数显示轴 B 位于轴 A 以下 3mil（对向指标法）的地方，而 A 相对于 B 的读数显示轴 A 高于轴 B 约 5mil。一旦这两个点的位置确定，轴 B 就可以绘出。这条线是"轴 B 的实际线"。这个过程一完成，所需的间隙补偿就很容易确定，而且"预期"的千分仪读数也就可以提供了。

对于水平变形可遵循类似的方法。如果热对中检查发现实际热变形与预期的相差很大，同时产生了不可接受的偏心量，那么可以通过类似的绘制来获得进一步的间隙补偿。

热对中检查

该项技术可在机组是热态时确定实际的对中状态。当机组运行时，不能在轴上使用对向指标法的千分仪技术。

不应当使用"热检查"的陈旧概念，它要求关停机组并尽快拆下联轴器，以应用对向指标法。目前使用的连续润滑联轴器的拆卸需要很长时间，因此期间温度下降较多。出于这个原因，发展了许多热对中技术：光学和激光方法、直接探测方法和使用千分仪的纯机械方法。在所有这些方法中，均尝试使用轴的冷态位置作为基准，然后测量轴（或轴承座）从冷态位置到热态位置的偏移，目的是找出轴两端垂直和水平位置的变化。一旦对整个机组完成了该过程，就可以关闭机组，并进行适当的间隙补偿来获取可接受的热对中。

一般光学方法使用对中透镜、定向经纬仪和水准仪这些设备，这种设备带有内嵌光学测微计，可用于测量距离参考线的位移，从而可以实现对目标变形的精确测量。

光学对中参考点位于整台机组的轴承座上。定向经纬仪安装在离机组有一定距离的地方，对基座上的每一个参考点，在垂直平面上采集并记录读数，然后移动经纬仪，在水平平面上采集类似的一组读数。这个过程应当与对向指标法的读数同时进行，而后，当机组处于运行条件下，再采集一组读数，根据这两套数据和冷对中千分仪读数就能够确定每一点的垂直和水平变形量。

这个系统的优势在于其精度高，而且一旦参考点标记在机组上，就不需要靠近机组。然而，这套设备特别精密昂贵，使用时必须要非常小心。此外，在采集读数时，机械发出的热量经常会引发一些问题。也可使用激光对中技术，但是设备昂贵，且只能用于特定的情况下，诸如轴承对中检查。这种对中方法主要用于叶轮机械生产商在机组制造和安装过程。

直接探测法也可用于测量机械位移。将直测探针安装在特定的水冷槽里，测量安装在轴承座或装置的其他部件上"参考点"的距离，间隙距离的变化显示在电子仪表上。多德（Dodd）杆系统利用安装在空冷杆上的接近探针，将其安装在两个待对中机械的轴承之间。多德杆系统允许对两个轴的相对位置进行持续监测。另一套系统使用了位于联轴器内的接近探针，以连续监测对中情况，并可从此系统中读取偏心角等参数。

还开发了一种利用转盘指示器的纯机械式热对中系统（图18-22），这套系统使用永久安装在轴承座和机械基座上的不锈钢仪表。用一个带有转盘指示器的弹性加载设备来精确确定两个仪表间的距离，同时用一个倾角计来测量夹角。冷态读数通过对向指标法获取，而热态读数在机组运行时获得，这两套读数足以确定轴的垂直和水平位移。在机组单元的两端采用同样的方法。可以用图表法或预编的程序计算偏移量，可直接输出偏心度和间隙补偿。

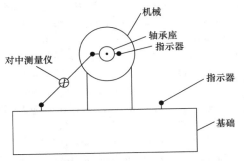

图18-22　带有转盘指示器的热对中系统

必须明确，正确的对中对于机组的高可用性十分重要。对中过程必须经过仔细计划，工具必须严格检查，且在对中时必须特别小心。总之，在对中过程上花费时间、精力和经费，是非常值得的。

# 参考文献

Bendix Fluid Power Corp, "Contoured Diaphragm Couplings," *Technical Bulletin*.

Bloch, H. P., "Less Costly Turboequipment Uprates through Optimized Coupling Section," *Proceedings of the 4th Turbomach-*

inery Symposium, Texas A&M University, 1975, pp. 149-152.

Calistrat, M. M. , "Gear Coupling Lubrication," American Society of Lubrication Engineers, 1974.

Calistrat, M. M. , "Grease Separation under Centrifugal Forces, American Society of Mechanical Engineers, Pub. 75-PTG-3 1975.

Calistrat, M. M. , "Metal Diaphragm Coupling Performance," Proceedings of the 5th Turbomachinery Symposium, Texas A&M University, October 1976, pp. 117-123.

Calistrat, M. M. , and Leaseburge, G. G. , "Torsional Stiffness of Interference Fit Connections," American Society of Mechanical Engineers, Pub. 72-PTG-37, 1972.

Calistrat, M. M. , and Webb, S. G. , "Sludge Accumulation in Continuously Lubricated Couplings," American Society of Mechanical Engineers, 1972.

Campbell, A. J. , "Optical Alignment of Turbomachinery," Proceedings of the 2nd Turbomachinery Symposium, Texas A&M Univ. , 1973, pp. 8-12.

Dodd, R. N. , "Total Alignment Can Reduce Maintenance and Increase Reliability," Proceedings of the 9th Turbomachinery Symposium, Texas A&M University, 1980, pp. 123-126.

Essinger, J. N. , "Benchmark Gauges for Hot Alignment of Turbomachinery," Proceedings of the 9th Turbomachinery Symposium, Texas A&M University, 1980, pp. 127-133.

Finn, A. E. , "Instrumented Couplings: The What, the Why, and the How of the Indikon Hot Alignment Measuring System," Proceedings of the 9th Turbomachinery Symposium, Texas A&M University, 1980, pp. 135-136.

Jackson, C. J. , "Alignment Using Water Stands and Eddy-Current Proximity Probes," Proceedings of the 9th Turbomachinery Symposium, Texas A&M University, 1980, pp. 137-146.

Jackson, C. J. , "Cold and Hot Alignment Techniques of Turbomachinery," Proceedings of the 2nd Turbomachinery Symposium, Texas A&M University, 1973, pp. 1-7.

Kramer, K. , "New Coupling Applications or Applications of New Coupling Designs," Proceedings of the 2nd Turbomachinery Symposium, Texas A&M University, October 1973, pp. 103-115.

Massey, C. R. , and Campbell, A. J. , "Reverse Alignment-Understanding Centerline Measurement," Proceedings of the 21st Turbomachinery Symposium, Texas A&M University, 1992, p. 189.

Peterson, R. E. , *Stress Concentration Factors*, John Wiley & Son, 1953.

Timoshenko, S. , *Strength of Materials: Advanced Theory & Problems*, 3rd ed. Van Nostrand Reinhold Pub. , 1956. Webb, S. G. , and Calistrat, M. M. , "Flexible Couplings," 2nd Symposium on Compressor Train Reliability, Manufacturing Chemists Association, April 1972.

Wilson, C. E. , Jr. , "Mechanisms - Design Oriented Kinematics," American Technical Society, 1969.

Wright, J. , "A Practical Solution to Transient Torsional Vibration in Synchronous Motor Drive Systems," American Society of Mechanical Engineers, Pub. 75-DE-15, 1975.

Wright, J. , "Which Flexible Coupling?" *Power Transmission & Bearing Handbook*, Industrial Publishing Co. , 1971.

Wright, J. , "Which Shaft Coupling Is Best-Lubricated or Non-Lubricated?" *Hydrocarbon Processing*, April 1975, pp. 191-196.

# 第**19**章

# 控制系统和仪器

燃气轮机应用范围非常广泛，主要用于驱动电厂动力装置中的发电机以及驱动石油化工企业、海洋石油平台的大型压缩机和泵。发电和工业生产过程需要对相应的运行平台进行控制。在发电厂，燃气轮机通常是整个电网的一个组成部分，燃气轮机发电机组向电网输送电力，以便同时满足电网功率和频率的需求，燃气轮机的控制系统与具有发电厂优化软件的分布式控制系统（DCS）和状态监测系统（CMS）紧密相连。

在石油化工和公共事业行业中，传统的维修观念正在发生显著的变化，即要求设备不仅好用，而且要以最高的效率运行。这些工业领域在全世界形成了一种共同的趋势，即改进维修策略，从故障后维修（fix-as-fail）到基于总体性能的计划维修。实际操作中，基于总体性能的计划维修需要对工厂所有主要设备进行在线监测和状态管理。工厂运行时，为了能够实现预测性维修计划且对正常运行干扰较小的及时维修这一理想目标，需要全面掌握工厂设备的热力特性和机械特性。

基于总体性能的计划维修，不仅能保证对设备的维修效果最好、费用最低，而且可以使工厂始终保持最高效的标准运行。需要注意的是，工厂的持续运行需要考虑环境条件的约束。

燃气轮机的控制监测仪器在过去几年中得到了全面的改进，已经从简单的控制系统发展到复杂的故障诊断和监测系统，其主要目的就是避免重大灾难性事故，并使机组在最佳状态运行。

## 控制系统

制造商为所有燃气轮机提供了控制系统，该系统具有三个基本功能：机组的起动和停机、机组运行中的稳态控制和机组保护。

控制系统可以分为开环系统和闭环系统。开环控制系统通过手动方式或基于预定程序确定控制变量，而不使用任何过程变量的测量值。闭环控制系统利用一个或几个过程变量的测量值来改变执行机构的位置，从而控制整个燃气轮机装置。大多数联合循环电厂都使用闭环控制系统。

闭环控制系统可以使用反馈控制，也可以使用前馈控制，或者反馈与前馈共同作用来控制机组。在反馈控制中，将被调量与给定值进行比较，两者之差作为控制器的输入并使其向偏差减小的方向动作。而前馈控制系统使用测量的负荷或给定值来确定执行机构的位置，以使可能产生的静态偏差减少到最小。

在大多数情况下，前馈控制通常和反馈控制结合在一起使用，以消除各种由不精确测量和计算所产生的被调量的偏差。反馈信号与前馈信号可以叠加，也可以相乘。

控制器具有与比例、积分、微分、时滞、死区和采样功能相对应的调节器参数。如果控制器的增益太大，负反馈控制系统将会发生振荡；如果控制器的增益太小，控制效果则不明显。为了保证闭环系统稳定，同时提供有效的控制效果，控制器的参数必须与过程参数紧密相关。要做到这一点，第一，必须选择合适的控制模式，以满足过程控制的需要；第二，要恰当地调整控制模式。图 19-1 所示为典型的前馈控制与反馈控制回路。

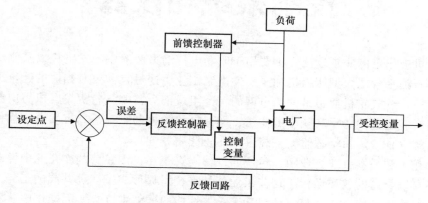

图 19-1　前馈控制与反馈控制回路

通过在监测控制系统中设置给定值或次级给定值，或者通过在直接的数字控制中驱动阀门的方式，计算机已经成功取代模拟式 PID 控制器应用在控制系统中。单台计算机的数字控制器在一到两个回路中采用 PID 控制，其中包括一些计算功能，如数学运算、数字逻辑和警报。DCS 提供了可以在多控制回路中共享的数字处理器，以实现各种功能。高性能计算机也已应用到控制系统中，以实现系统的状态监测、优化和维修调度。

为了保证机组安全和正确地起动，燃气轮机采用全自动化控制系统，并应用多个安全联锁设备来进一步确保机组的安全起动。

图 19-2 所示的机组起动转速和温度加速度曲线就是这种安全措施的实例。如果温度和转速在一定的时间内没有达到点火的要求，机组便会停机。早期控制系统中没有应用这种转速和温度曲线，未点燃的燃料从燃烧室中被带到透平的第一、二级喷嘴处沉积下来并发生燃烧，造成透平喷嘴的烧损。因此若发生起动失败，在下次

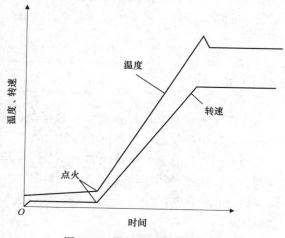

图 19-2　燃气轮机的起动特性

起动前，必须采用 7 倍于透平容积的空气量清扫，以全面清除透平中的未燃燃料。

燃气轮机是一个复杂的系统。图 19-3 所示为一个典型的工厂分层级自动化控制系统。在工厂层级上的控制系统包含了 DCS，许多新近投运的电厂中，DCS 与状态监测系统和优化系统连接。作为一个工厂层级的系统，DCS 通常和机组层级的系统连接。某些情况下，它也和功能层级的系统连接起来，比如润滑系统和燃料处理系统。在这些情况下，DCS 从这些系统向机组层级的系统发出一个准备信号，状态监测系统和控制系统从 DCS 及蒸汽轮机和燃气轮机控制器上，接收所有的输入信号。系统首先检测这些信号的准确性，然后进行全面的机组性能分析，由状态监测系统产生的新的性能曲线又被提供给优化系统，优化系统（通常用在多台燃气轮机中）接收到负荷指令，然后发出信号给 DCS，DCS 再发出信号给燃气轮机，使其以最优的设置满足负荷要求。

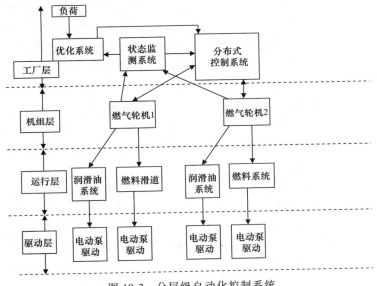

图 19-3　分层级自动化控制系统

燃气轮机装置包含多个系统，如下所示：

1. 润滑系统：为适应工质温度高的特点及避免蒸汽轮机中润滑油的水污染问题，燃气轮机中通常使用合成润滑油，并采用完全独立于蒸汽轮机的润滑系统。燃气轮机润滑系统将信号发送给燃气轮机控制器并完成后续相关操作。由于润滑系统还用来提供冷却，所以它在燃气轮机停机后，需要继续运行大约 20min。润滑系统至少包含三个泵，其中两个提供所需的扬程，第三个则用作紧急情况下的直流电驱动，这些泵和它们的控制均处在驱动层级。

2. 燃料系统：包含燃料气压缩机（如果燃料气压力低）和处理燃料气所含任何液体污染的分离筒。所需燃料气的压力应该至少高于压缩机排气压力 $50 \sim 70 \mathrm{lbf/in^2}$（$3.5 \sim 4.8 \mathrm{bar}$）。压气机和电动机驱动属于驱动层级。对于液体燃料，系统可能还会包含一个由离心分离器、静电沉淀器、燃料添加泵和其他设备组成的燃料处理装置。这些由 DCS 直接控制，并将准备状态传给燃气轮机控制器。

3. 控制系统：控制系统需要输入转速、温度、火焰探测和振动信号。转速监测系统从磁阻发信器接收输入信号，输入形式是交流电压，其频率和轴的转速成比例。频率-电压转换器产生一个与转速成比例的电压，然后将这个电压与给定值比较。如果被测电压与参考电压不同，转速就会改变。通常情况下，可将所需的转速手工设定在设计转速的80%～105%范围内。

4. 温度控制系统：温度控制系统接收安装在排气口的一组热电偶传来的信号。热电偶通常由铁康铜或铬铝制成，外包氧化镁护套防止腐蚀。一个火焰筒安装一支热电偶。热电偶的输出平均分成两个独立的系统，每个系统有一半的热电偶。这两个系统的输出经过比较，用来决定所需的温度输入。这种冗余设置可以保护系统，使其免于单个热电偶失效而跳闸。

5. 保护系统：保护系统独立于控制系统，提供超速、超温、振动、熄火和润滑失效保护。超速保护系统通常有一个安装在附加齿轮或轴上的转速传感器，当转速达到设计转速的110%左右时，燃气轮机跳闸。超温保护系统装有热电偶，类似于普通温度控制中的冗余系统。火焰探测系统至少由两个紫外线火焰探测器组成，用于检测燃烧室中的火焰。

对有多个火焰筒的燃气轮机，为保证起动过程中火焰在火焰筒之间顺利传播，探测器安装在火焰筒而不是火花塞上。一旦机组开始运行，若有多个传感器探测到火焰消失，机组将跳闸，若仅有一个传感器探测到火焰消失，该结果将显示在报警器面板上。

振动保护可以基于加速度、速度或位移这三种测量模式中的任意一种，而速度经常用于整个运行转速范围内提供恒定的跳闸值。鉴于速度传感器所遇到的一系列问题，许多制造商，特别在航空发动机制造中，已经开始使用加速度传感器。燃气轮机上通常安装两个传感器，而在被驱动部件上还要安装附加传感器。振动监测系统监测到一个振动级别时提供报警，监测到更高的振动级别时将停机。通常，控制系统设计成在开环、接地或短路情况下发出报警。

燃气轮机控制回路可实现对进口导叶（IGV）和燃气轮机进口温度（TIT）的控制。燃气轮机进口温度定义为第一级透平喷嘴进口的温度。目前，在99%的机组中，进口温度由与透平排气温度或燃气发生器后的透平温度、压气机压比、压气机出口温度、空气流量等相关的算法来控制。而利用高温计和其他特殊传感器（这些传感器在恶劣环境中能够持续使用）直接测量燃气透平进口温度的技术也正在开发中。燃气轮机进口温度由燃料流量和进口导叶控制，其中进口导叶控制着进入燃气轮机的全部空气流量。在联合循环发电厂的应用中，透平排气温度维持或接近不变，直到负荷减少至约40%。

所有的发电厂频率都要与电网同步，由于电网无法承受多个发电厂频率的频繁波动，因此发电厂在给定的频率下运行至关重要。美国和许多中东国家的发电厂频率是60Hz，欧洲和亚洲大部分国家的发电厂在50Hz频率下运行。如果发生频率变化，必须在数秒内采取措施。

频率响应需要在±0.1Hz死区之外。死区对发电厂的稳定运行非常重要，否则发电厂频率将发生振荡，而且已经存在由于缺少死区而造成电厂故障的先例。机器老化导致频率下降也是电厂的一个主要问题。通常调速不等率设置为5%，也就是说，电网频率下降5%导致负荷增加100%。燃气轮机负荷很容易变动20%～30%，但是大的变动会造成燃烧温度的变化，对透平热端部件施加了很大的应变。调峰运行时燃气轮机的负荷可高出基本负荷10%～15%，因此，建议燃气轮机在基本负荷的95%工况下运行，这样留有调节空间。

图19-4中给出了燃气轮机作为单机频率变化和作为联合循环电厂部件频率变化的性能变化。该图表明了燃气轮机电厂（GT）、蒸汽轮机电厂（ST）以及作为联合循环电厂中的燃气轮机（GTC）和蒸汽轮机（STC）的频率变化。在联合循环电厂中，因为蒸汽轮机不能

及时响应，下降的频率通常由燃气轮机通过快速增加负荷来提升。频率升高时，燃气轮机和蒸汽轮机都会作出响应，图中为燃气轮机（带 60% 负荷）和蒸汽轮机（带 40% 负荷）作出的负荷响应曲线。

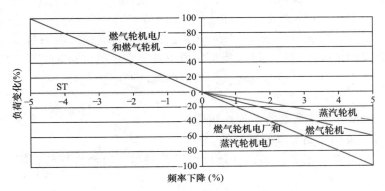

图 19-4　联合循环电厂的频率功率曲线

图 19-5 和图 19-6 所示分别为燃气轮机典型的起动和停机曲线，其中时间和百分比是近似值，将随着机组设计参数的变化而变化。

在起动过程中，燃气轮机由起动机驱动，转速升至 1,200 ~ 2,500r/min 后燃烧室点火，透平转速和温度快速升高。放气阀全开以防止压气机发生喘振。当转速达到 2,300 ~ 2,500r/min 时，透平与起动机分离，第一组放气阀关闭，随后当转速接近全速时，第二组放气阀关闭。如果燃气轮机和航空改型燃气轮机一样，具有两根或三根轴，动力透平将在透平额定转速的 60% 下投入运行。

透平的温度、流量和额定转速在 3~5min 时间内增加到额定参数，通常温度可能在一个很短的时间内出现超温。如果用于增加功率的补充燃烧和注蒸汽是电厂系统的一部分，那么只有在燃气

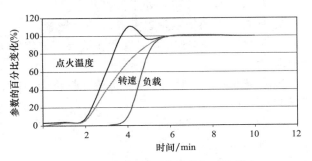

图 19-5　燃气轮机典型的起动曲线

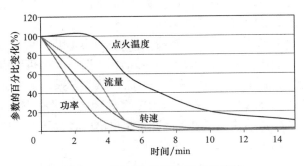

图 19-6　燃气轮机典型的停机曲线

轮机达到全流量后，才可以打开这些设备。如果用来增加功率的注蒸汽在满负荷之前打开，会造成机组的压气机发生喘振。

燃气轮机停机时，首先要求关闭注蒸汽，然后打开放气阀，以防止压气机在减速时发生喘振。燃气轮机，尤其是重型燃气轮机，此时盘车装置必须投入运行，以确保燃气轮机转子不会弯曲。润滑系统必须工作，这样能够冷却各种不同的部件，这大约需用 30~60min。

►► **起动顺序**

联合控制保护系统的一个主要功能就是执行起动顺序，该顺序确保燃气轮机所有子系统能正常运行以及燃气轮机在起动过程中不会加热太快或过热。具体的起动顺序随制造商的机组不同而不同，业主和运行人员需配备详细的使用手册。

燃气轮机控制设计为远程操作，从静止开始加速到同步转速，自动与系统同步，并依照按下的起动选择器按钮进行加载。燃气轮机的控制系统在机组自动起动至带负荷状态过程中进行自动监测和检查。对于大型燃气轮机，典型的起动顺序如下：

起动准备

以下给出了典型起动中所必需的操作步骤：

1. 关闭所有的辅助控制和维修断路器。

2. 如果计算机被切断电源，那么打开计算机断路器。启动计算机，输入时间。在正常的状态下，计算机将连续运行。

3. 把维护开关扳到"自动"档。

4. 确认所有报警装置处于报警状态。

5. 检查所有的锁定延迟重置。

6. 把"远程-本地"开关设置在所要求的位置。

起动描述

当机组准备起动时，"准备起动"灯将会亮起。在本地控制中，操作以下按钮之一，将开始起动。

1. 加载最小负荷起动。

2. 加载基本负荷起动。

3. 加载最大负荷起动。

主接触器功能将完成以下操作：

1. 二级辅助润滑油泵起动器通电。

2. 仪器空气电磁阀通电。

3. 燃烧室压力传感器线路电磁阀通电。

当辅助润滑油泵产生足够的压力时，关闭机组盘车电动机回路。润滑油压力要求在30s内产生，否则机组将停机。一旦检测到盘车投入信号，起动过程将继续进行。接下来，如果润滑油压足够，起动设备电路通电。盘车电动机将在大约15%转速下关闭。当机组达到点火转速时，机组超速跳闸电磁阀和排空电磁阀将会通电重置，超速跳闸油压建立，点火电路通电。

点火装置的工作过程如下：

1. 打开点火转换器。

2. 设定点火时间（要求30s内在探测器上形成火焰，否则机组在几次尝试后会停机）。

3. 选择合适的燃料回路（由选择的燃料类型决定）。

4. 打开雾化空气。

5. 设定点火时间（在适当的时间切断点火装置）。

当转速通道检测到转速达到大约50%额定值时，起动设备停止。当转速接近同步转速时，各放气阀在特定的燃烧室进口压力下关闭。当通入燃料并确定点火后，转速按照预先设定的变化率增加，同时将确定燃料阀位置给定值。特征转速和压气机进口温度将提供一个前馈信号，该信号将近似定位燃料阀，从而维持所需的加速度。转速给定值将与轴的转速信号相比较，其偏差将用作校准信号，以确保维持所要求的加速度。这种控制模式会受到最大叶片通道和所需透平进口温度相对应的排气温度的限制。如果不能保持所需的加速度值，机组就必须停机。这种控制避免了许多重大的机组故障。

当机组转速上升到空载转速时，机组准备并网，控制也考虑并网。手动和自动并网都是就地实现。当机组并网时，主断路器关闭。转速给定转换成负荷给定。转速/负荷给定将会以预先确定的速率值自动增加，这样燃料阀将会处在理想负荷所需要的大致位置。对于维修计划，计算机将会统计正常起动的次数并累计各种负荷级别所用的时间。

停机

普通停机以正常方式进行。本地或远程停机，首先都要以预先确定的速率减少燃料，直到达到最小负荷。总断路器、磁断路器以及燃料阀将会关闭。在紧急停机中，总断路器、磁断路器以及燃料阀立即关闭，而无须等待负荷降至最低。所有的故障停机都是紧急停机。机组惰走，当电动油泵压力下降时，DC辅助润滑油泵开始工作。在大约15%的转速下，盘车电动机重新起动；当机组转速下降到盘车转速（大约5r/min）时，盘车超越离合器啮合，盘车齿轮带动机组缓慢旋转。在点火转速以下，机组可以重新起动，但是机组必须彻底清除所有的燃料。这一过程可通过在透平中送入至少7倍于其总容积流量的空气来完成。

如果机组处于盘车状态，它将继续旋转直到透平排气温度降到150℉（66℃），并维持相当长一段时间（高达60h）。此时，盘车齿轮和辅助润滑油泵将停止工作，停机顺序完成。为了识别停机状态，如果需要，各种不同的接触状态和模拟值会被保存起来，以备随后调用查看。

发电机保护

发电机保护继电器安装在配电盘上，配电盘上装有功率计、各种传感器、通信装置和可选择的电度表。

发电机的基本保护功能和设备如下：

1. 发电机差动保护。
2. 负序电流保护。
3. 逆功率保护。
4. 闭锁继电器。
5. 发电机接地继电器。
6. 电压控制过流继电器。

## 状态监测系统

作为一种主要的维护技术，基于状态监测的"视情"维护的出现，使得维护成本大大降低。图19-7中的直方图表明：尽管"预防"维修的运行和维护（O&M）费用比"事后"维修（即"损坏"或"损坏后维修"）减少大概1/3，但仍然约占总运行成本的一半。尽管新的维护策略与传统的计划维护相比难以被采用，但美国电力研究院研究表明，"视情"维护策略的引入将使运行和维护（O&M）费用再减少1/3。

采用全面的"视情"维护策略意味着使用更复杂的复合状态监测系统，这个系统将机械和性能分析与腐蚀监测结合起来。这三个部件是基本的组成模块，它使得整个电厂范围更复杂和全面的状态管理策略成为可能。大量案例研究表明，许多叶轮机械的运行问题只能通过典型性能参数和机械参数的关联来诊断和解决。

对电厂健康程度的监测和测量都要花钱，而且达不到减少费用和避免电厂破坏的真正目标。而状态管理可以恰当利用这些动作以及所获得的有关信息，为电厂创造经济效益。因此，良好的电厂状态管理应该是材料和设备安全专家的目标。

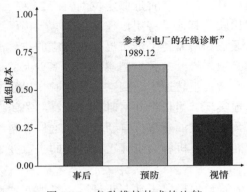

图 19-7　各种维护技术的比较

这种变化进一步表明：过去，腐蚀和状态监测被认为是服务活动，只提供反应策略。在电厂健康方面，状态管理体现了一种前瞻性的观念。材料和状态监测专家应该对此有基本的理解。对于技术专家为客户提供内部或外部的最优服务来说，状态管理是一个巨大的机会，也能从他们的专门技术中获得最大的直接利益。

为了判断电厂的状态，相应的检测、常见合金的选择、涂层规范的使用、故障调查都是必需的。但是，腐蚀不应再被认为是一种故障，它只是一个控制失效问题。人们可以通过分析腐蚀的电化学特性，来完成电厂的在线安全管理。

大型电厂全套设备包括各种类型的大型机械设备，特别是燃气轮机和蒸汽轮机、泵和压缩机及余热锅炉（HRSG）、冷凝器、冷却塔及其他主要电厂设备。因此，状态监测的发展趋势就是多机组监测。要达到这个目标，应在中心系统以系统和模块化的形式建立一个大型数据库，该数据库包含来自所有机组以及许多复合的多机组分析算法的数据。

先进的性能退化模型的实现，需要先进的仪器和传感器，例如用来监测热端部件温度的高温计、用来探测喘振和其他如新型干式低 $NO_x$ 燃烧室中燃烧等流动不稳定性的动态压力传感器。为了建成一个全面的状态监测系统，还有必要采用能够识别故障并确定不同部件全生命周期的专家系统。

基于总体性能的维修不仅保证了最佳和最低成本的维护计划，而且使得电厂以最高效的标准运行。值得注意的是，电厂将在环境限制范围内连续稳定运行。

对于新型公用电厂，"生命周期成本"正成为一种全新的采购理念，并以此保证实现"总体性能状态监测"策略。

为了避免过多的停机时间并保持可用性，应该密切监测燃气轮机，并分析主要问题区的所有数据。

为了完成对叶轮机械有效的监测和故障诊断，需要收集和分析机组的机械和气热运行数据。仪器和诊断必须与系统中的各个设备相适应并定制，以满足终端用户的要求。因为即使机组是同一型号或是来自同一制造商，也会由于安装和运行的不同，出现显著的差异。

#### ▶▶实际诊断系统的要求

1. 系统必须在被监测机组出现严重问题之前，及时做出故障诊断并发出故障预测信息。

2. 当机组需要停机时，系统诊断必须足够精确，在最少的停机时间内，来确定和纠正问题。

3. 运行人员应可以使用并充分了解系统，从而在需要做出紧急决定时，并不总是需要工程师在场。

4. 系统应该简单可靠，用于维修、例行校准、检查的停机时间可忽略不计。

5. 系统必须具有成本效益，也就是说系统在运行和维修上的费用，要比机组在没有监测和预先监视下造成生产损失和维修的费用来得少。

6. 系统要有灵活性，以适应新技术改造。

7. 系统必须有扩容的能力，以满足增加设备和增加通道数目的要求。

8. 电厂中计算机系统额外功能的有效利用，会节约大量的设备成本。因此，系统部件与现有的计算机系统相匹配是必要的前提条件。

满足这些要求而设计的状态监测系统是由硬件和软件共同组成的，这些软硬件由在机械和动力系统的设计、运行和维修方面具有经验的工程师设计而成。每一个系统都需要认真调试，以便适应单独的电厂和设备的需要，必须从分布式控制系统，必要时从燃气轮机和蒸汽轮机控制系统中，获得实时数据。动态振动数据从现有的振动分析系统获取并进入数据采集系统。这个系统由一些与电厂规模和布局规划相适应的高性能网络计算机组成。数据必须用图形用户界面给出，并包括如下内容：

1. 气热分析：涉及整个电厂和具体部件的详细气动热力学分析。建立各个单独部件的模型被建立，包括燃气轮机、蒸汽轮机、热交换器和蒸馏塔。同时使用算法和统计方法进行处理，数据以特性曲线、直方图、汇总图表和基准线图表示。

2. 燃烧分析：包括利用高温计探测静子和旋转部件如透平叶片的金属温度。特别是在新型干式低 $NO_x$ 燃烧室中，需要用动态压力传感器来测量火焰的不稳定性。

3. 振动分析：包括振动信号的在线分析、快速傅里叶变换（FFT）频谱分析、瞬态分析和诊断，可显示各种图像，包括轴心轨迹、瀑布图、伯德图、奈奎斯特曲线和瞬态曲线。

4. 机械分析：包括对轴承温度、润滑、密封油系统及其他机械子系统的详细分析。

5. 腐蚀分析：利用在线电化学传感器监测烟气通道，特别是排气烟囱中的腐蚀变化。引进减少 $NO_x$ 排放的严格法规，会造成大型电厂锅炉、精炼过程加热器和城市废弃物焚烧炉中水冷壁管道损耗风险的增加。

6. 诊断分析：包括经由专家系统得到的多个级别的机械诊断辅助，这些系统必须把机械和气热诊断相结合。

7. 趋势和预测分析：包括复杂趋势和预测软件，这些程序必须为用户清楚地解释运行问题的根本原因。

8. "假设"分析：该程序应允许用户对电厂运行方案进行各种研究，以确定由于环境和其他运行条件而导致的电厂的预期性能水平。

## 监测软件

每一个系统的监测软件各不相同。但是，所有软件的应用都是为了实现同一个目标，即采集数据、确保数据正确、分析数据和诊断数据。数据应以直观的方式表现，并保证足够简单，以便于电厂运行人员理解。数据作为整个系统分析诊断的基础，其采集过程应优先考虑，各种情况下都应保证不能中断。常用的软件分类框架如下：

1. 图形用户界面（GUI）：GUI 由多块屏幕组成，这些屏幕便于操作人员访问系统，直观地看到仪器的安装位置及各个时刻仪器上的数据值；通过精心设计的屏幕，操作人员能方便地观察到所有值的相对位置，进而全面地了解设备的工作状态。

2. 报警/系统记录：各种类型的报警器有助于工作人员全面了解设备的情况。几种常用的报警如下：

a. 仪器报警：这些报警基于仪表的量程范围。

b. 值域范围报警：这些报警基于单独测量和计算的各个点的运行值，而且这些报警值可以随运行条件而变化。

c. 变化率报警：这些报警必须基于给定时间范围内被监测值的任何快速变化。这类报警主要用于检查轴承问题、喘振问题和其他不稳定问题。

d. 征兆报警：这些报警必须基于数据变化趋势及基于这些趋势的征兆预测。建议避免采用超出数据趋势时间范围的征兆。

3. 性能曲线图。性能曲线图以不同设备的设计参数或初始测试值（基线）为基础绘制。例如，这些图可以表示输出功率随外界条件、燃料特性或过滤系统状况改变的特点，或反映压气机运行情况下接近喘振线的程度。在这些图上，可以显示出当前的运行值，便于操作人员判断机组工作性能退化的情况。

4. 分析程序：包括气热和机械分析程序、诊断和优化分析程序以及生命周期分析程序。

a. 气热分析：典型的气动热力性能计算内容包括机组部件功率、多变绝热焓降、压比、温比、多变效率和绝热效率、温度分布和一些在稳态及瞬态（起动与停机）时的机组状态的评估。此程序应该与相关的仪器设备匹配。数据要校准到基准工况，以便进行后续的比较和趋势分析。基准工况涵盖了从 ISO 的环境工况到压气机或泵的设计工况，为了分析变工况的运行，如果这些工况和 ISO 环境工况不同，有必要把运行点的状态值转化为设计点，以比较机组性能的退化程度。

b. 机械分析：该程序应根据所考虑的机组的力学性能进行调整，包括轴承分析、密封分析、润滑分析、转子动力学和振动分析，以及对轴承金属温度、轴心轨迹、振动速度、频谱图、瀑布图、应力和材料特性的评估和校正。

c. 诊断分析：该程序由一个可以针对不同的问题进行诊断的工作矩阵构成，是专家系统的一部分。程序应包括性能和机械健康参数与机组特定故障矩阵的比较，以确定故障是否存在。多数情况下，专家分析模块有助于更快的故障识别，但通常也更难集成到系统中。

d. 优化分析：优化程序考虑了许多变量，例如衰减率、大修成本、利息和使用率。如果优化过程与多组机械设备相关，那么这些程序也要适用于一组及以上的机械设备。

e. 生命周期分析：确定材料效果、温度变化、起动和停机的次数、燃料的类型等，都关系到热端部件的寿命。

5. 历史数据管理：包括数据的采集和存储功能。目前存储介质价格一直在快速下降，使得系统可拥有更大的硬盘空间。

这些磁盘可以为大多数电厂存储最少五年的 1min 数据。1min 数据对于大多数稳态运行已经足够，而起动和停机或其他非稳态运行应该以 1s 的间隔进行监视和存储。为了达到这个采样率，稳定状态下的数据需要从大多数电厂的分布式控制系统（DCS）中获得，非稳定状态状况下的数据可以从控制系统中获得。

## 状态监测系统的实施

在大型公用电厂中实施状态监测系统需要提前进行充分考虑。这类电厂由很多不同类型的大型旋转设备构成，例如：大型燃气轮机、蒸汽轮机、压气机、泵、发电机和电动机。为了确保系统的成功安装，建议按照如下主要步骤和要求进行：

1. 首要决定的就是哪些设备应该在线监测，哪些系统应该离线监测。这需要对设备的投资费用、运行成本、冗余性、可靠性、效率和临界状态做出评估。

2. 获得被监测设备的所有相关数据，包括机械设计和性能设计细节。这些信息有一部分很难从制造商处获得，需要根据现场数据进行计算来获得，或者根据新安装后的试车调试试验中计算而得。在安装状态监测系统时，获得基础数据非常关键。在大多数系统中，需要监测的是参数的变化率而不是这些点的绝对值。对不同位置选择不同类型的报警也很重要。轴承金属温度的监视，特别是温度急剧变化的推力轴承必须选择测定变化率的报警，因为其温度变化至关重要。预测报警应该应用在关键的测点。报警的随机使用会使系统动作变慢，进而不能提供附加保护。以下是系统在安装设置中所需的一些基本数据：

a. 在不同处理过程中使用的气体和流体的类型：给定气体和流体的状态方程和其他热力学关系式。

b. 原动机上所使用的燃料类型：若可进行燃料分析，则应包含燃料组成成分和燃料热值。

c. 用于不同高温部件的材料特性或参数，例如燃烧室火焰筒、透平喷嘴和动叶等，包括材料的应力应变特性和拉氏-米勒参数。

d. 各种关键参数的特性曲线：例如，功率和热耗随外界条件的变化曲线，过滤器中的压降、背压的影响，压气机的喘振、效率和压力曲线。

3. 确定仪器及其实际位置：确定仪器布置在设备的进口还是出口位置很重要，以便为各种测量参数提供合适和有效的补偿。某些情况下，需要附加仪器。经验表明，旧的电厂根据它的使用年份需要多出约 10%~20% 的仪器。

4. 选定数据测点后，就要设置限制和报警，这是一项漫长而具有挑战性的任务，因为许多点上的限制在运行手册上没有给出。在某些情况下，设备的临界状态会要求某些点的报警阈值降低，以便对系统任何的恶化发出报警。需要注意的是，由于这是一个状态监测系统，所以大多数情况下希望报警能提前发出信号。

5. 为便于优化数据，并以最有效的方式呈现给电厂的运行人员和维护人员，计划报告和汇总图表要精心设计。

6. 电厂中可用的分布式控制系统（DCS）和控制系统类型及其与状态监测系统之间的关系：在这些关系设定中，主从关系尤其重要。

7. 系统的诊断需要记录机组中任何异常的特性，特别是在旧电厂中关于运行检测和大修的历史数据。

8. 在计算诸如重大检查、离线清洗和大修时间等参数时，必须考虑燃料价格、劳动力成本、停机费用、大修小时数、利率等运行成本。

▶▶ **电厂负荷优化**

对于大型公用电厂，在线优化过程正大受青睐。由于可以在很宽的功率范围内长期运行，对于联合循环电厂而言电厂优化非常重要。在线优化可认为是系统经济性、运行、维护等要求都能得到满足的优化方式。表面上看，生产过程一体化与状态管理或检查无关，而且过去的确如此。然而，由于电厂中不同组件的状态监测系统不断升级，目前所有与生产相关的科学技术都完全融为一体，因此，每台机组的运行曲线中其性能退化的信息不再滞后。

生产过程的一体化最初作为一种优化设计的手段出现在化工厂和石化厂的生产过程中。过程优化仍然只是一个建设前和生产前的演练。这非常奇怪，因为许多化工厂和石化厂的设计要适应各种产品的批量生产，每个产品都需要连续的优化参数。过程优化和"即时"过程再优化能够使得工厂适应市场需求的变化，最大限度地提高生产效率和整体盈利能力。

当将电厂动态健康评估、过程模型和生产过程一体化等方法植入现代一体化电厂的环境中时，就为提高电厂与最大容量对应的可靠性、可用率、安全性和灵活性提供了措施与手段。

▶▶ **在线优化过程**

图 19-8 所示为在线优化系统的配置。这个系统采集实时数据，数据来源于分布式控制系统或者控制系统。用来起动和瞬态的数据需要从控制系统中获得，因为从分布式控制系统得到的数据通常每 3 ~ 4s 就会被更新，而控制系统却有非常快速的更新循环，更新速度每秒达 40 次之多。由于多数电厂模型是稳态系统，所以为了确保运行数据在稳态下获得，系统必须观察一些关键参数，以确保其不再变化。在透平参数中，例如透平叶轮空间和温度应保持不变。接着要检查数据的正确性并删除错误，包括对仪器运行范围和系统运行参数范围的简单检查，并对数据进行全面分析，检查各种性能数据。然后画出新的运行和性能图，系统便能针对运行模型进行自身优化。其目的是使电厂在各种负荷下都能达到最高效率，这样，为了保证电厂在任何给定时刻，控制都在正确设置点，在电站模型中采用显示电厂退化的新的特性图。许多维修实践也是基于这种经济性的考虑。这些运行维修过程，如离线压气机清洗，都有利于电厂的运行。

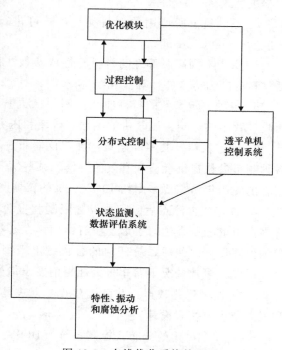

图 19-8　在线优化系统的配置

许多电厂使用离线优化，它是一个开环控制系统。与闭环系统控制电厂设定不同，开环控制系统为运行人员提供数据，以便他们依据这些数据在运行数据调查结果的基础上做出决定。离线系统还被工程师们用来设计电厂，也被维修人员用来制订电厂维修计划。表 19-1 给出了在线系统和离线系统的比较。

表 19-1　在线和离线电厂优化系统的比较

| | 在线系统 | 离线系统 |
|---|---|---|
| 目标 | 最大化经济收益,电厂在所有运行点达到最大效率 | 最大化经济收益,电厂在所有运行点达到最大效率<br>优化整体设备的设计与投资 |
| 对象 | 现有运行中的电厂 | 现有运行中的电厂<br>新设备<br>设备扩展 |
| 主要作用 | 过程和维护操作 | 过程和维护操作<br>设计修改 |
| 使用者 | 运行和维护工程师 | 运行和维护工程师<br>项目和设计工程师 |

　　性能评估对最初判断电厂达到其保证值,以及随后保证电厂持续运行在设计工况或接近其设计工况至关重要。维护实践与运行实践紧密结合,以保证电厂在最高效率下具有最高的可靠性。当建造一个新电厂时,其成本只占生命周期成本的 7%～10%,维修成本大约占全部成本的 15%～20%。但是运行成本,以电厂为例,主要由能源成本、补充备品备件等构成,其占电厂全生命周期成本的 70%～80%。这使得电厂的任意一种状态监测系统均把运行特性监测作为首要的考虑因素。电厂运行时尽可能地接近设计工况,将降低运行成本。这里以一个发电量在 600～2,800MW 范围内的大型化石燃料调试电厂为例来说明运行成本。这些电厂的燃料成本达到每年 7,200 万～1.68 亿美元,因此,这些成本节约 1%～3% 将使每年的总成本减少达到 100 万美元以上。

　　为了从一体化电厂的设备状态管理和控制中获得最大利益,必须改变目前所采用的方法。改善控制和提高性能监测,将在不增加过早或异常故障风险的情况下使停机间隔时间得以增加。从而,这将会增强运行、检查、管理人员对联合电厂经营效果中的信心。

# 生命周期成本

　　任何设备的生命周期成本都取决于各种部件的预期寿命及贯穿其整个寿命中的运行效率。图 19-9 所示为其三类主要成本分布:初始成本、维修成本和运行或能源成本。该图表明初始成本约占生命周期成本的 7%～10%,维修成本约占 15%～20%,剩余的为运行成本(主要由能源成本组成),约占公用电厂主要机组生命周期成本的 70%～80%。很明显,对于公用电厂或任何运行的大型电厂,需要关注的是"生命周期成本"。

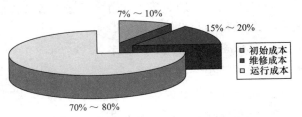

图 19-9　联合循环电厂的生命周期成本

　　由此,性能监测已成为各种类型电厂状态监测系统中必不可少的工具。生命周期中的主要成本是能源成本,因此若使电厂的运行接近于设计工况,就能够降低运行成本。要达到这个目的,应该使压气机保持清洁并使其工作点接近于压气机的最大效率点(大多数情况下接近端振线)。因此,掌握压气机的喘振线位置对于提高电厂的运行效率至关重要。

大部分热端部件的预期寿命取决于各种参数，通常以等效发动机（机组）小时数来衡量。下面给出了在大多数设备（尤其是燃气轮机）中，影响等效发动机小时数的几个重要参数：

1. 燃料类型

2. 透平进口温度

3. 材料的应力和应变特性

4. 冷却系统的有效性

5. 起动次数

6. 跳闸次数

维修工作正越来越多地与运行实践结合在一起，从而保证电厂具有最大的效率和最高的可靠性，这就使得在电厂的运行和维修中，运行状态监测作为一种主要方法正变得更加重要。正因如此，生命周期成本现在影响了整个采购过程和电厂的运行。基于 25 年寿命的生命周期成本，包括下面几个重要的成本参数：

1. 设备初始采购成本，占整个生命周期成本的 7% ~ 10%。

2. 维修成本，占整个生命周期成本的 15%。

3. 能源成本，大约占整个生命周期成本的 70% ~ 80%。

生命周期的这种成本比例表明，贯穿于电厂生命周期的组件效率是最重要的因素，它影响某一具体环节机组的成本。因此监测各个环节的效率并减缓机组的老化率，能够保证实现预期的生命周期成本。从生命周期成本的策略上讲，整机运行监测对于电厂是必需的。

性能监测对设备延寿、故障诊断和延长两次大修之间的间隔时间也有重要的作用。在线运行监测需要对被监测的设备有一个深层次的了解。燃气轮机的性能演化过程本质上非常复杂，因此需要细心安装各种监测系统。算法的发展也需要细心筹划，并充分了解机组及其过程特性。多数情况下，可以从机组制造商处获得帮助。对于新设备，这个要求也可以作为投标要求的一部分。而对于设备已经安装完毕的电厂，第一步则是通过检查来确定电厂的设备状况。

总之，完整的运行状态监测系统将帮助电厂工程人员实现以下目标：

1. 使机组维持高的可用率。

2. 最大限度减缓老化并且使机组运行时接近设计效率。

3. 诊断故障，避免机组在可能导致严重故障的工作区域运行。

4. 延长检查和大修之间的时间。

5. 降低生命周期的各种成本。

▶▶**诊断系统组件与功能**

1. 仪器仪表及其安装

2. 信号调制器和信号放大器

3. 数据传输系统（电缆、电话线或微波）

4. 数据完整性检查、数据筛选、数据标准化和数据存储

5. 基准数据生成和比较

6. 问题检测

7. 诊断生成

8. 预后生成

9. 现场显示

10. 曲线绘制、记录文件和报表系统

## ▶▶ 数据输入

获得良好的数据是一个基本要求，因为任何分析系统效果的优劣与其系统输入直接相关。为了获得最佳的仪器选用方案，必须对需要监测的数据链进行全面的审查。需要考虑的因素包括仪器类型、测量范围、精度需求和运行环境等，而且要全面评估这些因素，以便选择具有最佳功能的仪器，并使其价格与系统的总体需求相匹配。例如，振动传感器频率范围应该满足所要求的监测和诊断的范围，同时还要与分析设备的频率范围匹配。选用的传感器，如用于透平气缸的高温测量，要能够在现行的环境状况下具有足够的精度和可靠性。与热电偶相比，热阻式温度传感器具有较高的测量精度和可靠性，因此，为了提高测量的准确性和可靠性，有必要采用热阻式温度传感器。分析了可靠性因素后，就应该按照已有的步骤标定仪表。

同时也应该检查所有数据的有效性，并且确定它们是否在合理的范围内，超出预定范围的数据应该舍弃，不能作为分析的依据。当出现不合理的结果或结论时，应该给出一个具体方案，以便确定输入数据可能存在的偏差。

## ▶▶ 仪器要求

仪器要与被监测的机组相适应，这一点很有必要。但是，仪器要求中应该包含振动和气热监测的需求。

若现有的仪器精度足够，可以继续使用。虽然安装在机组中用来测量轴径位移的非接触式传感器具有许多优点，但这种仪器不能安装在现有的机组上。适当地选择和安装加速度传感器能充分满足设备振动监测的要求。加速度传感器往往是位移传感器的重要补充，它可以用来测量齿轮啮合、叶片旋转、摩擦和其他状况产生的较高频率。

## ▶▶ 典型仪器（最低要求）

（注：传感器的位置和类型取决于所测量的设备类型）

1. 加速度传感器

a. 在设备轴承箱进口，垂直方向。

b. 在设备轴承箱出口，垂直方向。

c. 在设备轴承箱进口，轴线方向。

2. 过程压力

a. 过滤器的压降。

b. 压气机和透平进口压力。

c. 压气机和透平出口压力。

3. 温度

a. 压气机和透平进口温度。

b. 压气机和透平出口温度。

4. 设备转速

设备所有轴的转速。

**5. 推力轴承温度**

在推力轴承前部和后部嵌入测试轴承温度的热电偶或热阻式温度传感器件。

▶▶ **需要的仪器（可选择）**

1. 非接触式电涡流振动位移传感器，连接到：

a. 轴承进口，垂直方向。

b. 轴承进口，水平方向。

c. 轴承出口，垂直方向。

d. 轴承出口，水平方向。

2. 非接触式电涡流间隙探测传感器，连接到：

a. 推力轴承环的前表面。

b. 推力轴承环的后表面（注：非接触式传感器测量间隙的直流电压，它对探针和传感器的温度变化很敏感，测量时必须仔细评价传感器类型、安装位置和测量位置）。

3. 设备进出口处的流量测量仪

4. 镶嵌在每一个轴承中的径向轴承温度热电偶和热阻式温度传感器，或润滑油排油的热电阻温度传感器

5. 润滑油压力探针、温度探针和腐蚀探针

6. 在压气机出口显示流动不稳定的动态压力传感器

7. 燃料系统的水电容探针、腐蚀探针和 BTU 探针

8. 排气组分分析仪

9. 扭矩测量仪

图 19-10 和图 19-11 所示分别为工业燃气轮机和离心式压气机可能的仪器安装位置。

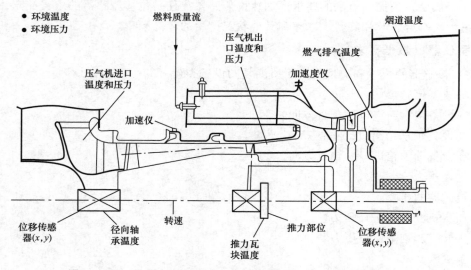

图 19-10　工业燃气轮机中用于监测和诊断系统的仪器安装位置

▶▶ **气热数据采集标准**

叶轮机械的工作压力、温度和气流速度都是非常重要的参数。能否获得精确的压力和温

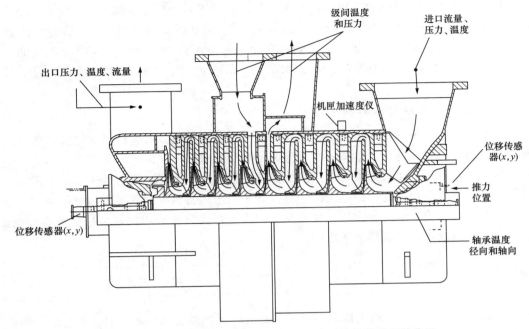

图 19-11 离心式压气机中用于监测和诊断系统的仪器安装位置

度值，不仅取决于所选传感器的类型和质量，还取决于其在流道内的安装位置，对这些因素应该慎重分析。压力和温度测量的精度视所需进行的分析和诊断的要求而定。表 19-2 给出了用于测量压气机效率时压力和温度传感器的选择标准，可见，对温度传感器精度的要求比压力传感器更高，而这个要求的具体数值则取决于压气机的压比。

表 19-2 用于测量压气机效率时压力和温度传感器的选择标准

| 压气机的压比 $p_2/p_1$ | $p_2$ 灵敏度 | $T_2$ 灵敏度 |
| --- | --- | --- |
| 6 | 0.704 | 0.218 |
| 7 | 0.750 | 0.231 |
| 8 | 0.788 | 0.240 |
| 9 | 0.820 | 0.250 |
| 10 | 0.848 | 0.260 |
| 11 | 0.873 | 0.265 |
| 12 | 0.895 | 0.270 |
| 13 | 0.906 | 0.277 |
| 14 | 0.933 | 0.282 |
| 15 | 0.948 | 0.287 |
| 16 | 0.963 | 0.290 |

注：列表给出了按照理想气体状态方程计算获得的压气机效率变化 50% 时所需的 $p_2$ 和 $T_2$ 的百分比变化。

## ▶▶ 过滤系统压降

过滤系统的首要设计目标是保护燃气轮机。燃气轮机进口空气过滤系统的性能对燃气轮机的总体维护成本、可靠性和可用性具有重要和深远的影响。空气过滤不当会导致三个重要后果：（1）冲蚀；（2）轴流式压气机结垢；（3）燃气轮机热通道进口腐蚀。由于空气进口过滤器与上述三个现象有关，如果考虑到燃气轮机每兆瓦功率（1MW）每分钟吸入的空气量大约达 7,000～9,000ft$^3$（198.217,9～254.851,6m$^3$）空气并产生 1MW 电力时，过滤器便显示出其重要性。

▶▶ **压气机与透平温度及压力测量**

温度和压力是监测系统中需要测量和评价的两个重要参数。所有的燃气轮机发动机都装有此类参数的传感器，然而，传感器的具体数量和位置却因厂家的不同而有很大差异。

在每一个测量点，压力探头可连接到一根空心管上，探头将空气引至外部压力传感器以便测量，同时也可以作为此处热电偶的护套（每个热电偶将被密封在压力传感器内）。

热电偶的输出信号随着温度的变化而变动，通过弹性电缆输送到外部信号调节器电路，使信号放大并通过接口与监测系统连接。

# 温度测量

温度测量对于燃气轮机的性能非常重要。通过对排气温度的监测可以避免透平部件的过热，大多数燃气轮机的排气部分都设有一系列的热电偶。直接测量透平的进口温度非常有用，但是由于热电偶损坏后进入透平内部将导致透平损坏，因此热电偶通常不能布置在透平的上游进口处。为了确保润滑油的固有特性，通常需要监测轴承出口油温，然而，由于轴承在运行中有可能产生局部高温，因此出口油温并不能正确反映轴承的实际情况。为了准确测量轴承的温度，传感器必须布置在轴承上。轴承温度可以反映支持轴承和推力轴承存在的各种问题。除了透平的出口温度外，测量压气机的进排气温度对于评估压气机的性能也十分必要。

对于大部分测温点，热电偶和热阻式温度传感器（RTD）都可以使用。每种类型的温度传感器都有其各自的优缺点，在测温时要综合考虑。由于在此方面有许多混淆之处，故有必要对这两种类型的传感器做简要的讨论。

▶▶ **热电偶**

各种类型的热电偶提供了适于测量温度范围为 −330～5,000℉（−201～2,760℃）的传感器。不同类型的热电偶传感器测量范围如图 19-12 所示。热电偶的两个不同的金属结点之间有温差，热电偶的作用就是产生一个与此温差成比例的电压，通过测量这个电压可得到温度差。假定其中一个结点的温度已知，那么另一个结点的温度就可确定。由于热电偶产生了电压，测量点不需要外电源供电；然而，为了精确地测

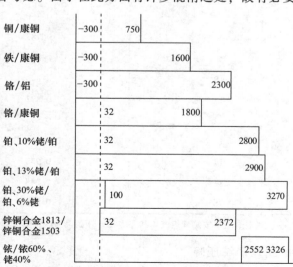

图 19-12　热电偶的温度测量范围（单位：℉）

量，需要一个基准点。对于温度监测系统来说，每个热电偶以及连接热电偶和监控系统的热电偶丝都应布置基准点。设计合理的热电偶系统精度可达到±2℉（±1℃）。

▶▶ **热阻式温度传感器**

热阻式温度传感器（RTD）利用测量元件的电阻值随温度变化的特性来测温。金属铂在 RTD 中得到普遍的应用，原因是其具有足够的机械强度、电稳定性、耐蚀性以及高精度。铂电阻的温度应用范围是 −454～1,832℉（−270～1,000℃）。由于温度由元件的电阻决定，故各种导体都可以用于 RTD 和指示器的连接，条件是向 RTD 提供电流。设计合理的 RTD 温度监测系统精度可达±0.02℉（±0.01℃）。

▶▶ **高温计**

高温计在先进燃气轮机中的应用正处于研究阶段。目前，所有燃气轮机的透平控制都以燃气发生器透平出口温度或动力透平出口温度为基础。通过测量第一级喷嘴和动叶的金属温度，可以实现对燃气轮机重要参数的控制。采用这种方式，透平可以在其实际最大出力下运行。

燃气透平第一级喷嘴和动叶的温度可利用高温计来测量。高温计可以识别出正在运行中的温度较高的叶片。在某些特殊情况下，某个叶片的温度会高于其他叶片 50℉（28℃），经检测发现，原来是其冷却通道堵塞，这促使生产厂商改变了其检测工艺。

# 压力测量

尽管数量和位置有所不同，但几乎所有的燃气轮机都安装了某种类型的压力测量装置。这些传感器都由弹性薄膜和应变片组成。当压力发生变化时，薄膜的变形可以由应变计测出，输出的信号随整个运行范围的压力的变化呈线性变化。

压力传感器通常不能在 350℉（177℃）以上的温度范围工作，这一温度上的限制决定了传感器必须布置在燃气轮机外部。燃气轮机内部通常会安装一个探头，以将气体导入传感器。大部分厂商都会提供测量压气机进口、出口以及透平排气压力的探头。这些探头通常沿着机组外壳布置，因此由于边界层的影响，压力读数会稍有偏差。

除了这些标准位置，建议在压气机的每个抽气室和空气过滤器的每一边也都布置压力探头。在这些新的位置布置测点并不是为了检测机组的性能，而是用于诊断故障产生的区域。

在抽气室里安装动态压力探头，可以检测叶尖失速。压气机出口的压力测量把可精确读取出口压力，也有助于压气机失速的诊断。

由于温度的限制，压力传感器必须布置在机组外部。典型的压力传感器可耐高达 350℉（177℃）的温度，但与测量点的温度相比，这个温度却要低得多。传感器的电输出是在 mV/V 的范围内，因此需要将信号放大并使其适于调节系统的接口。具体如下：

1. 压气机进气口。此处需要一个压力测量装置，它由铬铝-镍合金组成，由一段陶瓷绝缘的裸线连接。

2. 压气机排气口。此处需要一个或两个压力测量装置，与压气机进口热电偶测温匹配。

3. 透平进口温度。用铂/铑-铂附上绝缘陶瓷连接组成热电偶。通常情况下，此处需要 9～12 个测量装置。

4. 透平排气温度。用接口裸露的铬-铝制成热电偶测量。此处需要 9～12 个测量装置。

## 振动测量

振动测量在第 16 章中作了详细阐述。为了监控机组的振动，必须应用位移传感器、速度传感器和加速度传感器来全面描述机组的机械振动性能。位移传感器用来测量传感器布置处轴的运动情况，但不能有效测量传感器位置处轴的挠度。位移传感器可以揭示一些问题，例如不平衡、不对中以及一些次同步谐振不稳定，如油膜涡动和油膜振荡等。加速计通常安装在气缸上，可以采集从轴传到气缸上的振动频谱信息。加速度传感器可用来诊断很多问题，特别是高频响应的问题，例如叶片颤振、干摩擦涡动、喘振以及轮齿磨损。速度传感器用于测量振动幅值随频率变化关系比较平缓的信号，可在任意转速向运行人员发出报警信号。速度传感器作为诊断工具来说是有局限性的。加速度传感器对方向很敏感——在相同的作用力下，若在不同方向布置，其读数不同。

图 19-13 所示为振动图解与严重级图表，此图也表现了大致的振动范围。图中表明除频率极高或极低的情况外，频率和转速不完全相关，此时振幅在运行转速的范围内是恒定的。这些运行范围的限制是近似的，确定最终的振动极限还要考虑机型、气缸、基座以及轴承的因素。

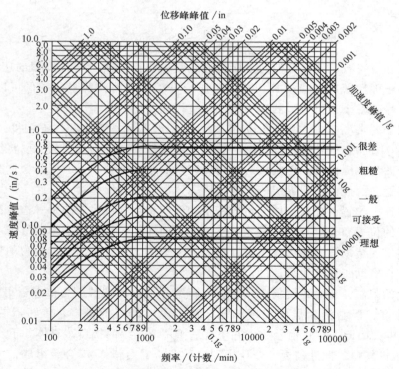

图 19-13　振动图解与严重级图表（IRD 机械分析公司提供）

► ► **振动测量仪器选择**

为达到诊断所需的要求，必须认真分析振动仪器类型、频率范围、准确度及其在机组中或机组上的位置，这些前面已经讨论过了。

位移非接触式电涡流传感器对于监测和测量谐波频率和次谐波频率附近的振动效果最好。尽管位移传感器能够测量大于 2kHz 的振动频率，但是当频率在 1kHz 以上时，机组的振幅已经非常小，通常会丢失或淹没在输出系统的噪声中。加速度传感器最适合测量高频振动，如叶片旋转（通过）频率和齿轮啮合频率，然而某一特定旋转频率下的振动，其加速度往往很低，此时若采用加速度传感器，就会丢失其振动信息。

因此，当使用加速度传感器作为振动测量仪器时，为保留转速信息，有必要加入低通滤波和附加放大机构。

由于速度传感器工作频率范围限制在 10Hz～2kHz 之间，建议在高速叶轮机械的诊断系统中不要使用速度传感器。速度传感器具有转动部件，且在工作温度高于 250°F （121℃）时还存在可靠性问题。燃气轮机气缸温度通常在 500°F （200℃）左右或更高的水平，因此，必须仔细检测传感器位置处的温度水平。高温下使用加速度传感器比速度传感器更有效，但是只有少数几个厂家具备高温下使用的高频加速度传感器（20kHz 及以上）的生产能力。

#### ▶▶ 振动数据分析系统选择

对粗略监测而言，机组整体的振动水平已经可以满足要求。但有些情况下，虽然机组整体振动水平可以接受，但很有可能隐藏着一些低频振动，这些低频振动会影响机组的安全运行。转子系统中的次同步不稳定性就是这种情况的一个例子。

在振动数据的分析中，往往需要把数据由时域转化为频域，也就是说要进行振动的频谱分析。可调谐扫频滤波分析仪就是一种可完成这种分析的常用、经济的仪器。由于系统固有的局限性，虽然可以自动扫描，但在分析低频信号时会非常耗时。当需要把频谱数据数字化为计算机输入时，可调谐滤波分析系统的性能还有更多的局限性。

在计算机诊断系统中，使用了"时间压缩"和"快速傅里叶变换（FFT）"技术的实时频谱分析仪被广泛用于振动频谱分析。FFT 分析仪用数字信号处理，因此更容易与现代数字计算机结合。FFT 分析仪通常是由微处理器和 FFT 专用电路的混合器。

FFT 可以在计算机中通过 FFT 算法实现，从而得到一个纯数学计算。虽然该计算过程精确，但在数字计算机的运行中可能会引入一些误差。为了避免这些误差，有必要提供计算机上游的信号调制。信号调制能使在采样和数字化时域中产生的混淆现象和信号漏损引起的误差最小化。然而，在计算机中采用这种信号处理系统会使成本和复杂性大大增加。计算机化的 FFT 比专用 FFT 分析仪慢，而且在频率分辨率上也有局限性，因此，在用于机组诊断的计算机系统里，专用 FFT 分析仪被认为是用作频谱分析和绘制频谱图最可靠和最具成本效益的手段。

必须仔细分析取决于频谱分析系统的类型和振动分析中使用的计算方法，一些必须考虑的因素列举如下：

1. 频率分析范围
2. 单通道或多通道分析
3. 动态范围
4. 必要的测量精度
5. 需要进行分析的速度
6. 系统便携性，尤其是分析系统要求兼用于实验室和现场分析时
7. 与主机系统集成的灵活性

# 辅助监测系统

## ▶▶ 燃料系统

近年来，热腐蚀问题的存在导致电力工业中燃气轮机的可靠性低于期望值，因此已经开发出一些新技术用于检测和控制引发此类问题的原因。通过监测燃料管路中水的含量和腐蚀性污染物，可以记录下燃料品质的改变并确定矫正措施。其中的思路是，燃料中的钠污染物是由于海水等外部水源产生的，因此，通过监测水的含量即可自动地实现钠含量的监测。该技术也可用于监测轻质蒸馏燃料。然而对于重质燃料，应该至少每个月对燃料进行批次分析，以获得更完整的结果。将分析后得到的数据直接输入计算机，同时进行水和污染物的检测与重质燃料的批次分析同时进行。

BTU 计可以应用到燃料品质系统中，用来辅助测定燃气轮机系统的效率。水电容探针则被用于检测燃料管路中的水分，水检测装置可以在腐蚀监测系统中组合使用。这种检测装置的工作机理是检测流过探针的未知流体成分介电常数的变化，可为品质或过程控制提供水含量的连续和即时监测。

传感器自身是依据平衡电容电桥检测原理制成的，利用包含闭环伺服振幅控制的高频振荡器来确保负载和供给电压的变化不会影响装置的稳定性和精确度。桥路输出直接耦合到前置放大器，保证检测信号趋于理想水平，同时也校正了水分测量中的非线性特征，这种检测方法是通过非线性反馈回路来实现的。

校正和放大后的输出信号将直接耦合到一台能够提供 0~5mA 或 4~20mA 电流输出的恒流放大器上。这种信号终端允许检测系统安置于距测量点一定距离处，因而使用更加方便。该水检测系统可提供：（1）精确的水分测量的方法；（2）简单的装置和最少的维护；（3）简单的两步校准程序；（4）长期稳定可靠的服务。

腐蚀探针用于监测燃料中的腐蚀状况，这可以通过一种能够检测润滑剂中金属的特殊探针来实现。BTU 计用于测定燃料的加热速率，它是一种理想的电容式装置，适用于实时在线测量燃气轮机液体燃料（例如石脑油）中的 BTU 值，BTU 值是测定燃气轮机效率的重要数据。

## ▶▶ 扭矩测量

扭矩测量通过机械系统和各种电子系统来完成，这些系统造价昂贵，并且经常需要重复校准。图 19-14 所示为燃气轮机的扭矩传感器，这是一个具有三个齿轮且相位相关的机械系统，它可测量两个齿轮之间的

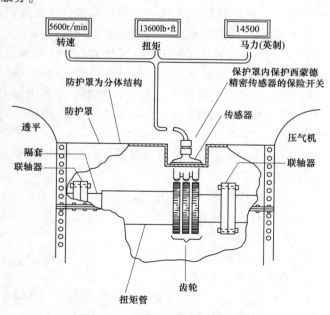

图 19-14　燃气轮机的扭矩传感器

位移和成比例的轴扭转。第三个齿轮是固定的，所以除轴扭转之外的任何变化都反映在前两个齿轮上，所得信号用于消除这些变化引起的误差。

## ▶▶ 机组基准线

### 机械基准线

机组（或机器）振动基准线可以定义为机组的正常或平均运行工况。它可以在振动频谱图中表示，其中 $x$ 轴表示振动频率，$y$ 轴表示振幅（峰-峰位移、峰值速度或峰值加速度）。由于振动频谱因位置不同而有所不同，故频谱必须与机组中特定的测量点和布置的传感器有关。因此当使用便携式振动测量设备时，确保在每次读取数据时将传感器准确地布置在同一测量点上是非常重要的。应该注意因机组运转速度和运行工况产生的基准线改变，必要时也可以利用基准线来设定运转速度和运行工况的变动范围。当运行中的振动水平超越基准线并超过设定值时，就会触发报警信号，提醒工作人员对该状态进行检查。

### 气热基准线

除振动基准线频谱之外，机组（或机器）还有气热性能基准线，或其在气热特性图上的正常运行点。当运行点超出基点的偏差显著时，会产生报警信号。

压气机运行超过其喘振极限时，报警信号同时被激活。图 19-15 所示为典型的压气机特性图。其他的监测和运行输出有：压气机流量损失、压比损失以及由于非设计工况运行和压气机结垢造成的运行燃料成本的增加。

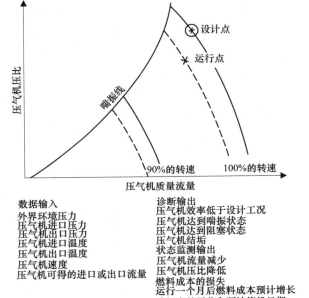

数据输入
外界环境压力
压气机进口压力
压气机出口压力
压气机进口温度
压气机出口温度
压气机速度
压气机可得的进口或出口流量

诊断输出
压气机效率低于设计工况
压气机达到喘振状态
压气机达到阻塞状态
压气机结垢
状态监测输出
压气机流量减少
压气机压比降低
燃料成本的损失
运行一个月后燃料成本预计增长
喘振点的恶化和预计停机日期

图 19-15 压气机的气热状态监测

压气机和透平气热性能对进口温度和压力变化非常敏感，因此必须将其流量、转速、功率等气热性能参数规范化为标准条件。若没有将参数修正为标准条件，可能会出现性能下降，而实际上它只是由于环境压力和温度的变化引起的性能的变化。表 19-3 给出了燃气轮机气热性能修正到标态的公式。

表 19-3 燃气轮机气热性能修正到标态的公式

| 用于修正为标准的温度和压力状态的因素 | |
| --- | --- |
| 理论标准压力 | $14.7(\mathrm{lbf/in^2})$ |
| 理论标准温度 | $60\,\mathrm{℉}\,(520\,\mathrm{°R})$ |
| 试验状态 | |
| 进口温度 | $T_i/\mathrm{°R}$ |
| 进口压力 | $p_i/(\mathrm{lbf/in^2})$ |

（续）

$$折合压气机出口温度 = （测量温度）（520/T_i）$$
$$折合压气机出口压力 = （测量压力）（14.7/p_i）$$
$$折合转速 = （测量转速）\sqrt{520/T_i}$$
$$折合空气流量 = （测量转速）（14.7/p_i）\sqrt{T_i/520}$$
$$折合功率 = （测量功率）（14.7/p_i）\sqrt{T_i/520}$$

#### ▶▶ 数据趋势

数据采集完毕后首先应该修正测量误差，该过程通常包括传感器校准和校正。

趋势图技术主要是根据测量采集到的数据曲线来计算曲线的变化率，包括大约168h的长期趋势和最后24h的短期趋势。若短期趋势斜率偏离长期趋势斜率，并超过设定极限，则说明恶化率发生了变化，维修计划将要受到影响。因此，此程序必须考虑长期变化率和短期变化率之间的偏差。图19-16给出了这种趋势图（温度与预期停机时间曲线），趋势图技术使用了大量的统计学方法。

趋势数据可以用于性能预测，对维修计划非常有用。以图19-17所示的预测维修计划的数据趋势为例，可以据此估测压气机何时需要清洗。该图根据每天记录的压气机出口温度和压力值制成，将这些点连线，可以用来预测何时需要清洗。得到连线后，被检测的是温比和压比两个参数，但两者变化率不同，只要其中一个参数率先达到临界点时，就需要进行清洗。但是，同时使用温度和压力两者的趋势数据，可以对诊断的有效性进行交叉检查。

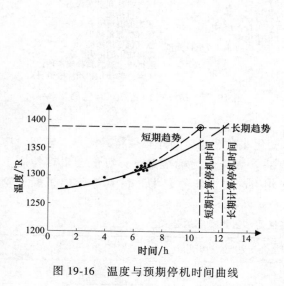

图 19-16　温度与预期停机时间曲线

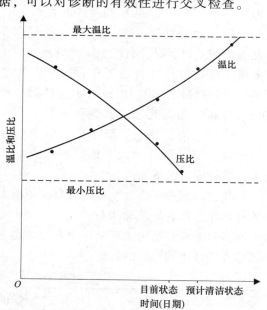

图 19-17　预测维修计划的数据趋势

# 燃气轮机

新型燃气轮机是联合循环发电厂的基础，也是许多石油化工厂的动力源。新型燃气轮机压比高、工质进口温度高，在某些情况下还可能采用再热燃烧室。新型燃气轮机还有新的干

式低 $NO_x$ 燃烧室。所有这些部件的组合大大提高了燃气轮机的热效率。自 20 世纪 60 年代以来，燃气轮机的效率已经从 15%～17% 提高到了 45% 左右，这是由于压比由 7 左右增加至 30，以及透平进口温度由 800℃ 增至 1,350℃ 左右。此外，这些变化导致燃气轮机主要部件的效率也得到了显著提高，其中压气机效率从 78% 增长到 87%，燃烧室效率由 94% 增长到 98%，透平效率由 84% 增长到 92%。

压气机压比的增加使它的运行范围缩小。压气机的运行范围是从压气机等转速线的低流量端的喘振线到大流量端的阻塞点。图 19-18 为大多数燃气轮机机组中轴流式压气机的性能图，低压等转速线比高压等转速线运行范围要大，因此，高压比压气机的结垢，容易导致喘振问题或叶片的激振问题，从而使叶片损坏。

由过滤器结垢造成的透平进口压力下降，导致了机组总效率和输出功率的显著损失。通常情况下，压力下降增加 1in（25.4mm）$H_2O$，会导致功率下降 0.3%。表 19-4 列出了各种参数（大气

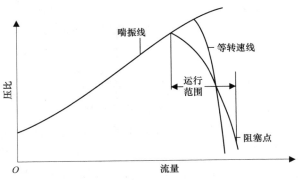

图 19-18　大多数燃气轮机机组中轴流式压气机的性能图

环境的变化、进口过滤系统的结垢以及联合循环模式下燃气轮机背压的增加）对功率输出和热耗率的影响。选择这些影响因素，是因为它们是影响现场机组总效率和输出功率的基本参数。但是需要声明的是，这只是一种近似值，具体到个别电厂中会有差异。

表 19-4　各种参数对功率输出和热耗率的影响

| 参数 | 参数变化 | 功率输出(%) | 热耗率(%) |
|---|---|---|---|
| 环境温度 | 20℉(11℃) | -6.5 | 2 |
| 环境压力 | 4in $H_2O$<br>0.15lbf/in$^2$<br>10mbar | 0.9 | 0.9 |
| 环境相对湿度 | 10% | -0.0002 | 0.0005 |
| 过滤器压降 | 1in 水柱<br>25mm 水柱 | -0.5 | -0.3 |
| 燃气轮机背压的增加 | 1in 水柱<br>25mm 水柱 | -0.25 | -0.08 |

燃气轮机用于发电时必须恒速运转，转速的任何微小变动都可能导致电网产生重大故障，因此要通过控制燃料供给量、透平进口温度、压气机进口导叶角度以及空气流量来调节机组负荷，以使燃气轮机具有相对较高的排气温度，特别是在联合循环和热电联供电厂中，因为燃气轮机排气用于余热锅炉（HRSG），而 HRSG 的有效性则由燃气轮机排气温度决定。

压气机结垢的影响对于燃气轮机的总体性能也很重要，因为压气机消耗了燃气轮机近 60% 的输出功，因此压气机效率下降 1% 相当于燃气轮机效率下降 0.5%，循环效率下降约 0.3%。对叶片进行在线水洗是一项非常重要的运行要求，资料显示，对许多电厂而言，此项操作都要花费数十万美元。对此，很多电厂的经验表明，使用软化水进行清洗与使用清洁

剂进行在线水洗有同等功效。在一些新电厂中，利用加入胡桃壳、稻米、废催化剂颗粒实现的磨料清洗法已经暂停使用。如需使用，必须经过严格评估。例如稻米是非常劣质的研磨剂，易碎且往往会进入到密封、轴承和润滑系统中；胡桃壳会聚集并进入到 HRSG 系统中，有时还可能着火。在线水洗并不能解决所有的问题，因为每次清洗之后功率不能恢复，因此有时机组需要离线清洗。离线清洗的时间必须通过计算清洗引起的电厂收益损失以及劳动力成本与额外的能源成本比较来确定。在使用高钒含量的重质液体燃料的燃气轮机中，热端部件透平喷嘴的清洗是一个主要问题，因为喷嘴内流经钒含量很高的重质液体燃料。为了中和钒，燃料添加了镁盐，镁和钒混合而生成无害的飞灰。而飞灰会聚集在透平喷嘴中，使喷嘴通流面积减少，每运行 100h 积聚率达到 5%～12% 时，就会产生严重的问题。

燃气轮机热端部件的寿命取决于以下几个运行参数：

1. 燃料类型：天然气是基础燃料，相对于天然气，使用柴油燃料使热端部件平均寿命缩短约 25%，而使用渣油燃料则使其寿命缩短约 65%。

2. 运行类型：相对于基本负荷运行，调峰负荷运行会使寿命降低达 20%。

3. 起动次数：一次起动减少的寿命相当于正常运转 50h。

4. 满负荷运跳闸数：满负荷跳闸对透平的寿命影响特别严重，一次跳闸几乎相当于正常运转 400～500h。

5. 材料类型：动叶片和喷嘴叶片的特性是非常重要的因素。在新型透平中，叶片材料是单晶结构，这对提高高温区叶片寿命起到了很关键的作用。值得强调的是：若大于 8% 的空气应用于冷却，那么提高透平进口温度的优势就会降低。拉氏-米勒参数在很宽的温度、寿命、应力范围内描述了合金的断裂应力，对于高温下各种合金的性能比较，具有重要意义。

6. 涂层类型：在压气机和透平中应用涂层，延长了大部分组件的寿命。涂层也可应用于燃烧室火焰筒中。新的覆盖涂层比传统的扩散涂层具有更好的耐蚀性。如今压气机涂层得到了更广泛的应用，因为一些新型压气机在高压比下工作，出口温度很高。压气机涂层也有利于减少摩擦损失，效益显著。

#### ▶▶损失分类

电厂中的损失可分为两类：不可控损失和可控损失。不可控损失通常由环境因素引起，例如温度、压力、湿度以及机组的老化。可控损失是运行人员有能力进行某种程度的控制，并采取正确措施能避免的损失。

1. 进口过滤器压降：可通过清洁或更换过滤器来解决。

2. 压气机结垢：在线水洗可以起到改善的作用。

3. 燃料低热值：在许多电厂中，在线燃料分析仪不仅被用于检测机组性能，还用于以燃料热值为基础的燃料成本计算。

4. 透平背压：透平背压由热力系统运行条件和下游设备决定，运行人员无法改变其数值。如果通往余热锅炉（HRSG）的管路堵塞，则应消除堵塞。而如果管道损坏，则应该更换管道。

#### ▶▶压气机气动特性和压气机喘振

图 19-19 所示为一台离心式压气机的典型性能曲线，图中给出了等效率线和等折合转速线。可以看出，总压比随流量和转速的改变而变化。压气机通常在一条运行线上工作，安全

边界将其与喘振线分开。压气机喘振实际上是一种不稳定工况,因此,应该在设计和运行中避免。喘振在传统意义上是指压气机稳定运行的流量下限,喘振发生时会引起压气机内气体倒流,这是由于系统中的某些空气动力学不稳定性而产生的。通常,喘振是由于压气机中的部分叶栅流道倒流引起的空气动力学不稳定性,尽管系统布置有可能放大系统的这种不稳定性。

一般而言,喘振发生伴随着剧烈振动和明显的噪声,然而在有些情况下,并未听到喘振的声音,却已经发生了事故。

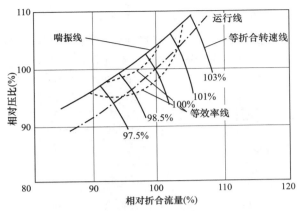

图 19-19 压气机的典型性能曲线

# 故障诊断

叶轮机械的故障评估十分复杂,但借助于性能和机械信号,可以找到解决方案来诊断各种类型的故障。这是通过利用几项输入和一个矩阵来实现的。有关实例列举如下:

▶▶ **压气机分析**

压气机分析是通过监测压气机进口和出口的压力与温度、环境压力、各个轴承振动和润滑系统的压力与温度来实现的。表 19-5 给出了各种因素对压气机相关故障的影响。监测这些参数可以检测以下故障:

表 19-5　各种因素对压气机相关故障的影响

| | $\eta_c$ | $p_2/p_1$ | $T_2/T_1$ | 质量流量 | 振动 | 轴承 $\Delta T$ | 轴承压力 | 抽气室压力 |
|---|---|---|---|---|---|---|---|---|
| 过滤器堵塞 | | ↓ | | ↓ | | | | |
| 喘振 | ↑ | 变化 | | ↓ | 强波动 | ↑ | ↑ | 强波动 |
| 结垢 | ↓ | ↓ | ↑ | ↓ | ↑ | | | |
| 叶片损坏 | ↓ | ↓ | ↑ | ↓ | ↑ | | | 强波动 |
| 轴承损坏 | | | | | ↑ | ↑ | ↓ | |

1. 空气过滤器堵塞:过滤器的堵塞可以由过滤器压降判断。

2. 压气机喘振:喘振可以通过轴振频率的快速增加以及排气压力的不稳定等检测。如果压气机不止有一级发生喘振,那么可以通过在抽气室设置传感器并监测压力的波动来确定问题级的位置。

3. 压气机结垢:表现为压比和流量下降以及出口温度随时间增加,温度和压比的变化往往表现出效率的降低。如果振动也发生了改变,说明结垢处于严重状态,因为它表明转子上的沉积物过度堆积。

4. 轴承损坏:轴承的故障表现为润滑油压力下降、轴承温度升高以及振动增加。若发生油膜涡动或其他轴承不稳定的情况,则会出现次同步频率的振动。

▶▶ **燃烧室分析**

在燃烧室中，能够测量的唯一两个参数是燃料压力和燃烧噪声的均匀性。由于温度非常高和探头寿命有限，透平进口温度通常不能测量。表 19-6 给出了各种参数对燃烧室工作的影响。

表 19-6  各种参数对燃烧室工作的影响

|  | 燃料压力 | 燃烧不均匀性（声音） | 排气温度分布 | 排气温度 |
|---|---|---|---|---|
| 喷嘴堵塞 | ↑ | ↑ | ↑ | ↑ |
| 燃烧室结垢 | ↑或↓ | ↑ | ↑ | ↓ |
| 联焰管故障 | ↑或↓ | — | ↑ + | — |
| 火焰筒开裂 | ↑或↓ | ↑ | ↑ | — |

通过这两个参数的监测可检测到：

1. 喷嘴堵塞：可以通过燃料压力的增加伴随着燃烧的不均匀性增加表现出来，当使用渣油时，这是一个常见的问题。

2. 火焰筒开裂：可以通过声学计读数的增加和排气温度的大幅度变化表现出来。

3. 燃烧室检查或大修：它基于等效机组运行小时数，而等效机组运行小时数又基于起动次数、燃料种类和透平进口温度。图 19-20 所示为这些参数对于机组寿命的影响。特别要注意燃料种类和起动次数对机组生命周期的重大影响。

▶▶ **透平分析**

要分析透平，需要测量通过透平的压力与温度、轴的振动以及润滑系统的温度和压力。表 19-7 中列出了各种参数对透平运行的影响，通过分析这些参数有助于预测：

1. 透平结垢：这通过透平排气温度的增加检测出，当结垢过多并引起转子不平衡时，振幅改变。

2. 透平叶片损坏：导致振动的剧烈恶化以及排气温度的增加。

3. 喷嘴弯曲变形：导致排气温度升高，也可能引起透平振动加剧。

4. 轴承损坏：轴承故障的症状同压气机。

5. 冷却空气故障：叶片冷却系统的故障可以通过冷却管路的压降增大探测出来。

6. 透平维护：透平维修应依据"等效机组运行时间"确定，等效机组运行时间是温度、燃料种类和起动次数的函数。图 19-21 给出了可应用于频繁起停、负载经常变化的机组的运行时间修正。

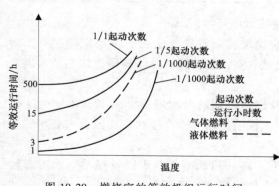

图 19-20  燃烧室的等效机组运行时间

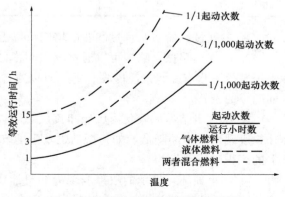

图 19-21  透平的等效机组运行时间

表 19-7 各种参数对透平运行的影响

| | $\eta_c$ | $p_3/p_4$ | $T_3/T_4$ | 振动 | 轴承 $\Delta T$ | 冷却空气压力 | 轮盘间温度 | 轴承压力 |
|---|---|---|---|---|---|---|---|---|
| 结垢 | ↓ | | ↓ | ↑ | | | ↑ | |
| 叶片损坏 | ↓ | | ↓ | ↑ | | | | |
| 喷嘴弯曲变形 | ↓ | ↓ | ↓ | | | | ↑ | |
| 轴承损坏 | | | | ↑ | ↑ | | | ↓ |
| 冷却空气故障 | | | | | ↑ | ↓ | ↑ | |

## ►► 燃气轮机效率

1. 由于目前燃料成本很高，因此通过监控机组运行效率并改进低效率运行的部件，可以节约大量燃料。一些低效率运行部件的改进非常简单，比如清洗或清洁燃气轮机中的压气机。此外，还可以开发负荷分配计算程序，以使电厂机组在指定负荷下整体效率达最大值。

2. 图 19-22 所示为节约燃料成本与运行小时数的关系。

3. 表 19-8 是一个功率为 87.5MW 的蒸汽轮机-燃气轮机公用电厂的负荷分配方案。当某型机组的效率可监控时，就可以以运行效率最高为目标选择设备和负荷分配，并选择那些可以满足功率负荷要求并且运行效率最高的机组。

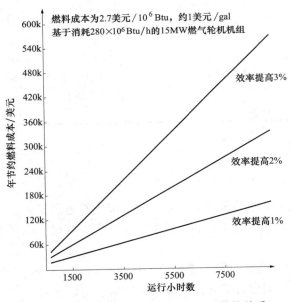

图 19-22 节约燃料成本与运行小时数的关系

表 19-8 公用电厂负荷分配方案

| 机组号 | 设计功率/MW | 机组种类 | 设计点效率(%) |
|---|---|---|---|
| 1 | 2.5 | 蒸汽轮机 | 22 |
| 2 | 2.5 | 蒸汽轮机 | 22 |
| 3 | 5.0 | 蒸汽轮机 | 24 |
| 4 | 5.0 | 蒸汽轮机 | 24 |

（续）

| 机组号 | 设计功率/MW | 机组种类 | 设计点效率(%) |
|---|---|---|---|
| 5 | 5.0 | 蒸汽轮机 | 24 |
| 6 | 7.5 | 蒸汽轮机 | 25 |
| 7 | 15.0 | 蒸汽轮机 | 30 |
| 8 | 15.0 | 蒸汽轮机 | 23 |
| 9 | 15.0 | 燃气轮机 | 21 |
| 10 | 15.0 | 燃气轮机 | 21 |

不同负荷需求时机组的实际功率与负荷分配方案

| 总需求 = 30.00MW | | | 总需求 = 50.00MW | | |
|---|---|---|---|---|---|
| 总输出供给 = 30.00MW | | | 总输出供给 = 50.00MW | | |
| 非工作机组 = 1,2,4,8,9,10 | | | 非工作机组 = 1,4,8,9 | | |
| 机组序号 | 实际功率 | 实际效率 | 机组序号 | 实际功率 | 实际效率 |
| 机组 1 | 0.00 | 0.00 | 机组 1 | 0.00 | 0.00 |
| 机组 2 | 0.00 | 0.00 | 机组 2 | 2.50 | 22.01 |
| 机组 3 | 2.50 | 21.00 | 机组 3 | 5.00 | 24.50 |
| 机组 4 | 0.00 | 0.00 | 机组 4 | 0.00 | 0.00 |
| 机组 5 | 5.00 | 24.50 | 机组 5 | 5.00 | 24.50 |
| 机组 6 | 7.50 | 25.19 | 机组 6 | 7.50 | 25.19 |
| 机组 7 | 15.00 | 29.91 | 机组 7 | 15.00 | 29.81 |
| 机组 8 | 0.00 | 0.00 | 机组 8 | 0.00 | 0.00 |
| 机组 9 | 0.00 | 0.00 | 机组 9 | 0.00 | 0.00 |
| 机组 10 | 0.00 | 0.00 | 机组 10 | 15.00 | 21.00 |
| 最大总效率 = 27.04%， | | | 最大总效率 = 25.02% | | |
| 需求功率 = MW(最大需求功率 = 87.5MW) | | | | | |

# 机械故障诊断

新型的更可靠和更灵敏的测振仪的发明，例如配置有电涡流和加速度传感器的具有先进技术分析功能的实时振动频谱分析仪和低成本计算机，为机械工程师对设备机械故障诊断提供了强有力的帮助。

表 19-9 给出了振动诊断表。尽管这是诊断机械故障的通用准则或粗略指南，但当在计算机系统记录并关联特定问题及其相关的振动频谱时，可以将其发展成为功能非常强大的诊断系统。随着计算机系统存储能力的提高，还可以调用历史案例进行有效诊断。

表 19-9　振动诊断

| 一般的主频率[①] | 振动原因 |
|---|---|
| 0~40%运行频率 | 轴承封、轴承箱或气缸和支座装配松动<br>转子缸套配合松动<br>旋转感应摩擦<br>推力轴承损坏 |

（续）

| 一般的主频率① | 振动原因 |
|---|---|
| 40%~50%运行频率 | 轴承支架励磁<br>轴承封、轴承箱或气缸和支座装配松动<br>油膜涡动<br>旋转共振<br>间隙感应振动 |
| 运行频率 | 初始不平衡<br>转子弯曲<br>转子部件丢失<br>气缸变形<br>基座变形<br>不对中<br>管道受压<br>滑动轴承偏心<br>轴承损坏<br>转子轴承系统极限<br>耦合极限<br>结构共振<br>推力轴承损坏 |
| 失常频率 | 气缸与支座松动<br>压力脉动<br>振动传播<br>齿轮误差<br>阀门振动 |
| 极高频率 | 干涡动<br>叶片振动 |

① 在大多数情况下主要发生在这个频率；谐波可能存在，也可能不存在。

## ▶▶ 数据检索

数据检索程序不仅是一种有效的诊断和分析工具，而且还提供了一种灵活的数据存储和恢复方法。通过仔细设计健康检测系统，工程师或技术人员能够将机组的当前运行情况与此机组以往运行情况或其他机组在以往类似条件下的运行情况相比较。方法是：在遇到限制参数时，挑选一个或几个限制参数，并定义其他需显示的参数。这就避免了大量数据的筛选工作，以下举例说明系统是如何工作的：

1. 时间检索：在此模式下，计算机在一个指定的时间区域内检索数据，因此，可给出所感兴趣的时间范围。

2. 环境温度检索：燃气轮机可能在某个特殊的环境温度变化范围内发生故障，故运行人员希望了解机组过去在此温度下的运行状态。

3. 透平排气温度检索：排气温度是故障分析中的一个重要参数。这个参数的分析可以证实故障究竟发生在燃烧室还是透平。

4. 振动等级检索：这种模式下，模型提供的数据对于判断压气机结垢、压气机或透平叶片故障、喷嘴弯曲变形、不均匀燃烧和轴承故障等很有用处。

5. 输出功率检索：在这种模式下，输入所关心的输出功率范围，从而得到适用于设定功率的数据。此时，可根据适当的数据信息来查明故障区域。

6. 两个或多个限制参数的检索：通过检索限制参数，可以评估设备状态并对信息进行进一步分析，进而形成诊断特征。

## 总结

1. 叶轮机械的机械性能监测，例如振动特性监控，在过去的十多年中得到了广泛的应用。加速度传感器和实时振动频谱分析仪的出现，要求计算机与之相匹配并利用它们广泛的分析诊断能力。

2. 机组（设备）的更换和停机将显著增加成本，因此，保证机组的运行可靠性非常重要。然而，随着当前和可预期的燃料成本的增长，气热性能监测变得非常重要。气热监测不仅使叶轮机械的运行效率得到了提高，而且当它们与机械性能监测相结合时，使得系统的整体效率提升大于单一采用气热监测或者机械性能监测得到的效率提升。

3. 虽然人们一直担心计算机系统的可靠性，但它们目前已得到广泛的认可并正在迅速取代模拟系统。

4. 现代科技如机械与气热仪器仪表、低成本计算机的系统化应用以及叶轮机械工程应用经验的积累，将促进具有成本效益的监控系统的发展和应用。

## 参考文献

ASME, *Gas Turbine Control and Protection Systems*, 13133. 4 Pub. 1978（Reaffirmed year: 1997）.

Boyce, M. P., "Condition Monitoring of Combined Cycle Power Plants," Asian Electricity, July/August 1999, pp. 35-36.

Boyce, M. P., "Control and Monitoring an Integrated Approach," Middle East Electricity, December 1994, pp. 17-20.

Boyce, M. P., "How to Identify and Correct Efficiency Losses through Modeling Plant Thermodynamics,"
Proceedings of the CCGT Generation Power Conference, London, United Kingdom, March, 1999.

Boyce, M. P., "Improving Performance with Condition Monitoring" - Power Plant Technology Economics and Maintenance, March/April 1996, pp. 52-55.

Boyce, M. P., and Cox, W. M., "Condition Monitoring Management-Strategy," The Intelligent Software Systems in Inspection and Life Management of Power and Process Plants in Paris, France, August 1997.

Boyce, M. P., Gabriles, G. A., and Meher-Homji, C. B., "Enhancing System Availability and Performance
in Combined Cycle Power Plants by the Use of Condition Monitoring," European Conference and Exhibition Cogeneration of Heat and Power, Athens, Greece, 3-5 November, 1993.

Boyce, M. P., Gabriles, G. A., Meher-Homji, C. B., Lakshminarasimha, A. N., and Meher-Homji, F. J., "Case Studies in Turbomachinery Operation and Maintenance Using Condition Monitoring," Proceeding of the 22nd Turbomachinery Symposium, Dallas, Texas. 14-16 September, 1993, pp. 101-112.

Boyce, M. P., and Herrera, G., "Health Evaluation of Turbine Engines Undergoing Automated FAA Type Cyclic Testing," Presented at the SAE International Ameritech '93, Costa Mesa, California, 27-30 September, 1993, SAE Paper No. 932633.

Boyce, M. P., and Venema, J., "Condition Monitoring and Control Center," Power Gen Europe in Madrid, Spain, June 1997.

Meher-Homji, C. B., Boyce, M. P., Lakshminarasimha, A. N., Whitten, J. A., and Meher-Homji, F. J., "Condition Monitoring and Diagnostic Approaches for Advanced Gas Turbines," Proceedings of ASME Cogen Turbo Power 1993, 7th Congress and Exposition on Gas Turbines in Cogeneration and Utility, Sponsored by ASME in participation of BEAMA, IGTI-Vol. 8 Bournemouth, United Kingdom, 21-23 September, 1993, pp. 347-355.

Rosen, J., "Power Plant Diagnostics Go On-Line," Mechanical Engineering, December 1989.

# 第**20**章

# 燃气轮机性能测试

## 引言

新一代燃气轮机性能分析比较复杂，并且出现了许多亟待解决的新问题。燃气轮机性能验收测试是合同规定的内容，测试前需要保证机组的清洁。先进燃气轮机（G级）机组的平均调试时间要长于F级和FA级机组，这通常也增加了调试期间机组的起停次数，因为对DLN燃烧室、冷却系统和复杂的控制系统需要进行大量的精细调整，从而使得机组等效运行时间增加。无论实际等效运行时间如何，建议合同规定的调试所需的最大机组等效运行时间应限制在600~800h。如果在合同规定的等效运行时间内没有调试完成，应该调高功率修正系数，即电厂的实际输出功率减少。现在已经有许多调试过程等效运行时间达2,000~6,500h的案例，相当于其功率和热耗率的修正幅度达到2%~5%，当然这将影响电厂的收益率。

新型燃气轮机机组的透平进口温度都非常高，该温度的变化会显著影响燃气轮机机组性能和热端部件的寿命。压气机的压比高，从而工作裕度很小，导致机组非常容易受到压气机结垢的影响。当用于联合循环和热电联供时，其背压的变化对机组的影响也非常大。空气过滤器的压降同样会导致机组性能的严重退化。

如果按照生命周期分析，新电厂建设的成本大约占到整个生命周期成本的7%~10%，维护成本占15%~20%，运营成本主要是燃料成本，占70%~80%。因此，燃气轮机性能评估是电厂运行的一项非常重要的工作。

总体性能在线或离线监测对电厂实现以下目标非常重要：

1. 保持机组的高可用性。
2. 尽量减少性能退化并保持运行在设计效率附近。
3. 诊断并发现问题，避免在可能导致严重故障的区域内运行。
4. 延长检查和大修的时间间隔。
5. 减少生命周期成本。

为确定机组部件性能和效率的退化情况，必须将相关数值修正到参考基准。这些修正方法应该根据所研究的参数参考不同的参考基准，将修正的测量值进一步调整为转换的设计值，以正确评估任何给定部件的退化情况，而转换的数据则由部件的性能曲线决定。为确定部件的性能曲线，原始数据必须经过修正并且绘制成无量纲参数的关系曲线。正因为如此，必须要在燃气轮机机组性能尚未受到部件性能退化影响之前对其进行测试。如果燃气轮机制造厂商可以提供部件性能数据，则其工作量将大大减少。

## 性能标准

性能分析无论是对于循环总体性能的确定，还是对于工作在各种苛刻条件下热端部件生命周期考虑因素的确定，都有着极其重要的作用。

本部分基于各种 ASME 测试规范，给出了与燃气轮机发电厂相关的各项详细技术，以下是关于燃气轮机发电厂的三个 ASME 测试标准：

1. 电厂总体性能测试标准，ASME PTC 46，1996。
2. 性能测试仪器与设备不确定性标准，ASME PTC 19.1，1988。
3. 燃气轮机性能测试标准，ASME PTC 22，1997。

ASME PTC 46 电厂总体性能测试标准是用来确定电厂热力循环系统的总体热力性能的，该标准清楚地给出了测定电厂热力性能和电力输出的过程。

ASME PTC 19.1 性能测试仪器与设备不确定性标准给出了由随机误差和系统误差导致的单个测量不确定性的评价过程，将随机和系统不确定性传播到测试结果的不确定性中的计算过程，以及各种统计学术语的定义。测量不确定性分析的最终结果是为了给出系统不确定性、随机不确定性的数值估计以及它们与具有近似置信水平的总体不确定性的组合，这对于计算并保证电厂输出功率和效率尤为重要。

ASME PTC 22 燃气轮机性能测试标准规定了所需的每个测量的不确定性极限，然后必须根据 ASME PTC 19.1 给出的测量不确定性中定义的程序计算总体不确定性。该标准给出了典型参数的不确定性范围，要求功率输出的典型不确定性在 1.1% 以内，热耗率计算要在 0.9% 以内。非常重要的是，还应进行测试后的不确定性分析，以确保各部件实际测试符合标准要求。

测试前，每一件仪器均需要根据测试标准进行校准，并证明它们是符合规范要求的。ASME PTC 19 列出了 ASME 性能测试用所有仪器的控制要求及其不确定性控制范围。

表 20-1 给出了一个简略的性能测试的测量要求，对此 ASME PTC 19 具有最终解释权。

**表 20-1　性能测试测量精度要求**

| 测量参数 | 不确定度 |
| --- | --- |
| 温度<200℉(93.3℃) | 0.5℉(0.27℃) |
| 温度>200℉(93.3℃) | 1.0℉(0.56℃) |
| 压力 | 0.1% |
| 真空度 | 建议采用绝对压力变送器 |
| 燃料气流量 | 0.8% |

## 整流段

流量测量装置和某些压力测量需要最小长度的直管。应在节流阀和弯头附近布置整流段和/或均衡段，如图 20-1 所示。

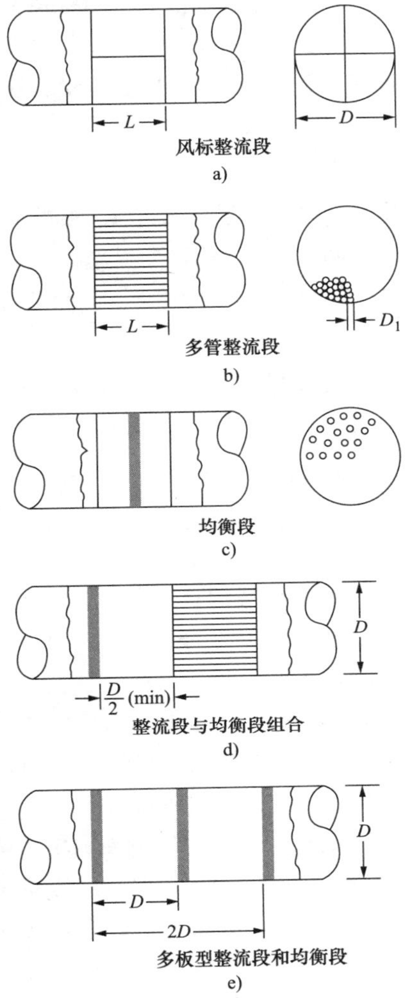

## ▶▶ 压力测量

用于压力测量的仪器和仪表如下：

1. 波登管压力计
2. 静重表（仅用于校准）
3. 液柱压力计
4. 冲击管
5. 皮托管
6. 压力变送器
7. 压力传感器
8. 气压表

优质波登管压力计会非常适合，高于 $20 lbf/in^2$ 压力的测量。测量前需要用静重表校验仪在其常用量程范围内进行校准。选择测压仪器时，保证被测压力值大约在总量程的 50% 是非常重要的。

压差和低于大气压的压力，应采用工作流体与被测气体具有化学稳定性的压力计进行测量。可以使用水银管压力计测量压力，但应防止水银进入被测管内，这些仪器误差不应超过 0.25%。

压力测量误差一般由静压孔穿过管壁处结构的不确定性产生，应该预先考虑这一问题，因为在机组投入运行前，很容易将静压探头安装到合适位置，但在机组开始运行后要对探头进行检查通常比较困难。

另一个引起压力测量错误的重要原因是测量通道内有可能出现液体。所有常见的压力测量管安装于被测量管路上方，此时通常不用考虑测压管内的液体，即使工质在测量管内一定温度条件下发生凝结。

测试人员在测压仪器校准时还有可能碰到其他问题，如测试中发现不良数据，说明仪表可能由于搬运或安装问题使得仪表精度达不到标称的精度。因此，对所有仪器进行现场校准通常可以保证测量的准确性。

通常新机组在交付使用时，会在压气机进口管道处装一个"起动筛"，以防止在新建或改造的管道系统中有焊渣和碎屑残留。不论何时安装都必须小心，以确保测量面或排气不受其影响。

进口和出口压力定义为进口和出口的滞止压力，它们是相应点处的静压与动压之和。静压应在管道同一平面上的 4 个测点测量，如图 20-2 的管道布置所示。当动压不足 5% 的压升时，可以通过以下公式计算：

$$p_v = \frac{v_{av}^2 \rho}{2g_c \times 144} = \frac{v_{av}^2 \rho}{9,266.1} \tag{20-1}$$

图 20-1 整流段与均衡段（ASME 动力测试标准 10，压气机和排气管，1965）

风标整流段
a)

多管整流段
b)

均衡段
c)

整流段与均衡段组合
d)

多板型整流段和均衡段
e)

式中，$v_{av}$ 是实测体积流量与管道截面面积之比。

当动压大于 5% 的压升时，需要在两个位置使用皮托管进行测量，每个位置有 10 个等截面面积的测点，如图 20-2 所示，平均动压 $p_v$ 由下式给出：

$$p_v = \frac{\rho \sum v_p^3}{288 g_c n_t v_{av}} \qquad (20\text{-}2)$$

式中，$n_t$ 为位置点个数；$v_p$ 为测点处的气流速度。

在每个位置点有

$$v_p = \sqrt{\frac{9,226.1 p_v}{\rho}} \qquad (20\text{-}3)$$

测量过程中，大气压力应该在测量现场每隔 30min 测量一次。

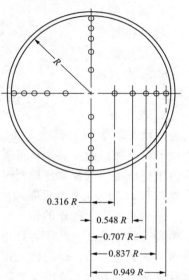

0.316 R
0.548 R
0.707 R
0.837 R
0.949 R

图 20-2  管道内的压力测点布置
（ASME 动力测试标准 10,
压气机和排气管，1965）

► ► **温度测量**

温度测量可以采用以下仪器：

1. 玻璃管水银温度计

2. 热电偶温度计

3. 热电阻温度计

4. 温度计套管

温度测量优先考虑和采用的仪器是热电偶，因为其原理简单，使用方便，且可达到较高精度等级，适合远程读数，可靠性高，也相对便宜。

无论采用何种测温仪表，都需要对整个测量系统进行现场校准。通常采用冰水混合物和沸水进行两点校准。至少，可以在同一温度下校验所有的仪器，温度最好选定在量程范围中间，以便于发现和舍弃不正常的测温仪器，该校验对温升小的低压头设备的温度测量尤为必要。

测试方案经常是在认为实验室温度计可以代替现有温度计套管中测温仪表的情况下制定的，尽管这样的替换结果可能令人满意，然而谨慎的测试技术人员需要意识到热电偶套管易于折断并可能进入机组或发生危险泄漏，如果这种情况发生，就不可能测得真实的气体温度。为防止这种情况发生，可能的折衷方案是缩短套管长度或增厚管壁。任何情况下，如果被测气体温度与环境温度相差很大，且置于环境温度中的测温传感器的金属表面积超过置于被测气体中的金属表面积时，就会导致非常大的误差。高压系统中使用的厚壁套管将使误差更大，但使用导热性能良好的流体可以减小这种误差。使用校准后的细线热电偶直接暴露于被测气流的流动中心可获得最准确的气体温度读数，而如果偏离这种理想状态，潜在的误差将会增加。

进排气温度是指进口和出口处的滞止温度，其测量精度应该在 1℉（0.55℃）以内。当气流速度大于 125ft/s（36.6m/s）时，速度的影响应包括在用总温探针的温度测量中。该探针在热端装有屏蔽罩的热电偶，且屏蔽罩开孔指向上游。在燃气杂质较多的环境中进行现场测量时，需对此作出权衡。

► ► **流量测量**

采用安装在管路上的流量喷嘴或其他仪表来测量流过压气机的流量。有关测量装置如下：

1. 节流孔板：如同轴孔板、偏心孔板、分段孔板等，根据被测流体选择合适的结构。

2. 文丘里管：由进口收敛段、等直径喉口以及扩散段组成，其精度较高，但除非预先设计好，否则在现场使用与安装比较困难。

3. ASME 流量喷嘴：可用于精确测量流量，非常适用于试验测试。但因安装不易，使用场合受限。在相同的压损条件下，文丘里流量计和流量喷嘴的通流能力比具有不同压力损失的节流孔板大 60%。

4. 弯管流量计：气体在弯管中流动时，由于离心力使得弯管内外侧压力有差异，此压差与排气压力大小有关。

5. 涡轮流量计：其原理是通过计算给定时间内涡轮的转速来测量流量。

用于测量压气机流量的其他技术还有：

1. 当制造厂商给出了进口法兰到离心式压气机第一级叶轮中心的压降数据时，可以通过校准这些参数以获得流量。

2. 使用氟利昂流动示踪技术，可以根据流过两检查点之间所用的时间测得流量。

3. 在因管道系统的结构而无法使用流量喷嘴、节流孔板等仪器时，应使用横截面速度测量技术。

这些技术在前面的压力测量部分已经介绍过了，通常流量测量装置和需要的仪器是被整合在一起作为电厂管道系统的一部分。测量技术的最终选择还要取决于许用压降、流动类型、精度要求和成本问题。

流量喷嘴的布置根据具体的应用情况会有很大的差别。对于出口的亚临界流动测量，喷嘴压差 $p$ 小于大气压，应使用冲击管和压力计来测量流量，亚临界流动的流量喷嘴如图 20-3 所示。

对于压降 $p$ 大于大气压的临界状态下的测量，应使用流量喷嘴上游的静压探头测量流量，如图 20-4 所示。对于排气的测量，通过布置在进口喷嘴下游的两个静压探头测量压差，如图 20-5 所示。

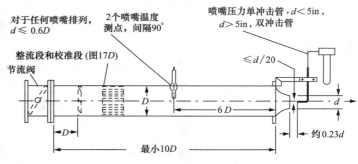

图 20-3　亚临界流动的流量喷嘴
（ASME 动力测试标准 10，压气机和排气管，1965）

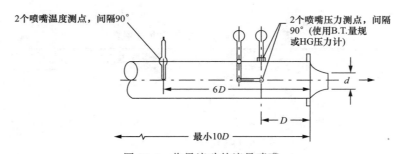

图 20-4　临界流动的流量喷嘴
（ASME 动力测试标准 10，压气机和排气管，1965）

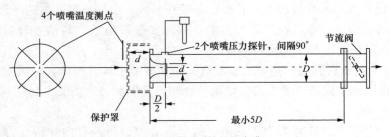

图 20-5　排气管流量喷嘴

（ASME 动力测试标准 10，压气机和排气管，1965）

## 燃气轮机测试

在进行任何性能测试之前，燃气轮机应运行直至建立稳定的工作状态。当持续监控表明读数已经达到最大允许限制时，即可认为达到稳定工作状态。ASME PTC 22 测试标准要求性能测试需要尽可能地达到合同中规定的设计测试条件。测试进行中的最大允许偏差与整个运行期间该操作条件下的计算平均值之差，不应超过表 20-2 给定的值。如果该差值超出了表 20-2 中给出的数值，该组测试结果应舍弃。测试运行时间不应该超过 30min，读数间隔不应超过 10min。测试运行应至少进行 3~4 次，并最后计算平均值作为最终测试结果。

ASME PTC 46 测试标准也给出了修正系数，本章中给出了环境温度、环境压力、相对湿度的修正系数。

燃气轮机机组中的所有主要部件的性能参数都必须修正到环境条件下，某些参数还要进行进一步修正至设计条件，以精确地计算性能退化情况。因此，为了完全计算出电厂及其所有部件的性能和退化状况，必须计算出关键参数的实际值、修正值以及转换参考条件。

整个电厂需要计算以下参数。从经济角度考虑，最为重要的两个参数是功率和热耗率。以下是需要计算的参数，从中反映了电厂的宏观性能：

1. 总体电厂系统

2. 机组毛热耗率

a. 净热耗率。

b. 毛输出功率。

c. 净输出功率。

d. 厂用电量。

表 20-2　试验工况的最大允许偏差

| 参数 | 最大允许偏差 |
| --- | --- |
| 功率输出（电） | ±2% |
| 功率系数 | ±2% |
| 转速 | ±1% |
| 现场大气压力 | ±0.5% |
| 进口空气温度 | ±4.0℉（±2.2℃） |
| 单位体积气体燃料热值 | ±1% |
| 气体燃料压力 | ±1% |

（续）

| 参数 | 最大允许偏差 |
| --- | --- |
| 机组绝对排气背压 | ±0.5% |
| 机组绝对进气压力 | ±0.5% |
| 冷却介质出口温度 | ±5.0℉（±2.8℃） |
| 冷却介质温升 | ±5.0℉（±2.8℃） |
| 透平控制温度 | ±5.0℉（±2.8℃） |
| 燃料质量流量 | ±0.8% |

## 燃气轮机

燃气轮机性能测试标准 ASME PTC 22 规定了燃气轮机总体性能的测试要求，但是其只针对那些装备精良的仪器且用于获得详细燃气轮机特性的机组。图 20-6 示出了机组测点的理想位置。以下是基于该测试标准在计算燃气轮机总体性能时所需要的各种参数：

1. 燃气轮机总体计算

2. 燃气轮机输出功率

3. 进口空气流量

4. 第一级喷嘴冷却空气流量

5. 总冷却空气流量

6. 热耗率

7. 透平效率

8. 燃气轮机效率

9. 排气流量

10. 排气比热容

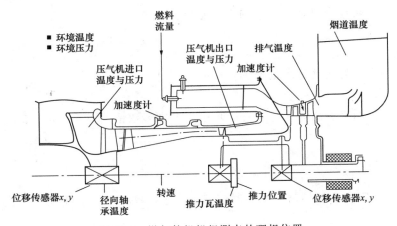

图 20-6 燃气轮机机组测点的理想位置

为获得详细信息，需要对以下四个主要部件进行分析：

1. 进口空气过滤器

2. 压气机

3. 燃烧室

4. 燃气透平

## ►► 进口空气过滤器模块

损失计算使燃气轮机运行人员能够确保过滤器清洁，并且没有额外的损失，以免影响燃气轮机性能。以下过滤器参数需要监控：

1. 更换每一级过滤器的时间

2. 过滤器堵塞指数，以监控各级过滤器情况

3. 进口管道空气泄漏

## ►► 压气机模块

压气机是燃气轮机最重要的部件之一，它消耗了燃气透平所产生功的 $50\% \sim 65\%$，因此，压气机结垢会导致燃气轮机的功率损失和效率损失。另外，压气机结垢还会导致喘振问题，不仅会影响压气机性能，还会产生轴承问题和熄火等。以下是需要计算的一些主要特性：

压气机总体参数

1. 效率

2. 喘振曲线

3. 压气机耗功

4. 压气机结垢指数

5. 压气机老化指数

6. 湿度对结垢的影响

7. 级性能退化

压气机损失

压气机损失分为以下两个方面：

1. 可控损失，可以通过运行人员的操作避免：

a. 压气机结垢。

b. 进口压降。

2. 不可控损失，即无法避免的损失：

a. 环境压力。

b. 环境温度。只有在进口采用冷却时可控，而大多数情况下是不可控的。

c. 环境湿度。

d. 部件老化。

压气机清洗

有时压气机只需要在线清洗，而有时应该考虑进行停机离线清洗。

在线清洗

多数电厂在压降超过 2% 时便会进行在线清洗，而有的电厂每天都会清洗，不管怎样，在线清洗用水必须妥善处理。

离线清洗

从图 20-7 给出了压气机清洗的功率恢复特性，可以看出，压气机在线清洗不会使功率恢

复到正常值，因此，进行数次在线清洗后，必须进行离线清洗。离线清洗的维护成本非常高，因此事前应详细评估是否必要。第12章中已详细介绍了各种清洗方法。

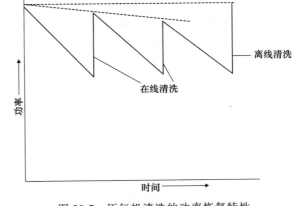

图20-7 压气机清洗的功率恢复特性

## ▶▶燃烧室模块

燃烧室出口即透平进口温度计算是联合循环性能计算中最重要的计算之一，有两种方法：（1）燃料热耗率；（2）功率平衡。以下是需要计算的一些重要参数：

1. 燃烧室效率
2. 燃烧室老化程序
3. 透平进口温度（第一级喷嘴进口温度）
4. 回火监控（干式低 $NO_x$ 燃烧室）
5. 比燃料消耗率

## ▶▶燃气透平模块

燃气透平模块的性能计算取决于机组是单轴还是多轴。航空改型燃气轮机通常是双轴或多轴结构，而最新的航空改型燃气轮机通常有两个压气机，即低压压气机和高压压气机，这就意味着透平有三根轴，第三根轴是动力轴，驱动压气机的透平称为燃气发生器透平，而对外做功的透平称为动力透平。需要计算的参数如下：

1. 透平效率
2. 透平结垢参数
3. 透平喷嘴烧蚀监测参数
4. 透平输出功率
5. 透平性能退化监测参数
6. 透平喷嘴堵塞监测参数

## ▶▶关键热端部件生命周期考虑

大多数热端部件的期望生命周期取决于各种参数，通常用等效机组时间来衡量，以下是一些影响燃气轮机等效机组时间的主要参数：

1. 燃料类型
2. 透平进口温度
3. 材料应力应变特性
4. 冷却系统性能
5. 起动次数
6. 停机次数
7. 透平损失
a. 可控损失。
i. 透平进口温度。
ii. 背压。

ⅲ. 透平积垢（燃烧产物沉积）。

B. 不可控损失（性能退化）。

透平老化（间隙增大）。

# 性能曲线

绘制电厂总体运行基准曲线是非常重要的，它能够使运行人员确认电厂是否在设计工况下运行。应从制造商或者验收试验中获得以下性能曲线，以便可以深入研究参数及其相互关系：

1. 燃气轮机压气机进口喇叭口压差和空气流量的关系
2. 燃气轮机输出功率与压气机进口温度的关系
3. 热耗率与压气机进口温度的关系
4. 燃料消耗率与压气机进口温度的关系
5. 排气温度与压气机进口温度的关系
6. 排气流量与压气机进口温度的关系
7. 控制燃烧氮氧化物生成的注水量与压气机进口温度的关系
8. 注水后的燃气轮机发电机输出功率和热耗率修正的关系
9. 注水对发电机功率的影响及其与压气机进口温度的关系
10. 注水率对热耗率的影响及其与压气机进口温度的关系
11. 功率和热耗率的环境湿度修正
12. 功率因子修正
13. 燃料限制导致运行限制而产生的损失（例如温度扩散、燃料阀问题等）

# 燃气轮机性能计算

本节介绍用于计算和模拟燃气轮机电厂各种性能及机械参数的公式和技术，目的是使整个电厂能够在不降低热端部件寿命的状况下以最高效率和最大输出功率运行。

在公用事业应用的燃气轮机发电机组，如频率波动较大是不可接受的，因此机组输出功率变化时要求转速基本保持恒定。这种情况下，可以通过压气机进口导叶调节，以减少非设计载荷下燃气轮机进气量和维持高的排气温度。

燃气轮机在部分负荷工况下运行其效率下降要比预想的快，因为燃气轮机非常依赖于透平进口温度和来流空气流量，其热耗率在部分负荷工况下迅速增加。

电厂总体输出功率和热耗率随环境温度的变化关系如图 20-8 所示，该图是根据典型燃气轮机电厂的参数绘制的。在温度、压力和湿度三个环境因素中，温度的影响最为明显。

## ▶▶基本控制方程

控制联合循环性能的四个基本方程分别是状态方程、质量守恒方程、动量方程和能量方程。

状态方程为

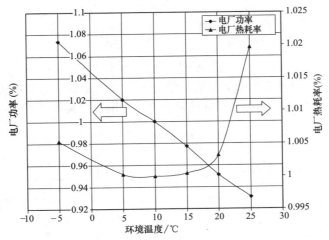

图 20-8 电厂总功率和热耗率随环境温度的变化关系

$$\frac{p}{\rho} = Z \frac{R}{MW} T \qquad (20\text{-}4a)$$

也可以写为

$$\frac{p}{\rho^n} = C \qquad (20\text{-}4b)$$

式中，$n$ 的范围为 $0 \sim \infty$：$n = 0$ 时，$p = C$（等压过程）；$n = 1$ 时，$T = C$（等温过程）；$n = \gamma$（$\gamma = \dfrac{c_p}{C_V}$）时，$S = C$（等熵过程）；$n = \infty$ 时，$V = C$（等容过程）；$M$ 为马赫数。

质量守恒方程为

$$m = \rho A v \qquad (20\text{-}5)$$

式中，$A$ 为面积；$v$ 为气流速度。

理想气体的动量方程，由于径向与轴向分速度的动量变化不对转子做功，因此单位质量的绝热能量由如下方程（欧拉透平方程）给出：

$$E_{ad} = \frac{1}{g_c}(U_1 V_{\theta 1} - U_2 V_{\theta 2}) \qquad (20\text{-}6)$$

式中，$U$ 为叶片轮周速度；$V$ 为气流的切向分速度。

理想气体能量方程的功 $W$ 可以写成

$$Q_{rad} + \Delta UE + \Delta pv + \Delta KE + \Delta pe = W \qquad (20\text{-}7)$$

式中，$\Delta UE$ 是内能变化量；$\Delta pv$ 是流动能变化量；$\Delta KE$ 是动能变化量；$\Delta pe$ 是势能变化量。总焓由如下关系给出

$$H = U + pv + KE \qquad (20\text{-}8)$$

忽略势能的变化 $\Delta pe$ 和由于辐射而产生的热量损失 $Q_{rad}$，功等于总焓的变化量

$$W = H_2 - H_1 \qquad (20\text{-}9)$$

在燃气轮机（布雷顿循环）中，压缩过程和膨胀过程可视为绝热和等熵过程。对于等熵绝热过程，$\gamma = \dfrac{c_p}{c_V}$，其中 $c_p$ 和 $c_V$ 分别是比定压热容和比定容热容，并且有

$$c_p - c_V = R \tag{20-10}$$

其中

$$c_p = \frac{\gamma R}{\gamma - 1}, \quad c_V = \frac{R}{\gamma - 1} \tag{20-11}$$

有关空气和燃烧物（400%理论空气量）的值在附录 B 中给出。需要注意的是，压力测量可以是总压，也可以是静压，而温度只能测量总温。总温、静温和总压、静压之间的关系为

$$T = T_s + \frac{v^2}{2c_p} \tag{20-12}$$

式中，$T_s$ 为静温；$v$ 为气流速度。

$$p = p_s + \rho \frac{v^2}{2g_c} \tag{20-13}$$

式中，$p_s$ 为静压。

气体声速根据下式计算：

$$a^2 = \left( \frac{\partial p}{\partial \rho} \right)_{S=C} \tag{20-14}$$

对于等熵过程（熵 $S$ = 常数），声速可以写为

$$a = \sqrt{\frac{\gamma g_c R T_s}{MW}} \tag{20-15}$$

马赫数的定义为

$$M = \frac{v}{a} \tag{20-16}$$

需要注意的是，马赫数是根据静温求得的。

压气机效率和压比要进行严密的监控，以确保其通流部分没有结垢。基于监测数据，压气机使用软化水进行清洗，如果必要，可以采用压气机进口导叶调整，以优化压气机性能，毕竟压气机耗功占燃气透平所发出功率的 60% ~ 65%。

透平进口温度会影响到透平寿命和功率输出以及总的热效率，因此必须要准确计算。为确保计算精度，通过两种方法计算透平进口温度，其一是基于燃料的输入热量，其二是基于透平热平衡。对透平的效率进行计算时应该注意效率是否退化。

### ▶▶性能计算

从图 20-9 可以看出，提高压气机压比和透平进口温度是提高燃气轮机效率的两种重要途径。现代大型燃气轮机的总压比从 15 到高达 30，透平进口温度高达 2,500℉（1,371℃），如此高的压比使得压气机的运行范围很窄，从喘振线到阻塞区域之间的可运行区域随着压比的增大而减小，换句话说，实际上这种高压比的压气机对于结垢非常敏感。因此压气机进口过滤器必须具有非常高的效率，同时必须对燃气轮机进行性能监测，以确保机组具有最优的运行效率。

压气机的全部耗功通过下式计算：

$$W_c = H_{2a} - H_1 = c_{pavg} T_1 \left[ \left( \frac{p_2}{p_1} \right)^{\frac{\gamma - 1}{\gamma}} - 1 \right] \tag{20-17}$$

计算每一级的耗功需要假设每一级的能量是相等的，这种假设优于每一级压比均相同的结果。当存在用于冷却或其他原因的级间抽气时，有必要知道每一级的耗功。

$$W_{stg} = \frac{H_{2a} - H_1}{n_{stg}} \quad (20\text{-}18)$$

式中，$n_{stg}$ 是压气机级数，压气机需要的总耗功按下式计算：

$$Pow_c = m_a w_{stg} n_1 + (m_a - m_{b1}) w_{stg} n_2 + (m_a - m_{b1} - m_{b2}) w_{stg} n_3 + \cdots \quad (20\text{-}19)$$

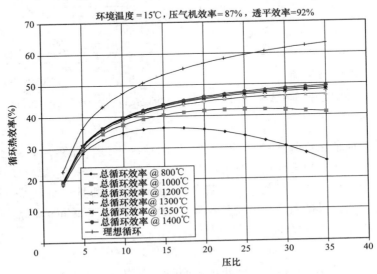

图 20-9　压气机压比和透平进口温度对燃气轮机性能的影响

等熵条件下压气机的耗功可视为理想耗功。实际压缩过程是有熵增的，因此，等熵效率可以依据总焓的变化量得到

$$\eta_{ac} = \frac{\text{等熵耗功}}{\text{实际耗功}} = \frac{H_{2T1} - H_{1T}}{H_{2a} - H_{1T}} \quad (20\text{-}20)$$

式中，$H_{2T1}$ 为等熵排气条件下的气体总焓；$H_{2a}$ 为实际排气条件下的气体总焓；$H_{1T}$ 为进口条件下理想气体的总焓。因此方程可以写为

$$\eta_{ac} = \frac{\left(\frac{p_2}{p_1}\right)^{\left(\frac{\gamma-1}{\gamma}\right)} - 1}{\frac{T_{2a}}{T_1} - 1} \quad (20\text{-}21)$$

压气机在压缩气体时消耗掉 60% 左右由透平产生的功，图 20-10 所示为燃气发生器透平功率与燃气轮机总功率之间的关系。由此可见，压气机结垢对于燃气轮机影响非常大。图 20-11 中给出了部分负荷对压气机效率的影响，而流量和透平进口温度影响到透平性能。

透平进口温度的计算首先基于注入的燃料量和燃料的低热值（LHV），气体的低热值是指燃烧产物中水没有凝结时的发热量，其数值等于高热值减去水的汽化潜热，即

$$H_{tit} = \frac{(m_a - m_b) H_{2a} + m_f \eta_b LHV}{m_a + m_f - m_b} \quad (20\text{-}22)$$

式中，$H_{tit}$ 是透平进口温度下燃气的焓值；$m_a$ 是空气质量；$m_b$ 是抽气质量；$m_f$ 是燃料质量；$\eta_b$ 是燃烧室效率，通常在 97%~99% 范围内。

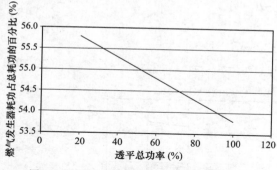

图 20-10　燃气发生器透平功率与燃气轮机
总功率之间的关系

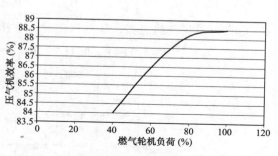

图 20-11　燃气轮机负荷对压气机效率的影响

　　透平进口温度应该在已知燃烧产物气体特性的情况下进行计算，如果已知这些特性参数，则对燃气轮机余热锅炉可使用 ASME4.4（1991）性能测试标准中给出的燃气状态方程。一般来说，燃气的组分未知，因此可采用基南（Keenan）和凯耶（Kaye）燃气表中的 400% 理论空气量作为近似。根据燃烧室燃烧产物摩尔质量为 28.9553g/mol（kg/kmol）时的空气物性表，其比定压热容和等熵指数方程分别为

$$c_p = (-2.76 \times 10^{-10} T^2 + 1.1528 \times 10^{-5} T + 0.237) \times C_1 \qquad (20\text{-}23)$$

采用美制单位时，式中 $C_1 = 1.0$，采用 SI 单位制时，式中 $C_1 = 4.186$。

$$\gamma = \frac{c_p}{c_p - \dfrac{778.16}{MW}} \qquad (20\text{-}24)$$

透平进口温度也可以根据热平衡进行计算，而且两种计算方法的结果差异必须在 2~6℉（1~3℃）范围内。在燃气轮机中应用的热平衡关系式为

$$H_{tit} = \frac{\dfrac{Pow_c}{\eta_{mc}} + \dfrac{Pow_g}{\eta_{mt}} + (m_a + m_f) H_{exit}}{m_a + m_f - \sum m_b} \qquad (20\text{-}25)$$

式中，$Pow_c$ 为压气机耗功（Btu/s，kJ/s）；$Pow_g$ 为发电机输出功；$\eta_{mc}$ 为压气机的机械效率；$\eta_{mt}$ 为透平的机械效率；$H_{exit}$ 为透平出口焓。

　　分轴燃气轮机通常测量燃气发生器出口以及动力透平出口的温度。根据经验以及理论关系式，对于给定的几何结构，即使负荷和周围环境条件发生变化，燃气发生器进口温度 $T_{tit}$ 与动力透平进口温度 $T_{pit}$ 的比值保持不变。因此，绝大多数制造商通过控制动力透平进口温度来控制机组。

$$T_r = \frac{T_{tit}}{T_{pit}} \qquad (20\text{-}26)$$

因此，对分轴燃气轮机，式（20-25）可重写为

$$H_{tit} = \frac{\dfrac{Pow_c}{\eta_{mc}} + \dfrac{Pow_g}{\eta_{mt}} + (m_a + m_f - 0.6 m_b) H_{pit}}{(m_a + m_f - \sum m_b)} \qquad (20\text{-}27)$$

式中，假设40%的抽气量通过燃气轮机前几级的冷却机构进入透平；$H_{pit}$为动力透平燃气进口温度下的焓值。

为保证热平衡计算的精确性，以下的热平衡关系式能够反映计算的精确程度，热平衡比定义为：

$$HB_{ratio} = \frac{\dfrac{Pow_c}{\eta_{mc}} + (m_a + m_f) H_{exit} - m_a H_{inlet}}{m_f LHV} \qquad (20\text{-}28)$$

式中，$H_{inlet}$为燃气轮机压气机进口温度下的焓值。

该数值应在0.96~1.04范围内。

图20-12所示为透平进口温度对透平效率的影响。在部分负荷下，透平进口温度降低，绝对速度减小，同时质量流量减小。图20-13给出了电厂负荷对透平进口温度和透平排气温度的影响。需要指出的是，在燃气蒸汽联合循环中，部分负荷下的透平进口温度大幅降低，而排气温度近似保持不变，从而使得蒸汽轮机在部分负荷下做功相对增加。

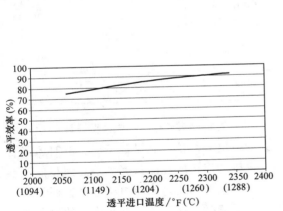

图20-12 透平效率与透平进口温度的关系

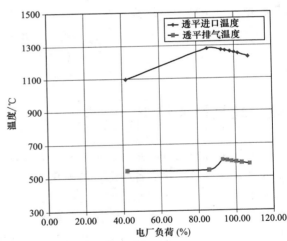

图20-13 电厂负荷对透平进口温度和
透平排气温度的影响

由燃气发生器透平发出的功 $W_{gt}$ 与压气机耗功 $W_c$ 相等，有

$$Pow_{gt} = \frac{Pow_c}{\eta_{mc}} \qquad (20\text{-}29)$$

燃气发生器透平效率 $\eta_{gt}$ 公式为

$$\eta_{gt} = \frac{H_{tit} - H_{pita}}{H_{tit} - H_{piti}} \times 100\% \qquad (20\text{-}30)$$

式中，$H_{pita}$为燃气发生器透平出口实际气体温度对应的焓值；$H_{piti}$为燃气发生器透平出口等熵温度对应的理想焓值。为计算理想焓值，必须知道燃气发生器透平的压比必须已知。

燃烧室压降（$\Delta p_{cb}$）会影响透平压比（$p_{grt}$），具体压降数值与燃烧室结构有关，燃烧室的压降一般都在压气机出口压力的 $1\% \sim 3\%$ 范围内。

$$p_{grt} = \frac{p_{dc}(1 - \Delta p_{cb})}{p_{dgt}} \tag{20-31}$$

式中，$p_{grt}$ 为燃气发生器透平压比；$p_{dc}$ 为燃烧室出口压力；$p_{dgt}$ 为燃气发生器透平出口压力。因此，燃气发生器透平出口理想焓值可由下式计算：

$$H_{piti} = \frac{H_{tit}}{\dfrac{cp_{tit}}{cp_{pit}} p_{grt} \left( \dfrac{\gamma-1}{\gamma} \right)} \tag{20-32}$$

式中，$\gamma$ 是基于燃气发生器透平进出口平均温度通过式（20-24）计算得出。动力透平效率可以由式（20-30）和式（20-32）计算得到。

计算简单循环中燃气轮机总的热效率（根据机组的不同在 $25\% \sim 45\%$ 范围内变化），用以确定机组的老化程度：

$$\eta_{ovt} = \frac{\dfrac{Pow_g}{\eta_{mt}}}{m_f LHV} \times 100\% \tag{20-33}$$

热耗率可以很简单地计算得到

$$HR = \frac{2544}{\dfrac{\eta_{th}}{100}} \left( \frac{Btu}{hp \cdot h} \right) = \frac{3600}{\dfrac{\eta_{th}}{100}} \left( \frac{kJ}{kW \cdot h} \right) \tag{20-34}$$

## 燃气轮机性能修正

燃气轮机性能可以基于上节的基本方程计算得到。为将这些关系式与需要计算的机组联系起来，计算燃气轮机各种部件的退化特性，得到的数值必须校正到设计工况，有时还需要从变工况转换到设计工况。校正后的值定义了燃气轮机的修正的性能数据。当几何相似性不变时，叶片特征、间隙、喷嘴面积和导叶设置等几何相似性不变。当动力相似性，即气体流速、燃气轮机转速等参数相似，并与几何相似性一起保持时，就保证了这些修正的参数将在所有运行工况下确保机组性能相似。

折合质量流量为

$$m_{acorr} = \frac{m_a \sqrt{\dfrac{T_{inlet}}{T_{std}}}}{\dfrac{p_{inlet}}{p_{std}}} \tag{20-35}$$

式中，$m_{acorr}$ 为燃气轮机进口空气的折合质量流量 $T_{inlet}$ 为燃气轮机进口空气的温度；$T_{std}$ 为 ISO 条件下的温度，即 60 ℉ 或 15℃；$p_{inlet}$ 为燃气轮机进口空气的压力；$p_{std}$ 为 ISO 条件下的压力，即 14.7psia 或 1.01bar。一般将环境条件折合到 ISO 条件下（14.7psia，60℉，RH60%），即大气压力 1.01bar，大气温度 15℃，相对湿度 60%。

燃气发生器透平和动力透平的折合转速决定了机组的修正性能。

折合转速：

$$n_{corr} = \frac{n_{act}}{\sqrt{\dfrac{R_a T_a}{(RT)_{std}}}} \qquad (20\text{-}36)$$

折合温度：

$$T_{corr} = \frac{T_a}{\dfrac{T_{inlet}}{T_{std}}} \qquad (20\text{-}37)$$

折合燃料流量：

$$m_{fcorr} = \frac{m_f}{\dfrac{p_{inlet}}{p_{std}} \sqrt{\dfrac{T_{inlet}}{T_{std}}}} \qquad (20\text{-}38)$$

折合功率：

$$HP_{corr} = \frac{HP_{act} \dfrac{T_{inlet}}{T_{std}}}{\dfrac{p_{inlet}}{p_{std}}} \qquad (20\text{-}39)$$

如考虑进气管道压降、透平背压升高以及透平进口温度和动力透平转速降低导致的变工况等因素，上述关系式还需要进行进一步修正。这些修正用于计算转换功率（$HP_{tp}$），也就是将机组运行条件下的变工况输出功率转化为设计工况下的功率。

转换输出功率：

$$HP_{tp} = HP_{corr} + \Delta p_c(P_{wi}) + \Delta p_e(P_{we}) + (T_{dtit} - T_{atit})c_p(m_d - m_a)\eta_{at} + \left[1 + 0.45\left(1 - \frac{n_{ptcorr}}{n_{ptdes}}\right)^m\right]HP_{act} \qquad (20\text{-}40)$$

式中，$\Delta p_c$ 为由于进气管道内的过滤器和蒸发器所产生的进口压降；$P_{wi}$ 为进气管压降对应的功率损失；$\Delta p_e$ 为由于排气管导致的背压变化；$P_{we}$ 为排气管压降对应的功率损失；$T_{dtit}$ 为透平进口温度设计值；$T_{atit}$ 为透平进口温度实际值；$\eta_{at}$ 为透平实际效率；$n_{ptcorr}$ 为动力透平折合转速；$n_{ptdes}$ 为动力透平设计转速。式中最后一项仅适用于分轴燃气轮机。功率因子（$m$）因机组的不同而不同，在本例中 $m = 0.4$。

### ▶▶ 性能修正系数

燃气轮机对环境条件的修正系数与各个燃气轮机的特性有关，应该由其制造商提供。本节中，近似给出了不同环境条件对燃气轮机性能影响的平均修正系数（精确到 1%~2%）。

这些图表中的数据基于 ISO 标准条件，即压力为 14.7lbf/in²，温度为 59.4℉（15℃），相对湿度为 0%。

测试环境条件的传感器应安装在稳定的、不易受机组进出口气流影响的环境中。图 20-14 中给出了输出功率修正系数随环境压力的变化关系。环境压力与机组所在海拔有关，在高海拔区域，机组的功率将明显减小。值得注意的是，这些值都是平均值，每台机组的具体数值都应该从制造商处获取，不过这些值每天变化不大。

环境温度会影响机组的功率和热耗率，这是其日常运行中的重要参数，图 20-15 中给出了输出功率修正系数随环境温度的变化关系。需要注意的是，这些值都是平均值，每台机组的具体数值都应该从制造商处获取。

由图 20-16 可知，热耗率也会受到环境温度变化的影响。随着温度上升，热耗率也相应提高，因此每天在 24h 内环境温度的变化（30~50℉或−1~10℃）是影响燃气轮机日常运行最显著的因素，从而影响燃气轮机的功率和热耗率。

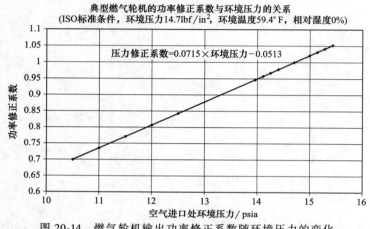

图 20-14 燃气轮机输出功率修正系数随环境压力的变化

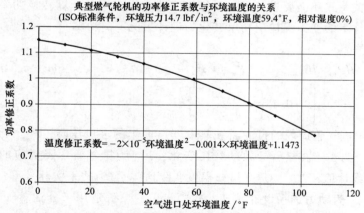

图 20-15 燃气轮机输出功率修正系数随环境温度的变化

空气中包含的水蒸气会影响机组的性能，尽管影响的结果很复杂，但其主要可归为两类：机组进口处工质的凝结以及燃气物性的变化。空气相对湿度与机组进口处的水蒸气凝结程度有关，而绝对湿度或比湿度影响燃气轮机循环的工质物性和部件性能。

湿度对燃气轮机的性能会产生影响，因而在性能的精确测量时需要考虑其影响。湿度的变化确实会对功率和热耗率产生影响，但与温度变化对性能的影响相比，湿度的影响微不足道。图 20-17 中给出了功率修正系数与环境湿度的关系，需要注意的是，这些值都是平均值，每台机组的具体数值都应该从制造商处获取。

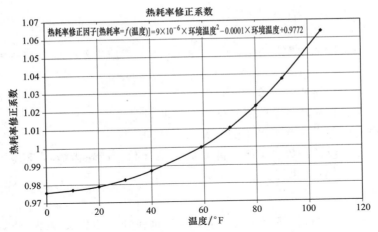

图 20-16　燃气轮机热耗率修正系数与环境温度的关系

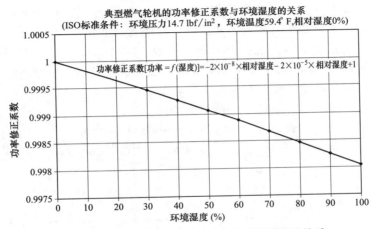

图 20-17　燃气轮机功率修正系数与环境湿度的关系

# 振动测量

## ▶▶转子动力学

高速转子系统的特性对于定义与评估燃气轮机的性能十分重要，供应商应针对每个燃气轮机模块的原型提供阻尼不平衡响应分析。阻尼不平衡响应分析应基于但并不限于如下的机组部件特性：

1. 支撑结构（底座、框架、轴承箱）刚度、质量和阻尼特性，包括转速变化的影响。供应商应给出支撑系统的参数和获得上述数据的依据。

2. 分析中使用到的轴承刚度和阻尼数据，包括这些数据的基础和计算时的假设。

3. 转速，包括各种起动转速、运行转速、临界转速和脱扣转速。起动和惰走条件下所分别采用的排气阀开度，必须全面记录。

4. 转子质量，包括半联轴器的惯性矩、刚度、阻尼效应（如累积的配合公差、阻尼、框架效应）。

5. 对现场配重平衡的转子系统响应。

这些分析应包括下述图表：

1. 通过奈奎斯特和伯德图（Nyquist and Bode chart）给出整个运行范围的频率、相位和振幅。

2. 从零转速到脱扣转速各个临界转速的确定。

3. 从零转速到脱扣转速各个临界转速下振型的确定。

4. 通过表格给出各个频率下可接受的振动水平。

5. 对转子系统，包括级数、每级的静叶数和动叶数、齿轮齿数以及其他影响燃气轮机转子性能的几何组件的详细描述。

### ▶▶ 振动测量要求

振动测量作为燃气轮机性能测试的一部分，应该在轴承处测量峰-峰（pk-pk）振幅，同时利用安装在燃气轮机气缸（机匣）上的加速度计，测量整个转子系统产生的力。建议在燃气轮机气缸（机匣）上至少安装两个加速度计，一个靠近压气机部分，另一个靠近透平部分。透平侧的加速度计必须是高温加速度计。加速度计的单位为 $g$（ft/s$^2$），然而很多用户倾向于使用速度读数（ft/s），或者峰-峰位移读数（mil）。同时，推荐采用快速傅里叶变换分析处理接近式探针和加速度计获得的数据，并监控和记录运行转速 40%～60% 之间的分谐波主频、转速倍频、齿轮啮合频率以及叶片通过频率等。

表 20-3 给出了一些可接受的振动参数限制的推荐值。

**表 20-3 可接受的振动参数限制的推荐值**

| | 转速/(r/min) | 加速度 | 速度/(in/s) | 峰-峰位移/mil |
|---|---|---|---|---|
| 重型燃气轮机 | <10,000<br>(200Hz) | 2.0$g$ | 0.75 | 1.5 |
| 航空改型燃气轮机 | >10,000<br>(200Hz) | 3.0$g$ | 0.75 | 1.0 |

# 排放测量

### ▶▶ 排放

燃气轮机的排放包含了多种温室气体以及如下的颗粒物：

- 二氧化碳（$CO_2$）
- 水蒸气（$H_2O$）
- 氮氧化物（$NO_x$）
- 未燃碳氢化合物（UHC）
- 一氧化碳（CO）
- 颗粒物（PM）
- 硫氧化物（$SO_x$）
- 挥发性有机化合物（VOCs）

燃气轮机排放中产生的污染物浓度水平与很多因素有关，包括压比、温度以及燃烧室滞留时间和浓度。一氧化碳和未燃碳氢化合物在低功率工况下的浓度最高，随着功率的增加，其浓度降低。相反，氮氧化物和烟气在低功率下的浓度很小，但在最高温度和压力时达到最大值。

产生 CO 和 UHC 的主要原因是不完全燃烧。如果主燃区燃料丰富，则大量 CO 会由于缺少氧而未能生成 $CO_2$ 而产生。如果主燃区的混合为理论配比或者相对略微贫燃料，则大量的 CO 会由 $CO_2$ 的分解而再次产生。不完全燃烧可能是由以下一个或多个因素造成的：

- 主燃区的燃烧速率不足（停留时间过短）
- 燃料与空气混合不良
- 火焰的局部低温导致其后的燃烧产物猝熄
- 燃料喷射设计不良
- 燃料雾化不良

在高功率工况下，UHC 和 CO 由于燃料雾化水平的提升而降低，这是由于高温高压提高了主燃区的化学反应速率，如图 20-18 和图 20-19 所示。这些图都表明了 UHC 和 CO 的浓度水平在满负荷时较低，而在空载工况时较高。

为降低 UHC 和 CO 的排放，建议采用如下措施：

- 改善燃料雾化
- 重新组织气流，使主燃区的当量比接近最佳值（0.7）
- 增加主燃区的体积或停留时间
- 减少气膜冷却空气量
- 压缩空气抽气
- 燃料分级

烟气的产生主要源于火焰中的富燃料区域分解的微小碳粒，并且可以在任何混合不充分的燃烧区域内产生，主燃区产生的微小碳粒大部分会在下游的高温区域被消耗。微小碳粒只在火焰中燃料丰富的区域产生，且受到温度、压力、空燃比、燃料与空气的混合水平以及雾化过程的影响。

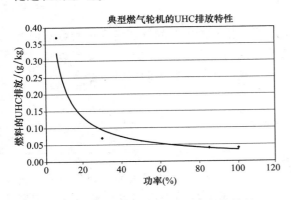

图 20-18 典型燃气轮机的 UHC 排放特性

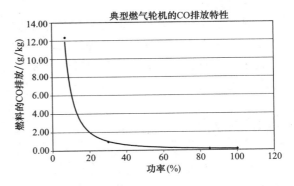

图 20-19 典型燃气轮机的 CO 排放特性

决定烟气形成的主要因素是雾化和燃料与空气的混合，因此采用消除富燃料区域的技术可以减小烟气的产生，但是会对 CO 和 UHC 产生相反的影响。可通过以下几种措施减少烟气排放：

- 注水

- 任何可消除富燃料区域的技术

决定 $NO_x$ 排放的主要因素是透平进口温度。因此，为了降低 $NO_x$ 水平，需要做到以下几点：

1. 较低的反应温度
2. 消除反应区域的局部高温区
3. 更好的壁面冷却技术
4. 较好的燃料喷射技术
5. 注水
6. 烟气再循环
7. 贫燃料主燃区
8. 改变火焰筒几何结构和气流分布
9. 确保燃烧过程远离化学计量比

图 20-20 所示为某典型机组的 $NO_x$ 排放随机组功率变化的曲线。由图可见，$NO_x$ 排放随负荷或透平进口温度的提升而增加。

降低火焰温度和停留时间都会减少 $NO_x$ 的产生，但同时增加了 CO 和 UHC 的产生。因此必须找到折衷的办法使得它们能够同时减小。

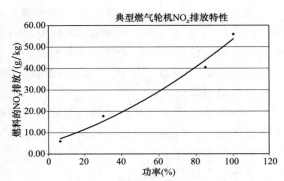

图 20-20　某典型燃气轮机的 $NO_x$ 排放特性

其他提出的以及正在积极研究的方法有：

- 贫油预混预蒸发（DLN 燃烧器）
- 可变几何
- 分级（控制）燃烧，如富燃、快速猝熄、贫燃燃烧室
- 催化燃烧

排放测量应在多种转速工况下在排气管中进行。在任何给定时间，温度和压力数据需要在出口处至少三个不同的位置进行测量。探针需要连接在机组排气口的不同位置，以获取具有代表性的数据，然后可将其与歧管连接，从而可选取打开所需要的阀门，以获取不同的排放和压力数据。

# 电厂损失

电厂损失可分为两大类：不可控损失和可控损失。不可控损失一般由环境条件引起，比如温度、压力、湿度和机组老化等。表 20-4 给出了各种不可控损失可能发生的变化，但需要注意的是，这些只是近似值，并且对每个电厂会有所不同。

表 20-4　不可控损失对功率和热耗率的影响

| 参数 | 参数变化 | 输出功率变化 | 热耗率变化 |
|---|---|---|---|
| 环境温度升高 | $20°F（11°C）$ | $-8.3\%$ | $2.2\%$ |
| 环境压力降低 | $1 lbf/in^2（6.895 kPa）$ 相当于 2,000ft 海拔 | $-7.0\%$ | $-0.0001\%$ |

（续）

| 参数 | 参数变化 | 输出功率变化 | 热耗率变化 |
|---|---|---|---|
| 环境相对湿度增加 | 10% | $-0.0002\%$ | $-0.0005\%$ |
| 过滤器压降 | $1in(25mm)H_2O$ | $-0.5\%$ | $0.3\%$ |
| 透平背压升高 | $1in(25mm)H_2O$ | $-0.25\%$ | $0.08\%$ |
| 机组寿命 | 前10,000h | $-0.34\%/1,000h$ | $0.5\%/1,000h$ |
| 机组寿命 | 10,000h以后 | $-0.03\%/1,000h$ | $0.08\%/1,000h$ |

可控损失是指运行人员在某种程度上可以控制并可采取纠正措施的损失：

1. 进口过滤器压降：可以通过清洗和更换过滤器解决。

2. 压气机结垢：在线水洗可以降低部分压损。

3. 燃料低热值：在很多电厂中，引入的燃料在线分析装置不仅可以监测机组性能，而且可以基于燃料组分和热值，计算燃料成本。

4. 透平背压：在通常情况下，运行人员相对受限，因为他们对下游设计无能为力，除非排气管道中存在可被移除的堵塞物，或者如果管道在某一部分坍塌，则可更换管道。

表20-5给出了典型的联合循环电厂各项可控损失对输出功率和热耗率的影响。发电用燃气轮机在恒定转速下运行，任何转速的微小变化都会给电网带来重大问题。因此，负荷的控制必须通过控制燃料量的输入，进而控制透平进口温度和压气机进口导叶位置来调节空气流量。该方法的作用是将燃气轮机的排气温度保持在相对较高的数值，从而可使燃气排气在余热锅炉中使用，而余热锅炉的有效性也取决于此温度参数。

表20-5 可控损失对机组输出功率和热耗率的影响

| 参数 | 参数变化 | 输出功率变化（%） | 热耗率变化（%） |
|---|---|---|---|
| 压气机结垢 | 2% | $-1.5$ | 0.65 |
| 过滤器压降 | $1in(25mm)H_2O$ | $-0.5$ | $-0.3$ |
| 透平背压升高 | $1in(25mm)H_2O$ | $-0.25$ | 0.08 |
| 燃料低热值 | $-430Btu/lb(-1000kJ/kg)$ | 0.4 | $-1.0$ |
| 功率系数 | $-0.05$ | $-0.14$ | 0.15 |

# 参考文献

ASME, Power Test Code 10 (PTCIO), 1965.

ASME, Performance Test Code on Steam Condensing Apparatus, ASME PTC 12.2, 1983, American Society of Mechanical Engineers, 1983.

ASME, Performance Test Code on Test Uncertainty: Instruments and Apparatus PTC 19.1, 1988.

ASME, Performance Test Code on Gas Turbine Heat Recovery Steam Generators, ASME PTC4.4, 1981, American Society of Mechanical Engineers, Reaffirmed 1992.

ASME, Gas Turbine Fuels B 133.7M Published: 1985 Reaffirmed 1992.

ASME, Performance Test Code on Overall Plant Performance, ASME PTC 46, 1996.

ASME, Performance Test Code on Steam Turbines, ASME PTC 6, 1996.

ASME, Performance Test Code on Atmospheric Water Cooling Equipment PTC 23, 1997.

ASME, Performance Test Code on Gas Turbines, ASME PTC 22, 1997, American Society of Mechanical Engineers, 1997.

Boyce, M. P., Bayley, R. D., Sudhakar, V., and Elchuri, V., "Field Testing of Compressors," Proceedings of the 5th Turbomachinery Symposium, Texas A&M University, pp. 149-160, 1976.

Boyce, M. P., "Performance Monitoring of Large Combined Cycle Power Plants," Proceedings of the ASME 1999 International Joint Power Generation Conference, San Francisco, California. Vol. 2, pp. 183-190, July 1999.

Boyce, M. P., "Performance Characteristics of a Steam Turbine in a Combined Cycle Power Plant," Proceedings of the 6th EPRI Steam Turbine Generator/ Workshop, August 1999.

Canjar, L. N., "There's a Limit to Use of Equations of State," Petroleum Refiner, p. 113, February 1956.

Edmister, W. C., *Applied Hydrocarbon Dynamics*, Vol. 1, Gulf Publishing Co., Houston, Texas, pp. 1-3, 1961.

Gas Producers Association, Table of Physical Constants of Paraffin Hydrocarbons and Other Components of Natural Gas, Standard 2145-94.

Gonzalez, F., Boyce, M. P., "Solutions to Field Problems of a Gas Turbine-Axial-Flow Chemical Process Compressor Train Based on Computer Simulation of the Process," Proceedings of the 28th Turbomachinery Symposium, Texas A&M University, p. 77, 1999.

ISO, Natural Gas—Calculation of Calorific Value, Density and Relative Density International Organization for Standardization ISO 6976-1983 (E).

# 第21章

# 维护技术

## 维护原理

维护，通常被定义为"财产的维护"，是保证电厂正常运行最重要的技术环节之一。叶轮机械的加工制造与维护完全不同，前者要求将设备的不同零部件按照指定的公差进行制造与装配，而后者是指通过一系列智能折衷的合理方法使这些公差得以恢复。维护技术的关键在于使这些折衷的方案保持智能化。

维护并不是一个轻松的过程，但其重要性独一无二。维护的定义随着每个维修主管的不同解释而变化，因此维护过程总是存在争议。维护的范围从维护计划的严格制订、实施、检查、大修，伴随着完整的维护报告和成本核算，再到设备的运行，直至出现某些故障，然后进行必要的维修。

现代叶轮机械的服役时间一般可达 30~40 年，因此，保存基本的维护记录和关键数据对于维护计划的良好实施至关重要。对任何一个维护计划，经济合理性始终是重要的控制因素，而维护过程的差别不大。

良好的运行与维护费用直接相关，并可使维护成本最小化。同样地，通过良好规划的维护方案来进行控制，可以使设备获得更好的运行效果。机械设备运行不合理引起的性能退化或失效可能与实际运行中正常的机械磨损引起的失效相当，甚至更多，因此运行和维护应同步进行。

日常运行中将预防维护、全面质量控制和员工全员参与相结合，形成了一个涉及优化性能、消除故障、促进运行人员自主维护的创新型设备维护系统。这就是中岛诚一（Seiichi Nakajima）提出的"全面生产维护"（TPM）的概念，在其著作《全面生产维护（TPM）介绍》一书中对此有详细的论述，强烈推荐所有参与维护的工作人员阅读此书。

基于所有设备的生命周期成本，引入一个新的系统。该系统特别适用于大型发电厂，它基于全面状态监测和全面生产维护的原则，称为"基于性能的全面生产维护系统"。

一般的维护系统是分散的，并且可以被划分为若干种不同概念的维护。以下给出了大型发电厂、石油化工企业和其他过程工业最终维护系统的五个维护原则。

1. 基于故障的应急维护。

2. 预防性维护。

3. 基于性能的维护。

4. 性能生产维护。

5. 基于性能的全面生产维护（Performance-based Total Productive Maintenance，PTPM）。

基于性能的全面生产维护由以下几大要素构成：

1. 基于性能的全面生产维护目标旨在最大限度地提高机组效率和大修间隔时间（总性能有效性）。

2. 基于性能的全面生产维护旨在最大程度地提高机组效能（总效能）；

3. 基于性能的全面生产维护为机组的整个使用寿命历程建立了一套完整的生产维护（PM）系统。

4. 基于性能的全面生产维护由多个部门（工程、运行、维护）实施。

5. 基于性能的全面生产维护涉及每一个员工，从高层管理者到基层一线工人。

6. 基于性能的全面生产维护在于通过激励管理机制，即自主小组活动，来促进生产维护（PM）的发展。

"基于性能的全面生产维护"中"全面"一词在描述PTPM的主要特征时有四重含义：

1. 全面总性能有效性表明PTPM追求最大的电厂效率和最短的停机时间。

2. 全面总性能有效性表明PTPM追求经济效率或盈利能力。

3. 全面维护系统包括维护预防（MP）、可维护性改进（MI）以及预防性维护。

4. 所有员工全面参与，包括运营人员通过小组活动进行的自主维护。

表21-1给出了不同维护系统的维护效益。

表 21-1　不同维护系统的维护效益

|  | 基于性能的全面生产维护 | 性能生产维护 | 基于性能的维护 | 预防性维护 | 应急维护 |
|---|---|---|---|---|---|
| 经济效益 | 是 | 是 | 是 | 是 | 否 |
| 经济和时间效益 | 是 | 是 | 是 | 否 | 否 |
| 总的系统效益 | 是 | 是 | 否 | 否 | 否 |
| 运行者主动维护 | 是 | 否 | 否 | 否 | 否 |

基于性能的全面生产维护消除了以下七大损失。

停机时间：

1. 时间损失——仅基于时间间隔的不必要的大修。

2. 设备故障——由故障引起。

3. 时间损失——由于备用部件不合适或备用件不足。

4. 空载或短时间停机——由于传感器或其他防护装置运行不正常。

5. 功率下降——由于设计工况和实际运行工况的差异。

缺陷：

1. 工艺缺陷——由于不合适的工艺条件而导致不符合机械设计要求。

2. 产出减少——从机组起动至稳定运行期间，由于机组无法在适当的设计工况下运行。

## ▶▶ 设备效率和效能最大化

高的设备效率和可用性可以通过维护设备的安全运行来获得。同时全面性能工况监测可以为潜在的故障和性能退化提供早期预警，因此其在设备效率和效能最大化中占有重要位置，图21-1给出了全面性能状态监测系统的概念。

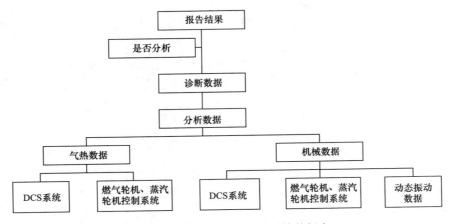

图 21-1 全面性能状态监测系统的概念

单纯的预防性维护不能消除故障。故障的发生由设计和/或制造误差、运行不当以及各种部件磨损等多种因素综合作用引起。因此，仅靠定期更换部件不能解决问题，某些情况下甚至可能增加问题的复杂性。某大型核电厂的调查研究表明：约35%的故障发生在更换部件后的一个月之内。图21-2所示为叶轮机械主要部件的生命周期特征。

任何良好的维护计划的目标就是"零故障"，为实现这个目标，可采取以下五个维护策略：

1. 保证良好的基本条件（清洁、润滑和螺栓联接）。

2. 遵循合理的运行步骤。

3. 监测全面状态（基于性能、机械和诊断）。

4. 改善设计缺陷。

5. 提高运行和维护技术。

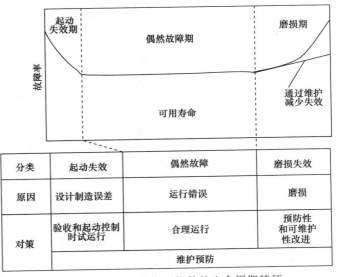

图 21-2 叶轮机械主要部件的生命周期特征

基于上述五个维护策略相互关系的故障解决策略如图21-3所示。

运行和维护部门之间的责任关系如图21-4所示。生产运行部门最主要的职责是建立和规范正常运行的基本条件，维护部门的主要职责是改善设计缺陷，其他任务由这两个部门共同承担。

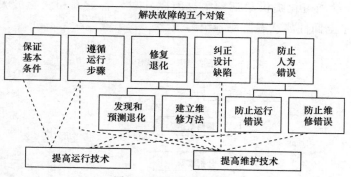

图 21-3　故障解决策略

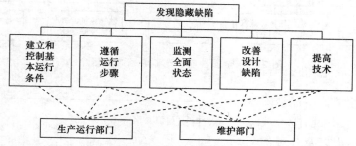

图 21-4　生产运行部门和维护部门之间的责任关系

全面生产维护的成功实施需要：

1. 消除七大损失，以提高设备效能。

2. 具有全面状态监测的自主维护计划。

3. 维护部门预定的维护计划。

4. 提高运行和维护人员的技能。

5. 初始设备管理计划。

### ▶▶ 基于性能的全面生产维护计划的组织结构

通常，PTPM 在一个大型电站的成功实施需要三年时间，实施要求：

1. 改变员工的态度。

2. 加强对员工的激励。

3. 提高员工的能力。

4. 改善工作环境。

发展基于性能的全面生产维护计划的四个主要层面是：

1. PTPM 计划的准备。

2. 初步实施。

3. PTPM 实施。

4. 计划的稳定。

### ▶▶ 基于性能的全面生产维护的实施

PTPM 计划的实施涉及多个步骤。

1. 宣布 PTPM 计划实施决定：最高管理层必须正式介绍 PTPM 计划的概念、目标和效益，务必让各层组织清楚了解管理层承担的义务和做出的承诺。

2. 开展培训活动：必须进行 PTPM 理论的培训和推广，这有助于减小改革过程中的阻力，而这些培训应该涵盖 PTPM 将会为公司和个人带来的效益等内容。

3. 建立 PTPM 促进组织：PTPM 促进组织基于一个组织结构矩阵。显然最佳组织结构将会随着组织变化而变化。

对于大型企业，还需要成立 PTPM 促进总部并配备专职人员，因此任何问题都可以在企业层面上解决。

4. 制订 PTPM 的基本目标：通过提出格言和口号可以做到这一点，所有目标必须是可量化的并精确指定：

a. 目标（什么）。

b. 数量（多少）。

c. 时间（何时）。

5. 制定 PTPM 总体规划：必须创建总体规划，必须设计全面状态监测设备并购买设备。

6. 启动 PTPM：这是开始的关键阶段，此时全体员工都必须开始参与其中。

7. 提高设备效益：这需要从电厂机械设备的详细设计审查开始，电厂性能分析可以指出存在问题的特定区域（即电厂区域），必须找出并关注这些区域，建立项目团队并分配至每一环节中。分析过程应按以下步骤进行：

a. 定义问题：仔细检查问题（损失），将其特征、状态、受影响的部件以及设备与已有的类似案例进行比较。

b. 对问题进行物理分析：物理分析有利于说明模糊不清的细节和后果，所有的损失都可以通过简单的物理定律进行解释。例如，如果在某一过程中频繁出现刮痕，则应怀疑两个部件之间是否存在摩擦或接触（对这两个部件而言，划痕将会出现在阻力较小的部件上）。因此，通过检查接触点，就可以揭示出问题发生的具体位置和促成因素。

c. 孤立每一个可能导致问题的条件：故障产生的物理分析可以揭示导致其发生的原因，并找出故障发生的条件。这个过程中必须探寻所有可能的诱因。

d. 评估设备、材料和方法：考虑与所涉及的设备、夹具、工具、材料及运行工况等相关的每个条件，起草一份运行条件影响因素清单。

e. 计划调查：仔细规划每个因素的调查范围和方向，确定测量内容以及测量方法，并选定测量基准面。

f. 调查故障：必须彻底检查步骤 e 中计划的所有项目，记住需要实现的最佳工况以及轻微缺陷的影响。避免采用传统的因素分析方法，不要忽略可能被视为无害的故障。

g. 制订改进计划：确定可以对给定部件进行重新设计的顾问，与制造商讨论所制订的计划。

8. 为运行人员建立自主维护计划：这是针对经典的"运行"与"维护"之争。运行人员必须确信他们应该维护自己的设备，例如，必须让运行人员理解并按照在线性能监测系统给出的报告执行相应操作。

9. 设置定期维护计划：维护部门制订的定期维护必须与电厂运行人员的自主维护平稳协调，这可以通过多次的会议和电厂审核来完成。在大多数电厂中，运行人员和维护人员之间存在着不言而喻的矛盾，这是由于他们错误地认为彼此之间存在相互冲突的目标。理念要使这两组人员协调统一起来，PTPM 将有很长的路要走。

10. 培训并提高运行和维护技能。这是 PTPM 的关键部分。必须进行先进维护技术、工具和维护方法的持续培训，这主要涉及以下方面：

    a. 轴承和密封。

    b. 对中。

    c. 平衡。

    d. 振动。

    e. 故障排除。

    f. 故障分析。

    g. 焊接工艺。

    h. 检查程序。

    i. 无损检测（NDT）。

11. 设备管理计划。启动问题、解决方案和设计变更应清楚记录在案，并用于制定良好的设备管理计划。应考虑所有可能降低生命周期成本（LCC）的项目，包括：

    a. 评估设备投资阶段的经济性。

    b. 考虑预防维护（MP）或免维护设计以及生命周期成本的经济性。

    c. 有效使用积累的维护预防（MP）数据。

    d. 调试控制活动。

    e. 尽最大努力提高可靠性和可维护性。

12. PTPM 的最终实施。这一阶段包括完善 PTPM 和制定满足特定企业需求的新目标。

▶▶ **维护部门需求**

为了保证 PTPM 计划的成功实施，维护部门必须配备齐全并对员工进行培训。以下八个基础要点是 PTPM 维护部门正常运作的先决条件：

1. 员工培训。

2. 工具和设备。

3. 工况和寿命评估。

4. 备件库存。

5. 重新设计以获得更高的机械可靠性。

6. 维护计划。

7. 维护沟通。

8. 检查。

# 员工培训

培训是维护部门的中心主题。机械技师手持圆头锤、螺丝刀和月牙调扳手的日子已经一去不复返了。机械技师必须配备越来越多的、复杂的维护工具，并且必须通过系统培训使他们能够合理使用这些工具。

员工必须通过培训、激励和指导，以便获得经验并成长为技术娴熟的技术人员，而不是成为机械技师。尽管良好的培训费用昂贵，但是其收益远大于投入。机械设备变得越来越复杂，设备的维护需要涉及更多领域的知识。在复杂设备维护需求下，旧的传统工艺路线必须放弃，为达到这一点，维护工程师必须共同努力。

## ▶▶员工类型

### 维护工程师

在大多数电厂中，维护工程师是接受过叶轮机械领域知识培训的机械工程师。他们的任务是将学到的知识转换成实际的维护解决方案，因此必须精通多个领域，例如性能分析、转子动力学、冶金学、润滑系统和一般的车间实践等。必须合理安排培训，使他们能够逐步掌握这些不同领域的知识。维护工程师的培训内容必须实践与理论相结合，他们应精通各种ASME 电厂测试标准。表 21-2 列出了燃气轮机、发电厂的一些使用标准。同时也应鼓励他们参加各种机械设备用户的专题研讨会，通过讨论找到某个问题的解决方案并不罕见。

**表 21-2　燃气轮机、发电的部分使用标准**

1. 电厂总体性能测试标准, ASME PTC 46, 1996
2. 性能试验不确定性测试标准: 仪器和装置, ASME PTC 19.1, 1988
3. 燃气轮机性能测试标准, ASME PTC 22, 1997
4. 燃气轮机余热锅炉性能测试标准, ASME PTC 4.4, 1981, 1992 修订
5. 燃气轮机燃料, ASME B 133.7M, 1985, 1992 修订
6. 天然气-热值、密度和相对密度计算, ISO 6976—1983(E)

### 领班和机械师班长

这些员工是良好维护计划实施的关键，应经常送到培训学校，以强化他们的知识水平。某些电厂设有一个领班作为"内部服务人员"，他们不需要监督员工，而是担任维护工作的内部顾问。

### 机械师或技工

应鼓励机械师学习电厂维护车间的大部分机械设备。不同工作岗位的轮换有助于促进学习和提升，从而使他们如同熟悉小型泵一样熟悉大型压气机。应鼓励机械师学习平衡操作，并参与实际问题的解决。

分享最困难的工作，可以培养出更有能力的员工，这是 PTPM 计划的基础。只让员工参与一种工作虽然可以使他们成为这个领域的专家，但同时其好奇心、主动性、主要动机最终会消失。

## ▶▶培训类型

### 知识更新培训

知识更新培训必须针对所有维护人员强制实施，这样他们才能及时了解所从事的高技术行业的发展趋势。安排员工到制造商的培训机构进行培训，反过来，也应该鼓励培训机构普及一些基础的机械知识以及其所生产设备的相关知识。工厂内部员工和顾问应该组织内部研讨会，同时工程师也需要安排到不同的学校学习，以接触最新的技术知识。

记录工作经验和特别维护技术的内部网站应定期更新，并使其对整个公司尤其是维护和运行人员开放。这些网站应包含大量图示，简洁且重点明确。

工作场所附近应设立小型图书室，存放现场图纸、设备运行历史记录、资料编目、API 规范以及其他维护领域的相关文献资料。图样和手册应该尽快转成电子数据。运行和维护区的计算机应该联网，因为很多制造商会在其网站上公布有用的运行和维护信息。表 21-3 给出了机械设备管理的 API 规范。

表 21-3　机械设备管理的 API 规范

ASME 燃气轮机基础 B133.2,1977,1997 修订

ASME 燃气轮机控制和保护系统 B133.4,1978,1997 修订

ASME 燃气轮机装置的噪声排放 B133.8,1977,1989 修订

ASME 固定式燃气轮机废气排放测量 B133.9,1994

ASME 燃气轮机电力设备采购标准 B133.5,1978,1997 修订

ASME 燃气轮机辅助设备采购标准 B133.3,1981,1994 修订

ANSI/API 标准 610 用于石油、重型化学和气体工业的离心泵，第 8 版,1995 年 8 月

API 标准 613,用于石油、化学和气体工业的特殊用途齿轮装置,第 4 版,1995 年 6 月

API 标准 614,用于石油、化学和气体工业的润滑、轴封、控制油系统以及辅机,第 4 版,1999 年 4 月

API 标准 616,用于石油、化学和气体工业的燃气轮机,第 4 版,1998 年 8 月

API 标准 617,用于石油、化学和气体工业的离心式压缩机,第 6 版,1995 年 2 月

API 标准 618,用于石油、化学和气体工业的往复式压缩机,第 4 版,1995 年 6 月

API 标准 619,用于石油、化学和气体工业的旋转型容积式压缩机,第 3 版,1997 年 6 月

ANSI/API 标准 617,振动、轴向位置和轴承温度监测系统,第 3 版,1993 年 11 月

API 标准 671,用于石油、化学和气体工业的特殊用途联轴器,第 3 版,1998 年 10 月

　　制造商提供的说明书内容往往不够充分，需要进行补充，因此通常会对机械密封、立式泵、热铸设备以及燃气轮机、蒸汽轮机等机械设备的维护手册进行改写。燃气轮机大修手册在转换成 CD 时应该包含的内容有：（1）制造商培训机构给出的大修步骤及详细说明；（2）不同类型燃气轮机、蒸汽轮机大修步骤的数百张照片及说明；（3）维修步骤顺序的流程说明图；（4）典型历史案例。

　　CD 中的详细图纸是为了帮助维护而开发的，例如接触密封组件的装配，由于原始设备制造商（OEM）提供的原始图样是典型的无尺寸图样，不足以用来指导正确安装压气机密封结构。应该开发绘制很多其他装配图样，以促进全面维护工作。正在开发有关密封、轴承和转子动力学等录像程序，这对于大多数企业维护计划来说将是一笔巨大的财富。

实践培训

　　应该鼓励维护小组的工程师收集相关的机械振动和气热性能数据，并对机组设备进行分析。表 21-2 列出了控制所有类型电厂和其他关键设备的 ASME 性能规范。应鼓励他们在各种维护计划中密切合作并相互轮转，以便他们熟悉机械设备。同时，安排他们参加能够获得实践经验的特别培训和研讨活动。

　　机械师在完成基本的培训任务后，应该继续接受在职培训以增加工作经验，对他们的技能进行测试，并鼓励他们承担不同的维修任务。

　　为了提高内部员工的技能，应该尽可能多地让电厂员工参加维修工作。鼓励机械师参与解决疑难问题的过程通常会促使他们自己去寻求信息。在车间中应当经常参考 API 和 ASME 标准。现代的机械师和技工必须能熟练运用计算机，同时也需对他们进行网络、文字处理和电子数据表等方面操作技能的培训。

机械师基础培训

大部分基础培训可以通过电厂内部员工来进行。机械师的培训计划必须内容详实且细心定制，以满足不同电厂的特殊需求，培训必须精心安排和管理，以满足电厂中不同机械设备的需要。

很多电厂安排有全日制培训计划以及在这个基础层面进行培训的专门人员。应该在最开始就应该向年轻机械师灌输良好的维护技能知识，应该让他们意识到在重新装配之前和之后应该仔细检查并记录所有的间隙数据。机械师应该学习在操作仪器、放置和拆卸密封及轴承时的注意事项，同时也必须开展主要叶轮机械原理基础课程方面的培训，只有这样他们才能够对这些机械设备的功能及运行等方面有基本的了解。年轻的机械师还应该学习与机械相关的基础课程，例如：

1. 反向对中指示器使用
2. 燃气轮机和蒸汽轮机大修
3. 压气机大修
4. 机械密封维护
5. 轴承维护
6. 润滑油系统维护
7. 单面平衡

# 工具和车间设备

电厂必须给机械师配备合适的工具，以方便工作。为了保证正确的拆卸与重新安装，不同的机器需要很多专用的工具。扭矩扳手应该是这些工具以及词汇表中的不可或缺的一部分。

在高压高速机械中，"徒手拧紧"和"手动拧紧"的概念已不再适用。某制氧机发生大爆炸并导致人员伤亡的原因就是不合理的拧紧力矩导致的气体泄漏。好的千分表和特殊夹具在读取反向指示刻度盘数据时是非常必要的，这些夹具必须针对不同压气机和透平特别设计制造。同时，特殊的齿轮拉拔器也往往是必需的。

在装配和拆卸车间必须备有轮盘加热设备，一般情况下可通过特别设计的气环炉实现。

维护车间应该备有传统的卧式和立式车床、铣床、钻床、插床、钻孔机、磨床和良好的动平衡机。动平衡机可以在很短时间内实现快速周转和精确的动态平衡。需要发展用于将大型高速压气机和透平连接为一体的齿轮式联轴器的动平衡测试技术，这可以解决很多与振动相关的问题。高速联轴器需要定期进行动平衡测试。

通过动态平衡大多数零部件，即使在较小的设备上，也会大大提高密封和轴承的寿命。对于泵的叶轮来说，只进行静平衡是远远不够的，需要进行动态平衡。立式泵必须进行动平衡测试，因为其细长轴很容易遭受不平衡引起的振动的影响。

转子的安装和拆卸必须在清洁的区域进行。车间必须备有支撑转子的脚架或其他夹持设备。转子应放在轴颈上，轴承轴颈必须采用软包装或其他材料进行保护，以避免轴颈受到任何损坏。为了保证均匀收缩，车间应该备有加热和/或冷却设备。同时，车间应该备有用于转子测试的特殊固定装置，这在轮盘摆动、轮盘圆度以及轴挠度的检测中将会非常有用。转子长期存放时，应该将其竖立放置在温度可控的车间内。

▶▶**备件库存**

备件问题是设备维护业务中的固有问题。备件购买、运输产生的高额成本以及某些情况下质量不达标等问题是维护领域工作人员每天必须面对的问题。一个大型电厂或者冶炼厂的备件成本可高达数百万美元。

大型电厂的备件库存量可能超过 20,000 件，包括 100 多个完整的转子系统。备件领域正在快速变化并且更加复杂。因此，在给定区域聚集在一起的若干个电厂可形成共用的"备件库"。

很多设备的部件是由不同供应商提供的零件组合而成的，通常将组装厂家视为产品供应源，但是很多供应商拒绝替换不是他们直接生产的零件。越来越多的专业公司开始进入备件行业领域，有的厂家直接向原始设备制造商（OEM）提供部件，转售他们自己品牌的设备部件。其他一些厂家直接向终端用户提供部件，终端用户必须为尽可能多的部件发展多种供货源。

垫圈、透平石墨密封组件和机械密封部件可以从当地供应商处购买，轴、套筒和铸造件也可以从当地供应商处购买。轴、套筒以及叶轮的铸造件等，可以越来越多地由专业供应商提供。所有这些竞争导致原始设备制造商（OEM）不得不改变他们的备件系统，以完善服务、降低价格，这是值得备件购买者高兴的事情。原始设备制造商和一些专业公司在备件质量控制方面还需要做出很多努力。反过来，这也使得很多电厂都有内部质量控制人员对所有购进的备件进行检查，强烈推荐采取这种方式。

▶▶**状态和寿命评估**

状态和寿命评估对于所有电厂来说都是非常重要的，尤其是对于联合循环电厂。一个电厂，最重要的两个方面是高可用性和可靠性，它们在某些情况下甚至比更高的效率更重要。

▶▶**可用性和可靠性**

燃气轮机的可用性是指在任何给定的周期和可接受的负荷范围内，机组可以用于发电的时间百分比。可接受的负荷或者净输出功率是指燃气轮机在电厂验收进行性能测试评估时所给出的设计工况或参考工况下的净发电能力。燃气轮机发出的实际功率将校正到设计工况或参考工况，并且是燃气轮机的净输出功率。因此，有必要计算有效的强制停机时间，该时间基于电厂无法提供所需功率时在给定时间间隔内电厂可以产生的最大负荷。有效强制停机时间采用下式计算：

$$\text{EFH} = \text{HO}\,\frac{P_d - P_a}{P_d} \qquad (21\text{-}1)$$

式中，$P_d$ 是校正到设计或参考工况的功率，该物理量必须等于或小于燃气轮机测量并校正到设计或验收测试的参考工况时的载荷；$P_a$ 是校正到设计或参考工况下的验收测试实际最大输出功率；HO 是折算运行时间。

燃气轮机的可用性可以由考虑强迫和计划停机以及有效强制停机时间的关系式计算，即

$$A = \frac{\text{PT} - \text{PM} - \text{FO} - \text{EFH}}{\text{PT}} \qquad (21\text{-}2)$$

式中，PT 为时间周期（8,760h/年）；PM 为计划维护小时数；FO 为强制停机小时数，EFH

为当量强制停机小时数。

燃气轮机可靠性是两次计划大修之间时间的百分比，定义为

$$R = \frac{PT - FO - EFH}{PT} \tag{21-3}$$

可用性和可靠性对电厂经济性具有非常重要的影响。可靠性至关重要，其本质是当需要发电的时候它必须能够正常运行。当电力不可用时，必须发电或买电以满足用电需求，这对于电厂的运行来说费用会很高。计划停机要安排在非用电高峰期，因为高峰期是电厂获得大部分收入的时间，通常情况下根据需求的不同对售电进行不同等级的定价。很多电力购买协议都包含有按电量支付的条款，从而使电厂可用性对电厂的经济性有决定性影响。电厂可用性下降1%可使一个装机容量为100MW的电厂的收入损失500,000美元/年。

电厂的可靠性取决于很多因素，例如：燃料类型、预防性维护计划、运行模式、控制系统以及透平进口温度等。影响燃气轮机的另一个重要因素是起动可靠性（SR），该可靠性指标可以用起动成功次数来衡量，具体关系式如下：

$$SR = \frac{起动成功次数}{起动成功次数 + 起动失败次数} \tag{21-4}$$

保险行业关注的是设备故障的风险。对于先进燃气轮机来说，故障的频率以及严重性是风险的主要考虑因素。从工程角度来看，风险更准确的定义为

$$风险 = 故障可能性 \times 故障后果 \tag{21-5}$$

式中，故障后果包括维修或更换配件的成本，以及由于排除故障造成的停机时间内产生的收入损失。

降低故障可能性和/或后果的措施应趋向于降低风险并通常可以提高可保性。由于先进燃气轮机投保的高风险性，如何证明成功运行对于承保过程非常重要。

新技术的运用、更高的压比和更高的透平进口温度使大型燃气轮机的单机功率达到近300MW，效率达到45%左右。对于技术成熟、单机容量低于100MW的燃气轮机来说，其可用性系数为94%~97%，而超过100MW的更大型燃气轮机的可用性系数在85%~89%。如果单机输出功率增加一倍，则可用性系数从95%下降到85%。这对于所有制造商来说，可用性系数下降了7~10个百分点，其部分原因是更大的机组需要更长的维修时间，且大型机组采用了更高的温度和压力。

机组功率和复杂性的增加以及更高的透平进口温度和压比使燃气轮机总效率逐渐增加。在很多情况下，效率增加7%~10%可使燃气轮机可用性下降同样的百分比甚至更多，如图21-5所示。如前所述，对于一个100MW的电厂，可用性下降1%会使电厂收入下降500,000美元/年，因此在很多情况下会抵消了效率提升所获得的收益。

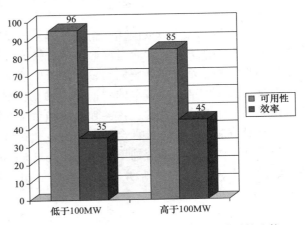

图21-5　重型燃气轮机效率和可用性关系的比较

### ▶▶更高的可靠性

机组的低可靠性会导致高维护成本。与高维护成本相比，低可靠性通常是更大的经济因素。在很多大型电厂、精炼厂以及石化企业中，大约有1/3的故障来自于机组机械故障，因此有必要对机组的某些部件重新设计，以提高其可靠性。

某个大型精炼厂的一个维护实例是采用最先进的电子产品和"插件"概念来替换燃气轮机控制系统，以便于维护。这些维护程序的安装获得了成功运用，使设备维护得到最大程度的简化，且通常可在运行过程中完成。另外一个改进设计是所有轴颈轴承采用可倾瓦滑动轴承替换。

而且，新的控制系统使燃气轮机性能、转速控制和灵活性得到了很大提升。原始设计得到了补充，新增了一个独立的报警系统、一个半自动起动系统、一个完整的切断保护系统以及一个电子控制系统，该系统的成本远低于原始设备制造商在新设备机组上提供的类似系统的成本。

燃气轮机寿命主要受到燃烧室火焰筒、透平第一级导叶和第一级动叶寿命的限制，具体如图21-6所示。干式低$NO_x$燃烧室对联合循环电厂，尤其是双燃料联合循环电厂的可用性有很大的负面影响。其中，回火问题是一个非常严重的破坏，因为它将会使燃料在燃烧室预混区燃烧，从而导致预混管烧毁并失效。这些预混管同时也非常容易受到共振的影响。

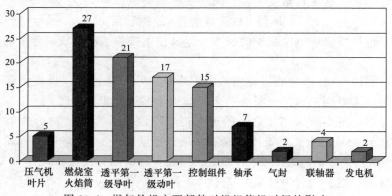

图21-6　燃气轮机主要部件对机组停机时间的影响

轴承故障是叶轮机械故障的一个主要原因，目前在工业应用中，越来越多的场合将不同类型的圆柱型和压力坝巴氏合金向心轴承替换成可倾瓦滑动轴承。在大多数情况下，这提供了更好的稳定性，消除了油膜涡动，并且对中不良时影响很小。

在推力轴承方面，将简单的斜面推力轴承换成带调平连杆的（金斯伯里型）可倾瓦推力轴承是另一个共同的变化。这类轴承能够吸收突发的载荷激增以及液体撞击。许多电厂机组用户已经将非主动推力轴承全部替换为可承受相同载荷的主动推力轴承。对于旧式燃气轮机来说，传统的非主动推力轴承的承载能力只有主动推力轴承的1/3。随着机组的老化，气体泄漏量增大，推力轴承所承受的推力也会相应地增加，最终会导致非主动推力轴承的故障。

大部分的发电厂都在尝试将他们多数机组设备上的大型径向轴承和推力轴承更换为可倾瓦轴承。

与此同时巴氏合金的材料也在发生变化。有的已经从更普遍应用的钢基巴氏合金轴承变为铜合金的巴氏合金瓦轴承，后者的散热速度更快，因此承载能力更高。在一些案例中，更换后轴承的承载能力可以提高 50%～100%。现在一些设备制造商也向用户提供升级其原有机组轴承成套部件的服务。

目前已经有很多的透平叶片设计致力于提高效率和增加阻尼，有些设计能够在提高效率 8%～10%的情况下不增加叶片失效。有些燃气轮机已经采用注蒸汽的方法来提高效率和增加功率。重新设计各种抽气端口减小了压气机叶尖的失速和失速诱发的叶片故障。

随着设计水平不断提高，如今的机组不再仅仅限于"简单的修复"了，这也是在现场进行大量重新设计的主要原因之一。对于维修工程师来讲也不再单单是维修，在许多情况下还需要改良设计。总之，需要对机组进行持续不断的改进升级，才能实现对现代燃气轮机所期望的长期高效运行。

# 燃气轮机起动

燃气轮机运行期间遇到的诸多问题都可追溯到不当的起动程序。建议在燃气轮机起动过程中应该获得良好的基准数据，下面是起动过程中应该遵循的一些准则：

1. 起动之前，熟悉燃气轮机及其驱动设备。如果燃气轮机是发电机组，那么其将以恒定速度运行；如果用于机械驱动，那么其将在很大的转速范围内运行。以下是一些应该考虑的关键运行参数：

a. 燃气轮机的运行转速——若燃气轮机有多根轴，则是所有轴的运行转速。

b. 被驱动装置（压气机、泵）的运行转速。

c. 燃气轮机的临界转速。

d. 被驱动装置的临界转速。

e. 燃气轮机的工作温度和压力。

f. 被驱动装置的工作温度和压力；被驱动压气机的压力及喘振流量。

g. 对于多轴燃气轮机，动力透平开始旋转时燃气发生器透平的转速。

h. 所有振动监测系统正常运行时的警报和危险限制。

i. 确保盘车装备可正常运行。

j. 根据各个轴承座的膨胀，确保内部和外部准确对中。

2. 为保证燃气轮机轴没有弯曲，需要采取以下措施：

a. 慢转一段时间（1.5～3h，视该类燃气轮机的运行经验而定），以减轻转子弯曲且使系统充分预热

b. 以低于 800r/min 的转速慢转，并记录合适的慢转数据：

ⅰ. 间隙电压。

ⅱ. 探针识别。

ⅲ. 总电气与机械跳动。

ⅳ. 键的相互关系。

ⅴ. 以密耳为单位的振动值、位移、速度和加速度。

ⅵ. 观察所有仪器、仪表、观察窗口、油温、排气温度、平衡线压力和表面冷凝器温度等。

3. 使机组通过第一临界转速点，观察机组性能 15min。一种好的做法是用快速傅里叶变

换（FFT）信号分析仪来分析机组起动数据，这些数据应该储存并充分分析以备参考。

4. 使机器运行于第一临界点和最小限速器之间的中间位置，观察机组性能 15min。

5. 快速将调速器调到最小，以确保转子尽可能轻松地通过其他临界转速点。

6. 在最小限速器时，必须记录另一组振动数据。

7. 应同时监测滑动轴承和推力轴承的温度。

8. 应采集油样以确保油样中不存在金属元素。

9. 必须检查并确保辅助油泵正常工作，检查直流泵并确保控制系统在直流泵不工作时系统绝不运行。

10. 必须对油系统进行控制，使油在停机之后流经燃气轮机至少 20~30min，因为大多情况下停机后，最高温度在 15~20min 后达到。

11. 对于干式低 $NO_x$（DLN）燃烧系统，燃烧室需要进行调控。在多种情况下，调控设备包含了一个分析动态压力传感器的 FFT 信号分析仪，该动态压力传感器用来测量燃烧压力脉动，调控设备在起动后被移除，但是建议在运行过程中保留此设备，以作为另一种保护设备。

12. 应检查燃料系统以确保系统中没有任何液体且燃料压力保持恒定。

13. 应记录 $NO_x$ 的排放数据；$NO_x$ 排放量的增加表示燃烧系统可能存在问题。

14. 应测量并记录轮盘间的温度数据，这些温度在给定功率级别下应保持恒定。

15. 应记录排气温度。采用至少 10 个排气温度探针以确保燃烧均匀。对于天然气系统来说，最高和最低温之差不应超过 60~80℉（37~50℃），而对液体燃料系统，该值不能超过 90~110℉（57~69℃）。相邻的排气温度变化不应超过 25~35℉（16~22℃）。过大的温度变化表明燃烧系统存在问题。

16. 应记录燃气轮机压气机压比和出口温度。

17. 应记录燃气轮机功率和随功率变化的热耗率。

18. 数据应记录在 DCS 系统中，并储存以供将来参考。应注意不要覆盖起动数据。

以上是应该仔细监控的一些要点，以确保系统安全运行。

# 以更高机组可靠性为目标的再设计

▶▶**先进燃气轮机**

新型燃气轮机的研发推动了包括高压（达 588lbf/in$^2$，40bar）、高温（达 2,700℉，1,482℃），低 $NO_x$ 燃烧系统（低于 $9×10^{-6}$）及材料（单晶叶片）在内的各个方面的技术进步。先进燃气轮机及其技术优势是很容易量化评价的，即用更少的燃料产生更多的电力，获得更高的联合循环效率，并且显著降低了排放水平。由于高压比（电厂重型机组达 30，航空发动机达 40）和高燃烧温度（2,700℉，1,482℃），先进燃气轮机的效率达到了 40%~45%。然而，由于运行过程中容易发生以下问题，使得先进燃气轮机的优势不再那么显著：

- 可用性低（降低 10%）
- 喷嘴和叶片寿命较短（平均 15,000h）
- 性能退化率较高（运行第一个 10,000h 达 5%~7%）
- 低 $NO_x$ 燃烧室运行不稳定

用户普遍表示对燃气轮机的效率很满意，但同时也希望燃气轮机在整体运行和维护上有所改进。对用户的调查表明，以下是用户关于燃气轮机运行中主要关心的问题：

- 可用性和可靠性较低
- 单晶叶片的修复
- 低 $NO_x$ 燃烧室的稳定性
- 压气机的喘振以及叶尖摩擦过度
- 轴承和密封问题

从可用性和可靠性的角度来看，当今新型燃气轮机有一个显著的缺点。与早先的燃气轮机相比，新型先进燃气轮机的进口温度更高、体积更大、流量更大（空气流和燃料流）更大、负荷更高（压比和膨胀比更高、叶片数更少、直径更大）。这些燃气轮机的大尺寸是导致可用性和可靠性降低的内在成因，因为进行各种检查和大修要花费更长的时间。

新型先进燃气轮机在更高的压比下运行（高达 30），这使得其工作范围（喘振-阻塞）很窄，因此叶片上存在任何的沉积物都会导致压气机性能降低甚至发生喘振。压气机机匣与叶片的间隙极小，有时导致两者之间发生严重的摩擦。

新型先进燃气轮机提高了运行温度的极限，为了同时满足燃气轮机性能、排放及寿命的要求，获得高效率所需要的技术（设计、材料和涂层）更加复杂。

使用这些技术的设计空间有不断减小或根本不可实现的趋势。虽然分析模型可以对新设计进行评估，但是对其进行全面试验验证是必不可少的。同样，现在使用的材料要么是相对较新，要么达到了新的温度极限，这就导致了透平喷嘴叶片和动叶的耐高温问题，降低了这些部件的寿命。

这些新型设计还没有可靠性记录。虽然部件试验台（模化试验或分段试验）可能有助于验证某些部件的性能，但是机组第一次达到设计工况是在用户的电厂中。在所有的主要设计问题都被识别并改进前，本质上这些机组在运行的前三年基本上都被认为是原型或是未被验证的设计。在短期现场运行之后，先进燃气轮机喷嘴叶片和动叶的过热点的位置会确定下来，此时大多数叶片都要据此重新设计。

由于先进燃气轮机设计的复杂性，尺寸的增大以及流量的提高，其制造成本以及用户的后期成本也会增加。燃气轮机的运行变得更为复杂且需要计算机来控制，因此需要电厂配备新的和具有不同领域技能的工作人员。

#### ▶▶轴流式压气机

先进燃气轮机中的高压比轴流式压气机往往是多级压气机（17～22 级）。压气机级数越多，其喘振区和阻塞区之间的运行裕度也就越小（2.5%～3.5%，而先前的型号为 4%～5%）。

压气机的发展趋势是：叶片更少（第一级叶片数 30～35，以前是 40）、更薄（厚度与弦长之比从 0.1 降到 0.08），更大（叶片回转直径从 5～6ft 增大到 10ft），叶片为三维可控扩散叶型（3D/CDA），且这些叶片的间隙更小，级负荷更高（单级压比为 1.14～1.18）。另外，在压气机进口或其部件之间注水有可能影响叶片的侵蚀寿命；更小间隙（20～50mil）和更高压比使发生摩擦的可能性增加，这些叶尖摩擦经常发生在压气机抽气段附近，因为这些地方的内径发生了变化，压气机机匣不再是一个完整意义上的圆形了。

先进的压气机叶片通常会在叶尖处布置一些凹槽，它使得在叶片与机匣接触时以一种安全的方式摩擦。这种摩擦若过于严重，将会导致叶尖断裂，进而发生内部物体损伤

（DOD），使下游动叶片和扩压器叶片全部被毁。

有些情况下压气机的出口温度超过1,000℉（537℃），导致高温压缩段的出现，这就要求用于冷却的抽气气流在冷却透平之前先对其自身进行降温，这也限制了机组两次起动之间的停机时间。

表21-4给出了当前先进燃气轮机压气机叶片技术的变化。第一栏代表了以前的燃气轮机的设计，第二栏代表了新型燃气轮机的设计，最后一栏表示不同设计带来的风险大小变化（↑代表增加）。可见，大多数新技术带来的风险变化是非常明显的。

表21-4　先进燃气轮机轴流式压气机技术的变化

| 以前的设计 | 新设计 | 风险 |
| --- | --- | --- |
| 二维双圆弧叶型或NACA65叶型 | 三维叶型或可控扩散叶型（CDA） | ↑ |
| 叶片数较多 | 叶片数减少 | ↑ |
| 级数多/短弦长 | 级数少/长弦长 | ↑ |
| 低/适中的展弦比 | 高展弦比 | ↑ |
| 大间隙 | 小间隙 | ↑ |
| 低/适中的压比 | 高压比 | ↑ |
| 级的低/适中的叶片负荷 | 级的高叶片负荷 | ↑ |
| 宽运行裕度 | 窄运行裕度 | ↑ |
| 厚前缘 | 薄前缘 | ↑ |
| 干运行 | 湿运行 | ↑ |
| 较大安全裕度 | 较低安全裕度 | ↑ |
| 低成本 | 高成本 | ↑ |

设计裕度是在单元级上用有限元法设置的，该方法导致安全裕度较以前的设计更低。这些更大、更薄、更小耐磨性和更弯曲的叶片的成本通常更高。从风险角度（例如，故障发生的概率和后果）对几个先进燃气轮机主要特性的检测结果表明，没有一个特性可以降低故障的可能性，或者减小故障的后果，因此对压气机进行仔细检测是必需的。

### ▶▶干式低NO$_x$燃烧室

先进燃气轮机都采用干式低NO$_x$燃烧室。燃烧技术的进步使得从源头上控制NO$_x$生成成为可能，因此不再需要采用湿法进行控制。当然，这为燃气轮机在供水质量达标很困难的区域，例如沙漠和海洋平台中的应用开辟了市场。尽管注水技术仍然在使用，但是在工业发电市场中，干式控制燃烧技术已经成为首选。DLN（干式低NO$_x$）是燃烧室领域第一个发明的缩略词汇，但在控制NO$_x$排放的同时又不增加一氧化碳和未燃碳氢化合物排放量的需求下，该词汇又变成DLE（干式低排放）了。

典型的稳定、简单的扩散火焰燃烧室已经被能随燃气轮机负荷变化进行多点喷射的较难稳定的分级燃烧系统所取代。这些燃烧室大大降低了NO$_x$的排放量，正在研发的新型燃烧室的一个设计目标就是将NO$_x$降到$9\times10^{-6}$以下。然而，这将增加燃烧的不稳定并导致回火问题，这也是燃烧室中的一个主要问题。

1977年，人们发现了许多可以控制氮氧化物的方法：

1. 在主燃烧区采用富燃料燃烧，其中只产生少量NO$_x$，随后在二次燃烧区中迅速稀释。

2. 在主燃烧区采用贫燃料燃烧，通过稀释使火焰最高温度降到最低。

3. 将水或水蒸气混入燃料中用来冷却燃料喷嘴下游的小部分区域。

4. 使用惰性气体排气再循环进入反应区。

5. 排气催化净化。

湿法控制 $NO_x$ 在 20 世纪 80~90 年代大部分时间是首选的方法，此时，干式控制方法和催化净化方法还处于早期的发展阶段。催化转化器在 20 世纪 80 年代得到采用，现在仍然广泛使用，但是催化剂再生的成本非常高。

燃烧室燃烧用空气和冷却用空气的管理是非常关键的，这就要求 DLN 燃烧室有复杂的燃料喷嘴、冷却和 TBC 涂层系统来保证环管形和环形燃烧系统有足够的寿命。

降低 $NO_x$ 排放的主要参数是火焰温度、氮气和氧气的含量及气体在燃烧室内的停留时间。减少任何一个或所有这些参数都将降低燃气轮机中的 $NO_x$ 排放量。

在 DLN 中控制 CO 排放十分困难，应该避免机组快速甩负荷所产生的熄火问题，如果火焰熄灭，要安全地再次点火就必须将机组停机并重新起动。火焰温度在 DLN 系统中比其在常规燃烧系统中更低，因此需要在机组负荷降低时采取措施防止火焰熄灭，否则会由于混气浓度很低以至于不能燃烧。

干式低 $NO_x$ 燃烧系统必须从起动到满负荷全程被精确地监测和调控，以实现低排放，避免回火和高压力脉动，否则会毁坏燃烧室和透平部件。该燃烧系统的主要特征是燃料和空气在进入燃烧室之前先进行混合，混合气采取贫燃料的方式，以降低火焰温度和 $NO_x$ 排放。由于存在多个喷射位置，燃料喷嘴更复杂且数量更多。当采用双燃料或者注水来进一步减少排放时，多个喷射点的吹扫系统将变得很复杂，并且可能引起燃料堵塞和局部热损坏问题。如表 21-5 所示，与采用了新设计的压气机和透平一样，这些复杂燃烧系统的成本和风险都很高。

表 21-5 先进燃气轮机燃烧室技术的变化

| 以前的设计 | 新设计 | 风险 |
|---|---|---|
| • $NO_x$ 排放高 | • 排放非常低 | ↑ |
| • 稳定燃烧的扩散火焰 | • 不稳定(脉动)的预混/DLN | ↑ |
| • 单个喷射点/燃料喷嘴简单 | • 多个喷射点/燃料喷嘴复杂 | ↑ |
| • 操作和控制简单 | • 分级操作、控制/调整复杂 | ↑ |
| • 燃烧室结构/冷却设计简单 | • 燃烧室结构/冷却设计复杂 | ↑ |
| • 燃烧室热寿命长，有或无 TBC | • 要求有 TBC,但回火/变形降低寿命 | ↑ |
| • 干式,喷水和水蒸气 | • 干式和湿式 | ↑ |
| • 成本低 | • 成本高 | ↑ |

燃烧室中产生的大部分 $NO_x$ 称为热力 $NO_x$，它是在燃气轮机燃烧室中高温和高压的条件下，由空气中的氮气（$N_2$）和氧气（$O_2$）发生一系列复杂化学反应生成的。反应速度很大程度上取决于温度，并且 $NO_x$ 生成速率在火焰温度高于 3,300℉（1,815℃）时变得很高。

DLE 方法旨在通过在低温和贫燃料的条件下燃烧掉大部分（至少 75%）燃料来减少 $NO_x$ 而不增加 CO。这种燃烧系统的主要特征是燃料和空气在进入燃烧室之前先进行预先混合，混合气采取贫燃料的方式，以降低火焰温度和 $NO_x$ 排放。

DLE 燃烧室利用旋流器来产生燃烧室中所需的流动条件以稳定火焰，DLE 燃料喷嘴要大得多，因为它包含了燃料/空气预混室，且预混所需的空气量很大，约为燃烧室空气量的 50%~60%。

DLE 喷嘴有两个燃料回路。约占总量 97% 的主燃料在紧接着预混室进口处的旋流器下游被喷射到的空气中；值班燃料被直接喷射到燃烧室，不进行预混。火焰温度在 DLE 系统中比在常规燃烧系统中更接近贫燃料极限，因此需要在机组负荷降低时采取措施防止火焰熄灭。如果不采取措施，由于混合气太稀不能燃烧将导致熄灭。其中，小部分燃料往往要富燃料燃烧，形成一个稳定的助燃区域，其余部分燃料则贫燃料燃烧。在这两种情况下都是用旋流器来产生燃烧室所需的流动条件，以稳定火焰。

DLE 燃烧室的主要问题是回火，发生回火时，火焰将从燃烧室的主燃区向预混室传播，这会导致这些预混室烧蚀并使燃烧室损坏。

#### ▶▶轴流式透平

先进燃气轮机由于温度导致的失效问题常见于透平喷嘴（导叶）和动叶，故障通常发生在动叶叶尖和喷嘴叶片的根部。第一级喷嘴叶片的气流温度在 2，100～2，300℉（1，149～1，260℃）范围内，所以对这些叶片的冷却非常重要，特别是喷嘴叶片的根部温度最高。

为解决这些问题，所有原始设备制造商已经采取了一些改良设计，以解决这些问题，包括喷嘴根部的新冷却方式，在外部冷却热交换器中对压气机抽气进行进一步冷却，以及在联合循环应用中采用蒸汽冷却。

透平的第一级叶片通常为冲动级，第二级、第三级和第四级为反动级（反动度为30%～60%）并且通常都有围带，在这些围带的支撑下动叶片不易产生共振。新材料和新冷却方案的发展使透平进口温度快速提高，进而提高了燃气轮机效率。透平第一级叶片必须承受最严酷的温度、压力和环境的综合条件，它通常是整个燃气轮机中最易受损的部件。从 1950 年起，透平叶片材料的耐温能力已经提高了近850℉（420℃），平均每年近20℉（10℃）。提高温度的重要性主要表现在透平进口温度每提升 100℉（56℃），输出功率相应提高 8%～13%，简单循环效率提高 2%～4%。高温合金材料和加工工艺的进步尽管昂贵且耗时，但仍是增加燃气轮机功率密度和提高效率的重要推动因素。

透平第一级和第二级的冷却设计采用了复杂的多回路蛇形冷却通道方案。为满足透平寿命要求，第一级叶片为涂有抗氧化涂层和/或热障涂层（TBC）的高强度单晶（SC）叶片，第二级和第三级叶片采用涂有 TBC 的定向凝固（DS）材料。TBC 由两层组成，内层为 NiCrAlY 黏结层，外层为氧化钇稳定氧化锆表面涂层，该涂层降低了叶片冷却部件的金属温度。大部分叶片的 TBC 厚度为 12～25mil，每密耳的涂层可以使叶片温度降低 8～16℉（5～10℃）。

应用有限元方法（FEM）能确定叶片结构强度的设计裕度，但不能准确确定叶片材料的长期蠕变强度特性。这些尺寸更大、扭曲更明显、冷却和材料更复杂的且带有涂层的叶片，每一级的制造成本更高，其中第一级透平叶片的制造成本已经从 3，000 美元增至 30，000 美元）。另外，与以前的设计相比，典型透平材料的温度裕度（即最高温度与材料熔点温度之差）减小。

先进透平的发展趋势与压气机是相类似，第一级叶片数由以前的 90 减少到现在的 40～60，叶片更大，并采用了更小的间隙、更高的膨胀比（高 Re 数）的三维叶型。与压气机一样，新设计透平更小的间隙和更高的膨胀比增加了透平动叶片与气缸发生摩擦的可能性。表 21-6 列出了以前的透平与新型先进燃气轮机透平设计之间的变化。

表 21-6　先进燃气轮机透平技术的变化

| 旧设计 | 新设计 | 风险 |
| --- | --- | --- |
| ● 二维反动式叶型 | ● 三维叶型 | ↑ |
| ● 叶片数多/弦长较短 | ● 叶片数少/弦长较长 | ↑ |
| ● 大间隙 | ● 小间隙 | ↑ |

（续）

| 旧设计 | 新设计 | 风险 |
|---|---|---|
| ● 低/适中的膨胀比 | ● 高膨胀比（$Re$ 数非常高） | ↑ |
| ● 不冷却/简单冷却设计 | ● 复杂冷却设计 | ↑ |
| ● 空气作为唯一冷却介质 | ● 空气和蒸汽作为冷却介质 | ↑ |
| ● 等轴晶铸造 | ● 定向凝固（DS）和单晶（SC）铸造 | ↑ |
| ● 用氧化涂层和/或 TBC 延长寿命 | ● 用氧化涂层和/或 TBC 满足寿命 | ↑ |
| ● 安全裕度大 | ● 安全裕度（FEM）确定 | ↑ |
| ● 温度与材料熔点之差大 | ● 温度与材料熔点之差小 | ↑ |
| ● 级成本低 | ● 级成本超高 | ↑ |

## ▶▶ 维护计划

维护检查和大修计划是全面维护理念的重要组成部分。随着从"故障"或"应急"维护转变到基于性能的全面生产维护系统，全面运行状态监测和诊断成为运行和维护不可或缺的一部分。全面运行状态监测检查了机组的机械系统和机械性能，随后进行诊断。状态监测系统是没有性能输入的机械系统，仅给出不到一半的图像，可能非常不可靠。计划外的维护成本很高，应尽量避免。为了妥善安排大修，必须收集并评估机械数据和性能数据。如前所述，我们希望在一个有计划的"停机周转"内维修，而不是"随机"维修期间考虑维修，后者通常是在"紧急"情况下进行的，并且由于时间的限制，有时会用一些有问题且只能在紧急情况下使用的技术。

要规划"停机周转"，必须以给定机组的运行历史为指导，如果机组是第一次"停机周转"，则必须以其他相同或非常类似的过程和机组的条件为参考。这就是在许多情况下将随后的"停机周转"之间的时间间隔被延长到 3 年或更长时间的方式。将以前"停机周转"的运行历史和检查经验应用到这一个或类似的装置中，就会清楚地了解哪些部件最有可能老化，因此必须更换和/或者修复，并且了解在其停机时应该如何处理其他工作。需要指出的是，在现代燃气轮机机组中，有些部件例如轴承、密封、过滤器和某些仪器都是精密制造的，故除了紧急情况外，很少（如果有的话）进行维修，而是直接更换。

这就意味着这些部件必须提前订购为"停机周转"做好准备，并且其他工作也必须计划好，以便整个运行可以顺利进行且没有发生原本不可预见的暂停。这也意味着电厂需要与制造商或顾问和原始设备制造商（或专业服务厂）之间的紧密合作，为的是在所要求的时间内，可以获得拆装设备、服务人员、部件、清理设备、检查设备、镀铬和/或金属化设备、平衡设备以及某些情况下甚至热处理设备，并在所需的适当时间开机生产。这些计划必须在停机之前详细制订完成并提供足够的提前期，以保证在维修现场有可替换部件。

"不坏不修"这一古老格言在今天的机组维修中仍然是非常适用的。在一个重型核电厂进行的研究表明，35% 的故障都是发生在大的"停机周转"之后。这就是全面状态监测在任何基于性能的全面生产维护系统中必不可少的原因。全面状态监测下的大修是基于机组的适当数据评估而计划的，而不是定期进行的。

## ▶▶ 维护信息沟通

经常听到维护部门"从未被告知在电厂到底发生了什么事"的投诉。如果常听到这样的抱怨，那么维护经理就需要检查一下所在部门的沟通情况。以下是改善沟通的七项实用建议：

1. 操作和维护手册。

2. 持续更新图纸和纸质资料。

3. 更新培训材料。

4. 便携式指南。

5. 书面备忘录，部门间电子邮件。

6. 研讨会。

7. 网站发布。

如果使用得当，以上列举的每项建议都可以将知识传递给电厂机组安全运行的人员。信息传递的流畅与否完全取决于准备材料所使用的交流技巧。

操作和维护手册

为了对机械师有帮助，必须对操作和维护手册编制索引，以便可以快速定位所需信息。手册必须以简洁直接的语言撰写，要有插图、示意图或毗邻相关文字的分解图，并最好不要引用到另一个页面或其他部分。重要部分和章节要标注出来以方便快速定位。

大多数情况下，机械师或服务人员都是根据具体问题而查阅手册的。具体问题可能是在生产运行中发生的，因此工作人员要能迅速找到需要的信息。机械师不应该被冗长的不相关的文字耽误时间。任何手册的目的都是要成为有效、即时的服务信息来源。

从长远来看，指派一个非技术人员来撰写手册是短视的，而且成本较高。一本精心编写的手册会一直被使用。好的手册不需要很复杂，事实上，越简单越好。手册不管是内部还是外面编写的，都应该是易读且易于理解的。

图纸和纸质资料

对于任何维护组织，良好的纸质资料都是至关重要的。大公司或多厂部公司的参考文件是特别繁复的，具体原因如下：

1. 纸质资料体积庞大，难以妥善保存。

2. 资料必须控制使用。

3. 资料必须及时更新。

4. 处理和分发新版本或修订版本的印刷品通常很昂贵。

一个实用的解决方案是使图样数字化，并将其放在 CD 上，以便维护和运行部门使用。良好的数字化文件能减少搜索时间，并且帮助各个部门更好地保护机组以最高的效率运行，并最大限度地减少停机时间。

培训材料

与任何其他文字或视听维修工具一样，所有种类的培训材料基本上都可以作为交流工具，为有效起见，都应以简洁、直接、有吸引力和专业的方式呈现。

一旦确定了对特定维护培训的需求，就必须制定一套方案。如果培训针对专用设备或极少数行业独有的设备，则有必要联系专门从事光盘、碟片/磁带、电影、录像带或书面培训计划数字化制作的公司。制作成本初始看来会令人震惊，但是货比三家之后，公司可能会发现在相对很短的时间内其可以收回的有形效益远远超过了初始成本。

便携式指南

当引入新的维护形式或规程时，快速参考便携式指南可以促进理解和提高准确性。高效的关键是精心设计，以简单的语言并最大限度地提供插图或示例。如果仅靠公司内部不能实现，那么可以寻求外界帮助。专业精神对良好的沟通至关重要。

**书面备忘录**

提高维护沟通最有效的方法之一就是实时通信或内部备忘录。备忘录的成功很大程度上取决于以机械师的语言传达正式的技巧和技术，并大量使用照片、草图和图纸来传递信息。

应鼓励维护部门的每个员工提出更好的方法来完成任务，或提供一些与维修或操作生产设备有关问题的解决方案。每个人都可以根据贡献的大小按照姓名和排序给予表彰。当工人在几乎公司每个人都能看到的文章上发现自己的名字时，会感到非常自豪。

**研讨会和讲习班**

大学或企业主办的研讨会、继续教育课程和讲习班是更新和加强维护人员技能的重要方式。它有两个目的：第一，传达了公司对个人从经验中提高能力的肯定，并且表达了工人提高自身水平对公司做出贡献的意愿；第二，研讨会在传播知识方面非常有用，也提供了一个发现问题和解决方案的论坛。这些研讨会和讲习班的讨论小组是非常重要的，因为参与者可以分享自己的经验和解决问题的方案，从而获得的知识是非常有用的。

## ▶▶检修

和任何动力设备一样，燃气轮机需要一个检修计划，包括维修和更换受损部件。一个合理设计和实施的检查和预防性维护计划可以在很大程度上提高燃气轮机的可用性并减少非计划性维护。检查和预防性维护可能成本比较高，但仍然没有强制停机那样费用昂贵。几乎所有的制造商都强调和详细描述预防性维护的程序，以确保其机组的可靠性，且任何维护计划都应以制造商的建议为基础。针对特定设备应用的检查和预防性维护程序可以根据参考文献进行调整，例如制造商的说明书、操作手册和预防性维护检查单。

检查范围包括从部件运行时的日常例行检查到几乎需要拆卸整个燃气轮机的大型检查。日常例行检查应包括以下（但不限于）的内容：

1. 润滑油油位。
2. 机组漏油情况。
3. 紧固件松动、管件连接以及电气连接的情况。
4. 进气过滤器。
5. 排气系统。
6. 控制和监测系统指示灯。

运行人员应能在 1h 以内正确完成日常例行检查。

两次大修之间的时间间隔取决于燃气轮机的运行条件。通常制造商提供某些指南，即根据排气温度、燃料类型与品质以及起动次数来确定大修间隔。表 12-2 给出了基于不同燃料和起动次数的各种检查的时间间隔。小型检查应在大约运行 3,000~6,000h 以后，或大约 200 次起动以后进行，视两者先到者为准。这种检查需要停机 2~5 天，具体时间取决于部件的可用性和需要维修的工作范围。在此检查期间，应检查燃烧系统和透平。

机组的第一次小型检查或大修是其维护历史上最重要的数据基准点，应始终在经验丰富的工程师的指导下进行。应仔细记录所有数据，并与机组安装资料比较，以确定在运行过程中是否有任何设置变动、不对中或过度磨损发生。随后的检查也很重要，因为它们可以验证制造商提供的建议或帮助，以建立起特定运行条件下的维护方案。

当制定的大修时间即将到来时，应组织运行部门和制造厂商工程师之间的会议，以讨论和安排机组停机的日期。在机组停机前的短时间内，应该在空负荷、1/2 负荷和额定最大负荷处进行完整的运行测试，最好在制造厂商工程师在场时完成。这些试验可以用作参考温度和参考压力，作为与部件大修之后立即进行的相同试验进行比较。运行试验应以超速运行跳闸试验结束，以确定是否应在停机过程中关注调速器或跳闸机构。这些特定的数据将与记录的运行数据或工程案例（应与制造厂商工程师一起审查）共同确定了需要特别关注或检查的焦点或关键项目：

1. 振动增加或者变化。
2. 压气机排气压力降低。
3. 润滑油温度或压力变化。
4. 轴封处空气或燃气流出。
5. 热电偶读数不正确。
6. 轮盘空间温度变化。
7. 燃油或燃气泄漏。
8. 燃料控制阀是否正常运行。
9. 液压控制油压改变。
10. 透平调速器"摆振"。
11. 齿轮箱噪声声级变化。
12. 超速运行设备是否正常运行。
13. 润滑油观察窗上发现巴氏合金或其他金属。
14. 润滑油分析显示腐蚀因子增加。
15. 热交换器压降变化。
16. 在设计环境和排气温度条件下燃气轮机发电机组是否达到额定负荷。

停机前的准备应尽可能完整，以消除在工作开始时的时间浪费和混乱。

应制作一份包括所有当时已知需要检查或者修护的主要项目，该清单应与制造厂商工程师在场时制订。应该根据此清单制订出一份详细计划，包括停机时间的分配和必备的维修人员。根据可预想到的最坏条件计划工作，以便对机组开机后出现的意外工作进行相应的补偿。此过程将大大减少可能需要付出的高昂加班费。

制造厂商工程师应检查现场的工具，在停机前，应订购所有必需的专业设备或标准设备并放在现场，以便可以进行任何所需部分的工作。

应安排确切的停机时间，并为承包人员或电厂维护人员做如维修前的准备工作。所有工作人员都应在维修工作开始前到达。

必要的设备，例如方便的空气和电气连接设施等，应该作为操作工具和其他辅助工具预先安排。同时也要为它们配备足够长度的软管、接头以及电气连接线。在空气系统中安装空气干燥器或水分离器，因为干燥的空气环境是机组部件喷砂处理成功的必要条件。

在卸除机组法兰螺栓或打乱正常机组设置之前，应仔细读取透平最后一排动叶与气缸（机壳）之间在水平和垂直方向上的间隙读数。机组主要法兰的膨胀或挠度应在每个法兰螺栓处用塞尺测量。应检查燃气轮机每个支架的高度并与原始读数进行比较，从而确定这些位置是否有移动。当所有的外部检查完成后，应将结构梁支架放置在燃气轮机下方正常支架的中点，然后使用千斤顶支撑燃气轮机，直到压力刻度盘达到一定数值。为达到目的，只能用螺旋千斤顶，而不能用液压千斤顶或举降千斤顶，然后可以卸下水平法兰螺栓和燃气轮机的上半部分气缸。

# 长期服务协议

长期服务协议（LTSA）有时也被称为合约服务协议。大多数情况下，在用户的坚持下，大型发电机组（尤其是先进燃气轮机）包含长期设备维护和服务计划的协议已成为规范，全世界范围内机组运行人员和业主都不得不处理这些复杂的合同。长期服务协议通常委托原始设备制造商（OEM）在相对"固定价格"的基础上，为复杂、有时未经测试的先进燃气轮机提供维护服务。这些燃气轮机正在突破技术的极限，因此，长期服务协议的签订给了业主在了解长期风险后仍能坦然接受的定心丸。本质上讲，长期服务协议将在很长一段时间内成为电厂机组用户工作的一个重要组成部分，因此，完全理解这些复杂协议是非常重要的。

长期服务协议给大型燃气轮机联合循环发电厂的业主和运行商提供了很多好处：

1. 固定的长期维护费用。

2. 由原始设备制造商支持的备件可用性。

3. 合同保证的机组可用性和可靠性。

4. 功率性能和热耗保证的奖金。

由于长期服务协议使用的是非常复杂的法律语言，对于很多运行人员来说很难完全理解。长期服务协议有如下缺点：

1. 高额的维护费用。

2. 不能轻易解约的长期关系。

3. 如果合同条款不妥当，业主将承担极大的风险。

4. 如果合同分析不当，则可能会引起冗长的诉讼。

5. 电厂运行商通常会在合同谈成后才加入，并且对合同的范围不完全了解，这可能导致与原始设备制造商之间代价高昂且耗时的争议。

长期服务协议是谈判合同，因此没有任何两个协议是相同的，但是它们必须包括以下一些基本要点：

1. 固定的设备维护计划，包括所有以相对固定的价格更换的热端部件，例如：

a. 燃烧室火焰筒。

b. 燃料喷嘴。

c. 过渡段。

d. 透平喷嘴静叶和动叶。

2. 在相对固定的价格基础上，对设备进行计划外的维护工作。

3. 明确规定计划外维护和保修义务之间的责任。

4. 基于机组价格，业主可能要求的额外工作。

5. 规定保修范围内的内容和长期服务协议涵盖的内容。

6. 明确规定哪些是检测部件，哪些是更换部件。

7. 可用性和可靠性的保证，以确保最小停运，进而保护业主利益。

8. 功率和热效率性能保证。

9. 限期更换部件的后期质量。

10. 提前取消协议的规定。

11. 违约赔偿金。

12. 责任范围。

尽管长期服务协议可以给业主提供很多优势，但这些非常复杂的协议往往会包含由于粗心而存在的陷阱，这些陷阱可能导致业主承担过度的风险，或可能引起与原始设备制造商代价高昂且耗时的争议。大多数长期服务协议都是在 20 世纪 90 年代经济泡沫中签订的，那是一个卖方市场，因此那个时期的长期服务协议主要对原始设备制造商更有利。现在情况已经变成了买方市场，原始设备制造商在提供长期服务协议时有来自其他大型非原始设备制造商维护团队的竞争。

当时的电厂开发人员假设机组在基本负荷下运行，但后来发现机组运行在周期工况下，即在非用电高峰时段负荷可能低至只有基本负荷的 40%～50%。这些机组大部分在周末时停机。大多情况下，这些运行方面的变化需要在维护和检查方面也做出相应的改变。大多数燃气轮机的维护取决于当量机组运行时数和起动次数，见表 21-7。

表 21-7　典型的燃气轮机检查间隔

| 当量运行时数/h | 8,000 | 16,000 | 24,000 | 32,000 | 40,000 | 48,000 |
|---|---|---|---|---|---|---|
| 检查类型 | 燃烧室检查 | 燃烧室和第一级喷嘴与动叶 | 高温燃气通道检查 | 燃烧室检查 | 燃烧室和第一级喷嘴与动叶 | 整机维护 |
| 点火起动次数 | 400 | 800 | 1,200 | 1,600 | | |
| 检查类型 | 燃烧室检查 | 高温燃气通道检查 | 燃烧室检查 | 整机维护 | | |

长期服务协议中遇到的最常见问题是缺乏原始设备制造商在提供设备定期维护责任范围方面的明确规定。业主因对这些规定缺乏了解而面临的风险可能会非常高，尤其是长期服务协议中包含了定期维护工作价格时更是如此。

长期服务协议的可用性和可靠性要求给予电厂业主充分的权益，因为原始设备制造商要确保设备在尽可能短的时间内达到商业运行性能水平，否则就要承担经济处罚。

签订长期服务协议时，业主最关心的问题是随着时间的变化，长期服务协议固有的定价与自我维护计划相比，价格是否仍然有竞争力。随着售后部件可用性的不断发展，自我维护计划或第三方维护商提供的维护计划，将成为长期服务协议的一个替代方案。

最后，长期服务协议的长期性质创造了一种氛围，使电厂业主不用再一直关注不久的将来会发生的问题。在完成长期服务协议项目前的最后一次重要检查后，许多问题需要重点关注，例如安装到设备中的部件的质量。在签订合同时解决这些问题，将对运行商极为有益。

# 孔探检查

内窥镜是一种对腔室中那些无法直观检测的部件进行检测的设备。采用柔性纤维内窥镜能够观测到内部空间，并且在清晰度上具有优势。纤维内窥镜能够远程控制镜头，因此可以在两个或四个方向观察腔室的内部。内窥镜在机组的内部通道中，利用自身的光源通过光纤进行光学照明。玻璃纤维将光线从外部光源导入柔性光纤中，然后通过内窥镜传输到其顶端。纤维内窥镜一旦插入内部，通过操纵柔性管道镜就能观察完整的高温区域通流部分。观察的结果能够协助所计划的燃气轮机拆卸工作。必须牢记，内窥镜是一种单眼观察的设备，并且极难估计物体的尺寸或距离。内窥镜的景深范围非常大，从无穷大到不足 1in 或更小，这使它易于使用而无需持续调整焦距。被观察物体距离内窥镜镜头越近，则放大倍数越大。为了计算放大倍数，必须要知道所观察物体距镜头的距离。内窥镜顶部的视场是一个锥体的形状，因此在这个锥体范围内的物体都是可以被观察到的。锥体范围可从非常广（90°视角）变化到非常窄（30°视角）。细长的内窥镜

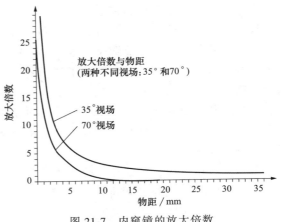

图 21-7 内窥镜的放大倍数

的视场接近狭窄的长焦视场。视场通常由内窥镜的顶部到被观察物体之间的距离所决定。视场越大，则放大率越小，反之亦然。如果腔室中具有足够的空间移动内窥镜，而且希望观察到详细的特写镜头和大图片视图，应该选取适中的 67°中等广角。如果空间非常有限，但仍然希望最大限度地观察到细节以及全局视图，可以选用 90°极端广角。另一方面，如果内窥镜不能够非常接近被观测物体以获得特写镜头，那么就需要 30°长焦。图 21-7 展示了在镜头末端和观测物体之间距离变化时放大倍数的变化。

使用内窥镜进行状态监测需要了解特定的燃气轮机的内部设计以及内窥镜的操作经验。根据将要进行监测的区域，必须选用具有特定的视场、视角和放大倍数的内窥镜探测器，以发挥其最大的作用。如果使用的内窥镜无法关注最关键的内部区域，那么检查就没有什么价值。对于使用者而言，了解内窥镜接入端口的直径和位置以及内窥镜插入的深度以达到最佳的观察效果也是非常重要的。目前使用频率最高的检查模式是周期性地检查固定部件的指定区域，这种检查过程采用的是 35°视场的探头，探头距离物体 18cm 时，放大倍数为 1:1。如果没有确定有损坏的迹象，那么内窥镜接入端口观场内的其余静止部件只需每半年检查一次。但是如果确定有严重的损坏状况，那么所有的静止部件都要根据具体的缺陷情况进行检查。对一些旋转高温组件也应进行定期检查，方法是观察之前检查中出现的损坏最严重的级。根据损坏的类型和程度，每半年检查一个或多个级，可同时检查其他的级。对于旋转部件而言，需要进行不止一次的全面检查。检查过程推荐使用 60°~65°视场探头，距离物体 5cm 时放大倍数为 1:1。首先应该对叶片的叶尖和压力面进行检查，其次应该对叶片前缘和叶片端壁进行检查，最后从毗邻内窥镜接入口检查叶片吸力面、叶片尾缘和叶尖。通过缓慢地旋转转子达到最佳的观察方式来完成每一次检查。当识别出某个特别关注的区域时，则停止检查的顺序并对部件和探头重新进行定位，以达到最佳的观测状态。必要时应该选用不同的探头进行详细的检查和放大。借助数码相机，可以立刻看到检查结果，从而通过修正放大倍数、光照和距观察距离，以达到最佳效果。同时建议在相机最高像素的分辨率的情况下拍摄照片，从而保证在放大观测区域时失真最小。

维护人员应该经过良好的培训，从而能够有效地使用内窥镜。当需要整体记录机组状态时，可以利用数字化视频光盘（DVD）和录像带（特别是彩色录像带）作为机组运行历史记录的参考；同时用于实时会议时可以通过互联网在公司办公室内观看，届时在那里可以由

工程专家团队对观察到的影像进行评估。这样做的好处是能够观察和记录那些关键内部部件的物理状况，从而进行部件状况的鉴定和分析，进而确定将来是否需要进行维修或大修。通常而言，在获得充足的监测数据之前，部件损坏趋势的迹象首先可以通过视觉识别获得。利用内窥镜进行状态监测非常有助于了解预测部件损坏速率，并且尽早发现异常状况，以便采取修正措施，从而最大限度地减少（或消除）潜在的机组故障。除了燃气轮机通常在停机时进行检查外，目前还有一些研究通过在内窥镜的周围提供一层气膜冷却空气来开发在运行状态下的检测方法。一旦开发出该系统，将能够在不停机时对透平的高温区到第一级叶片进行视觉直观检查。

以下是内窥镜检查在维护过程中的优点：

1. 无需拆卸即可进行内部的现场视觉检测。

2. 尽早发现异常情况以避免故障。

3. 确定部件损坏的速率。

4. 延长定期检查的周期。

5. 允许准确计划安排维护操作。

6. 监控内部部件的状况。

7. 提高预测所需要部件、特殊工具和熟练的人力资源的能力。

图 21-8 所示为在计划维护中合理使用内窥镜检测的效果。内窥镜系统必须有足够的分辨率、景深、焦距和放大倍数，只有这样才能够识别缺陷并且能够近距离检测和评估诸如裂缝、穿透、结垢、腐蚀/侵蚀和烧伤等细微特征。

图 21-9 给出了随机组运行时间其高压透平动叶的损坏情况。图 21-9a 是全新叶片的内窥镜视图。对于不经意的观察者来说，会看到叶片是崭新的，但是在第一个冷却孔毗邻的所有的叶片前缘上均存在缺陷，进一步放大观察可以确定缺陷的严重性。图 21-9b 给出了高压透平第一级动叶在运行了 3,960h 后的状况。在此图中，右侧叶片的前缘在第一个和第二个冷却孔之间的区域

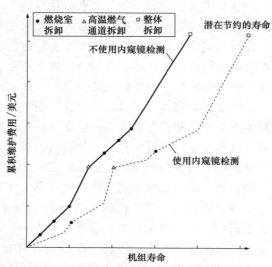

图 21-8 使用内窥镜检测所节省的机组寿命

发生了侵蚀现象。图 21-9c 给出了叶片前缘的特写视图，可以看到由于冷却孔堵塞，叶片前缘缺少充分的冷却而导致的局部腐蚀。图 21-9d 给出了同样的叶片在运行了 5,591h 后的状况，侵蚀已经发展到叶片前缘被穿透，该区域的放大图如图 21-9e 所示。通过了解冷却孔直径和相邻孔距，可以计算确定由严重的局部腐蚀所引起的穿透尺寸。在此例中，冷却孔的直径是 0.017in，相邻孔的圆心间距大约是 0.116in。这种对部件进行详细解析的形式是分析机组状况所必需的。该原理同样也可以用于分析由内窥镜观察和拍摄的其他不同状况。

表 21-8 列出了一些更加常见的损坏类型，这些类型在被内置的状态和性能监测传感器识别其性能退化之前，就能够进行直观观察并加以分析。

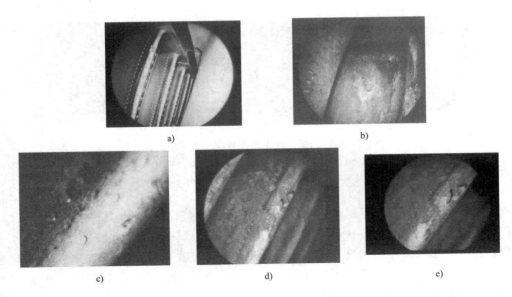

图 21-9 高压透平动叶在不同运行阶段的损坏情况的内窥镜视图

a）全新的高压透平叶片 b）工作 3，960h 后的侵蚀状况 c）冷却孔的堵塞
d）叶片前缘的穿透（工作 5，591h 后） e）叶片前缘穿透的放大图

表 21-8 常见的损坏类型

| 损坏类型 | 位　　置 | 损坏的来源 |
|---|---|---|
| 严重的氧化物沉积 | 高压透平静叶和动叶 | 环境因素，燃料 |
| 穿透 | 高压透平静叶和动叶 | 腐蚀，侵蚀 |
| 叶尖缺损 | 高压透平和压气机 | 间隙，内物损伤/外物损伤 |
| 畸变 | 燃烧室 | 不均匀燃烧 |
| 结焦 | 燃料喷嘴组件 | 不均匀燃烧 |
| 穿透 | 燃烧室 | 不均匀燃烧 |
| 裂纹 | 燃烧室火焰筒 | 热应力，沃泊数改变 |
| 严重腐蚀 | 高压透平静叶和动叶 | 涂层缺陷 |
| 严重侵蚀 | 高压透平静叶和动叶 | 气膜冷却不足 |
| 热点 | 燃烧室 | 燃料喷嘴的故障 |
| 钝凹坑 | 静叶和动叶 | 内物损伤，外物损伤 |
| 热斑 | 高压透平静叶和动叶 | 燃料喷射形式故障，天然气燃料中存在液态烃类 |
| 热障涂层剥落 | 高压透平动叶 | 叶尖擦伤，冷却通道堵塞 |
| 碰伤 | 高压透平动叶 | 内物损伤/外物损伤 |
| 断片 | 动叶 | 内物损伤/外物损伤 |
| 密封裂缝 | 过渡段 | 不均匀燃烧 |

　　图 21-10a 给出了从燃烧室接入的内窥镜所观察到的高压透平级某喷嘴叶片，观察采用了工作在相机和探头之间的 50mm 焦距转换器。虽然辨别叶片的细节非常困难，但是仍然可以注意到叶片的压力面并不洁净光滑。图 21-10b 给出了采用 100mm 焦距转换器观察相同静叶的结果，在这种情况下可以观察到更多的细节，例如在叶片前缘的冷却孔排，还可以识别出叶片尾缘的冷却槽缝，并且发现某些叶片前缘冷却孔出现了部分堵塞。在图 21-10c 中，使用了 100mm 的转换器和 2 倍放大器，从而可以清楚地看到直径为 0.02in 的前缘冷却孔。

 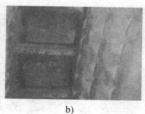 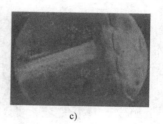

a)                              b)                              c)

图 21-10　孔探检查中转换器和放大器的作用

a) 透平第一级静叶 50mm 焦距转换器　b) 透平第一级静叶 100mm 焦距转换器

c) 透平第一级静叶 100mm 焦距转换器和 2 倍放大器

在其他检修燃气轮机部件的任何位置，只要有检修端口可用，并且需要进行详细检查，就可以采用这些相同的技术。这种状态监测的价值在于内窥镜检查所得到的数据能够发现那些难以被内置传感器监测的情况，比如能够观察到喷嘴和动叶上的结垢情况。一旦发现这样的问题，必须立即找出问题的来源并进行修理，以避免出现叶片金属表面过热、加速侵蚀现象和叶片过早失效。

为了评估机组的不同状态，经常需要应用特殊的技术增强被观察物体的可视度。这种技术可通过一个微型高强度远程光源来完成。采用小到足以通过内窥镜接入端口并且能够远程定位的光源，可以从背后照亮特定的区域或提供近距离的照明。通过定位远程光，使其接近叶片的表面观察其上结垢的形成情况。评估叶片表面状况的另一种方法是将远程光源定位在部件后面，使光线照亮叶片的压力面，然后关闭内窥镜的光源，以获得额外的对比度。

内窥镜摄影的另外一个需求是真实展示在内部观察到的颜色和色调。由于曝光时互反律的失效而导致光谱发生变化，因此当曝光时间为 1s 甚至更长时，必须使用颜色补偿过滤器。这些过滤器更加真实地展示了实际的颜色，并且提供了同一种颜色在不同明暗度下的对比。

## 燃气轮机部件的维护

燃气轮机的性能退化可以分成可恢复和不可恢复两类。可恢复的性能退化是指燃气轮机的性能退化可以通过清洗机组的方法来恢复，这种方法又被称为在线水洗和离线水洗。不可恢复的性能退化是指燃气轮的机性能退化是由于机组内部的部件磨损造成的。修复不可恢复的性能退化的唯一途径是进行车间现场检验和机组大修。

燃气轮机性能退化的速度主要受污染物数量的影响，这些污染物通过进气过滤器、通风管道、蒸发冷却器中的水和燃料进入燃气轮机，同时也与燃气轮机水洗的频率和彻底程度有关。有时候工作现场异常的条件会加快燃气轮机性能退化的速度。已经记录了异常的空气污染物包括雾、烟、油、化学排放物、沙尘、甘蔗燃烧产生的烟以及其他的污染源都将加剧机组性能的退化。因此，应该进行现场特定的检测，以优化机组水洗工作的有效性。如果出现下列情况，则表明机组性能发生退化。

1. 燃气轮机加速性能降低。

2. 燃气轮机压气机喘振或失速。

3. 输出功率降低。

4. 燃气轮机压气机出口压力降低。

5. 压气机出口温度升高。

图 21-11 所示为典型的不可恢复的功率和热耗率退化曲线，它是关于等效机组运行小时数（EOH）的函数。随着等效机组运行时间的增加，在最初的 5,000h 等效运行时间内，机组输出功率急剧下降、热耗率增加。在大多数情况下，这些损失是不可恢复的，需要将机组返回工厂并配备大多数新部件。

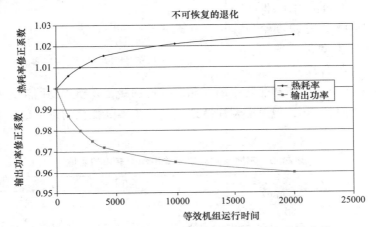

图 21-11　燃气轮机不可恢复的功率和热耗率退化曲线

以下部分旨在指导用户解决使用燃气轮机遇到的一些主要问题。设计了一组表格帮助解决燃气轮机三大主要部件的一些日常问题。以下列出的是燃气轮机的主要部件，这些部件将从维护的角度进行检查。

1. 轴流式压气机。

a. 在线清洗。

b. 结垢指数。

c. 清洁技术。

2. 燃烧室。

3. 透平。

a. 服役透平叶片的修复。

4. 附属设备。

a. 轴承。

i. 滑动轴承。

ii. 推力轴承。

5. 燃气轮机基座的维修和改造

### ▶▶压气机

先进燃气轮机的压比非常高，压气机压比已经从 20 世纪 50 年代的 7 增加到了 20 世纪 90 年代晚期的 30。压气机压比的增加减小了其稳定工作范围，即从小流量侧的喘振线到大流量侧的阻塞线。如图 21-12 所示，较低压力时的转速线要比较高压力时的转速线有着更大的工作范围。所以，压气机压比越高，越容易受到结垢的影响，并可能产生喘振和叶片激振问题，进而导致叶片故障。

由于过滤器结垢，燃气轮机进口处的压力降低。这意味着机组的总效率和功率将产生显著的损失。压力每下降约 1in $H_2O$ 将导致功率减少约 0.3%。表 21-9 给出了在环境条件发生变化、进气过滤系统结垢以及联合循环燃气

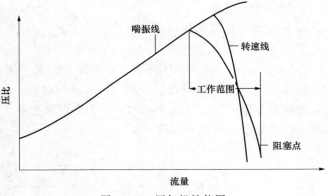

图 21-12　压气机性能图

轮机的背压增加时，机组功率和热耗率的变化。分析这些变化模式是因为这些都是实际条件下现场系统中最常见的变化，但是必须注意这些仅仅是实际变化的近似值，而不同发电厂的实际情况各有不同。

表 21-9　不同参数对功率输出和热耗率的影响

| 参数 | 参数的变化值 | 功率输出变化 | 热耗率变化 |
|---|---|---|---|
| 环境温度增加 | 20℉（11℃） | -8.3% | 2.2% |
| 环境压力降低 | 1lbf/in²（6.895kPa）<br>海拔=2,000ft | -7% | -0.000,1% |
| 环境相对湿度增加 | 10% | -0.000,2% | 0.000,5% |
| 过滤器压降增加 | 1in $H_2O$ | -0.5% | 0.3% |
| 燃气轮机背压增加 | 1in $H_2O$ | -0.25% | 0.08% |

由于燃气轮机压气机部件消耗了透平产生功率的 55%~60%，因此压气机的问题会对机组功率输出和总热效率的损失带来极大的影响。图 21-13 给出了压气机结垢对于总热效率的影响，因为结垢而降低了压气机的效率，进而导致了机组总热效率的降低。同时也可以看到，在相同的压气机效率损失时，压气机压比越高，机组总热效率的下降越大。

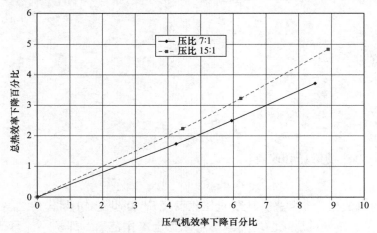

图 21-13　压气机效率下降对机组总热效率降低的影响

同时，应对压气机进行检查，以确定压气机的机械和气动状况。如图 21-14 所示，大多数轴流式压气机通过螺栓穿过多个轮盘并堆叠起来形成转子。这些螺栓使整个压气机转子维持在适当的压紧力下。如果螺栓出现任何松动，那么应当对这些螺栓进行检查，并且确定螺栓的拉伸性能。

表 21-10 给出了影响燃气轮机压气机部件的各种失效机理，可以看出不同类型的失效机理对整个压气机从进口导叶到出口排气导叶的影响结果。该表还讨论了压气机可调导叶和固定静叶以及动叶的影响。

图 21-14 压气机转子的堆叠（注意定位轮盘的长螺栓）

表 21-10 燃气轮机压气机部件的失效机理

| 失效机理 | 概述 | 进口导叶 | 压气机动叶 | 可调的压气机静叶 | 固定的压气机静叶 | 排气导叶 |
| --- | --- | --- | --- | --- | --- | --- |
| 过滤器堵塞 | 进口压降增加，导致有用功率减小。微小颗粒开始绕过过滤器，点蚀叶片 | 点蚀 | 第一级应喷涂。通常易被污垢覆盖 | 第一级应喷涂。通常易被污垢覆盖 | 第一级应喷涂。通常易被污垢覆盖 | 影响较小 |
| 蒸发冷却器 | 蒸发冷却器的水液滴粒径必须小于 $15\mu m$。水应专门处理，否则会对压气机静叶和动叶造成严重损坏 | 前缘发生侵蚀，应涂层 | 侵蚀主要存在于最初几级叶片的前缘和叶尖，应涂层 | 第一级出现侵蚀，叶片应涂层 | 第一级出现侵蚀，叶片应涂层 | 影响较小 |
| 压气机喘振 | 压气机内部流体逆流 | 可能导致叶片失效 | 通常在末几级流动分离和喘振。导致叶片共振引发失效 | 在不同转速下，运行范围变大 | 在不同转速下，运行范围变小 | 喘振会导致排气导叶失效 |
| 压气机叶尖失速 | 在叶尖流动分离 | 影响较小 | 通常发生在末几级。叶尖失速经常导致整个压气机喘振 | 可调静叶一般在前几级，影响较小 | 叶尖失速发生在后几级 | 影响较小 |

（续）

| 失效机理 | 概述 | 进口导叶 | 压气机动叶 | 可调的压气机静叶 | 固定的压气机静叶 | 排气导叶 |
|---|---|---|---|---|---|---|
| 旋转失速 | 气流失速团沿着旋转方向从一个叶片移动到另一个叶片 | 有引发叶片共振趋势，导致高频疲劳失效 | 有引发叶片共振趋势，导致高频疲劳失效 | 有引发叶片共振趋势，导致高频疲劳失效 | 主要发生在前几级 | 影响较小 |
| 叶尖磨损 | 叶尖的过度磨损，通常发生在抽气位置附近 | 没有危害 | 叶尖在尾缘处发生失效 | 由于失效叶片碎片冲击带来的损坏（内物损伤） | 由于失效叶片碎片冲击带来的损坏（内物损伤） | 由于失效叶片碎片冲击带来的损坏（内物损伤） |
| 叶片结垢 | 在叶片上结垢，在线水洗只能清洁前几级 | 前几级结垢严重，通常在线水洗有良好效果 | 结垢很严重，在线水洗通常在前3~4级有良好效果 | 结垢堵塞阻止可调静叶的动作，并导致喘振 | 结垢很严重，在线水洗通常在前3~4级有良好效果 | 结垢很少，但由于横截面很小，也会产生有害影响 |
| 异物损伤 | 外部异物穿过了过滤器 | 冲击损坏严重 | 由于上游叶片失效造成损伤，即内物损伤 | 由于上游叶片失效造成损伤，即内物损伤 | 由于上游叶片失效造成损伤，即内物损伤 | 由于上游叶片失效造成损伤，即内物损伤 |
| 展弦比 | 新型叶片具有高展弦比，这需要更高的预扭角，从而增加叶片应力 | 没有影响 | 大多数高展弦比动叶会影响前几级。高预扭角导致叶尖处流动分离 | 没有影响 | 没有影响 | 没有影响 |
| 压比 | 工业燃气轮机压比已从7增加到30。压比越高，稳定工作范围（喘振工况-阻塞工况）越窄 | 新型机组导叶可调。安装角不当会导致进口导叶失效 | 更高压比时存在回流，叶片负荷更高 | | | 一些机组遇到排气温度方面的故障 |
| 增加级数 | 级数增加导致压气机稳定工作范围变窄 | | 增加喘振发生的可能 | | 增加损坏发生的可能 | 增加损坏发生的可能 |

（续）

| 失效机理 | 概述 | 进口导叶 | 压气机动叶 | 可调的压气机静叶 | 固定的压气机静叶 | 排气导叶 |
|---|---|---|---|---|---|---|
| 叶片型线 | 旧式燃气轮机大多数是双圆弧叶片，而先进叶片是三维叶片或可控扩散叶片。各级叶片形状不同 | 新型叶片是跨声速叶片，其最大厚度出现在叶片的后部（位于进口65%～70%弦长处） | 第一级特别是在叶尖处出现跨声速流动 | 影响较小 | 影响较小 | 影响较小 |

轴流式压气机的性能对动叶的状况非常敏感。压气机的主要问题是由叶片上的结垢引起的，这些结垢源于不良的过滤和维护做法。在线水洗能够恢复大部分退化的性能。在主要检查期间，应清洗所有的叶片并通过渗透测试检查是否有裂纹。只要发现叶片存在裂纹，则应将此叶片更换掉。有时候可以对小的裂纹进行修补，但是这一过程需要得到制造商的许可。

轴流式压气机叶片的磨损通常是因为外来颗粒的侵入，灰尘是其中最常见的外来颗粒。应记录叶片最大和最小弦长并向制造商报告，制造商应能够给用户提供磨损引起的性能损失和结构强度降低的反馈信息。

许多新型高性能压气机都存在叶尖磨损，而叶尖的磨损会导致叶片尾缘发生失效。大多数的叶尖磨损通常发生在压气机第四级至第六级之间的抽气部分附近。为了确定叶尖的间隙，应在叶尖对应的整个圆周上布置四个测点。将这些间隙读数和安装时或是之前测量的读数进行对比，其结果将表明是否发生了磨损以及机匣是否变形和失圆，同时将表明转子是否低于其初始位置以及是否需要在大修期间进行更深入的检查。

如果空气进口受到盐水的污染，那么应检查动叶和静叶是否发生点蚀问题。叶片根部附近严重的点蚀将会导致结构损坏。当叶片发生了严重的点蚀时，应尽快通知制造商。

静叶和动叶同样重要，静叶也应进行所有相同的清洁、检查和无损测试。值得注意的是静叶上的磨损情况略有不同。同样，应再次告知制造商静叶磨损的状况，并根据其建议来决定继续运行或更换部件。

在完成所需的维修和更换之后需要重新组装燃气轮机。重新组装的工作应在有经验人员的仔细监督下进行，以确保所有的工作符合既定标准，并且在组装期间应检查并记录叶片间隙、轴承间隙和间距。应当特别注意确保机械师在拧紧螺栓和螺母时使用合适的扭矩，因为机械师通常更倾向于依靠"感觉"确定扭矩，而不是使用扭矩扳手。扭矩在装配中非常重要，不合适的扭矩会导致部件的弯曲和变形，特别是那些在高温环境下运行的部件。

#### ▶▶压气机清洁

保持压气机的清洁至少有三个主要原因。第一个原因是恢复燃气轮机的做功能力。如果机组用于驱动，压气机结垢会导致机组最大功率的降低，而清洗工作能够在很大程度上恢复机组的额定功率。同时，压气机的结垢将导致压比的降低和机组流量的减小。

第二个原因是恢复机组的效率。对于给定的负荷，结垢将增加燃料的需求量。堆积在叶片上的污垢将会改变叶片几何型线，因此清除叶片上的污垢将恢复叶片的原始型线，从而恢复机组效率。

第三个原因是清除叶片上堆积的污垢可避免燃气轮机由于异常运行模式发生的故障。转子叶片上的结垢会引起推力轴承的故障。机组调节阀、脱扣装置和节流阀上的结垢也可能会导致机组的超速故障。平衡活塞迷宫密封处及平衡管路上的结垢将导致推力轴承失效。动叶片上的沉积物还会因不均匀结垢产生的不平衡振动，进而导致机组故障。

功率的降低和热耗率的增加是压气机动叶和静叶污垢过度累积的直接反映。

结垢指标包括：

1. 燃气轮机排气温度。

2. 压气机出口压力和温度。

3. 压气机等熵效率和多变效率。

4. 压气机压比和透平压比。

5. 以推力轴承金属温度升高表征的推力负荷。

6. 在吸气压力和平衡活塞压力之间的压差变化，其调节机组主轴的位置。

7. 轴承振动读数高。

▶▶**压气机水洗**

在线清洗有两种基本方式：磨料清洗和溶剂清洗。在线清洗是一项非常重要的操作要求，但是在线清洗并不能解决所有的压气机结垢问题。这是因为每次清洗循环后，压气机不能恢复到满功率状态，所以在机组运行一段时间后需要进行离线清洗。压气机清洗对输出功率的影响如图 21-15 所示。

必须通过计算功率恢复的收益和劳动力成本，并平衡额外的能耗成本来确定离线清洗时

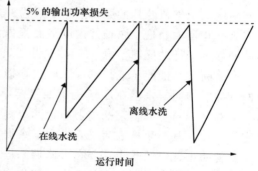

图 21-15　压气机清洗对输出功率的影响

间。在性能和可用性之间进行权衡时，必须考虑到这样一个事实，即功率的降低也应该被看作等效停机时间，从而降低了电厂的可用性。

由于可能导致侵蚀问题，磨料清洗的使用越来越少，现在主要采用液体清洗。常见的磨料是 1/64in 的坚果壳或是废催化剂。磨料必须具备足够的质量才具有清除污垢的动量，但是大质量的颗粒不能随着气流流动，同时这些颗粒会对旋转的叶轮和叶片的前缘造成冲击，而叶片尾缘的结垢难以被清除。污垢距离磨料喷射点越近，清洁就越均匀。

同时磨料还必须足够坚固，以避免在冲击结垢时破损。谷粒是一种比较差的磨料，因为冲击时谷粒会变成更小的颗粒并钻进轴承和密封件。磨料清洗完成后会出现另一个问题，对于简单循环燃气轮机，磨料可能会被烧毁；而在回热循环中，磨料将会沉积在回热器中，这些沉积物会导致回热器损坏。在蒸汽系统中，磨料可能在通过系统时堵塞凝汽阀。在讨论磨料清洗时，经常会考虑磨料导致迷宫密封损坏的可能性。但是实际上这种担心是毫无根据的，目前还无法解释这一现象，原因可能是颗粒太大而不能进入间隙。

在 20 世纪 90 年代末，压气机在线清洗和离线清洗都是燃气轮机运行中的重要组成部分。高压压气机对于叶片上的结垢非常敏感，这不仅会导致性能的退化，并且会导致压气机喘振。由于每个电厂环境条件不同，清洗的效果也会随着现场特定情况而不同。有很多先进的水洗技术和系统，操作人员必须根据具体的机组来确定最佳操作方案，其中包括应使用的溶剂（如果有的话）以及清洗的频率。这是一个复杂的技术经济性问题，同时取决于燃气

轮机的保养方式和电厂周围的环境。

离线水洗（使用或不使用清洗剂）通过水流冲击和去除水溶性盐来清洗。重要的是应该使用软化水，其中清洁剂和水的比例也是另一个重要参数。使用肥皂水进行水洗是一种有效的清洁方式，应按照步骤进行多次清洗，以达到有效清洗的目的。在每次清洗循环中，压气机加速到起动速度的20%~50%，然后机器惰走至停止，随后是浸泡时间，在此期间肥皂水溶液将溶解其中的盐分。

空气中悬浮的部分盐分经常会通过过滤器进入机组内部。建议通过用肥皂水清洗燃气轮机，收集所有可用的排污口排出的废水，最后分析水中溶解盐分的方法，从而确定污垢中是否含有大量的盐分。

为解决压气机运行中结垢出现的问题，在线水洗作为控制结垢的手段被广泛使用，但是水洗通常对压气机的末几级不是很有效。清洁系统和技术目前已经可以实现有效安全的在线清洗，清洁过程可以通过使用水、水基溶剂、油基溶剂或表面活性剂来完成。与溶剂溶解污染物的清洗方式不同，表面活性剂通过与污垢发生化学反应来完成清洗工作。水基溶剂清除盐分非常有效，但是清除油性污垢时表现不佳，而油基溶剂不能有效地清除盐类沉积物。使用这些溶剂，有可能在压气机末几级中重新沉积污垢。

即使进气经过了良好的过滤，压气机中仍然会有盐分的沉积。在盐分和其他污垢聚集的过程中很快就会达到一个平衡状态，之后大的颗粒再度产生。必须在达到饱和之前去除压气机中的盐分，来防止这种大颗粒物的再度产生。饱和发生的速度极大地依赖于过滤器的过滤质量，通常来说盐分在燃气和金属温度低于1,000℉（538℃）时可以安全通过燃气轮机。如果温度过高，盐分的沉积量会急剧增加。在清洁过程中，盐分颗粒通过的实际瞬时速率非常高，并且颗粒尺寸大大增加。

### ▶▶不同的清洗系统

清洗系统主要有三种不同的类型：在线清洗系统、离线清洗系统以及人工手持式清洗系统。这些清洗系统主要是为了维持机组的压气机部件的最大工作效率，而系统的有效性很大程度上取决于其是否被合理利用。为了评价这些清洗系统的有效性，强烈建议将这些系统的使用情况和机组的性能参数相关联。

在大多数情况下，在线清洗系统是作为离线清洗系统的补充而非替代。通常来说，为了使性能的退化得到最大程度的恢复，对燃气轮机进行离线清洗是非常重要的。有时由于运行的限制，燃气轮机的离线清洗工作会被推迟，这时就需要手动清洗燃气轮机压气机叶片来去除结垢。为了手动清洗压气机叶片，必须现场检查并人工擦洗压气机。测试表明在离线清洗过后，燃气轮机的效率可以恢复5%。

### ▶▶在线清洗系统

在线清洗系统应在燃气轮机运行参数稳定时使用，由于该系统不影响机组运行，因此燃气轮机此时在何种负荷下运行并不重要。利用在线清洗系统清洗燃气轮机压气机的过程应该作为例行的维护项目。在线清洗系统通过注入雾化的清洗液，来避免任何可能由于磨料清洗方式所导致的叶片侵蚀和部件涂层损坏的问题。

典型的在线清洗系统包括一个位于燃气轮机进气室外的在线水洗环，如图21-16所示。在线水洗环上有一些引出端连接着雾化水喷嘴，如图21-17所示。

图 21-16　燃气轮机进气室外的在线水洗环

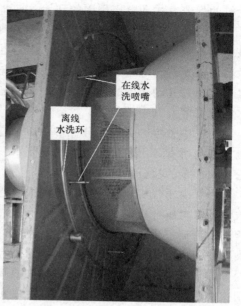

图 21-17　燃气轮机进气室内部的离线
水洗环和在线水洗喷嘴

### ▶▶离线清洗系统

离线清洗系统用于燃气轮机停机时。在燃料和点火系统停止使用时，燃气轮机通过手动起动来进行离线清洗，这种清洗的形式对于恢复燃气轮机性能更加有效。在进行此操作之前，应先移除大部分的排污管、点火器、值班燃气等，以避免在机组燃料点火器管道中出现积液。通过使用不同的清洗液，可以增强清洗的有效性。制造商会推荐不同的水和溶剂混合的清洗液，同时现场的技术人员对于许多不同的常用溶剂的组合也已经进行了详尽的研究。

许多机组水洗环上的喷嘴不对水进行雾化，清洗溶剂混合好后储存在标准规格的收集罐中，这种收集罐配有压力管接头和排出管接头，利用压缩空气使混合液通过不锈钢管道和阀门进入机组进气室。

用于执行离线清洗的首选方法是使用手持型清洗棒。为了在压气机的进口进行操作，必须移除机组进口的几个进气检修盖，然后手持清洗棒绕着进气过滤网，对压气机进口进行均匀喷洒。

人工擦洗压气机叶片是恢复压气机性能的另外一种方法。在压气机被打开用来检查和清洗之前，首先需要进行例行的离线清洗。这种方法虽然能够提升性能水平，但是非常消耗劳力，而且并非所有的燃气轮机压气机的叶片在现场都能被直接清洗，在进行这一清洗过程之前必须评估其对经济效益的影响。预期的压气机多变、效率能够增长 0.5%～1.0%。在不进行曲柄清洗的情况下必须运行 11 个月的机组中，额外的效率增加可进一步节省燃料并提供更多动力。

必须严格控制在线和离线清洗所用水的水质，以保证不引入杂质。表 21-11 详细说明了成功完成清洗所需要的水质。在进行常规在线清洗之前，测试水质至关重要。

表 21-11 压气机清洗所需水质的详细指标

| | 水质指标 | |
|---|---|---|
| 钠和氟 | $<1.9\times10^{-6}$ | （质量分数） |
| 氯 | $<40\times10^{-6}$ | （质量分数） |
| 铅 | $<0.7\times10^{-6}$ | （质量分数） |
| 钒 | $<0.35\times10^{-6}$ | （质量分数） |
| 铁、锡、硅、铝、铜、锰、磷、钙和镁 | $<3.8\times10^{-6}$ | （质量分数） |
| 溶解性固体 | $<5\times10^{-6}$ | （质量分数） |
| pH 值 | $6\sim9$ | |

由于软化水源可能会偶尔流过催化剂床，因此在例行的在线清洗之前进行水质检测是非常必要的。软化水用于燃气轮机的清洗之后应重新进行软化处理，以保证水质良好。因为每个燃气轮机的清洗模式是批处理模式，所以将水处理也设计成多批次小速率，从而保持水的持续供应。通过结合水质测试，每一次在线水洗的有效性将得到大幅提高。对每次的清洗用水进行详细分析往往费时费力，另一种方式是使用手持式导电率/总溶解固体量/pH 值检测仪。仪器的读数应该显示水的导电率 $<0.5\mu$mhos/cm，总固体溶解度 $<1.0\times10^{-6}$（按质量计），pH 值在 $7\sim9$ 范围内。

### ▶▶ 在线与离线清洗液体

许多溶剂都可以用于燃气轮机的在线和离线清洗。水基、溶剂基、工业清洗剂和软化水只是用于清洗燃气轮机压气机的不同类型清洗剂中的一小部分。

有几种类型的水基溶剂可以用于压气机的清洗。最常用的水基溶剂含有少量的金属成分，并且来自高活性的天然油脂和表面活性剂。水基试剂对于环境比较安全，并且不含溶剂，不能够溶解和清除长期累积产生的沉积物。一般结合水基和溶剂基的工业清洗剂能够达到很好的效果。大部分燃气轮机制造商都会提供与燃气轮机配套的清洗剂清单。值得注意的是不要使用原始设备制造商禁止使用以及未经审核的清洗剂。

许多其他类型的溶剂基清洗剂也可用于燃气轮机的在线和离线清洗。大部分溶剂来自烃类基质，并含有极少量的金属。虽然这类清洗剂环境友好性较差，但是在适当的流程下仍然可以安全使用。这些溶剂主要用于离线清洗。

到目前为止，软化水是最常用的水洗剂。如果过滤系统能够有效地过滤掉空气中的大部分颗粒和油性物质，那么软化水系统会非常有效。

在进行水洗程序之前，应与燃气轮机制造商和清洗剂供应商一起讨论该程序，他们手头上的专业知识将有助于清洗过程的成功进行。

为了满足规范要求，需要对软化水进行采样。如果已经使用了水基清洗剂，那么要按照清洗剂供应商的标准对罐中的溶液进行混合，所需的水量取决于推荐的清洗剂和水混合的比例，以及燃气轮机的尺寸。

只有在燃气轮机稳定运行时才能进行清洗，同时环境温度要高于 40℉（4℃）。如果环境温度低于 40℉（4℃），则必须采取一些特别的措施。

将水洗车的出口和燃气轮机水洗管道相连，同时将空气供应软管和水箱进气阀相连，并调整空气供应压力至 $85\sim100$lbf/in$^2$。

打开水箱的水洗出口阀和燃气轮机水洗进口阀，连接到水洗歧管。清洗液在水罐中的压力下进入燃气轮机。观察燃气轮机的性能，可以发现，注水时压气机出口压力将会上升，而点火温度将会降低，这时功率将会增加但并不影响过程变量，燃气轮机会有足够的功率维持其设定值。

1. 观察获得固定量清洗液所需的时间。

2. 如果获取清洗液的时间增加，表明喷嘴被堵塞。

3. 当清洗液体结束喷入时，燃气轮机将继续正常工作。

4. 如果使用清洗溶剂，那么在其后采取和水洗相同的步骤。

## ▶▶离线清洗过程

关闭燃气轮机并留够充足的时间让燃气轮机温度降低到 150℉（66℃）以下。切记，如果用溶剂基清洗剂进行清洗，这一点非常重要。断开下机匣放油塞和点火器割炬管，同时移除所有低位的管道组件，如通往燃料总管的燃气管道，并给所有管路明线安装盖板。

移除燃气轮机进口的检修封盖，安装手持泵喷雾器，喷雾器装有适当配比的离线清洗溶液、水或溶剂基清洗剂。然后对燃气轮机开启手动起动模式。向燃气轮机进气喇叭口处喷注离线清洗液，直到清洗液快喷尽时关闭手动起动模式，并在发动机惰走过程中继续喷入溶液，并让溶液在燃气轮机中停留 10～15min。

将 10gal 的软化水注入清洗水箱中，启动手动起动模式，并将水注入起动清洗歧管中，过程中使用手持注入棒能够达到更好的效果。值得注意的是必须在清洗过程前安装杂质过滤网，以确保异物不会吸入燃气轮机进气口。

在燃气轮机起动和惰走期间注入推荐的清洁剂，并让溶液在燃气轮机内部保留 10～15min，然后给水洗车注入 20～30gal 的软化水，启动手动起动模式并将水注入燃气轮机进气喇叭口，可以使用手持式喷水棒，也可以使用喷水环。

继续注入软化水，直到在燃气轮机排水口获得洁净的水流。

## ▶▶燃烧室

目前燃烧室已经发生了显著的改变，新型先进燃气轮机从湿式扩散燃烧室发展为干式低 $NO_x$（DLN）燃烧室，后者有时也称为干式低排放（DLE）燃烧室。新型的 DLN 或 DLE 燃烧室存在稳定性问题，而且非常容易受到系统中任何液体的影响。根据系统的布置方式不同，燃烧室可以分为以下四种类型：

- 环管形燃烧室
- 环形燃烧室
- 筒形燃烧室
- 分管形燃烧室

环管形燃烧室和小型分管形燃烧室可以从燃气轮机上拆除，因此不用打开机组气缸就能方便地检测燃烧室火焰筒和喷嘴上的裂纹和烧损的程度。筒形燃烧室在冷却后也能方便地检测，目前技术人员已经能够直接进入筒形燃烧室检测内部的耐火片。内窥镜是检测环形燃烧室的最好方式，个别地方出现短裂纹很常见，不需要立即关注和处理。但是如果裂纹聚集进而产生持续作用或诱发出现新的裂纹，就会造成金属片的脱落，这时必须对裂纹进行修复。一般情况下，这种裂纹可以用制造商推荐使用的焊条进行焊接，焊条的种类取决于燃烧室使用的金属类型。燃烧室和联焰管的烧损或弯曲部分可以切除并重新焊接，但是应该仔细研究烧损部分的位置、形状及其在其他燃烧室内的出现情况，进而确定烧损的原因。

表 21-12 给出了环形和环管形燃烧室的失效机理，说明了各类失效机理对环管形和环形燃烧室的影响，包括扩散燃烧室和 DLN 燃烧室中对燃料喷嘴、联焰管和过渡段等各部件的影响。

表 21-12　燃气轮机环管形和环形燃烧室部件的失效机理

| 失效机理 | 总体描述 | 环管形燃烧室 | | | | 环形燃烧室 | | | |
|---|---|---|---|---|---|---|---|---|---|
| | | 扩散燃烧室 | 干式低 $NO_x$ 燃烧室 | 燃料喷嘴 | 联焰管 | 扩散燃烧室 | 干式低 $NO_x$ 燃烧室 | 燃料喷嘴 | 过渡段 |
| 不均匀燃烧 | 多种原因，例如燃料喷嘴堵塞，水或蒸汽注入不当，火焰稳定性差 | 导致燃烧室火焰筒或壁面出现高温，热障涂层剥落 | 预混不当 | 燃料喷嘴处产生大量积炭 | 烧毁联焰管 | 隔热片容易出现裂纹。隔热片交联处可能发生热障涂层剥落 | 高的脉动容易引起振动 | 燃料喷嘴处产生大量积炭 | 过渡段连接第一级静叶处的振动可能引起密封失效 |
| 燃料热值变化 | 会影响沃泊指数（低位发热量/比重×温度）。高的沃泊指数会更加靠近火焰筒。低的沃泊指数可能引起脉动 | 导致燃烧室火焰筒上出现裂纹，热障涂层剥落 | 回火问题 | 烧损预混燃料喷嘴 | 烧毁联焰管 | 导致燃烧室火焰筒上出现裂纹，热障涂层剥落 | 回火问题 | 烧损预混燃料喷嘴 | 内表面出现裂纹，可能剥落，可能引起热障涂层出现密封问题 |
| 低热值燃气 <500Btu/ft³ | 环管形燃烧室不推荐使用低热值燃气，因为低热值燃气，主燃区需用空气更多，因此冷却可用燃烧室空气更少。相比环形燃烧室有更多的面前需要冷却 | 低热值燃气能良好稳定运行。燃烧室火焰形状须进行仔细监测 | 不适用燃烧低热值燃气 | 燃料喷嘴容易结焦 | 如果发生不均匀燃烧，联焰管可能会烧毁 | 最适合燃用低热值燃气。需要热值低的冷却面积较少 | 不适用燃烧低热值燃气 | 燃料喷嘴容易结焦 | 不稳定的燃烧可能引起密封问题 |
| 高排放 | 主燃区的高温产生高的 $NO_x$ 浓度 | 主燃区的高温产生高的 $NO_x$ | 燃烧室脉动问题，回火问题 | 烧毁燃料喷嘴 | 烧毁联焰管 | 主燃区的高温产生的 $NO_x$。不完全燃烧产生未燃烃类颗粒 | 燃烧室脉动问题，回火问题 | 烧毁燃料喷嘴 | 过渡段连接第一级静叶处的振动可能引起密封失效 |
| 回火 | 这是DLN燃烧室的一个常见现象，如果燃烧室中含有液体，这个问题会加剧 | 扩散燃烧室不会出现该问题 | 是这类燃烧室的主要振动和脉动问题 | 烧毁燃料喷嘴 | 烧毁联焰管 | 扩散燃烧室会出现该问题 | 是这类燃烧室的主要振动和脉动问题 | 烧毁预混喷嘴 | 过渡段连接第一级静叶处的振动可能引起密封失效 |
| 双燃料 | 液体燃料和天然气不同的混合比例下运行。在运行效果均良好运行。所有混合比例下良好运行。运行中不允许燃料中有任何液体。由天然气变为液体燃料时易发生回火问题 | 所有混合比例均良好运行。在运行中不允许燃料有任何液体，如果含有液体，扩散燃烧室会出现该问题 | 燃用天然气时运行效果最优。运行中不允许燃料中有任何液体 | 扩散燃烧喷嘴可能烧毁。在燃料切换时可能会烧毁预混DLN燃烧室喷嘴 | 如果发生不均匀燃烧，可能烧毁联焰管 | 所有混合比例良好运行。下良好运行改变混合比例时能改变混合比例 | 燃用天然气最优。运行中不允许燃料中有任何液体 | 扩散燃油喷嘴可能烧毁。在燃料切换时可能会烧毁预混DLN燃烧室喷嘴 | 过渡段连接第一级静叶处的振动可能引起密封失效 |

单个区域的烧损表明燃料喷嘴有可能发生污损或者已经损坏，也有可能是燃烧室存在安装误差。如果不同燃烧室都出现类似的烧损情况，则证明有可能在起动阶段投入了过量的燃料造成火焰温度过高，也有可能是随燃气一起进入的未燃液体，或者是因为起动过快、机组超负荷引起的。对于 DLN 燃烧室，燃料中的液体引起的回火会损毁燃油预混喷嘴。

燃烧室的位置以及实际的火焰筒应进行永久性的编号，每一个火焰筒都应有完整的记录，包括它的服役小时数、维修或更换记录以及它们在每个检查日期在机组中的位置。同时也应在火焰筒端部或其支撑部位监测由于振动、胀缩运动引起的过度磨损情况。这些部件可以通过切除损坏部分，然后用新材料重新焊接来进行维修，如果必要，还要更换弹簧密封。

应检查过渡段的接触点是否开裂和磨损，目前过渡段都涂有热障涂层，磨损经常发生在过渡段和燃烧室火焰筒衬管之间以及第一级喷嘴安装处。如果发生过度磨损，可以更换过渡段的圆柱形部分；过渡段喷嘴端的磨损比其他部分更加严重，因为它允许过渡段的过度振动，这会导致裂纹出现。如果有一半的内、外密封的厚度减小到原来的 50% 以下，就必须更换过渡段。如果此时过渡段并未出现不良状况，就可以仅将密封磨掉并更换。目前已经证明新型浮环密封比旧式固定密封更加可靠，过渡段表面上如果出现裂纹，就要进行更换。

▶▶ **透平**

可以通过弯曲内窥镜对透平第一级喷嘴静叶表面进行检查，方法是将弯曲的内窥镜由燃烧室伸入透平或拆除检修板来进行。对于一些特定尺寸的透平，可以通过将内窥镜探入透平排气管来监测最后一级动叶片。如果可能，要尽最大努力监测整个圆周上四个点处的叶尖处的间隙。这些间隙读数与安装时测取的或原有的间隙数值进行比较就会发现，叶尖处是否发生摩擦，密封环是否发生扭曲变形。同时它也会表明转子是否处在其原始位置，以及在大修时是否需要做进一步的检查。

表 21-13 列出了影响燃气轮机透平部件的各种失效机理，同时也给出了腐蚀作用对从第一级喷嘴叶片到第三级或第四级动叶片的影响。

由于高温部分直接暴露在火焰之下，因此必须对它的裂纹和翘曲情况进行初步检测，以评估进一步需要开展的工作。出于相同的原因，轴承也需要监测磨损和对中情况。

对于透平叶片，应当仔细监测其侵蚀和裂纹情况。透平转子最重要的位置是与透平转子相连接的枞树型叶根部分以及叶片尾缘接近轮毂的部位。透平叶片尾缘通常是温度最高的区域，裂纹经常出现在尾缘距离叶根 1/3 叶高的地方。这些区域应仔细清洁并且用喷雾渗透剂来检查裂纹情况。拆除第一级进口静叶和动叶，并用 200 号氧化铝细砂或其他允许使用的喷砂材料进行喷砂处理。清理时先要把叶片表面的涂层剥离，然后用红染剂或紫外光灯仔细检查其裂纹情况。第一级喷嘴叶片可能需要关注，因为其不需要拆除就可以进行检测。在以往的设计中，静叶片通常是在尾缘处发生弯曲变形，如果发生这种情况，可以用以下方法来解决，即在静叶片之间插入一块恰当横截面形状的间隔件，将叶片上部用火炬加热至红热状态，然后用锤子或平面锤锻成叶片的边缘平面。如果裂纹长度小于 1.5in，只要裂纹不在端部持环处扩展，就可以将其开槽并进行焊接。如果发生扩展，那么就要对叶片进行拆除、焊接或者更换新叶片。叶片被焊好后，必须不断地检测它们是否出现新的裂纹，如果出现，就要重新进行开槽、焊接和检测。由于存在复杂的冷却结构，新型先进静叶可能无法修复。

表21-13　燃气轮机轴流式透平部件的失效机理

| 失效机理 | 总体描述 | 第一级喷嘴 | 第一级动叶 | 第二级喷嘴 | 第二级动叶 | 第三和第四级喷嘴 | 第三和第四级动叶 |
|---|---|---|---|---|---|---|---|
| 喷嘴叶片弯曲变形 | 通流面积减少。引起高温，冷却不当，叶轮间隙温度升高 | 叶片可能承受高温腐蚀。热障涂层剥落 | 热障涂层剥落 | 叶片可能承受高温腐蚀。热障涂层剥落 | 有些机组叶片冷却不佳，可能受到超温影响 | 这部分叶片除了内物损伤问题外，通常不受影响 | 这部分叶片除了内物损伤问题外，通常不受影响 |
| 喷嘴叶片烧损 | 不均匀燃烧产生各种热斑点，导致叶片烧焦 | 引起尾缘烧焦。叶片端壁损害是冷却不当 | 内物损伤可能造成频损害 | 通常是由未完全燃烧的燃料在积聚，之后在叶片通道内燃烧引起 | 内物损伤可能造成损害 | 这部分叶片除了内物损伤问题外，通常不受影响 | 这部分叶片除了内物损伤问题外，通常不受影响 |
| 不完全燃烧或燃料过多 | 在起动阶段，燃料没有立即被燃烧，而是在静叶片处积聚，这起着火格稳定器的作用。要确保停机系统有加速保护模式 | 静叶片完全烧焦 | 叶片被类似于火焰的高温区域切割。内物损伤可能造成损害 | 受上游部件失效内物损伤问题而产生。由于在第二级喷嘴处积聚造成自身烧焦，而第一级静叶片并未受损的情况 | 受上游部件影响而产生内物损伤问题 | 受上游部件失效影响而产生内物损伤问题 | 受上游部件失效影响而产生内物损伤问题 |
| 第一类高温腐蚀（超过1,500℉） | 由Na在空气或流体中的反应，或通常存在于流体中的硫酸，或硫组分在高温氧化下成为氧化物。生成硫化颗粒，以及造成基体金属片状层剥落区域 | 对前缘造成损害，端壁涂层侵蚀物撞击基体涂层 | | 第一级静叶片的侵蚀损害 | 内物损伤可能造成损害 | 影响很小 | 影响小 |
| 第二类高温腐蚀（1,100~1,450℉范围内） | 由硫酸钠以及合金组分中如钠和钴共污染生成低熔点共晶化合物。造成晶间腐蚀，生成硫化物颗粒，以及造成片状层剥落 | 破坏涂层 | | 涂层的典型损害形式是产生片层状腐蚀 | 涂层的典型损害形式是产生片层状腐蚀 | 在较低温度级并不常见，但是在这些级也可能透平中这些级处于高温 | 影响很小 |
| 高温气体氧化侵蚀 | 由空气或燃料中细小固体颗粒引起。低效燃烧模式。过高的排气温度（EGT）模式也能引起该问题 | 喷嘴或端壁上的热障涂层失效。腐蚀状况在周向可能不均匀 | | 涂层侵蚀和氧化 | 影响很小 | 影响很小 | 影响很小 |

（续）

| 失效机理 | 总体描述 | 第一级喷嘴 | 第一级动叶 | 第二级喷嘴 | 第二级动叶 | 第三和第四级喷嘴 | 第三和第四级动叶 |
|---|---|---|---|---|---|---|---|
| 叶尖摩擦 | 由非常小的叶片尖间隙和根部高温引起金属高温引起 | | 可能引起凹槽区域以及叶尾缘的失效 | | 围带顶部与气缸相碰触可能引起叶片失效 | | 围带顶部与气缸相碰触可能引起叶片失效 |
| 叶片振动磨损段蚀 | 梯型和枞树型叶根的磨损是叶片叶根摆动引起的。调峰机组非常容易受到影响 | 造成尾缘、前缘以及叶身压力面侧的严重损伤 | 叶片的叶根磨损区域会发现红褐色的铁氧化物和裂纹 | | 叶片的叶根磨损区域会发现红褐色的铁氧化物和裂纹 | | 通常不会受到这个问题的影响 |
| 叶片和叶轮断裂失效 | 失效发生在高温高负荷（高应力）的叶片和轮盘中。轮盘失效可能是灾难性的。由冷却通道堵塞而导致冷却不足引起 | 造成翘曲变形，常发生在尾缘处 | 如果发生密封堵塞，轮或冷却孔堵，气和间隙的温度可能非常高 | | | | |
| 外物损伤（FOD）/内物损伤（DOD） | 外物损伤由外来异物入侵对燃气轮机造成损害。内物损伤由内部部件的失效引起 | 大部分的损害由此发展而产生 | | 内物损伤可能造成损害 | | 内物损伤可能造成损害 | |
| 低周疲劳（LCF） | 透平轮盘和第一级叶受稳态应力以及热力疲劳。调峰机组透平更易产生低调疲劳问题 | 叶片上形成裂纹。单个叶片受到的作用要比成组叶片小 | 热力疲劳 | 涂层表面变粗糙 | | 涂层表面变粗糙 | |
| 高周疲劳 | 可以发生在任何动叶或静叶。由于叶片受激发产生共振。这经常发生在无围带或整铸的动叶中 | 不适用于大多数设计 | 刻痕和裂纹起诱发作用，失效经常发生在大约 1/3 叶生的高处 | 不适用于大多数设计 | 刻痕和裂纹起诱发作用，失效经常发生在大约 1/3 叶生的高处 | 不适用于大多数设计 | 这些叶片的失效可能由于出口处的支架，叶片的共振频率引起 |

当修复第一级喷嘴叶片时，叶片上下部分应用螺栓固定或夹紧在一起，而且整个持环应放置在一个水平面上，或者在水平面上有充分的支撑，以防止持环在修复过程中由于加热叶片而发生热弯曲或翘曲。

当第一级静叶尾缘的弯曲变形被拉直或处理后，应仔细检测相邻静叶尾缘之间的距离以及下游叶片的表面状况。应当计算这些距离的平均值并校正到制造商允许的正负百分比范围内。这样做有助于确保进入第一级动叶的气流分布均匀，以消除叶片振动。

透平动叶如果出现裂纹，则无法进行现场修复。如果只有一个或两个动叶受到机械损伤，制造商可能会建议现场维修或更换受损叶片。但是，如果有多个叶片产生疲劳裂纹，建议更换整套叶片，因为余下的叶片也处在相同的运行条件下，它们剩余的疲劳寿命也很短。

由于安装误差和过长时间运行，滑动轴承的上、下部分都要检测其磨损状况，这些磨损经常发生在频繁起停的调峰机组中。可以通过以下方法来预测推力轴承的运行状况，通常在调速器通过轴向移动或者撞击轴，移动透平轴的一小部分。透平轴的轴向移动量的大小表明了推力轴承的间隙大小，如果它在 0.012~0.015in（0.3048~0.381mm）范围内则是正常的。

如果透平未偏离对中，或通过轴垂直和水平方向的间隙检测，或观察轴承表面状况发现轴发生了弯曲，此时并不建议移除转子。但是一些透平的设计要求先移除转子，以便于移除隔板或进口叶片下半部分的移除。如果转子移除了，分离联轴器时一定要特别小心。联轴器法兰必须标记，而且要做跳动量测量，以确保它们重新正确组装。这些工作应始终在制造商的监督之下完成。

以上工作要严格遵循预定的计划流程图进行，而且流程图要实时更新。有时可能会碰到加班或者工作延误，但是一个好的工作计划会留有一定的裕量，并允许有一些小的变化。如遇到任何重大变化，工作计划就要修正，并给出所需的额外停机时间和可能需要增加的额外人员数量。

## 服役透平叶片的修复

可以识别出两种不同类型的叶片损伤，即表面损伤和内部老化。表面损伤可能是由于机械冲击或者腐蚀造成的，通常限定发生在叶片的型面上。这两种情况的轻微损伤都可以用混合或修整熔料填充的方法来除去损伤，然后用喷涂涂层进行表面抛光和高温保护。表面严重损伤或出现大量裂纹的叶片必须报废。涂层的恰当使用会显著延长叶片的使用寿命，有些情况下甚至比新更换的叶片寿命还要长。热腐蚀部件高温涂层技术的最新进展，导致了生产含有贵金属铝化物的多元素涂层的包装胶结的低成本和电镀工艺经济性。这些涂层由铂、铑、铝的多种化合物构成，可用于钴基和镍基静叶片和动叶片。大部分的新型透平前两级叶片都涂有 TBC 涂层，涂层对于老机组是可选的，但是对于现代燃气轮机机组，要想将透平叶片金属温度保持在 1,350℉（732℃）以下，则必须喷涂涂层。

内部老化是由于长期处于应力状态和高温环境下导致的微观结构变化引起的，这种微观结构的改变使部件的材料力学性能变差。目前已经证实存在三种形式的内部老化机理：

（1）沉淀相粗化或者过度老化，（2）晶界碳化物的变化，（3）空化或空隙的形成。

镍基合金透平叶片的中温强度很大一部分是缘于细 γ' 相沉淀物 Ni₃（Al，Ti）。γ' 相晶粒的生长率满足时间函数的 1/3 次幂增长法，相应的强度随之下降。晶界处碳化物的形态和数量也会随时间发生变化。合金热处理时碳化物的形成是对短期性能的优化，碳化物结构的长期变化通常是有害的，特别是对于延展性和缺口敏感性等方面的性能。气蚀是蠕变失效开始的标志，它由晶界上空隙的成核和生长组成。随着时间的增加，这些孤立的空隙会相互连接而形成裂纹。在光学显微镜下可以很容易地发现，气蚀之前叶片将要进入或已经进入蠕变的第三阶段。

目前尚不清楚以上的机理在透平叶片服役时的失效究竟占到多大比重，每一种合金在不同的温度应力组合下的性能也可能不同。图 21-18 给出了锻造镍镉合金 X-750 叶片在 1,350℉（732℃）下，残余应力断裂寿命随服役时间的典型变化曲线。

由于沉淀相生长和晶界碳化物变化引起的内部损伤，通常可以用传统的热处理方法进行修复，包括常规的热处理及随后在低温下沉淀物生成的控制。对于蠕变气蚀，还不清楚传统的热处理方法是否能消除气蚀损伤。

常规的再热处理可以部分恢复叶片的力学性能，虽然修复后的叶片微观结构和新的叶片相近，但是它并不能完全地恢复叶片的性能。这种不足表明常规热处理后气蚀可能仍然存在，并没有被完全去除掉。热等压处理（HIP）是一种能保证去除空隙的方法，现已证明它甚至能去除熔模铸造过程中产生的较粗的内部收缩孔隙率。如图 21-19 给出的 HIP 处理的结果，清楚地表明不论是商业用还是实验室内常规再热处理的金属，都不如 HIP 处理的性能好。成本估算表明已服役叶片的翻新费用只占更换新叶片费用的一小部分。

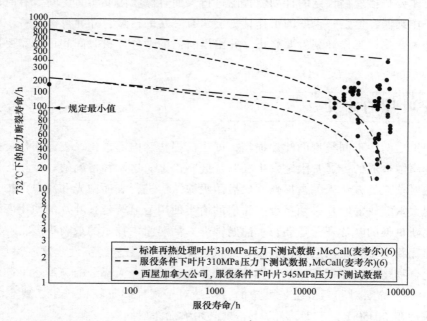

图 21-18　锻造镍镉合金 X-750 叶片在 1,350℉（732℃）下，残余应力断裂寿命
随服役时间的典型变化曲线（西屋电气公司燃气轮机事业部）

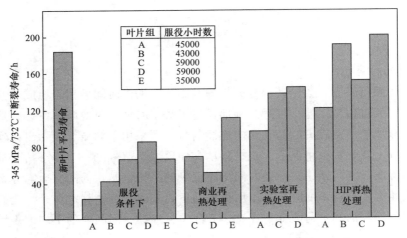

图 21-19　商业再热处理的、实验室再热处理和 HIP 再热处理的已服役镍镉合金 X-750 叶片的应力断裂寿命比较 ［50ksi/1,350℉ （345MPa/732℃） 服役条件］（西屋电气公司燃气轮机事业部）

# 转子动力学系统特性

　　燃气轮机在高转速下工作，因此需要将气动热力性能和转子动力学特性进行复杂的融合，需要进行全面分析，以确保电厂获得最大的利用率。在本章的前几节中，已经讨论了许多的气动热力性能参数，在本节中将讨论燃气轮机的转子动力学特性。

　　在当今燃气轮机特别是先进燃气轮机中，转子动力学特性非常关键，因而必须充分了解。重要的是要理解影响转子动力学特性的不同因素并分析由燃气轮机产生的振动信号。为了正确维护先进燃气轮机，必须对影响其转子动力学特性的原因及其相关的振动信号进行进一步的研究。在可能导致燃气轮机振动的几个因素中，转子轴承系统是最主要的，以下是产生振动信号的一些主要因素。

　　1. 转子不平衡。

　　a. 不对称。

　　b. 非均质材料。

　　c. 偏心。

　　d. 热梯度。

　　e. 过盈配合。

　　2. 转子弯曲。

　　3. 轴承不对中。

　　4. 液压不平衡或气动不平衡。

　　5. 由于转子部件的塑性变形导致的部件位移。

　　6. 转子摩擦。

　　7. 滑动轴承。

　　8. 推力轴承。

　　9. 气缸变形。

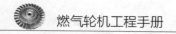

10. 涡动。

　a. 油膜涡动。

　b. 摩擦引起的涡动。

　c. 气动引起的涡动。

振动信号的频谱是大多数振动信号分析的基础，频谱由时间域信号组成，并通过快速傅里叶变换转换为频域信号。这个信号准确地描述了每个时域瞬时的频率内容，然而，时域图形与其对应的频域是一个随着时间变化的连续信号，可采用平均概念表示出在连续信号中占主导作用的振幅。在大多数情况下，机械振动会导致静态信号。一个静态信号具有不随时间改变的统计学性质。换句话说，一组时间历史记录的平均值是相同的，而与什么时候采取平均值无关。当速度和负荷不变时，可以用机组的运转来表示一个静态信号。我们同样用平均方法来诊断机组的起动和负荷改变。在这个方法中，连续时间间隔的平均值表示了振动水平和频率的变化。

为了能对任何特定的燃气轮机进行有效的故障排除，必须准确获取并全面分析机组的基本信号。基本信号是机组在正常工况下运行时的机械振动频谱。总的来说，正常工况很难定义，其本质上是判断性的。当一个机组首次安装完成或进行了一次大修后，应测量并储存振动频谱作为以后评估未来频谱的基准。当基本信号确定好后，应当对其进行仔细评估，并尽可能确定出每个分量。

表 21-14 给出了在燃气轮机中产生的各种类型振动的不同转子轴承系统的特性，该表研究了整个转子轴承系统，包括转子、轴承、密封、齿轮、联轴器、气缸和基座对燃气轮机运行的影响，表中以不同振动信号的试验结果来描述该系统的转子动力学特性。

## 轴承维护

对高速运转的机组而言，除了对中不好、变形、间隙偏差或结垢的影响之外，单纯的轴承故障很少发生。最常见的轴承故障是由振动和转子旋转引起的，其中有一些是源于轴承本身，还有一些可能通过轴承、轴承箱和轴承支撑结构进行放大或衰减。

在检修过程中，所有的滑动轴承都应仔细检查。如果该机组没有出现过过大振动或者润滑问题，则其轴承系统可以重新安装和使用。

在检修阶段，应当检查以下四个地方是否磨损：

1. 巴氏合金轴瓦表面。

2. 旋转轴瓦表面和持环座。

3. 密封环内孔或端部盖板。

4. 支点或球内外环处轴瓦厚度：所有轴瓦厚度应该相同，偏差在 0.000,5% 内。

以上检查完成后，应当接着进行以下检查：

1. 所有轴瓦的前缘必须具有对应于整个轴瓦长度一致的半径尺寸，如有必要应提供半径以获得合适的尺寸。

2. 表面划痕较轻的巴氏合金轴瓦，没必要进行更换。如果没有检测到磨损，就直接用锋利的直刃刮刀轻轻刮擦，以消除划痕。

表 21-14 燃气轮机转子轴承系统特性

| 振动原因 | 力的方向 | | | 力的位置 | | | | | 指示主频率 | | | | | | | | | | |
|---|---|---|---|---|---|---|---|---|---|---|---|---|---|---|---|---|---|---|---|
| | 垂直 | 水平 | 轴向 | 轴 | 轴承 | 气缸 | 基座 | 联轴器 | 0~40% | 40%~50% | 50%~100% | 1×R.F. | 2×R.F. | 高倍数 | 1/2R.F. | 1/4R.F. | 低倍数 | 固有频率 | 很高频率 |
| 初始不平衡 | 40 | 50 | 10 | 90 | 10 | | | | | | | 90 | 5 | 5 | | | | | |
| 转子弯曲 | 40 | 50 | 10 | 90 | 10 | | | | | | | 90 | 5 | 5 | | | | | |
| 气缸变形 | 40 | 50 | 10 | 90 | 10 | 10 | | | | 10 | | 80 | 5 | 5 | | | | 10 | |
| 基座变形 | 40 | 50 | 10 | 40 | 30 | 10 | 10 | | | 20 | | 50 | 20 | | | | | | |

注释

初始不平衡: 高速转子全速运转前需要实现动平衡(配平衡),以调整转子偏转(配平衡),最后轴承刚度和阻尼条件做出调整。去重平衡在燃气轮机前段和后段段的平衡面内进行。如果

转子弯曲: 弯曲的转子有时可以通过"热点"程序拉直,但应认为这只是临时的解决方案,因为弯曲会及时复原,并且几次转子失效的情况就是由这种做法引起的。如果出现摩擦,应立即脱扣,并每隔5min通过轴扳手将转子转动90°,应检查轮盘失效或断裂,应力腐蚀疲劳,共振和设计工况运行。通过盘车将燃气轮机低速转速运行时,将弯曲的轴缓慢拉直。之后恢复低速运行,整个过程大概需要24h

气缸变形: 气缸变形常常是由热冲击引起的。压气机匣在靠近抽气口处发生变形,造成与叶片的摩擦。这通常需要进行机匣内壳的修复

基座变形: 基座变形常常是由基座下的失效垫片或热应力(热点)或不均匀收缩所引起的,通常要进行成本很高的大修

| 振动原因 | 力的方向 | | | 力的位置 | | | | | 指示主频率 | | | | | | | | | | |
|---|---|---|---|---|---|---|---|---|---|---|---|---|---|---|---|---|---|---|---|
| | 垂直 | 水平 | 轴向 | 轴 | 轴承 | 气缸 | 基座 | 联轴器 | 0~40% | 40%~50% | 50%~100% | 1×R.F. | 2×R.F. | 高倍数 | 1/2R.F. | 1/4R.F. | 低倍数 | 固有频率 | 很高频率 |
| 密封摩擦 | 30 | 40 | 30 | 80 | 10 | 10 | | | 10 | | | 20 | 10 | 10 | | | | 10 | 10 |
| 转子轴向摩擦 | 30 | 40 | 30 | 70 | 10 | 20 | | | | 20 | | 30 | 10 | 10 | | | 10 | 10 | 10 |
| 不对中 | 20 | 30 | 50 | 80 | 10 | 10 | | | | | | 40 | 50 | 10 | | | 10 | 10 | |
| 滑动轴承偏心 | 40 | 50 | 10 | 90 | 10 | | | | | | | 80 | 20 | | | | | | |
| 滑动轴承损坏 | 30 | 40 | 30 | 70 | 20 | 10 | | | | 20 | | 40 | 20 | | | | | | 20 |
| 轴承支撑激振(油膜涡动等) | 40 | 50 | 10 | 50 | 20 | 20 | 20 | | 10 | 70 | | | | | 10 | 10 | | | |

注释

密封摩擦: 轻微的摩擦可能会慢慢消除,但是在高速摩擦恶化的情况下应当立即停机,手动调节直至消除摩擦

转子轴向摩擦: 除非推力轴失效,否则这是由负荷和温度的快速变化造成的,机组应开车缸检查

不对中: 通常由过大的管道应力和/或基座安装不当引起,有时也由基础和基座上的热源或管道的局部热量引起

滑动轴承偏心: 轴承可能由于气流变而变形,特别是靠近透平部分。一些燃气轮机有三组轴承,燃烧室后段附近的轴承运行在较高温度下。如果可能,检查轴承同问题

滑动轴承损坏: 注意棕色变色,这是油膜失效的先兆,它表明当地油膜温度很高。检查转子的振动。如果可能,检查轮毂和接触问题

轴承支撑激振(油膜涡动等): 如果轴承内部没有油槽,尽可能将其更换为可倾瓦轴承。检查轴承间隙和轴颈圆度,以防万一,也检查一下接触轴承和紧密配合

（续）

| 振动原因 | 力的方向 | | | 力的位置 | | | | | 指示主频率 | | | | | | | | | | |
|---|---|---|---|---|---|---|---|---|---|---|---|---|---|---|---|---|---|---|---|
| | 垂直 | 水平 | 轴向 | 轴 | 轴承 | 气缸 | 基座 | 联轴器 | 0～40% | 40%～50% | 50%～100% | 1×R.F. | 2×R.F. | 高倍数 | 1/2R.F. | 1/4R.F. | 低倍数 | 固有频率 | 很高频率 |
| 轴承横向-纵向刚度不平衡 | 40 | 50 | 10 | 40 | 30 | 30 | | | | | | | | 80 | 20 | | | | |
| 推力轴承损坏 | 20 | 30 | 50 | 60 | 20 | 20 | | | | | | 90 | | 20 | | | | | |
| 转子松动（过盈配合） | 40 | 50 | 10 | 60 | 20 | 20 | | | | 40 | 40 | 10 | | | | | | 10 | 10 |
| 转子轴瓦松动 | 40 | 50 | 10 | 80 | 10 | 10 | | | | | 90 | | | | | | | 10 | |
| 轴承套松动 | 40 | 50 | 10 | 70 | 20 | 10 | | | | | 90 | | | | | | | 10 | |
| 气缸或支撑松动 | 40 | 50 | 10 | 50 | 20 | 30 | | | | | 50 | | | | | | | 50 | |

**注释**

轴承横向-纵向刚度不平衡：可能诱发共振和临界状态，或两者的组合，其频率为两倍运行频率。通常现场平衡困难，因为当横向振动变好时，纵向振动变差，反之亦然。如果问题严重，有必要增加轴向支撑横向刚度

推力轴承损坏：这是由间隙增大导致轴向推力的不平衡引起的，也可能由压气机喘振引起

转子松动（过盈配合）：由于温度的快速变化，轮盘和轮毂处可能失去过盈配合。轮盘的温度较高，因此轮盘的增长速度比轴的增长速度快，从而变松，在轴上窜动。静止时，部件往往是不会松动的。当轮盘转速的功率超过5,000hp时，不建议使用过盈配合

转子轴瓦松动：经常与油膜涡动混淆，因为它们的特征基本相同。在观察任何涡动时，确保轴承座装配的一切部件都是绝对基本的过盈配合

轴承套松动：这很少见，但是也应对其进行例行检查

气缸或支撑松动：检查支撑是否安装当固定（不合适的垫片）可能会导致严重问题。检查确认没有因一侧气体泄漏导致的一侧支撑温度升高

| 振动原因 | 力的方向 | | | 力的位置 | | | | | 指示主频率 | | | | | | | | | | |
|---|---|---|---|---|---|---|---|---|---|---|---|---|---|---|---|---|---|---|---|
| | 垂直 | 水平 | 轴向 | 轴 | 轴承 | 气缸 | 基座 | 联轴器 | 0～40% | 40%～50% | 50%～100% | 1×R.F. | 2×R.F. | 高倍数 | 1/2R.F. | 1/4R.F. | 低倍数 | 固有频率 | 很高频率 |
| 齿轮制造误差 | 30 | 50 | 20 | 80 | 10 | 10 | | | | | | | 20 | 20 | | | | | |
| 联轴器制造误差和损坏 | 30 | 40 | 30 | 70 | 20 | | 10 | 10 | | | | | 30 | 10 | | | | | |
| 转子和轴承系统的不稳定 | 40 | 50 | 10 | 70 | 30 | | | | 10 | 10 | 20 | 20 | | | | | | 20 | |
| 临界转速 | 40 | 50 | 10 | 60 | 40 | 10 | | | | | 100 | 100 | | | | | | | 60 |

**注释**

齿轮制造误差：齿轮通过频率（旋转频率×齿轮齿数）起主要作用。在齿式联轴器中，将指示器放在齿的配合处检查齿的配合

联轴器制造误差和损坏：联轴器为悬臂式，因此松动的联轴器套可能导致严重问题，如果垫片又长又重，则特别容易发生。可以使用空心垫片，静止时不能超过1～2mil

转子和轴承系统的不稳定：如果是可倾瓦轴承，通过转动轴承，改变轴承的阻尼程度。现场动平衡需要使用更高密度的润滑油，更长的轴承套上增加质量。特别是当转速超过8,000r/min时，在轴承套上增加质量效果明显。用手或千斤顶抬起顶部并注意抬动情况，用手或千斤顶抬起转子，解决这类问题的一些方法，在现场很难纠正

临界转速：大多数燃气轮机为柔性轴，因此在超过第一临界转速条件下运行。燃气轮机的运行转速至少远离临界转速向临界转速的10%～15%。本质上这是一个设计问题，通常由于较差的平衡和不良的支撑而恶化。为了减少在运行转速下现场转子平衡问题，解决方法是降低油温并使用更大更紧的轴承座增加阻尼效果并远离临界转速

（续）

| 振动原因 | 力的方向 | | | 力的位置 | | | | | 指示主频率 | | | | | | | | | | |
|---|---|---|---|---|---|---|---|---|---|---|---|---|---|---|---|---|---|---|---|
| | 垂直 | 水平 | 轴向 | 轴 | 轴承 | 气缸 | 基座 | 联轴器 | 0~40% | 40%~50% | 50%~100% | 1×R.F. | 2×R.F. | 高倍数 | 1/2R.F. | 1/4R.F. | 低倍数 | 固有频率 | 很高频率 |
| 共振 | 40 | 40 | 20 | 20 | 10 | 20 | 30 | | | | | | 100 | | | | | | 100 |
| 库仑摩擦或干摩擦涡（转子-轴承系统） | 40 | 50 | 10 | 80 | 20 | | | | | 80 | 10 | 10 | | | | | | | |
| 库仑摩擦或干摩擦涡（转子-气缸系统） | 30 | 40 | 30 | 40 | 20 | 20 | 10 | 10 | | | | | | | | | | | |
| 油膜涡动 | 40 | 50 | 10 | 80 | 20 | | 10 | | | | 80 | | | | 10 | | 5 | 5 | |
| 共振涡动 | 40 | 50 | 10 | 20 | 20 | 20 | 20 | | | | 100 | | | | | 10 | 5 | | |

**注释**

共振：通过增加质量和刚度来改变频率，增加阻尼，减少激振，改善系统的独立性。减少质量或增加刚度时，尽管共振频率改变了，但不改变振幅。如果这个问题间断性出现，检查频率变化。检查频率变化。

库仑摩擦或干摩擦涡（转子-轴承系统）：这是是轴承与转子间的摩擦，可能是一个很严重的问题。为了缓解这个问题，可以采用这个可以缓解这个问题，采用可倾瓦轴承以及更好的基座。一下温度的变化。

库仑摩擦或干摩擦涡（转子-气缸系统）：这可能是非常严重的问题，因为转子叶片接触气缸，叶尖速度能达1 200～1 500t/s，其结果导致严重故障，特别是叶片尾缘处的碰触有可能导致轴移动。

油膜涡动：如果可能，改用可倾瓦轴承；如果不能用可倾瓦轴承增加压力坝，就给滑动轴承增加压力坝替代，提高临界转速。

共振涡动：与油膜涡动类似，但有附加的转子、静子和基座的共振。可倾瓦轴承可以缓解这些共振动，隔离这些共振的部件和激振源，增加轴的重量，增加基座和转子结构的刚度，提高临界转速。

| 振动原因 | 力的方向 | | | 力的位置 | | | | | 指示主频率 | | | | | | | | | | |
|---|---|---|---|---|---|---|---|---|---|---|---|---|---|---|---|---|---|---|---|
| | 垂直 | 水平 | 轴向 | 轴 | 轴承 | 气缸 | 基座 | 联轴器 | 0~40% | 40%~50% | 50%~100% | 1×R.F. | 2×R.F. | 高倍数 | 1/2R.F. | 1/4R.F. | 低倍数 | 固有频率 | 很高频率 |
| 空气动力学交叉耦合涡动 | 40 | 50 | 10 | 70 | 10 | 10 | 10 | 10 | 10 | 80 | 10 | 10 | | | | | | | |
| 叶片共振频率 | | 正切 | 正切 | | | | | | | | | | | | | | | 100 | |
| 压气机端振 | | 正切 | 60 | | | | | | | | | | | | 80 | | | | 20 |
| 燃烧室脉动 | 影响燃烧室火焰筒和过渡段 | | | | | | | | 燃烧室中的压力脉动 | | | | | | | | 100 | | |

**注释**

空气动力学交叉耦合涡动：由于气缸的圆度误差，其频率通常低于转子运行频率，因而可能会给叶片和轴承施加很强的力，临界转速诱发此类涡动。

叶片共振频率：叶片共振频率的激励是由于叶片叶片共振，共振频率很高并且不随燃气机转速的改变而变化，一旦产生共振，几个小时以后叶片就会失效。

压气机端振：当压气机接近临界转速时，通常伴随着叶尖的失速。喘振也会使透平转子叶片上的推力反向，并导致推力轴承损坏。

燃烧室脉动：燃烧脉动在DLE燃烧室中经常发生。燃烧室进行精密调整可使所有的火焰同步脉动，通常在高负荷时，振幅会增加到不可接受的水平，机组的功率下降。燃烧脉动可使燃烧室的耐热瓦和耐热室的密封嘴间的密封与第一级喷嘴与过渡段产生裂纹。如果不能调频同步，可能会使燃烧室的密封嘴与第一级喷嘴过渡段产生裂纹。

3. 只有当以下情况发生时才应成套更换轴瓦：

a. 径向间隙比标称设计间隙增加超过 1mil （1mil = 0.0254mm）。

b. 轴瓦的前缘和尾缘有磨损迹象。

4. 可倾瓦与其球支撑组合件应叠接在一起成为一个整体单元。当拆开新轴承或用过的轴承进行清洗或检查时，应注意不要将可倾瓦与其球支撑组合件的配合弄乱。

5. 在重新组装时，应注意将可倾瓦与其球支撑组合件配合还原到支持环原始位置。如果可倾瓦与其球支撑组合件配合没能返回到相同的位置，就会改变间隙和同心度。即使是小至 1mil 的偏心，也会导致严重的振动问题。

▶▶ **间隙检查**

1. 检查轴套的外径和内径，确保它是圆形的。

2. 检查孔和面端板是否有划痕边缘、深划痕或刻痕。必要时进行打磨，并用非常细的氧化铝砂纸抛光。

3. 检查分模线表面，确保其完全接触，打磨边缘毛刺和凸起。

4. 检查轴瓦和外衬环旋转表面是否有划痕、刻痕或腐蚀，必要时进行打磨。

5. 对可倾瓦轴承，烤蓝轴瓦转动轴面并检查接触区域和位置，接触面必须仅位于中心和定位器中枢轴孔的底部。

6. 检查并确保销钉不接触轴瓦底部。

7. 对球窝式设计，检查并确保球座恰当稳定地安装在沉孔中。

8. 按以下步骤检查轴间隙：

a. 选取一个短轴心轴，其中最小直径是轴颈直径加上所需的最小间隙（大约是每英寸轴直径为 1mil），最大直径是轴颈直径加上所需间隙（大约是每英寸轴直径为 2mil）。

b. 组装轴承的两半。

c. 将组装好的轴承沿心轴的较小直径处滑动。

d. 在轴套的背部轻击轴承，并将轴承滑至下部较大直径处。

e. 旋转心轴并且显示出轴套的外径。

▶▶ **推力轴承失效**

推力轴承失效是机组中可能发生的一种最严重的事故，因为它经常会造成机组损坏，有时甚至完全报废。为了评估推力轴承配置的可靠性，必须首先考虑失效是如何发生的，并评估不同设计的优缺点。

失效引发

在正常运行期间由轴承过载引起的失效（设计误差）在今天很少见，但考虑到轴承设计者采取的所有预防措施，推力轴承失效远远超过人们的预期。下面按其重要程度依次列出了原因：

1. 流体段塞：当一股流体通过透平或压气机被阻塞时，尽管只有几加仑的流体，但产生的推力也能增大到其正常水平的很多倍。下游轴承的瞬间失效可能是由流体段塞引起的。

2. 转子和/或静子通道固体物质的积聚：应在失效还没有发生前根据机组性能或压力分布（第一级压力），就注意到这个问题。

3. 非设计工况运行：特别是来自于背压（或真空度）、进气压力、抽气压力和湿度参数的变化。许多失效是由于过载和变工况变化速度引起的。

4. 压气机喘振：特别是双流式压气机。

5. 齿式联轴器推力：这是很常见的失效原因，特别是对上游推力轴承。当对中很好时推力很大，（摩擦系数为 0.4~0.6）；当存在较小的不对中时（在 25°圆周角不对中时约为 0.1），推力减小到最小。但随着不对中的增加，摩擦系数再次急剧增加到 0.5 或更大（这些只是用于显示其基本关系的粗略数字）。推力是由与热膨胀相反的负载齿中的摩擦力引起的，因此，推力会变得非常大，因为它与由机组（推力轴承可能已确定尺寸）内部的压力分布引起的法向推力无关，所以该推力可以变得很大。联轴器推力可能以两种方式工作，增加或减小法向推力，这在很大程度上取决于齿轮的几何形状和联轴器质量。直齿仅在齿轮具有足够的间隙使得公齿倾斜插入母齿时才会出现不对中，例如在垂直未对中的情况下，当间隙不足以允许齿轮倾斜插入时，两边的齿轮将无法配合，此时会引起很大的推力，有时会听到金属碰撞的声音，直到转子最终滑动并伴有很明显的"砰"的撞击声，然后噪声和振动就会消失，至少会消失一会儿。当然，这种现象对推力轴承来说是一种损伤，并且可能导致任一方向的失效。联轴器中的污垢也能加剧甚至导致这种情形发生。

6. 油污垢：这是失效的常见原因，特别是与其他因素结合时。油楔末端的油膜只有千分之一厚，如果污垢通过，可能会导致油膜破裂，轴承可能会烧毁，因此需要对油进行非常仔细的过滤。但是，如果维护人员在检修后未将过滤器或轴承座装好从而使雨水和沙土进入，或将湿式滤芯放在砂地上，或意外在元件上敲出了孔，那么，再好的过滤器也会失效。这些情况经常发生，一旦轴承受到这种损坏，将很难再修复。

7. 瞬间失去油压：有时在切换过滤器或者冷却器时会遇到。

*失效保护*

幸运的是，现在可以使用精确可靠的仪器来监测推力轴承，以确保安全连续的运行，并防止系统在意外事件中发生灾难性故障。

温度传感器，如 RTD（电阻温度检测器）、热电偶和热敏电阻，可以直接安装在推力轴承上测量金属温度。图 21-20 所示为安装在巴氏合金表面上的 RTD，它位于轴瓦的最敏感区域，具体位置距前缘 70% 处和径向 50% 处。在确定安全运行极限时，传感器的位置很重要，只要探头通常处于最高温度区域，它就可能对负载高度敏感，尽管此时温度可能发生剧烈变化，如图 21-21 所示。温度同时

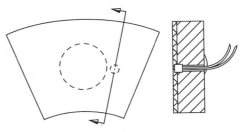

图 21-20　嵌入在巴氏合金轴承表面上的 RTD

也依赖轴瓦材料，在 500lbf/in² 负载时，在钢轴瓦轴承中，位于 AⅡ 的中心传感器显示 200℉，然而在 BI 的传感器显示 280℉。同样，这些温度是典型的，且会在不同的轴承中随着轴承尺寸、类型、转速和轴间的润滑而改变。可以看出，铜轴瓦轴承中这种差异非常明显，如 AⅡ 温度为 185℉，BI 温度为 205℉。传感器相对于表面的位置在该轴承中没有像在钢轴瓦轴承中那样重要。此外，敏感区域的位置对建立关于温度的安全运行极限很重要。

轴向接近探针是监测转子位置和推力轴承完整性的另一种方法，其典型的安装如图 21-22 所示。在这种情况下监测两个位置：一个位于推力滑槽，另一个位于靠近中心线的轴端。这种方法可以监测推力环跳动和转子移动。在大多数情况下，这些探头不太可能安装在理想的位置。通常探头是装在转子或者其他方便的位置，因此不能真实地显示出转子相对于推力轴承的运动。

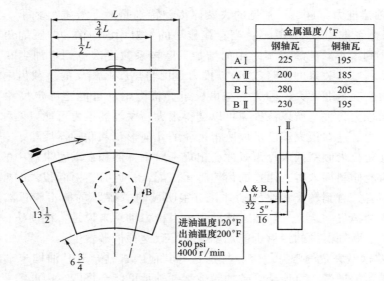

| | 金属温度/°F | |
|---|---|---|
| | 钢轴瓦 | 铜轴瓦 |
| A I | 225 | 195 |
| A II | 200 | 185 |
| B I | 280 | 205 |
| B II | 230 | 195 |

进油温度120°F
出油温度200°F
500 psi
4000 r/min

图 21-21 轴承表面的温度分布

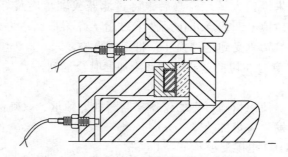

图 21-22 推力轴承中监测探针的实际安装

在推力瓦中，金属温度传感器应该严格安装，轴向接近探头可作为备用系统。如果金属温度很高，并且这些温度的变化率开始剧烈变化，可以预料推力轴承将失效。

## 联轴器维护

对机组中联轴器进行详细的检查也是非常必要的。应拆卸齿式联轴器并对轮齿进行检查，观察其是否存在问题。连续润滑型齿式联轴器中最常见的故障有：

1. 磨损。

2. 腐蚀磨损。

3. 联轴器积垢。

4. 划痕和粘连。

带有密封润滑系统的联轴器往往存在类似于连续润滑联轴器的磨损问题，但必须检查其是否有磨损腐蚀和冷流，这些问题产生于联轴器的正常工作中。如果由于某些原因存在过大的齿轮偏心啮合，则可能出现轮齿折断、划痕和凹坑等额外损伤。

应检查盘式联轴器，确保在圆盘或连接轴没有裂纹。如果不存在损伤，联轴器应在安装前重新进行平衡。

## 叶轮机械基座的维修和修复

许多情况下，叶轮机械中的振动问题都可归因于支撑的故障。一旦确定了问题区域，维修故障就变得顺理成章，目前通常可以通过适当选用胶粘剂来完成故障的修理。

大多数叶轮机械安装在有时也被称作基座或导轨的钢结构平台上。这些平台就在作业现场安装在一个大型混凝土结构上（直接浇注或者安装在底板上），构成机组的基座。这些平台应始终被视为基座的一部分，而不是机组的一部分。

平台出现的问题通常有：

1. 安装不当。

2. 质量和/或刚度不足。

安装不当并非设计缺陷，此问题在安装完成后的任何时候都可以比较容易被纠正。而质量或刚度不足是设计缺陷，它是由高速旋转机械振动的复杂性与其对振动的敏感性造成的。虽然可以现场增加质量和刚度，但与纠正安装缺陷相比，它的工作量更大。

### ▶▶ 安装缺陷

图 21-23 所示为一个典型的机组，它包括一个透平和两个压气机。平台上的工字形梁通过灌浆形成混凝土结构。当初始安装采用正确的灌浆技术时，灌浆就会接触纵向和横向工字形梁的整个下表面。

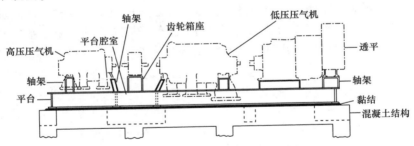

图 21-23 包括一个透平和两个压气机的典型机组

如果水泥基灌浆与平台承重面黏结不好，那么经过一段时间，润滑油会严重腐蚀水泥和混凝土，而大多数平台会因为未设计排油槽而使此问题进一步恶化。有些状况下，在平台凹槽发现 6~8in 深的油残留其中。这种情况下不仅油压升高增加了渗透率，同时还可能引起严重的火灾。

不管采用何种类型的灌浆技术，所有的平台都应设计有排油槽。平台安装推荐使用环氧树脂灌浆技术，因为它们为下方的结构提供了良好的防油层，而水泥基灌浆只能用作临时的安装。

当在平台梁的下部法兰和混凝土结构间检测到振幅不同时，应将平台的整个下表面黏结到混凝土结构上。可以采用一项称作压力注浆的技术来完成黏结。采用这项技术时，在靠近腹板中心大约 18in 的位置钻孔，并钻通下部法兰，然后给这些孔攻螺纹并安装普通的润滑脂接头，随后可以使用自动注射装置或传统喷注枪两种方式来进行压力灌浆。

一些制造商建议将平台安装在灌注了混凝土的轨道或基座上。有时候，安装设计不良或承包商在灌浆前没能清洗底座，因此导致黏结不好，可能使得浆料在灌注过程中振动过度或基座滑移。当产生这个问题时，如果采取合适的技术，压力灌注则会有相对较高的成功率。在设计和灌注基座时，需要考虑以下几点：

1. 检查装置底部和基座间的平台能否传递载荷。

2. 基座边缘上的角应至少有半径为2in的倒角，以防止应力增加和随后发生的边缘角开裂。

3. 在环氧树脂混合物中应有足够的聚集体，如果聚集体不充足，就会导致砂浆表面产生未填满的环氧树脂层。未填满环氧树脂层的热膨胀系数将达到 $(6 \sim 8) \times 10^{-5} °F^{-1}$，而环氧混合砂浆热膨胀系数可能达到 $2 \times 10^{-5} °F^{-1}$。热膨胀系数的不同会促进裂纹扩展，特别是当系统经受诸如昼夜交替循环的温度变化时，环氧混合砂浆的热胀冷缩更显著。

4. 确保基座下面不存在泡沫表面，泡沫表面是由于准备环氧混合砂浆时缺少足够的聚集体所引起的。环氧胶粘剂有着9lb/gal的密度，而聚集体有着14lb/gal的密度，占据了大约25%~30%的体积。在准备环氧砂浆时，通常是在加入聚集体之前将树脂和固化剂组分混合在一起。当填料加入混合物时，它会明显地沉入底部并将空气带入混合物。如果使用了糊状砂浆，上升的空气就会产生一个微弱的泡沫状表面。

#### ▶▶增加质量和刚度

当在图21-23所示的机组齿轮箱检测到过度振动并传递到下面的平台时，增加下方支撑的刚度可以产生阻尼作用。这可以通过先填充平台腔室再用环氧砂浆填充齿轮箱支撑来完成。

在机组和支撑接触面最小的情况下，增加基座刚度的能力被最小化了，因此可以通过采用添加钢丸和环氧树脂的砂浆填充空隙的方法来增加基座的质量。这种特殊砂浆的密度超过了$300lb/ft^3$。为了注入这种特殊的砂浆，可以将一根管子安装在顶部附近基座侧面钻出的检修孔内。这些类似的技术可以应用到一些小型设备的基座稳定上。

## 参考文献

Boyce, M. P. , "Managing Power Plant Life Cycle Costs," International Power Generation, pp. 21-23, July 1999.

Herbage, B. S. , "High Efficiency Film Thrust Bearings for Turbomachinery," Proceedings of the 6th Turbomachinery Symposium, Texas A&M University, pp. 33-38, 1977.

Meher-Homji C. B. , and Gabriles G. A. , "Gas Turbine Blade Failures-Causes, Avoidance, and Troubleshooting," Proceedings of the 27th Turbomachinery Symposium, Texas A&M University, pp. 129, 1998.

Nakajima, S. , "Total Productive Maintenance," Productivity Press, Inc 1988.

Nelson, E. , "Maintenance Techniques for Turbomachinery," Proceedings of the 2nd Turbomachinery Symposium, Texas A&M University, 1973.

Renfro, E. M. , "Repair and Rehabilitation of Turbomachinery Foundation," Proceedings of the 6th Turbomachinery Symposium, Texas A&M University, pp. 107-112, 1977.

Sohre, J. , "Operating Problems with High-Speed Turbomachinery—Causes and Correction," 23rd Annual Petroleum Mechanical Engineering Conference, September 1968.

Sohre, J. , "Reliability Evaluation for Trouble-Shooting of High-Speed Turbo-machinery," ASME Petroleum Mechanical Engineering Conference, Denver, Colorado.

VanDrunen, G. , and Liburdi, J. , "Rejuvenation of Used Turbine Blades by Host Isostatic Processing," Proceedings of the 6th Turbomachinery Symposium, Texas A&M University, pp. 55-60, 1977.

# 第**22**章

# 故障案例

燃气轮机装置的总体结构非常复杂，因此其在运行过程中会遇到多种类型的故障。燃气轮机应用在各种不同的场合，可以在制炼厂和海洋钻井平台上用于驱动压气机和泵，也可以用于发电调峰机组以及大型联合循环电厂等。在制炼厂和海上平台中使用的燃气轮机，其功率一般在30MW以下，通常会一年365天、每天24h不间断运行，然而当作调峰机组时，一天工作约5~12h，一年总的运行时间约为1,300~1,500h。早期联合循环电厂承担基本负荷，然而2005年后的联合循环电厂中大部分机组一周只工作5天，并且每天的功率负荷在40%~100%范围内变化。绝大多数运营商和原始设备制造商采用考虑了起动次数、运行负荷和工作时间百分比的等效机组运行小时数作为计时单位。燃气轮机的故障种类很多，比如控制系统方面的问题，虽然这种故障带来的停工期最短，平均为几个小时，但却是最为常见的。燃烧室、转子以及叶片失效问题发生频率最低，但是它们造成的停工期却可以长达数周，成本高达数百万美元。由于燃气温度高，热端部件的失效概率远远大于压气机，但是，一旦压气机中的叶片发生失效事故，将会造成其下游部件发生大面积的故障。

本章主要介绍燃气轮机各个部件中会发生故障和问题，其内容并不能作为任何制造商的评判标准，而是作为这些燃气轮机终端用户的一个指导手册。因此终端用户可以从本章中查询到相关的内容，以确保他们在操作燃气轮机过程中尽量不会遇到相同的问题。过去20多年来，燃气轮机技术突飞猛进，其中又以压气机压比的提高、先进燃烧技术、材料工艺的发展、新型涂层和新型冷却方案等方面的技术进步为主。换句话说，燃气轮机技术水平的不断提高，正在推动许多部件在未知领域中的探索发展。

在过去的半个多世纪里，航空发动机在燃气轮机领域的绝大多数技术方面均处于领先地位。由于航空发动机在一次完整的飞行过程中会有多次起停和灵活运行，并且会变工况运行，因此其设计标准是高可靠性与高性能。如果航空发动机的大修间隔能够达到3,500h左右，那么可以认为其具有高可靠性。航空发动机的性能主要以推重比来评价。一般通过在压气机中使用高展弦比叶片以及优化循环压比和透平进口温度，以实现单位流量的最大输出功率来提高航空发动机的推重比。

对于工业燃气轮机而言，更加关注的是服役期，这种保守的要求通常导致工业燃气轮机必须关注长期服役而在运行性能方面做出牺牲。工业燃气轮机一般在压气机压比和透平进口温度方面设计得比较保守，但过去这些年在这方面已经发生了很大变化。由于航空发动机技术的促进作用，工业燃气轮机在各方面的运行性能都得到了大幅提升，使得这两类燃气轮机之间的性能差距也在大大缩小。

燃气轮机另一个需要关注的技术领域是干式低 $NO_x$（DLN）燃烧室。随着燃气轮机透平进口温度的提高，新型 DLN 燃烧室在降低 $NO_x$ 排放方面起着至关重要的作用。在新型低 $NO_x$ 排放燃烧室中，燃料喷嘴数量增加，同时其控制算法也变得更为复杂，这些燃烧室经常遇到燃烧不稳定性和回火问题，导致燃烧室损坏，由此产生内部异物（DOD）在通道中向下游迁移，引发透平喷嘴和动叶失效。

在过去的数年中，新一代燃气轮机在以下部件中的技术得到了大幅提升：
- 轴流式压气机
- 燃烧室
- 燃气轮机中高温部件材料
- 控制系统

## 轴流式压气机

轴流式压气机是 MW 级及以上功率等级燃气轮机最常用的压气机类型。通常，轴流式压气机采用多级结构，级数一般在 7~22 级范围内，每一级由一排动叶和一排静叶组成。绝大多数轴流式压气机在第一级动叶前有一排进口导叶，而在最后一排静叶后有一排排气导叶。轴流式压气机的总压比范围为 7~40。在轴流式压气机中，各级结构类似，但所遇到的问题各异。

先进燃气轮机采用多级（17~22 级）超高压比轴流式压气机。在工业燃气轮机中通常采用压比为 17~20 的轴流式压气机，但有时压比高达 30。图 22-1 所示为多级高压比轴流式压气机的性能曲线图，可见级数越多，压比越高，压气机的喘振线和阻塞线之间的工作裕度越小。

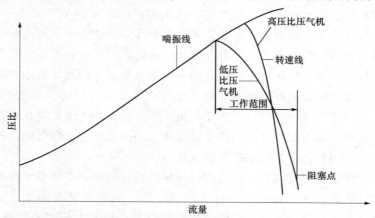

图 22-1　多级高压比轴流式压气机的性能曲线图

燃气轮机压气机部件中的积垢会引起某些问题，诸如压气机效率下降、气流畸变导致喘振提前、叶片侵蚀和腐蚀叶片、冷却孔阻塞、不平衡以及外来异物对通流部件的损坏等。基于此，为了最大限度地减少这类问题在燃气轮机压气机部件中发生的可能性，需要采用高效的过滤器，以减少叶片上的沉积物，进而降低对叶片的侵蚀作用。高效的过滤器部件一般由

3级组成。第一级是惯性过滤，通常通过叶片形成旋流，将大的颗粒物和水滴过滤掉。而在湿度比较大的地区，应在叶片前面布置防雨罩。第二级一般是由旋转玻璃纤维制成的中等效率的预先过滤器，它可以过滤掉更小的尘埃颗粒物，从而延长位于其后的袋式或屏障式高效过滤器的使用寿命。

与燃气轮机热端部相比，压气机在适宜的环境中工作时，其所出现故障问题的概率将会大大减少。如图22-2所示，压气机如果在多沙尘的地区工作，没有安装或安装效果不佳的过滤器时，动叶叶尖处出现大面积的侵蚀区是很常见的，这将直接导致压气机效率的下降和喘振的发生。

燃气轮机通常在压气机进口还可采用蒸发冷却或喷水雾的方法来冷却进口空气，从而可获得更大的输出功率（见第2章"功率提升"）。图22-3所示为燃气轮机过滤器壳体进口处的注水喷嘴。

图22-2 过滤不当导致的压气机叶尖侵蚀

图22-3 燃气轮机进口处的注水喷嘴

进口空气雾化系统的工作压力非常高，大约为200bar（3,000lbf/in$^2$或$2\times10^7$Pa）。如图22-4所示，喷嘴设计成可以产生非常精细的雾气的结构，所产生的水滴尺寸应该在15～30μm范围内。

如图22-5所示，蒸发冷却会导致压气机的前几级叶片发生侵蚀现象。从该图中可以看到，压气机叶片前缘的涂层因侵蚀作用而剥落。尽管如此，但在大多数情况下（炎热低湿度地区）蒸发冷却带来的好处远远大于对叶片造成侵蚀所带来的损失。

先进的轴流式压气机正朝着使用更少、更薄、更长、三维、可控扩散型叶片（3D/CDA）的趋势发展，同时整个压气机部件中的各种间隙将会更小，每级的负荷将会更高。有时由于压气机叶片的长度过长，会在中叶展处采用加强筋来保护叶片，使其避开共振频率，如图

图22-4 蒸发冷却注水喷嘴在进口形成的喷雾

22-6 所示。从该图中还可以看到一些被外来异物损坏的叶片。

较小的叶尖间隙（20~50mil）和高压比会增加叶尖磨损的可能性。如图 22-7 所示，叶尖磨损一般发生在压气机气流抽气区附近，这些位置内径的变化使得压气机的机匣壳体的圆度下降。

如图 22-8 所示，在气流抽气区产生的叶尖严重磨损将会引起压气机叶片损坏，并导致叶片涂层剥落，这些叶尖的摩擦还会导致尾缘断裂，造成下游部件的大面积损坏。在与静叶接触的转子上可以看到刮痕，这有可能会给静子扩压器叶片带来故障。

图 22-5　压气机第一级前缘的涂层侵蚀剥落

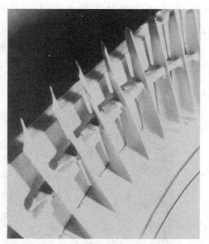

图 22-6　压气机叶片上中叶展处的加强筋

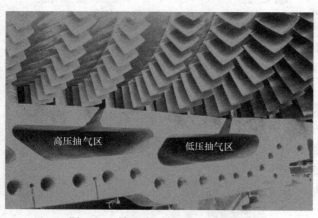

图 22-7　轴流式压气机中的抽气区

图 22-8　压气机动叶叶尖和
机匣之间的严重磨损

先进压气机叶片的动叶叶尖通常采用凹槽结构，如图 22-9 所示。这种设计是出于一旦叶片与机匣发生碰磨时的安全考虑，但是如果磨损过于严重，即便是有叶尖凹槽，叶片也会发生如图 22-10 的失效事故。如果磨损非常严重，将会导致叶尖断裂并由此产生的内部异物（DOD）使得下游动叶以及静叶的整体遭到破坏。

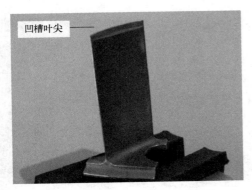

图 22-9  压气机动叶叶尖凹槽结构

图 22-10  叶尖严重磨损导致的叶片失效

图 22-11 示出了在先进燃气轮机中，某轴流式压气机大致从第 4 级到第 7 级动叶中发生的典型叶片事故，请注意下游遭受内部异物损坏的叶片数量。

压气机出口处的气流温度非常高，在某些情况下甚至超过了 1,000℉ （538℃），从而使得压气机部件的温度非常高，因此从压气机中抽出用于冷却透平部件的空气在冷却之前其本身也需要冷却，这也就限定了燃气轮机两次起动之间的停机时间。

在许多情况下，由于压气机出口空气温度高，因此需要外部空冷器对其进行冷却，然后

图 22-11  内部异物损伤造成的
压气机叶片损坏

才进入燃气透平冷却。空冷器中的冷流体可以采用湿压缩空气、燃料压缩空气或环境压缩空气。需要特别注意的是，冷却空气用的空冷器和连接管必须洁净，没有焊接或生锈的残留物。

冷却盘管和连接用的输气管最好采用不锈钢，以避免腐蚀。如果实在不能满足，至少管内表面应涂有涂层，以减少附着锈迹进入冷却叶片通道的可能性。冷却空气系统中的微粒进入燃气透平叶片的冷却通道，可能会对叶片带来严重损坏。

沉积可能引起在压气机中的叶片颤振、旋转失速和喘振问题，因为外来异物在叶片上的沉积会导致出口气流角发生改变，并在下游叶排中产生较大的冲角，从而引起流动分离。定期对压气机进行例行的在线冲洗，然后进行离线冲洗，可以使叶片恢复原始的叶型，气流角

也会相应地恢复到初始设计的角度。在某些情况下，叶片的颤振是由抽气阀引起的。如果对压气机进行过量的抽气，则可能会导致后面的级发生喘振。在大多数机组中，抽气量一般允许范围是 12%~17%。

为了确保机组的安全运行，建议对压气机的性能和振动特性进行监测。对于性能监测而言，一般需要监测的指标是压比和压气机效率。对于结构监测而言，振动频谱是非常重要的，所以强烈建议采用叶片通过频率（转速×叶片数）监测运行转速频率，包括多级的一阶和二阶叶片通过频率。

图 22-12 是一张轴流式压气机第一级叶片失效的照片，图 22-13 所示为对应于该叶片在失效发生时间段内的频谱。在该案例中，压气机的工作转速是 6,937r/min。在同一时刻其振动频谱表明在 78,000r/min（1,300Hz）时，频谱图中出现了一个不明原因的频率跳跃。由于该频率并不等于任何已知频率的比例值，因此可能是某一单独叶片的共振频率。该频率并不随着转速发生波动，这就进一步证实了这是某一单个叶片的共振频率。在同样的时间段内，

图 22-12　轴流式压气机第一级叶片失效

同时也观察到二阶叶片通过频率（2 倍叶片通过频率）不断增大，这说明该轴流式压气机即

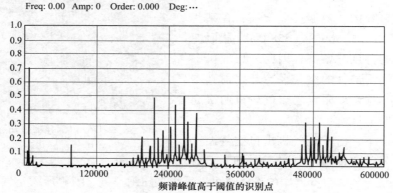

Set: 101CM12.101TURB/CMPR　　TYPE: FPT　　　　　Date: 16-JAN-90 11:34:00
Point ID: 1 Comp OB A ACC　　　　Desc: 1　Comp outboard axial
Window: Manning　　Lines: J200　　Aver: 4　　freq: 0 – 600000 CPM
Detect: Peak　　　　Speed: 7000.00　　Threshold: 0.0500　Units: G6

Freq: 0.00　Amp: 0　Order: 0.000　Deg: …

频谱峰值高于阈值的识别点

| No. | Amp. | Freq. | Order | No. | Amp. | Freq. | Order |
|---|---|---|---|---|---|---|---|
| 1. | 0.7018 | 6,937.5 | 0.991 | 9. | 0.5049 | 266,250.0 | 30.036 |
| 2. | 0.4532 | 217,125.0 | 31.018 | 10. | 0.3324 | 266,625.0 | 38.089 |
| 3. | 0.4801 | 217,500.0 | 31.071 | 11. | 0.3169 | 273,187.5 | 39.027 |
| 4. | 0.2561 | 231,187.5 | 33.027 | 12. | 0.3786 | 287,250.0 | 41.036 |
| 5. | 0.2832 | 245,250.0 | 35.036 | 13. | 0.3027 | 469,312.5 | 67.045 |
| 6. | 0.4373 | 252,187.0 | 36.027 | 14. | 0.3224 | 490,687.5 | 70.090 |
| 7. | 0.3636 | 252,562.0 | 36.080 | 15. | 0.2846 | 504,760.0 | 72.107 |
| 8. | 0.2345 | 265,500.0 | 37.929 | 16. | 0.2245 | 511,607.5 | 73.098 |

图 22-13　压气机第一级叶片失效时间段内的振动频谱

Set—装置编号　TYPE—类型　Date—日期　Point ID—测点编号　Desc—测点描述

Window—窗口　Manning—手动　Lines—线路　Aver—平均　freq—频率　Detect—检测

Peak—峰值　Speed—转速　Threshold—阈值　Units—机组　No.—序号　Amp.—幅值　Order—阶数

将达到喘振。已经注意到在许多轴流式压气机中均会出现这种二阶叶片通过频率增大的现象（详见第7章）。压气机发生喘振后，压气机前几级（第一部分）的性能会发生恶化，如图22-14所示。压气机发生喘振后，再也难以达到喘振之前的压比了。发生喘振后压气机前几级的压比会降得更低。通过压比变化和频谱数据可以发现，在压气机的前几级发生了严重的气流扰动，这种流动的不稳定性激发了叶片的基频振动。因此可以得出结论，在喘振发生后在压气机第一部分前几级中一个或多个叶片被损坏。出于整个工艺流程的考虑，压气机继续运行，直到叶片的共振频率达到0.4in/s，同时二阶叶片通过频率达到一阶叶片通过频率的一半。如图22-12所示，在打开压气机的机匣时，发现第一级中的一个叶片在离根部高度约2/3的部位已经发生失效。

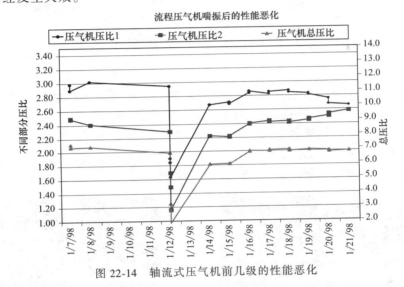

图22-14　轴流式压气机前几级的性能恶化

图22-15是压气机第一级动叶片失效后的横截面实物照片。压气机喘振时，该动叶片与进口导叶接触，从而发生弯曲，并在叶片变形区引起复杂的气流扰动和激振，造成高周疲劳。图22-13所示的频谱图中充分展示了这一现象。图22-16是同一叶片在电子显微镜下观察到的结果。注意图中叶片尾缘附近的V字形区域，正是在该点发生了高周疲劳破坏，其后进一步发生撕裂和裂纹的扩展。

图22-15　压气机第一级动叶片失效后的横截面

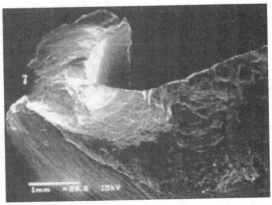

图22-16　压气机第一级失效动叶片的电子显微照片

从发生高周疲劳这一点开始对动叶片造成的后续破坏表明，随着时间的推移，该级叶片开始发生疲劳断裂。当然，第一级叶片的失效还会造成下游部件的大面积损坏。如图 22-17 所示，在下游第三级叶片的前缘会有很严重的切痕，这会进一步加剧应力集中，并且疲劳裂纹及后续的裂纹扩展便会从此处开始。该叶片的失效仍是一个疲劳失效的例子，尽管始于与静叶的接触破坏而掩盖了一些特征。

图 22-17　内物损坏导致的叶片破坏

## 燃烧系统

燃烧室故障及其案例主要分为两种类型：扩散火焰燃烧室和预混干式低 $NO_x$ 燃烧室。再进一步细分，每一种类型又可以分为环形和环管形燃烧室。

在扩散型燃烧室中，燃料直接喷入燃烧室，在主燃区与 8%～10% 的空气混合后燃烧，而多余的空气则用于冷却。如图 22-18 所示，环管形燃烧室通过联焰管彼此相连。联焰管的目的是保证所有火焰筒均能正常燃烧，并均衡压力。

联焰管

图 22-18　典型环管形燃烧室的布置结构

很多时候，由于燃料喷嘴堵塞，更多的燃气进入联焰管，这可能导致联焰管失效，如图 22-19 所示。图 22-20 所示为一个典型的注水燃料喷嘴。这种类型的喷嘴通过向燃烧室主燃区喷入水或蒸汽，从而可以减少 $NO_x$ 的排放。

这种蒸汽的注入降低了主燃区的温度，从而减少了 $NO_x$ 的生成。不过当从燃料喷嘴喷入时，蒸汽会冲击在燃烧室火焰筒上，进而会形成很大的温度梯度，这将会导致火焰筒产生裂纹。蒸汽喷注，不论是出于控制 $NO_x$ 排放的考虑，还是增加额外的输出功的需要（5% 的蒸汽喷注量将会增加 12% 的输出功，并提高几个百分点效率），为了安全有效，必须将蒸汽喷注到压气机的扩压器中。这种方式允许蒸汽在进入燃烧室之前与空气充分混合，从而降低由于蒸汽喷注而引起的火焰筒故障的发生率。

燃料中存在液体或喷嘴堵塞，都会使得火焰筒上形成热点，将会导致火焰筒产生裂纹，如图 22-21 所示。在许多燃气轮机中，当向在燃烧室中喷注蒸汽或水来满足 $NO_x$ 等排放的要求时，往往也容易出现水或蒸汽冲击火焰筒并导致其开裂的情况，如图 22-21 所示。

图 22-19　烧损的联焰管

图 22-20　具有注水系统的燃料喷嘴

图 22-22 所示为燃用原油所导致的燃烧室火焰筒的严重积炭，在燃烧室主燃区附近还能够看到一些热点。此外，这些火焰筒都没有涂热障涂层。

图 22-21　燃烧室火焰筒上的裂纹

图 22-22　燃用原油导致的燃烧室火焰筒的严重积炭

图 22-23 所示为具有热障涂层的相同类型的燃烧室。强烈建议燃烧室最好具有热障涂层，尤其是在新型高温燃烧室中，使用热障涂层非常必要。

图 22-24 所示为环形燃烧室的衬板，其中部分边缘出现了热障涂层失效，导致涂层基底金属受到影响。这是由于燃烧室存在回火问题造成的，它会引起燃烧室的高频脉动。

干式低 $NO_x$（DLN）燃烧室主要以稀薄燃烧方式为主，它对火焰不稳定和燃烧脉动等燃烧特性问题非常敏感。通常在瞬态运行工况下，

图 22-23　具有热障涂层（TBC）的环管形燃烧室

这些问题会导致 DLN 燃烧室发生回火，但火焰往回迁移后会附着于回流区，而不再是主燃区。回流区的设计不能承受由于燃气燃烧和回流区火焰的存在而产生的非常高的温度。

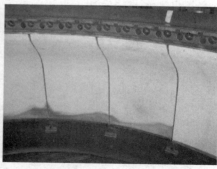

图 22-24　环形燃烧室的衬板

伴随着回火，燃烧脉动也是由于燃烧的非定常动力特性引起的。燃烧脉动会引起振动并导致火焰筒失效。图 22-25 所示为在一典型环管形燃烧室中由于回火引起的损坏。无论制造商如何，几乎所有的干式低 $NO_x$（DLN）燃烧室都面临着由高频燃烧脉动引起的振动所导致的火焰筒损坏问题。为了避免回火，这种燃烧室的燃料必须是完全不含任何液态可燃物。这就意味着燃料进入燃烧室前，必须采取所有确保干燥燃料气的步骤，比如垂直筛鼓和在进口燃料阀处将燃油加热到至少具有 50℉（28℃）过热温度等的过程。本书第 12 章给出了燃料处理的细节。

联焰管接口

图 22-25　DLN 燃烧室火焰筒和燃料喷嘴的损坏

图 22-25 还显示为由回火问题而损坏的其他设计的 DLN 燃油喷嘴，其中一些预混喷嘴被烧了，这说明回火导致回流区发生了燃烧现象。为防止这类问题的发生，必须密切监控燃料，强烈推荐在所有型号的 DLN 燃烧室中安装能够监控燃烧脉动现象的在线燃烧监测设备。

燃料中的液体，尤其是液态可燃物会导致燃烧室的下游部件发生故障。液态可燃物冲击在透平喷嘴静叶和动叶叶片上会形成热点，这会致使透平涂层起泡并剥落，并在某些更为恶劣的情况下甚至会直接冲击叶片基底金属上，如图 22-26 所示。因此必须确保燃料气是干燥的，并且去除了所有的液态可燃物。要保证这一点，就需要燃气轮机操作者采取诸如垂直筛鼓和以最小 50℉（28℃）的过热温度将燃料加热到某一温度等措施。

▶▶过渡段

图 22-26 所示是一个典型的连接燃烧室和透平第一级喷嘴静叶的过渡段。圆形端部连接的是燃烧室火焰筒，矩形端部连接的是第一级喷嘴静叶。根据燃烧动力学，燃烧时会产生振动应力，所以过渡段在喷嘴端部的浮动密封大约会在 6,000~8,000 等效运行小时后发生失

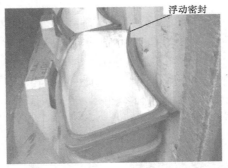

图 22-26 燃气轮机的过渡段

效。绝大多数比较新型的过渡段还会有热障涂层，这样服役寿命更长。在先进燃气轮机中使用的新型过渡段中，一些过渡段会设计冲击防护物来引导冷却空气，一些则会设计成用于冷却的蒸汽套管。

# 轴流式透平

　　燃气轮机的透平部件工作在极端高温条件下。第一级透平喷嘴静叶和动叶承受的燃气温度可高达 2,500℉（1,370℃），因此，这就需要静叶和动叶有足够的热障保护涂层。而对于第一级叶片来说，还需要热障涂层进行高温防护。除此之外，透平第一级叶片还需要有充分的冷却来确保其基底金属温度不会超过热侵蚀温度（1,450℉，788℃）。透平喷嘴和动叶非常容易受到燃料特性的影响，并且由于燃烧过程会受到燃烧室中的侵蚀和温度梯度的影响。夹带在气态燃料中的液态可燃物冲击在透平叶片上时，静叶和动叶叶片上会形成热点并产生裂纹。图 22-27 所示为第一级喷嘴叶片由于高温和液体冲击造成的前缘失效，该叶片的热障涂层因受到侵蚀而发生剥落，并且在某些区域基底涂层由于高温而熔化。

　　燃料喷嘴很容易发生积炭和堵塞，尤其是采用液态燃料时。在燃气轮机中，尤其是1990 年之前的设计，当采用气体和液体燃料时，可能会产生振动，导致燃料喷嘴发生松动，从而液体燃料泄漏到燃烧室中。这些燃料通常会在燃烧室的下游区域富集，然后燃烧掉。但是这些区域往往并不会设计成能够承受高达到 3,500℉（1,927℃）的火焰温度，所以会导致喷嘴和动叶被严重烧坏。在双燃料燃气轮机中出现过大量的类似情况。发生这种情况时，在大多数情况下燃料喷嘴会松动并脱落。尽管由于设计的限制，燃油喷嘴不能够通过整个透平，但会使得大量的燃料进入火焰筒。进入火焰筒的燃料随后会被带到过渡段并向透平第一

 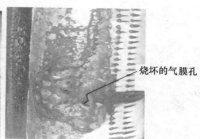

烧坏的气膜孔

图 22-27　第一级喷嘴叶片的前缘失效

级喷嘴迁移。此时，第一级喷嘴相当于火焰稳定器，燃料会在此点燃并在很大的区域中形成火焰，烧毁第一级喷嘴和动叶。图 22-28 所示为由此故障而被烧坏的第一级动叶。在这种情况下，在第一级喷嘴叶片通道内燃烧的燃料以及燃烧中喷出的火焰，在动叶旋转时不断切割叶片，就像一个大功率的乙炔火焰炬相对基座以 45°角度直接对着叶片烧蚀。

图 22-29 所示为烧坏的第一级喷嘴静叶。由于液态燃料会在此聚集，则它相当于火焰稳定器。由于火焰产生的极高热量，喷嘴被彻底烧毁，同时由于产生了剧烈放热，喷嘴持环也被熔化。

图 22-28　烧坏的第一级透平动叶（注意：均匀燃烧）

图 22-29　烧坏的第一级透平喷嘴静叶

第一级透平喷嘴发生弯曲也是一个很常见的失效现象。非均匀燃烧或者是冷却空气泄漏到喷嘴中，都有可能造成叶片弯曲。叶片发生弯曲后，气流速度和喷嘴的出口气流角都会发生改变，这会导致透平的效率降低。图 22-30 所示为高温导致的喷嘴叶片弯曲。在这种情况下，透平喷嘴叶片发生弯曲后，相邻通道的通流面积是不一样的。

透平喷嘴的另一个问题出现在第二级及其下游的喷嘴叶片上，该问题是由于燃料在燃气轮机起动阶段未能完全燃烧而被夹带到下游喷

图 22-30　高温导致的喷嘴叶片弯曲

嘴区域中的液体造成的。没有燃烧的燃料被带到下游后会在第二级及其下游的喷嘴叶栅内沉积并在那里点燃。当它们在此最终燃烧时，会产生爆炸和/或火焰。燃料在这样一些低速区

聚集发生燃烧时，动叶就相当于火焰稳定器了。如此，第二级喷嘴静叶就成了发生故障的主要部件。发生这类故障主要是由于燃气轮机点火失败后，燃料向下游发生了迁移以及运行人员在没有恰当地吹扫燃气轮机的情况下再次起动造成的。对燃气轮机的吹扫可以是自动的或手动的。通常情况下，在燃气轮机的两次起动之间至少需要 5min 的间隔，并且其内所有的空气至少需要更换 7 次。

还有一个造成第二级喷嘴静叶容易发生故障的原因是燃气轮机通常不能以设计速率或接近设计速率来加速，这样便使得喷入燃烧室的燃料不能完全燃烧。没有燃烧的燃料会随燃气被带到下游，并在下游喷嘴中富集，然后在喷嘴叶栅中燃烧。这种问题在控制系统不能控制从开始点火到燃气轮机满转速运行时的加速度的情况下是比较常见的。在透平中发生这种现象的一个线索就是第一级透平喷嘴基本没有问题而第二级及其下游的喷嘴则由于燃料在此燃烧而被烧坏。图 22-31 所示为由于夹带到下游级喷嘴中的燃料燃烧而被烧坏的第二级喷嘴静叶。

第一级喷嘴静叶

第二级喷嘴静叶

图 22-31　由于燃料在第二级喷嘴静叶中燃烧时烧坏的喷嘴静叶

仔细观察图 22-32 中的透平叶轮可以发现，第一级动叶片受到了轻微的破坏，但是第二级和第三级动叶片由于第二级喷嘴静叶残骸的撞击而受到了严重的损坏。

第一级透平叶片一般是冲动式的（零反动度），第二级、第三级和第四级是反动式的（0.3~0.6 反动度）。在下游级中，反动度逐渐增大，并且通常是带有叶尖围带的。这些围带可以对叶片起到更多的支撑作用，这样可以使得叶片不容易发生共振。图 22-33 所示为一典型的大型工业燃气轮机的透平部分。需要注意的是，第一级叶片比较短但是有一定刚度（低展弦比），并呈"桶"形，而第二级和第三级叶片更具有翼型的形状，并且具有更大的展弦比，还带有围带。第二级和第三级叶片在叶根处是冲动式的，但是沿着叶高方向，反动度逐渐增大。

图 22-32　透平叶轮

从图 22-33 中还可以看到，第二级的静叶和动叶是采用精密铸造的，并且有整体的叶尖围带，这样便减少了叶尖泄漏损失，同时为静叶/动叶提供了一定的阻尼作用，从而具有更好的机械完整性。在连接转角处必须仔细检查围带，以确保围带没有发生凸出。在绝大多数情况下，这些叶尖是彼此互锁连在一起的。图 22-34 是一典型的带有轻微凸出的叶尖围带放大图。

图 22-33　典型工业燃气轮机的透平部分

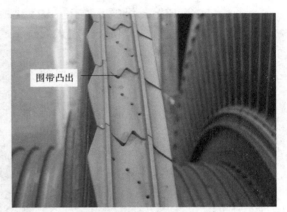

图 22-34　带有轻微凸出的叶尖围带放大图

叶尖围带轻微凸出后会使得围带有被撕裂的可能，特别是与透平气缸壳体发生接触的时候。图 22-35 与图 22-33 所示的是同一台燃气轮机，但是可以看到第二级和第三级动叶已经没有叶尖围带了。由于围带轻微凸出，围带与气缸壳体接触时使得围带被撕裂，这就是需要仔细检查围带连接处的理由。围带凸出的原因有叶片疲劳、高温和离心力作用在叶片上对叶片产生的拉伸作用等。

先进燃气轮机中非常高的透平进口温度会导致静叶和动叶发生故障。第一级静叶承受的燃气温度在 2,100~2,400℉（1,149~1,315℃）范围内，因此对叶片实施适当的冷却和布置涂层是非常重要的。高温使得叶片端壁和尾缘需要冷却。正如第 9 章所述，叶片型面上的最高温度发生在前缘和尾缘处，但是在如此高的温度下，叶片端壁通常也需要冷却，尤其是静叶的端壁。所有原始设备制造商对冷却方案的设计已经做出了很大的改变，包括静叶端壁的新型冷却方式，如用外部的冷却器对从压气机抽出的冷却空气进行进一步的冷却，以及在某些情况下，联合循环中甚至采用蒸汽冷却。喷嘴承受的温度非常高，在尾缘处厚度较薄，其燃气温度最高，所以该部位也经常发生故障。图 22-36 所示为典型的第一级喷嘴由于冷却不足而遭受高温后所造成的失效案例。

许多先进燃气轮机的喷嘴叶片需要在喷嘴的上下端壁同时进行额外的冷却。图 22-37 所示为燃气轮机喷嘴静叶的端壁在受到高温侵蚀后造成的典型烧蚀现象。许多先进燃气轮机制造商为了避免类似的破坏发生，会在喷嘴叶片上下端壁布置更多的冷却。

在动叶叶尖和静叶叶根处很容易发生失效问题。图 22-38 所示的是在先进燃气轮机中动叶叶尖从第二级到第四级发生失效的典型案例，从图中可以看到由于上游喷嘴和动叶失效带来的影响，第二级某些动叶已经从根部断裂。

第一级动叶内也是一个高温区，必须采取适当的冷却措施，同时还需要热障涂层的保护。目前在这些非常高的温度下，端壁还需要布置更多的冷却孔来防止高温侵蚀，避免在端壁上产生裂纹，如图 22-39 所示。对于以前的燃气轮机，一般来说工作温度都比较低，所以没有必要在端壁上使用冷却方案。但是现在的先进燃气轮机，工作温度都非常高，因此需要在端壁上采取必要的冷却措施，所以许多原始设备制造商为了保证燃气轮机的使用寿命，不得不在端壁上增大冷气使用量。

图 22-35　损坏的透平转子

图 22-36　先进燃气轮机中高温烧蚀的喷嘴叶片

图 22-37　高温烧蚀的喷嘴端壁

图 22-38　燃气轮机典型的透平叶尖失效事故
（从第二级到第四级叶尖围带已被移除）

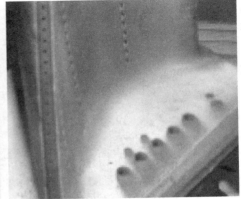

图 22-39　典型的第一级动叶
（注意动叶前缘的热障涂层烧蚀和动叶端壁上的冷却孔）

出于高效率的考虑，需要确保动叶与气缸壳体覆环之间的间隙非常小。但是在大多数情况下，这会造成叶尖大面积磨损，进而造成如图 22-40 所示的由于动叶叶尖磨损导致的失效案例。

第一级动叶叶尖覆环承受的温度很高，一般也需要冷却。但是叶尖覆环部件发生烧蚀的情况并不常见。图 22-41 所示为某燃气轮机的透平气缸壳体及静叶部件。图中最左端是第一级的覆环，可以看到该覆环是带有冷却孔的，同时还可以看到由于高温的作用该部件已经脱色。图中第二个部件是用于减少泄漏损失的蜂窝密封，它位于轮盘和静叶端壁之间。在该部位采用蜂窝密封远比采用迷宫密封好。

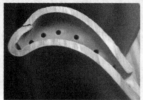

图 22-40　动叶叶尖磨损

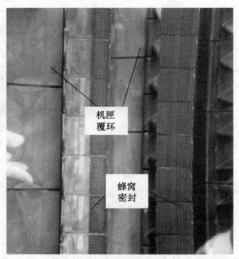

图 22-41　燃气轮机的透平气缸壳体及静子部件

图 22-42 所示为第二级和第三级喷嘴静叶，它们在轮盘和喷嘴静叶端壁之间采用了迷宫密封，用于减少泄漏。

图 22-43 所示为由于高温使得叶尖覆环被烧蚀的案例。第一级叶尖覆环发生问题是很常见的。对于更为先进的燃气轮机而言，这些覆环在工作 12,000 ~ 15,000h 后，就必须更换了。

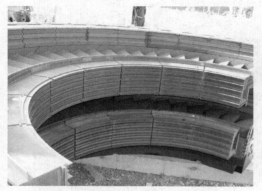

图 22-42　采用迷宫密封的透平
气缸壳体及喷嘴静叶部件

图 22-43　严重烧蚀的透平第一级叶尖覆环

动叶容易出现问题的另外一个地方是动叶与轮盘相连的部位。透平动叶设计成在室温下松散地安装在轮盘上，使得它们可以在高温和离心力作用下膨胀，这就意味着动叶在其轮毂中摇摆，使其在连接的部位发生磨损和侵蚀，如图 22-44 所示。

　　动叶叶根有多种型式。图 22-45 所示为各种叶根类型，包括从简单的 T 形叶根到复杂的枞树形叶根。

图 22-44　动叶枞树型叶根区发生的侵蚀和腐蚀

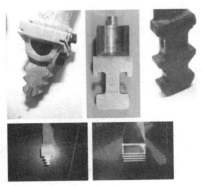

图 22-45　透平动叶的各种叶根类型

　　轮盘间隙温度测点通常布置在轮盘间隙的两侧，即每个叶轮前部和后部区域。在燃气轮机中，轮盘发生故障将会导致非常大面积的失效。当轮盘失效后，动叶也会跟着失效，并且在很多情况下会使得燃气轮机气缸壳体也遭受非常严重的破坏。一个典型的轮盘故障问题是三轮毂失效事故，它会导致轮盘破碎成三部分。图 22-46 所示为轮盘发生的典型故障，枞树型部件包括了动叶和动叶根部端壁。

图 22-46　轮盘部件发生的典型故障

　　轴承问题是燃气轮机最常见的故障之一。转子滑动轴承通常会遇到称之为油膜涡动的不稳定性，这种现象已在第 5 章中有过详细描述。在某些情况下，这样的问题可以通过改变油温来缓解，否则需要改变轴承设计，如换成压力坝轴承，或在特别严重的情况下，需要换成可倾瓦轴承。图 22-47 所示为发生故障的轴承，其中大部分巴氏合金已经受到了损坏，这说

图 22-47　大面积过度磨损导致滑动轴承的巴氏合金遭到破坏

明在轴承和轴颈之间已经有了较大的磨损。巴氏合金是一种与油润滑轴承表面材质一样具有出色性能的软金属。巴氏合金具有非常好的兼容性和耐磨特性，并且在机械加工或运行过程中，在纳污能力和几何公差配合方面也有突出的表现。但是在疲劳强度方面，巴氏合金就显得相对不足，尤其是在高温条件下。

图 22-48 所示为可倾瓦推力轴承。此类轴承不会遇到油膜涡动问题，并且磨损轻微，所以强烈推荐在燃气轮机中使用。

图 22-49 为轴颈严重磨损的照片。轴颈带有推力盘，盘顶部布置有各种钻孔和螺孔，螺栓可拧入螺孔中配平以平衡燃气轮机转子。金斯伯里型自调心可倾瓦推力轴承在大多数燃气轮机中得到了应用，如图 22-50 所示。绝大多数燃气轮机都有一个主动和非主动推力轴承，轴肩和主动推力轴承表面之间的距离非常近，只有一层很薄的润滑油膜。在正常运行负荷下，燃气轮机靠主动推力轴承工作。为了抵消由空气和燃气产生的气动力学推力，可以从燃气轮机压气机中抽取部分气流到透平出口轮盘来产生平衡力。该力通过作用在轴和轮盘上来抵消气流产生的空气动力学推力。在大多数燃气轮机中使用主动推力轴承来承受这部分载荷。在失常工况下或者当燃气轮机已经运行许多小时后，机组中产生过大的间隙并且此时推力载荷将会移到非主动侧。这种情况不单会损坏推力轴承，也会引起动叶与静叶相碰，导致严重的事故。在旧式燃气轮机中，非主动推力轴承通常是锥形轴承，这种轴承只可以承受小于 50% 的负荷。如果是在失常工况下，它们会发生故障，并对燃气轮机造成严重的损坏。

图 22-48　可倾瓦推力轴承

图 22-49　轴颈严重磨损的照片

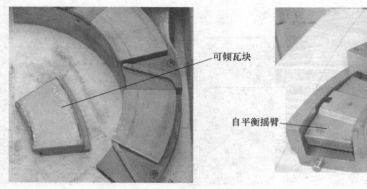

图 22-50　金斯伯里型自调心可倾瓦推力轴承

所以在燃气轮机中推荐使用金斯伯里型自调心可倾瓦推力轴承来代替锥形轴承,因为前者可以承受和主动侧相同的载荷。采用自调心可倾瓦轴承时,需要把燃气轮机气缸壳体加工成适应这种具有更大厚度的自调心可倾瓦轴承。图 22-50 所示为一典型的自调心可倾瓦推力轴承,摇臂推动可倾瓦以确保作用在整个轴承上的力相等。

图 22-51 所示为一个可倾瓦轴承,该轴承为了检查已经被涂蓝。图中还给出了已经发生严重推力故障的可倾瓦轴承的轴瓦,可以看到轴瓦上已经刻上了很深的环沟。此外,还可以看到由于摩擦产生的热量:轴瓦之间的端部已被打断,并受到了严重的损坏。许多推力轴承出现故障是由内部和外部的不对中问题造成的。内部的不对中问题非常关键,所以必须得到解决,只有这样才能保证燃气轮机平稳运行。由于位于压气机和透平两端的轴承所承受的温度差异很大,轴承基座会以不同的速率膨胀,因此必须正确评估它们的增长,以确保在额定的转速和载荷下能够获得恰当的对中。燃气轮机和被驱动设备之间的外部对中也非常重要。如果驱动机械来自热端,则热端的对中复杂程度要远大于冷端。必须记住,由于不对中产生的力非常大,可能会导致燃气轮机和外部被驱动设备发生重大故障。系统中的不对中问题通常会因管路而加剧,尤其是在机械驱动的燃气轮机系统中。管路应力可以非常大,并且管路系统产生的作用力可以使压气机发生移动,从而导致整个系统中的高度不对中问题。

图 22-51　失效的可倾瓦轴承

密封故障会造成很大的泄漏和推力问题。大量的泄漏会降低燃气轮机的总效率,同时也会污染润滑油。推力问题是由通过密封圈的气流泄漏造成的,它会使作用在系统上的推力不平衡。图 22-52 所示为有点蚀和断裂的轮齿。

燃气轮机的轴出现故障通常并不常见,但是由于大转矩、过载以及起动次数和满负荷运行,轴会发生剪切。在联合循环设备中,当驱动设备由透平驱动改成同步电动机驱动时,尤其是在锅炉给水泵上,就会出现问题。采用同步电动机驱动时,当设备在几秒钟之内从停机状态加速到设计转速运行时,轴上会产生很大的扭转应力,这就有可能会导致轴发生故障。

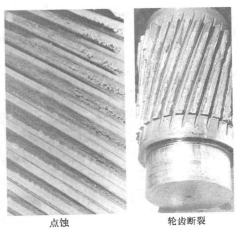

点蚀　　　　　轮齿断裂

图 22-52　有点蚀和断裂的轮齿

燃气轮机中的其他故障问题还会发生在再生式热交换器或回热器、齿轮传动装置和联轴器中。再生式热交换器中的故障经常是由于系统中发生了泄漏导致的。再热器中的热点或火焰会烧蚀其壁面，还有对压气机进行研磨清洁会带来侵蚀问题。这些都应该尽量避免。实践已经证实，水洗要比使用废催化剂或其他研磨清洁剂更为安全。

齿轮故障可归因于以下主要原因：

- 点蚀或表面失效。
- 轮齿失效。
- 润滑问题。

点蚀是由表面疲劳造成的。在负载下的轮齿经受高的压应力，如果超出了齿轮材料的疲劳极限，则在轮齿表面就会形成点蚀或凹坑。点蚀通常只发生在轮齿节线附近很小的范围内。在所有形式的齿轮故障中，轮齿的失效和断裂是最严重的。如果轮齿的一小部分损坏，则更大的载荷就会传递到剩下的齿面上，从而可能造成齿轮完全失效。图 22-52 所示为齿面上带有点蚀和断裂的失效齿轮。通常，润滑油会形成很薄的一层油膜，以防止轮齿滑动时金属与金属之间的接触。轮齿受滚动运动并且增加了滑动，其中纯滚动发生在节圆直径处，滑动则发生在该位置的上方或下方。因此，在润滑失效和承受大的轮齿压力的情况下，接触过程会在滑动方向上交替出现黏结和撕裂。这会导致齿顶上的材料发生形变，从而形成"羽毛边缘"。这种情况会破坏齿廓型线，使得齿轮在运行过程中会产生严重的振动和噪声。

齿轮传动装置的其他故障问题是由齿轮箱变形、齿轮冷却不当或者齿轮上的大侧隙引起的。不对中也是其发生故障的一个主要原因。首先应检查齿轮匹配是否合适。在某些情况下，建议对齿轮进行研磨处理。在研磨处理时需要特别注意，应防止研磨剂进入润滑系统和轴承中。高速齿轮的冷却可以通过将润滑油直接喷向齿轮来实现。在非常高速的应用中，润滑油应该直接喷向齿轮箱来降低齿轮箱的热变形。

联轴器故障也是直接或间接地由润滑不当或者较大的不对中引起的。齿式联轴器应配备连续流动的润滑系统，而不是采用油脂来润滑。在高转速下，油脂往往易于分离。但是，正在开发的新型油脂，可能会改变整个联轴器的结构形式。在许多情况下，盘式联轴器正在取代齿式联轴器。盘式联轴器不但容许有较大的对中角度偏差，并且不需要任何形式的润滑。但是，这种联轴器容易受到沙子或其他污染物进入各种金属盘之间的影响，进而会产生很大的振动问题。目前，大多数这种类型的联轴器已采用闭式壳体，这样可以防止外来污染物的影响。在这些封闭壳体中，由螺栓和气流剪切力引起的空气湍流可以使其内部温度高达 $500\,^{\circ}\mathrm{F}$（$260\,^{\circ}\mathrm{C}$）以上。因此，在某些情况下必须注入润滑油以冷却该封闭壳体。

以上所述问题是燃气轮机机组中常见的故障类型。经常性和预防性维护是燃气轮机成功运行的关键。发生故障是正常的，但是通过对气热和机械问题进行恰当的监测，预防性的维护通常可以避免大的甚至是灾难性事故的发生。

最近基于"现代燃气轮机技术、风险与故障"而发布的研究报告，将燃气轮机的故障问题按功率等级分成大于 220MW 和小于 170MW 两类。图 22-53 和图 22-54 所示分别为低于 170MW 和大于 220MW 的燃气轮机中经常遇到故障问题的部件。在较小功率的燃气轮机中，与经常出现的传统故障一样，问题主要集中在热端部件上。有趣的是，随着燃气轮机功率的增加，压气机出现故障的概率大大增加（图 22-54）。事实上对于大功率燃气轮机来说，压气机发生的故障要比透平稍微严重一点。这与大功率燃气轮机中的大流量和高压比以及空气冷却器有关，该冷却器主要用于对压缩空气的冷却，以使燃气透平热端部件的冷却更加有效。

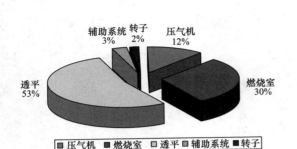

图 22-53 小于 170MW 的燃气轮机中
主要发生的故障

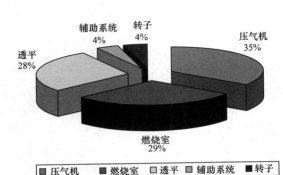

图 22-54 大于 220MW 的燃气
轮机中主要发生的故障

　　燃气轮机压气机部件的故障通常发生在进口导叶、低压与高压压气机的过渡段以及抽气段上游的级间摩擦。大型燃气轮机的压比非常高，通常分为低压压气机和高压压气机，同时压气机的出口温度也非常高，所有这些都是导致压气机部件发生故障的原因。在有些系统中，压气机出口空气的冷却器是回热蒸汽发生器系统（HRSG，余热锅炉）的一部分，这进一步增加了系统的复杂性。

　　燃气轮机新设计技术的风险和成本对于投资银行、保险公司、原始设备制造商以及业主来说也是需要面对的实际问题。对于所有原始设备制造商来说，提供长期服务协议（LTSA）是一个新的利润增长点。长期服务协议是原始设备制造商的最快、最有利可图的利润增长部分。在大多数情况下，没有与先进燃气轮机的原始设备制造商签订长期服务协议，业主无法获得投资和保险。保险公司对新设计技术的兴趣比较有限。先进燃气轮机（例如后来的 F 级、G 级和 H 级设计技术以及新 GT24 和 GT26 的再热技术）在早期可靠性方面的经验很差。由于原始设备制造商把设计工况范围推向了它的极限，所有他们提出的这些设计技术还是有很多问题的。例如，压气机动叶和静叶的失效和/或磨损问题，透平动叶叶型和喷嘴叶片的氧化损坏和失效以及涂层失效问题，由于回火、脉动、变形和/或控制系统而造成的干式低 $NO_x$ 燃烧室故障，过渡段部件的故障问题等，都给这些新一代的先进燃气轮机带来很大的技术挑战和相应的困难。保险公司认为燃气轮机技术中有一些属于原型设计（这种技术经过了一定的验证，其风险较低），但是仍有部分技术需要在业主现场才能得到验证。保险公司通常承保突发的和事故性的损坏，但不想对设计缺陷进行承保。当这些设计被投保后，保险公司就会努力将风险分散到其他保险公司和再保险公司，以尽量减少潜在的损失。采取这样的方式确实增加了运营成本，但对于投资者和保险公司来说却是非常安全的措施。保险对于新项目以及后续所有权和商业运营都是强制性的。然而，由于没有设计的记录来量化保险、投资者和拥有成本的风险，在一台燃气轮机机组运行的前三年，即在设计得到证实之前，对风险的处置是非常困难的。

　　在过去的数年里，先进燃气轮机主要部件的设计水平已经取得了很大进步。这些技术上的改进已经提高了燃气轮机的可用性和可靠性，同时也延长了部分部件的服役寿命。因此，随着各个部件设计技术水平的不断提高，燃气轮机的运行得到了极大的改善，结合其具有的高的总体效率和性能，新一代先进燃气轮机将长期应用并得到进一步发展。

# 附录

## 单 位 换 算

英文缩写含义如下：

Å=埃

cal=卡路里（卡）

deg=度

g=克

J=焦耳

kg=千克

L=升

m=米

mm=毫米

oz=盎司

pt=品脱

rev=转速

ton=短吨（美制）

W=瓦

atm=标准大气压，即在0℃、760mm Hg 条件下

cm=厘米

gal=加仑，美制液体体积单位

gmol=克摩尔，即以克为单位的物质的量

kcal=千卡

kJ=千焦

lb=磅

mile=英里

N=牛顿

pmol=磅摩尔，即以磅为单位的物质的量

rad=弧度

s=秒

V=伏特

注：其他缩写如惯例。

## 长度

$$12\,\frac{\text{in}}{\text{ft}} \qquad 6{,}080.2\,\frac{\text{ft}}{\text{n mile}}{}^{\ominus} \qquad 5{,}280\,\frac{\text{ft}}{\text{mile}} \qquad 0.393{,}7\,\frac{\text{in}}{\text{cm}} \qquad 30.48\,\frac{\text{cm}}{\text{ft}} \qquad 10^4\,\frac{\mu\text{m}}{\text{cm}}$$

$$3\,\frac{\text{ft}}{\text{yd}}{}^{\ominus} \qquad 1.152\,\frac{\text{mile}}{\text{n mile}} \qquad 10^{10}\,\frac{\text{Å}}{\text{m}} \qquad 2.54\,\frac{\text{cm}}{\text{in}} \qquad 3.28\,\frac{\text{ft}}{\text{m}} \qquad 1.609\,\frac{\text{km}}{\text{mile}}$$

---

## 面积

$$144 \frac{\text{in}^2}{\text{ft}^2} \qquad 43,560 \frac{\text{ft}^2}{\text{acre}^{\ominus}} \qquad 640 \frac{\text{acre}}{\text{mile}^2} \qquad 10.76 \frac{\text{ft}^2}{\text{m}^2} \qquad 929 \frac{\text{cm}^2}{\text{ft}^2} \qquad 6.452 \frac{\text{cm}^2}{\text{in}^2}$$

## 体积

$$1728 \frac{\text{in}^3}{\text{ft}^3} \qquad 7.481 \frac{\text{gal}}{\text{ft}^3} \qquad 43,560 \frac{\text{ft}^3}{\text{acre}\cdot\text{ft}} \qquad 3.785,4 \frac{\text{L}}{\text{gal}} \qquad 28.317 \frac{\text{L}}{\text{ft}^3} \qquad 35.31 \frac{\text{ft}^3}{\text{m}^3}$$

$$231 \frac{\text{in}^3}{\text{gal}} \qquad 8 \frac{\text{pt}}{\text{gal}} \qquad 10^3 \frac{\text{L}}{\text{m}^3} \qquad 61.025 \frac{\text{in}^3}{\text{L}} \qquad 10^3 \frac{\text{cm}^3}{\text{L}} \qquad 28,317 \frac{\text{cm}^3}{\text{ft}^3}$$

## 密度

$$1728 \frac{\text{lb/ft}^3}{\text{lb/in}^3} \qquad 32.174 \frac{\text{lb/ft}^3}{\text{slug/ft}^{3\ominus}} \qquad 0.515,38 \frac{\text{g/c}^3}{\text{slug/ft}^3} \qquad 16.018 \frac{\text{kg/m}^3}{\text{lb/ft}^3} \qquad 1000 \frac{\text{kg/m}^3}{\text{gm/cm}^3}$$

## 角度

$$2\pi = 6.283,2 \frac{\text{rad}}{\text{rev}} \qquad 57.3 \frac{\text{deg}}{\text{rad}} \qquad \frac{1}{2\pi} \frac{\text{r/min}}{\text{rad/min}} \qquad 9.549 \frac{\text{r/min}}{\text{rad/s}}$$

## 时间

$$60 \frac{\text{s}}{\text{min}} \qquad 3600 \frac{\text{s}}{\text{h}} \qquad 60 \frac{\text{min}}{\text{h}} \qquad 24 \frac{\text{h}}{\text{d}}$$

## 速度

$$88 \frac{\text{ft/min}}{\text{mile/h}} \qquad 0.681,8 \frac{\text{mile/h}}{\text{ft/s}} \qquad 0.514,4 \frac{\text{m/s}}{\text{kn}} \qquad 0.304,8 \frac{\text{m/s}}{\text{ft/s}} \qquad 0.447,04 \frac{\text{m/s}}{\text{mile/h}}$$

$$1.467 \frac{\text{ft/s}}{\text{mile/h}} \qquad 1.152 \frac{\text{mile/h}}{\text{kn}^{\ominus}} \qquad 1.689 \frac{\text{ft/s}}{\text{kn}} \qquad 152.4 \frac{\text{cm/min}}{\text{in/s}}$$

---

$\ominus$　acre—英亩，slug/ft$^3$—斯勒格每立方英尺，slug 为质量单位；kn—节，速度单位。

## 力、质量

$$16 \frac{oz}{lb} \qquad 32.174 \frac{lb}{slug} \qquad 444,820 \frac{dyn^\ominus}{lbf} \qquad 2.205 \frac{lb}{kg} \qquad 9,080,665 \frac{N}{kgf}$$

$$1000 \frac{lbf}{kip^\ominus} \qquad 32.174 \frac{pdl^\ominus}{lbf} \qquad 980.665 \frac{dyn}{gf} \qquad 14.594 \frac{kg}{slug} \qquad 4.448,2 \frac{N}{lbf}$$

$$2000 \frac{lb}{ton} \qquad 7000 \frac{gr^\ominus}{lb} \qquad 453.6 \frac{g}{lb} \qquad 10^5 \frac{dyn}{N} \qquad 1 \frac{kip}{kg}$$

$$14.594 \frac{kg}{slug} \qquad 28.35 \frac{g}{oz} \qquad 453.6 \frac{gmol}{pmol} \qquad 907.18 \frac{kg}{ton} \qquad 1000 \frac{kg}{metric\ ton^\ominus}$$

## 压力

$$14.696 \frac{lbf/in^2}{atm} \qquad 101,325 \frac{N/m^2}{atm} \qquad 13.6 \frac{kg}{mm\ Hg(0℃)}$$

$$51.715 \frac{mm\ Hg(0℃)}{lbf/in^2} \qquad 47.88 \frac{N/m^2}{lbf/ft^2}$$

$$29.921 \frac{in\ Hg(0℃)}{atm} \qquad 10^5 \frac{N/m^2}{bar} \qquad 13.57 \frac{in\ H_2O(60℉)}{in\ Hg(60℉)}$$

$$703.07 \frac{kg/m^2}{lbf/in^2} \qquad 6,894.8 \frac{N/m^2}{lbf/in^2}$$

$$33.934 \frac{ft\ H_2O(60℉)}{atm} \qquad 14.504 \frac{lbf/in^2}{bar} \qquad 0.036,1 \frac{lbf/in^2}{in\ H_2O(60℉)}$$

$$0.073,1 \frac{kg/cm^2}{lbf/in^2} \qquad 760 \frac{Torr^\ominus}{atm}$$

$$1.013,25 \frac{bar}{atm} \qquad 10^6 \frac{dyn/cm^2}{bar} \qquad 0.489,8 \frac{lbf/in^2}{in\ Hg(60℉)}$$

$$\frac{9.869\quad atm}{10^7\quad dyn/cm^2} \qquad 133.3 \frac{N/m^2}{Torr}$$

$$33.934 \frac{ft\ H_2O(60℉)}{atm} \qquad 760 \frac{mm\ Hg(0℃)}{atm} \qquad 406.79 \frac{in\ H_2O(39.2℉)}{atm}$$

$$0.1 \frac{dyn/cm^2}{N/m^2} \qquad 1.033,2 \frac{kg/cm^2}{atm}$$

---

⊖ dyn—达因，pdl—磅达，kip—千磅，gr—格令，metric ton—公吨，Torr—托。——译者注

## 能量和功率

$$778.16 \frac{\text{ft} \cdot \text{lb}}{\text{Btu}^{\ominus}}$$

$$2{,}544.4 \frac{\text{Btu}}{\text{hp} \cdot \text{h}}$$

$$5{,}050 \frac{\text{hp} \cdot \text{h}}{\text{ft} \cdot \text{lb}}$$

$$1 \frac{\text{J}}{\text{W} \cdot \text{s}} \frac{\text{J}}{\text{N} \cdot \text{m}}$$

$$0.01 \frac{\text{bar} \cdot \text{dm}^3}{\text{J}}$$

$$550 \frac{\text{ft} \cdot \text{lb}}{\text{hp} \cdot \text{s}}$$

$$42.4 \frac{\text{Btu}}{\text{hp} \cdot \text{min}}$$

$$1.8 \frac{\text{Btu/lb}}{\text{cal/gm}}$$

$$1 \frac{\text{kW} \cdot \text{s}}{\text{kJ}}$$

$$\frac{16.021}{10^{12}} \frac{\text{J}}{\text{MeV}}$$

$$0.948 \frac{\text{Btu}}{\text{kW} \cdot \text{s}}$$

$$33{,}000 \frac{\text{ft} \cdot \text{lb}}{\text{hp} \cdot \text{min}}$$

$$3{,}412.2 \frac{\text{Btu}}{\text{kW} \cdot \text{h}}$$

$$1{,}800 \frac{\text{Btu/pmol}}{\text{kcal/gmol}}$$

$$1 \frac{\text{V} \cdot \text{A}}{\text{W}}$$

$$\frac{1.602{,}1}{10^{12}} \frac{\text{erg}^{\ominus}}{\text{eV}}$$

$$737.562 \frac{\text{ft} \cdot \text{lb}}{\text{kW} \cdot \text{s}}$$

$$56.87 \frac{\text{Btu}}{\text{kW} \cdot \text{min}}$$

$$2.719{,}4 \frac{\text{Btu}}{\text{atm} \cdot \text{ft}^3}$$

$$10^7 \frac{\text{erg}}{\text{J}}$$

$$\frac{11.817}{10^{12}} \frac{\text{ft} \cdot \text{lb}}{\text{MeV}}$$

$$1.355{,}8 \frac{\text{J}}{\text{ft} \cdot \text{lb}}$$

$$251.98 \frac{\text{cal}}{\text{Btu}}$$

$$4.186{,}8 \frac{\text{kJ}}{\text{kcal}}$$

$$3{,}600 \frac{\text{kJ}}{\text{kW} \cdot \text{h}}$$

$$0.746 \frac{\text{kW}}{\text{hp}}$$

$$1.055 \frac{\text{kJ}}{\text{Btu}}$$

$$101.92 \frac{\text{kg} \cdot \text{m}}{\text{kJ}}$$

$$0.43 \frac{\text{Btu/pmol}}{\text{J/gmol}}$$

$$860 \frac{\text{cal}}{\text{W} \cdot \text{h}}$$

$$1.8 \frac{\text{Btu}}{\text{chu}^{\ominus}}$$

$$3.969 \frac{\text{Btu}}{\text{kcal}}$$

## 熵、比热容、气体常数

$$1 \frac{\text{Btu/(pmol} \cdot {}^{\circ}\text{R)}}{\text{cal/(gmol} \cdot \text{K)}}$$

$$1 \frac{\text{Btu/(lb} \cdot {}^{\circ}\text{R)}}{\text{gal/(cm} \cdot \text{K)}}$$

$$1 \frac{\text{Btu/(lb} \cdot {}^{\circ}\text{R)}}{\text{kcal/(kg} \cdot \text{K)}}$$

$$0.238{,}9 \frac{\text{Btu/(pmol} \cdot {}^{\circ}\text{R)}}{\text{J/(gmol} \cdot \text{K)}}$$

$$4.187 \frac{\text{kJ/(kg} \cdot \text{K)}}{\text{Btu/(lb} \cdot {}^{\circ}\text{R)}}$$

---

⊖　Btu—英热单位（1磅纯水温度升高1℉所需的热量），erg—尔格，chu—摄氏热单位［1磅纯水温度升高1℃（1℃＝1.8℉）所需的热量］。——译者注

## 通用气体常数

$$1,545.32 \frac{\text{ft} \cdot \text{lb}}{\text{pmol} \cdot {}^{\circ}\text{R}} \qquad\qquad 8.314,3 \frac{\text{kJ}}{\text{kmol} \cdot \text{K}}$$

$$0.730,2 \frac{\text{atm} \cdot \text{ft}^3}{\text{pmol} \cdot {}^{\circ}\text{R}} \qquad\qquad 82.057 \frac{\text{atm} \cdot \text{cm}^3}{\text{gmol} \cdot \text{K}}$$

$$1.985,9 \frac{\text{Btu}}{\text{pmol} \cdot {}^{\circ}\text{R}} \qquad\qquad 1.985,9 \frac{\text{cal}}{\text{gmol} \cdot \text{K}}$$

$$10.731 \frac{\text{1bf/in}^2 \cdot \text{ft}^3}{\text{pmol} \cdot {}^{\circ}\text{R}} \qquad\qquad 83.143 \frac{\text{bar} \cdot \text{cm}^3}{\text{gmol} \cdot \text{K}}$$

$$8.314,3 \frac{\text{J}}{\text{gmol} \cdot \text{K}} \qquad\qquad 8.314,9 \times 10^7 \frac{\text{erg}}{\text{gmol} \cdot \text{K}}$$

$$0.082,06 \frac{\text{atm} \cdot \text{m}^3}{\text{kgmol} \cdot \text{K}} \qquad\qquad 0.083,143 \frac{\text{bar} \cdot \text{L}}{\text{gmol} \cdot \text{K}}$$

## 牛顿比例常数 $k$ （作为单位转换的一部分）

$$32.174 \left(\frac{\text{ft}}{\text{s}}\right)^2 \left[\frac{\text{lb}}{\text{slug}}\right] \qquad\qquad 386.1 \left(\frac{\text{in}}{\text{s}}\right)^2 \left[\frac{\text{lb}}{\text{psin}^{\ominus}}\right]$$

$$9.806,65 \frac{\text{m}}{\text{s}^2} \left[\frac{\text{N}}{\text{kg}}\right] \qquad\qquad 980.665 \frac{\text{cm}}{\text{s}^2} \left[\frac{\text{dyn}}{\text{g}}\right]$$

---

$\ominus$　psin—每平方英寸。——译者注

## 各种常数

光速

$$c = 2.997,9 \times 10^8 \ \frac{m}{s}$$

阿伏伽德罗常数

$$N_A = 6.022,52 \times 10^{23} \ \frac{molecules^{\ominus}}{gmol}$$

普朗克常数

$$h = 6.625,6 \times 10^{-34} J \cdot s$$

玻尔兹曼常数

$$k = 1.380,54 \times 10^{-23} \ \frac{J}{K}$$

万有引力常数

$$G = 6.670 \times 10^{-11} \ \frac{N \cdot m^2}{kg^2}$$

摩尔体积

$$2.241,36 \times 10^{-2} \ \frac{m^3}{gmol}$$

⊖ molecules—分子数。——译者注

本书著作权合同登记　图字：01-2013-4802 号。

## 图书在版编目（CIP）数据

燃气轮机工程手册：翻译版：原书第 4 版/（美）梅赫万·P. 博伊斯
（Meherwan P. Boyce）著；丰镇平等译. —北京：机械工业出版社，2018.9
书名原文：Gas Turbine Engineering Handbook，Fourth edition
ISBN 978-7-111-60414-3

Ⅰ.①燃…　Ⅱ.①梅…　②丰…　Ⅲ.①燃气轮机-技术手册　Ⅳ.①
TK47-62

中国版本图书馆 CIP 数据核字（2018）第 147287 号

机械工业出版社（北京市百万庄大街 22 号　邮政编码 100037）
策划编辑：蔡开颖　尹法欣　责任编辑：蔡开颖　张丹丹
责任校对：刘志文　樊钟英　李 杉　王 延
封面设计：张 静　　　　　　责任印制：邰 敏
盛通（廊坊）出版物印刷有限公司印刷
2022 年 3 月第 1 版第 1 次印刷
184mm×260mm·38.5 印张·1 插页·953 千字
标准书号：ISBN 978-7-111-60414-3
定价：198.00 元

电话服务　　　　　　　　　网络服务
客服电话：010-88361066　　机 工 官 网：www.cmpbook.com
　　　　　010-88379833　　机 工 官 博：weibo.com/cmp1952
　　　　　010-68326294　　金 书 网：www.golden-book.com
**封底无防伪标均为盗版**　机工教育服务网：www.cmpedu.com